Christoph Sigwart

**Logik**

Erster Band

Christoph Sigwart

**Logik**
*Erster Band*

ISBN/EAN: 9783744686945

Hergestellt in Europa, USA, Kanada, Australien, Japan

Cover: Foto ©berggeist007 / pixelio.de

Weitere Bücher finden Sie auf **www.hansebooks.com**

# LOGIK

von

## Dr. Christoph Sigwart
o. ö. Professor der Philosophie an der Universität Tübingen.

---

Erster Band.

Die Lehre vom Urtheil, vom Begriff und vom Schluss.

Zweite durchgesehene und erweiterte Auflage.

Freiburg i. B. 1889.
Akademische Verlagsbuchhandlung von J. C. B. Mohr.
(Paul Siebeck).

# Vorwort zur ersten Auflage.

Dem folgenden Versuche, die Logik unter dem Gesichtspunkte der Methodenlehre zu gestalten, und sie dadurch in lebendige Beziehung zu den wissenschaftlichen Aufgaben der Gegenwart zu setzen, muss ich überlassen, sich durch die Ausführung zu rechtfertigen, zu der dieser erste Band, in möglich engem Anschluss an die überlieferte Gestalt der Wissenschaft, die Vorbereitung und Grundlegung enthält. Nur eine Bitte habe ich voranzuschicken, nemlich die, dass man mir die Sparsamkeit zu Gute halten möge, mit der ich frühere und gleichzeitige Behandlungsweisen im Ganzen und Ansichten im Einzelnen ausdrücklich berücksichtigt habe. In einer so ausserordentlich viel bearbeiteten Disciplin schien es mir nicht bloss eine äusserliche Ueberbürdung des Werkes zu sein, wenn ich zustimmend oder bestreitend überall auch nur die wichtigsten der bisher aufgestellten Lehren anführen wollte; ich hätte auch fürchten müssen, dass der durch meine Fassung der Aufgabe vorgezeichnete Gang der Untersuchung und Darstellung verhüllt und verwirrt werde, wenn ich mir zur Regel gemacht hätte, Aufstellungen, die vielfach aus ganz anderen Voraussetzungen hervorgegangen sind, überall zu discutieren.

So glaubte ich mich auf das beschränken zu sollen, was zur genauen Darlegung und Rechtfertigung meiner eigenen Sätze unentbehrlich schien. Dass ich ältere und neuere Arbeiten in ziemlichem Umfange benützt habe, brauche ich kaum zu sagen. Drei der Männer, deren Werke ich am meisten vor mir gehabt habe, und denen ich meinen Dank hier auszusprechen gedachte, Trendelenburg, Ueberweg, Mill, sind während des Entwurfs und der Ausarbeitung dieses Buchs gestorben; ausserdem muss ich besonders der Förderung gedenken, welche ich Prantl's grossartigem Werke verdanke.

Juli 1873.

## Vorwort zur zweiten Auflage.

In den fünfzehn Jahren, die seit dem ersten Erscheinen dieses Buches verflossen sind, ist die logische Litteratur durch eine stattliche Reihe werthvoller Arbeiten bereichert worden. Von demselben Gedanken aus, der auch diesen Versuch leitete, die Logik, statt auf eine unfruchtbar gewordene Tradition, auf eine neue Untersuchung des wirklichen Denkens nach seinen psychologischen Grundlagen wie nach seiner Bedeutung für die Erkenntniss und seiner Bethätigung in den wissenschaftlichen Methoden zu begründen, sind die grossen Werke von Lotze, Schuppe, Wundt, Bradley — um nur die hervorragendsten zu nennen — ausgegangen; über einzelne Hauptfragen der Logik haben speciellere Untersuchungen, unter denen Windelbands Arbeiten über das negative Urtheil, Meinongs Behandlung der Relationsbegriffe, Volkelts scharfsinnige und originelle Ausführungen sich mit meiner Auffassung am nächsten berühren, willkommenes Licht verbreitet.

Für mich ergab sich daraus die Aufgabe, an den Sätzen der Mitarbeiter die eigenen Aufstellungen aufs neue zu prüfen, manches, was zu Missverständnissen Anlass geben konnte, genauer zu fassen, anderes zu ergänzen und weiter auszuführen, oder gegen abweichende Auffassungen sicher zu stellen. Aber aus den Gründen, die ich schon im ersten Vorwort angeführt, musste ich darauf verzichten in ausgedehnterem Masse die Ueberlegungen, die mich zum Festhalten meiner Sätze bestimmten, dem Werke einzuverleiben, oder die kritischen Bemerkungen, deren ich mich reichlich zu erfreuen hatte, alle einzeln zu erwähnen; wo sie wirklich treffen, was ich gesagt, habe ich sie dankbar benützt; wo sie nur auf Missverständnissen beruhten, glaubte ich den Leser nicht durch eine unfruchtbare Discussion ermüden zu dürfen. Ebenso musste ich, auch wo ich den Ausführungen anderer zustimmte, mir doch versagen, in grösserem Umfang das Werk durch die Aufnahme von Untersuchungen zu bereichern, die seinem ursprünglichen Plane fernlagen; bei der Unerschöpflichkeit des Gegenstandes ist Vollständigkeit doch nicht erreichbar, und ich wollte lieber den Schein der Vollständigkeit der Ausführung, als die Uebersichtlichkeit des Planes opfern.

Wann eine zweite Auflage des zweiten Bandes wird folgen können, vermag ich heute noch nicht zu bestimmen; inzwischen ist durch Wiederholung der Seitenzahlen der ersten Auflage in dem vorliegenden Bande dafür Sorge getragen, dass der zweite Band nebst seinem Register ohne Hinderniss mit ihm zusammen gebraucht werden kann.

Tübingen, October 1888.

Der Verfasser.

# Inhaltsübersicht.

|  | Seite |
|---|---|
| Einleitung | 1 |
| § 1. Aufgabe der Logik | 1 |
| § 2. Grenzen der Aufgabe | 10 |
| § 3. Postulat der Logik | 15 |
| § 4. Eintheilung der Logik | 16 |

**Erster, analytischer Theil. Das Wesen und die Voraussetzungen des Urtheilens** . . . . . . 23

§ 5. Der Satz als Ausdruck des Urtheils. Subject und Prädicat . . . 25

**Erster Abschnitt. Die Vorstellungen als Elemente des Urtheils und ihr Verhältniss zu den Wörtern** . . . . 30

§ 6. Die obersten Gattungen des Vorgestellten . . . . 30
§ 7. Die allgemeine Vorstellung und das Wort . . . . 45
§ 8. Nothwendigkeit des Worts für das Prädicat . . . 60

**Zweiter Abschnitt. Die einfachen Urtheile** . . . . 63

I. Die erzählenden Urtheile . . . . 63
§ 9. Die Benennungsurtheile . . . . 63
§ 10. Eigenschafts- und Thätigkeitsurtheile . . . . 70
§ 11. Impersonalien und verwandte Urtheilsformen . . . 72
§ 12. Relationsurtheile. Existentialsätze . . . . 80
§ 13. Urtheile über Abstracta . . . . 95
§ 14. Die objective Gültigkeit des Urtheils und das Princip der Identität . . . . 98
§ 15. Die Zeitbeziehung der erzählenden Urtheile . . . 111
II. § 16. Die erklärenden Urtheile . . . . 112
III. § 17. Der sprachliche Ausdruck des Urtheilsacts . . . 117

**Dritter Abschnitt. Die Entstehung der Urtheile. Der Unterschied analytischer und synthetischer Urtheile** . . 128

§ 18. Unmittelbare und vermittelte, analytische und synthetische Urtheile . . . . 128
§ 19. Der Process des synthetischen Urtheilens . . . . 142

**Vierter Abschnitt. Die Verneinung** . . . . 150

§ 20. Die Verneinung als Aufhebung eines Urtheils . . . 150
§ 21. Die verschiedenen Arten verneinender Urtheile . . 161

## Inhaltsübersicht.

|  | Seite |
|---|---|
| § 22. Privation und Gegensatz als Grund der Verneinung | 167 |
| § 23. Der Satz des Widerspruchs | 182 |
| § 24. Der Satz der doppelten Verneinung | 194 |
| § 25. Der Satz des ausgeschlossenen Dritten | 196 |

**Fünfter Abschnitt.** Die pluralen Urtheile . . . . . . . . 205
  I. Positive, plurale Urtheile . . . . . . . . . . . . 205
    § 26. Positive copulative und plurale Urtheile . . . . 205
    § 27. Das allgemeine bejahende Urtheil . . . . . . . 209
    § 28. Das particuläre bejahende Urtheil . . . . . . . 216
  II. § 29. Verneinende plurale Urtheile . . . . . . . . . 221
  III. § 30. Die Verneinung der pluralen Urtheile . . . . . 224

**Sechster Abschnitt.** Möglichkeit und Nothwendigkeit . . 229
  I. Die sogenannten Unterschiede der Modalität . . . . . 229
    § 31. Die sogenannten Unterschiede der Modalität . . . 229
    § 32. Das Gesetz des Grundes . . . . . . . . . . . 245
  II. Möglich und nothwendig als Prädicate in wirklichen Urtheilen . . . . . . . . . . . . . . . . . . . . 255
    § 33. Die reale Nothwendigkeit . . . . . . . . . . 255
    § 34. Die Möglichkeit . . . . . . . . . . . . . . 265

**Siebenter Abschnitt.** Das hypothetische und das disjunctive Urtheil . . . . . . . . . . . . . . . . . . . . . 276
  I. § 35. Die verschiedenen Arten von Satzverbindungen und ihre logische Bedeutung . . . . . . . . . . . 277
  II. § 36. Das hypothetische Urtheil . . . . . . . . . . 284
  III. § 37. Das disjunctive Urtheil . . . . . . . . . . . 297
**Ergebnisse.** § 38. . . . . . . . . . . . . . . . . . . . 303

**Zweiter, normativer Theil.** Die logische Vollkommenheit der Urtheile und ihre Bedingungen, bestimmte Begriffe und gültige Schlüsse . . . . . . . . . . . . . . 309
  § 39. Die Bedingungen vollkommener Urtheile . . . . 309

**Erster Abschnitt.** Der Begriff . . . . . . . . . . . . 316
  § 40. Wesen des logischen Begriffs . . . . . . . . . 316
  § 41. Die Analyse des Begriffs in einfache Elemente . . 328
  § 42. Ueber- und Unterordnung, Inhalt und Umfang der Begriffe . . . . . . . . . . . . . . . . . . 343
  § 43. Die Eintheilung der Begriffe . . . . . . . . . 359
  § 44. Die Definition . . . . . . . . . . . . . . . 370

**Zweiter Abschnitt.** Die Wahrheit der unmittelbaren Urtheile 382
  § 45. Die Wahrheit der Urtheile über Begriffe . . . . 382
  § 46. Die Wahrheit der Aussagen über uns selbst . . . 390
  § 47. Die Wahrheit der Wahrnehmungsurtheile . . . . 396
  § 48. Axiome und Postulate . . . . . . . . . . . . 409

| | | Seite |
|---|---|---|
| Dritter Abschnitt. | Die Begründung der vermittelten Urtheile durch die Regeln des Schlusses | 422 |
| § 49. | Der hypothetische Schluss | 422 |
| § 50. | Der hypothetische Schluss vermittelst einer Einsetzung | 427 |
| § 51. | Verschiedene Quellen hypothetischer Obersätze | 434 |
| § 52. | Die Folgerungen nach formalen logischen Gesetzen | 437 |
| § 53. | Die Schlüsse aus Begriffsverhältnissen | 443 |
| § 54. | Die Bedeutung der aristotelischen Figuren und Modi | 450 |
| § 55. | Der Werth des Syllogismus | 459 |
| § 56. | Der Subsumtionsschluss | 476 |
| § 57. | Der Schluss aus divisiven Urtheilen | 477 |
| § 58. | Der disjunctive Schluss | 481 |
| § 59. | Das Verhältniss der Wahrheit der Conclusion zur Wahrheit der Prämissen | 483 |

# Berichtigung.

S. 289, 15 v. u. für »das« lies: deren Zusammentreffen.

# Einleitung.

## §. 1.

Von der Thatsache aus, dass ein wesentlicher Theil unseres Denkens den Zweck verfolgt, zu Sätzen zu gelangen, welche **gewiss und allgemeingültig** sind, und dass dieser Zweck durch die natürliche Entwicklung des Denkens häufig verfehlt wird, entsteht die Aufgabe sich über die Bedingungen zu besinnen, unter welchen jener Zweck erreicht werden kann, und danach die Regeln zu bestimmen, durch deren Befolgung er erreicht wird. Wäre diese Aufgabe gelöst, so würden wir im Besitze einer **Kunstlehre des Denkens** sein, welche Anleitung gäbe zu gewissen und allgemeingültigen Sätzen zu gelangen. Diese Kunstlehre nennen wir **Logik**.

1\. Zu bestimmen, was **Denken** überhaupt ist, wie es sich von den übrigen geistigen Thätigkeiten unterscheidet, in welchen Beziehungen es zu denselben steht, und welche Arten es etwa hat, ist zunächst Sache der Psychologie. Nun können wir uns zwar auf keine allgemein anerkannte Psychologie beziehen; es genügt aber für unsere vorläufige Untersuchung schon die Erinnerung an den Sprachgebrauch. Dieser bezeichnet durch Denken im weitesten Sinne jedenfalls eine **Vorstellungsthätigkeit**, d. h. eine solche, in welcher an sich weder die innere subjective Erregung liegt, die wir als Gefühl bezeichnen, noch eine unmittelbare Wirkung auf uns selbst oder auf anderes hervorgebracht wird, wie im Wollen und Handeln, deren Bedeutung vielmehr darin aufgeht, dass etwas dem Bewusstsein als Gegenstand gegenwärtig ist. Im

Unterschiede von der Wahrnehmung und Anschauung aber, welche eine unmittelbare Beziehung auf ein der subjectiven Thätigkeit unabhängig von ihr gegebenes Object ausdrücken, bezeichnet Denken eine rein innere Lebendigkeit des Vorstellens, die eben darum als ein spontanes, aus der Kraft des Subjects allein hervorgehendes Thun erscheint; und ihre Producte, die Gedanken, unterscheiden sich darum als bloss subjektive ideelle Gebilde von den Objekten, welche Wahrnehmung und Anschauung als real sich gegenüberstellen. In diesem Sinne nennt die Sprache sowohl die Erinnerung — an etwas denken — als die Einbildung — sich etwas denken — ebensogut ein Denken, wie das Nachdenken und Ueberdenken. Wo aber, wie in der Erkenntniss der äusseren Welt, Wahrnehmung und Denken sich auf dasselbe Object beziehen, unterscheiden wir ebenso die spontane Aufsuchung, Verknüpfung und Verarbeitung der der Wahrnehmung unmittelbar gegebenen Elemente als den dem Denken angehörigen Factor von dem unmittelbaren Gegebensein derselben.

2. Verstehen wir zunächst unter Denken alles, was der Sprachgebrauch darunter versteht: so ist sicher, dass mit der Entwicklung des bewussten Lebens Denken nothwendig und unwillkürlich entsteht, und dass der Einzelne, wenn er anfängt auf sein inneres Thun zu reflectiren, sich immer schon in manigfaltigem Denken begriffen findet, ohne dass er vom Beginne des Denkens und seinem Hervorwachsen aus einfacheren und früheren Thätigkeiten eine unmittelbare Kenntniss haben könnte. Nur durch eine schwierige psychologische Analyse des immer schon in Bewegung begriffenen Denkens vermögen wir auf seine einzelnen Factoren und hervorbringenden Kräfte zurückzuschliessen, und uns eine Vorstellung über die Gesetze seines unbewussten Werdens zu bilden.

Die unwillkürliche Gedankenerzeugung geht ferner unser ganzes Leben hindurch fort; es ist schlechterdings unmöglich, im bewussten wachen Zustande die innere Lebendigkeit zu hemmen, welche durch die manigfaltigsten Anlässe angeregt fortwährend Vorstellungen an Vorstellungen reiht, sie in immer neuen Verbindungen verknüpft und so ohne unsere Absicht eine innere Welt von Gedanken uns gegenwärtig erhält.

**3.** Allein über diesem unwillkürlichen Denken erhebt sich ein **willkürliches Thun**, ein **Denkenwollen**, das von bestimmten Interessen und Zwecken geleitet den zuerst unwillkürlichen Lauf der Gedanken zu regeln und auf bestimmte Ziele zu richten sucht, unter dem unwillkürlich entstehenden auswählend, dieses fallen lassend, jenes durch Aufmerksamkeit festhaltend und entwickelnd, Gedanken suchend und verfolgend. Wir können die Frage, ob es überhaupt eine directe willkürliche Gedankenerzeugung gebe, oder ob wir nur indirect die Bedingungen herstellen können, unter denen die unwillkürliche Gedankenerzeugung das Gewünschte herbeiführt, auf sich beruhen lassen, da das Resultat im Wesentlichen dasselbe ist: die unter dem Einflusse des Wollens geschehene Entstehung von Gedanken die ein bestimmtes Interesse befriedigen *).

Dieses Interesse ist aber ein zweifaches. Von einer Seite steht die willkürliche Thätigkeit, die wir unserem Denken zuwenden, unter dem allgemeinen Gesetze, dass das Angenehme gesucht, das Unangenehme gemieden wird. Nun kann uns das Denken in doppeltem Sinne unter den Gesichtspunkt des Angenehmen fallen: einmal sofern jede naturgemässe Thätigkeit ein Gefühl der Befriedigung innerhalb gewisser Schranken ihrer Intensität gibt; dann sofern der manigfache Inhalt unseres Denkens uns angenehm oder unangenehm berührt.

Achten wir allein hierauf: so findet sich in uns eine Neigung, theils überhaupt unser Denken anzuregen und anregen zu lassen, um der langen Weile zu entgehen und uns Unterhaltung zu verschaffen, theils es in der Richtung zu leiten dass uns das Gedachte angenehm ist. Indem wir bei angenehmen Erinnerungen verweilen und sie zu beleben suchen, indem wir Projecte machen und Luftschlösser bauen, indem wir widerwärtige Erinnerungen zu verscheuchen oder Furcht und Angst zu zerstreuen streben, ist der Einfluss der Willkür auf unser Denken durch diese Motive bestimmt.

---

*) Vgl. Windelband Ueber Denken und Nachdenken (Präludien S. 176 ff.) dessen Ausführungen im Einzelnen sehr viel Richtiges und Treffendes enthalten, wenn auch das Verhältniss, in das er »unbewusstes« und bewusstes Wollen setzt, mir nicht richtig bestimmt erscheint.

Die Befriedigung die dabei entsteht, hat einen durchaus **individuellen** Charakter; das einzelne Subject bezieht sich dabei nur auf sich selbst, seine besondere Natur und Lage, und darum ist hier die individuelle Verschiedenheit des Denkens die Regel, und Niemand kann sie aufheben wollen.

4. Dieses Interesse sich durch Denken unmittelbar angenehm zu afficieren ist aber das untergeordnete; die dem Umfange wie dem Werthe nach bedeutendere Masse der menschlichen Denkthätigkeit verfolgt ernstere Zwecke.

Zunächst nimmt das **Bedürfniss** und die Noth des Lebens das Denken in seinen Dienst, und setzt ihm Zwecke die mit Bewusstsein aufgefasst und verfolgt werden. Unsere Existenz und unser Wohlsein hängt von bewusstem Handeln, von zweckmässiger Einwirkung auf die Dinge um uns ab. Dieses Handeln gelingt nicht mit müheloser instinctiver Sicherheit, sondern ist bedingt durch aufmerksame und nachdenkende Beobachtung der Natur der Dinge und ihrer Verhältnisse zu uns, und durch manigfaltige Berechnung und Ueberlegung in welcher Weise sie als Mittel zur Befriedigung unserer Bedürfnisse dienen können. Das menschliche Denken erreicht seinen Zweck, die Sicherung unseres Wohls, nur dann, wenn es auf Grund der Kenntniss der Dinge die Zukunft richtig vorbildet, das voraussehende Vorstellen also mit dem wirklichen Verlaufe übereinstimmt, der durch unsere Eingriffe mit bedingt ist.

Nach richtiger Erkenntniss der Dinge und ihres Verhaltens verlangt aber, auch über das practische Bedürfniss hinaus, der überall lebendige **Wissenstrieb**; rein um des Erkennens willen soll unser Denken sich anstrengen die Natur der Dinge zu erforschen, und in der Gesammtheit unseres subjectiven Wissens ein getreues und vollständiges Bild der objectiven Welt entwerfen. Die Befriedigung des Erkenntnisstriebes schliesst also jene Ziele des praktischen Denkens mit ein; **Erkenntniss des Seienden** ist der unmittelbare Zweck der unser Denken in Bewegung setzt und seine Richtung bestimmt.

5. Allein mit diesem Interesse des Wissenstriebs sind die Zwecke unseres Denkens keineswegs erschöpft. Gleiche

Anstrengung muthen wir ihm in einer Richtung zu, die nicht unter den Begriff der Erkenntniss des Seienden gebracht werden kann. Wir stehen thatsächlich unter der Herrschaft bestimmter Gesetze, nach denen wir den Werth der menschlichen Handlungen beurtheilen und denen wir uns in unserem Wollen und Thun unterwerfen wollen. Es ist für unsere Untersuchung gleichgültig, woher diese Gesetze stammen und was das Motiv ist, dass wir sie als für uns gültig anerkennen; genug, dass wir fortwährend beflissen sind, die Regeln des Anstandes, der Sitte, des Rechts, der Pflicht zu beobachten, und in jedem Augenblicke aufgefordert sind uns die Frage zu beantworten, was wir thun und wie wir handeln sollen, um mit den für uns geltenden Grundsätzen in Uebereinstimmung zu bleiben, unsere Ehre und unser Gewissen rein zu erhalten. Nicht ein reeller Erfolg, der uns die Uebereinstimmung unserer Berechnung mit der Natur der Dinge verbürgte, belehrt uns, ob unser Denken seinen Zweck erreicht hat oder nicht; der Erfolg selbst der beabsichtigt wird, besteht in lauter Gedanken; der wirkliche Erfolg sind ebenso die Gedanken die verklagen oder entschuldigen, die Anerkennung oder Nichtanerkennung der Angemessenheit des einzelnen Handelns an die allgemeine Regel von Seiten anderer und unser selbst.

6. Fassen wir die letztere Sphäre, die den wichtigsten Theil unseres practischen Denkens sowie unserer Beurtheilung der practischen Verhältnisse ausmacht, ins Auge: so haben wir vor dem Forum unseres eigenen Gewissens kein anderes Merkmal, ob das unser Handeln leitende Denken seinen Zweck erreicht hat oder nicht, als das innere Bewusstsein der Nothwendigkeit unseres Denkens, die Gewissheit, dass aus der allgemeinen Regel die bestimmte Handlungsweise unabweislich folgt, die Evidenz, bei der wir uns beruhigen, dass es im gegebenen Falle recht und gut war so zu handeln, weil die allgemeinen Principien des Rechts und der Sittlichkeit es so forderten. Ebenso haben wir keine äussere Bestätigung dass wir unseren Zweck erreicht, als die Zustimmung anderer, welche von denselben Voraussetzungen aus dieselben Folgerungen für nothwendig erklären.

Wenn wir von Nothwendigkeit unseres Denkens

reden: so ist der Sinn derselben zunächst vor einer Verwechslung zu schützen. Psychologisch betrachtet mag man alles was der Einzelne denkt für nothwendige, d. h. gesetzmässig aus den jeweiligen Voraussetzungen erfolgende Thätigkeit ansehen; dass gerade dies und nichts anderes gedacht wird, ist nothwendige Folge des Vorstellungskreises, der Gemüthsstimmung, des Charakters, der augenblicklichen Anregung, welche das einzelne Individuum erfährt. Allein neben dieser Nothwendigkeit der psychologischen Causalität steht eine andere, die rein in dem I n h a l t und G e g e n s t a n d des Denkens selbst wurzelt, die also nicht in den veränderlichen subjectiven individuellen Zuständen, sondern in der Natur der Objecte begründet ist, welche gedacht werden, und insofern o b j e c t i v heissen mag.

Kommt nun hier unser Denken im Bewusstsein seiner objectiven N o t h w e n d i g k e i t und A l l g e m e i n g ü l t i g k e i t zur Ruhe, so sind es genau betrachtet d i e s e l b e n M e r k m a l e, welche den Zweck unseres Denkens ausdrücken wo es der Erkenntniss des Seienden dienen will. Auch hier können wir mit Sicherheit das Ziel, dem unser absichtliches Denken zustrebt, nicht anders bestimmen als so, dass unser Denken darauf ausgehe in dem Bewusstsein seiner Nothwendigkeit und Allgemeingültigkeit zu beruhen.

Eine psychologische Nothwendigkeit treibt allerdings den unbefangenen Menschen dazu, seine Empfindungen und die darauf sich beziehenden Gedanken zu objectivieren, und sich eine Welt vorzustellen der er ein von seinen subjectiven Thätigkeiten unabhängiges Dasein zuschreibt; und indem sein Erkenntnisstrieb sich regt, setzt er sich ohne Weiteres den Zweck diese objective Welt zu erkennen, seine Gedanken so zu bilden dass sie mit dem Seienden übereinstimmen. Allein ob dieser Zweck erreichbar sei, ist streitig; die kritische Behauptung, dass alle unsere Erkenntniss zunächst und unmittelbar nur für uns etwas sei, in einem System von Vorstellungen bestehe, ist unwiderlegbar; dass diesem Vorgestellten ein mit ihm übereinstimmendes Sein entspreche, ist entweder bloss ein blinder Glaube; oder, wenn es eine Gewissheit darüber geben kann die den Zweifel aufhebt, so beruht sie auf einer Widerlegung des Zweifels, auf dem Nachweise dass er unmöglich ist, also einerseits darauf, dass die Annahme eines Seienden uns in keine Widersprüche verwickelt, die wir nicht denken könnten, andererseits darauf, dass die Beschaffenheit unserer Vorstellungen uns zwingt ein solches Sein anzunehmen; beides geht also auf eine Nothwendigkeit in unserem Denken zurück. Es kann zu den sichersten Ergebnissen der Analyse unserer Erkenntniss gerechnet werden, dass jede Annahme einer ausser uns existierenden Welt eine durch Denken vermittelte, aus den subjectiven Thatsachen der Empfindung durch unbewusste Denkprocesse erst irgendwie abgeleitete ist; es gibt also ausserhalb des Denkens kein Mittel sich zu vergewissern ob wir den Zweck das Seiende zu erkennen wirklich erreicht haben; die Möglichkeit, unsere Erkenntniss mit den Dingen zu vergleichen wie sie abgesehen von unserer Erkenntniss existieren, ist uns für alle Ewigkeit verschlossen; wir müssen uns schlechterdings auch im besten Falle mit der widerspruchslosen Uebereinstimmung der Gedanken begnügen die ein Seiendes voraussetzen, wie wir im Gebiete unseres äusseren Handelns uns vollständig damit begnügen, dass unsere Vorstellungen und unsere Bewegungen nebst ihren Erfolgen unter sich und ebenso mit den Vorstellungen anderer durchaus übereinstimmen.

Gibt es also ein erkennbares Sein: so ist eine Erkenntniss desselben nur dadurch möglich, dass eine gesetzmässige Beziehung zwischen dem Sein und unserem subjectiven Thun besteht, vermöge der dasjenige was wir auf Grund des in unserem Bewusstsein Gegebenen **nothwendig denken** müssen, auch dem Seienden entspricht, und die Gewissheit unserer Erkenntniss ruht überall auf der Einsicht in die Nothwendigkeit unserer Denkprocesse. Ferner: Gibt es ein erkennbares Sein ausser uns: so ist es dasselbe für alle denkenden und erkennenden Subjecte, und jeder der das Seiende erkennt muss in Beziehung auf denselben Gegenstand dasselbe denken, ein Denken also, welches das Seiende erkennen soll, ist nothwendig ein **allgemeingültiges Denken**.

Läugnet man dagegen die Möglichkeit etwas zu erkennen wie es an sich ist; ist das Seiende nur einer der Gedanken die wir produciren: so gilt doch das, dass wir eben denjenigen

Vorstellungen die Objectivität beilegen, die wir mit dem Bewusstsein der Nothwendigkeit producieren, und dass, sobald wir etwas als seiend setzen, wir eben damit behaupten, dass alle andern, wenn auch nur hypothetisch angenommen, denkenden Wesen von derselben Natur wie wir es mit derselben Nothwendigkeit producieren müssten.

Wir können also ohne Weiteres behaupten: Wenn wir nichts als nothwendiges und allgemeingültiges Denken producieren, so ist die Erkenntniss des Seienden mit darunter begriffen; und wenn wir mit dem Zwecke der Erkenntniss denken, so wollen wir unmittelbar nur nothwendiges und allgemeingültiges Denken vollziehen. Dieser Begriff ist auch derjenige der das Wesen der »Wahrheit« erschöpft. Wenn wir von mathematischen, thatsächlichen, sittlichen Wahrheiten sprechen: so ist der gemeinsame Charakter dessen was wir wahr nennen, dass es ein nothwendig und allgemeingültig Gedachtes sei.

7. Indem wir die Aufgabe, welche das von der Logik zu betrachtende Denken sich setzt, so fassen, weichen wir einmal den Schwierigkeiten aus, welche jede Logik drücken die sich als Erkenntnisslehre ankündigt, dass sie nemlich erst nachweisen muss ob und inwiefern überhaupt Erkenntniss möglich sei, und damit nicht nur auf das bestrittene Gebiet der Metaphysik hinübergeht, sondern, indem sie beweist und widerlegt, bereits eine Nothwendigkeit und Allgemeingültigkeit des Denkens voraussetzt, aus der erst die Ueberzeugung von der Objectivität des Denkens hervorgehen soll; ebenso aber entgehen wir der Einseitigkeit, in welche die erkenntniss-theoretische Logik in der Regel verfällt, dass sie nemlich nur dasjenige Denken berücksichtigt, welches der Erkenntniss des rein Theoretischen dient, das andere aber vergisst, welches unser Handeln leiten soll. Und doch sind die geistigen Thätigkeiten in beiden Fällen ganz dieselben ihrem Wesen nach, und die Zwecke fallen unter denselben Gesichtspunkt.

8. Fassen wir nun alles dasjenige Denken zusammen, welches den gemeinsamen Zweck verfolgt, seiner Nothwendigkeit gewiss und allgemeingültig zu werden: so lässt sich auch seine psychologische Abgrenzung vervollständigen. Alles

## § 1. Aufgabe der Logik.

Denken, das unter diesen Gesichtspunkt fällt, vollendet sich in Urtheilen, die als Sätze innerlich oder äusserlich ausgesprochen werden. In Urtheilen endigt jede practische Ueberlegung über Zwecke und Mittel, in Urtheilen besteht jede Erkenntniss, in Urtheilen schliesst sich jede Ueberzeugung ab. Alle andern Functionen kommen nur in Betracht als Bedingungen und Vorbereitungen des Urtheils. Das Urtheil kann ferner nur insofern Gegenstand wissenschaftlicher Untersuchung sein als es sich im Satze ausspricht; nur vermittelst des Satzes kann es gemeinsames Object der Betrachtung sein, und nur als Satz kann es allgemeingültig werden wollen.

9. Nun lehren die Thatsachen des Irrthums und des Streites, dass unser wirkliches Denken in den Urtheilen die es erzeugt seinen Zweck häufig verfehlt; dass diese Urtheile theils von den einzelnen Denkenden selbst wieder aufgehoben werden, indem die Ueberzeugung eintritt, dass sie ungültig sind d. h. dass nothwendig anders geurtheilt werden muss, theils dass die Urtheile von andern Denkenden nicht anerkannt werden, indem diese ihre Nothwendigkeit bestreiten, sie für blosse Meinung und Vermuthung erklären, oder ihre Möglichkeit läugnen, sofern über denselben Gegenstand nothwendig anders geurtheilt werden müsse.

Darin, dass das wirklich entstehende Denken seinen Zweck verfehlen kann und wirklich verfehlt, liegt das Bedürfniss einer Disciplin, welche den Irrthum und den Streit vermeiden und das Denken so vollziehen lehrt, dass die daraus hervorgehenden Urtheile wahr, d. h. nothwendig, und gewiss, d. h. vom Bewusstsein ihrer Nothwendigkeit begleitet, und ebendarum allgemeingültig seien.

Die Beziehung auf diesen Zweck scheidet die logische Betrachtung des Denkens von der psychologischen. Dieser ist es um die Erkenntniss des wirklichen Denkens zu thun, und sie sucht demgemäss die Gesetze, nach denen ein bestimmter Gedanke unter bestimmten Bedingungen gerade so und nicht anders eintritt, sie setzt sich zur Aufgabe, jedes wirkliche Denken aus den allgemeinen Gesetzen der geistigen Thätigkeit und den jeweiligen Voraussetzungen des individuellen Falles zu begreifen — in gleicher Weise also das irrthümliche und streitige, wie das wahre und allgemein bekannte Denken. Der Gegensatz von wahr und falsch hat ebensowenig eine Stelle in ihr, wie der Gegensatz von gut und böse im menschlichen Handeln ein psychologischer ist.

Die logische Betrachtung dagegen setzt das Wahrdenkenwollen voraus, und hat nur für diejenigen einen Sinn, welche sich dieses Wollens bewusst sind und nur für dasjenige Gebiet des Denkens, welches von demselben beherrscht wird. Indem sie, von diesem Zwecke ausgehend, die Bedingungen untersucht unter denen er erreicht wird, will sie einerseits die Kriterien des wahren Denkens aufstellen, die aus der Forderung der Nothwendigkeit und Allgemeingültigkeit fliessen, andererseits die Anweisung geben die Denkoperationen so einzurichten, dass der Zweck erreicht wird. So ist die Logik nach einer Seite eine kritische Disciplin gegenüber dem schon vollzogenen Denken, auf der andern Seite eine Kunstlehre. Da aber die Kritik einen Werth nur hat sofern sie Mittel ist den Zweck zu erreichen: so ist die oberste Aufgabe der Logik und diejenige die ihr eigentliches Wesen ausmacht, Kunstlehre zu sein.

## §. 2.

Die Logik als Kunstlehre des Denkens kann nicht unternehmen Anweisung zu geben, wie von einem gegebenen Zeitpunkte an lauter absolut wahres Denken erzeugt werden soll. Sie muss sich darauf beschränken zu zeigen, theils welche allgemeinen Forderungen vermöge der Natur unseres Denkens jeder Satz erfüllen muss, damit er nothwendig und allgemeingültig sein könne, theils unter welchen Bedingungen und nach welchen Regeln von gegebenen Voraussetzungen aus auf nothwendige und allgemeingültige Weise fortgeschritten werden kann, indem sie darauf verzichtet über die Nothwendigkeit und Allgemeingültigkeit der jeweiligen Voraussetzungen zu entscheiden. Die Befolgung ihrer Regeln verbürgt demnach nicht nothwendig materiale Wahrheit der Resultate,

## § 2. Grenzen der Aufgabe.

sondern nur die **formale Richtigkeit** des Verfahrens. In diesem Sinne ist unsere Kunstlehre nothwendig **formale Logik**.

1. Wenn für irgend eine menschliche Thätigkeit eine Kunstlehre aufgestellt wird, welche den Anspruch macht den Erfolg der Thätigkeit zu sichern für welche sie Regeln gibt: so wird dabei vorausgesetzt, dass diese Thätigkeit eine vollkommen **freie und willkürliche** sei; und darin liegt einmal, dass ich die Bedingungen meiner Thätigkeit jederzeit in meiner Gewalt habe sobald ich nur will, und dann, dass das Bewusstsein des Zweckes und der für seine Erreichung gültigen Regeln genüge, um jede einzelne Operation diesen Regeln gemäss zweckmässig zu vollziehen. Sollte also der Zweck nothwendiges und allgemeingültiges Denken zu erzeugen und vermittelst desselben die Wahrheit zu erkennen mit Hülfe einer Kunstlehre gesichert werden: so wäre vorausgesetzt, dass wir alle Bedingungen für dasselbe in unserer Gewalt hätten, und dass wir von einem bestimmten Zeitpunkt an vollkommen frei unser Denken beherrschen könnten um es den Regeln gemäss zu vollziehen.

In diesem Sinne hat Cartesius seine Methodus recte utendi ratione et veritatem in scientiis investigandi entworfen; sie sollte bewirken, dass mit Einemmale aller Möglichkeit eines Irrthums ein Ende gemacht, aller Zweifel ausgeschlossen und eine Reihe von Gedanken hergestellt werde, die, von einem nothwendig wahren und gewissen Satze ausgehend, in untrüglicher Weise fortschreitend, lauter absolut wahre Sätze enthielte. Seine Voraussetzung war, dass, wenn auch nicht das Haben von Vorstellungen, doch das Urtheilen ein vollkommen freier und willkürlicher Act sei, sofern wir uns der Zustimmung zu jedem Satze enthalten können, den wir nicht mit voller Ueberzeugung als wahr und gewiss erkennen; dass es darum möglich sei durch einen radicalen Zweifel sich aller und jeder Voraussetzungen zu entschlagen, welche die Gefahr eines Irrthums in sich schliessen, und die Thätigkeit des Denkens vollkommen von neuem zu beginnen; und ebenso nahm er an, dass die Hauptbedingungen dieser Thätigkeit,

Begriffe und Grundsätze, uns angeboren, also von nichts als unserem Selbstbewusstsein abhängig seien.

Wäre nun die letzte Annahme auch ebenso sicher als sie bestritten ist, so würde höchstens im Gebiete apriorischen Wissens die Methode rein anwendbar sein; und nur für diejenigen, welche den Entschluss fassen und ausführen könnten, sich aller Voraussetzungen zu entschlagen. Es ist aber schlechterdings unmöglich die Continuität zwischen dem früheren und dem jetzigen Denken willkürlich abzubrechen und ganz ab ovo zu beginnen; wie das willkürliche Denken in dem unwillkürlichen Erzeugen von Gedanken wurzelt und aus ihm fortwährend Nahrung zieht, so hätten wir ohne den Vorrath immer schon vorhandener Gedanken, und die Sprache, welche denselben repräsentiert, gar nicht die Mittel von der Stelle zu kommen; und das eigene Beispiel des Cartesius zeigt, dass dem besten Vorsatze zum Trotz eine Menge von früheren Elementen in die neu begonnene Reihe eindringt. Ebensowenig ist es richtig, dass wir uns willkürlich jedes Urtheils enthalten können, wenn es auch nicht in unserer Wahl stehe die Vorstellungen auf die es sich bezieht zu haben oder nicht zu haben. Denn theils sind die Voraussetzungen die wir mitbringen Urtheile, welche andere Urtheile unausweichlich nach sich ziehen; theils sind mit der Natur der Vorstellungen die wir haben die Urtheile über ihre Verhältnisse schon bestimmt, und es ist nicht von unserer Willkür abhängig, ob wir bejahen oder verneinen wollen.

Es kann also schlechterdings keine Methode geben das Denken von vorne anzufangen, sondern immer nur eine Methode es von schon vorhandenen Voraussetzungen aus fortzusetzen, die, selbst wenn sie als ungewiss anerkannt würden, doch den Ausgangspunkt unseres ferneren Denkens abgeben müssten.

2. Die Nothwendigkeit einer Einschränkung der Logik auf Regelung des Fortschritts im Denken gilt insbesondere in Bezug auf dasjenige Denken, welches die empirische Erkenntniss der Welt anstrebt. Die Voraussetzungen dieser Erkenntniss sind richtige Wahrnehmungen, und ihr zweckmässiger Vollzug hängt nicht allein von dem dieselben beglei-

tenden Denken, sondern ebenso von den Bedingungen der sinnlichen Empfindung und dem Verhältniss unserer Sinne zu den Objecten ab. Die Kunst richtiger Beobachtung ist nur zum Theil mit der Kunst richtig zu denken gegeben, zum Theil beruht sie auf der Schärfe und Uebung der Sinnesorgane, auf mechanischer Geschicklichkeit, auf der Kunst das Object und unsere Sinnesorgane in die günstigsten Verhältnisse zu bringen und die Beobachtungsfehler zu eliminieren; sie muss sich in ihren verschiedenen Hülfsmitteln nach der manigfaltigen Natur der Gegenstände richten, von denen jede Classe ihre besondere Technik verlangt. Wollten wir im Gebiete der empirischen Erkenntniss unser Denken und Urtheilen suspendieren, bis wir von absolut gewissen und nothwendigen Voraussetzungen ausgehen könnten: so wäre eine empirische Wissenschaft gar nicht möglich, und es bliebe nichts übrig als mit der Gültigkeit und Genauigkeit unserer Wahrnehmungen nicht bloss die Realität der sinnlichen Welt überhaupt, sondern auch die Möglichkeit allgemeingültiger Gesetze der Phänomene in suspenso zu lassen.

Die Geschichte der Entwicklung unseres Wissens zeigt ferner, dass häufig nur auf dem Umwege eines Ausgangs von irrthümlichen und ungewissen Voraussetzungen aus die Wahrheit gefunden worden ist; und der Gang der wissenschaftlichen Forschung bringt es fortwährend mit sich, dass Streit geschlichtet wird durch Verfolgung falscher Sätze in ihre Consequenzen. Jeder apagogische Beweis ist ein Beispiel dieses Verfahrens.

Ein weites Gebiet unseres Allgemeingültigkeit anstrebenden Denkens ist endlich an Voraussetzungen gebunden, die ihre Gültigkeit von einem Wollen ableiten und in diesem Sinn rein positiv sind. Es hiesse die ganze practische Jurisprudenz von der logischen Betrachtung ausschliessen, wenn an der Forderung festgehalten würde, dass die Logik die materiale Wahrheit aller Sätze begründen müsse.

3. Was also eine Kunstlehre des zweckmässigen Denkens allein ausführen und also auch allein sich vorsetzen kann, ist die Anleitung, von gegebenen Voraussetzungen im Denken so fortzuschreiten, dass jeder fernere Schritt mit dem Bewusst-

sein der Nothwendigkeit und Allgemeingültigkeit verbunden sei. Sie lehrt nicht w a s zu denken sei, sonst müsste sie der Inbegriff aller Wissenschaft sein, sie lehrt nur, dass wenn etwas s o gedacht wird, ein anderes s o gedacht werden muss; mag nun das Gegebene, der Vorrath von irgendwie entstandenen Vorstellungen, einzelnen Beobachtungen, allgemeinen Sätzen, im Uebrigen beschaffen sein wie er will.

Es versteht sich dabei, dass wir unter »Fortschreiten« ein Vorwärtsgehen in jeder Richtung, vom Grund zu den Folgen wie von der Folge zum Grund, vom Allgemeinen zum Besonderen wie umgekehrt begreifen, so dass die Kunstlehre auf alle Probleme sich muss anwenden lassen die überhaupt unserem Denken gestellt sind.

4. In diesem Sinne, dass wir um der Allgemeinheit und practischen Ausführbarkeit unserer Aufgabe willen nicht darauf ausgehen können, ein voraussetzungslos von vorn anfangendes Denken zu fingieren, und dass wir nicht die Gültigkeit der jedesmaligen Voraussetzungen, von denen das wirkliche Denken ausgeht, sondern nur die Correctheit des Fortschrittes von gegebenen Voraussetzungen in die logische Untersuchung aufzunehmen haben, verstehen wir es, dass die Logik eine f o r m a l e Wissenschaft sei. Nicht aber wollen wir in dem Sinne die Logik für formal erklären, dass sie den vergeblichen Versuch machen soll, das Denken überhaupt als eine bloss formale Thätigkeit aufzufassen, welche getrennt von jedem Inhalte betrachtet werden könnte und den Unterschieden des Inhalts gegenüber gleichgültig wäre, noch in dem Sinne, dass die logische Untersuchung von der allgemeinen Beschaffenheit des Inhalts und der Voraussetzungen des wirklichen Denkens ganz absehen und sie ignorieren sollte. Gerade desshalb, weil wir kein rein aus sich selbst im einzelnen Individuum anfangendes Denken, sondern nur ein Denken unter den allgemeinen Verhältnissen und Bedingungen und mit den allgemeinen Zwecken des menschlichen Denkens kennen, kann weder von der bestimmten Art, wie unser Denken von der Sinnesempfindung Stoff und Inhalt erhält und ihn zu Vorstellungen von Dingen, Eigenschaften, Thätigkeiten u. s. w. gestaltet, noch von seiner historischen Bedingtheit durch die

menschliche Gesellschaft abgesehen werden, sondern es wird nur abgesehen von der besonderen Beschaffenheit des jeweiligen Ausgangspunktes einer Reihe von Denkprocessen.

## §. 3.

Die Möglichkeit, die Kriterien und Regeln des nothwendigen und allgemeingültigen Fortschritts im Denken aufzustellen, beruht auf der **Fähigkeit objectiv nothwendiges Denken von nicht nothwendigem zu unterscheiden**, und diese Fähigkeit manifestirt sich in dem **unmittelbaren Bewusstsein der Evidenz**, welches nothwendiges Denken begleitet. Die Erfahrung dieses Bewusstseins und der Glaube an seine Zuverlässigkeit ist **ein Postulat**, über welches nicht zurückgegangen werden kann.

1. Wenn wir uns fragen, ob und wie es möglich sei die Aufgabe in dem Sinn in dem wir sie gestellt haben zu lösen: so concentriert sich diese Frage in der Schwierigkeit ein sicheres Kennzeichen anzugeben an welchem sich objectiv nothwendiges und allgemeingültiges Urtheilen unterscheiden lasse von individuell differentem und damit, im obigen Sinne, den Zweck verfehlendem. Und hier gibt es zuletzt keine andere Antwort als Berufung auf die subjectiv erfahrene Nothwendigkeit, auf das innere Gefühl der Evidenz, das einen Theil unseres Denkens begleitet, auf das Bewusstsein, dass wir von gegebenen Voraussetzungen aus nicht anders **denken können** als wir denken. Der Glaube an das Recht dieses Gefühls und seine Zuverlässigkeit ist der letzte Ankergrund aller Gewissheit überhaupt; wer dieses nicht anerkennt, für den gibt es keine Wissenschaft sondern nur zufälliges Meinen.

2. Die Sicherheit der Allgemeingültigkeit unseres Denkens beruht in letzter Instanz auf dem Bewusstsein der Nothwendigkeit und nicht umgekehrt; indem wir eine allen gemeinsame Vernunft voraussetzen, sind wir überzeugt, dass was wir mit dem Bewusstsein unausweichlicher Nothwendigkeit denken, auch von andern so gedacht werde; und die empirische Bestätigung durch die factische Uebereinstimmung aller vermag

wohl unsere Voraussetzung zu erhärten, dass andere unter demselben sie bindenden Gesetze stehen, aber das unmittelbare Gefühl der Nothwendigkeit weder zu ersetzen noch viel weniger zu erzeugen. Die Uebereinstimmung der Erfahrung mit unserer Berechnung aber, und die Gewohnheit auf welche sich die Empiristen berufen, afficirt wiederum nur die Gültigkeit unserer Voraussetzungen von denen wir ausgehen, vermag aber den specifischen Charakter der Denknothwendigkeit weder hervorzubringen noch zu alteriren. So dass wir hier vor dem fundamentalen Factum stehen auf dem jedes logische Gebäude erbaut sein muss; und keine Logik kann anders verfahren, als dass sie sich der Bedingungen bewusst wird unter denen dieses subjective Gefühl von Nothwendigkeit eintritt, und dieselben auf ihren allgemeinen Ausdruck bringt. Will man sagen, dann sei die Logik eine empirische Wissenschaft, so ist das in demselben Sinne richtig, in welchem auch die Mathematik eine empirische Wissenschaft ist; auch sie geht von inneren Thatsachen aus, und der Nothwendigkeit die ihnen anhaftet. Was aber beide von der bloss empirischen Wissenschaft unterscheidet, ist eben dass sie in ihren Thatsachen die Nothwendigkeit finden, welche der zufälligen Erfahrung mangelt, und diese zur Basis der Gewissheit ihrer Sätze machen.

§. 4.

Mit der gestellten Aufgabe ist der Gang der Untersuchung gegeben. Zuerst ist das Wesen der Function zu betrachten, für welche die Regeln gesucht werden sollen; dann sind die Bedingungen und Gesetze ihres normalen Vollzugs aufzustellen; endlich die Regeln des Verfahrens zu suchen, durch welches von dem unvollkommenen Zustande des natürlichen Denkens aus auf Grund der gegebenen Voraussetzungen und Hülfsmittel der vollkommene erreicht werden kann. Somit zerfällt unsere Untersuchung in einen analytischen, einen gesetzgebenden und einen technischen Theil.

1. Wenn — wie oben S. 9 festgestellt wurde — diejenige Thätigkeit in welcher unser absichtliches Denken seinen Zweck

erreicht, das **Urtheilen** ist: so ist nothwendig der erste Schritt, dass die Function, um deren richtigen Vollzug es sich handelt, in ihrer Natur richtig verstanden, und die in derselben liegenden Voraussetzungen erkannt werden. Um so mehr, da dieselbe Form des Urtheils dem zweckmässigen, allgemeingültigen, und dem seinen Zweck verfehlenden Denken gemeinschaftlich ist. Wahrheit und Irrthum, Gewissheit und Zweifel, Uebereinstimmung und Streit treten nur insoweit hervor, als das Denken die Gestalt von Urtheilen annimmt, und in Urtheilen sich abschliessen will oder abgeschlossen hat. Es ist also dieselbe Function, die hier richtig, dort falsch vollzogen wird; und es lassen sich erst dann Regeln geben sie richtig zu vollziehen, wenn erkannt ist, worin sie besteht.

Diese Erkenntniss ist nur durch eine Analyse unseres wirklichen Urtheilens, durch Besinnung auf das zu gewinnen, was wir thun wenn wir urtheilen, welche anderen Functionen etwa dem Urtheilen vorausgesetzt sind, auf welche Weise aus ihnen das Urtheilen sich bildet, und welche allgemeinen Principien diesen Bildungsprocess von Natur beherrschen. Es muss dabei vorausgesetzt werden, dass vorläufig bekannt sei, welche Denkacte unter die Bezeichnung des Urtheils fallen; und es genügt zunächst, sich an die Sprache zu halten, und als nächstes Object dieser Untersuchung alle diejenigen Sätze auszusondern, die eine Aussage enthalten, welche den Anspruch macht wahr zu sein und von andern als gültig anerkannt und geglaubt zu werden.

Von den Sätzen, welche die Grammatik aufführt, stellen wir also alle diejenigen vorläufig bei Seite, welche, wie Imperative und Optative\*), ein individuelles und unübertragbares

---

\*) Der Imperativ schliesst allerdings auch eine Behauptung ein, nemlich die, dass der Redende die von ihm geforderte Handlung jetzt eben will, der Optativ, dass er das Ausgesprochene wünscht. Diese Behauptung liegt aber in der Thatsache des Redens, nicht in dem Inhalt des Ausgesprochenen; ebenso enthält ja auch jeder Aussagesatz von der Form A ist B bloss durch die Thatsache des Redens die Behauptung, dass der Redende das denkt und glaubt was er sagt. Diese Behauptungen über den subjectiven Zustand des Redenden, welche in der Thatsache seines Redens liegen und unter Voraussetzung seiner Wahrhaftigkeit gültig sind, begleiten in gleicher Weise alles Reden,

Moment enthalten, und ebenso alle, die zwar auf eine Behauptung hinweisen, aber dieselbe nicht als wahr aufstellen,

———

und können also keinen Unterschied der verschiedenen Sätze begründen. Der Imperativ: Schweige! drückt natürlich aus: Ich will, dass du schweigst; aber er beabsichtigt direct nicht diese Thatsache mitzutheilen, sondern den Willen des Angeredeten zu bestimmen, er verlangt nicht Glauben an seine Wahrheit, sondern Gehorsam. Unübertragbar nenne ich das darin liegende Moment, weil der Angeredete nicht in demselben Sinne den Willensact des Befehlenden wiederholt, wie er, indem er einer Aussage glaubt, den Gedanken des Redenden in sich aufnimmt.

An dieser nächsten und gewöhnlichen Bedeutung des Imperativs als Ausdruck eines bestimmten individuellen Wollens wird nichts Wesentliches geändert, wenn er als Form eines allgemeinen Gesetzes auftritt. Indem der Gesetzgeber den Staatsbürgern oder den Religionsgenossen mit einem Imperativ gegenübertritt, verhält er sich zu ihnen wie der Einzelne zum Einzelnen: er spricht nicht, um eine Wahrheit mitzutheilen die geglaubt, sondern um ein Gebot zu verkündigen das befolgt werden soll; ob der Befehlende als wirkliches Individuum oder als Collectivum auftritt, ob das vorausgesetzte Motiv des Gehorsams Unterwerfung unter persönliche Autorität oder unpersönliche Staatsordnung ist — der Inhalt des Ausgesprochenen ist nicht die Mittheilung einer Wahrheit, sondern die Aufforderung das eine zu thun, das andere zu lassen.

Auch die Form »du sollst«, in der solche Gebote, wie im Decalog, auftreten, drückt zunächst nichts anderes aus. Sollen ist das Correlat von Wollen; wer den Befehl des Herrn dem Diener überbringt, sagt ihm: du sollst das und das thun; in »du sollst« liegt also zunächst nichts anderes als im einfachen Imperativ, die Eröffnung eines Gebots an den Angeredeten, den ich von dem Willen eines anderen, sei's ein Dritter oder auch ich selbst, abhängig denke.

Aber nun liegt allerdings in diesem »du sollst« eine Zweideutigkeit, die in dem einfachen Imperativ nicht liegt. Denn »Sollen« hat auch die Bedeutung eines eigentlichen Prädicats in einer Aussage, die wahr sein will; es bedeutet verpflichtet sein, gebunden sein — ein modales Prädicat (s. u. § 6, 3, d), welches ein bestehendes Verhältniss des subjectiven individuellen Wollens zu einer gebietenden Macht oder einer objectiven Norm ausspricht. Der ursprüngliche Imperativ ist jetzt in die Bedeutung des Prädicats gewandert, welche das verpflichtende Verhältniss eines Gebots zu einem Willen an den es sich wendet einschliesst; und die Behauptung, dass ich verpflichtet bin, kann — auf Grund einer vorausgesetzten rechtlichen oder moralischen Ordnung, wahr oder falsch sein. Aehnliche Zweideutigkeit liegt in »dürfen«. Du darfst — ist zunächst der Ausdruck der augenblicklichen Erlaubniss,

wie die Fragesätze oder diejenigen, welche nur eine Vermuthung oder eine subjective Ansicht ausdrücken; in wieweit die letzteren als Vorbereitung des Urtheils in Betracht kommen, kann erst die spätere Untersuchung lehren.

Alle wirklichen Aussage- oder Behauptungssätze aber sind Gegenstand unserer Untersuchung, mögen sie betreffen was sie wollen. Wir schliessen uns damit der Auffassung des Aristoteles\*) an, und verwerfen die Unterscheidung eines sogenannten logischen Urtheils von anderen Behauptungen, wonach nur etwa die Subsumtion eines Einzelnen unter sein Allgemeines in der Logik zu betrachten wäre, blosse Mittheilungen von Thatsachen aber ausserhalb derselben fielen. Denn auch diese Sätze wollen wahr sein und machen Anspruch geglaubt zu werden, auch in Beziehung auf sie findet Irrthum und

durch die ich den Willen eines anderen freigebe, auf eine Bestimmung seines Thuns und Lassens, auf eine Hinderung seines Wollens verrichte; die Aussage, die es enthält, ist nur das subjective Factum, dass ich nicht den Willen habe zu verbieten; der eigentliche Zweck des Satzes ist ein practischer; insofern ist »du darfst« mit einem Imperativ verwandt. Andererseits kann »dürfen« ebenso Prädicat einer wirklichen Behauptung sein, welche aussagt, dass einer Handlung kein Verbot einer Autorität entgegenstehe, dass sie nach der bestehenden Ordnung erlaubt sei.

Schliesslich geht dieselbe Zweideutigkeit auch über auf Sätze, welche die grammatische Form einer einfachen Aussage zeigen. Der Paragraph des Strafgesetzbuchs: Wer das und das thut, wird so und so bestraft — will nicht mittheilen, was wirklich geschieht, wie die Formel eines Naturgesetzes, sondern eine Vorschrift geben; derselbe Satz enthält aber eine wirkliche Aussage, wenn das Gesetz in seiner Wirksamkeit geschildert wird; er sagt jetzt, was innerhalb eines bestimmten Staates regelmässig geschieht. Vrgl. hiezu Zitelmann, Irrthum und Rechtsgeschäft S. 222 ff. Bierling, zur Kritik der juristischen Grundbegriffe II, 259 ff.

Die blosse grammatische Form ist also kein untrügliches Zeichen, dass wir es mit einer Behauptung zu thun haben. Eine Behauptung ist nur ein solcher Satz, der seinem Sinne nach wahr sein will, und für den die Frage gestellt werden kann, ob er wahr oder falsch ist.

\*) Aristoteles nennt beständig als das Merkmal, welches das Urtheil, die ἀπόφανσις, von anderen Redeformen unterscheidet, nur das, dass ihm das Wahr- oder Falschsein zukommt. De interpr. 4. (λόγος) ἀποφαντικὸς οὐ πᾶς, ἀλλ' ἐν ᾧ τὸ ἀληθεύειν ἢ ψεύδεσθαι ὑπάρχει. Ebenso De anima III, 6.

Streit statt, und darum fordern sie ebensogut wie die Subsumtionsurtheile auf, die Bedingungen ihrer Gültigkeit zu untersuchen\*). Nur wo die scholastische Ansicht vom Wesen der Wissenschaft herrschte, dass nur die Definition wissenschaftlichen Werth habe, könnte man die Logik auf Subsumtionsurtheile beschränken wollen; wo aber das Bewusstsein lebendig ist, dass für einen grossen Theil unseres Wissens einzelne Thatsachen die Basis und der Prüfstein sind, gehören auch die Urtheile, welche Thatsachen aussprechen, unter die logische Betrachtung.

Es liegt ferner in der Anlage unserer Untersuchung, dass wir die Analyse des Urtheils da aufnehmen, wo es sich ohne Reflexion kunstlos im natürlichen Verlaufe des Denkens bildet.

2. Ist die Untersuchung dessen, was im Urtheilen geschieht, beendigt, so lässt sich dann erst fragen, welches die Anforderungen sind, welche an ein vollkommenes, dem Zwecke nach allen Seiten entsprechendes Urtheilen gestellt werden müssen, und damit ein Ideal aufstellen, mit dem unser Denken übereinstimmen will und soll. Indem wir nemlich von der Forde-

---

\*) Gegen Ulrici, Comp. der Logik 2. Afl. § 72. S. 266. 267. Hegel, der das Urtheil als das Bestimmen des Begriffs durch sich selbst bezeichnet, sagt zuerst (Logik, Werke IV. 69): »Ein Satz hat zwar im grammatischen Sinne Subject und Prädicat, ist aber darum noch kein Urtheil. Zu Letzterem gehört, dass das Prädicat sich zum Subject nach dem Verhältniss von Begriffsbestimmungen, also als ein Allgemeines zu einem Besonderen oder Einzelnen verhalte. Aristoteles ist im 73. Jahre seines Alters, in dem 4. Jahre der 115. Olympiade gestorben, ist ein blosser Satz, kein Urtheil«. Er fügt aber bezeichnender Weise hinzu: »Es wäre von Letzterem nur dann etwas darin, wenn einer der Umstände, die Zeit des Todes oder das Alter jenes Philosophen in Zweifel gestellt gewesen, aus irgend einem Grunde aber die angegebenen Zahlen behauptet würden .... So ist die Nachricht: mein Freund N. ist gestorben, ein Satz; und wäre nur dann ein Urtheil, wenn die Frage wäre, ob er wirklich todt, oder nur scheintodt wäre«. Somit ist auch nach Hegel jeder Satz doch ein Urtheil, sofern man nach seiner Wahrheit fragen und Gründe dafür verlangen kann. Vergl. auch die Bemerkungen Fr. Kern's (die deutsche Satzlehre, 1883 S. 1 ff.) die nur irrthümlich gegen die Logik, statt gegen eine einseitige logische Theorie gerichtet sind.

rung ausgehen, dass unser Denken nothwendig und allgemeingültig sei, und diese Forderung an die nach allen ihren Bedingungen und Factoren erkannte Function des Urtheils halten, ergeben sich daraus bestimmte Normen, welchen das Urtheilen genügen muss, und ebendamit bestimmte Kriterien zur Unterscheidung des vollkommenen und unvollkommenen Urtheilens. Diese Normen concentrieren sich, soweit die logische Betrachtung in unserem Sinne sie verfolgen kann, in zwei Punkten: erstens, dass die Elemente des Urtheils durchgängig bestimmt, d. h. begrifflich fixiert sind; und zweitens, dass der Urtheilsact selbst auf nothwendige Weise aus seinen Voraussetzungen hervorgehe. Damit fällt in diesen Theil die Lehre von den Begriffen und Schlüssen als Inbegriff normativer Gesetze für die Bildung vollkommener Urtheile.

3. Da nun aber mit der Erkenntniss, wie beschaffen ein ideal vollkommenes Denken sein muss, nicht von selbst auch schon die Möglichkeit gegeben ist, diesen idealen Zustand wirklich zu erreichen, noch die Kenntniss des Weges der zum Ziele führt: so bedarf es der Besinnung darüber, wie aus dem uns gegebenen Zustande heraus, mit den Mitteln die uns von Natur zu Gebote stehen, und unter den Bedingungen, unter denen unser menschliches Denken steht, die logische Vollkommenheit erreichbar sei; es handelt sich also um die Methoden, zu richtigen Begriffen und brauchbaren Voraussetzungen von Urtheilen und Schlüssen zu gelangen. Dies ist das Gebiet der Kunstlehre im engeren Sinn, der eigentlich technischen Anweisung, zu welcher die beiden vorangehenden Theile die nothwendigen Vorbereitungen sind. In ihr hat als wichtigster Theil die Theorie der Induction ihre Stelle, als die Lehre von der Methode aus einzelnen Wahrnehmungen Begriffe und allgemeine Sätze zu gewinnen.

4. Durch diese Fassung der Aufgabe und Anordnung der Untersuchung glauben wir die verschiedenen Gesichtspunkte zu vereinigen, welche in der Bearbeitung der Logik herausgetreten sind, und jedem sein Recht widerfahren zu lassen. Denn wenn man einerseits der Logik zuwies, die Naturformen und Naturgesetze des Denkens aufzustellen, denen es nothwendig folge, so erkennen wir die Nothwendigkeit an, solche

Naturgesetze, unter denen alles Urtheilen überhaupt steht, aufzustellen, und die Principien zu finden, unter denen es als bewusste Function von dieser bestimmten Art nothwendig stehen muss; aber wir läugnen dass damit die Aufgabe der Logik erfüllt sei, weil diese nicht eine Physik sondern eine Ethik des Denkens sein will; wenn man sie andererseits als Lehre von den Normen des menschlichen Denkens oder Erkennens definirt hat, so erkennen wir an, dass ihr dieser normative Character wesentlich ist; aber wir läugnen dass diese Normen erkannt werden können anders als auf Grundlage des Studiums der natürlichen Kräfte und Functionsformen, welche durch jene Normen geregelt werden sollen, und wir läugnen ebenso, dass ein blosser Codex von Normalgesetzen für sich schon fruchtbar sei und genüge den Zweck, um dessenwillen es überhaupt eine Logik aufzustellen lohnt, zu erreichen. Vielmehr halten wir es für nöthig dasjenige, was meist nur anhangsweise abgehandelt wird, zum eigentlichen, letzten und Hauptziel unserer Wissenschaft zu machen, nemlich die Methodenlehre. Indem diese zu ihrem Hauptgegenstande das Werden der Wissenschaft aus den natürlich gegebenen Voraussetzungen des Wissens haben muss, hoffen wir auch denjenigen gerecht zu werden, welche, um der Leerheit und Abstractheit der formalen Schullogik zu entgehen, ihr die Aufgabe der Erkenntnisstheorie zuweisen, nur dass wir allerdings alle Fragen über die metaphysische Bedeutung der Denkprocesse ausschliessen und uns rein innerhalb des vorgeschriebenen Rahmens halten, innerhalb dessen wir das Denken als subjective Function betrachten, und die Anforderungen an dasselbe nicht auf eine Erkenntniss des Seienden ausdehnen, sondern auf das Gebiet der Nothwendigkeit und Allgemeingültigkeit beschränken, in welchen Characteren auch der Sprachgebrauch immer und überall das unterscheidende Wesen des Logischen sieht.

# Erster analytischer Theil.

## Das Wesen und die Voraussetzungen des Urtheilens.

## § 5.

Der Satz, in welchem etwas von etwas ausgesagt wird, ist der sprachliche Ausdruck des **Urtheils**. Dieses ist ursprünglich ein **lebendiger Denkact**, der jedenfalls voraussetzt, dass **zwei unterschiedene Vorstellungen** dem Urtheilenden gegenwärtig sind, indem das Urtheil vollzogen und ausgesprochen wird, die **Subjects-** und die **Prädicatsvorstellung**, die sich vorerst nur äusserlich so unterscheiden lassen, dass das Subject dasjenige ist, wovon etwas ausgesagt wird, das Prädicat dasjenige, was ausgesagt wird.

1. Was uns als Urtheil entgegentritt in Form eines ausgesprochenen Behauptungssatzes, erscheint zunächst als ein fertiges Ganzes, als ein abgeschlossenes Resultat der Denkthätigkeit, das als solches im Gedächtniss wiederholbar, in neue Combinationen einzugehen fähig, durch Mittheilung an andere übertragbar, in der Schrift für alle Zeit fixierbar ist. Aber dieses objective Dasein und diese selbstständige Existenz, vermöge der wir zu sagen pflegen, dass das Urtheil aussage, verknüpfe, trenne, ist blosser Schein, und diese Redensarten sind Tropen; so wie wir eigentlich reden wollen, hat das Urtheil als solches seine wirkliche Existenz nur im lebendigen Urtheilen, in demjenigen Acte eines denkenden Individuums, der sich in einem bestimmten Momente innerlich vollzieht, und jedes Fortbestehen des Urtheils als lebendigen Vorgangs im Denken ist nur dadurch möglich, dass dieser Act immer und immer wieder mit dem Bewusstsein seiner Identität wiederholt wird. Das objective Dasein kommt nie dem Urtheile selbst, sondern nur seinem sinnlichen Zeichen,

dem gesprochenen oder geschriebenen Satze zu, der, äusserlich für andere gegenwärtig und erkennbar, beurkundet, dass ein bestimmter Denkact im lebendigen Denken vollzogen worden ist.

Der Satz als dieses äusserliche Zeichen lässt sich nun aber von zwei Seiten betrachten, die von Anfang an genau zu scheiden wichtig ist: einerseits weist er auf seine Quelle zurück, auf die inneren Vorgänge in demjenigen, der ihn ausspricht und darin seine Gedanken offenbart; andrerseits wendet er sich an den Hörenden und will verstanden werden; der Hörende ist aufgefordert, die äusseren Zeichen zu interpretieren und daraus den Gedanken zu construiren, den der Redende ausgedrückt hat. Die Functionen dessen, der gesprochene Worte versteht, sind aber nicht dieselben, wie die Functionen dessen, der spricht; wenn auch, das vollkommene Verstehen vorausgesetzt, das letzte Resultat im Geiste des Hörenden übereinstimmen muss mit dem, wovon der Sprechende ausgieng. Drücke ich eine von mir gemachte Wahrnehmung in den Worten aus: das Schloss brennt, so ist mein Ausgangspunkt das Bild des brennenden Schlosses; in diesem erkenne ich die bekannte Gestalt des Gebäudes und die aus demselben schlagenden Flammen; indem ich diese beiden Elemente zuerst unterscheide und dann im Satze vereinige, beschreibe ich, was ich sah. Wer meinen Satz hört, muss erst die für ihn durch die beiden Wörter erweckten bisher getrennten Vorstellungen vereinigen; und erst dadurch hat er am Schlusse die Vorstellung, von der der Sprechende ausgegangen war.

Es liegt in der Natur der Sache, dass die Grammatik und Hermeneutik, welche von den gesprochenen oder geschriebenen Worten ausgeht, geneigt ist, sich überwiegend auf den Standpunkt des Hörenden zu stellen, und diejenigen Functionen in's Auge zu fassen, welche bei dem Verstehen wirksam sind, und sie in der Ordnung zu betrachten, in der sie der Hörende vollzieht; für die psychologische Analyse aber, welche das Wesen des urtheilenden Denkens untersuchen will, kommt in erster Linie die andere Seite, das Thun des Sprechenden in Betracht; um so mehr, da nicht alles Denken, das sich in Worte kleidet, nothwendig die Tendenz zur Mittheilung an andere hat.

## § 5. Der Satz als Ausdruck des Urtheils. Subject und Prädicat.

Das Wesen des Urtheils untersuchen heisst also für uns den **Denkact** betrachten, den wir vollziehen, wenn wir im lebendigen Urtheilen begriffen sind, und dem wir in Worten dann Ausdruck geben; und da jede (innere oder ausgesprochene) Wiederholung eines Urtheils seine erstmalige Erzeugung voraussetzt, so sind wir an diejenigen Fälle gewiesen, in denen wir denkend ein Urtheil neu erzeugen und ihm seinen sprachlichen Ausdruck schaffen (wie es z. B. immer geschieht, wenn wir eine neue Beobachtung aussprechen).

2. Das was vorgeht, indem ich ein Urtheil bilde und ausspreche, kann zunächst äusserlich so bezeichnet werden, dass ich etwas von etwas aussage*). Es sind jedenfalls zwei Elemente da; das eine ist das, was ausgesagt wird, τὸ κατηγορούμενον, das Prädicat, das andere das, wovon ausgesagt wird oder auf welches etwas hingesagt wird, τὸ ὑποκείμενον, das Subject. Damit ist aber nur eine äusserliche, von dem Sprechen hergenommene Bezeichnung gegeben; Aussagen ist eine Thätigkeit der Sprachorgane, und es fragt sich, was innerlich in unserem Denken vorgeht, wenn wir »etwas von etwas aussagen.«

3. Gehen wir von dem gesprochenen Satze aus: so ist vor allem ein Unterschied zu machen. Es gibt Sätze, in denen als Subject oder Prädicat nur die **Wörter als solche** gemeint sind, als diese bestimmten Lautcomplexe; sei es, dass über sie bloss sprachliche Bemerkungen, ganz abgesehen von ihrer Bedeutung, gemacht werden (Samiel ist ein hebräisches Wort, contra ist eine Präposition), sei es, dass der Satz die Bedeutung eines bestimmten Wortes oder Namens betrifft (Oxyd ist eine Verbindung mit Sauerstoff, Alexandros ist ein anderer Name für Paris, Jagsthausen ist ein Dorf und Schloss an der Jagst). Scheiden wir diese, die bloss sprachlichen und hermeneutischen Aussagen zunächst aus, so bleiben uns als Gegenstand der Untersuchung diejenigen Sätze, in denen die **Wörter als Zeichen von Vorstellungen** auftreten und vorausgesetzt wird, dass sowohl der Sprechende

---

*) λόγος καταφατικὸς ἢ ἀποφατικὸς τινὸς κατὰ τινός. Aristoteles Anal. pr. I, 1. Die Ansicht, dass nicht jedes Urtheil zwei Elemente habe, wird später (§. 12) besprochen werden.

als der Hörende sie versteht, d. h. eine bestimmte und zwar dieselbe Vorstellung mit ihnen verbindet; in denen also die Aussage nicht die Wörter selbst, sondern das durch die Wörter bezeichnete Vorgestellte betrifft.

4. In diesem Falle müssen beide Elemente, Subject und Prädicat, wenn die Aussage Sinn haben soll, etwas meinem Bewusstsein **Gegenwärtiges, eben jetzt Vorgestelltes** sein. Die **Subjectsvorstellung** erscheint für die erste und allgemeinste Auffassung als dasjenige, was mir zuerst gegenwärtig ist; jedes beliebige Object, das ich im Bewusstsein für sich festhalten kann, ist an und für sich fähig, Subject eines Urtheils zu werden, sei's eine unmittelbare Anschauung von Einzelnem, sei's eine abstracte Vorstellung, sei's ein Ding, ein Geschehen etc. Zu ihr tritt als zweites in unserem Bewusstsein die **Prädicatsvorstellung**. Ihr ist es wesentlich, dass sie dem schon bekannten und durch verstandene Wörter bezeichneten Gebiete unserer Vorstellungen angehört, dass sie also eine durch frühere Acte in's Bewusstsein aufgenommene, mit dem Worte verknüpfte, mit ihm festgehaltene und reproducierbare, von allen andern Vorstellungen unterschiedene ist. Um zu sagen: dies ist blau, dies ist roth, muss ich die Vorstellungen blau, roth u. s. f. schon von früher her kennen und eben jetzt als bekannte mit dem Worte reproducieren; und Urtheilen ist erst von da an möglich, wo eine Anzahl solcher festgehaltener und unterschiedener Vorstellungen leicht in's Bewusstsein tritt. Das bewusste Urtheilen setzt also voraus, dass diese Vorstellungen **schon gebildet sind**.

Nun ist allerdings in dem Process, durch den sie sich bilden, bereits ein Denken enthalten; mag man die Functionen, durch welche wir zur Vorstellung bestimmter Gegenstände und überhaupt zu Vorstellungen gelangen, die wir als Prädicate verwenden können, im Einzelnen sich denken wie man will, so ist unzweifelhaft dabei ein Unterscheiden verschiedener Empfindungen, ein Zusammenfassen einer Manigfaltigkeit zu einem Ganzen, ein Beziehen dieses Ganzen als Einheit auf seinen manigfaltigen Inhalt, ein Festhalten des so gewonnenen Products nöthig — lauter Acte die wir nur in Analogie mit bewussten, urtheilsartigen Denkacten uns vorzustellen vermögen. Aber diese Thätigkeit, durch welche uns bestimmte von einander unterschiedene und für sich festhaltbare Vorstellungen entstehen, fällt vor unser bewusstes und absichtliches Denken und folgt unbewussten Gesetzen; wenn wir anfangen uns zu besinnen, sind nur die Resultate dieser Processe in Form von fertigen benannten Vorstellungen im Bewusstsein, und die Processe selbst müssen theils ursprünglich durch eine psychologische Nothwendigkeit geleitet worden sein, da sie von allen Menschen im Wesentlichen übereinstimmend vollzogen werden, theils sind sie so eingeübt und zur mechanischen Fertigkeit ausgebildet, dass sie auch innerhalb des bewussten Lebens mit unbewusster Sicherheit vor sich gehen. Andererseits ist die ursprüngliche Entstehung und die erste Aneignung der Sprache ebenso schon vorausgesetzt, da sich das bewusste und willkürliche Denken fast ausnahmslos mit Hülfe derselben vollzieht. Es fällt also zunächst ausserhalb unserer Aufgabe, dasjenige Denken zu betrachten, durch welches Vorstellungen zuerst entstehen, und ebenso, die Entstehung der Sprache überhaupt und die Aneignung derselben von Seite des Einzelnen zu untersuchen, wenn auch vielleicht die fortschreitende Analyse diese Fragen berühren muss; wohl aber ist es nöthig, das Gebiet der Vorstellungen zu übersehen, welche als Elemente, sei es als Subject oder als Prädicat, in unsere Urtheile einzugehen vermögen, und das Verhältniss des innerlich Vorgestellten zu seinem sprachlichen Ausdruck zu bestimmen.

### Erster Abschnitt.
## Die Vorstellungen als Elemente des Urtheils und ihr Verhältniss zu den Wörtern.

### § 6.

Was wir vorstellen und was als Subject oder Prädicat oder Theil des Subjects und Prädicats in unsere Urtheile einzugehen vermag, sind:

I. **Dinge, ihre Eigenschaften und Thätigkeiten, mit deren Modificationen;**

II. **Relationen der Dinge, ihrer Eigenschaften und Thätigkeiten, und zwar theils räumliche und zeitliche, theils logische, theils causale, theils modale.**

1. Die Sprache selbst scheint durch ihre Unterscheidung der verschiedenen Wortgattungen den Leitfaden zu geben zur Aufsuchung der verschiedenen Arten des Vorgestellten; ein Leitfaden den Aristoteles bei der Aufstellung der **Kategorien** als der obersten Gattungen des Vorgestellten und Seienden jedenfalls mit benützt hat. Allein dieser Leitfaden ist nicht untrüglich. Denn es ist das Eigenthümliche der Sprachbildung, dass ihre verschiedenen Formen im Verlaufe der Entwicklung verschiedene Functionen annehmen; nicht für jede neue Art von Vorstellung wird eine besondere Form ausgeprägt, sondern wie im organischen Gebiete morphologisch gleichwerthige Organe doch physiologisch wesentlich verschiedene Verrichtungen besorgen können, so ist es auch mit den Wortgattungen des Substantivs, Verbs, Adjectivs u. s. w. Die Unterschiede der Wortgattungen sind nicht nothwendig

## § 6. Die obersten Gattungen des Vorgestellten.

congruent den Unterschieden der Bedeutungen, so dass sich an diesen äusseren Charakteren alles ablesen liesse; der Versuch lässt sich nicht umgehen, immer die Andeutungen der Sprache im Auge, doch aus der Natur des Vorgestellten heraus eine Uebersicht zu gewinnen, und daraus erst zu erkennen, inwieweit die Unterschiede der Sprachformen den inneren Unterschieden ihres Inhalts gefolgt sind.

2. Als der allgemeinste menschliche Besitz, dessen Entstehung wir auch ohne Sprache in jedem Individuum auf dieselbe Weise möglich denken müssen, wenn er auch factisch in der Regel schon unter Mitwirkung der Sprache entsteht, tritt uns der Kreis von Vorstellungen entgegen, deren Gesammtheit die Welt des Seienden ausmacht, zu der neben der Vorstellung unser selbst die Vorstellung unserer gesammten erfahrungsmässig erkannten Umgebung und weiterhin die Vorstellung alles dessen gehört, was in derselben Weise existierend gedacht wird, wie wir selbst und die Gegenstände unserer unmittelbaren Wahrnehmung.

Den Grundstock dieser Welt bilden die Vorstellungen einzelner Dinge, welche durch die concreten Substantiva sprachlich bezeichnet werden. Diese Dinge stellen wir vor als Eigenschaften an sich tragend, welche in Adjectiven ihren Ausdruck finden, und im Verfluss der Zeit Thätigkeiten aus sich entwickelnd und in Zustände gerathend, welche sich in Verben aussprechen*).

Diese Trennung der Vorstellungen der Dinge von denen

---

*) Es beeinträchtigt die Allgemeinheit des Processes, durch welchen sinnliche Affectionen auf Dinge bezogen werden, nicht, dass diese Beziehung im Einzelnen schwankend und die Auffassung des Dinges, das in einer bestimmten Erscheinung wahrgenommen wird, wechselnd sein kann. Nacht, Schatten, Regenbogen, Wind u. s. w. sind ursprünglich Dinge im vollen Sinn des Worts, concrete Einzelwesen; erst die wissenschaftliche Reflexion entkleidet sie dieser Festigkeit, und lässt sie als blosse Wirkungen bestimmter Verhältnisse von Dingen erkennen. Wir vermeiden darum auch den Ausdruck »Substanz« in diesem Zusammenhang, weil er bereits an eine wissenschaftliche Reflexion und eine Kritik der unmittelbar auf natürlichem Wege entstehenden Vorstellungen erinnert. Nicht alles, was das gewöhnliche Bewusstsein unbefangen, von den Analogieen seiner Denkprocesse geleitet, als Ding auffasst,

der Eigenschaften die ihnen inhärieren und der Thätigkeiten in denen sie begriffen sind, zusammen mit der Nothwendigkeit, sie fortwährend aufeinander zu beziehen und jeden für sich denkbaren und festhaltbaren Gegenstand als Einheit eines Dings mit seinen Eigenschaften und Thätigkeiten zu betrachten, gilt uns hier als ein Grundfactum unseres Vorstellens, weil sie unserem bewussten und von der Reflexion leitbaren Urtheilen immer schon vorausgesetzt ist, wie auch die sprachliche Unterscheidung der Wortformen in allen entwickelteren Sprachen — und nur innerhalb dieser können wir eine Logik aufstellen wollen — dem Aussprechen des Urtheils immer zu Grunde liegt. Es sind zwar dieselben Eindrücke, welche uns die Vorstellung des Leuchtens und die des leuchtenden Gegenstands, die Vorstellung der Härte und Kälte und die des harten und kalten Dings geben; aber wir können für unser bewusstes Denken uns nicht mehr auf den

---

ist darum Substanz im strengen Sinne und hält der bewussten Anwendung dieser Kategorie Stand.

Die schwierige Frage, ob der heutigen Verbalform in allen ihren Anwendungen überhaupt ein bestimmter einheitlicher gemeinsamer Begriff zu Grunde liegt, und welcher es ist, dürfen wir hier unerörtert lassen. Dass in der ursprünglichen Scheidung von Nomen und Verbum diesem der Ausdruck eines in der Zeit vor sich gehenden Thuns (im weitesten Sinne) zufällt, und der Gedanke einer von dem Ding ausgehenden, aus ihm entspringenden Bewegung und Veränderung, die weiterhin auf andere Dinge wirksam übergreifen kann, den ersten Kern der Vorstellungsgruppe bildet, zu deren Bezeichnung das Verbum verwendet wird, scheint mir unzweifelhaft. Je lebendiger die Phantasie ursprünglich die Dinge denkt, desto gewisser erscheinen auch dauernde Zustände, wie Liegen, Stehen, Bleiben als ein »sich halten«, »sich verhalten« als ein actives, gleichsam gewolltes Verharren und Zurückhalten einer Veränderung, oder wenigstens, wie in dem griechischen ἕστηκα, κάθημαι zu Tage tritt, als Folge eines Thuns. Es scheint mir also richtiger, den Begriff des Thuns als den ursprünglichen hinzustellen und den des Zustands ihm zu subordinieren, als das Verhältniss, wie z. B. Wundt thut, umzukehren. Dass für unsere jetzige Auffassungsweise viele Verba den Werth adjectivischer Prädicate zu haben scheinen, ändert an der ursprünglichen Unterscheidung nichts; dasselbe Verhalten eines Dings kann einerseits als ruhende Eigenschaft, andrerseits als fortgehende Bethätigung des Dings aufgefasst werden, wie ruhig und ruhen, ruber und rubeo, still und schweigen u. s. f.

§ 6. Die obersten Gattungen des Vorgestellten.

Standpunkt zurückschrauben, auf dem die Trennung noch nicht geschehen war, so wenig als wir in den Wurzeln reden können aus denen die Verbal- und Nominalformen hervorgewachsen sind. Die Bedeutung der Wortformen des Substantivs, Verbs und Adjectivs ist keine andere, als dass sie in ihrem Unterschied eben auf jene Einheit hinweisen; jedes Verbum weist auf ein Subject, jedes Adjectiv auf ein Substantiv hin, und erst wenn sie ihre Ergänzung gefunden haben, kommt das Denken in einem relativ abgeschlossenen Acte zur Ruhe, und hat ein für sich als selbstständig vorstellbares Ganze erreicht. Dem Substantiv kommt es dabei zu, überwiegend die Einheit zu bezeichnen, welche aber immer in ihre Elemente sich zu entfalten drängt; das Adjectiv und Verb stellen diese Elemente für sich heraus, aber so wie sie immer zur Einheit zurückstreben. Wo also die Objecte unseres Vorstellens in Redewendungen bezeichnet werden, welche sich in den Formen der Substantiva, Adjectiva, Verba bewegen, da ist das nach den Kategorieen des Dings, der Eigenschaft und der Thätigkeit unterscheidende und verknüpfende Denken wirksam gewesen, und unsere Ausdrucksweise steht unter der Herrschaft der Gewohnheit, allen Inhalt unter diese Kategorieen zu bringen; höchstens in einigen onomatopoetischen Wörtern, wie patsch, plumps, können wir einen Eindruck auf der Stufe wiedergeben, auf der sich jenes Denken desselben noch nicht bemächtigt hat.

c) Der Gegensatz von Verb und Substantiv ist sachlich und sprachlich der ursprünglichere. Wenn es wahr wäre, dass die Urbedeutungen der Wurzeln verbaler Natur, und Vorgänge, Veränderungen, Bewegungen das Erste gewesen wären was bezeichnet wurde, so bewiese dies zunächst nur, dass die lebendige Bewegung und Thätigkeit den stärkeren Reiz ausgeübt und leichter den begleitenden Laut erregt hätte, nicht dass die Vorstellung des Thuns überhaupt früher gewesen wäre als die des Thätigen. Denn die Grundanschauung, die aller Vorstellung von Thätigkeit ausser uns zu Grunde liegt, die Bewegung, kann nicht wahrgenommen werden, ohne das Bewegte und seinen Hintergrund zu fixiren, und eine Vergleichung anzustellen welche festgehaltene und ruhende Bilder voraussetzt\*); gerade in der Bewegung ist die Identität des Thätigen in seiner Thätigkeit wie der Unterschied des beharrlichen Dinges von dem zeitlichen Geschehen am leichtesten zu erfassen; schwerer im Werden und Verschwinden, in der Veränderung der Eigenschaften. Denn die Eigenschaft, die das Adjectiv ausdrückt, ist da wo es rein sinnliche Bedeutung hat, wie z. B. in der Farbe, gar nicht von der Vorstellung des Gegenstands gesondert, beharrlich wie dieser; was wir von dem Dinge wahrnehmen ist eben seine Eigenschaft. Erst in der Vielheit der Eigenschaften, vermöge welcher dieselbe Eigenschaft an Verschiedenem in verschiedenen Combinationen sich zeigen kann, und in der Veränderlichkeit der Eigenschaften an demselben continuierlich angeschauten Ding liegt das Motiv sie für sich loszulösen und zu einem für sich Vorstellbaren zu machen; erst in der Wiederholung des Thuns das Motiv, seinen bleibenden Grund in einem Adjectiv auszusprechen. Daraus ergeben sich die zwei Classen der Adjectiva, diejenigen, welche dem Nominalcharakter, und diejenigen, welche dem Verbalcharakter näher liegen.

d) Während die Vorstellungen des Dings, der Eigenschaft und Thätigkeit an einander gebunden sind, ein Thun immer das Thun von Etwas, eine Eigenschaft die Eigenschaft von Etwas sein muss, das als ein Ding vorgestellt wird, und umgekehrt ein Ding immer mit bestimmter Eigenschaft und Thätigkeit vorgestellt werden muss: so liegt doch in der Unterscheidung die Möglichkeit, eine Eigenschaft oder Thätigkeit für sich festzuhalten, und von der Beziehung auf ein bestimmtes Ding in Gedanken loszulösen. So vorgestellt werden sie a b s t r a c t gedacht, d. h. in künstlicher Isolierung der Einheit ferngehalten, der sie ihrer Natur nach zustreben. In dieser Abstraction liegt neben der Losreissung von der Einheit mit bestimmten Dingen zugleich die Erhebung in die A l l g e m e i n h e i t, d. h. die Möglichkeit sie auf beliebig vieles Einzelne zu beziehen und darin wiederzufinden; und beide Processe, die Auflösung eines bestimmten Vorstellungsganzen in die unterschiedenen Elemente von Eigenschaften und

---

\*) Uebereinstimmend Steinthal, Abriss der Sprachwiss. I. 396 ff.

Thätigkeiten, und die Bildung abstracter und allgemeiner Vorstellungen von diesen bedingen sich gegenseitig, oder sind vielmehr ein und derselbe Process, dessen Resultat nur von verschiedenen Seiten erscheint. Indem ich die Anschauung eines Steins mir zum Bewusstsein bringe als eines runden weissen u. s. w. Dings, sind zugleich die Vorstellungen der runden Form, der weissen Farbe u. s. w. aus diesem bestimmten Verband losgelöst in mir, und eben darum fähig in jeden beliebigen andern einzugehen und in jedem andern wiedererkannt zu werden.

e) Indem mit der Unterscheidung der Eigenschaften und Thätigkeiten von den Dingen dieselbe Eigenschaft und dieselbe Thätigkeit in verschiedenen Dingen vorgestellt wird, ist zugleich die Basis dafür gegeben, die gleichartigen Thätigkeiten und Eigenschaften verschiedener Dinge unter sich zu vergleichen und ihre Unterschiede zum Bewusstsein zu bringen, die theils als verschiedene Grade, theils als verschiedene Weisen gedacht werden; und wie die Dinge durch ihre Thätigkeiten und Eigenschaften sich unterscheiden, so die ähnlichen Thätigkeiten und Eigenschaften der einzelnen Dinge nach Graden und Weisen, die wir zusammenfassend Modificationen nennen mögen. Damit ist eine neue Unterscheidung und eine neue Einheit gegeben, die sich sprachlich in der Beziehung der Adverbia zu den Adjectiven und Verben ausdrückt. Es ist wiederum mit der Wortform des Adverbs gegeben, dass es sich als ein unselbstständiges Element ankündigt und die Einheit mit einer Eigenschafts- oder Thätigkeitsvorstellung fordert; nur an einer solchen, als ihre genauere Bestimmung gedacht, hat es seinen verständlichen Sinn.

f) Sofern die abstracten Vorstellungen für sich festgehalten werden und als Anknüpfungspunkte von anderen Vorstellungen auftreten können, verleiht ihnen die Sprache substantivische Form, indem sie die Substantiva abstracta bildet, deren Bedeutung Vorstellungen von Eigenschaften und Thätigkeiten sind. Die Analogie der Sprachform weist ihnen damit eine Vergleichbarkeit mit den Dingen insofern zu, als sie zu Adjectiven und Verben in ähnlicher Weise in Beziehung treten sollen, wie die concreten Substantiva. Allein sie sind darum nicht Dinge, und die Einheit, welche zwischen ihnen und ihren adjectivisch oder verbal ausgedrückten Bestimmungen besteht, ist nicht die der Inhärenz oder Action, durch welche sie selbst als Abstracta rückwärts auf ihre Träger hinweisen. Vielmehr kann es nur — wo nicht Relationen hereintreten — die Besonderung eines Gemeinsamen, die Modification der Eigenschaft oder Thätigkeit sein, welche in analoger Weise mit ihr zusammengedacht und auf sie bezogen wird, wie die Eigenschaft auf das Ding; und das Gemeinschaftliche beider Verhältnisse ist zunächst nur das, dass sie eine Eins-Setzung in dem Sinne gestatten, dass in der substantivischen Vorstellung ihre näheren Bestimmtheiten und die unterscheidenden Merkmale, die sie dem vergleichenden Denken darbietet, zugleich für sich zum Bewusstsein gebracht und in Einheit mit ihr gehalten werden. (Der Ball ist rund — der Ball bewegt sich — die Bewegung ist schnell — die Schnelligkeit wächst u. s. f.)

Das Gemeinschaftliche der bisher betrachteten Vorstellungen der Dinge, ihrer Eigenschaften und Thätigkeiten ist, dass sie ein unmittelbar anschauliches Element haben, das der Function eines oder mehrerer unserer Sinne oder der inneren Wahrnehmung seine Bestimmtheit verdankt. Dieser anschauliche Gehalt ist für sich niemals das Ganze der Vorstellung; er ist vom Denken ergriffen und geformt, als Vorstellung der Eigenschaft oder Thätigkeit eines Dinges festgehalten und auf dieses als beharrliche Einheit bezogen; und diese Einheit liegt in dem Vorgestellten ebenso mit, wie das sinnlich anschauliche Element; aber während jene Kategorieen des Dinges, der Eigenschaft und Thätigkeit überall dieselben sind, macht das Product sinnlicher Anschauung oder einer dieselbe nachbildenden Imagination den eigentlichen Kern der Vorstellung aus und gibt ihr den unterscheidenden Inhalt.

3. Dadurch unterscheiden sich diese Vorstellungen der Dinge mit ihren Eigenschaften und Thätigkeiten von der zweiten Hauptclasse, den Relationsvorstellungen. Diese setzen einerseits die Vorstellung von Dingen immer schon voraus, und haben andrerseits einen Gehalt der immer erst durch eine beziehende Thätigkeit erzeugt ist und in Folge dessen von

Hause aus eine Allgemeinheit an sich hat, vermöge der die entsprechenden Wörter niemals für sich die Vorstellung eines Einzelnen zu erwecken vermögen.

a) Die Relationen, welche am frühesten und leichtesten aufgefasst werden, weil sie implicite schon in unserer Anschauung der Dinge und ihrer Thätigkeiten mitliegen, sind die des Orts und der Zeit. Rechts und links, oben und unten, vor und nachher sind Vorstellungen, die ihren Ursprung als bewusst gesonderte Bestandtheile unserer Vorstellungswelt nur einer subjectiven Thätigkeit verdanken, welche zwischen den schon in räumlicher und zeitlicher Ausbreitung angeschauten Dingen hin und her geht; ihr Gehalt besteht in dem Bewusstsein der Bestimmtheit dieser den Raum und die Zeit durchlaufenden Thätigkeit, ist also von den jeweiligen bestimmten Beziehungspunkten von Hause aus unabhängig. Indem wir die Dinge als räumlich ausgedehnt und zeitlich dauernd vorstellen, ihre Vielheit in räumlicher und zeitlicher Ordnung ausgebreitet vor uns haben, ist in diesem Vorstellen allerdings schon die ganze Menge dieser Beziehungen implicite enthalten; sie sind aber nicht für sich zum Bewusstsein gekommen. Damit dass wir ein räumliches Object vorstellen, das ein rechts und links, ein oben und unten hat, dass unsere den Raum durchlaufende Anschauung in diesen verschiedenen Richtungen hin und her geht, um ein räumliches Gebilde als Einheit festhalten zu können, ist noch nicht gegeben, dass wir uns des Hin und Hergehens selbst und seiner unterschiedenen Richtungen bewusst sind; zunächst ist nur das Resultat, die bestimmte Gestalt und ihre Lage zu andern in unserem Bewusstsein. Erst wenn uns die Thätigkeit des Hin- und Hergehens selbst zum Bewusstsein kommt, wenn wir eine Richtung von der andern, die weiter fortschreitende Bewegung des Blicks oder der Hand von der kürzeren unterscheiden und sie fixieren, entsteht uns der Gehalt jener Beziehungswörter, die eben darum, weil sie eine zu dem unmittelbar gegebenen Stoff hinzukommende spontane Bewegung der Vorstellung voraussetzen, auch von jeder bestimmten sinnlichen Affection sich loslösen und so eine ganz eigene Art von Allgemeinheit haben. »Bewegung« können wir uns immer zuletzt nur vorstellen als

Bewegung von Etwas, wenn es auch noch so blass als sinnliches Bild gedacht wird; »Richtung« aber setzt nur unser eigenes Linienziehen im Raume voraus und das Bewusstsein seiner Unterschiede. Der sprachliche Ausdruck dieser Relationen sind die Orts- und Zeitadverbien, die, wo sie dazu verwendet werden, die Relationen bestimmter Objecte als mit diesen zusammen vorgestellt auszudrücken, zu Präpositionen oder Casussuffixen werden oder als Präfixe u. s. w. mit den Adjectiven und Verben verschmelzen, während in andern Wörtern (folgen, fallen u. s. w.) eine räumliche oder zeitliche Relation mit der Bedeutung des Wortes verschmolzen ist und keinen gesonderten Ausdruck findet.

Auf räumliche Verhältnisse geht ursprünglich auch die Relation des Ganzen und der Theile zurück. Es liegt in der Entstehung unserer Anschauungen, dass, was wir als ein einheitliches Ding auffassen, durch eine begrenzende Unterscheidung aus der weiteren Umgebung losgelöst ist, die der unmittelbaren Empfindung zugleich mit ihm gegeben war; so entstehen uns die Bilder der Menschen und Thiere in Folge ihrer freien Beweglichkeit, die sie von dem Hintergrunde zu unterscheiden zwingt, so fassen wir den Baum, den Stein als Einheit auf, indem ihre Form die allseitige Umgrenzung und Unterscheidung begünstigt. Aber indem sich innerhalb der zuerst so gewonnenen Einheit neue Unterschiede zeigen, neue Grenzen sich ziehen lassen, entstehen untergeordnete räumliche Einheiten innerhalb des ersten Umrisses; die Glieder des menschlichen und thierischen Leibes setzen sich vermöge ihrer relativ freien Beweglichkeit als solche Einheiten heraus; das Blatt löst sich selbst vom Baume los, die Zerschlagung des Steines vollzieht eine Trennung zwischen den einzelnen Stücken für die Anschauung, der die vorangehende Form noch gegenwärtig war. Damit nun, dass wir so ein Ganzes zerlegen, entsteht zunächst nur eine Mehrheit neuer Einheiten, neuer Dinge für uns, die wir abgrenzen; damit, dass wir die Vorstellung des Kopfes neben der des ganzen Leibes, des Fingers neben der der ganzen Hand haben, ist der Kopf noch nicht als Theil des Leibes, der Finger noch nicht als Theil der Hand vorgestellt, wenn auch durch unmittelbare weiter gehende Anschauung oder Reproduction zu dem Kopf der Leib dem er angehört, zu dem Finger die Hand ergänzend vorgestellt wird; erst indem wir uns des Verhältnisses der untergeordneten Einheit zu der höheren bewusst werden, das Zerlegte wieder zusammensetzen und beide Processe aufeinander beziehen, erscheint der Kopf als Theil des Leibes, der Finger als Theil der Hand; und mit der Vorstellung der Dinge, die wir, wie die Glieder des Leibes, immer nur als Theile, niemals als isolierte Ganze wahrnehmen, verknüpft sich allerdings neben dem anschaulichen Bilde die Vorstellung der Relation, der Angehörigkeit an ein Ganzes, (Kopf, Arm, Glied u. s. w.) während es anderen Objecten zufällig ist, ob sie als Theile oder als selbstständige Ganze vorgestellt werden (Blume als Ganzes, Blüthe als Theil).

Diese Relationsvorstellung ist sodann die Voraussetzung aller Vorstellung von Grösse. A ist B gegenüber gross, wenn B ein Theil von A ist oder (durch Aneinander oder Uebereinanderlegen u. s. f.) als Theil von A angesehen werden kann; alles Vergleichen von Grössen und alles eigentliche Messen beruht auf nichts anderem, als auf der Beobachtung oder der Herstellung eines Verhältnisses von Theilen zu einem Ganzen, und der Grundsatz, dass das Ganze grösser ist als der Theil, enthält genau genommen eine Interpretation der Vorstellung «gross». (Erst in zweiter Linie, nemlich wenn wir die Gewohnheit eines bestimmten Massstabes gewonnen haben, können gross, hoch u. s. w. den Schein absoluter Prädicate, den Schein von Eigenschaften annehmen.)

Weiterhin bleibt dann die Vorstellung des Ganzen als Dinges mit Eigenschaften und Thätigkeiten nicht gleichgültig gegen die Vorstellung der Theile; diese stehen nicht bloss in ihrem äusserlichen Aneinander da, sind nicht bloss in dem Ganzen als dem umfassenden Rahmen; es verknüpft sich vielmehr damit eine causale Relation — das Ganze umfasst die Theile, hält sie zusammen, hat sie. Davon weiter unten.

Dieselbe Unterscheidung ist im Gebiete der Zeit zu vollziehen. Das Wort zerfällt in Silben, die Melodie in einzelne Absätze; auch hier entwickeln sich die Vorstellungen der Zeitgrössen, des länger und kürzer, in dem Masse als die Zeitrelationen für sich zum Bewusstsein kommen.

b) Gehen diese Gruppen von Vorstellungen zurück auf die beziehende Thätigkeit, die sich in Raum und Zeit bewegt, und haben sie ihren Inhalt an dem anschaulichen Bewusstsein des Durchlaufens von Raum und Zeit, so können sie sich doch nicht vollziehen, ohne dass zugleich Functionen des beziehenden Denkens mitwirken, und andere Relationsvorstellungen als Resultate des Unterscheidens und Vergleichens entstehen. Die Vorstellung des Unterschieds ist nichts Gegebenes; damit dass mehrere unterschiedene Objecte im Bewusstsein sind, ist wohl das Unterscheiden vorausgesetzt; aber zunächst kommt nur das Resultat dieser Function zum Bewusstsein, das in dem Nebeneinander mehrerer Objecte, deren jedes für sich festgehalten wird, besteht. Die Vorstellung des Unterschieds aber, der Gleichheit oder Verschiedenheit, entwickelt sich erst, wenn das Unterscheiden mit Bewusstsein vollzogen und auf diese Thätigkeit reflectirt wird; die Vorstellung der Identität setzt nicht bloss voraus, dass dasselbe Object längere Zeit oder wiederholt gegenwärtig war, sondern sie entsteht erst durch Negation des inhaltlichen Unterschieds zweier oder mehrerer, zeitlich aufeinanderfolgender Vorstellungen und hat ihren Inhalt an dieser Thätigkeit; sie kann einem Objecte nur zugesprochen werden, sofern es die Bedingungen und den Grund zu dieser Thätigkeit darbietet. Unterschied, Identität, Gleichheit sind niemals als blosse Abstractionen zu begreifen von dem anschaulichen Inhalte, der immer nur sich selbst zu geben vermag, sie sind bewusst gewordene Denkprocesse und haben an diesen ihren Inhalt. Aus solchen Denkprocessen entspringen die Zahlen, indem Gleiches räumlich oder zeitlich unterschieden wird und die Thätigkeit der unterscheidbaren Wiederholung derselben Anschauung als solche zum Bewusstsein kommt, jeder Schritt der Wiederholung im Gedächtniss behalten und mit jedem die Reihe der vorangegangenen zu einer neuen Einheit zusammengefasst wird. Die Vorstellung der Zahl drei ist ja nicht damit gegeben, dass ich drei Dinge sehe, und diese einen andern Eindruck machen als zwei und eines. Dass die Verschiedenheit dabei die der Zahl ist, erkenne ich erst indem ich zähle, d. h. den Act des Fortschreitens von einer Einheit zur andern mit Bewusstsein vollziehe.

c) Die dritte Hauptclasse der Relationen sind die causalen, welche sämmtlich die Vorstellung des Wirkens (des auf ein anderes bezogenen Thuns) zu ihrem unendlich manigfaltig modificierten Gehalte haben (Verba transitiva). So wenig der Causalbegriff nach seinem Ursprunge hier erklärt oder auch nur genauer bestimmt werden soll, was wir einem späteren Zusammenhange vorbehalten, muss ihm doch seine Stelle in der Gesammtheit unserer Vorstellungen angewiesen werden; und dies ist insofern nicht ganz leicht, als durch den engen Zusammenhang des Wirkens mit dem Thun die Auffassung des Wirkens als einer Relation auch das Thun in dieselbe Betrachtung mit hineinzureissen und demgemäss auch das Verhältniss des Thätigen zu seinem Thun als blosse Relation hinzustellen droht, wonach das Thun eines Subjects als etwas ihm gegenüber Zweites, als ein selbstständiges von ihm Erzeugtes erschiene; und die Betrachtung des Verhältnisses eines Dings zu seinem wechselnden Thun unter dem Gesichtspunkt einer Relation scheint um so näher zu liegen, als ja ohne eine zusammenfassende Synthesis die Identität eines Dings in seinen Veränderungen gar nicht festzuhalten ist, und diese in der That von ihm unterschieden werden müssen. Die Unmöglichkeit eine feste Grenze zu ziehen scheint noch in doppelter Hinsicht eine Bestätigung zu finden. Wenn der Mensch geht, so bewegt er seine Beine; dasselbe, was von einer Seite als blosses Thun dargestellt wird, erscheint von der andern als Wirkung auf seine Glieder, die etwas relativ Selbstständiges sind; und ebenso in allen Fällen, wo wir schwanken können, was wir als einheitliches Ding festhalten, was wir als Complex verschiedener Dinge betrachten sollen; selbst das ruhende Verhältniss des Ganzen zu den Theilen erscheint als ein Wirken, das vom Ganzen gegen die Theile oder von diesen gegen jenes ausgeübt wird; das Ganze hat, d. h. hält die Theile, bindet sie durch ein Wirken zur Einheit zusammen, die Theile »bilden« das Ganze. Wird ferner darauf gesehen, dass, was wir gewöhnlich als Eigenschaft auffassen, wie Farbe, Geruch u. s. w., der fortschreitenden Erkenntniss sich in eine Wirkung auf unsere Sinnesorgane aufgelöst hat, so hat der Satz, dass auch Wirken und Eigenschaft ineinander übergehen, dass die Substanz in ihren Eigenschaften causal sei, viel für sich, und Inhärenz und Causalität sind dann nur verschiedene Betrachtungsweisen eines und desselben Verhältnisses.

Allein alle diese Betrachtungen heben doch bloss die Schwierigkeit hervor zu entscheiden, auf was die Bestimmungen der Eigenschaft, des Thuns, des Wirkens mit objectiver Gültigkeit angewendet werden können, ohne dass darum der Unterschied der Begriffe Eigenschaft, Thun, Wirken als **unterschiedener Elemente in unserer Vorstellung** aufgehoben wäre. Wenn erkannt wird, dass, was wir erst als eine einem Ding inhärierende Eigenschaft angesehen haben, wie die Farbe, dem Dinge nicht inhäriert, sondern seine Wirkung auf unsere Sinnlichkeit ist: so wirkt es doch vermöge einer Eigenschaft die jetzt nur nicht sinnlich direct erkennbar ist, sondern erschlossen werden muss, vermöge der Structur seiner Oberfläche und seiner Kraft Lichtwellen theils zurückzuwerfen theils zu absorbieren; und um **wirken zu können**, muss es vor allem **thätig sein**, an sich selbst eine Veränderung seines Zustands, eine Bewegung oder dergl. vornehmen. Es bleibt bestehen, dass wir, um ein bestimmtes Ding zu denken, es mit Eigenschaften denken müssen, die ihm inhärieren, die sein unterschiedenes Wesen ausmachen und von ihm, wie es an sich ist, prädiciert werden können. Ebenso ist es mit dem Thun. Wenn nicht alles in ein Chaos zusammenstürzen soll, in welchem wir keine festen Unterschiede mehr zu erkennen vermögen, so müssen wir die Welt als eine Vielheit von einzelnen individuellen Dingen denken, deren jedes seine Bestimmtheit hat, und thätig ist, indem es in der Zeit diese Bestimmtheit behauptet, oder wechselt und ändert, sich bewegt, wächst etc. Dass es in diesem Thun einerseits von anderen Dingen bestimmt wird, die wirken, anderseits auf andere Dinge wirkt, und ihr Thun bestimmt, ist eine davon verschiedene Betrachtung; das Wirken kann gar nicht ausgesagt werden, ohne dass es vom Thun unterschieden wird. Es ist der Gegensatz der causa immanens und der causa transiens. Was aus der ersteren hervorgeht, ist von der Vorstellung des Subjects untrennbar, eine Seinsweise desselben; was aus der zweiten hervorgeht, kann nur durch sein Verhältniss zu einem zweiten gedacht werden. Somit ist der Unterschied nicht aufzuheben, dass die Vorstellung des Wirkens zu den Relationsvorstellungen zwischen verschiedenen Dingen gehört, während die des Thuns einen integrierenden Bestandtheil der Vorstellung des einzelnen Dinges für sich ausmacht, und ihr nur die Relationen des Raums und der Zeit anhängen ohne die überhaupt nichts Einzelnes gedacht werden kann. Darum ist auch die Vorstellung des Wirkens niemals anschaulich; der Uebergang der Causalität von einem Ding aufs andere ist immer hinzugedacht und ein Product des zwischen ihnen verknüpfenden Denkens; anschaulich ist nur das Thun selbst, die Veränderung der in Relation tretenden Dinge.

Auf die Manigfaltigkeit des sprachlichen Ausdrucks dieser Relation können wir nur kurz hinweisen. Ihre nächste und eigentlichste Bezeichnung findet sie in den transitiven Verben; indem diese aber aus beharrlichem Grunde hervorgehend gedacht werden, entwickeln sich die Adjectiva, welche ein Ding als einer Wirkung fähig, zu derselben bereit, sie stetig übend bezeichnen, und indem die Vorstellung des Wirkens mit dem Ding selbst zusammengedacht und dieses von der Wirkung benannt wird, entstehen die zahlreichen Substantiva, welche die Dinge nur nach einer causalen Relation bezeichnen. Hier ergibt sich leicht eine Incongruenz der substantivischen Form, die das Dauernde und für sich Seiende andeutet, mit der Zufälligkeit und dem Wechsel der Relation, und die Möglichkeit von Verwechslungen dessen was bloss von der Relation, und dessen was von dem Dinge gilt. Dies findet auf den Ausdruck Ursache selbst Anwendung; einerseits ist etwas Ursache nur sofern es wirkt, und in dem Moment in welchem es wirkt; andererseits bezeichnen wir mit Ursache ein Ding, das dauernde Existenz hat. Sagt man nun: wo keine Wirkung ist, ist auch keine Ursache, so ist dies vollkommen richtig in Beziehung auf die Relation; aber es wird unrichtig, sobald es auf die Dinge ausgedehnt wird, welche unter Umständen Ursache werden könnten oder in anderer Hinsicht Ursachen sind. Dasselbe ist es — im Gebiete einer andern

Relation — mit dem berühmten Satze: ohne Subject kein Object; denn wenn ich beim Worte Object bloss an die Relation denke, nach der etwas nur insofern als Object bezeichnet werden kann als es wirklich vorgestellt wird, so ist der Satz eine Binsenwahrheit; bezeichne ich aber mit Object alles, was ausser mir oder gar nur als ein von meinem Denken Verschiedenes existiert und nenne es Object, weil es unter Umständen fähig ist vorgestellt zu werden: so folgt aus dem Fehlen des Subjects und dem Aufhören der Relation nicht das Verschwinden aller Dinge die ich vorher vorgestellt habe; sonst müsste auch ich selbst verschwinden, sobald ich einschlafe. Ich habe geschlafen — sagen wir ganz unbefangen; aber Ich bezeichnet doch ein Subject das seiner selbst bewusst ist; das Bewusstsein verschwindet im Schlaf, also kann Ich nicht schlafen, wenn ich mit Ich eben das Subject bezeichne, sofern es seiner selbst bewusst ist; und nach der Theorie: ohne Subject kein Object, müsste ich im Schlafe aufhören zu sein. »Ein Reiter zu Fuss« ist ein lächerlicher Widerspruch, wenn ich mit »Reiter« den Mann bloss bezeichnen will, so lange er zu Pferde sitzt; bezeichne ich aber damit den Mann, der in der Reiterei dient, so ist es eine ganz selbstverständliche Sache, dass er auch zu Fuss geht. Der Satz: »kein Object ohne Subject« ist in demselben Sinne wahr, wie der Satz: Ein Reiter kann nicht zu Fuss gehn.

d) Mit keiner andern Relation vergleichbar ist diejenige, in welcher die Objecte unseres subjectiven Thuns, unseres Anschauens und Denkens wie unseres Begehrens und Wollens zu uns selbst, als dem Subjecte geistiger Thätigkeit stehen. Das Gedachte oder Gewollte als solches, als bestimmter Inhalt, enthält alle Kategorieen die wir bisher betrachtet; es ist Ding, Eigenschaft, Thätigkeit, Wirkung u. s. w.; aber unter welche Kategorie gehört sehen, hören, anschauen, denken, wollen, wenn wir diese Functionen in Beziehung auf ihre Objecte und nicht bloss als Thätigkeitsäusserungen des Subjects betrachten? Gehört sehen, hören, vorstellen unter die causalen Relationen? Sie sind weder ein blosses Thun, denn sie sind auf ein von dem thätigen Subject Verschiedenes bezogen; sie sind aber auch kein Wirken, denn sie erzeugen weder ein

Ding noch verändern sie es. Nur dasjenige, was wie die freien Bildungen der Phantasie von vornherein nur als Gedachtes gilt, kann unter den Gesichtspunkt der causalen Relation des Hervorbringens und Schaffens fallen, sofern wir auch einen Gedanken, ein Traumbild u. s. w. als ein »Ding« anzusehen berechtigt sind; was wir aber als irgendwie seiend denken, das ist nicht von unserem Denken hervorgebracht, und es geschieht ihm realiter nichts damit dass es gedacht wird; und doch soll es ein Object unseres Denkens sein und in Beziehung dazu stehen. Nennen wir diese Classe von Relationen mit einer Erweiterung des kantischen Sprachgebrauchs die modalen: so fallen darunter alle Beziehungen, in welche wir Objecte zu uns setzen, sofern wir sie vorstellen, und als vorgestellte begehren, wünschen, in ihrem Werthe für uns beurtheilen; also nicht bloss alle die Verba, welche eine auf Objecte bezogene ideelle Thätigkeit ausdrücken, sondern ebenso die Adjectiva und Adverbia, welche wie wahr und falsch das Verhältniss meiner Vorstellung zu dem Ding auf welches sie sich bezieht, oder wie schön und gut eine Beziehung des Inhalts einer Vorstellung zu einem Massstabe der Werthschätzung ausdrücken, und darum nur wo dieser Massstab absolut feststeht indirect Ausdruck für eine Eigenschaft werden können, die dem Ding als solchem zukommt; endlich Substantiva wie Zeichen, Zweck etc.

## § 7.

Alles Vorgestellte wird entweder vorgestellt als **einzeln existierend** (als einzelnes Ding oder als Eigenschaft, Thätigkeit, Relation einzelner Dinge) beziehungsweise unter den Bedingungen der Einzelexistenz (wie die Producte der Bilder schaffenden Phantasie), oder es wird **abgesehen von den Bedingungen seiner Einzelexistenz vorgestellt** und insoweit **allgemein**, als das Vorgestellte, wie es rein innerlich gegenwärtig ist, in einer beliebigen Menge von einzelnen Dingen oder Fällen existierend gedacht werden kann. Der Ausdruck für diesen innerlich gegenwärtigen Gehalt des Vorgestellten ist **das Wort** als solches.

Die **Wörter** aber, wie sie als Ausdruck des natürlichen individuellen Denkens aus der vorhandenen Sprache angeeignet und verwendet werden, haben **individuell differente und in vielfacher Umbildung begriffene Bedeutungen**; vermöge dieser Umbildung hat die **Allgemeinheit**, welche ihrer Bedeutung zukommt, **verschiedenen Sinn**.

1. Welche Vorstellungen in einem urtheilenden Subjecte dem Urtheilen selbst vorausgehen, wird im allgemeinen durch ihre sprachliche Bezeichnung angedeutet. Nun ist zwar mit dem Zwecke der Sprache gegeben, dass jeder unter demselben Worte dasselbe denkt; allein im wirklichen Leben ist dieser Zweck durchaus nicht vollständig erreicht, vielmehr bedeuten die Wörter Verschiedenen Verschiedenes, und demselben Verschiedenes zu verschiedenen Zeiten\*). Es darf also niemals, wenn wir das wirkliche Urtheilen analysieren wollen, ohne Weiteres von einer allgemeingültigen Bedeutung eines Wortes ausgegangen, sondern das Wort darf immer nur als Zeichen der eben in dem urtheilenden Individuum gegenwärtigen Vorstellung angesehen werden.

2. Nun ist das Verhältniss der sprachlichen Ausdrücke zu den durch sie bezeichneten Vorstellungen ein verschiedenes. Ein Theil der Wörter (wie Nomina und Verba) ist mit einem bestimmten Vorstellungsgehalt verbunden, der ihre Bedeutung ausmacht wie sie für das Individuum gilt, ein anderer Theil — wie Pronomina und Demonstrativa — bezeichnet für sich durch den blossen Wortlaut nichts bestimmtes, sondern dient nur dazu eine Beziehung zu dem denkenden und sprechenden Subjecte (oder zu dem eben von ihm Gesprochenen) auszudrücken, und vermag also erst wenn diese Beziehung durch die Anschauung selbst bekannt ist, Zeichen einer bestimmten Vorstellung zu werden. Ich und du, dieses und jenes, hier und dort, drücken durch ihren Wortlaut nicht die Vorstellung einer bestimmten Person, eines bestimmten Etwas, eines bestimmten Orts u. s. w. aus, obgleich sie dazu verwendet werden, ein bestimmtes Etwas, einen bestimmten Ort zu bezeichnen; in

---

\*) Vgl. **Paul**, Principien der Sprachgeschichte. 2. Aufl. S. 83.

verschiedenen Fällen, von Verschiedenen gebraucht, bezeichnen sie ganz Verschiedenes, und was sie bezeichnen wird erst anderswoher ergänzt.

3. Die für sich bedeutungsvollen Wörter aber sind alle, sofern sie verstanden werden, zunächst und unmittelbar nur Zeichen von Vorstellungen die innerlich gegenwärtig, aus der Erinnerung reproducierbar sind. Mag ein Wort ein Eigenname sein oder etwas ganz Allgemeines bezeichnen: immer ist es erst dann fähig gebraucht zu werden, wenn es die Macht erlangt hat, durch seinen blossen Laut ohne Hülfe einer gegenwärtigen Anschauung einen bestimmten Vorstellungsgehalt ins Bewusstsein zu rufen. Umgekehrt ist was wir vorstellen nur dann unser sicherer und fester Besitz, der im Denken verwerthet werden kann, wenn wir das bezeichnende Wort dazu haben; wir empfinden das Fehlen des Wortes zu einer Vorstellung immer als einen Mangel und als ein Hinderniss, das uns erschwert sie in ihrer Eigenthümlichkeit und Geschiedenheit von andern festzuhalten, sicher zu reproducieren und vor Verwechslung zu bewahren. Es ist mit dem Gange unserer geistigen Entwicklung, die sich einmal thatsächlich nur mit Hülfe der Sprache und unter ihrem mächtigen Einflusse vollzieht, von selbst gegeben, dass jeder von uns erworbene und innerlich angeeignete Vorstellungsinhalt sein bezeichnendes Wort sucht; darum bemühen wir uns vor allem die Namen zu wissen, und begnügen uns auf die Frage: was ist das? mit der Angabe eines neuen und nie gehörten Namens, indem wir uns leicht der Täuschung hingeben als sei mit dem Lernen der Namen eine Bereicherung unserer Erkenntniss der Dinge gegeben, während wir doch damit, dass wir wissen, dass diese Pflanze Aristolochia und jene Clematis heisst, direct gar nichts gewinnen: wohl aber haben wir ein Mittel gewonnen leichter auf diese Dinge zurückzukommen, sie in unserer Erinnerung zu befestigen und später unsere Erkenntniss zu erweitern. So ist auch jeder Fortschritt des Wissens von einer Veränderung und Erweiterung der wissenschaftlichen Terminologie begleitet.

4. Besinnen wir uns nun auf die Natur der Vorstellungen, welche unsere Wörter begleiten: so ist vor allem daran zu

erinnern, dass wir es hier mit demjenigen Denken zu thun haben, das sich im natürlichen Verlaufe der geistigen Entwicklung in den einzelnen Individuen vollzieht; und was sich hier für den Einzelnen mit einem und demselben Worte verknüpft, macht eine Reihe von Entwicklungsstufen durch, über die uns direct weder die Sprachforschung, welche nur den allgemeingültigen Sinn des Worts feststellen will, noch die gewöhnliche Auffassung des Worts in der Logik Aufschluss geben kann.

5. Die Wörter gelten gewöhnlich als Zeichen von Begriffen. Allein dass sie einen Begriff im logischen Sinn darstellen, wie er ein Kunstproduct einer bewussten Bearbeitung unserer Vorstellungen ist, in der seine Merkmale analysiert und in der Definition fixiert werden, ist ein idealer Zustand, den zu erreichen eben die Logik helfen soll; factisch sind die meisten unserer Wörter nur in der Annäherung an diesen Zustand begriffen, und gehen wir an den Anfang unseres Urtheilens zurück, wie es mit der ersten Aneignung der einfachsten Sprachelemente beginnt, so kann es nur verwirren, wenn das unter dem Wort Gedachte ohne Weiteres als Begriff bezeichnet wird, man müsste denn den Ausdruck »Begriff«, wie Herbart thut, in einem viel weiteren als dem gewöhnlichen Sinne nehmen.

6. Nun scheint ein doppeltes Verhältniss hiebei unterscheidbar. Ein Theil unserer Vorstellungen, nemlich die auf unmittelbarer Anschauung beruhenden, bilden sich bis zu einem gewissen Punkte unabhängig von der Sprache, und diese in jedem Einzelnen selbstständig sich entwickelnden Vorstellungen sind die Bedingung, unter der überhaupt erst das Sprechen möglich ist, das also von dieser Seite zu einem fertigen Gebilde erst hinzukommt. Ein anderer Theil aber, z. B. das ganze Gebiet des Unsinnlichen, wird durch die Tradition in uns erweckt, und die Bildung dieser Vorstellungen ist veranlasst und bestimmt durch den Gedankenkreis der Gesellschaft, wie er in der gehörten Sprache sich ausdrückt; das Wort geht voran und erst allmählich erfüllt es sich mit einer reicheren und bestimmteren Bedeutung in dem Masse als der Einzelne sich in das Denken der Gesammtheit hineinlebt. Aber

der Gegensatz ist nur scheinbar; denn jedes Verständniss eines Worts muss an Selbsterzeugtes anknüpfen, und der individuelle Gehalt desselben besteht eben aus den Elementen, welche der Einzelne wirklich mit Bewusstsein erfasst und festgehalten hat. Auch die unmittelbare sinnliche Anschauung des Kindes wird frühe schon von der Sprache geleitet, und umgekehrt sind die Termini der höchsten Abstraction nur dann mehr als leere Laute, wenn ihr Inhalt selbstständig durch Denken nacherzeugt ist; es ist immer eine Entdeckung, wenn die Uebereinstimmung eines selbsterzeugten Gedankens mit der in dem Sprachgebrauch geltenden Bedeutung eines Worts erkannt wird; und alles Erklären der Wörter muss darauf ausgehen, die Bedingungen herzustellen, unter denen nach den psychologischen Gesetzen die ihnen entsprechenden Vorstellungen erzeugt werden müssen. Der wahre Unterschied besteht nur darin, dass in der natürlichen Entwicklung die sinnlichen Vorstellungen vorangehen und auf ziemlich übereinstimmende Weise sich bilden; während mit der Zunahme der Menge von Voraussetzungen, welche die höheren und abstracteren Vorstellungen erfordern, auch die Manigfaltigkeit der Wege wächst, auf denen sie gebildet werden, und damit die individuelle Verschiedenheit der Producte schwerer darzulegen ist. Der allgemeine Gang aber, in dem Vorstellung und Wort für den Einzelnen sich vermählen, ist im Wesentlichen derselbe; das Wort knüpft an einen in irgend einem Moment zum erstenmale selbsterzeugten Gehalt an, und durchläuft eine Reihe von Entwicklungen, in denen dieser Gehalt sich bereichert und modificiert.

7. Wenn wir ins Auge fassen, wie das Kind die — fast ausschliesslich sinnlichen — Vorstellungen erwirbt, die zu seinen ersten Wörtern gehören und seine ersten Urtheile möglich machen: so geschieht das immer von der einzelnen Anschauung eines Dings oder eines Vorgangs aus, die ihm benannt wird; an einzelnen Fällen geht das erste Verständniss der Wörter auf. Je weniger aber seine Auffassung geübt und durch einen Reichthum schon vorhandener Vorstellungen vorbereitet ist, desto weniger kann das Anschauungsbild, das in die Erinnerung eingeht und später mit dem Worte repro-

duciert wird, ein getreues und erschöpfendes Abbild des sinnlich gegenwärtigen Dinges selbst sein, und alles das enthalten, was an dem Objecte wahrgenommen werden könnte; auch was der Erwachsene in der Regel von einem ihm gegenwärtigen Objecte wirklich sieht und in seine Anschauung und weiterhin seine Erinnerung aufnimmt, bleibt, wenn er nicht ein geübter Beobachter ist, weit hinter dem ·Objecte selbst zurück; um so mehr kann, was beim Beginn des Sprechenlernens von dem einzelnen gesehenen Objecte haften bleibt, nur ein rohes und verwaschenes Abbild des Dinges sein, in welchem nur die hervorstechendsten Züge, wie in einer rohen Zeichnung, erscheinen; so dass wir meist gar nicht wissen können, welches Bild jetzt das Kind eigentlich mit dem gehörten Worte verknüpfte. Tritt eine ähnliche Anschauung ein wie diejenige, die es wirklich behalten hat: so sind die Bedingungen gar nicht gegeben, unter denen eine Differenz des früheren und des jetzigen Objectes wahrgenommen werden könnte, die Verschmelzung erfolgt unmittelbar, und spricht sich darin aus, dass das Neue mit dem gelernten Namen benannt wird. Die Gewohnheit der Kinder, auch entfernt Aehnliches, wenn es nur in den sicher aufgefassten Zügen, oder auch nur in einem oder dem andern übereinstimmt, mit demselben Namen zu belegen, ermöglicht ihre Kunst mit wenigen Wörtern hauszuhalten; daraus erklärt sich einerseits der oft überraschende Witz der kindlichen Sprache, andrerseits die zahllosen Verwechslungen, die ihnen nach unserer Meinung begegnen. Der Fortschritt, den sie machen, besteht nicht darin dass sie Neues unter schon bekannte Vorstellungen subsumieren, sondern darin dass sie vollständiger auffassen und genauer unterscheiden lernen*).

8. Für unser individuelles Denken knüpft sich also am Anfange seiner Entwicklung die Bedeutung jedes Wortes an eine einzelne Anschauung, um so mehr, als zwischen einer Einzelvorstellung und einer allgemeinen gar kein Unterschied besteht. Das Erinnerungsbild, das von einer ersten unvoll-

---

*) Vgl. die treffenden Bemerkungen Steinthals, Abriss der Sprachwissenschaft I, S. 148 ff. 401 ff. und Paul, Princ. d. Sprachgeschichte 2. Aufl., S. 75 ff.

## § 7. Die allgemeine Vorstellung und das Wort.

kommenen Auffassung eines Objects zurückbleibt, haftet ja nicht wie ein fester Abdruck in der Seele; seine Reproduction ist eine neue Thätigkeit, und wo wir von Bildern und Vorstellungen sprechen, wie von festen Dingen, die im Schachte des Gedächtnisses ruhen, sollten wir eigentlich von erworbenen und erlernten Gewohnheiten und Fertigkeiten des Vorstellens reden, die nicht ausschliessen, dass bei jeder Reproduction leichtere oder eingreifendere Veränderungen der Thätigkeit und damit ihres Products stattfinden. Wie oft machen wir die Erfahrung, wenn wir einen bekannten Gegenstand, ein Haus oder eine Landschaft u. s. w. nach längerer Zeit wieder sehen, dass er ganz anders aussieht, als wir ihn in der Erinnerung gehabt haben. Diese Unsicherheit des Erinnerungsbildes, und das allgemeine Gesetz, das Beneke passend das der Anziehung des Gleichartigen genannt hat, genügen, um es mit einer Reihe von neuen Bildern zu vereinigen, und ihm so die Function einer allgemeinen Vorstellung zu geben. Der Process des fortwährenden Benennens neuer Dinge — um zunächst bei den Substantiven stehen zu bleiben — befestigt einerseits die hervorragenden und gemeinschaftlichen Züge, und erhält andererseits doch das Bild flüssig und verschiebbar, so dass bald dieser bald jener Zug desselben in den Vordergrund treten und neue Associationen bestimmen kann. Darum haben im natürlichen Verlauf des Denkens alle Wörter ein Bestreben ihr Gebiet zu erweitern; ihre Grenzen sind unbestimmt und immer bereit sich für neue verwandte Vorstellungen zu öffnen; und diese Erweiterung wird fortwährend dadurch begünstigt, dass an neuen Gegenständen immer dasjenige am leichtesten beachtet und aufgefasst wird, was mit einem schon eingeübten Schema übereinstimmt; wir legen so zu sagen unsere fertigen Bilder immer über die Dinge her und verhüllen uns dadurch das Neue und Unterscheidende an ihnen.

Diesem Process geht nun aber ein anderer zur Seite. Mit der zunehmenden Uebung der Auffassung werden nicht bloss die frappantesten Züge, sondern auch die weniger hervorstechenden beachtet; damit werden die Bilder bestimmter und inhaltsreicher, und in demselben Masse beschränkt sich einerseits das Gebiet ihrer Anwendung auf Neues, vermehrt sich andrerseits ihre Zahl und die Fähigkeit sie zu unterscheiden. Diese Unterscheidung aber vergleicht Ganzes mit Ganzem; sie geht nicht so vor sich, dass man zuerst sich Rechenschaft gäbe, worin der Unterschied im Einzelnen besteht, und die übereinstimmenden und differenten Merkmale mit Bewusstsein sonderte; wir unterscheiden fortwährend ganz sicher unbekannte Personen von bekannten, ohne uns zum Bewusstsein zu bringen, worin sie sich denn eigentlich unterscheiden; es ist ein nicht analysierter Gesammteindruck, von der Unmittelbarkeit eines Gefühls, der uns das Bekannte als solches anerkennen und von dem Unbekannten urtheilen lässt, dass es nichts Bekanntes sei.

Weniger die Häufigkeit der Beobachtung, als das Interesse des Menschen bestimmt seine Aufmerksamkeit und die Genauigkeit seiner Auffassung. Die Bilder dessen was ihn erfreut oder schreckt, was mit seinen Bedürfnissen und Trieben im Zusammenhang steht, prägen sich mit allen Einzelnheiten dem Gedächtnisse ein; was ihm gleichgültig ist, nimmt er sich nicht die Mühe genau aufzufassen, und so lässt es nur einen verwaschenen Eindruck der hervorstechendsten Züge zurück, der in weitester Ausdehnung sich mit Aehnlichem verschmelzen kann.

So erklärt es sich, wie nebeneinander bestimmtere und inhaltsreichere Bilder, und unbestimmtere, leichter verschiebbare ihn erfüllen und sich mit seinen Wörtern verknüpfen. Er benennt etwa das Huhn das ihm Eier legt, den Sperling der ihn in seinem Garten ärgert, den Storch der auf seinem Dache nistet; alles Weitere ist Vogel, und er bekümmert sich um die Unterschiede der einzelnen Arten nicht, hat aber ebensowenig das Bewusstsein, dass die Vorstellung »Vogel« in ihrer Unbestimmtheit auch die speciell bekannten Arten unter sich begreift; »es ist kein Vogel, es ist ein Huhn« kann man nicht bloss Kinder sagen hören. Das unbestimmtere und ärmere Bild, das nur von den Hauptzügen der Gestalt und des Fluges hergenommen ist, genügt wo kein Interesse ist, die Dinge zu unterscheiden; es dehnt sich auf den fliegenden Käfer und den Schmetterling aus.

Die Geschichte der Sprache zeigt eine ganz ähnliche Entwicklung. Ihre Wurzeln haben eine sehr allgemeine Bedeutung; nicht weil von Hause aus durch einen umfassenden Abstractionsprocess gleich das Allgemeinste fixiert worden wäre, sondern weil wenig unterschieden und nur leicht auffassbare, besonders hervorstechende Erscheinungen behalten und benannt worden sind. Die einzelnen Dinge werden meist nach irgend einer dieser Erscheinungen benannt, der Fluss vom Gehen, der Hahn vom Krähen u. s. w. Indem dann verschiedene Seiten an ihnen aufgefasst, und sie nur nach diesen benannt werden, entstehen die zahlreichen Synonyma, welche sie in verschiedene Reihen gleichartiger Erscheinungen stellen; im Verlaufe der Sprachentwicklung erst tritt weitergehende Specialisirung durch Ableitung und Verwendung ursprünglicher Synonyme für verschiedene specielle Classen von Dingen und Vorgängen ein, aber das Allgemeinere besteht neben dem Specielleren fort. Ganz entgegen der gemeinen Lehre von der Bildung der allgemeinen Vorstellungen ist im Individuum wie in der Sprache das Allgemeine früher als das Specielle, so gewiss die unvollständigere und unbestimmtere Vorstellung früher ist als die vollständige, die eine weitergehende Unterscheidung voraussetzt.

Ein ähnlicher Process vollzieht sich hinsichtlich der Vorstellungen der Eigenschaften und Thätigkeiten. Auch hier sind die ursprünglichen Auffassungen allgemeinster Art, und betreffen nur die grossen leicht unterscheidbaren Züge. Mit wenigen und unsicher geschiedenen Vorstellungen der Farben sehen wir das Kind wie die Sprache beginnen; erst allmählich übt sich der Blick zu unterscheiden, was früher ohne Weiteres als ähnlich gesetzt wurde; die geläufigsten Formen der Bewegung werden aufgefasst, und ohne Weiteres auf alles Aehnliche übertragen; die manigfaltigen Unterschiede finden erst später ihre Beachtung und Bezeichnung. Wie vielerlei Bewegungen muss ein Wort wie gehen oder laufen bezeichnen!

9. Dürfen wir voraussetzen, dass auf diesem Wege die mit einem Worte verbundene Vorstellung aus der Anschauung eines einzelnen Gegenstandes ursprünglich entsteht, dessen unvollkommenes und verschiebbares Bild die erste Bedeutung

des Wortes ausmacht, so ergibt sich daraus auch, in welchem Sinn einer solchen mit dem Worte verbundenen Vorstellung Allgemeinheit zukommt.

Die Fähigkeit irgend einer Vorstellung, eine allgemeine, d. h. auf eine beliebige Vielheit von Einzelvorstellungen anwendbare zu werden, ist schon mit ihrer Natur als reproducierbare Vorstellung gegeben, und durchaus nicht davon abhängig, dass sie von einer Vielheit solcher Einzelvorstellungen schon erzeugt worden ist. Sobald sie sich von der ursprünglichen Anschauung und ihren räumlichen und zeitlichen Verbindungen losgerissen hat und ein inneres Bild geworden ist, das frei reproduciert werden kann, hat sie auch die Fähigkeit mit einer Reihe neuer Anschauungen oder Vorstellungen zu verschmelzen, und als Prädicat derselben in einem Urtheile aufzutreten. Sehen wir nur auf den Gehalt der Vorstellung, so kommt diese Art von Allgemeinheit nicht blos den Bildern der Sonne, des Mondes u. s. w., sondern auch den Bildern bestimmter Personen ohne weiteres zu; so oft die Sonne am Himmel aufgeht oder der Mond sichtbar wird, ist eine neue Einzelanschauung da, welche mit der von früher zurückgebliebenen Vorstellung in Eins gesetzt wird; die Erkenntniss der materiellen Identität aller dieser Sonnen und Monde ist etwas Späteres, und gar nichts nothwendiges, wo die Continuität der Anschauung fehlt; ebenso wird das Spiegelbild einer Person oder ihr Porträt ohne weiteres mit dem Erinnerungsbilde identificiert, und wieder ist die Erkenntniss, dass das blosse Bilder seien, und der Name eigentlich nur Einem zukomme, ein Zweites das erst hinzutritt, und den begonnenen Versuch die Vorstellung als eine im vollen Sinn allgemeine zu behandeln wieder aufhebt; es ist für die Vorstellung selbst zufällig, dass sie keine wahrhaft allgemeine wird.

Nicht in der besonderen Natur dessen was vorgestellt wird, noch in seinem Ursprung also liegt es, ob es im gewöhnlichen Sinne allgemein wird oder nicht, sondern darin, dass die Vorstellung wirklich auf eine Vielheit von Einzelanschauungen, die als Abbild einer realen Vielheit von Dingen gelten, angewendet wird, und dass diese Vielheit als solche zum Bewusstsein kommt, dass der Singularis einen Pluralis erhält.

10. Diese Vielheit ist zuerst eine bloss numerische. Indem in der Anschauung gleichzeitig oder successiv eine Reihe gleicher oder ununterscheidbar ähnlicher Dinge sich darbietet, wird nicht bloss jedes einzelne mit dem Erinnerungsbilde identificiert, sondern die Gleichheit des Inhalts der Vorstellung bringt das Bedürfniss des Zählens hervor, durch das die äussere, räumliche oder zeitliche Unterschiedenheit vermittelt wird mit der Gleichheit des Bildes. Erst damit tritt der Gegensatz der Einzigkeit und der Vielheit heraus.

11. Nicht diese numerische Allgemeinheit jedoch wird in der Regel gemeint, wenn davon die Rede ist, dass die Wörter allgemeine Bedeutung haben, sondern darin soll die Allgemeinheit bestehen, dass sie verschiedene, ihrem Inhalte nach unterscheidbare und wirklich unterschiedene Objecte unter sich befassen. So soll die Vorstellung Baum das Allgemeine zu Eichen, Buchen, Tannen u. s. w. sein, die Vorstellung Farbe das Allgemeine zu roth, blau, grün u. s. w.

Hier ist nun aber genau zu scheiden zwischen der Allgemeinheit der Vorstellung und der Allgemeinheit des Wortes. Bleiben wir in dem Gebiete stehen, in welchem die wirkliche individuelle Bedeutung der Wörter aus Einzelanschauungen stammt: so ist die Fähigkeit einer Vorstellung, auf nicht bloss räumlich und zeitlich, sondern inhaltlich Verschiedenes angewendet zu werden, zunächst mit ihrer Unbestimmtheit gegeben. Wie es für ein sichtbares Ding eine endlose Zahl von Stufen äusserer Abbildung gibt, von den paar Strichen mit denen die Schuljungen Pferde und Männer auf ihre Hefte malen bis zur vollendeten Photographie: so gibt es eine analoge Stufenreihe von Vorstellungen, die nacheinander möglicherweise von demselben Object in immer zunehmender Bestimmtheit abgenommen werden, und nebeneinander fortbestehen können. Je unbestimmter, desto leichter die Anwendung. So lange nun aber die Differenz der einzelnen Objekte, auf welche immer aufs Neue ein einmal entstandenes Bild angewendet wird, nicht zum Bewusstsein kommt, verhält sich eine solche Vorstellung nicht anders als die Vorstellung der Sonne oder eine Vorstellung von bloss numerischer Allgemeinheit. Wenn mit dem Worte Gras nur ein paar zusammenstehende grüne, schmale und zugespitzte Blätter reproduciert werden, die Differenzen der einzelnen Gräser gar nicht beachtet sind, so finden wir überall eine Menge Gras, eines ist Gras wie das andere. Sobald aber die einzelnen Auffassungen bestimmter und die Unterschiede der Dinge, die auf den ersten Anblick mit einer gegebenen Vorstellung zusammenfallen, beachtet werden, so tritt ein doppeltes ein: der gemeinschaftliche Name bleibt, und es bilden sich zugleich die Namen für die bestimmteren Vorstellungen. Die bestimmteren Vorstellungen aber verdrängen im Laufe der Zeit die unbestimmtere; diese kann in ihrer Verschwommenheit gar nicht mehr lebendig gemacht werden; der Botaniker hat keine bildliche Vorstellung mehr, die dem Worte Gras oder Baum entspräche, sondern es entsteht jetzt, wie der Wettstreit im Sehfelde zwischen verschiedenen Bildern die beiden Augen geboten werden, ein Wettstreit der verschiedenen bestimmteren Formen, die eine ungeübtere Auffassung gleich setzen konnte. Damit ist gemeinschaftlich nur das Wort geblieben. Das Wort hat eine allgemeine Bedeutung, sofern es Verschiedenes zusammenfasst, und eine Reihe unterscheidbarer Bilder nach dem was in ihnen allen ähnlich ist, bezeichnet. Erst jetzt ist das Bedürfniss da, sich klar zu machen, was denn das Gemeinschaftliche neben dem Unterschiedenen sei, d. h. den Begriff im gewöhnlichen Sinne des Wortes durch Abstraction zu bilden.

Derselbe Process wiederholt sich mit den bestimmteren Vorstellungen. In dem Masse als die Auffassung schärfer und das Gedächtniss für kleine Unterschiede treuer wird, löst sich auch hier das ursprünglich einheitliche Bild in eine Reihe differenter auf. Die Sprache vermag aber mit ihren Ableitungen, Zusammensetzungen, Attributivbestimmungen u. s. w. dieser Specialisierung nicht zu folgen, und ebensowenig vermag das Gedächtniss alles in gleicher Weise festzuhalten, die Einbildungskraft alle Bilder in gleicher Weise zu beleben. So bleibt schliesslich jedem Worte ein Kreis von unterscheidbaren Vorstellungen, die durch dasselbe be-

## § 7. Die allgemeine Vorstellung und das Wort.

zeichnet werden können ; dieselben verhalten sich aber nicht gleich, sondern ein bestimmteres Bild bleibt vorzugsweise mit ihm verknüpft, als Mittelpunkt der Gruppe, um welchen sich die andern anschliessen. Der Bewohner einer Nadelholzlandschaft verbindet mit »Baum« zunächst das Bild der Tanne oder Föhre; die übrigen Formen, die er etwa kennt, stehen verblasst und im Hintergrunde. Mit dem Worte roth verbindet sich zunächst ein besonders auffallender und von allen andern leicht unterscheidbarer Eindruck; in dem Masse als es auf weitere und weitere Abstufungen der Farbe angewendet wird, hört es auf etwas bestimmtes zu bezeichnen; bald diese bald jene Abschattung wird mit dem Hören des Worts zunächst reproducirt, aber so, dass eine Reihe von andern als gleich möglich sich darbietet, und durchlaufen wird; das Wort ist allgemein geworden, indem es die bestimmte Bedeutung verloren hat, und eine, zunächst nicht bestimmt abgegrenzte Reihe von Schattierungen reproducirt. Jede derselben ist eine allgemeine Vorstellung, sofern sie wieder auf eine Manigfaltigkeit einzelner Anschauungen anwendbar ist; ihre Bezeichnung (blutroth, kirschroth u. s. w.) erinnert aber wieder an den ursprünglichen Process, durch den die Wörter ihre Bedeutungen von Einzelanschauungen ableiten.

12. Von diesem natürlichen Gange der Beziehungen zwischen Wort und Vorstellung ist ein anderer Process wesentlich zu unterscheiden, der dadurch bedingt ist, dass die Benennung fortwährend unter dem Einfluss einer schon vorhandenen Sprache stattfindet, und der vorhandene Sprachgebrauch die Combinationen, die von selbst entstehen würden, kreuzt, andere, die nicht von selbst entstehen würden, aufdrängt. Anzugeben, was das Gemeinschaftliche aller Dinge ist, welche die Sprache mit demselben Wort bezeichnet, ist ein ganz anderes Geschäft, als anzugeben, was ein bestimmtes Individuum unter eine gegebene Vorstellung bringt und mit ihr ähnlich setzt; für das individuelle Denken gibt es eine Menge blosser Homonymen, bei denen die innere Aehnlichkeit der Vorstellung gar nicht zum Bewusstsein kommt, welche ursprünglich die gleiche Benennung hervorgebracht hatte, und ebenso werden eine Menge von Aehnlichkeiten der Dinge erst durch die

Sprache zum Bewusstsein gebracht, auf welche das sich selbst überlassene Vergleichen eines Einzelnen niemals gekommen wäre. Andrerseits verbietet und zerstört der Sprachgebrauch eine Menge von Aehnlichkeiten und drängt Unterscheidungen auf, welche das individuelle Denken nicht gefunden hätte. Während nun im letzteren Falle die Vorstellung gezwungen wird bestimmter zu werden, lässt sich im ersteren gar nicht ausmachen, wie viele unter sich zusammenhangslose Vorstellungen einem und demselben Wort entsprechen mögen. Die sprachliche Etymologie geht mit Recht darauf aus, auch die entlegensten Combinationen zu versuchen; ihre Aufgabe ist aber eine total andere als die, den wirklichen Process des Denkens in den einzelnen Individuen sich zu vergegenwärtigen.

Für das einzelne Individuum wird die Bedeutung eines Worts nicht durch die Etymologie, sondern durch die Vorstellung der Objekte bestimmt, auf welche der Sprachgebrauch es anwendet. Niemand von uns denkt vor geschichtlicher Belehrung daran, dass der Hahn am Fasse, der Hahn am Gewehr und der Hahn im Hühnerhof ein gemeinschaftliches Element haben könnten, das die Bezeichnung mit demselben Worte vermittelt hätte; die drei Bedeutungen sind für uns vollkommen zusammenhangslos, die Wörter blosse Homonyme geworden. Ebenso ist in den meisten Ausdrücken für geistige Thätigkeiten der ursprüngliche Sinn der Wörter, mit denen wir sie bezeichnen, für uns vollkommen entschwunden; in Wörtern wie Begriff, Urtheil, Schluss empfindet Niemand mehr einen bildlichen, metaphorischen Ausdruck.

13. Sind die Wörter im lebendigen Gebrauche nur Zeichen eines bestimmten Vorstellungsinhalts, der von der gegenwärtigen Anschauung losgerissen ein selbstständiges Dasein in der Fähigkeit gewonnen hat, beliebig innerlich reproduciert zu werden, so folgt daraus, dass sie für sich, durch ihren blossen Laut, niemals die Fähigkeit haben, das Einzelne als solches zu bezeichnen, wie es der Anschauung gegenwärtig ist. Vielmehr bedarf es besonderer Hülfsmittel, wie eines Possessivs, Demonstrativs oder der hinweisenden Gebärde, damit das allgemeine Wort von einem bestimmten einzelnen Objekt verstanden werde, oder es muss vorausgesetzt werden können,

dass auch unausgesprochen die Beziehung auf ein bestimmtes Einzelnes vom Hörenden richtig vollzogen werde; immer aber kann ein Einzelnes nur darum mittels des Wortes bezeichnet werden, weil seine Uebereinstimmung mit der allgemeinen Vorstellung, welche das Wort ausdrückt, erkannt ist; ich kann das mir vorliegende Ding nur darum als dieses Buch oder mein Buch bezeichnen, weil die allgemeine Bedeutung des Wortes »Buch« darauf anwendbar ist\*).

Nun bezeichnet allerdings ein Theil der Wörter einzelne Dinge als solche, entweder, weil das der Vorstellung entsprechende Ding thatsächlich nur einmal in der Welt vorhanden ist, wie Sonne und Mond, Himmel und Erde, oder weil durch ausdrückliche Uebereinkunft dem Einzelnen als solchem ein Name gegeben wurde mit der Absicht, es dadurch von allen anderen ähnlichen Objecten zu unterscheiden, wie es bei den Eigennamen der Personen, Städte, Berge u. s. f. der Fall ist. Wo die Bedeutung dieser Namen noch erkennbar ist, geht sie auf allgemeine Wörter zurück, wie Montblanc, Neustadt, Erlenbach u. s. w., aber diese Bedeutung, welche die Namengebung erklärt, ist meist vergessen, und die Vorstellung, welche die für sich jetzt bedeutungslosen Namen erwecken, ist nur die eines bestimmten einzelnen Objects. Aber auch so können sie als verstandene Wörter nur fungieren, wenn die Anschauung dieses Objects in die Erinnerung aufgenommen worden ist; der augenblicklichen Anschauung der Person, des Berges u. s. w. steht die Bedeutung des Namens doch noch ähnlich gegenüber, wie das allgemeine Wort dem einzelnen Ding; um auf das jetzt sinnlich Gegenwärtige angewendet zu werden, bedarf es immer noch der Erkenntniss der Identität der gegenwärtigen Anschauung mit dem innerlich Vorgestellten. Was den Eigennamen von dem allgemeinen Wort unterscheidet, ist nur das begleitende Bewusstsein, dass das ihm entsprechende Wirkliche ein Einziges, und realiter immer dasselbe sei.

---

\*) In dieser Beziehung ist Mills Auseinandersetzung (Logik 1. Buch 2. Cap.) durchaus oberflächlich, wenn er die Adjectiva weiss, schwer oder gar das Demonstrativ »dies« als Namen von Dingen bezeichnet. Vgl. auch Paul, Princ. d. Sprachg. 2. Aufl. S. 66 ff.

Dieselbe Function, nur auf ein Einziges anwendbar zu sein, haben endlich auch gewisse Relationswörter von allgemeinem Gehalt, in deren Bedeutung aber die Beziehung auf ein einziges Object eingeschlossen ist; so alle ächten Superlative, die Ordinalzahlen u. s. w. Sofern aus dem jedesmaligen Zusammenhange erst sich ergibt, was verglichen und was gezählt wird, sind sie den Demonstrativen verwandt, die ihr bestimmtes Object auch nur durch eine Relation ausdrücken. Der erste Januar 1871 ist ein **einziger** Tag; ein **bestimmter** aber nur unter Voraussetzung einer ganz bestimmten Zählung; für den russischen Kalender ein anderer als für den unsrigen; und die Bedeutung des Ausdrucks beruht wieder auf der Vorstellung einer zunächst bloss **gedachten** Reihe von Jahren und Tagen.

### §. 8.

Vermöge ihrer eigenthümlichen Function sind die **Wörter der für die Vollendung des Urtheils unentbehrliche Ausdruck der Prädicatsvorstellung**, während der **Subjectsvorstellung**, wo sie nicht selbst ein allgemein Vorgestelltes ist, der **sprachliche Ausdruck fehlen kann**.

1. Aus den obigen Ausführungen über das Wesen der Wörter folgt zunächst, dass genau zu unterscheiden ist, ob ein Wort nur den von ihm unmittelbar bezeichneten Vorstellungsgehalt bedeutet, oder ob es dazu verwendet wird, ein bestimmtes Einzelnes zu bezeichnen, das als solches durch die Wortbedeutung noch nicht angezeigt ist, sondern nur dieselbe in sich darstellt, und also mit dem Worte benannt werden kann.

Darauf beruht das wesentlich verschiedene Verhältniss der Wortbezeichnung zum Subject und Prädicat eines Urtheils. Wo nemlich eine Aussage nicht den Gehalt des Subjectswortes als solchen trifft, wie z. B. eine Definition, sondern ein bestimmtes Einzelnes, da ist es durchaus nicht nothwendig, dass die Subjectsvorstellung durch ein bedeutungsvolles Wort bezeichnet werde oder bezeichnet werden könne. Es kann sprachlich ein blosses Demonstrativ erscheinen — dies ist Eis, dies ist roth, das fällt; es kann dieses Demonstrativ durch eine blosse Gebärde ersetzt, es kann ohne all das auch bloss das Prädicat ausgesprochen werden, ohne dass darum der innere Vorgang aufhörte, ein Urtheil zu sein, in welchem etwas von etwas ausgesagt wird.

Dies tritt am klarsten heraus bei den Urtheilen, mit welchen das Urtheilen des Menschen überhaupt beginnt, in denen bestimmte sinnlich anschauliche Gegenstände wieder erkannt und benannt werden. Wenn das Kind die Thiere in seinem Bilderbuche benennt, indem es mit dem Finger hinweisend ihre Namen ausspricht, urtheilt es; ebenso sind Ausrufe, welche ein überraschender Anblick hervortreibt, — der Vater! Feuer! die Kraniche des Ibycus! vollgültige Urtheile; nur der sprachliche Ausdruck, nicht der innere Vorgang ist unvollständig*).

---

*) Herbart, Psychologie S. W IV. 169: Der Anblick geht voran, die Vorstellung, die er unmittelbar gibt, weckt die frühere Vorstellung welche mit jener verschmilzt; die unmittelbare Wahrnehmung gibt das Subject, die Verschmelzung ist das, was die Copula zu bezeichnen hätte, die frühere, erwachende und mit jener ersten verschmelzende Vorstellung nimmt die Stelle des Prädicats ein.

Paul (a. a. O. S. 104) nimmt Sätze an, in denen sowohl für den Sprechenden als den Hörenden das Ausgesprochene Subject, die Situation Prädicat ist. »Es sieht z. B. Jemand, dass ein Kind in Gefahr kommt, so ruft er wohl der Person, welcher die Bewachung desselben anvertraut ist, nur zu »das Kind«. Hiemit ist nur der Gegenstand angezeigt, auf den die Aufmerksamkeit hingelenkt werden soll, also das logische Subject, das Prädicat ergibt sich für die angeredete Person aus dem, was sie sieht, wenn sie dieser Lenkung der Aufmerksamkeit Folge leistet«. Allein hier ist, glaube ich, zweierlei zu unterscheiden. Der Ausruf ist der Absicht nach ein Imperativ, keine Aussage, und kann nur so verstanden werden; denn das von dem Rufenden wirklich gefällte Urtheil »das Kind ist in Gefahr« kommt in den Worten des Ausrufs gar nicht zur Geltung, höchstens in dem ängstlichen Tone desselben; aber es »soll die Aufmerksamkeit auf den genannten Gegenstand hingelenkt werden«. In dieser Absicht wird er einfach genannt; der volle Ausdruck des Gedankens würde also lauten: Achte auf das Kind. Es ist ein ähnlicher Unterschied, wie zwischen dem Alarmruf »Feuer« und dem Commando »Feuer«. Jener ist ein Urtheil, und Feuer ist Prädicat, dieser ist ein Imperativ — gebt Feuer; Feuer ist für den zu ergänzenden Imperativ Object, nicht Sub-

2. Dagegen ist es dem Urtheile wesentlich sich im Aussprechen des Prädicats zu vollenden. Es kann zwar Fälle geben, in welchen z. B. ein bestimmtes Object wieder erkannt wird, für welches uns das bezeichnende Wort fehlt, und darum der innere Vorgang nicht ausgesprochen werden kann; aber wir betrachten eben darum denselben als mangelhaft, als eine unreife Geburt, und als vollendetes Urtheil nur das, in welchem das Prädicat mit der Wortbezeichnung erscheint. Und zwar ist es dem Prädicat wesentlich, dass die zugehörige Vorstellung eben die Bedeutung des Wortes ist, der mit dem Worte verbundene Vorstellungsgehalt als solcher, der in unser Eigenthum übergegangen ist; gleichgültig, ob diese Vorstellung eine allgemeine im gewöhnlichen Sinn, oder die Vorstellung eines einzigen ist. »Dieser ist Socrates« ist so gut ein Urtheil als »Socrates ist ein Mensch«; »der heutige Tag ist der 1. Januar 1871« so gut als »der heutige Tag ist kalt«, obgleich weder »Socrates« noch »der 1. Januar 1871« ihrem Inhalt nach allgemeine Vorstellungen sind*). Es genügt, dass sie überhaupt Vorstellungen sind, die auf Veranlassung des gesprochenen Worts und mit diesem reproduciert werden können.

ject, ebenso aber auch das »Kind« im obigen Beispiel. Mit dem blossen Ausrufe »das Kind« kann ich Niemanden etwas anderes als Gegenstand meines und seines Glaubens und Fürwahrhaltens mittheilen, als dass das von mir Gesehene oder Gemeinte das Kind ist; dann ist aber das Wort Prädicat. Ebenso wenn ich ausrufe: der Schurke — ein Daniel, ein zweiter Daniel — so liegt darin das Urtheil, dass der Gemeinte ein Schurke, ein zweiter Daniel ist; und dieses begründet die Entrüstung oder die Freude, welche sich im Tone des Ausrufs kund gibt.

*) Wenn Volkelt (Erfahrung und Denken S. 319) ausführt, in Sätzen wie dies ist mein Vater, dies ist der Mond, meine das Prädicat die gemeinsamen Merkmale dessen, was ich als meinen Vater u. s. w. bezeichne, also nicht das Individuum als solches, so ist allerdings das Verhältniss eines als Prädicat gebrauchten Eigennamens zu seinem Subject (nach S. 59) ein ähnliches, wie das einer allgemeinen Vorstellung zu dem darunter befassten, sofern (zumal bei veränderlichen Dingen) der Eigenname nicht einen momentanen Zustand, sondern das in allen Zuständen Identische meint, das weniger genau auch als Gemeinsames bezeichnet werden kann; aber daraus folgt nicht, dass nicht das Individuum als solches gemeint sei.

## Zweiter Abschnitt.

## Die einfachen Urtheile.

Wir verstehen unter »einfachem Urtheil« ein solches, in welchem das Subject als eine einheitliche, keine Vielheit selbstständiger Objecte in sich befassende Vorstellung betrachtet werden kann (also ein Singularis ist), und von diesem eine in Einem Acte vollendete Aussage gemacht wird. Unter den einfachen Urtheilen in diesem Sinne sind zwei Classen genau zu unterscheiden: diejenigen in denen als Subject ein als einzeln existierend Vorgestelltes auftritt (dies ist weiss), — erzählende Urtheile — und diejenigen, deren Subjectsvorstellung in der allgemeinen Bedeutung eines Worts besteht, ohne dass damit von einem bestimmten Einzelnen etwas ausgesagt würde (Blut ist roth) — erklärende Urtheile.

### I. Die erzählenden Urtheile.

### § 9.

Das einfachste und elementarste Urtheilen ist dasjenige, das sich in dem Benennen einzelner Gegenstände der Anschauung vollzieht. Die Subjectsvorstellung ist ein unmittelbar Gegebenes, in der Anschauung als Einheit aufgefasstes; die Prädicatsvorstellung eine innerlich mit dem zugehörigen Worte reproducierte Vorstellung; der Act des Urtheilens besteht zunächst darin, dass beides mit Bewusstsein in Eins gesetzt wird (σύνθεσις νοημάτων ὥσπερ ἓν ὄντων, Aristot. de anima III, 6. 430 a 27).

**1.** Der innere Vorgang, der einem Satze wie »dies ist Socrates — dies ist Schnee — dies ist Blut«, oder den sprachlich abgekürzten Rufen: »Feuer«, der »Storch« u. s. w. entspricht, wo sie als Ausdruck unmittelbaren Erkennens auftreten, ist einfach zu deuten. Der gegenwärtige Anblick erweckt eine von früher her vorhandene mit dem Worte verbundene Vorstellung, und beide werden in Eins gesetzt. Das eben angeschaute ist seinem Inhalte nach Eins mit dem was ich in meiner Vorstellung habe, ich bin mir dieser Einheit bewusst, und dieses Bewusstsein ist es, welches ich im Satze ausspreche. Damit unterscheidet sich das Urtheil von verwandten Vorgängen. Einmal von demjenigen, den man als unbewusste Verschmelzung bezeichnet — es soll hier nicht untersucht werden, ob der Ausdruck treffend und ein wirklicher Vorgang damit richtig beschrieben ist — wo das neue Bild ohne weiteres mit den älteren Vorstellungen so sich verbinden soll, dass das Product dieser Verbindung nur wieder dieselbe, höchstens lebhaftere Vorstellung wäre, die schon früher da war, wo also jedes Unterscheiden und Auseinanderhalten des Neuen und Alten, des Gegenwärtigen und Erinnerten fehlen würde. Dem gegenüber macht Herbart mit Recht geltend, dass nur wo solche Verschmelzung aufgehalten, beide Vorstellungen in der Schwebe sind, ein Urtheil als bewusster Act möglich ist, und dass dieser Charakter darum am schärfsten hervortritt, wo eine Frage oder ein Zweifel dazwischenkam; während allerdings gewöhnlich die Aufmerksamkeit von der Gegenwart vorzugsweise in Anspruch genommen ist, und, zumal beim blossen Ausruf, der das Erkennen begleitet, nur der Laut verräth, dass die schon erworbene Vorstellung wirksam geworden ist*).

---

*) Stumpf Tonpsychologie Bd. I. S. 5 will von den oben beschriebenen Benennungsurtheilen, bei denen das gegebene Object mit früheren bereits bekannten verglichen und mit dem Namen derselben benannt werde, noch **gewohnheitsmässige Urtheile** unterscheiden; denn vielfach werde **rein gewohnheitsmässig** durch eine gesehene, gehörte Erscheinung auch der entsprechende Name und mit demselben zugleich das Urtheil »x ist roth, x ist der Ton a« im Bewusstsein reproducirt; »wobei also das früher wahrgenommene Object **gar nicht ins Bewusstsein kommt**, geschweige denn mit dem

Zum zweiten scheidet sich das Urtheil von der blossen unwillkürlichen Reproduction eines früheren Bildes, das neben das erste zu stehen käme, ohne mit ihm in Eins gesetzt zu werden. Dies wäre der Fall, wo mir bei einem Feuer z. B. wohl frühere Wahrnehmungen einfielen, aber in ihrer Einzelnheit festgehalten nur eine Reihe ähnlicher Bilder böten, weil mit jedem die unterscheidenden Nebenumstände mit reproduciert würden, welche das Zusammengehen zur Einheit hindern. Nur wo ein solches Hinderniss nicht eintritt, weil entweder alle Nebenumstände gleich oder der Inhalt der Vorstellung schon isoliert und zur Allgemeinheit erhoben ist, kann die Vereinigung eintreten.

2. Wo dieses einfachste und unmittelbarste Urtheilen, das **Erkennen** im ursprünglichen Sinne stattfindet, werden beide Vorstellungen als ungetheilte, nicht mit Bewusstsein in einzelne Elemente aufgelöste Ganze vorausgesetzt. Dadurch unterscheidet sich die unmittelbare Ineinssetzung von dem andern Falle, in welchem eine Reihe dazwischenliegender Denkacte erst nöthig ist um Subject und Prädicat in Eins

---

gegenwärtigen verglichen wird«. Ich vermag jedoch einen zureichenden Grund zu dieser Unterscheidung nicht zu finden. Einerseits handelt es sich in der Regel bei den Benennungsurtheilen, wie ich sie fasse, gar nicht darum, dass ein gegenwärtiges Object mit f r ü h e r e n O b j e c t e n in dem Sinne verglichen würde, dass diese als gesonderte einzelne vorgestellt und der Name' derselben auf das neue übertragen würde; sondern was von dem gegenwärtigen Objecte reproduciert wird, ist nur die allgemeine mit dem Worte verknüpfte Vorstellung, und es bedarf keiner ausdrücklichen Vergleichung, um ihrer Coincidenz mit dem Gegenwärtigen bewusst zu werden. Andererseits ist es offenbar zu viel gesagt, dass das früher wahrgenommene »gar nicht ins Bewusstsein komme« — wie sollte sonst ein Erkennen stattfinden? Richtig ist nur, dass es nicht nothwendig ge s o n d e r t zum deutlichen Bewusstsein gelangt; der Process geht so rasch vor sich, dass ich nicht das Bewusstsein seiner einzelnen Schritte habe; wenn ich einem Bekannten begegne, verblasst das Erinnerungsbild, das ich nöthig habe, um ihn zu erkennen, gegenüber dem gegenwärtigen Anblick, aber es muss im Bewusstsein wirksam geworden sein. So dass es unmöglich wird, eine Grenze zwischen den gewohnheitsmässigen und den nicht gewohnheitsmässigen Urtheilen zu ziehen; zuzugeben ist nur, dass der im Wesentlichen überall gleiche Process da rascher vollzogen wird, wo wir es mit bekannten und geläufigen, oft angewendeten Vorstellungen zu thun haben.

zu setzen. Bezeichnet »Schnee« oder »Blut« einen naturwissenschaftlichen Begriff, dessen unterscheidende Merkmale im Gedächtniss gegenwärtig sind, so wird nicht auf den ersten Anblick geurtheilt, sondern es findet eine Untersuchung des Objects nach seinen verschiedenen Eigenschaften statt, um sich zu vergewissern, ob auch alle Merkmale des Begriffs auf dasselbe passen, und erst auf Grund eines Schlussverfahrens wird das Object unter den Begriff gestellt, d. h. ihm der ganze Complex von Eigenschaften zugesprochen, der in dem Terminus Schnee oder Blut allgemeingültig fixirt ist. Dieses Urtheil also ist ein vielfach vermitteltes; es wiederholt sich in ihm mehrmals, was bei der Coincidenz zweier Bilder auf einmal, durch einen nicht analysierbaren Act, der ein Bild mit dem andern zusammenbringt, stattfindet. Zwischen diesen beiden Endpunkten liegt eine ganze Stufenreihe von Vorstellungen, die sich mit den Prädicatswörtern verbinden können, und dem entsprechend eine Stufenfolge von Vermittlungen des Urtheils. Immer aber sagt dieses aus, dass die Vorstellung des Prädicats mit der des Subjects so übereinstimme, dass das Prädicat als Ganzes mit dem Subject eins sei.

Man könnte auch in den häufigen Fällen ein Schlussverfahren sehen wollen, in denen die Prädicatsvorstellung mehr enthält, als die erste Anschauung, welche das Urtheil hervortreibt, bieten kann. Sicht das Kind einen Apfel und benennt ihn, so enthält die Prädicatsvorstellung die Essbarkeit und den Geschmack des Apfels u. s. w. mit; und wenn geurtheilt wird: dies ist ein Apfel, so könnte darin ein Schluss aus dem Gesichtsbilde auf das Vorhandensein der übrigen Eigenschaften gesucht werden. Allein die Association der übrigen Eigenschaften mit dem Gesichtsbilde ist schon von früheren Erfahrungen her eine so feste geworden, dass eine bewusste Unterscheidung des blossen Gesichtsbildes von den übrigen Eigenschaften gar nicht stattfindet; das Gesichtsbild erweckt sofort die Erinnerung an die übrigen Eigenschaften, und erst mit dieser bereicherten Anschauung tritt die Prädicatsvorstellung zusammen. Das Kind schliesst nicht: dies sieht aus wie ein Apfel, also kann man es essen; sondern mit dem

Anblick erwacht die Lust, und beides zusammen reproduciert die Vorstellung »Apfel« und führt die Benennung herbei. Es bleibt also auch in solchen Fällen die einfache Coincidenz der gegenwärtigen Anschauung und der erinnerten Vorstellung, und sie sind von denjenigen zu unterscheiden, wo uns erst über dem Namen nachträglich weitere Eigenschaften einfallen.

3. Die vollkommene Coincidenz eines gegenwärtigen und eines reproducierten Bildes findet nicht nur da statt, wo es sich um das Wiedererkennen eines und desselben Gegenstandes als solchen handelt, also zu dem Urtheil, welches die Vorstellungen gleichsetzt, noch das Bewusstsein der realen Identität der Dinge hinzuzutreten vermag, das an und für sich in dem Urtheil noch nicht enthalten ist (vgl. S. 50); sondern sie tritt auch überall da ein, wo ein Bewusstsein der Differenz zwischen Subjects- und Prädicatsvorstellung sich nicht geltend macht, also an dem Gegenstande eben das aufgefasst und mit Bewusstsein angeschaut wird, was mit der Prädicatsvorstellung sich deckt. Dies wird überall da der Fall sein, wo einzelne gleichartige Erscheinungen nur bei besonderer Aufmerksamkeit zu unterscheiden wären (dies ist Schnee — dies ist ein Schaf — dies ist eine Pappel u. s. w.) oder wo die Auffassung eines Gegenstands durch die schon vorhandene Vorstellung bestimmt ist, das was von ihm zum Bewusstsein kommt in der Prädicatsvorstellung sich erschöpft — wobei die Prädicatsvorstellung selbst nicht absolut starr ist, sondern unbewusst häufig durch das eben gegenwärtige Subject verschoben wird.

4. An diese Fälle schliessen sich andere an, in denen zwar die Differenz im Bewusstsein ist, aber nicht zu einem ausdrücklichen Urtheile führt. Das sind theils die Urtheile, die sich mit einer Vergleichung, einer Aehnlichkeit begnügen und die häufig — wie bei phantasievoller oder witziger Vergleichung — ganz die äussere Form der Benennungsurtheile annehmen, wie auch die meisten Metaphern der Sprache auf diesem Processe beruhen; theils die Urtheile, in denen die Subjectsvorstellung reicher und bestimmter ist als die Prädicatsvorstellung, aber nur dasjenige in derselben heraustritt,

was sich mit der Prädicatsvorstellung deckt; solche nemlich, in denen das Prädicat eine unbestimmtere und allgemeinere Vorstellung ist, mit dem Bewusstsein, dass sie das Subject nicht erschöpft. Dies ist besonders deutlich da, wo ich von einem Gegenstande den specielleren Namen der Vorstellung, die sich mit ihm deckt, nicht kenne, und darum genöthigt bin, mich mit dem allgemeineren zu begnügen (dies ist ein Vogel, ein Baum, eine Flüssigkeit) oder wo der speciellere Name mir nicht so geläufig ist, als der viel häufiger verwendete allgemeine; denn an und für sich verknüpft sich im natürlichen Verlaufe des Denkens mit jedem Bilde am leichtesten die ihm ähnlichste und bestimmteste Prädicatsvorstellung. Das Interesse, unter möglichst allgemeine Vorstellungen zu subsumieren, gehört erst dem wissenschaftlichen Denken an; das gewöhnliche Denken, das sich mit dem Einzelnen beschäftigt, pflegt sich an die concretesten Vorstellungen zu halten, die ihm zu Gebote stehen. (Logisch betrachtet müssen Vorstellungen, welche sprachlich durch attributive nähere Bestimmung eines Substantivs ausgedrückt werden, wie schwarzes Pferd, rundes Blatt u. s. w., ebenso als einheitliche gelten, wie diejenigen die zu bezeichnen Ein Wort genügt. Wenn sie als Prädicate auftreten, so ist die Zusammenfassung in Ein Ganzes fertig.)

5. Während nun der Natur der Sache nach überall zuerst der einheitliche Inhalt der Vorstellungen in Betracht kommt, wenn benannt wird, so ist die Prädicatsvorstellung im weiteren Verlaufe des Denkens überall da mit der Vorstellung einer Vielheit verbunden, wo entweder die numerische Allgemeinheit vieler der Erinnerung vorschwebender Individuen, oder die Reihe abgestufter Vorstellungen eintritt, welche die Bedeutung eines Wortes ausmachen. Wo ein Wort ein scharf abgegrenztes individuelles Bild bezeichnet, entstehen mit ihm zugleich eine Reihe individueller Bilder, denen sich der neue Gegenstand als ein weiteres anreiht (dies spricht sich im Deutschen in der Form »das ist ein Baum« u. s. w. aus); wo seine Bedeutung diese individuelle Bestimmtheit nicht hat, tritt die Allgemeinheit des Prädicats darin zu Tage, dass neben der eben besonders hervortretenden

Vorstellung die benachbarten ins Bewusstsein treten (dies ist Papier, dies ist Wein u. s. f., wobei mit Papier, Wein, eine grössere oder kleinere Reihe abgestufter Differenzen durchlaufen wird). Insofern ist die Bemerkung Herbarts (Einl. S. W. I, 92) richtig, dass der Begriff, welcher zum Prädicate diene, als solcher allemal in beschränktem Sinne gedacht werde, nemlich nur insofern er an das bestimmte Subject kann angeknüpft werden; von den vielerlei Vorstellungen, die das Wort zusammenfasst, tritt eine vorzugsweise heraus, welche sich mit dem Subjecte deckt.

6. Diese Benennungsurtheile *) sind überall da schon vorausgegangen, wo das bestimmte Object, über welches geurtheilt wird, nicht bloss durch ein Demonstrativ, sondern durch ein bedeutungsvolles Wort bezeichnet wird. Diese Blume ist eine Rose — schliesst ein doppeltes Benennungsurtheil in sich: erst die Benennung durch das unbestimmtere Blume, welche vorangegangen und deren Resultat nur in dem sprachlichen Ausdruck des Subjects niedergelegt ist; dann die genauere Benennung, welche den Inhalt des Urtheils selbst ausmacht.

7. Die Gewohnheit, Eigenschaften und Vorgänge auf Dinge zu beziehen, ist so stark, dass Benennungsurtheile in Beziehung auf jene, bei denen nicht zugleich ein Urtheil der Eigenschaft oder Thätigkeit ausgesprochen würde, verhältniss-

---

*) Ich wähle diesen Ausdruck, um eine gemeinschaftliche Bezeichnung für die Aussagen zu haben, welche sonst theils als Subsumtionsurtheile (wo das Prädicat eine allgemeinere Vorstellung ist) theils als Identitätsurtheile (wo das Prädicat dem Subject vollkommen congruent ist) aufgeführt werden. Zwischen beiden besteht in den einfachsten Fällen keine bestimmte Grenze; und der Vorgang, das Bewusstsein der Einheit des Gegebenen als Ganzen mit einer von früher bekannten Vorstellung, ist in beiden Fällen im Wesentlichen derselbe. Wenn Schuppe (Erk. Logik S. 375 ff.) in seinen sachlich eingehenden und zutreffenden Ausführungen denselben als reine Identificierung bezeichnet, so möchte ich diesen Ausdruck doch vermeiden, da es sich meist nicht um absolute Identität der Prädicatsvorstellung mit der Subjectsvorstellung handelt; ebenso vermeide ich auch den Ausdruck Subsumtion, der, wenn er in strengem Sinne angewendet werden soll, nicht die mit den populären Wörtern verbundene Allgemeinvorstellung, sondern einen logisch fixierten Gattungsbegriff voraussetzt, unter den ein Einzelnes oder ein speciellerer Begriff gestellt wird.

weise selten vorkommen. Doch vermögen wir, so gut wir Abstracta bilden, mit unserem ‚das' und ‚dies' auch bloss die Eigenschaft oder Thätigkeit als solche zu bezeichnen. Das ist nicht Gehen, sondern Rennen — das ist dunkelblau, nicht schwarz — meint nicht Dinge, sondern die Farbe, die Thätigkeit für sich; obgleich die Tendenz immer vorhanden ist, von der Eigenschaft oder Thätigkeit zu dem zugehörigen Dinge weiter zu gehen. Vergl. § 11.

§. 10.

Wo das Prädicat eines Urtheils über ein bestimmtes einzelnes Ding ein **Verb** oder **Adjectiv** ist, enthält das Urtheil eine **doppelte Synthese**: 1. Diejenige Synthese, welche in der Subjectsvorstellung selbst die **Einheit des Dings und seiner Thätigkeit, des Dinges und seiner Eigenschaft setzt**; 2. Diejenige Synthese, welche die **am Subject vorgestellte Thätigkeit oder Eigenschaft** mit der durch das Prädicatswort bezeichneten Thätigkeit oder Eigenschaft in Eins setzt, d. h. mit dem **Prädicatsworte benennt**.

1. So oft wir ein Urtheil aussprechen wie: diese Wolke ist roth — der Ofen ist heiss — das Eisen glüht — das Pferd läuft —, drücken wir einmal die Einheit eines Subjects mit seiner Thätigkeit oder Eigenschaft aus, welche durch die Wortformen angedeutet ist, und dann benennen wir die wahrgenommene Eigenschaft oder Thätigkeit, indem wir sie mit der allgemeinen Vorstellung roth, heiss, glühen, laufen, Eins setzen. Was der Wahrnehmung gegeben ist, ist die rothe Wolke, der heisse Ofen, das glühende Eisen, das laufende Pferd; das zunächst ungeschiedene Ganze unserer Wahrnehmung zerlegen wir aber, indem wir von der Vorstellung des Subjects die Eigenschaft und Thätigkeit aussondernd unterscheiden. Dass das Gesehene eine Wolke ist, haben wir an der Form und am Ort erkannt; und diese Erkenntniss drückt sich in der Bezeichnung durch das bestimmte Subjectswort Wolke aus; ihre jetzige Farbe fällt uns auf und löst sich darum

leicht aus dem Ganzen los. Diese Farbe ist es dann, die wir mit roth benennen, und der Wolke als ihre Eigenschaft zusprechen. Was dort läuft erkennen wir als ein Pferd; es ist uns in der Bewegung des Laufens gegeben, aber wir unterscheiden diesen Vorgang von dem Subjecte, das wir sonst auch stehend kennen; und diese bestimmte Bewegung ist es, die wir als Laufen ausdrücken. In dem Gesammtbilde haben wir also zwei Bestandtheile unterschieden, das Ding und seine Thätigkeit; in jedem derselben finden wir eine bekannte Vorstellung wieder; indem wir diese beiden Elemente in unserer Aussage vereinigen, drücken wir eben das Gesehene aus, als Einheit eines Dings mit seiner Eigenschaft oder Thätigkeit. Die Voraussetzung des Urtheils ist also eine Analyse; das Urtheil selbst vollzieht die Synthese der verschiedenen Elemente\*).

Durch diese doppelte Synthese unterscheiden sich die Urtheile, welche Eigenschaften und Thätigkeiten aussagen, von den einfachen Benennungsurtheilen; in diesen wird das Subject als ungetheiltes Ganzes mit dem Prädicat Eins gesetzt.

In Beziehung auf das Verhältniss der Allgemeinheit der Prädicatsvorstellung zu dem correspondierenden Elemente der Subjectsvorstellung gilt dasselbe, was von den Vorstellungen der Dinge beziehungsweise der Allgemeinheit der Substantiva gesagt wurde; von der vollständigen Deckung beider für das Bewusstsein des Urtheilenden (z. B. bei scharf charakterisierten Farben — diese Flechte ist schwefelgelb) gibt es eine Stufenreihe von Verhältnissen bis zu den Fällen, in denen das Prädicatswort wegen seiner Unbestimmtheit die Eigenschaft oder Thätigkeit des Subjects nicht nach ihrer Bestimmtheit zu bezeichnen vermag, sondern erst durch unterscheidende Determination vermittelst der Adverbia etc. zur Congruenz mit der dem Subject anhaftenden Vorstellung gebracht werden könnte.

2. Die Auffassung des Paragraphen tritt der Ansicht gegenüber, welche auch solche Urtheile unter den Begriff einer einfachen Subsumtion des Subjects unter das allgemeinere Prädicat zwängen will. Aber das Prä-

---

\*) Vgl. Wundt, Logik I, 136 ff. und meine Ausführungen, Vierteljahrsschr. für wiss. Philos. 1880, IV, 458 ff.

dicat, das eine **Eigenschaft** ausdrückt, ist immer nur das **Allgemeine zu der Eigenschaft** des Subjects, nicht zu diesem selbst; das Prädicat das eine **Thätigkeit** ausdrückt, nur das **Allgemeine zu seiner Thätigkeit**; Eigenschaft und Thätigkeit müssen am Subject unterschieden sein, wenn sie mit einem adjectivischen oder verbalen Prädicate belegt werden sollen. Die einfache Benennung ist die Antwort auf die Frage: was ist dies? Damit aber mit einem Adjectiv oder Verb geantwortet werden könne, muss gefragt werden wie beschaffen ist dies? was thut dies? Die Unterscheidung des Thuns und der Eigenschaft von dem Ding ist also dem Urtheile schon vorausgesetzt.

## § 11.

Die Bewegung des Denkens in den Urtheilen, welche die Eigenschaft oder Action eines Dinges ausdrücken, geht **theils** so vor sich, dass das **Ding** (das grammatische Subject), **theils** so, dass **die Eigenschaft oder Thätigkeit** (das grammatische Prädicat) zuerst im Bewusstsein gegenwärtig ist. In jenem Falle wird die Eigenschaft oder Thätigkeit zuerst als Bestandtheil einer gegebenen Gesammtvorstellung unterschieden und dann benannt, in diesem zuerst die Eigenschaft oder Thätigkeit für sich wahrgenommen und benannt und dann auf ein Ding bezogen.

Der letztere Act — die Beziehung auf ein Ding — unterbleibt unter bestimmten Bedingungen; daraus erklären sich die sogenannten **Impersonalien**.

Im eigentlichen und strengen Sinn impersonale Sätze sind übrigens nur diejenigen, bei welchen **der Gedanke an ein Dingsubject ausgeschlossen ist**, nicht diejenigen, die ein Dingsubject zwar meinen, dasselbe aber nur unbestimmt und bloss andeutend ausdrücken*).

---

*) Vergl. zu diesem § F. Miklosich, Subjectlose Sätze, 2. Aufl. Wien 1883, W. Schuppe in der Zeitschrift für Völkerpsychologie und Sprachwissensch. Bd. XVI, 3. 1886, meine Abhandlung: die Impersonalien, Freiburg 1883, und Steinthals Recension z. f. Völkerps. XVIII, 170.

## § 11. Impersonalien und verwandte Urtheilsformen.

1. Wenn die Aussage, welche einem Ding eine Eigenschaft oder Thätigkeit zuspricht, von der unmittelbaren Wahrnehmung ausgeht, so ist ein Doppeltes möglich: entweder die Wahrnehmung gibt mir von Anfang an das Ding mit seiner Action, seinem Zustand, seiner Eigenschaft, so dass ich diese Gesammtvorstellung analysiere und daraus mein Urtheil bilde — das Blatt ist welk, das Eisen glüht, der Ballon steigt; oder die Wahrnehmung gibt mir zuerst nur dasjenige Element, welches durch das Adjectiv oder Verb ausgedrückt wird, eine Farbe, ein Leuchten, eine Bewegung, und erst hernach, durch einen zweiten Act, erkenne ich das bestimmte Subject der Eigenschaft oder Thätigkeit, und vermag es zu nennen; da läuft — ein Hase, dort fliegt — ein welkes Blatt, dort glänzt — der Rhein u. s. f.

Im letzteren Falle wird von den beiden Synthesen, welche in diesen Urtheilen enthalten sind, zuerst diejenige vollzogen, welche die gegebene Erscheinung des Leuchtens, Glänzens, der Bewegung u. s. f. benennt, und erst als zweites tritt die Beziehung der Eigenschaft oder Action auf das zugehörige Ding hinzu. In solchen Fällen wird auch die Sprache naturgemäss mit demjenigen beginnen, was zuerst im Bewusstsein gegenwärtig ist, mit dem Adjectiv oder Verb; die Gewohnheit des Hebräischen, das Prädicat voranzustellen, ist der unmittelbare Ausdruck eines überwiegend in sinnlicher Wahrnehmung sich bewegenden Denkens, und in dem Masse, als die einzelnen Sprachen unmittelbarer und ungekünstelter Ausdruck der lebendigen Bewegung der Vorstellungen geblieben sind, haben sie sich auch die Freiheit bewahrt, bald mit dem Prädicat bald mit dem Subject zu beginnen; am weitesten von dieser ursprünglichen Lebendigkeit hat sich das Französische entfernt, das die Wortstellung einseitig nach der Kategorie der Wörter bestimmt *).

*) Man könnte die Ansicht durchführen wollen, dass dasjenige, was zuerst ins Bewusstsein tritt, immer als das logische Subject betrachtet werden müsse, weil es der gegebene Anknüpfungspunkt für ein weiteres Element sei. Allein es wäre doch misslich, allein auf die zufällige Priorität in der individuellen Folge der einzelnen Elemente des Urtheils den Unterschied von Subject und Prädicat zu gründen, statt auf den Inhalt der Vorstellungen selbst. In dem Verhältniss der Vorstel-

**2.** Die beiden Acte, die Benennung einer wahrgenommenen Eigenschaft oder Thätigkeit, und die Beziehung derselben auf das zugehörige Ding, treten noch weiter und deutlicher auseinander, wo in die unmittelbare Wahrnehmung überhaupt nur ein Eindruck fällt, der nach sonstiger Analogie durch ein Verb oder Adjectiv bezeichnet wird, und das zugehörige Ding nur durch Association auf Grund früherer Erfahrung hinzugedacht wird. Dies findet besonders bei Gehörs- und Geruchsempfindungen statt. Dass ich Klingen oder Riechen von einem sichtbaren und tastbaren Ding aussagen kann, ist ja überhaupt zuletzt nur durch eine Combination möglich, durch welche die Empfindung des Ohrs oder der Nase auf dasselbe Object bezogen wird, das sich zugleich meinem Auge und meiner tastenden Hand kund gibt; diese Combination, deren Zustandekommen wir hier nicht weiter untersuchen, ist aber in den gewöhnlichen Fällen so eingeübt, wir kennen, wie beim Schreien und Sprechen, dem Klopfen eines Hammers, dem Stampfen des Fusses u. s. f. die sichtbaren Zeichen der Hervorbringung des Lautes so genau, dass wir unmittelbar das Tönen als Thätigkeit bestimmter sichtbarer Dinge wahrzunehmen glauben. Wo aber ein Schall unser Ohr trifft, ohne dass wir das ihn erzeugende Ding sehen können, da muss dieses hinzugedacht werden; unser Urtheil erscheint nicht als Folge der Analyse eines gegebenen Complexes, wie wenn

---

lungen, die wir mit Verben und Adjectiven einerseits, mit Substantiven andrerseits bezeichnen, liegt mit Nothwendigkeit der Gedanke, dass das in der Verbalform ausgedrückte objectiv das vom Substantiv bezeichnete zu seiner Grundlage und Voraussetzung habe; was wir als Bewegung u. s. f. auffassen, denken wir von vornherein nach sonstiger Analogie als etwas Unselbstständiges, das ein Ding voraussetzt und die Beziehung auf ein solches fordert; in der Wahl der adjectivischen oder verbalen Form liegt schon die Hinweisung auf ein Subject eingeschlossen, als dessen Bestimmungen Verb und Adjectiv zu denken sind. Die Grammatik hat darum Recht, das Substantiv als Subject auch dann festzuhalten, wenn in der psychologischen Reihenfolge der Verbalbegriff zuerst zum bestimmten Bewusstsein kommt; es widerspricht den Grundvoraussetzungen unseres Denkens, ein Ding von einer Eigenschaft oder Thätigkeit zu prädiciren. Inwiefern diese Regel scheinbare Ausnahmen erleidet, wird später zur Sprache kommen.

ich sage: das Blatt ist gelb, sondern als Folge einer Synthese, die zu dem allein gegebenen Laut erst den Gedanken des zugehörigen Dings hinzubringt. In sehr vielen Fällen ist diese Association eine vollkommen leichte und sichere, und wir sind ihrer kaum bewusst; höre ich meinen Hund vor der Thüre bellen, so ist mit dem gehörten Laute auch sofort die bekannte Vorstellung des Hundes da, ich stelle ihn in der Thätigkeit des Bellens vor, und mein Urtheil »der Hund bellt« kann selbst als Analyse dieser durch Association ergänzten Vorstellung des bellenden Hundes betrachtet werden. Anders aber, wenn die Association nicht sicher ist, wenn ich ungewohnte oder mangelhaft charakterisierte Laute höre, wie den Schrei eines unbekannten Thieres im Walde; nun tritt die Frage dazwischen, was schreit? und ich vermag kein bestimmtes Bild zu ergänzen. Dass der Laut von einem Ding ausgeht, ist nach sonstiger Analogie sicher; aber ich kann keine bestimmte Vorstellung gewinnen, die Synthese, die den Laut auf ein Ding bezieht, bleibt unvollendet, und das letztere kann nur mit einem ganz unbestimmten ‚Etwas' bezeichnet werden.

Es hängt damit zusammen, dass die gehörten Laute uns leicht wie selbstständige Objecte erscheinen, indem von den sie erzeugenden Dingen abstrahiert wird; indem sie in der Zeit kürzer oder länger dauern und sich abgrenzen, werden sie als abgeschlossene Erscheinungen aufgefasst, und Substantive wie Donnerschlag, Schuss, Pfiff, Ruf u. s. f. sind in der Schwebe zwischen den Abstractis, die auf ein Ding hinweisen, und den concreten Substantiven, die selbstständige Objecte bezeichnen, und von denen ihrerseits wieder Verba prädiciert werden — ein Ruf ertönt u. s. f., wobei die Beziehung auf den Rufenden unterbleibt. Dasselbe findet auch im Gebiete anderer Sinne statt; Kälte und Wärme sind einerseits Bezeichnungen der Eigenschaft eines Dings, andrerseits erscheinen sie wie selbstständige Wesen, bei denen die Frage nach dem Subjecte, dem sie zukommen, im Hintergrunde bleibt. Auch in diesen Fällen wird also die Synthese, welche zu jeder zunächst adjectivisch oder verbal ausdrückbaren Sinnesempfindung ein Ding hinzudenkt, gar nicht oder wenigstens nicht ausdrücklich vollzogen.

3. Die Einsicht, dass in allen Sätzen, welche Actionen oder Eigenschaften einem Dingsubjecte beilegen, eine doppelte Synthese stattfindet, bietet auch den Schlüssel zu der richtigen Lösung der schwierigen und vielverhandelten Frage nach der logischen Natur der sogenannten Impersonalien oder genauer der impersonalen Sätze.

Unter den Aussagen, welche ein Prädicat — ein einfaches Verbum oder das mit einem Adjectiv oder Substantiv verbundene Verbum Sein — ohne ein ausdrücklich und bestimmt bezeichnetes Subject enthalten, sind vor allem zwei Classen zu unterscheiden, die ächten und die nur scheinbaren Impersonalien. Aechte Impersonalien sind nur solche, bei denen der Gedanke an ein Ding, dem das Prädicat zukäme, ganz wegfällt und die Frage nach einem solchen gar keinen Sinn hat; ihnen stehen diejenigen Redewendungen gegenüber, die zwar ein Dingsubject nicht nennen, aber ein solches wenigstens meinen, wenn es auch nur unbestimmt vorgestellt und nur durch das Pronomen des Neutrums, beziehungsweise die Flexionsendung bezeichnet wird. Mich hungert, mich dürstet, lässt die Frage gar nicht zu, was mich hungert oder dürstet, ebensowenig als zu pudet oder poenitet ein Substantiv als Subject ergänzt werden kann. Sage ich aber: es fängt an, jetzt geht's los, es ist aus, es ist zu Ende, so meine ich immer etwas bestimmtes, eine erwartete oder im Gange befindliche Reihe von Ereignissen, ein Schauspiel, eine Musikaufführung, einen Kampf oder dergl., und von dem Hörenden wird vorausgesetzt, dass seine Aufmerksamkeit auf dasselbe gerichtet ist, dass also eine genauere Bezeichnung nicht nöthig ist. »Es« ist also wirkliches Pronomen, das nur der Kürze wegen gewählt wird, weil die ausdrückliche Bezeichnung des Gemeinten überflüssig, oder auch wegen der Beschaffenheit des Gemeinten zu umständlich ist. Ebenso wenn ich sage: es ist draussen glatt, staubig, nass u. s. w., meine ich die Wege; wegen der unbestimmten Ausdehnung dessen, was glatt oder nass ist, wäre es schwierig ein bestimmtes Subject in Worten zu nennen, andererseits sind durch die Natur der Prädicate schon die Subjecte, denen sie zukommen, hinlänglich bestimmt angedeutet; es ist schattig, es ist voll, kann nur einen Raum, es thaut nur Schnee und Eis meinen.

Allerdings findet ein unmerklicher Uebergang von der einen Classe zur andern statt, und der blossen grammatischen Form lässt sich nicht ansehen, ob das Pronomen »es« oder die Personalendung der alten Sprachen noch ein Dingsubject andeutet von dem das Prädicat gilt, oder nicht; derselbe sprachliche Ausdruck kann bald den einen bald den andern Sinn haben. Daraus erklärt sich, dass die beiden Classen von sogenannten Impersonalien, die doch an den Enden der Reihe bestimmt unterschieden sind, vielfach vermischt wurden, und dass man glaubte, für alle impersonalen Wendungen ein Subject im Sinne eines Dings finden zu müssen, dem das Prädicat als seine Eigenschaft oder Thätigkeit zukäme, und als solches Subject zuletzt nur die unbestimmt vorgestellte Totalität des Seienden überhaupt finden konnte, an die doch Niemand denkt, wenn er eine einzelne Wahrnehmung erzählt.

Wo ächt impersonale Sätze dazu dienen, etwas auszudrücken, was der unmittelbaren äusseren Wahrnehmung zugänglich ist — es donnert, es wetterleuchtet, da ist der Ausgangspunkt ein einfacher sinnlicher Eindruck, zu dem weder die Wahrnehmung selbst noch die Erinnerung ein zugehöriges Subject gibt, wie es der Fall wäre, wenn ich eine Rakete steigen sähe oder einen Wagen über das Pflaster rasseln hörte; an den allein gegebenen Gehöreindruck, die Gesichtserscheinung, knüpft sich als nächster Act die Benennung, die Einssetzung des Gegenwärtigen mit einer bekannten Vorstellung. Diese Benennung könnte mittels flexionsloser onomatopoietischer Wörter geschehen, welche eben nur die Besonderheit des Eindrucks widergeben, und ebenso durch Substantive (das ist Donner, das ist Wetterleuchten), welche in ihrer Schwebe zwischen Concretum und Abstractum unentschieden lassen, in welcher Richtung das Denken den Vorgang weiterhin auffassen will. Die Sprache bietet aber nach sonstiger Analogie für den zeitlichen Vorgang Verba, und die gegenwärtige Wahrnehmung wird mittels der gewohnten Flexion ausgedrückt — mit um so mehr Recht, als die Personalendung der dritten Person gewiss ursprünglich ein Demonstrativ war, und donnert soviel ist als »Donnern das«. Ein hinzutretendes Substantiv würde das so Angedeutete interpretieren und näher als das donnernde Ding bestimmen; ist aber diese Beziehung, auf welche das Verb hinweist, nicht wirklich auszuführen, so bleibt als Subject der Aussage nur der Eindruck selbst, und die Endung kann allein auf den gegenwärtigen Eindruck selbst hinweisen. Die Andeutung eines Dingsubjects, die in dem Pronomen der neueren Sprachen liegt, ist dann leere gewohnheitsmässige Form; man kann nicht fragen: was wetterleuchtet, und antworten »es« im Sinne eines wenn auch unbestimmt vorstellbaren Dings; das Impersonale reicht nicht weiter, als die eben gegenwärtige Erscheinung zu benennen; das Subject ist nichts als die einzelne Lichterscheinung selbst.

Ganz deutlich wird diese Beschränkung dann, wenn· das zugehörige Ding, das leuchtet oder tönt, ganz wohl bekannt ist, aber als selbstverständlich keinen Ausdruck in der Sprache findet, weil das uns Wichtige nur das unmittelbar Gesehene oder Gehörte ist. Es läutet, es pfeift, es klopft sagen wir, wenn gar nicht zweifelhaft ist, von welcherlei Ursache die Laute kommen. Das Wichtige aber ist das gehörte Zeichen selbst und seine Bedeutung; wer es gibt, soll gar nicht ausgedrückt werden. Ebenso legt »es brennt« Gewicht darauf, dass ein Feuer ausgebrochen ist; dass etwas brennt, ist selbstverständlich, aber nicht dieses Brennende ist das verschwiegene Subject des Verbums, sondern nur der wahrgenommene Brand selbst.

Unzweifelhaft ist vollends diese Beschränkung der Aussage auf den wahrgenommenen oder empfundenen Zustand bei den zahlreichen Impersonalien, welche subjective Gefühlszustände ausdrücken. Mich hungert, dürstet, mir ist heiss, mir schwindelt, ekelt, graut u. s. w. lassen schlechterdings keine Beziehung dieser Verba auf ein Subject zu, dessen Thätigkeit sie wären; was gegeben ist, besteht allein in dem gegenwärtigen Gefühl selbst, das in sich keine Hindeutung auf ein dasselbe erregendes Ding enthält.

Nach anderer Seite erscheinen Aussagen, die eine wahrgenommene Thätigkeit ohne ausdrückliche Beziehung auf das Thätige ausdrücken, in der passiven Form: es wird gespielt,

u. s. f.; auch hier findet nur eine Benennung des eben wahrgenommenen Vorgangs statt, ohne dass zu der Bezeichnung des Subjects fortgeschritten würde, an dem er stattfindet. Für weitere Beispiele darf ich auf meine oben erwähnte Abhandlung verweisen.

Diese Trennung der benennenden Synthese von der andern, welche die benannte Erscheinung einem Dingsubjecte zuweist, ist schon durch die Unterscheidung der Wortformen des Substantivs, Adjectivs und Verbs vorbereitet und nahe gelegt; so gut wir abstracte Substantiva aus Verben und Adjectiven bilden, die das als ein selbstständig denkbares hinstellen, was gewöhnlich nur als abhängig von einem Ding erscheint, so gut die gleichfalls unpersönlichen Infinitive: ich höre sprechen, läuten u. s. w. verständlich sind, so gut ist eine Aussage möglich, deren logisches Subject nur das gegenwärtig wahrgenommene Geschehen, der gegenwärtig wahrgenommene Zustand ist.

»Subjectlos« sind diese Sätze nur in dem engeren Sinne, dass ein Dingsubject fehlt; aber sie bilden keine Ausnahme von der allgemeinen Natur des Satzes, der ein Urtheil ausspricht; sie enthalten die Synthese einer allgemeinen bekannten Vorstellung mit einer gegenwärtigen Erscheinung, und diese ist es, welche das Subject bildet, und welche von der Personalendung mit ihrem ursprünglich demonstrativen Sinne gemeint ist.

Eben darum aber, weil sie ein Gegenwärtiges benennen, enthalten solche Sätze allerdings implicite zugleich die Aussage der Wirklichkeit des benannten Vorgangs, weil das einzelne Wahrgenommene unmittelbar zugleich als ein Wirkliches vorausgesetzt wird. Darum sind sie aber nicht Existentialurtheile im gewöhnlichen Sinn: denn »es rauscht« will nicht von dem Rauschen das Prädicat Wirklichsein, sondern von einem Wirklichen das Prädicat Rauschen aussagen; die Benennung des gegenwärtigen Eindrucks ist der fundamentale Act, ohne welchen der Satz als Ausdruck gegenwärtiger Wahrnehmung gar nicht entstehen könnte. Wer sagt »es blitzt, es rauscht«, muss das Leuchten am Himmel gesehen und als Blitzen erkannt, muss eine Gehörempfindung gehabt und sie als Rauschen benannt haben; er sagt aber auch direct nicht mehr, als dass das Gesehene Blitzen, das Gehörte Rauschen sei. Für den Hörenden allerdings vollzieht sich derselbe Process, der bei einem Existentialurtheil stattfindet; er erhält zuerst durch das Wort die allgemeine Vorstellung des Blitzens, durch die Flexionsform desselben die Aufforderung, sich das Blitzen als ein einzelnes, gegenwärtiges vorzustellen; er muss sich zu dem allgemeinen Wort die entsprechende einzelne Erscheinung hinzudenken; insofern ist die von dem fertigen Satze ausgehende, grammatisch erklärende Betrachtung berechtigt, diese Seite hervorzuheben, wonach das Urtheil die Wirklichkeit des Blitzens behaupte. Die Behauptung der Existenz tritt auch für den Sprechenden in den von der ursprünglichen Form abgeleiteten Sätzen in den Vordergrund, in welchen aus der Erinnerung oder fremder Mittheilung berichtet wird, ebenso im Futurum und in allgemeinen Sätzen — in den Alpen regnet es häufig meint: findet Regen häufig statt; die Doppelseitigkeit der ursprünglichen Form ermöglicht diese Verwendung.

§. 12.

Die Urtheile, welche eine **Relation** von einem bestimmten einzelnen Ding aussagen, enthalten eine **mehrfache Synthese**. An die Stelle der Einheit von Ding und Eigenschaft oder Thätigkeit, welche den § 10 betrachteten Urtheilen zu Grunde liegt, tritt diejenige Verknüpfung, welche durch die **Relationsvorstellung** selbst hergestellt wird. Jede Relationsvorstellung setzt mindestens zwei als selbstständig gedachte Beziehungspunkte voraus, und fasst sie, während sie jedem für sich äusserlich bleibt, durch einen Act des beziehenden Denkens zusammen. In dem Urtheil, das eine bestimmte Relation von gegebenen Dingen aussagt, wird also theils die gegebene Relation durch eine allgemeine Relationsvorstellung benannt, und zugleich die von dieser geforderten Beziehungspunkte mit bestimmten Objecten Eins gesetzt.

Die **Existentialurtheile** fallen ihrem logischen Charakter nach unter den Gesichtspunkt der Relationsurtheile; sie drücken in erster Linie die Beziehung aus, in der ein vorgestelltes Object zu mir als zugleich vorstellendem und anschauendem Subject steht, greifen aber durch den Sinn ihres Prädicats über die blosse Beziehung hinaus.

1. Die Urtheile, welche Relationen aussagen (A ist gleich B, verschieden von B, grösser als B, rechts von B, links von B, früher, später als B u. s. f.) enthalten eine Synthese anderer Art, als die Aussagen, welche Eigenschaften oder Thätigkeiten einem Subjecte beilegen. Denn ihre Prädicate bleiben der Subjectsvorstellung äusserlich, und können in keine innere Einheit mit derselben gesetzt werden. Keines derselben kommt ja dem Subjecte zu, wie es für sich als dieses einzelne, bestimmte gedacht wird; an der Vorstellung des Subjects selbst wird nichts geändert, ob sie dem Subjecte zu oder abgesprochen werden; ob die Sonne zu meiner Rechten oder Linken steht, ob sie sichtbar oder unsichtbar ist, es ist genau dieselbe Sonne, die ich meine; an der Vorstellung der Sonne selbst wird durch die verschiedenen Prädicate gar nichts geändert, wie wenn ich sage: die Sonne ist blass, die Sonne ist blutroth, die Sonne bewegt sich, die Sonne steht still. Während die bisher betrachteten Prädicate, mögen sie Prädicate von Benennungsurtheilen oder Eigenschaften und Thätigkeiten sein, zum Bestande der Subjectsvorstellung gehören, muss ich, um ein Relationsprädicat auszusagen, über die Vorstellung des Subjects hinausgehen, dasselbe zu anderem erst in Beziehung setzen und mir der bestimmten Art dieser Beziehung bewusst werden.

Denn das Eigenthümliche der Relationsvorstellungen besteht eben darin, dass sie mindestens **zwei Objecte** voraussetzen, die zunächst getrennt von einander und selbstständig gegeneinander gedacht werden, und deren Vorstellung fertig gegeben sein muss, ehe eine Relation von ihnen ausgesagt wird. Die Einheit, welche die Elemente der Relationsurtheile zusammenbindet, ist also von ganz anderer Art, als die Einheit der Bestandtheile eines einzelnen, für sich denkbaren Objects; sie ist nur in der Relationsvorstellung selbst enthalten;

in dieser also liegt der Grund der eigenthümlichen Synthese, welche uns hier entgegentritt.

Aus diesem Verhältniss der Relationsvorstellungen zu den von ihnen vorausgesetzten Beziehungspunkten geht ferner hervor, dass jede Relation zwischen zwei Objecten A und B in doppelter Weise aufgefasst und ausgedrückt werden kann, je nachdem man von A zu B, oder von B zu A geht. Die Beziehung ist immer eine g e g e n s e i t i g e; die Relationen unterscheiden sich aber darin, dass sie entweder in der einen wie in der andern Richtung g l e i c h, oder dass sie e n t g e g e n g e s e t z t sind — A neben B, B neben A, A gleich B, B gleich A; oder A auf B, B unter A, A grösser als B, B kleiner als A. Es hängt von dem Gange unseres die Relation knüpfenden Denkens ab, in welcher Weise eine gegebene Beziehung aufgefasst und ausgedrückt wird; jedes Relationsurtheil schliesst also vermöge seiner Natur ein zweites gleichwerthiges ein, jeder Relationsbegriff hat seinen Correlatbegriff.

2. Gehen wir dem psychologischen Grunde der durch die Relationen hergestellten Synthese nach, so ist er bei den unmittelbar anschaulichen r ä u m l i c h e n Beziehungen am leichtesten klar zu machen. Es liegt in der Natur unserer Vorstellung räumlicher Dinge, dass sie uns immer nur zusammen mit ihrer Umgebung wahrnehmbar werden, aus der wir sie als einzelne aussondern müssen; in der Anschauung selbst, vor aller bewussten Reflexion verknüpfen wir die einzelnen Theile des uns umgebenden Wahrnehmbaren zu einem Raumbild, und so erscheint uns alles Einzelne in einem grösseren räumlichen Ganzen befasst. Wir vermögen den einzelnen Gegenstand, diesen Baum, dieses Haus, für unsere Aufmerksamkeit zu isoliren; die Beweglichkeit einer grossen Anzahl einzelner Dinge begünstigt diese Isolirung, welche sie uns losgelöst von jeder bestimmten Umgebung vorstellen lässt; aber wo wir sie auch wahrnehmen mögen, immer stehen sie zwischen anderen in demselben continuirlichen Raume. Sobald wir über die Anschauung des einzelnen Dings hinausgehen, sind andere schon in bestimmter Lage da; und indem wir die Richtungen dieses Hinausgehens und Zusammenfassens,

## § 12. Relationsurtheile.

die ursprünglich alle auf unsern eigenen Standpunkt bezogen sind, von einander unterscheiden und uns zum Bewusstsein bringen, — rechts und links, vor und hinter, über und unter — haben wir das complexe Bild, das sich uns darstellt, analysiert und durch allgemeine Relationsbegriffe ausgedrückt, welche die bestimmte Art der Einheit darstellen, in der das räumliche Ganze seine Bestandtheile enthält.

Sage ich: das Haus ist an der Strasse, so ist der Ausgangspunkt meines Urtheils ein Gesammtbild des Hauses mit seiner Umgebung; ich achte zuerst auf das Gebäude und benenne es als Haus; ich gehe mit dem Blicke weiter und achte auf seine Nachbarschaft, ich benenne was ich hier sehe, als Strasse; und das Verhältniss, in dem die beiden Bestandtheile meines Bildes stehen, ist das des unmittelbaren Aneinandergrenzens, ich bezeichne es durch die Präposition »an«, in der diese Art von räumlichem Zusammensein benannt ist. Ebenso setzen: der Storch ist im Neste, der Hund ist unter dem Tisch, dieselbe Analyse eines gegebenen Gesammtbildes in seine Bestandtheile und die Art ihres räumlichen Zusammenseins voraus; dasjenige, was die Vereinigung zu einem Ganzen ausdrückt, was den Hörer auffordert, die ihm gebotenen Bestandtheile in bestimmter Weise zu vereinigen, ist die Präposition, welche die Relationsvorstellung enthält und auf das Gegebene anwendet. Wir haben also, damit das Urtheil ausgesprochen werden könne, eine dreifache Benennung der einzelnen Bestandtheile; und ausserdem die Einheit, welche der in dem Relationswort ausgesprochene Gedanke enthält. Eine dieser Benennungen ist dem Urtheil vorangegangen, und erscheint in der Bezeichnung des Subjects; die andern Synthesen werden durch das Urtheil selbst ausgedrückt.

3. Diese verschiedenen Synthesen können sich nun in manigfaltiger Weise verflechten und in verschiedener Ordnung vollzogen werden; hauptsächlich darum, weil sich mit jedem Object nach den Gewohnheiten unseres Vorstellens der Gedanke der möglichen Relationen in denen es stehen kann verknüpft. Sind mir zwei Gegenstände A und B nebeneinander gegeben, so kann ich zunächst A ins Auge fassen; jeder Gegenstand aber steht in räumlicher Nachbarschaft zu andern,

die Vorstellung von etwas was neben ihm ist, stellt sich ein, und ich bestimme nun diesen zweiten Beziehungspunkt; umgekehrt kann ich von B ausgehen, mit diesem zunächst die Relation verknüpfen, und dann dem zweiten Punkt A als Subject diese Relation beilegen; endlich kann ich beide zusammen ins Auge fassen und ihr Verhältniss bestimmen. A neben B, neben B A, A und B nebeneinander, drücken diesen verschiedenen Gang aus.

Am deutlichsten zeigt sich dies in den räumlichen Relationen, die von mir als Beziehungspunkt ausgehen. Ein Urtheil wie »Socrates ist hier« geht von einer Anschauung aus, die mich und Socrates in demselben Raume begreift. Nun ist mit jeder anschaulichen Vorstellung eines Raumes mein eigener Ort und ein denselben umgebender Raum gesetzt; diese mich stets begleitende, durch »hier« ausgedrückte Vorstellung tritt also zu der jetzt gegebenen Anschauung, und wird mit ihr Eins. Der mich umgebende Raum aber fordert etwas was darin ist; er ist die allgemeine Möglichkeit eines Zweiten, und dieses Zweite ist jetzt Socrates; Socrates füllt die leere Stelle des »hier« aus. Darum ist die natürliche Form der Beschreibung solcher Verhältnisse, in denen mein eigener Ort als Beziehungspunkt zunächst im Bewusstsein ist, die Voranstellung der Ortsbezeichnung. (Rechts ist A, links B, vorn C, hinten D.)

Umgekehrt kann übrigens auch zunächst eines der Objecte ins Auge gefasst werden — es wird als Socrates erkannt. Aber mit dieser Vorstellung kann sich sofort wie mit der jedes räumlichen Dings die einer Umgebung, der Nachbarschaft anderer Dinge verknüpfen; Socrates ist irgendwo — und diese unbestimmte Beziehung wird jetzt mit der bestimmten in Eins gesetzt, der ihn umgebende Raum mit meinem Raum, mit »hier«. Auch in diesem Falle also ist ein Urtheil, wie »Socrates ist hier«, insofern auf doppeltem Wege möglich, als es einerseits als Antwort auf die Frage: »Wer ist hier«, andrerseits auf die Frage: »Wo ist Socrates« gelten kann.

Eine Menge von Prädicaten, die zunächst Zustände und Bewegungen ausdrücken, bieten Anknüpfungspuncte für Relationsbestimmungen, welche sie genauer determiniren. Der

Hund steht, sitzt, liegt, bezeichnet zunächst verschiedene Haltungen seines Körpers, die nur auf ihn selbst bezogen werden; aber die Verba selbst deuten hinaus auf die Unterlagen oder den bestimmten Ort, und die Relationsvorstellung verknüpft sich als nähere Bestimmung mit dem Prädicat. Andere Verba wie folgen, fallen, haben in ihrer Bedeutung schon die Relation zu einem andern; in solchen Aussagen verknüpft sich also mit der Relation noch die Synthese von Ding und Zustand oder Thätigkeit.

Was von den räumlichen Relationen gilt, lässt sich ebenso auf die zeitlichen anwenden. Auch hier liegt es in der Natur unserer Auffassung, dass uns jedes einzelne Object in zeitlichem Zusammen mit andern erscheint, und als Glied einer zeitlichen Reihe, der andere zeitliche Reihen parallel gehen.

4. Weniger anschaulich sind die Relationsvorstellungen die durch gleich, verschieden, ähnlich u. s. w. bezeichnet werden. Denn die Beziehung ist hier nicht mit der Anschauung selbst schon gegeben, sondern erst durch unser vergleichendes Denken gesetzt, das beliebig nach den verschiedensten Richtungen hinausgehen kann, um eines gegen das andere zu halten. Zwei gleiche oder verschiedene Dinge bilden nicht schon unabhängig von meiner Reflexion ein einheitliches Ganzes, das sich in seine Bestandtheile auflösen liesse; die Einheit, in welche sie das Relationsurtheil setzt, entspringt dem Bewusstsein von Denkthätigkeiten, welche sich auf den Inhalt des Vorgestellten selbst beziehen. Die unmittelbare Evidenz, mit welcher in den einfachsten Fällen Gleichheit, Verschiedenheit, Aehnlichkeit von uns aufgefasst und erkannt werden, lässt leicht diese Bestimmungen wie etwas sinnlich Gegebenes erscheinen und die eigenthümlichen Functionen übersehen, durch die sie uns zum Bewusstsein kommen, und die immer eine Mehrheit gegebener Objecte, die nach ihrer Beschaffenheit verglichen werden, schon voraussetzen. Denn auch hier sind die Relationsvorstellungen für sich genommen vollkommen leer; zu sagen A ist gleich, A ist verschieden, wäre sinnlos; nur zusammen mit einem bestimmten Beziehungspunkt können gleich und verschieden wirkliche Prädicate werden.

Darum können auch die mathematischen Gleichungen nicht ursprünglich, nach der Formel »A und B sind gleich«, als Urtheile aufgefasst werden, welche über zwei Subjecte dasselbe Prädicat aussagen, wie »A und B sind 10 Fuss lang«; denn sie können nicht in zwei Urtheile zerlegt werden A ist gleich und B ist gleich. Geht man von beiden Subjecten aus, so ist der vollständige Ausdruck: A und B sind einander gleich; und darin liegen die zwei Urtheile A ist gleich B, B ist gleich A; die eigentlichen Prädicate sind also gleich B, gleich A.

Wiederum liegt es in der Natur eines mathematischen Objects, dass die Frage, was ihm gleich ist, sich von selbst daran heftet, und es über sich hinaus seine Beziehung streckt, um durch sie ein zweites zu erreichen; ebenso drängen sich die Vergleichungen mit dem Grösseren und Kleineren überall auf; je nachdem die eine oder die andere Grösse zuerst ins Auge gefasst wird, entsteht dann $A > B$ oder $B < A$.

5. Schwierig sind wegen der engen Beziehung zwischen »Thun« und »Wirken« die causalen Relationen zu analysieren, die sich in Sätzen mit transitiven Verben und ihrem Objecte ausdrücken. Gehen wir wieder von einer bestimmten Anschauung aus, die das Urtheil erzählen soll, z. B. eines Stiers der einen Baum stösst; so ist, was mit der Vorstellung des Subjects unmittelbar in irgend einem Momente gegeben ist, sein Thun, das als bestimmte Form der Bewegung für sich vorgestellt werden kann: Stossen, Schlagen, Schleudern, Greifen u. s. w. enthalten die Vorstellung bestimmter Bewegungsformen, die ganz abgesehen von einem bestimmten Objecte gedacht und so rein auf das Subject als dessen Thun bezogen werden können. Aber das Urtheil: der Stier stösst, erschöpft das Bild noch nicht vollständig, in welchem der Stier nicht ohne den Baum ist; was geschieht, muss irgendwie als Relation zwischen beiden ausgedrückt werden. Dies kann von einer Seite so geschehen, dass nur die allgemeine Form der Bewegung durch ihre Richtung determiniert wird, in ähnlichem Sinn, in welchem es durch Adverbien der Richtung geschehen könnte (der Stier stösst gegen den Baum — locale Bedeutung der Casus und Präpositionen). Soweit enthält also das Urtheil keine andere Relation als diejenige, welche

durch die räumliche Natur der Bewegung, in der das Thun besteht, gefordert wird, wenn sie als eine im einzelnen Fall bestimmte ausgedrückt werden soll; die Angabe eines bestimmten Gegenstands dient nur zur näheren Bestimmung der Prädicatsvorstellung, diese selbst ist darum noch kein reines Relationsprädicat, sondern enthält nur ein durch eine Relationsvorstellung ergänztes Thun.

Wird aber auf den Erfolg gesehen, welchen das Object durch die Thätigkeit des Subjects erfährt, die Erschütterung und Quetschung des Baumes, so tritt insofern die causale Relation ein; dieser Erfolg gehört nicht mehr zum Thun des Subjects für sich, sondern zu dem was am Object vorgeht, das bewirkte als solches ist ausserhalb des bewirkenden. Jetzt wird in der allgemeinen Vorstellung, welche »Stossen« bezeichnet, nicht mehr bloss die Form der Bewegung gedacht, welche ein Subject verlangt, sondern eine Bewegung die einen erschütternden oder zermalmenden Erfolg an einem andern hat. Indem der Vorgang mit der Vorstellung des Stossens in diesem Sinne übereinstimmend gesetzt wird, wird auch gefordert, dass die Vorstellung sich durch Beziehung auf ein bestimmtes Object näher bestimme, und damit haben wir die beiden ersten Synthesen; die Beziehung auf das Subject ist die dritte.

Handelt es sich um Verba die ihrer Natur nach eine Wirkung, ein Hervorbringen, Vernichten, Zerstören u. s. w. bedeuten, so ist in der Wortbedeutung selbst die causale Relation gesetzt, sie ist das Allgemeine zu den bestimmten Wirkungen auf einzelne verschiedene Objecte, und fordert ein Etwas das hervorgebracht oder zerstört wird. Bewirken und Etwas bewirken ist gleichbedeutend; bestimmter oder unbestimmter ist mit dem Verb selbst die Vorstellung eines Objects verbunden, das durch die im Verb ausgedrückte Thätigkeit afficiert wird und mit welchem von einer Seite das bestimmte Object in Eins gesetzt wird; in der Wortbedeutung liegt ferner die Vorstellung des zweiten Beziehungspunktes, des Ausgangs der Wirkung, und mit diesem wird das Subject identisch gesetzt. Ich esse, ich esse etwas, ich esse Speise sind vollkommen gleichbedeutend; mit der Bedeutung des Verbums sind seine zwei Beziehungspunkte gegeben, sie mögen genannt sein oder nicht. Das Eigenthümliche ist nur umgekehrt, dass jetzt in der Vorstellung des Wirkens die des Thuns eingeschlossen, und mit den Synthesen, welche die Relation herbeiführt, auch die Synthese in der Kategorie der Action als eine mitgedachte und begleitende vollzogen wird. Die möglichen Reihenfolgen, in denen diese Synthesen vollzogen werden, sind wiederum an den Fragen zu veranschaulichen: Wer bewirkt B? Was bewirkt A? Was thut A?

6. Die Natur dieses Relationsverhältnisses spricht sich in der Wechselbeziehung der activen und passiven Formen aus, durch welche derselbe Vorgang ausgedrückt werden kann. Sage ich »der Stein wird geworfen«: so ist der Vorgang am Stein nicht so ausgedrückt, wie er zunächst als Thun des Steins erscheint (der Stein fliegt); an die Stelle dieser nächsten und unmittelbaren Aussage tritt die entferntere Relation, welche dieses Thun als Wirkung eines andern bezeichnet und in deren Vorstellung das Woher dieser Wirkung unbestimmt oder bestimmt mitgedacht wird. Die Prädicatsvorstellungen, welche durch passive Verba bezeichnet werden, können also nicht unter dieselbe Form der Einssetzung subsumiert werden, welcher die Kategorie der Action zu Grunde liegt, sondern sind durchweg Relationsprädicate, obwohl in ihnen eine Action, die sich lediglich auf das Subject bezieht, mit eingeschlossen ist.

Unter unendlich manigfachen Formen und Verkleidungen des sprachlichen Ausdrucks verstecken sich allerdings häufig diese einfachen unterschiedenen Grundverhältnisse; die Wortformen der Sprache congruieren, ihrer geläufigen Bedeutung nach, durchaus nicht immer mit den Unterschieden der Vorstellung; »leiden« selbst ist ein Activum, bei dem wir meist vergessen, dass es als solches das Subject in der Thätigkeit des Ertragens oder Schmerzempfindens darstellt, und das uns in der Regel, als Gegensatz zum Wirken, nur die Relation zu einem andern Wirkenden bedeutet.

7. Unter den Gesichtspunkt der Relation, und zwar der modalen, fällt auch, wiewohl mit eigenthümlicher Stellung,

das Prädicat »Sein« in den sogenannten Existentialsätzen.

Darüber kann zunächst kein Zweifel sein, dass diese Sätze ihrer äusseren Form nach vollkommen denselben Bau aufweisen, wie alle andern Sätze, deren Prädicat ein beliebiges Verbum ist; von dem durch das Subjectswort Bezeichneten und bei dem Subjectswort Gedachten wird das Sein ausgesagt, es wird zwischen dem Subject und dem allgemeinen Begriffe des Seins eine bestimmte Einheit hergestellt; es wird also in ihnen so gut eine Synthese unterscheidbarer Gedanken vollzogen, wie in jedem andern Urtheil; wie auch die Frage: Existiert A? gar nicht anders verstanden werden kann, als dass sie den Zweifel ausdrückt, ob von dem gedachten A die wirkliche Existenz behauptet, der Gedanke der Existenz in Wahrheit damit verbunden werden könne*).

---

\*) Brentano (Psychologie vom empirischen Standpunkte Bd. I. 1874 S. 266 ff.) bestreitet die gewöhnliche Lehre, dass in jedem Urtheil eine Verbindung oder Trennung zweier Elemente stattfinde. Das Wesentliche des Urtheilens sei Anerkennung oder Verwerfung, die sich auf den Gegenstand einer Vorstellung richten; Anerkennung und Verwerfung sei eine ganz andere Beziehung des Bewusstseins zu einem Gegenstand, als Vorstellen. Anerkennen und Verwerfen aber betreffe theils Verbindungen von Vorstellungen, theils einzelne Gegenstände. In dem Satze »A ist«, sei nicht die Verbindung eines Merkmals Existenz mit A, sondern A selbst sei der Gegenstand, den wir anerkennen.

Dass das Urtheilen nicht bloss in einem subjectiven Verknüpfen von Vorstellungen besteht, ist unzweifelhaft richtig und wird unten § 14 näher dargelegt werden; dass es aber ein Urtheilen gebe, das überhaupt keine Verknüpfung von Vorstellungen enthält, dass neben den zweigliedrigen Urtheilen auch eingliedrige stehen, und dass diese eingliedrigen Urtheile eben die Existentialurtheile seien, kann ich nicht zugeben. Denn stelle ich einen »Gegenstand« A vor, so ist er für mein Bewusstsein zunächst als vorgestellter, gedachter vorhanden; er steht zunächst in dieser Beziehung zu mir, Object meines Vorstellens zu sein. Insofern kann ich ihn nicht verwerfen, da ich ihn wirklich vorstelle; und wollte ich ihn anerkennen, so könnte ich eben nur anerkennen, dass ich ihn wirklich vorstelle: aber diese „Anerkennung" wäre nicht die Behauptung, dass er existiert; denn es handelt sich ja eben darum, ob er ausserdem, dass ich ihn vorstelle, noch die weitere Bedeutung hat, dass er einen Theil der mich umgebenden wirklichen

Auch der Sinn des Prädicats kann, wenn wir von seiner populären Bedeutung ausgehen, wie sie vor aller kritischen philosophischen Reflexion vorhanden ist, keinem Zweifel unterliegen, wenn auch der Begriff des Seins nicht definiert und aus andern Begriffen abgeleitet werden, sondern nur durch seinen Gegensatz hervorgehoben werden kann. Das »Sein« steht dem bloss Vorgestellten, Gedachten, Eingebildeten gegenüber; was »ist«, das ist nicht bloss von meiner Denkthätigkeit erzeugt, sondern unabhängig von derselben, bleibt dasselbe, ob ich es im Augenblick vorstelle oder nicht, dem kommt das Sein in demselben Sinne zu, wie mir selbst, es steht mir dem Vorstellenden, als etwas von meinem Vorstellen Unabhängiges gegenüber, das nicht von mir gemacht, sondern in seinem unabhängigen Dasein nur anerkannt wird. Aber obgleich diese Unabhängigkeit des Seienden von mir zunächst gemeint ist, liegt doch, offener oder versteckter, zugleich eine Beziehung zu mir, dem das Seiende denkenden, und realiter von ihm afficierbaren Subject eingeschlossen.

Ebenso vergeblich, als der Versuch das Selbstbewusstsein aus dem Unbewussten zu erklären, ist auch der Versuch den Gedanken des Seins auf irgend eine Weise abzuleiten. Er

---

Welt bildet, von mir wahrgenommen werden kann, Wirkungen auf mich und anderes ausüben kann. Diesen letzteren Gedanken muss ich mit der blossen Vorstellung verknüpfen, wenn ich seine Existenz behaupten will. Beginne ich einen Satz: der Thurm zu Babel — so sind diese Worte zunächst ein Zeichen, dass ich die Vorstellung des Thurmes zu Babel habe, wie sie durch die Erzählung der Genesis erweckt ist, und dem Hörer entsteht eben diese innere Vorstellung; diese Vorstellung ist einfach da, und kann als solche weder verworfen werden, noch bedarf sie irgend einer Anerkennung; nun fragt sich aber, welche Bedeutung diese Vorstellung hat. Vollende ich den Satz: der Thurm zu Babel existiert, so behaupte ich, über die blosse Vorstellung hinausgehend, dass das durch die Worte bezeichnete an irgend einem Orte wahrnehmbar sei; sage ich: existiert nicht, so habe ich nicht die Vorstellung des Thurmes zu Babel verworfen, sondern den Gedanken, dass diese Vorstellung die eines sichtbaren und greifbaren Dings sei. Was ich also anerkenne oder verwerfe, ist der Gedanke, dass die gegebene Vorstellung die eines wirklichen Dings sei, also eine Verknüpfung. Vergl. zu der ganzen Frage meine Schrift »die Impersonalien« S. 50 ff.

ist in dem Selbstbewusstsein ursprünglich mit enthalten, er wird mitgedacht, so oft wir Ich sagen, ohne dass wir ihn ausdrücklich hervorheben; und ebenso ursprünglich haftet er an den Objecten unseres Anschauens und Denkens; denn wir finden in unserem Bewusstsein uns selbst niemals ohne eine uns umgebende Welt von Objecten, die ebenso sind, wie wir selbst; wir haben uns selbst nur zusammen mit anderem was ist, und im Gegensatz zu anderen Dingen, die nicht wir selbst sind.

Die Vorstellung des Seins aus dieser ursprünglichen Verbindung mit dem Bewusstsein unserer selbst und der uns gegenüberstehenden Objecte loszulösen, und das Sein von uns selbst und der Welt ausser uns ausdrücklich zu behaupten, ist zunächst gar kein Anlass vorhanden, weil der Gedanke, dass ich selbst nicht sein könnte, oder die gesammte Welt ausser mir nicht wäre, gar nicht entsteht; zu versichern »Ich bin«, was weder ich noch sonst Jemand bezweifelt, ist vollkommen überflüssig; erst eine fortgeschrittene Reflexion kann dazu kommen, sich der Wahrheit des eigenen Seins ausdrücklich bewusst zu werden; zuerst ist in dem unmittelbaren Bewusstsein meiner selbst auch mein Sein ungeschieden mit enthalten; es kommt nur darauf an, in welchem Zustande oder welcher Thätigkeit ich mich finde.

Was für mich selbst dieses unmittelbare Selbstbewusstsein leistet, das leistet den äussern Dingen gegenüber die unmittelbare sinnliche Wahrnehmung; wenn wir reflectierend uns besinnen, auf welche Veranlassung hin wir das Sein der einzelnen äusseren Dinge annehmen, so ist es die sinnliche Empfindung; was wir tasten und sehen, das ist da, wir verbinden mit »Sein«, wenn wir uns den Gedanken näher verdeutlichen, das Wahrgenommenwerden und Wahrgenommenwerdenkönnen, die Fähigkeit einer Wirkung auf die Sinnesorgane eines empfindenden Subjects; aber das Wahrgenommenwerden ist nicht das Sein selbst, sondern nur Zeichen und Folge desselben; denn mit dem Wahrgenommenwerden fängt das Sein nicht erst an, noch hört es auf, wenn das Wahrgenommenwerden aufhört; das Wahrnehmbare muss sein, um wahrgenommen werden zu können. Die Wahrnehmung eines Dings ist nur der directeste und unwiderleglichste Beweis dafür, dass es existiert.

Wo wir unsinnlichen oder übersinnlichen Dingen das Sein beilegen, wie es im ontologischen Beweise für das Dasein Gottes oder im Begriffe des Dings an sich geschieht, haben wir es immer schwer die Reste der den Gedanken des Seins in der sinnlichen Welt begleitenden räumlichen Vorstellungen los zu werden; wir reden vom »Dasein« Gottes; und wenn wir uns diesen Gedanken beleben wollen, bleibt uns nur die Wirkung auf eine wahrnehmbare Welt, und in ihr und durch sie die Wirkung auf uns, wodurch das Unsinnliche sich offenbart und zu erkennen gibt; aber auch dieses Wirken ist nicht der Ursprung des Gedankens »Sein«, sondern nur eine Folge desselben, und damit der Erkenntnissgrund dafür, dass das Wirkende ist.

Daraus erhellt die eigenthümliche Schwierigkeit, die dieser Begriff des Seins mit sich führt; einerseits ist, um ihn überhaupt aussprechen zu können, eine Relation zu mir, dem Denkenden vorausgesetzt; das Object ist von mir vorgestellt, weil es in irgend eine Beziehung zu mir getreten ist; dass es sei, ist mein Gedanke; aber durch diesen Gedanken selbst wird die blosse Relativität wieder aufgehoben, und behauptet, dass das Seiende auch sei abgesehen von seiner Beziehung zu mir und einem andern denkenden Wesen, dass das Sein nicht in dieser Relation aufgehe, als Gegenstand meines Bewusstseins gedacht zu werden; die Herbart'sche Formel der absoluten Position drängt in ihrem Doppelsinn diese beiden Gesichtspunkte zusammen, ohne die Schwierigkeit lösen zu können; aber sie hat das Verdienst wenigstens klar gemacht zu haben, was unser natürliches Denken, unbekümmert um die Schwierigkeiten, wirklich meint, wenn es das Sein prädiciert.

Von diesem gewöhnlichen, noch nicht kritisch angefochtenen Sinne haben wir auszugehen, wenn wir die Existentialurtheile analysierend verstehen wollen; und es erhebt sich also die Frage, was denn gedacht wird, wenn gesagt wird A existiert, und in welchem Sinne die Einheit von Subject und Prädicat behauptet wird.

Um diese Frage zu lösen, müssen wir uns erst klar

machen, unter welcher Voraussetzung denn überhaupt das Urtheil entsteht »A existiert«, wo es im gewöhnlichen Verlauf unseres Denkens als Urtheil über ein Einzelnes auftritt. Die Voraussetzung ist offenbar, dass an der Existenz des Subjects gezweifelt worden ist, oder gezweifelt werden kann; und dies ist nur möglich, wenn das Subjectswort zunächst etwas nur Vorgestelltes, in Form der Erinnerung oder auf Grund der Mittheilung anderer in meinem Bewusstsein erscheinendes bedeutet. Von dem was mir unmittelbar gegenwärtig ist, kann ich nicht fragen, ob es existiert; mit der Art, wie es von mir angeschaut wird, ist auch die Gewissheit seiner Existenz gegeben. Aber die Erfahrung des Vergehens und Verschwindens von Dingen, die ich früher an bestimmten Orten gesehen, und die Erfahrung der Täuschung durch andere belehrt mich, dass nicht alles, was ich innerlich vorstelle, auch in der wirklichen Wahrnehmung gefunden wird; sie zwingt mich, zwischen der Anschauung des Gegenwärtigen und der blossen Vorstellung zu unterscheiden, der keine gegenwärtige Anschauung entspricht. Habe ich etwas verloren, ist was ich früher besass oder kannte, nicht mehr zu finden, so habe ich zwar das Bild des Dings in der Erinnerung, aber die gegenwärtige Anschauung fehlt; es ist nicht da, ist nicht vorhanden, ist nicht zu finden. Was jetzt als Subjectsvorstellung in meinem Bewusstsein ist, ist nur das vorgestellte Ding, zu dem ich die entsprechende Wahrnehmung suche; nur in Beziehung auf dieses ist die Frage nach seiner Existenz möglich; und die Frage bedeutet, ob was ich vorstelle noch einen Bestandtheil der wahrnehmbaren Welt bildet.

Jedes Existentialurtheil macht also das Subjectswort zum Zeichen von etwas, was bloss vorgestellt ist, eben dadurch, dass es den Gedanken seiner Existenz von ihm trennt, um sie erst ausdrücklich ihm zuzusprechen. Das letztere geschieht, sobald ich das Vermisste gefunden, d. h. die correspondierende Wahrnehmung gemacht habe, oder durch irgend welche Schlüsse, durch Mittheilung anderer u. dgl. mich überzeugt habe, dass es noch irgendwo wahrnehmbar ist. Alle Existentialurtheile im Gebiete der empirischen Welt beruhen also auf dem Unterschiede der blossen inneren (Erinnerungs- oder Phantasie-)

Vorstellung von der gegenwärtigen Wahrnehmung, und was sie behaupten, ist die Identität des Wahrgenommenen mit dem bloss Vorgestellten, das als Subject genannt ist.

Das ist besonders deutlich dann, wenn die Vorstellung des Gegenstands, dessen Existenz in Frage kommt, nur durch Mittheilung anderer in mir entstanden ist. Diese erzeugen die Vorstellung eines Hercules oder Theseus, des Thurms zu Babel oder des Magnetbergs; die Frage ist, ob sie existiert haben, die mit den Wörtern verbundenen Vorstellungen also Vorstellungen wirklicher Wesen oder blosse Phantasiegebilde sind, ob die Berichte auf Wahrnehmung oder Fiction beruhen.

Eben darum ist auch klar, was Kant hauptsächlich hervorhebt, dass durch das Prädicat Sein zum Inhalt der Vorstellung als solcher schlechterdings nichts hinzukommt; ob ich sage A ist, oder A ist nicht, beidemal denke ich unter A genau dasselbe; der Sinn der Aussage selbst verlangt, dass in der wirklichen Welt nicht mehr und nicht weniger vorhanden sei, als eben das von mir gedachte A. »Sein« bildet also keinen Bestandtheil der Subjectsvorstellung, kein »reales Prädicat« wie Kant sagt; es drückt nur das Verhältniss des gedachten A zu meinem Erkenntnissvermögen aus. Die Synthese also, welche das Existentialurtheil zunächst im empirischen Gebiete enthält, ist die Identität eines vorgestellten und eines angeschauten Objects; seine Möglichkeit beruht darauf, dass ich desselben Inhalts in zweierlei Form bewusst werden kann, in Form der blossen Vorstellung und in Form der Anschauung; mit dem angeschauten Object ist der Gedanke des Seins unmittelbar verbunden.

Insofern kehren die Existentialurtheile den Process der Benennungsurtheile um. Bei diesen ist ein anschauliches, also von vornherein als wirklich gedachtes Object gegeben; zu ihm tritt eine von früher bekannte Vorstellung, und die Uebereinstimmung beider wird in dem Benennungsurtheile ausgesprochen. Beim Existentialurtheil geht die blosse Vorstellung voran; von ihr wird gesagt, dass sie mit einem anschaubaren einzelnen Object übereinstimme.

Indem aber zunächst dieses Verhältniss ausgedrückt wird, die Uebereinstimmung des vorgestellten Dings mit einer mög-

lichen Wahrnehmung, greift doch der Sinn des Prädicats
»Existieren« weiter; was existiert, steht nicht bloss in dieser
Beziehung zu mir, sondern zu allem andern Seienden, nimmt
zwischen anderen Objecten seinen Raum ein, existiert zu bestimmter Zeit nach und vor andern Dingen, steht in Causalverhältnissen zu der übrigen Welt; darauf hin kann auch von
dem Wahrnehmbaren eine bloss erschlossene Existenz behauptet werden. (Wenn Herbart in dem Begriffe des Seins
die völlige Unbedingtheit und Beziehungslosigkeit findet, so
hat Lotze gegen ihn mit Recht hervorgehoben, dass wir in
dem Begriff des Seins gerade ein in Beziehung stehen mitdenken).

Von diesem Gesichtspunkt aus ist jedem einzelnen Existentialurtheil der mich immer begleitende Gedanke einer mich
umgebenden wirklichen Welt vorausgesetzt, es füllt nur eine
Stelle in dieser Gesammtheit des Seienden durch ein bestimmtes
Subject aus. Dass etwas ausser mir sei, ist immer vorausgesetzt; die Frage ist ob das von mir Gedachte unter dem
Gegebenen sich finde, oder aber, ob ein Wirkliches unter einen
bestimmten Begriff falle.

Diese letztere Richtung unseres Denkens führt zu denjenigen Aussagen, welche den Ausdruck des Seins voranstellen
und dadurch den Impersonalien verwandt werden, theilweise
auch äusserlich die Form impersonaler Sätze annehmen —
ἔστι, there is, es gibt — diese Wendungen weisen zuerst auf
ein Existierendes hin, das ist, da ist, von der gegebenen Welt
dargeboten wird, um es nachher bestimmt zu bezeichnen.
Diese Form des Existentialsatzes ist dann die natürliche, wenn
es sich nicht darum handelt, ob ein Ding, das als bestimmtes
einzelnes gedacht wird — etwa weil es von früherer Zeit her
mir bekannt war — vorhanden ist, sondern ob ein Ding existiert, das unter einen gegebenen Begriff fällt, nur als »ein A«
bezeichnet werden kann [*].

---

[*] Vgl. meine Impersonalien S. 65 ff.

## § 13.

Diejenigen Urtheile über Einzelnes, deren **Subjecte Abstracta, deren Prädicate adjectivisch oder verbal** sind, können nicht auf die Kategorieen des Dings und der Eigenschaft oder Thätigkeit zurückgeführt werden. Es liegt ihnen vielmehr als erste Synthese theils die **Einheit der Eigenschaft oder Thätigkeit mit ihrer Modification**, theils die Betrachtungsweise zu Grunde, welche einem Dinge **nur vermöge einer bestimmten Eigenschaft, Thätigkeit oder Relation** ein Prädicat beilegt.

1. Die nächstliegende und einem wenig entwickelten Denken natürliche Auffassung wahrgenommener Vorgänge ist die Beziehung derselben auf die concreten Dinge und der Ausdruck alles dessen was ist und geschieht als Eigenschaft, Thätigkeit, Verhältniss des Einzelnen; Homer hat nur wenige Sätze, deren Subjecte nicht einzelne Personen oder Dinge sind. Erst das Bedürfniss des genauer unterscheidenden und in weiterem Umfange vergleichenden Denkens kann veranlassen, Eigenschaften, Thätigkeiten oder Verhältnisse des Einzelnen für sich zum Gegenstande einer Aussage zu machen; und es geschieht vor allem in zwei Richtungen, theils in der Absicht einen Vorgang oder eine Eigenschaft unterscheidend genauer zu bestimmen, oder eine causale Relation auf ein bestimmtes Element eines Dinges zu beziehen.

2. In Urtheilen wie: dieses Roth ist lebhaft, der Gang dieses Thiers ist hüpfend u. s. w. ist das Eigenschafts- oder Thätigkeitsurtheil schon vorausgesetzt, welches das Gegebene in ein Ding und seine Bestimmungen zerlegt; die Synthesis des Urtheils besteht einerseits in der Synthesis der Eigenschaft oder Thätigkeit mit ihrer Modification, andrerseits der Benennung dieser (vgl. § 6, 2, d—f S. 34 ff.).

3. Wenn eine Eigenschaft oder eine Thätigkeit Subject einer causalen Relation wird: so setzt dies voraus, dass die allgemeine Vorstellung des Wirkenden, welche sich zunächst

§ 13. Urtheile über Abstracta.

an ein Ding knüpft, das Ursache ist, in Folge von Vergleichung näher dahin bestimmt wird, dass ein Ding nur wirkt vermöge einer seiner Eigenschaften, oder wirkt sofern es in einer bestimmten Thätigkeit begriffen ist. Wenn wir sagen, dass die Reibung erhitze und das Gewicht drückend sei, so ist das eigentliche Subject, das zu den Verben gehört, der in Reibung begriffene Körper, das schwere Ding; nur dieses ist fähig, als eigentliches Subject eines Wirkens zu gelten. Aber unser vergleichendes Denken unterscheidet an dem Körper dasjenige, vermöge dessen er die Wirkung ausübt, und drückt es durch ein Abstractum aus, weil auf diesem Wege der Vorgang schon als Ausdruck eines allgemeinen Gesetzes hingestellt wird.

4. In demselben Sinne können auch Relationsvorstellungen — Entfernung, Unterschied u. s. w. — als Subjecte von Adjectiven oder Verben auftreten, die eine Wirkung ausdrücken. Wenn die Entfernung zweier Körper ihre Anziehung vermindert, so ist durch den Wortlaut der Veränderung einer räumlichen Relation ein Wirken zugeschrieben, wie einer substantiellen Ursache. Allein es bedarf keines Beweises, dass hier nur, was wir auf Grund allgemeiner Gesetze, welche mit der Thatsache des Wirkens auch die Bedingungen seiner Modification enthalten, als nothwendige Folge des veränderten Abstands erkennen, durch eine abgekürzte Redeweise als die Wirkung dieser Veränderung selbst hingestellt wird. In je höheren Abstractionen sich unser Denken und Wissen bewegt, desto incongruenter werden ihm die ursprünglichen Bedeutungen der Wörter und der Constructionen: ohne dass wir es fühlen, kürzt vorzugsweise mit Hülfe ihrer Abstracta die Sprache ab und lässt unausgesprochen, was sich nach den Gewohnheiten unseres Denkens von selbst versteht; sie schiebt den einfachen Ausdrucksformen die verwickelten Verhältnisse wissenschaftlicher Gesetze unter, die das Einzelne von einer Reihe von Bedingungen abhängig machen, und damit die wirkende Ursache selbst in den Hintergrund stellen gegen die wechselnden Umstände unter denen sie wirkt; die ursprüngliche Vorstellung des Wirkens vergeistigt sich zu der gesetzmässigen Abhängigkeit verschiedener Bewegungen, deren adäquater Ausdruck nur die mathematische Formel ist, welche

aber in Worten nur mit Hülfe von Personificationen und Metaphern dargestellt wird, die wir gar nicht mehr als solche empfinden.

## § 14.

Mit der In-Einssetzung verschiedener Vorstellungen ist das Wesen des Urtheils noch nicht erschöpft; es liegt zugleich in jedem vollendeten Urtheil als solchem das Bewusstsein der objectiven Gültigkeit dieser In-Einssetzung.

Die objective Gültigkeit aber beruht nicht unmittelbar etwa darauf, dass die subjective Verknüpfung den Verhältnissen des entsprechenden Seienden entspricht, sondern auf der Nothwendigkeit der In-Einssetzung.

Diese Nothwendigkeit wurzelt in dem Princip der Uebereinstimmung, welches zugleich die Constanz der Vorstellungen zur Voraussetzung hat; diese logischen Principien vermögen aber die reale Identität der Dinge nicht zu gewährleisten.

1. Alle die Definitionen des Urtheils, welche dasselbe auf die bloss subjective Verknüpfung von Vorstellungen oder Begriffen beschränken, übersehen, dass der Sinn einer Behauptung niemals ist, bloss dieses subjective Factum zu constatieren, dass ich im Augenblick diese Verknüpfung vollziehe; vielmehr macht das Urtheil durch seine Form Anspruch darauf, dass diese Verknüpfung die Sache betreffe, und dass sie ebendarum von jedem andern anerkannt werde. Dadurch scheidet sich das Urtheil von den bloss subjectiven Combinationen geistreicher und witziger Vergleichung, welche die äussere Form des Satzes annehmen, ohne im Sinne des Urtheils eine objectiv gültige Behauptung aufstellen zu wollen; und ebenso von den blossen Vermuthungen, Meinungen, Wahrscheinlichkeiten*).

---

*) Von dieser Seite richtig definiert z. B. Ueberweg § 67: das Urtheil ist das Bewusstsein über die objective Gültigkeit einer subjectiven Verbindung von Vorstellungen.

§ 14. Die objective Gültigkeit des Urtheils u. das Princip d. Identität. 99

2. Die objective Gültigkeit aber hat mehrfachen Sinn. Zunächst ist eine wörtliche, nominale Gültigkeit von einer sachlichen, realen zu unterscheiden. Wenn ich behaupte »dies ist roth«, so kann zunächst in Anspruch genommen werden, ob ich das roth nenne, was alle Welt roth nennt; die Objectivität, die meinem Urtheile bestritten wird, bezieht sich auf den Sprachgebrauch, der dem subjectiven Belieben als eine objective Norm, als ein allgemeines Gesetz gegenübersteht. Aller Wortstreit dreht sich um die Frage dieser Gültigkeit; er ist möglich theils dadurch dass die subjectiven und individuellen Bedeutungen der Wörter verschieden sind von dem was allgemein anerkannt ist, theils dadurch dass der allgemeine Sprachgebrauch selbst nicht fest bestimmt und die Grenzen der einzelnen Wörter schwankend sind.

3. Ist aber die nominale Richtigkeit vorhanden, die in jedem Urtheile, sofern es gesprochen wird und verstanden sein will, implicite mitbehauptet wird\*); verbindet der Sprechende

\*) Gegen die Ansicht, dass in jedem Urtheil die Richtigkeit der Wortbezeichnung implicite mitbehauptet werde, hat Marty (Vierteljahrsschr. für wiss. Phil. 1884 VIII, 1 S. 85) bemerkt: »Der Glaube, dass alle Welt dasjenige Schnee nennt, was ich so nenne, ist allerdings Voraussetzung dafür, dass ich in redlicher Absicht den Satz äussere: dies ist Schnee. Allein man kann nicht sagen, dass dieses sprachliche Urtheil implicite mitbehauptet sei.« Wenn ich aber Jemand sage: das ist carmoisinroth, und er entgegnet mir: Nein, das ist scharlachroth, will er damit sagen, dass ich mich über die Farbe selbst täusche, und eine andere Farbe sehe, als die der Gegenstand wirklich hat, und nicht vielmehr, dass ich nur in der Bezeichnung irre, dass ich das carmoisinroth nenne, was nach dem allgemeinen Sprachgebrauch scharlachroth heisst? Also war in dem Urtheil: das ist carmoisinroth, auch mitbehauptet, dass ich die Farbe nicht bloss richtig sehe, sondern auch richtig bezeichne, denn nur dagegen richtete sich das ‚Nein'. Marty fügt dann hinzu, dass, während ich den fraglichen Satz ausspreche, das sprachliche Urtheil (die Uebereinstimmung meines Sprachgebrauchs mit dem allgemeinen) in gar keiner Weise in meinem Bewusstsein gegenwärtig zu sein brauche. »Genug, dass es früher einmal da war, und sich auf Grund seiner zuversichtlichen Annahme die Sprechgewohnheit gebildet hat, die nun für sich allein wirksam sein kann«. Also liegt nach Marty selbst in meinem Urtheil eine zuversichtliche Annahme einge-

7\*

mit seinen Wörtern dieselben Vorstellungen die jeder damit verbindet: so handelt es sich jetzt darum, dass die **Verbindung der Vorstellungen** als eine objectiv gültige, der ausgesprochene Satz als wahr behauptet, und damit der Anspruch erhoben wird, dass er geglaubt und von Jedem in Beziehung auf denselben Gegenstand dasselbe Urtheil vollzogen werde.

Den Sinn dieser sachlichen Gültigkeit festzustellen ist nicht so einfach, als es da scheinen möchte, wo gesagt wird, es müsse zwischen den entsprechenden objectiven Elementen dieselbe Verbindung bestehen wie zwischen den Elementen des Urtheils, oder das Gedachte müsse stattfinden. Denn es ist das Eigenthümliche unseres im Urtheil sich bewegenden Denkens, dass seine Processe **dem Seienden**, das sie treffen wollen, **incongruent** sind. Bleiben wir bei den bisher betrachteten Urtheilen stehen, die einzelnen Dingen Eigenschaften und Thätigkeiten beilegen oder sie mit einem Appellativum benennen: so ist zunächst der Prädicatsvorstellung als solcher, die ihrer Natur nach allgemein ist und direct nichts Einzelnes, als einzeln seiend Vorgestelltes meint, nichts Seiendes in demselben Sinne congruent wie der Subjectsvorstellung, und alle Wörter (mit Ausnahme der Eigennamen) sind unmittelbar Zeichen von Vorstellungen die wohl aus Anschauungen des Seienden gebildet sind, aber dieses nicht als Einzelnes darstellen wie es im gegebenen Einzelfalle existirt. Damit hängt ein zweites zusammen. Das Urtheil setzt die Trennung von Subject und Prädicat in Gedanken voraus; es vollzieht sich in der Erkenntniss der Einheit zweier Vorstellungselemente, die vorher ein gesondertes Dasein für unser Bewusstsein hatten. Im Seienden, das wir durch unser Urtheil treffen wollen, besteht diese Trennung nicht; das Ding existirt nur mit seiner Eigenschaft, diese nur mit dem Ding, beide bilden eine ungeschiedene Einheit; ebenso existirt ein Körper nur als ruhend oder bewegt, sein Zustand ist realiter nicht von ihm zu trennen. Das Allgemeine und Einzelne, das

---

schlossen, die mir nur nicht jedesmal ausdrücklich zum Bewusstsein kommen muss. Was heisst denn das über anders, als dass es implicite mitbehauptet sei?

### § 14. Die objective Gültigkeit des Urtheils u. das Princip d. Identität.

Prädicat und das Subject finden also in ihrer vorangehenden Trennung und dem Acte ihrer Vereinigung schlechterdings kein Gegenstück im Seienden, und man kann darum nicht sagen, dass die Verknüpfung der Elemente des Urtheils einer Verknüpfung analoger objectiver Elemente entspreche. Nur indem die subjective Trennung von Subject und Prädicat durch den Urtheilsact selbst wieder aufgehoben und dadurch die Einheit beider gedacht wird, kehren wir zum Seienden zurück, das ungeschieden Eins bleibt und nie eine reale Trennung durchmacht, die ein Gegenbild der blossen Unterscheidung wäre; der distinctio rationis hat keine distinctio realis entsprochen.

Ist es also das charakteristische Wesen des Urtheilens, eine Function von bloss subjectiver Form zu sein, so muss auch seine objective Gültigkeit einen andern Sinn als den der Uebereinstimmung der Urtheilsverbindung mit einer objectiven Verbindung haben, einen Sinn, der nur mit Berücksichtigung der eigenthümlichen Natur unserer Prädicatsvorstellungen verstanden werden kann.

4. Bleiben wir bei den einfachsten, den blossen Benennungsurtheilen stehen, wie sie, unvermittelt durch Subsumtionsschlüsse, die unmittelbare Coincidenz von Bildern aussprechen: so gehört, die nominale Richtigkeit vorausgesetzt, zu der Gültigkeit eines solchen Urtheils, wie wir sie im gewöhnlichen Leben verstehen, dass erstens Anschauung und Vorstellung sich decken, was ein rein inneres Verhältniss ist, und dann, dass das subjective Anschauungsbild, welches Abbild eines objectiven Dings sein will, diesem wirklich entspricht, d. h. dass dasselbe subjective Bild vorhanden ist, das nach den allgemeinen Gesetzen unserer sinnlichen Anschauung bei Jedem durch denselben Gegenstand geweckt werden müsste. Das Urtheil: »dies ist Schnee« ist objectiv gültig, wenn das Gesehene mit der von allen durch »Schnee« bezeichneten Vorstellung sich deckt, und wenn es von einem normalen Auge deutlich gesehen wird. Die objective Gültigkeit reducirt sich also darauf, dass sowohl der Process der Bildung der Anschauung als der Urtheilsact auf allgemeingültige Weise vollzogen sind. Ein Streit kann sich nun, bei Uebereinstimmung über

die Bedeutung des Prädicats, nur darauf beziehen, ob, wer das Urtheil »dies ist Schnee« ausspricht, richtig, d. h. so wie alle andern, und ob er unter den Bedingungen des richtigen Erkennens sieht; dies ist aber im Einzelnen eine rein individuelle quaestio facti, die nach keiner allgemeinen Regel entschieden werden kann; die allgemeine Frage aber, woher wir das Recht nehmen, unsere Vorstellungen auf wirkliche Gegenstände zu beziehen und dem Wahrgenommenen ein von uns unabhängiges Sein beizulegen, gehört einem andern Gebiete als dem logischen an; die subjectiven Functionen, die im Urtheile thätig sind, bleiben ganz dieselben, ob die dem gewöhnlichen Denken zu Grunde liegende Voraussetzung, dass wir ein Seiendes erkennen, in realistischem Sinne bejaht oder in idealistischem Sinne so umgedeutet wird, dass Sein nur ein nothwendig und von allen in derselben Weise Vorgestelltes bezeichnet.

Ueber die metaphysische Gültigkeit, die wir unsern Vorstellungen beilegen, hat unsere Logik zunächst nichts zu entscheiden; sie untersucht das Denken als subjective Function, und kann also über die Bedeutung des Anschauungsbildes nichts ausmachen.

Dass nun aber, wenn eine Anschauung und eine Prädicatsvorstellung da ist, in dem inneren Acte des Einssetzens Verschiedenes möglich wäre, und der Eine gleiche Vorstellungen nicht gleich setzte, der Andere verschiedene gleich, das gilt uns unmöglich, weil wir in uns selbst die unmittelbare Gewissheit über die Nothwendigkeit unseres Einssetzens und die Unmöglichkeit des Gegentheils haben, also jeden, bei dem wir ein anderes Resultat voraussetzten, von der Gemeinschaft des Denkens ausschliessen müssten. Mit andern Worten: das Urtheil ist uns darum objectiv gültig, weil es nothwendig ist Uebereinstimmendes in Eins zu setzen*).

---

*) Ein Vertreter einer objectiven Logik könnte einwenden, das Urtheil »dies ist Schnee« wolle doch über die Natur und Beschaffenheit eines Dings etwas aussagen, und bei seiner objectiven Gültigkeit komme es darauf an, ob dies wirklich Schnee ist oder nicht. Das würde an die Frage eines klugen Kritikers erinnern: Woher wissen

§ 14. Die objective Gültigkeit des Urtheils u. das Princip d. Identität. 103

5. Man könnte versucht sein, in dem eben gefundenen Grundsatze dasjenige wiederzufinden, was in der überlieferten

denn die Astronomen, dass der Stern, den sie Uranus nennen, auch wirklich der Uranus ist? Vorausgesetzt, was die Bedingung des Gebrauchs der Wörter überhaupt ist, dass in irgend einem Stadium unserer Kenntniss »Schnee« nach allgemeiner Uebereinstimmung etwas bestimmtes bezeichne, und dass unsere Benennungen in einem Gebiete sich bewegen, wo wir vor Verwechslungen geschützt sind, weil die Unterschiede des Gegebenen nicht zahlreicher sind als die der benannten Vorstellungen, so mögen wir die Behauptung dass dies wirklich Schnee ist, drehen und wenden wie wir wollen, ihre objective Gültigkeit kommt auf die obigen Momente hinaus. Legte ich, statt einer sinnlich hinlänglich charakterisierten Vorstellung wie oben, einen strengen Begriff mit genau festgestellten Merkmalen zu Grunde, dann hiesse die Behauptung dies ist Schnee: dies hat alle Merkmale des Schnees, ist weiss, besteht aus Krystallen die unter Winkeln von 60° aneinanderliegen, wird bei 0 Grad zu Wasser u. s. f., aber ich käme doch nicht weiter mit der objectiven Gültigkeit, als zu der Behauptung 1. dass ich im Augenblick richtig wahrnehme, meine Sinne mich nicht täuschen und mir andere Eindrücke geben, als derselbe Gegenstand sonst mir und andern gibt; 2. Die Elemente dieses Bildes, die ich unterscheide, stimmen einzeln vollkommen zusammen mit den Vorstellungen von weiss, Krystallen, schmelzen u. s. w, die ich innerlich als festen Besitz habe und wie alle andern durch diese Wörter bezeichne, und also stimmt das Gesammtbild vollkommen mit dem was ich unter dem Worte Schnee zu denken gewohnt bin; und ich bin ferner sicher, erstlich dass ich nicht vergessen habe was weiss u. s. w. heisst, und zweitens dass ich nicht ein angeschautes Blau oder Roth mit meiner Vorstellung von Weiss identificiere; dass ich vielmehr nothwendig das Gesehene und das Vorgestellte Eins setzen muss. Eine andere objective Wahrheit und subjective Gewissheit dieses Satzes gibt es nicht und kann es nicht geben, so lange das Allgemeine als solches nur in meinem Kopfe, und realiter nur das Einzelne existiert.

Wollte man sagen, der Satz »dies ist Schnee« heisse, das Gegenwärtige ist gleich oder ähnlich anderem Einzelnem, was ich früher wahrgenommen, und diese reale Gleichheit existierender Dinge ist der Inhalt meines Urtheils: so liegt dies allerdings indirect mit darin; aber nur sofern diese einzelnen Dinge gleichfalls als Schnee behauptet werden; das Urtheil hätte sich nur vervielfältigt.

Aber, wird man fragen, ist denn aller Irrthum in diesem Gebiet nur sprachlicher Fehler der Bezeichnung oder falsche Wahrnehmung, nicht auch falsche Subsumtion des Einzelnen unter das Allgemeine, so dass also doch in der Synthese beider Vorstellungen Ungleiches gleich gesetzt würde? Allerdings findet das statt, sofern unsere fest-

Logik das **Princip der Identität** genannt wird. Denn dieses soll ja den Urtheilen, welche einem Subjecte ein Prädicat beilegen, ihre Gültigkeit begründen und darum ein Grundgesetz unseres Denkens sein\*).

Leider ist aber das Wort Identität im Laufe der Zeit sehr vieldeutig geworden, und das sogenannte Gesetz der Identität in sehr verschiedenem Sinne angewendet worden.

Einmal sollte es, nach der Formel A ist A, behaupten, dass jedes Denkobject mit sich selbst identisch sei, eben als dieses und als kein anderes gedacht werden müsse;

dann sollte es, als Princip aller bejahenden Urtheile, aussprechen, dass Subject und Prädicat im Verhältniss der Identität stehen müssen, damit das Urtheil möglich oder gültig wäre, (je nachdem es als **Naturgesetz** aufgestellt wurde, nach welchem immer gedacht wird, oder als **Normalgesetz**, nach welchem gedacht werden soll, und dann als Kriterium der gültigen Urtheile);

gewordenen und sicher unterschiedenen und benannten Vorstellungen in keinem Stadium unseres Urtheilens ausreichen, um der Manigfaltigkeit des Einzelnen zu genügen. Τὰ μὲν γὰρ ὀνόματα πεπέρανται καὶ τὸ τῶν λόγων πλῆθος, τὰ δὲ πράγματα τὸν ἀριθμὸν ἄπειρά ἐστιν. (Arist. de soph. el. 1.) Ein vollständiges System sicher unterschiedener und unzweideutig bezeichneter Prädicatsvorstellungen herzustellen, welche jeden Irrthum der Subsumtion unmöglich machen, ist die schwere Aufgabe der Wissenschaft; so lange dieses Ideal nicht im Ganzen und von jedem Einzelnen erreicht ist, wird es immer Einzelvorstellungen geben, welche die mit ihnen übereinstimmende allgemeine unter den uns bekannten und geläufigen nicht finden, und welche, da ein unmittelbares In-Einssetzen nicht möglich ist, durch **Schlüsse** ihre Benennung suchen. Sind diese voreilig und dehnen sie nach blosser Analogie die Benennungen aus, so ist der Irrthum da; aber er ist in erster Linie ein nominaler, indem er nach einer Seite der Begriffsbildung vorgreift wo sie nicht folgt, und er widerlegt das obige Princip nicht, das nur unter der Voraussetzung und für das Gebiet gilt, wo das Allgemeine zu dem Einzelnen schon gebildet ist. Nur für dieses Gebiet ist auch die volle Gewissheit möglich; wo blosse Schlüsse der gewöhnlichen Art das Prädicat vermitteln, kann wohl mit Worten behauptet, aber die Gewissheit der Nothwendigkeit des Urtheilsacts nicht erreicht werden.

\*) Vergl. zu dem Folgenden meine Ausführungen Vierteljahrsschr. für wiss. Philos. IV, S. 482 ff.

### § 14. Die objective Gültigkeit des Urtheils u. das Princip d. Identität.

endlich ist ihm auch noch die metaphysische Bedeutung beigelegt worden, dass es sage: jedes Seiende sei mit sich schlechthin identisch, und das Sein könne also nur dem schlechthin mit sich Identischen, also dem Unveränderlichen, keinerlei Vielheit in sich enthaltenden beigelegt werden.

Versuchen wir zunächst die Bedeutung des Terminus Identität festzustellen, wie sie seiner Etymologie gemäss die ursprüngliche und ausserhalb dieses Capitels der Logik auch allgemein gebräuchliche ist, so sagt derselbe, dass was wir zu verschiedenen Zeiten, oder unter verschiedenen Namen, oder in verschiedenen Zusammenhängen vorstellen, doch nicht zweierlei, sondern eines und dasselbe sei, das nur zweimal vorgestellt werde; denn auf ein schlechthin einfaches, einmaliges Vorstellen lässt sich der Terminus gar nicht anwenden; er fordert, wie jeder Relationsbegriff, zwei Beziehungspunkte; auch um etwas sich schlechthin Gleichbleibendes als mit sich identisch zu erkennen, muss ich mir bewusst sein, dass ich es in verschiedenen Momenten vorstelle, und den Inhalt dieses wiederholten Vorstellens vergleichen.

Dass das zweimal Vorgestellte dasselbe sei, wird nun in doppeltem Sinne gesagt: theils im Sinne einer realen, theils im Sinne einer logischen Identität. Eine reale Identität wird ausgesagt, wenn zwei Vorstellungen, zwei Wahrnehmungen, zwei Berichte, zwei Namen oder sonstige Bezeichnungen auf dieselbe Person, dasselbe Ding, denselben Vorgang bezogen werden. So behaupte ich, dass der Tragiker Seneca mit dem Philosophen Seneca identisch ist, dass der in Olympia gefundene Hermes identisch ist mit der Statue des Praxiteles von der Pausanias berichtet, dass die Sonnenfinsterniss des Thales dieselbe ist, welche nach astronomischer Berechnung am 25. Mai 585 stattfand, dass der mir heute begegnende derselbe ist, den ich vor Jahren da und da gesehen habe. Diese reale Identität schliesst die Verschiedenheit der Objecte zu verschiedener Zeit nicht aus; derselbe Baum ist jetzt kahl, den ich früher belaubt gesehen, derselbe Mann ein Greis, den ich in seiner Jugend gekannt. Wo es sich aber nicht um die Beziehung unserer Vorstellungen auf einzelne Dinge oder Vorgänge in Raum und Zeit handelt, muss die

Identität eine **logische** sein, d. h. den **Inhalt der Vorstellung als solcher** betreffen; es wird gesagt, dass was ich zu verschiedenen Zeiten und aus verschiedener Veranlassung vorstelle, nichts Verschiedenes, sondern inhaltlich schlechthin dasselbe sei; so bezeichnen verschiedene Wörter oder Ausdrücke **denselben** Begriff, verschiedene Formeln **dieselbe** Zahl. Sofern wir dann Eigenschaften verschiedener Dinge abstrahierend nur nach ihrem Inhalte vergleichen, können wir auch noch sagen, die Farbe eines Stoffes sei **dieselbe** wie die eines andern, die Länge eines Stabes **dieselbe** wie die eines zweiten; die Stoffe und Stäbe sind aber darum nicht **identisch**, sondern nur in bestimmter Beziehung **gleich**. Ebenso reden wir in der Diplomatie von identischen Noten, wenn der Wortlaut, der jetzt abgesehen von der Vielheit der Schriftstücke nur seinem Inhalte nach betrachtet wird, derselbe ist.

Soweit reicht die Anwendbarkeit des Wortes Identität, wenn ihm sein ursprünglicher Sinn und überhaupt ein bestimmter Sinn gewahrt bleiben soll. Es geht daraus hervor, dass Identität entweder ganz stattfindet oder gar nicht; dass Identität keine Grade haben kann, und die Ausdrücke »partielle Identität, relative Identität«, wenn sie Arten oder Grade der Identität bezeichnen sollen, eine contradictio in adjecto enthalten. Man kann von einer identitas partium (z. B. von Theilen Europas und Theilen des russischen Reichs) aber nicht einer identitas partialis reden.

Kehren wir zu unserem Princip der Identität zurück: so drückt die Formel A ist A in ihrem **ersten** Sinne allerdings eine **nothwendige Voraussetzung** alles Denkens und Urtheilens aus; alles Denken und Urtheilen ist nur möglich, wenn die einzelnen Vorstellungsobjecte festgehalten, als dieselben reproduciert und wiedererkannt werden können, da zwischen fortwährend Schwankendem und Zerfliessendem keine bestimmte Beziehung hergestellt werden könnte. Es handelt sich also um die **Constanz** unserer einzelnen Vorstellungsinhalte als Bedingung alles Denkens. Sofern diese Constanz immer schon in bestimmtem Umfang verwirklicht ist, kann von einem Princip der Constanz in dem Sinne gesprochen

§ 14. Die objective Gültigkeit des Urtheils u. das Princip d. Identität. 107

werden, dass es eine **fundamentale Thatsache** ausspricht; sofern sie als Bedingung alles wahren Urtheilens erkannt wird, enthält die Formel A = A zugleich eine **Forderung**, der überall genügt sein muss, wenn unser Denken vollkommen sein soll.

Allein dieses Princip, das nur die Stetigkeit jeder Vorstellung für sich betrifft, kann nicht zugleich die Vereinigung von Subject und Prädicat im **Urtheile** begründen wollen. Denn Urtheile, die nur die Identität eines Denkobjects mit sich selbst aussprechen wollten, sind völlig leer; dass ein Kreis ein Kreis, und diese Hand diese Hand sei, fällt Niemanden ein zu behaupten; und Sätze, welche scheinbar doch der Formel A ist A entsprechen, meinen unter dem Subjectswort und dem Prädicatswort in Wirklichkeit Verschiedenes. »Kinder sind Kinder« meint unter dem Subjectswort nur das Merkmal des kindlichen Alters, unter dem Prädicatswort die übrigen damit verknüpften Eigenschaften; »Krieg ist Krieg« sagt, dass wenn einmal der Zustand des Kriegs eingetreten ist, man sich nicht wundern dürfe, dass auch alle gewöhnlich damit verknüpften Folgen sich einstellen; das Prädicat fügt also neue Bestimmungen zu der Bedeutung hinzu, in welcher das Subject zuerst genommen wurde.

Bei den einfachen Benennungsurtheilen aber lässt sich von **strenger** logischer Identität dessen, was bei dem Subjectswort und dem Prädicatswort vorgestellt wird, nicht reden; urtheile ich über Einzelnes, so ist die Prädicatsvorstellung in der Regel eine unbestimmtere, sie erschöpft nicht die ganze Besonderheit der Subjectsvorstellung, man kann nur von **Uebereinstimmung** beider reden; was ich bei dem Prädicatsworte denke, finde ich in meiner Subjectsvorstellung wieder; das Einzelne gleicht dem allgemeinen Bilde, das in meiner Vorstellung ist. Was also diesen Urtheilen zu Grunde liegt, wird richtiger **Princip der Uebereinstimmung** genannt; es sagt die Nothwendigkeit aus, dass was als Subject und Prädicat verbunden wird, in seinem Vorstellungsgehalte übereinstimmen muss, dass das Bewusstsein dieser Uebereinstimmung in dem Urtheile ausgedrückt wird; und es enthält zugleich, dass kein Denkender darüber sich täuschen kann, ob Vorstellungen, die er als Subject und Prädicat gegenwärtig hat, und sofern er sie gegenwärtig hat, übereinstimmen. So behauptet es die unmittelbare und unfehlbare Sicherheit des Bewusstseins der Uebereinstimmung zugleich als eine fundamentale psychologische Thatsache und als nothwendige Voraussetzung des Urtheilens.

Ist das Prädicat eines Benennungsurtheils ein **Nomen proprium** oder überhaupt ein sprachlicher Ausdruck, der durch seinen Wortlaut die Vorstellung eines einzelnen existierenden Dings als solchen erweckt und als Zeichen desselben gebraucht wird, (dies ist Socrates, diese Uhr ist die meinige) und ruht das Urtheil auf einem unmittelbaren Erkennen, so ist auch hier die **Uebereinstimmung** der beiden Vorstellungen, der Anschauung und des Erinnerungsbildes, die Voraussetzung, ohne dass dabei die **absolute Identität** des Vorstellungsinhaltes nothwendig wäre — ich erkenne ja einen Bekannten auch in einem neuen Kleide, oder wenn er bleicher aussieht als sonst — aber zu dieser Uebereinstimmung gesellt sich das Bewusstsein der **realen Identität** dieses Subjects mit dem einzelnen Dinge, das durch das Prädicat bezeichnet wird. Diese **reale Identität des Dinges**, das zwei zu verschiedenen Zeiten entstandenen Vorstellungen desselben entspricht, ist wiederum etwas von der Uebereinstimmung und der Constanz der Vorstellungen gründlich Verschiedenes; sie betrifft eine **Bestimmung des Seins gegenüber dem Vorgestelltwerden**; es kann immerhin auch in dieser Hinsicht ein Princip aufgestellt werden, dass nemlich im **Begriffe des einzelnen Dinges** selbst einerseits die Einzigkeit und andrerseits diese Identität mit sich selbst liege, die allein der Vorstellung der Dauer und Beharrlichkeit der Dinge einen Sinn gibt, dass also die Annahme mit sich identischer Dinge in dem Begriffe des Dings selbst enthalten sei. Damit ist aber noch nicht etwa nach der Formel: jedes Ding ist was es ist, das eleatische und das Herbart'sche Princip der absoluten Unterschiedslosigkeit oder der Identität und Unveränderlichkeit des Was ausgesprochen; im Gegentheil meint unsere Ueberzeugung von der realen Identität der einzelnen Dinge mit sich ihre Beharr-

## § 14. Die objective Gültigkeit des Urtheils u. das Princip d. Identität.

lichkeit im Wechsel des Thuns, ihre Fortdauer unter verschiedener Erscheinung; wir beziehen fortwährend inhaltlich zum Theil verschiedene Vorstellungen auf ein und dasselbe Ding.

Das Urtheil: dies ist Socrates sagt: der Gegenwärtige ist mit dem bestimmten von früher her bekannten Einzelnen, der Socrates genannt wird, realiter identisch; und die Behauptung ist auch hier wiederum deshalb auf die objective Gültigkeit dieser Identität gerichtet, weil sie von dem Bewusstsein der Nothwendigkeit begleitet ist, die beiden Vorstellungen auf ein und dasselbe Ding zu beziehen. Denn wenn die objective Gültigkeit in Anspruch genommen würde: so würde damit behauptet, das als Subject gemeinte und das als Prädicat gemeinte Ding können zwei verschiedene Dinge sein, oder seien zwei verschiedene Dinge, und die Nothwendigkeit sie als eines zu setzen sei nicht vorhanden. Nur genügt zum Erweise der Nothwendigkeit, zwei Vorstellungen auf ein einziges reales Ding zu beziehen, das Gesetz der Uebereinstimmung unter unsern Vorstellungen nicht, das bloss die Uebereinstimmung ihres Inhalts gewährleistet; hier treten vielmehr Voraussetzungen über die Natur des Seienden und die Kennzeichen realer Identität ein, welche nicht mit der Function des Urtheilens selbst gegeben sind. So die Voraussetzung, dass in gewissen Gebieten alle Individuen sich sicher unterscheiden lassen und es keine zwei so gleiche Gegenstände gebe, dass wir sie auch bei genauer Betrachtung verwechseln könnten — darauf beruht z. B. die Ueberzeugung von der Identität der uns bekannten Personen; wo die Sicherheit unserer Erinnerung der äusseren Gestalt zweifelhaft ist, gehen wir auf die Identität des Bewusstseins und die individuelle Verschiedenheit und Einzigkeit seines Inhalts zurück, wie Penelope, wenn sie Odysseus prüft ob er um die Herstellung des Ehebettes weiss; in Betreff der äusseren Dinge aber sind es zuletzt räumliche Bestimmungen und der Grundsatz der Undurchdringlichkeit, durch welche wir ihre Identität feststellen. Erst aus solchen aus der Kenntniss der Natur der Dinge fliessenden Voraussetzungen ergibt sich die Nothwendigkeit, an reale Identität zu glauben. An solche erst durch anderweite Ueberlegungen vermittelte Aussagen über reale Identität schliessen sich auch die Urtheile an, welche die Coincidenz eines bestimmten Subjects mit einem bestimmten Gliede einer Reihe oder einem sonst durch ein Relationsprädicat bestimmten Einzelnen ausdrücken — Augustus ist der erste der Cäsaren, Aristoteles ist der Lehrer Alexanders u. s. w.

8. Was die objective Gültigkeit der Urtheile betrifft, welche Eigenschaften und Thätigkeiten aussagen: so gilt von ihnen vermöge der doppelten darin vollzogenen Synthesis von einer Seite alles, was in Beziehung auf die Benennung gesagt ist; die an dem Subjecte vorgestellte Eigenschaft oder Thätigkeit muss mit der allgemeinen Prädicatsvorstellung übereinstimmen. Andrerseits kann ihre objective Gültigkeit nur unter der Voraussetzung behauptet werden, dass die Einheit von Ding und Eigenschaft, von Ding und Thätigkeit überhaupt ein reales Verhältniss ist, dass wir also ein Ding durch seine Eigenschaften zu erkennen und einen Wechsel in unserer Vorstellung als seine Veränderung anzuschauen vermögen. Dieses Verhältniss des Dings zu seinen Eigenschaften und Thätigkeiten ist ebenso schon unter den Begriff der Identität gestellt worden; aber auch hier hat man dem Terminus eine Elasticität zugemuthet die ihm nicht zukommt. Identisch ist nur das Ding mit sich als der dauernde Träger seiner Eigenschaften, als das in der Thätigkeit Eins mit sich bleibende Subject, aber es ist nicht identisch mit seinen Eigenschaften noch mit seinen Thätigkeiten, es ist nicht diese selbst, der Zinnober ist nicht mit seiner Röthe, und die Sonne nicht mit ihrem Leuchten identisch; und das Princip, das die Urtheile: der Zinnober ist roth, die Sonne leuchtet, legitimieren soll, kann nicht Princip der Identität heissen. Als ein allgemeines Denkgesetz, das zugleich eine fundamentale Thatsache ausdrückt, kann nur das aufgestellt werden, dass wir alles Seiende vermittelst dieser Kategorieen der Inhärenz und Action allein zu unterscheiden, festzuhalten und zu erkennen vermögen; und dass das Sein eines jeden Dings zugleich das Sein seiner Eigenschaften und seiner Thätigkeiten ist.

Ist aber dieses vorausgesetzt, und behauptet unser Urtheilen das Seiende zu treffen: so kann dies zuletzt auch hier nur soviel heissen, dass das Seiende, worüber wir urtheilen, diese bestimmte Bewegung unseres Denkens, diese Eigenschaft von ihm zu unterscheiden und wieder Eins mit ihm zu setzen, nothwendig macht.

9. Sofern mit unsern allgemeinen Vorstellungen der Dinge, welche wir als Prädicate von Benennungsurtheilen verwenden, bei jeder weiteren Entwicklung des Denkens auch die Eigenschafts- und Thätigkeitsurtheile mit reproducirt werden, deren Subjecte sie gewesen sind, und »Schnee« z. B. nicht ein unaufgelöstes Bild, sondern ein weisses, lockeres, kaltes, vom Himmel gefallenes etc. Ding bedeutet, der allgemeine Name also Inbegriff von Eigenschaften geworden ist, rückt das Inhärenz- und Actionsverhältniss implicite auch in die Benennungsurtheile herein, sofern es zu der dem Bewusstsein gegenwärtigen Bedeutung des Worts gehört. Tritt die reale Identität von Dingen hinzu, welche unter verschiedene Vorstellungen fallen (Wasser, Eis, Dampf — Knabe, Mann, Greis), so kann ein Substantiv auch nur zur Bezeichnung eines Complexes von Eigenschaften dienen, die einen zeitlichen Zustand eines Subjects von bestimmter Art ausdrücken.

## § 15.

Da alles einzeln Seiende uns in der Zeit gegeben ist, eine bestimmte Stelle in der Zeit einnimmt, als eine Zeitlänge hindurch dauernd, und in dieser Zeit wechselnde Thätigkeiten entfaltend und seine Eigenschaften möglicherweise verändernd angeschaut wird: so haftet nothwendig allen unsern Urtheilen über Dasein, Eigenschaften, Thätigkeiten und Relationen einzelner Dinge die Beziehung zur Zeit an, und jedes derartige Urtheil kann nur für eine bestimmte Zeit gelten wollen.

1. Während der Satz von Thätigkeiten selbstverständlich ist, scheint schon einem Theile der Eigenschaftsprädicate die Beziehung zur Zeit zu fehlen, sofern sie als unveränderlich, mit dem Dasein des Subjects selbst ge-

geben angesehen werden. Allein der allgemeinen Möglichkeit gegenüber, dass trotz der Identität des Subjects die Eigenschaften wechseln, kann dieses Verhältniss nur ausnahmsweise stattfinden, und ist in der blossen Form des Urtheils nicht enthalten, sondern höchstens in Nebenbeziehungen, welche an der Bedeutung der Prädicate hängen, oder in diesen selbst (unveränderlich u. s. w.). Nur die Benennung mit dem Nomen proprium schliesst die Beziehung auf die Zeit aus, und gilt, der Natur des Prädicats nach, für das Subject unangesehen von Zeitunterschieden; die übrigen Benennungsurtheile aber lassen die Beschränkung ihrer Gültigkeit auf eine bestimmte Zeit insoweit zu, als die Benennung Prädicierung von Eigenschaften und Actionen in den Vordergrund stellt (s. Ende des vorigen § 14), dasselbe also nacheinander verschieden benannt werden kann.

2. Damit ist es dem erzählenden Urtheil wesentlich, dass es nur dann vollständig ausgedrückt ist, wenn es zugleich die Zeit mit angibt, für welche die Einheit von Subject und Prädicat objectiv gültig ist; es muss im Präsens, Präteritum oder Futurum ausgesprochen sein; und es ist einer der Massstäbe der logischen Vollkommenheit der Sprachen, wie weit sie im Stande sind, zugleich mit der Prädicierung das Zeitverhältniss auszudrücken. Nur dem unzusammenhängenden Denken des Kindes, das dem jeweiligen Gegenstand ganz hingegeben ist, wird alles Gegenwart, was ihm eben vorschwebt; mit der Klarheit des Selbstbewusstseins und seiner ordnenden Kraft wächst auch die Fähigkeit der Unterscheidung der Zeiten.

## II. Die erklärenden Urtheile.

### §. 16.

Wesentlich verschieden von den bis jetzt betrachteten, über Einzelnes aussagenden Urtheilen sind solche, deren **Subject in der Bedeutung des Subjectsworts besteht**, und in denen von der bestimmten Existenz einzelner, durch das Subjectswort benennbarer Dinge nicht die Rede ist, wenn sie auch häufig durch die Natur des Vorgestellten selbst oder in Folge des Ursprungs der Vorstellung vorausgesetzt ist. Ihre objective Gültigkeit ist von der Zeit unabhängig. Indem sie den Inhalt einer allgemeinen Vorstellung erklären, können sie indirect in Beziehung auf das Seiende eine Regel ausdrücken wollen.

1. Blut ist roth und Schnee ist weiss, — solche Urtheile reden nicht von diesem oder jenem Einzelnen und drücken keine eben gegenwärtige Wahrnehmung aus. Indem das Subjectswort absolut gesetzt ist, kann es nichts ausdrücken als was seine Bedeutung ausmacht; diese Bedeutung ist ein von der Vorstellung des einzeln Existierenden losgerissener Vorstellungsgehalt von unbestimmter Allgemeinheit, von welchem man in dieser Unbestimmtheit nicht sagen kann dass er existiert. Die Behauptung »Blut ist roth« kann darum auch nur über diesen Vorstellungsgehalt etwas aussagen, und sie meint nichts anderes, als dass mit dem Subjecte das Prädicat zusammen gedacht werde. Welcher Art die Einheit von Subject und Prädicat ist, hängt von der Natur der verknüpften Vorstellungen ab. Gehören beide derselben Kategorie an, so wird die einfache Coincidenz der Vorstellungen ausgesprochen; von dem was als concretes Ding vorgestellt wird, werden Eigenschaften und Thätigkeiten ausgesagt, die mit der Vorstellung des Dings selbst gegeben sind.

In demselben Sinne gebrauchen wir den Artikel, besonders wo die Subjectsvorstellung die eines Dings von individueller Form ist: der Mensch ist zweifüssig.

Erklärend sind aber auch die Urtheile, die mittels des sog. unbestimmten Artikels scheinbar von einem einzelnen Individuum, einem einzelnen Zustand u. s. f. etwas aussagen: eine Tanne ist eine Conifere, ein Scharlach ist mit hohem Fieber verbunden u. s. w.; denn sie meinen nichts bestimmtes Einzelnes, sondern wollen sagen: was eine Tanne ist, ist eine Conifere; und diese Behauptung kann nur auf dem Verhältniss der allgemeinen Vorstellungen Tanne und Conifere, nicht auf der Erkenntniss des Einzelnen ruhen.

2. Die objective Gültigkeit dieser Urtheile betrifft unmittelbar nur das Gebiet des Vorstellens, und es kann in ihnen nichts anderes ausgesprochen werden, als dass, wo das Subject — die nominale Richtigkeit vorausgesetzt — gedacht werde, es mit dem Prädicate gedacht werde; dass das, was ich und alle Welt unter »Blut« vorstellt, als roth vorgestellt wird; und erst abgeleiteter Weise, wenn von der Allgemeinheit des Worts auf darunter befassbare wirkliche Dinge zurückgegangen wird, trifft das Urtheil auch das Sein dieser Dinge, und spricht in Beziehung auf sie die Regel aus, dass wo ein Ding sei, das unter die Benennung des Subjects falle, ihm auch das Prädicat zukomme.

Wenn man meint, solche Urtheile von vorn herein als durch Induction aus der Erfahrung gewonnene allgemeine Urtheile ansehen zu können, deren Subject das Einzelne, nur in unbestimmter Vielheit gedacht, sei: so vergisst man, dass zu einer solchen Induction vor allem gehört, dass man einen Massstab habe, nach welchem man die einzelnen Dinge mit demselben Worte benennt und damit in ein gemeinsames Urtheil zusammenzufassen vermag. Dieser Massstab kann aber nur in der Bedeutung der Wörter liegen, mit welcher wir an die Benennung herantreten; diese muss schon vorher eine Festigkeit gewonnen haben, ehe von Inductionsurtheilen die Rede sein kann. Es ist vollkommen richtig, dass unter dem Eindrucke fortschreitender Erfahrung, die immer Neues unter die schon vorhandenen Vorstellungen aufzunehmen veranlasst, diese sich umbilden, und dass es im Allgemeinen zufällig ist, wo die gewöhnliche Vorstellungsweise Halt macht und die Grenzen ihrer Wörter zieht. (Das Wort Blut z. B. dessen Bedeutung sich zunächst aus der Anschauung des menschlichen, Säugethier- und Vogelbluts gebildet und daraus die rothe Farbe in seinen Inhalt aufgenommen haben kann, wie es im populären Sprachgebrauch wirklich der Fall ist, könnte auf den weisslichen Saft anderer Thiere ausgedehnt werden, aber erst nachdem es seine ursprüngliche Bedeutung erweitert hätte.) Allein das Urtheilen des Einzelnen muss auf irgend einem Stadium ihrer Bildung die Wortbedeutungen voraussetzen; sind sie auf einem solchen festgehalten, so gehen sie

§ 16. Die erklärenden Urtheile.

mit ihrer festen Bedeutung der Benennung und damit der Möglichkeit Erfahrungsurtheile aus Induction auszusprechen voran; bedeutet also »Blut« die Flüssigkeit die in den Adern der Säugethiere und Vögel ist, so gehört »roth« zu seiner Bedeutung, und in dieser Festigkeit genommen kann es dann nicht zur Benennung anders gefärbter Flüssigkeiten verwendet werden.

Ehe also ein Urtheil ausgesprochen werden kann, das den Sinn eines viele Fälle zusammenfassenden Erfahrungsurtheils hat — wovon später —, muss ein einfaches Urtheil vorangehen, dessen Aufgabe es ist, den Inhalt der einheitlichen Vorstellung, welche ein bestimmtes Wort bezeichnet, zu expliciren; und die allgemeine Regel die darin liegen kann, ist in erster Linie eine Regel der Benennung, welche verbietet etwas, was nicht roth ist, Blut zu nennen; das Inductionsurtheil hat erst seine Stelle, wo an dem so gemeinschaftlich bezeichneten eine neue gemeinschaftliche Eigenschaft entdeckt wird; wenn gesagt wird, mit den Eigenschaften, welche den Inhalt der Subjectsvorstellung A ausmachen, ist ausnahmslos B verknüpft, ohne dass B schon vorher in A mitgedacht gewesen wäre.

Nur sofern in der substantivischen Benennung die Vorstellung **eines dauernden und beharrlichen Dings** und damit zugleich die **Möglichkeit veränderlicher Eigenschaften** liegt, kann in einem solchen Urtheil auch eine Aussage über eine die Dinge selbst betreffende Regel liegen, nemlich dass den Dingen, welche einmal unter die Bezeichnung fallen, das Prädicat **immer und stetig** zukomme, mit ihren übrigen Eigenschaften **unveränderlich** verknüpft sei. Auf diese **Unveränderlichkeit** der rothen Farbe dessen, was unter den existierenden Dingen mit »Blut« zu bezeichnen ist, richtet sich eigentlich das Urtheil, wo es auf die Realität hinausgreift.

3. Eine eigenthümliche Stellung nehmen übrigens dabei die Verba ein. Nur wo von einer continuierlichen, mit der Existenz der in der Subjectsvorstellung befassten Dinge gleichdauernden Thätigkeit die Rede ist, kann genau genommen ein Verb Prädicat eines allgemeinen Subjects werden (die

8*

Flamme leuchtet, der Wind weht u. s. f.); wo dagegen das Verb eine wechselnde, zeitweise beginnende und aufhörende Thätigkeit ausdrückt, kann es nur durch einen Tropus als Prädicat erscheinen (das Schaf blöckt, das Pferd wiehert u. s. w.) und der eigentliche Ausdruck könnte nur ein Vermögen oder eine Gewohnheit, d. h. eine Eigenschaft bezeichnen, aus der die Thätigkeit hervorgehen kann, nicht die wirkliche Thätigkeit selbst.

4. Stellen wir diese Classe von Urtheilen den zuerst betrachteten gegenüber: so springt vor allem in die Augen, dass ihre Gültigkeit nicht davon abhängig ist, dass hier oder dort, jetzt oder ein andermal ein der Subjectsvorstellung entsprechendes Ding existiert; dass sie also auch für keine bestimmte Zeit gültig sind, vielmehr u n b e d i n g t e G ü l t i g k e i t gerade darum beanspruchen, weil sie sich b l o s s a u f V o r g e s t e l l t e s beziehen. Ihnen gegenüber sind alle bloss erzählenden Urtheile z e i t l i c h g ü l t i g e.

5. Damit tritt ein charakteristischer Unterschied in der Bedeutung des P r ä s e n s ein, mit welchem die unbedingt gültigen Urtheile ebensowohl ausgesprochen werden, als diejenigen unter den zeitlich gültigen, welche sich auf die Gegenwart beziehen. Was wir als ein gegebenes einzeln existierendes Ding vorstellen, dem haben wir ebendamit in der allumfassenden für alle gleichen Zeit seine Stelle angewiesen; es steht seinem Dasein nach zwischen andern Dingen, die gleichzeitig, vor ihm, nach ihm sind, seiner Beschaffenheit nach, die unser Urtheil trifft, ebenso in einem bestimmten Zeitpunkt, und hat eben dadurch seine bestimmte Zeitbeziehung zum Moment des Urtheilens.

Haben wir aber als Subject eines Urtheils die Vorstellung, welche die Bedeutung des Worts ausmacht, so ist diese aus dem zeitlichen Complexe losgerissen, und steht, dem Wechsel der Zeit entrückt, in einer fortwährenden inneren Gegenwart vor uns, bei der es keinen Unterschied von gestern und heute gibt, wobei vielmehr das Bewusstsein der Constanz unseres Vorstellens bei jeder Wiederholung alle Zeitunterschiede zwischen den einzelnen Momenten des lebendigen Vorstellens wieder vernichtet. Als ein so

Gedachtes hat das Subject Prädicate die ihm unabhängig von der Zeit zukommen, die ihm zukommen so oft es vorgestellt wird. Derselbe Satz: der Himmel ist blau, der den Zustand des gegenwärtigen Moments bezeichnet, und so als erzählendes Urtheil ein wirkliches Präsens ist, kann auch den ganz verschiedenen Sinn haben, dass der Himmel, so wie ich ihn überhaupt vorstelle, wie er festes Object meiner Gedanken ist, immer als blau gedacht wird; und jetzt steht dem Präsens kein Präteritum noch Futurum gegenüber: die Gültigkeit des Urtheils wird nicht gemessen an der Wahrnehmung des Objects in einem bestimmten momentanen Zustand, sondern an der Constanz des Vorstellungsinhalts, den ich ein für allemal mit einem Worte verbinden will, eine Constanz, welche Bedingung meines Redens und Denkens überhaupt ist.

### III. Der sprachliche Ausdruck des Urtheilsactes.

#### § 17.

Der **sprachliche Ausdruck** der im Urtheil sich vollziehenden In-Einssetzung von Subject und Prädicat ist in den entwickelten Sprachen **die Flexionsform des Verbs**, die übrigens selbst aus einer ursprünglichen blossen Nebeneinanderstellung erwachsen ist. Auch wo das Verbum »Sein« als Bindemittel eines substantivischen oder adjectivischen Prädicats mit dem Subjecte erscheint, vollzieht sich der Urtheilsact **nur durch die Verbalendung**, und das Verbum »**Sein« bildet einen Bestandtheil des Prädicats**.

1. Weniger entwickelte Sprachen und auch entwickelte in einfacheren Fällen begnügen sich für den Ausdruck der In-Einssetzung im Sinne des Urtheils mit der blossen Nebeneinanderstellung der beiden Wörter, welche Subject und Prädicat ausdrücken, und diese Nebeneinanderstellung hat nicht bloss anzudeuten, dass die entsprechenden Vorstellungen vom Sprechenden eben jetzt in Eins gesetzt werden, sondern auch die objective Gültigkeit des Urtheils auszusprechen; die Betonung allein kann die Behauptung von der Frage oder

andern Verknüpfungsweisen wie der attributiven unterscheiden, welche die schon hergestellte und fertige Einheit zweier Vorstellungen ausdrückt. Wo dagegen die Entwickelung der Sprachformen allen logischen Unterschieden gefolgt ist, hat für die verbalen Prädicate die Personalendung (welche das pronominale Aequivalent des Subjects mit dem Verbalstamm unmittelbar verschmilzt und damit an diesem die Congruenz von Person und Numerus resp. Genus herstellt) die Bedeutung, die urtheilsmässige Verknüpfung von Subject und Prädicat zu bezeichnen, und der Indicativ, zusammen mit der die Aussage von der Frage unterscheidenden Betonung und Wortstellung, die Kraft sie als objectiv gültige zu behaupten; während das Tempus angibt, für welche Zeit das Urtheil gültig sein solle.

In der Personalendung des Indicativs und also nur in dieser liegt, was die Logiker mit dem Ausdruck Copula bezeichnen wollen, dasjenige Element der Sprache, welches eine Verbindung von Wörtern zum Satze und zum Ausdruck einer Aussage zu machen vermag. Dabei ist der Sinn der durch die Flexionsendung ausgedrückten Einheit von Subject und Prädicat verschieden je nach der Beschaffenheit der vereinigten Vorstellungen.

2. Wenn in Urtheilen, deren Prädicat durch ein Adjectiv oder Substantiv ausgedrückt wird, nicht durch einfache Nebeneinanderstellung (ὁ μὲν βίος βραχὺς, ἡ δὲ τέχνη μακρή) das Urtheil vollzogen, sondern das Verbum Sein zu Hülfe genommen wird, so ist dieses nicht vermittelst seiner Bedeutung das den Vollzug des Urtheils ausdrückende Element, sondern die Urtheilsfunction liegt nur in der Flexionsform desselben. Das Verbum Sein ist aber das Mittel dem Prädicate die Verbalform zu geben, und die Möglichkeit zu erreichen, dass es die Endung annimmt, die es äusserlich erkennbar in das prädicative Verhältniss zu einem Subjecte setzt. In dem Urtheil »Zinnober ist roth« fügt das Verbum Sein dem Sinne nach nichts hinzu, was nicht schon in »roth« seiner Wortgattung nach läge, sofern es doch als Adjectiv die Hinweisung auf ein Substantiv enthält, dessen Eigenschaft es ist; »rothsein« sagt nicht mehr als »roth«, »Rothes«

§ 17. Der sprachliche Ausdruck des Urtheilsacts.

und »Rothseiendes« als Concreta, Rothsein und Röthe als Abstracta sind schlechterdings dasselbe; es wird nur ausdrücklich angedeutet, dass »roth« nicht für sich abstract gedacht, sondern von einem bestimmten Subjecte prädiciert werden soll. Das Wort »Sein« ist also allerdings ein Mittel, dem Worte roth diese bestimmte Verwendung äusserlich zu erleichtern, und — dem bloss attributiven Verhältniss gegenüber, das die Nebeneinanderstellung bedeuten könnte, — es als ein Prädicat anzukündigen, aber es ist damit bloss der Anknüpfungspunkt für die Copula, nicht diese selbst; es macht nicht das Urtheil, sondern es bereitet dasselbe nur vor. Noch deutlicher tritt diese Function von »Sein«, den Sinn zu bezeichnen, in welchem ein Wort gebraucht werden soll, bei den Substantiven heraus, welche nicht wie die Adjectiva in ihrer Form schon die Beziehung auf ein Anderes an sich tragen, aber doch ihrer Bedeutung nach von Hause aus die Function eines Prädicats erfüllen können, so gewiss ihre Bedeutung eine allgemeine ist, und erst durch ein Benennungsurtheil einem bestimmten einzelnen Dinge zugeeignet wird. »Mensch« ist nicht der Name eines bestimmten Individuums, wiewohl die Vorstellung individueller Gestalt in seiner Bedeutung eingeschlossen ist; es ist überhaupt kein Name, sondern das Zeichen eines bestimmten Vorstellungsgehalts. Demonstrativ oder Artikel machen das Wort erst zum Namen bestimmter Menschen; »Sein« dagegen macht es zum Prädicat, und es muss immer erst Prädicat gewesen sein, ehe es Name wird. So ist auch Mensch, als allgemeine Vorstellung, die erst ihre Beziehung auf ein bestimmtes Individuum erwartet, und Menschsein dem Sinne nach dasselbe, das Verbum dient nur die Function als Prädicat äusserlich anzukündigen, die sonst durch Stellung und Betonung allein angekündigt werden könnte. Es kommt ihm also die Function eines sprachlichen Formelements zu; aber es ist nicht dasjenige Formelement, welches den Urtheilsact ausdrückt und den Namen der Copula verdient.

3. Wie kommt es aber, dass gerade das Verbum Sein verwendet wird, und welcher Zusammenhang besteht zwischen der Bedeutung, welche »Sein« als selbstständiges Verbum

hat, wo es für sich allein als Prädicat auftritt, und dieser Function in der Verbindung mit Adjectiven und Substantiven?

J. St. Mill macht im vierten Capitel des ersten Buches seiner Logik auf die Zweideutigkeit aufmerksam, welche in dem Worte Sein liege, sofern es da, wo es als sogenannte Copula gebraucht werde, durchaus nicht aussagen wolle, dass das Subject existiere, sondern nur das Verhältniss der Prädication bezeichne; ein Satz wie: ein Centaur ist eine Erfindung der Poeten, hebe ja direct die Behauptung auf, dass ein Centaur ist; und er verwundert sich, dass diese Zweideutigkeit, obgleich sie in den neueren so gut wie in den alten Sprachen bestehe, von fast allen Schriftstellern übersehen worden sei.

Mill hat Herbart so wenig als andere deutsche Philosophen beachtet. Herbart hat (Einl. in die Phil. § 53) nach dem Vorgang Fichte's \*) mit gewohnter Schärfe hervorgehoben, das Urtheil A ist B, und ebenso die Frage: Ist A wohl B? enthalte keineswegs die gewöhnlich hinzugedachte, aber ganz fremdartige Behauptung, dass A sei; denn von A für sich allein, und von seinem Dasein, seiner Gültigkeit sei gar keine Rede.

Diese Bemerkung ist unzweifelhaft richtig und hätte nie bestritten werden sollen \*\*). Nirgends hat ein Urtheil

---

\*) Grundlage der gesammten Wissenschaftslehre. Erster Theil § 1, eine Stelle, an die ich durch Bergmann (Reine Logik I. S. 235) erinnert worden bin.

\*\*) Es wird eingewendet (vgl. Ueberweg S. 162): Sätze wie Gott ist gerecht, die Seele ist unsterblich, wahre Freunde sind zu schätzen, involvieren allerdings die Behauptung, dass es einen Gott, dass es eine Seele, dass es wahre Freunde gebe; diese Voraussetzung liege in dem Indicativ; wer die Vorraussetzung nicht annehmen wolle, müsste jenen Sätzen die Clauseln beifügen wodurch sie zu hypothetischen werden: falls es einen Gott etc. gibt. Nur wenn der Zusammenhang des Ganzen (wie in einem Roman) oder der bekannte Sinn eines Wortes (wie Zeus, Sphinx, Chimäre etc.) auf eine bloss fingierte Wirklichkeit oder eine blosse Namen-Erklärung hinweise, sei eine derartige Clausel entbehrlich. In dieser Einwendung ist soviel richtig, dass von denjenigen, die solche Urtheile aussprechen oder hören, die Realität der Subjecte in der Regel vorausgesetzt wird, weil sonst im Zusammenhange gar kein Motiv wäre sie auszusprechen; aber dies ist etwas gänzlich anderes, als dass das Urtheil selbst, wie es für sich lautet, die Behauptung der Realität des Subjects involviere,

## § 17. Der sprachliche Ausdruck des Urtheilsacts.

von der Form A ist B dadurch, dass Subject und Prädicat durch »ist« verknüpft sind, die Kraft, das Urtheil »A existiert«

d. h. dass diese durch den Wortlaut des Urtheils, insbesondere durch den Indicativ, nothwendig mit behauptet werde. Wäre dies der Fall, so wäre es nicht begreiflich wie eine Ausnahme stattfinden könnte; denn hat der Indicativ des kategorischen Urtheils mit »ist« die Kraft die Realität des Subjects zu behaupten, so muss er sie immer und überall haben. Die Ausnahmen die Ueberweg zulässt, beweisen selbst, dass es nicht von der Form des Urtheils, sondern von Nebenvorstellungen, die sich an die Bedeutung der Subjectswörter knüpfen, die aber im Urtheil nicht ausgesprochen sind, abhängt, ob die Voraussetzung ihrer Existenz »in der Regel« angenommen wird oder nicht. Und welchen Sinn soll überhaupt die Behauptung der Existenz haben, wo das Subject nicht wie in dem Satze Gott ist gerecht, oder wahre Freunde sind zu schätzen, individuelle Wesen als solche bezeichnet, sondern wo es allgemein gesetzt ist? Wenn ich sage »Schnee ist weiss«, in welchem Sinne involviert dieses Urtheil die Behauptung, dass Schnee existiert? Nicht in dem Sinne jedenfalls, den das Präsens des Indicativs anzeigt, wo es von einzeln existierenden bestimmten Dingen gebraucht wird, dass eben jetzt Schnee existiere. Denn das Urtheil Schnee ist weiss gilt Sommer und Winter gleich; und ebensowenig wird damit gesagt sein sollen, dass immer Schnee existiert. Soll aber damit behauptet werden, dass irgendwo und irgendwann solche Körper, wie ich sie unter dem Worte Schnee vorstelle, wirklich existiert haben, so wäre wieder nur die Existenz bestimmten Schnees gemeint, die allein behauptet werden kann, nicht aber von Schnee überhaupt gesagt, dass er existiere. Das Urtheil Schnee ist weiss gilt aber von Schnee überhaupt, nicht von diesem und jenem.

Nun ist allerdings mit der Vorstellung, die wir mit »Schnee« verbinden, immer die Erinnerung an wirklich wahrgenommenen Schnee verknüpft, und d a r u m, wegen der Art, wie ich zu der Bedeutung des Wortes gekommen bin, wird vorausgesetzt, dass es sich um etwas Existierendes handle. Nehme ich aber das vollkommen gleichwerthige Urtheil »der Pegasus ist geflügelt«: so ist die Vorstellung von Flügeln ebenso sicher mit der Vorstellung verknüpft, die ich mit dem Wort Pegasus verbinde, als die der weissen Farbe mit Schnee; aber ich habe noch keinen existierenden Pegasus gesehen, weiss vielmehr, dass er ein Geschöpf der Phantasie ist, und d a r u m wird die Existenz des Pegasus nicht vorausgesetzt. Das Urtheil selbst aber sagt mir weder, dass Pegasus existiere, noch dass er nicht existiere, sondern nur wie beschaffen die Vorstellung sei, die ich mit dem Worte verknüpfe. Nehme ich das Urtheil: die Aeste der Hyperbel sind unendlich, so ist dieses Urtheil unzweifelhaft gültig, obwohl von der Existenz der Aeste dieser oder jener einzelnen Hyperbel gar nicht die Rede sein kann; die unend-

einzuschliessen und mitzubehaupten; in vollkommen gleicher Weise fungiert dieses »ist«, ob von existierenden oder nicht-

lichen Aeste der Hyperbel existieren genau so, wie alle Subjecte meiner Urtheile existieren, als Objecte meines Denkens, die ich als übereinstimmend von allen gedacht voraussetze.

Vorsichtiger hat W. Jordan in seiner Abhandlung »über die Zweideutigkeit der Copula bei Stuart Mill« (Stuttgarter Gymnasialprogramm 1870) diese Frage behandelt. Er sagt zwar S. 13: »Das »Ist« schliesst durchaus den Begriff der Existenz ein«; aber er gibt diesem Begriff der Existenz ein viel weiteres Gebiet als Ueberweg, wenn er S. 14 sagt: »Wo immer das denkende Subject etwas unabhängig von diesem seinem Denkact Vorhandenes annimmt, sei es in der körperlichen oder geistigen Welt, da wird die Logik den Gebrauch des Ist anerkennen.« Fassen wir diese Erklärung beim Wort: so ist allerdings in jedem Urtheilsact, sofern er das Subject des Urtheils schon voraussetzt und nicht hervorbringt, etwas von diesem Denkacte unabhängig Vorhandenes — nemlich eben die durch das Subjectswort bezeichnete Vorstellung anerkannt; und wenn es bei dieser Realität des Vorgestelltwerdens, die sobald das Urtheil in der Sprache sich ausdrückt, überdem als eine gemeinsame in mehreren Individuen vorausgesetzt wird, sein Bewenden hätte, so wäre die Frage erledigt, und das Ist stünde überall mit Recht, sobald das Subjectswort und damit das Urtheil überhaupt einen Sinn hat; es hätte aber ebendarum mit der Behauptung der wirklichen Existenz des unter dem Subjectswort gedachten im gewöhnlichen Sinne von Existieren gar nichts mehr zu thun.

Das soll nun aber doch nicht gesagt sein; und Jordan versucht — gegen Herbart und Mill — dem »Ist« seine Bedeutung realer Existenz zu retten. Einerseits indem die Wirklichkeit, die gemeint ist, der Prädicatsbestimmung, aber nicht der Subjectsbestimmung zukomme. In Sätzen wie Selbsthilfe ist verboten, Masshalten ist schwer, sei allerdings die Existenz der Subjectsvorstellung dahingestellt, im Prädicat dagegen sei auf etwas wirklich Existierendes hingewiesen, das Ganze ein versteckter Existentialsatz: Es gibt Gesetze oder Gründe, welche die Selbsthilfe verbieten, Umstände, welche das Masshalten erschweren. Allein ist einmal diese Umschreibung zugelassen, so ist zuletzt auch der Satz »ein viereckiger Cirkel ist undenkbar« ein Existentialsatz: Es gibt logische Gesetze, welche den viereckigen Cirkel unmöglich machen. Nur ist damit der ganze Boden des Streites verlassen, der davon ausgieng; ob die Wirklichkeit des Subjects behauptet werde. Dass in jeder Behauptung, eben weil sie objectiv sein will, die Anerkennung von objectiven »Gründen« und »Gesetzen« liegt, läugnen wir keineswegs; aber wir läugnen, dass darum die Existenz eines der Subjectsvorstellung entsprechenden Dings, resp. Attributs oder Vorgangs be-

existierenden Dingen, ob von einzeln vorgestellten oder allgemein gedachten Subjecten (denen als allgemeinen die Einzelbauptet werde. Die andere Distinction Jordans, welche auf das Beispiel Mills vom Centauren angewendet wird, ist zutreffender. Wenn der Satz aufgestellt wird: der Centaur ist eine Erfindung der Poeten, so nähert sich dieser einer Definition. Unter den Definitionen hebt nun Jordan eine besondere Classe, die »berichtigenden« hervor, weche die im Subject gesetzte Vorstellung aufheben und durch eine andere ersetzen. Der Satz sagt: der Centaur in dem vom Wort angedeuteten Sinne eines wirklichen Wesens existirt nicht, sondern die Vorstellung des Centauren ist eine Fiction. Es ist keine Frage, dass es eine Menge derartiger Prädicate gibt, welche das Subjectswort, das gewohnheitsmässig als Bezeichnung eines existirenden Dings genommen werden konnte, zum Zeichen eines bloss vorgestellten Wesens herabsetzen. Nur ist nicht zu vergessen, dass unter diesen Prädicaten das Verbum Sein = Existiren oben an steht: wenn ich von einem Subjecte ausdrücklich behaupte, dass es existire, so gilt mir das Subjectswort als Zeichen einer Vorstellung, und mein Prädicat behauptet, dass dieser ein wirkliches Ding entspricht.

Neuerdings hat Fr. Kern (die deutsche Satzlehre S. 64 ff.) wieder entschieden die Ansicht vertreten, dass die Bedeutung des Wortes ‚sein‘ immer dieselbe sei, und sich gegen die Unterscheidung zweier Bedeutungen desselben erklärt. »In den Sätzen »hölzernes Eisen ist ein Unding« »Ein viereckiger Kreis ist ein Widerspruch« wird die Existenz des hölzernen Eisens, des viereckigen Kreises mit genau derselben Klarheit und Nachdrücklichkeit behauptet, wie in dem Satze »der Knabe ist im Garten« die Existenz des Knaben. Während aber . . der Knabe auch ausserhalb meines Denkens existirt . . so existirt jenes Eisen und dieser Kreis nur in meiner Vorstellung, und zwar mit der von mir erkannten und ausgesprochenen Eigenschaft, ein Unding oder ein Widerspruch zu sein, also in einer von mir unabhängigen Wirklichkeit unmöglich anzutreffen.«

Mit der Distinction aber, dass das eine Subject ausser mir in Wirklichkeit, das andere nur in meiner Vorstellung existire, ist ja die Zweideutigkeit des Wortes unmittelbar zugegeben; denn steht es allein, im Sinne von »existiren«, so behauptet es, dass das Subject eben nicht nur in meiner Vorstellung existire, sondern unabhängig von derselben; der Satz: Gott existirt — aber nur in meiner Vorstellung, hebt ja durch den Beisatz den Sinn direct wieder auf, in dem »Gott existirt« nothwendig zuerst verstanden werden musste. Aber es ist nicht einmal wahr, dass ein viereckiger Kreis in meiner Vorstellung existirt; denn wer vermöchte sich einen solchen zu denken? Widersprechendes ist nicht bloss in der von mir unabhängigen Wirklichkeit, sondern auch in meinen Gedanken unmöglich; das Prädicat:

existenz nicht zukommen kann), ob von Prädicaten die Rede ist, die einem Existierenden zukommen können oder von solchen, welche durch ihre Bedeutung die Existenz aufheben; es hat keine andere Function, als das Prädicat für die Verwendung im Urtheil formell tauglich zu machen und ihm die Annahme der Personalendung zu gestatten. In welchem Sinne Subject und Prädicat Eins gesetzt werden, und ob die Existenz des Subjects vorausgesetzt, unentschieden gelassen oder aufgehoben ist, darüber entscheidet einzig und allein die Beschaffenheit der Subjects- und Prädicatsvorstellungen. Das Quadrat ist ein reguläres Viereck meint logische Identität; dies ist meine Uhr reale Identität; das Gold ist Metall eine Subsumtion unter eine allgemeinere Vorstellung; das Gold ist gelb die Einheit von Ding und Eigenschaft; A ist von B eine Meile entfernt eine Relation; die Bewegung ist langsam die Einheit eines Allgemeinen mit seiner näheren Determination u. s. f. »Socrates ist krank« setzt die Existenz des Subjects voraus, weil Socrates der Name eines als existierend gedachten Individuums, und krank ein in bestimmter Zeit wirklich gedachter Zustand ist; »der Pegasus ist geflügelt« lässt die Existenz des Pegasus für denjenigen unentschieden, der nicht weiss ob er es mit dem Namen eines wirklichen oder eines bloss fingierten Wesens zu thun hat; »der Pegasus ist eine mythologische Fiction« hebt die Existenz des Subjects auf; nirgends aber

---

»ist ein Widerspruch« sagt vielmehr, dass ich bei den Worten »Viereckiger Kreis« nicht denken kann, was sie verlangen; es hebt auch die Existenz in Gedanken auf.

Wenn dann S. 74 das Beispiel angeführt wird, dass einem Zweifler gegenüber mit Betonung gesagt wird: A ist der Thäter, und dieses betonte ist nun die Existenz des A als Thäters nachdrücklich hervorheben solle, so ist klar, dass die Existenz von A gar nicht angefochten war, also auch kein Grund vorliegt, sie nachdrücklich hervorzuheben; bestritten war nicht die Existenz des A, sondern sein Thätersein, das Recht von dem unbestritten existierenden A das Prädicat Thäter auszusagen. Sonst müsste ja der Satz »A ist nicht der Thäter« nicht bloss die Qualität des Thäterseins, sondern die Existenz des A aufheben wollen. Ueber die Einwendungen Bergmanns (a. a. O. S. 235 ff.) vgl. Vierteljahrsschrift für wiss. Philos. V, 113 ff.

§ 17. Der sprachliche Ausdruck des Urtheilsacts.

ist darüber anderswo etwas abzunehmen als aus der Bedeutung der Wörter, sei es der Subjects- oder Prädicatswörter.

4. In Beziehung auf die Prädicate können dabei zwei Classen derselben unterschieden werden.

Alle **modalen Relationsprädicate** nemlich, welche ein Verhältniss zu meinem Erkennen ausdrücken, haben (mit Ausnahme der sinnlichen, wie sichtbar, fühlbar u. s. w.) durch ihre Bedeutung selbst die Kraft, das Subjectswort zum Zeichen eines bloss Vorgestellten, abgesehen von der wirklichen Existenz zu machen, mögen sie seine Existenz bejahen, verneinen oder unentschieden lassen. Von was ich die Prädicate wahr, falsch, glaublich, unglaublich, Thatsache, Erfindung, möglich, unmöglich u. s. w. gebrauche, das ist ebendamit als ein nur Vorgestelltes bezeichnet, über dessen Verhältniss zu mir und meinem subjectiven Denken eben das Prädicat Auskunft geben soll. Die Sätze: Tells Apfelschuss ist eine Thatsache, der trojanische Krieg ist ein geschichtlicher Vorgang, Atome sind wirklich existierende Körper u. s. w. wären schlechterdings unmöglich, wenn das ‚ist‘ und ‚sind‘ für sich schon die Existenz des Subjects auszusagen die Kraft hätte.

Zu den modalen Relationsprädicaten gehört aber das absolut gesetzte Verbum Sein = Existieren selbst; indem es die Existenz des Subjects ausdrücklich behauptet, entscheidet es erst die Frage, ob das unter dem Subjectswort zunächst bloss Vorgestellte auch wirklich sei. Vergl. oben § 12, 7 S. 93.

Bei den **andern Prädicaten** aber kommt alles darauf an, über was und in welchem Sinn geurtheilt wird, und dies lässt sich dem Urtheil an der blossen äusseren Form und der Verwendung des ›Ist‹ nicht ansehen. Ist das Subjectswort allgemein gesetzt und nicht als Name eines oder mehrerer bestimmter Dinge eingeführt: so kann auch das vermittelst des Verbums Sein gebildete Prädicat nichts als den Inhalt dieser Subjectsvorstellung angeben und von einer Existenz des Subjects ist gar keine Rede. Ob ich sage Gold ist gelb oder Atome sind untheilbar — gelb sein und untheilbar sein kommen demjenigen zu, was ich unter dem Subjectswort vorstelle, die Sätze behaupten aber nicht das Sein einzelner Dinge. Ob das Subjectswort auf solche anwendbar ist, muss anderswoher bekannt sein. Tritt aber das Subjectswort von vornherein als Bezeichnung einzelner existierender Dinge auf: dieses Stück Gold ist gelb, dieses Pferd ist schwarz: dann ist allerdings die Existenz vorausgesetzt, aber nicht durch »ist«, sondern durch »dieses«.

5. Dann betrifft aber die »Zweideutigkeit der Copula« nicht bloss das Verbum Sein, sondern alle Prädicate, welche an sich reale Zustände und Eigenschaften bezeichnen können, sofern sie das einemal aussagen wollen, was im einzelnen Falle wirklich stattfindet, das anderemal, was zu dem vorgestellten Subject als seine Eigenschaft oder Thätigkeit gehört, und zweideutig ist streng genommen nur das Präsens, sofern es bald die empirische zeitliche Gegenwart, bald die allgemeine Nothwendigkeit des Denkens ausdrückt. Der Satz: Grosse Seelen verzeihen Beleidigungen, behauptet weder dass grosse Seelen existieren, was doch die Voraussetzung des wirklichen Verzeihens ist, noch dass einige grosse Seelen eben jetzt Beleidigungen verzeihen; sondern er sagt nur, dass wenn einer eine grosse Seele ist, er Beleidigungen verzeihen muss. Der Satz aber »Socrates spricht« behauptet die Existenz des Socrates so gut als der Satz »Socrates ist krank«: weil Socrates ein einzelnes existierendes Individuum als solches bezeichnet, kann von ihm nur eben sofern er existiert geredet werden, und was ihm an Handlungen oder Eigenschaften zugeschrieben wird, schliesst seine Existenz immer mit ein*).

6. Wie kommt nun aber das Verbum »Sein«, der Ausdruck wirklicher Existenz, überhaupt dazu eine formelle Function zu übernehmen, in der es seine Bedeutung aufgibt, ja derselben zu widersprechen scheint?

Denn nicht das ist das Merkwürdige, dass die Zweideutigkeit in dieser Beziehung so wenig bemerkt worden ist, sondern dass sie in allen uns geläufigen Sprachen in voller Uebereinstimmung sich findet. Die Erklärung ist nicht schwer. Wie Ueberweg (S. 162) richtig hervorhebt und wir oben

---

\*) Die Theorie, welche das Urtheil »A spricht«, um die unvermeidliche Copula »ist« zu haben, in »A ist sprechend« verwandelt, kann wohl als antiquiert gelten.

(S. 91) betont haben, ist die Voraussetzung, dass die Dinge von denen wir reden existieren, in der Regel selbstverständlich, und bedarf keiner ausdrücklichen Versicherung; es interessiert uns nicht, dass die Dinge sind, sondern was und wie sie sind. Wenn es nun darauf ankommt, die Prädication nicht bloss durch Nebeneinanderstellung auszudrücken, sondern dem Prädicate Verbalform zu geben, bietet sich das Verbum Sein eben wegen seiner Allgemeinheit und Inhaltslosigkeit von selbst; es ist zunächst immer vorausgesetzt, aber damit man wisse was man zu wissen wünscht, bedarf es der näheren Bestimmung des Dieses seins und So seins; wie die Behauptung der Existenz durch das Hier sein und Jetzt sein näher bestimmt wird. Das Prädicat roth, das der Wortform nach schon etwas an einem andern Seiendes bezeichnet, tritt jetzt als Modification des Seins auf, Roth sein, u. s. w.

Wie nun das Präsens einerseits die empirische sinnliche Gegenwart ausdrückt, andrerseits die zeitlose Gegenwart in Gedanken bezeichnet, so erweitert sich auch die Bedeutung des Seins in dieser Verbindung; das Verhältniss der Eigenschaft ist an dem gedachten Ding dasselbe wie an dem in seiner Existenz sinnlich wahrnehmbaren; wie die Voraussetzung des Seins früher bloss mitverstanden war, so kann jetzt von ihr abgesehen werden; als Gegenstände meiner Vorstellung verändern die Dinge sich nicht; ihr Sein kann aufhören, ihr Dieses sein und So sein bleibt, sofern ich sie in Gedanken festhalte.

Ein Rest der ursprünglichen Bedeutung, und der wichtigste, ist aber trotzdem dem Verbum geblieben. In dem Verbum Sein liegt ursprünglich die reale Existenz. Was existiert, gilt unabhängig von meinem Denken und gilt für alle. Diese Objectivität der Verbindung, die mein Urtheil ausspricht, ist ein wesentlicher Factor des Urtheils selbst; sie, nicht die Existenz des Subjects wird mitbehauptet; und eben für sie ist Sein ein ganz passendes Ausdrucksmittel. Es verstärkt durch seine erweiterte Grundbedeutung, was an sich schon die Flexionsform zu sagen fähig ist — die Behauptung der Objectivität und Allgemeingültigkeit des Urtheils.

# Dritter Abschnitt.

## Die Entstehung der Urtheile und der Unterschied analytischer und synthetischer Urtheile.

### § 18.

Unmittelbare Urtheile sind diejenigen, welche nur die in ihnen verknüpften Vorstellungen voraussetzen, um sie als Subject und Prädicat mit dem Bewusstsein der Gültigkeit zu vereinigen; mittelbare oder vermittelte diejenigen, welche hiezu noch einer weiteren Voraussetzung bedürfen.

Kants Unterscheidung analytischer und synthetischer Urtheile betrifft nur das Verhältniss des Prädicats zu dem durch das Subjectswort bezeichneten, als gegeben angenommenen Begriffe. Sie wird von Kant nicht angewendet auf diejenigen Urtheile, in denen das Subject eine einzelne anschauliche Vorstellung ist. Alle Relationsurtheile ferner müssen vom kantischen Gesichtspunkte als synthetische betrachtet werden, auch wenn sie auf einer Analyse einer gegebenen Gesammtvorstellung beruhen.

1. Wenn wir, nach Analyse der Functionen, in denen sich das einfache Urtheil vollzieht, nach der Entstehung des Urtheils fragen, so betrifft diese Frage nicht die Entstehung der Vorstellungen, welche das Urtheil verknüpft, weder der Subjects- noch der Prädicatsvorstellung; diese setzen wir vielmehr, wo wir bloss von der Analyse des thatsächlichen Urtheilens reden, als gegeben voraus; sondern die Frage betrifft nur die Genesis des Urtheilsactes selbst und

§ 18. Analytische und synthetische Urtheile.

zwar nach seinen beiden Seiten, der Verknüpfung von Subject und Prädicat zur Einheit und dem Bewusstsein ihrer objectiven Gültigkeit.

Diese Genesis kann eine **unmittelbare** oder **mittelbare** sein. **Unmittelbar** ist sie, wenn das Urtheil nichts als die in ihm verknüpften Vorstellungen des Subjects und Prädicats selbst voraussetzt, um mit dem Bewusstsein objectiver Gültigkeit vollzogen zu werden; **mittelbar**, wenn erst durch das Hinzutreten anderer Voraussetzungen dieser Vollzug möglich wird, sei es dass die **Aufeinanderbeziehung von Subject und Prädicat** überhaupt mit dem Gedanken ihrer urtheilsmässigen Einheit erst einer Vermittlung bedarf, oder dass wenigstens das **Bewusstsein ihrer objectiven Gültigkeit** anderswoher gewonnen werden muss. Nennen wir vorläufig **Grund des Urtheils** dasjenige, was die Einssetzung von Subject und Prädicat herbeiführt: so ist das unmittelbare Urtheil dasjenige, dessen Grund in den verknüpften Vorstellungen selbst, für sich, liegt; das mittelbare dasjenige, dessen Grund in ihnen nur zusammen mit anderen liegt; und zwar kann die Vermittlung entweder Subject und Prädicat überhaupt erst in Beziehung setzen, indem sie die **Frage** herbeiführt ob A B sei, oder darüber hinaus zugleich die Entscheidung der Frage geben, und die **Gewissheit** der Gültigkeit des Urtheils A ist B verbürgen.

Soll der Grund nur in den durch das Urtheil verknüpften Vorstellungen selbst liegen: so muss nach dem Obigen das Verhältniss derselben ein solches sein, dass die im Urtheil ausgedrückte Einheit unmittelbar erkannt werden kann. Bei einem **Benennungsurtheil** bin ich mir ohne weitere Vermittlung der Coincidenz der gegenwärtigen und der reproducierten, durch das Prädicatswort bezeichneten Vorstellung bewusst; sage ich: das ist eine Tanne, so finde ich in der gegenwärtigen Anschauung eben das, was mit der allgemeinen Vorstellung der Tanne übereinstimmt. In den unmittelbaren Eigenschafts- und Thätigkeitsurtheilen ist die dem Prädicat entsprechende Vorstellung ein Bestandtheil der Subjectsvorstellung; indem ich diese zerlegend ein bestimmtes Element, z. B. die Farbe, hervorhebe, erkenne ich sie übereinstimmend mit einer bekannten Farbe; wiederum habe ich nichts als die gegebene Gesamtvorstellung des Subjects nöthig, um in ihr den dem Prädicat entsprechenden Bestandtheil zu entdecken.

Bei den Relationsurtheilen kann allerdings nicht eine Zerlegung der Subjectsvorstellung für sich das mit dem Prädicat übereinstimmende Element ergeben; ich mag die Vorstellung der vor mir stehenden Lampe drehen und wenden, wie ich will, ich kann in ihr nicht finden, dass sie links vom Schreibzeug steht. Aber gegeben ist mir jetzt eine zwei Objecte und ihr Verhältniss enthaltende Gesamtanschauung; indem ich diese in ihre Elemente zerlege, gewinne ich das Urtheil, zu dem nichts erfordert wird, als die in ihm verknüpften Vorstellungen; die gegebene Gesamtvorstellung ist der Grund zu der Behauptung: die Lampe steht links vom Schreibzeug.

Alle unmittelbaren Urtheile sind also nothwendig analytisch, wenn analytische Urtheile solche sind, welche nur die Elemente wieder vereinigen, die durch Analyse einer gegebenen Vorstellung gewonnen waren; in welchen entweder, wie in den Benennungs-, Eigenschafts- und Thätigkeitsurtheilen, der Inhalt des Prädicats schon im Subjecte mit vorgestellt ist, oder, wie bei den Relationsurtheilen, Subject und Prädicat mit ihrer Beziehung nur die Bestandtheile einer gegebenen complexen Vorstellung darstellen. Synthetisch aber müssten dann die gefolgerten sein, und diejenigen welche sonst eines ausserhalb der gegebenen Vorstellungen liegenden Grundes bedürfen, um die Synthese des Urtheils herbeizuführen.

2. Dass alle unmittelbaren Urtheile in diesem Sinne analytisch sind, widerspricht dem Wesen des Urtheils, eine σύνθεσις νοημάτων zu sein, durchaus nicht. Denn die Analyse oder Zerlegung ist nur die Vorbereitung des Urtheilsacts, nicht dieser selbst; der Urtheilsact stellt vielmehr die Einheit der unterschiedenen Elemente her (vergl. § 8, 1).

3. Die Termini analytisch und synthetisch in dem eben bezeichneten Sinne ohne Weiteres zu verwenden, widerräth jedoch der durch Kant eingeführte Sprachgebrauch. Denn die obige Unterscheidung unmittelbarer und vermittelter Urtheile steht auf wesentlich anderem Boden als die Kantische Un-

terscheidung der **analytischen** und **synthetischen** Urtheile, sofern es für jene rein auf die jeweilige Genesis des Urtheils in dem urtheilenden Subjecte ankommt, ob ein Urtheil unmittelbar oder mittelbar, durch Zerlegung oder Zusammenfügung entstanden ist; eine Genesis die man aus dem sprachlichen Ausdruck des Urtheils in der Regel nicht abzunehmen vermag; während Kant sich zunächst an die Voraussetzung bestimmter begrifflicher Bedeutung der als Subjecte auftretenden **Wörter** hält.

»In allen Urtheilen, sagt er in der bekannten Stelle der Kr. d. r. V. (1. Afl. S. 6. 2. Afl. Einl. IV.), worinnen das Verhältniss eines Subjects zum Prädicat gedacht wird, ist dieses Verhältniss auf zweierlei Art möglich. Entweder das Prädicat B gehört zum Subject A als etwas, was in diesem Begriffe A (versteckter Weise) enthalten ist; oder B liegt ganz ausser dem Begriff A, ob es zwar mit demselben in Verknüpfung steht. Im ersten Falle nenne ich das Urtheil analytisch, in dem andern synthetisch. Analytische Urtheile (die bejahenden) sind also diejenigen, in welchen die Verknüpfung des Prädicats mit dem Subjecte durch Identität, diejenigen aber, in denen diese Verknüpfung ohne Identität gedacht wird, sollen synthetische heissen. Die ersteren könnte man auch Erläuterungs-, die andern Erweiterungsurtheile heissen, weil jene durch das Prädicat nichts zum Begriff des Subjects hinzuthun, sondern diesen nur durch Zergliederung in seine Theilbegriffe zerfällen, die in selbigem schon (obgleich verworren) gedacht waren; da hingegen die letzteren zu dem Begiffe des Subjects ein Prädicat hinzuthun, welches in jenem gar nicht gedacht war, und durch keine Zergliederung desselben hätte können herausgezogen werden«. Folgt das Beispiel der beiden Sätze: alle Körper sind ausgedehnt, und alle Körper sind schwer. Um zu jenem Urtheile zu gelangen, darf ich »jenen Begriff (des Körpers) nur zergliedern, d. i. des Manigfaltigen, welches ich jederzeit in ihm denke, nur bewusst werden, um dieses Prädicat darin anzutreffen. Dagegen, wenn ich sage: alle Körper sind schwer, so ist das Prädicat etwas ganz anderes, als das, was ich in dem blossen Begriff eines Körpers überhaupt denke.«

Ebendarum, fügen die Prolegomena § 2, 6 an, sind auch alle analytischen Sätze Urtheile a priori, wenn gleich ihre Begriffe empirisch sind, z. B. Gold ist ein gelbes Metall; denn um dieses zu wissen, brauche ich keiner weiteren Erfahrung ausser meinem Begriff vom Golde, der enthielte, dass dieser Körper gelb und Metall sei; denn dieses macht eben meinen Begriff aus.

»Erfahrungsurtheile, als solche, führt Kant in der zweiten Aufl. fort, sind insgesammt synthetisch. Denn es wäre ungereimt, ein analytisches Urtheil auf Erfahrung zu gründen, weil ich aus meinem Begriffe gar nicht herausgehen darf, um das Urtheil abzufassen, und also kein Zeugniss der Erfahrung dazu nöthig habe. Dass ein Körper ausgedehnt sei, ist ein Satz, der a priori feststeht, und kein Erfahrungsurtheil. Denn, ehe ich zur Erfahrung gehe, habe ich alle Bedingungen zu meinem Urtheile schon in dem Begriffe, aus welchem ich das Prädicat nach dem Satze des Widerspruchs nur herausziehen, und dadurch zugleich der Nothwendigkeit des Urtheils bewusst werden kann, welche mir Erfahrung nicht einmal lehren würde. Dagegen ob ich schon in dem Begriff eines Körpers überhaupt das Prädicat der Schwere gar nicht einschliesse, so bezeichnet jener doch einen Gegenstand der Erfahrung durch einen Theil derselben, zu welchem ich also noch andere Theile eben derselben Erfahrung, als zu dem ersteren gehörig, hinzufügen kann. Ich kann den Begriff des Körpers vorher analytisch durch die Merkmale der Ausdehnung, der Undurchdringlichkeit, der Gestalt etc., die alle in diesem Begriffe gedacht werden, erkennen. Nun erweitere ich aber meine Erkenntniss, und indem ich auf die Erfahrung zurücksehe, von welcher ich diesen Begriff des Körpers abgezogen hatte, so finde ich mit obigen Merkmalen auch die Schwere jederzeit verknüpft, und füge also diese als Prädicat zu jenem Begriffe synthetisch hinzu. Es ist also die Erfahrung, worauf sich die Möglichkeit der Synthesis des Prädicats der Schwere mit dem Begriffe des Körpers gründet, weil beide Begriffe, ob zwar einer nicht in dem andern enthalten ist, dennoch als Theile eines Ganzen, nemlich der Erfahrung, die selbst eine synthetische Verbindung der Anschauungen ist, zu einander, wiewohl nur zufälliger Weise, gehören«.

Wir haben diese Stellen ausführlich mitgetheilt, weil es von Werth ist, der Voraussetzungen bewusst zu werden, auf denen diese Unterscheidung ruht. Zuerst hat Kant — nach der herkömmlichen Auffassung des Urtheils — lediglich den **Begriff** im Auge, der durch das Subjectswort bezeichnet wird, und der seine Bedeutung constituiert; die Frage ist, ob das Prädicat eines der Merkmale sei, welche ich in dem Begriffe des Subjects »obgleich verworren« denke, oder ob es in diesem Begriffe, wie ich ihn eben denke, noch nicht enthalten ist. Auch bei dem particulären Urtheil »Einige Körper sind schwer«, das die Prolegomena statt des allgemeinen Urtheils der Kr. d. r. V. als Beispiel gebrauchen, handelt es sich nur darum, dass das Prädicat schwer »in dem allgemeinen Begriffe von Körper nicht wirklich gedacht wird.« Kant setzt dabei in den von ihm gewählten Beispielen voraus, dass der Begriff aus der Erfahrung abgezogen sei, aber nur einen Theil der Erfahrung von diesem Gegenstande ausmache, oder, wie er sich in der ersten Aufl. ausdrückt, die vollständige Erfahrung durch einen Theil derselben bezeichne. Darin liegt zweierlei: einmal dass der Begriff durch ein Abstractionsverfahren gebildet, seine Merkmale also (als gemeinschaftliche Merkmale des Verschiedenen von dem er abstrahiert worden) schon fixiert worden seien; und dann, dass es sich nicht um den erschöpfenden Begriff eines Gegenstandes der Erfahrung handle, der sein gesammtes Wesen ausdrückt, sondern um ein rein subjectives Gebilde, in welchem aus Ursachen, die dem Wesen des Dinges gegenüber zufällig sind, ein Theil der Merkmale, die der bestimmten Classe von Dingen wirklich zukommen, zusammengefasst und zur Bezeichnung dieser Classe von Dingen verwendet worden ist. Nur auf Grund einer eben factisch allgemeingeltenden oder als allgemeingeltend vorausgesetzten Bedeutung des Wortes Körper also kann man sagen, das Urtheil, alle Körper sind ausgedehnt, sei analytisch, das andere synthetisch.

Dass Kant dabei es hinsichtlich der empirischen Begriffe als zufällig betrachtet, welche Merkmale zur Constituierung eines solchen Begriffs verwendet werden, geht aus den Ausführungen der Methodenlehre (S. 721 ff. der ersten Ausgabe) unzweifelhaft hervor. Dort wird gezeigt, dass es im empirischen Gebiete Definitionen in strengem Sinne gar nicht gebe, da sich alle Merkmale, welche dem Gegenstande, z. B. Gold oder Wasser zukommen, niemals erschöpfen, die Forderung der Ausführlichkeit einer Definition also nicht erfüllen lasse; wir fassen in unseren Begriffen nur so viele Merkmale zusammen, als zur Unterscheidung der Gegenstände hinreichend sind; es ist niemals sicher, ob man unter dem Worte, das denselben Gegenstand bezeichnet, nicht einmal mehr, das anderemal weniger Merkmale desselben denke; die angeblichen Definitionen sind nur Wortbestimmungen, Nominaldefinitionen. Damit stimmen auch die §§ 99—106 der Kant'schen Logik überein.

Wenn Kant also das Urtheil: »alle Körper sind ausgedehnt« für analytisch, »alle Körper sind schwer« für synthetisch erklärt, so kann er nur eine factisch allgemein geltende Nominaldefinition voraussetzen. Dagegen richtet sich zunächst die Kritik Schleiermachers, in der er (Dial. § 308 S. 264 vgl. S. 563) den Unterschied der analytischen und synthetischen Urtheile für nur relativ erklärt, weil der Begriff immer nur werdend sei. Dasselbe Urtheil (Eis schmilzt) kann ein analytisches sein, wenn das Entstehen und Vergehen durch bestimmte Temperaturverhältnisse schon in den Begriff des Eises aufgenommen war, und ein synthetisches, wenn noch nicht; die Differenz sagt also nur einen verschiedenen Zustand der Begriffsbildung aus. Auf das Kantische Beispiel angewandt: Ehe ich die Erfahrung mache, die mich zu dem Satze berechtigt: alle Körper sind schwer, habe ich den Begriff des Körpers nur durch die Merkmale der Ausdehnung u. s. w. gebildet; nachdem ich sie aber gemacht habe, kann und muss ich das Merkmal der Schwere mit in den Begriff des Körpers aufnehmen, um die vollständige Erfahrung auszudrücken, und mein Urtheil alle Körper sind schwer ist nun ein analytisches; ich könnte jetzt mit diesem Begriffe zu weiterer Erfahrung schreiten, z. B. sagen alle Körper sind electrisch, alle Körper sind warm. Wäre mein Begriff der Ausdruck einer vollständigen Erkenntniss, was freilich erst bei der Vollendung des

Wissens überhaupt möglich wäre, so wären alle Urtheile der Art analytisch.

Diese Kritik ist nach Kants eigenen Ausführungen vollkommen berechtigt. Ob ein Urtheil über empirische Gegenstände analytisch ist oder nicht, kann niemals entschieden werden, wenn ich nicht den Sinn kenne, welchen der Urtheilende mit seinem Subjectsworte verbindet, den Inbegriff der Merkmale, die er auf diesem bestimmten Stadium der Begriffsbildung darin zusammengefasst hat. Der Fortschritt aber von einer Bedeutung des Worts zur andern entsteht ihm durch ein synthetisches Urtheil. Dieses Urtheil ist, was nicht übersehen werden darf, das Resultat eines Inductionsschlusses, denn nur dieser vermag ein allgemeines aus der Erfahrung gezogenes Urtheil zu begründen; es ist aber ebendarum (wie die Methodenlehre S. 721 ausdrücklich betont) kein nothwendiges und apodictisches. Diese Unsicherheit fällt weg bei den mathematischen Begriffen, aber nur darum, weil sie vorsätzlich gemacht sind, und eine willkürliche Synthesis enthalten (a. a. O. S. 729).

Sollte ein Urtheil an und für sich als analytisch betrachtet werden müssen: so wäre offenbar vorausgesetzt, dass keine subjectiven Differenzen zwischen den Begriffen wären, welche Verschiedene mit demselben Worte verbinden können; unter der Voraussetzung also vollkommen fester und abgeschlossener Bedeutung der Wörter kann es Urtheile geben, die sicher analytisch sind; sie sind in diesem Fall mit der anerkannten Bedeutung des Wortes gegeben. Das Kantische Beispiel ist streng richtig, wenn vorausgesetzt ist, dass mit dem Worte Körper immer Jedermann das Merkmal ausgedehnt, Niemand je das Merkmal schwer verbindet.

Es ist aber ebenso klar, dass damit schliesslich jedes Motiv wegfällt, das mich vernünftigerweise bestimmen könnte solche Urtheile auszusprechen, da sie lauter Binsenwahrheiten sind, die niemanden etwas sagen. Wer wird sich in Urtheilen herumtreiben, wie alle Dreiecke sind dreieckig, alle Vierecke sind viereckig? Ein in diesem Sinne analytisches Urtheil kann immer nur für den ausgesprochen werden, der in Gefahr ist die Bedeutung eines Wortes zu vergessen, die Merkmale des Begriffs nur »verworren« zu denken, es über seine Sphäre auszudehnen u. s. w., d. h. für denjenigen für den es streng genommen schon nicht mehr analytisch ist; denn so lange er selbst die Merkmale nur verworren denkt, kann er es nicht einmal vollziehen; und so führen die analytischen Urtheile in diesem Sinne von selbst zu denjenigen hinüber, welche die unverstandene Bedeutung eines Worts dem Unkundigen angeben, die mit ihrer Behauptung nicht mehr das Gedachte, sondern nur die Wörter treffen. Sie sind streng analytisch für den der der Sprache mächtig ist; der aber, der sie erst lernt, vollzieht synthetische Urtheile, nur so dass er nicht auf Grund seines eigenen Wissens urtheilt, sondern auf Grund eines Glaubens an die Aussage des Andern.

4. Mit dieser Ausführung sowohl bei Kant als bei Schleiermacher ist nun aber noch nicht gesagt, wie es denn mit den Urtheilen steht, die unter die Voraussetzung deswegen nicht fallen, weil ihre Subjecte gar nicht Begriffe sind, und weil aus der sprachlichen Bezeichnung gar nicht bestimmt werden kann, welche Vorstellung der Urtheilende hat, darum nicht, weil nicht über den Inhalt der durch das Subjectswort bezeichneten Vorstellung in ihrer Allgemeinheit etwas ausgesagt wird, sondern über ein concretes Ding, das wohl unter den allgemeinen Begriff fällt, aber als einzelnes und concretes durch das Subjectswort nicht vollkommen bezeichnet werden kann \*). Der Art aber sind alle wirklichen und ursprünglichen Erfahrungsurtheile. Wir machen unsere Erfahrung an Einzelnem, die Synthesis in dem synthetischen Urtheil »alle Körper sind schwer« ist durch Urtheile bedingt, deren Subjecte bestimmte Körper sind, in letzter Instanz durch die einzelne Wahrnehmung und Beobachtung. Vergegenwärtigen wir uns nun den Vorgang, der irgend einem Wahrnehmungsurtheil zu Grunde liegt, z. B. diese Rose ist gelb, diese Flüssigkeit ist sauer u. s. f.: so scheint hier, wenn wir auf die Wörter und ihre Bedeutung sehen, ganz evident eine Synthesis vorhanden zu sein; denn in dem Begriff der Rose liegt es nicht gelb zu sein, im Begriff der Flüssigkeit liegt es nicht sauer zu sein; und in

---

\*) Vergl. Trendelenburg Log. Unters. 2. Aufl. II, 241. 3. Afl. 265.

## §. 18. Analytische und synthetische Urtheile.

der Bedeutung von »diese«, was eine blosse Relation ausdrückt, liegt auch nichts woraus etwas abzunehmen wäre. Allein um die Bedeutung der immer allgemeinen Wörter handelt es sich auch gar nicht; »diese Rose« ist die Bezeichnung eines concreten Dings, das nur sehr unvollkommen in seiner concreten Einzelnheit durch das Wort bezeichnet werden kann, das »diese« hat nur die Function durch das Demonstrativ dem der gegenwärtig ist die Anschauung vorzuführen, die durch Wörter gar nicht ausdrückbar ist; und dieses anschauliche Ding ist das Subject meines Urtheils, von dem ich aussage dass es gelb sei.

Ich könnte mich begnügen zu sagen: dies ist gelb; das Subject von dem ich urtheile wäre dasselbe, nur in der Sprache noch unbestimmter ausgedrückt. Wenn ich sage: diese Rose ist gelb, so liegt darin eigentlich ein doppeltes Urtheil; zuerst ein Benennungsurtheil: dies ist eine Rose; mit diesem Benennungsurtheil habe ich meine concrete Vorstellung unter ein allgemeines Bild subsumirt, ihrer ganzen Form, ihrem Bau u. s. w. nach fällt mir die concrete Anschauung mit dem allgemeinen Bilde zusammen. Aber dieses Benennungsurtheil wird nur nebenher gefällt; es erscheint nicht als solches, sondern nur in seinem Resultate, dem Subjectswort mit welchem ich dieses Ding bezeichne.

Das vorliegende Urtheil selbst aber sagt aus, dass dies, was ich eine Rose nenne, gelb ist. Auf Grund wovon? Nicht auf Grund einer Synthesis zwischen »Rose« und »gelb«, sondern auf Grund einer Analyse meiner Anschauung, in der mit Form und Bau auch die gelbe Farbe in ungeschiedener Einheit enthalten ist. Ein Element meiner Anschauung ist identisch mit dem was ich gelb nenne, und dieses prädicire ich denn von dem Ganzen in meinem Eigenschaftsurtheil.

Oder genauer, wenn wir den Process von Anfang beschreiben: in meiner Anschauung habe ich zunächst die Elemente beachtet, wonach sie mit dem allgemeinen Bild der Rose zusammenfällt, daher die Benennung des Subjects; ich habe ein weiteres Element darin beachtet, das mit der Benennung noch nicht ausgedrückt ist; daher das Urtheil.

Das Verhältniss der »Begriffe« Rose und gelb kommt

allerdings dabei in Betracht. Wäre »gelb« in »Rose« analytisch enthalten, wie »weiss« in Schnee oder »kalt« in Eis, so hätte ich in der Regel kein Motiv es ausdrücklich zu behaupten; mit der Benennung »Rose« wäre auch dies schon ausgedrückt gewesen; da dem nicht so ist, muss ich, um meine Anschauung vollständig zu beschreiben, zu der Bezeichnung »Rose« das Prädicat gelb noch hinzufügen; und derjenige der etwa in einer Beschreibung mein Urtheil hört, vollzieht eine Synthesis, indem er zu dem Bild, das ihm das Wort Rose erweckt, die besondere Bestimmtheit der Farbe hinzufügt. Ich aber, der Urtheilende, habe bloss meine Subjectsvorstellung analysiert.

Aber das andere Beispiel: diese Flüssigkeit ist sauer? findet nicht hier eine Synthesis statt? Allerdings, aber v o r dem Urtheil, nicht d u r c h das Urtheil. Das Beispiel unterscheidet sich von dem vorangehenden dadurch, dass verschiedene Sinne concurrieren. Ob etwas Flüssigkeit ist oder nicht, pflege ich durch das Auge zu unterscheiden. Das vorausgesetzte Benennungsurtheil bewegt sich also in lauter Gesichtsvorstellungen. Nun bringe ich die Flüssigkeit auf die Zunge und entdecke ihren sauren Geschmack; und ich spreche meine Wahrnehmung in dem Urtheile aus: diese Flüssigkeit ist sauer. Um das Urtheil aussprechen zu können, muss ich schon meine Geschmacksempfindung auf dasselbe Object bezogen haben, das mir durch das Gesicht bekannt war; ich muss gewiss sein, dass was meine Zunge berührt dasselbe ist was ich vorher im Glase gesehen; sonst habe ich für das Prädicat »Sauer« kein Subject und kann nicht urtheilen, kann nicht das Prädicat Sauer auf das Subject Flüssigkeit beziehen und diese Beziehung in einem Eigenschaftsurtheil aussprechen. Mein Urtheil analysiert also eine Combination, welche den Wahrnehmungsprocess ausmacht; aber die Function der Beziehung der Geschmacksempfindung auf ihr Object ist eine andere, als die Function des Urtheils. Jene lautet, im Urtheil ausgedrückt: Was sauer schmeckt ist dasselbe was ich vorher als Flüssigkeit gesehen; diese lautet: Diese Flüssigkeit hat die Eigenschaft sauer zu sein. Ich muss das Sauersein an ihr und in ihr erkannt haben, ehe ich es prädicieren kann.

5. Genauer zugesehen ist nun, um auf das Kantische

## §. 18. Analytische und synthetische Urtheile.

Beispiel zurückzukommen, doch ein zureichender, wenn auch von Kant selbst nirgends angedeuteter Grund vorhanden, der es rechtfertigt, wenn er das Urtheil »alle Körper sind schwer« für synthetisch erklärt. Nur liegt der Grund nicht in dem Begriffe »Körper«, sondern in dem Wesen des Prädicats. Schwer ist ja, genau betrachtet, ein Relationsprädicat; es betrifft nicht, was ein Körper für sich als isolierbarer Gegenstand meiner Anschauung und meines Denkens ist, sondern was er im Verhältniss zu andern Körpern ist. Das Urtheil »alle Körper sind ausgedehnt« gilt in ganz gleicher Weise von jedem einzelnen, wenn ich ihn auch allein in der Welt dächte; das Urtheil »alle Körper sind schwer« drückt eine Beziehung jedes einzelnen zu allen andern aus, und kann also in dem »Begriff eines Körpers überhaupt« noch nicht enthalten sein.

Ist dies, wie ich glaube, neben der geschichtlichen Nachwirkung der alten Cartesianischen Definition von Körper der verborgene Grund zu der scheinbar unmotivierten Distinction Kants, so fällt daraus auch ein Licht auf seine synthetischen Urtheile a priori: denn die Beispiele, die er von solchen gibt, sind alle Relationsurtheile. Dass $7 + 5 = 12$ sei, ist ein Relationsurtheil über die Zahlen, die durch $7 + 5$ und durch $12$ dargestellt sind; das Urtheil behauptet ihre Gleichheit. Das Prädicat »B gleich« kann selbstverständlich niemals in dem Subjecte A für sich enthalten und mitgedacht sein und durch Analyse desselben entdeckt werden, weil ausser der Vorstellung von A auch die von B nöthig ist, um es überhaupt zu denken; und es ist vollkommen richtig, dass in dem Ausdruck $7 + 5$ die Gleichheit mit $12$ noch nicht analytisch enthalten, sondern erst durch wirkliches Addieren, durch Fortgehen zu einer Zahl, die um 5 grösser ist als 7 entdeckt wird; das Urtheil ist überhaupt erst möglich, wenn die Addition vollzogen und zwei vergleichbare Zahlausdrücke damit gegeben sind; dann aber ist es analytisch, sofern die Anschauung der gleichen Zahl Einheiten, die auf die eine wie auf die andere Weise gewonnen wird, den Grund des Urtheils abgibt. Nicht im Urtheilen selbst wird das Hinausgehen über die Vorstellung $7 + 5$ vollzogen, sondern in dem was dem Urtheil vorangeht und die Vergleichung erst möglich macht; sobald diese möglich ist, ist das Urtheil blosse Analyse der gegebenen Relation. Aehnlich ist's mit Kants geometrischem Beispiel, dass die gerade Linie der kürzeste Weg zwischen zwei Punkten sei. »Der kürzeste Weg« ist ebenso ein R e l a t i o n s p r ä d i c a t, das in der Vorstellung der geraden Linie für sich noch nicht liegen kann; es setzt V e r g l e i c h u n g mit anderen Linien voraus. Aber die Vorstellung der geraden Linie ist in der Anschauung niemals möglich ohne den Raum, in dem sie gezogen ist und der die Möglichkeit anderer Linien neben ihr enthält; und die Gesammtanschauung, welche die Gerade zwischen anderen dieselben Punkte verbindenden Linien darbietet, ist dasjenige, was dem Urtheil zu Grunde liegt, und was in demselben analysiert wird. Somit sind auch diese synthetischen Urtheile a priori, sofern sie unmittelbar sind, in Wahrheit analytisch, weil es sich darin gar nicht um eine Explication des Begriffs handelt, der durch das Subjectswort für sich ausgedrückt ist, sondern um ein complexes Object, das durch das Subjectswort zwar zu einem Theile bezeichnet wird, ausser dem Subject des Urtheils aber noch anderes enthält. In demjenigen, was nicht durch das Subjectswort bezeichnet ist, liegt der Grund des Urtheils.

Ueber den Grundsatz der Causalität werden wir später reden müssen.

6. Die Kantische Unterscheidung der Urtheile in analytische und synthetische trifft im Gebiete der empirischen Begriffe U r t h e i l e m i t g a n z v e r s c h i e d e n e n S u b j e c t e n, und damit auch einen verschiedenen Grund der Gültigkeit derselben. Seine analytischen Urtheile sind solche, in denen ganz ohne Rücksicht auf das in der Anschauung vorgestellte Seiende nur der I n h a l t eines irgendwie in einem Worte fixierten B e g r i f f e s expliciert wird; seine synthetischen Urtheile setzen die Anschauung voraus und die synthetische Verbindung der Anschauungen in der Erfahrung; ihre Subjecte sind D i n g e, welche unter das Wort fallen, aber nur unvollständig durch das Wort bezeichnet werden; jene sind erklärend, diese erzählend.

Haben wir uns aber überzeugt, dass auch in den Wahrnehmungsurtheilen eine Analysis stattfindet, nur nicht des Begriffs, sondern der Anschauung, die allerdings durch eine

§ 18. Analytische und synthetische Urtheile.

Synthesis, nur nicht durch eine im Urtheil vollzogene, sondern diesem vorausgehende Synthesis zu Stande kam: so ist danach auch die Kantische Behauptung zu prüfen, dass in den analytischen Urtheilen die Verknüpfung von Subject und Prädicat durch Identität, in den synthetischen **nicht durch Identität** gedacht werde. Lassen wir den Terminus Identität, den wir oben (S. 107 ff.) als unpassend nachgewiesen, für jetzt gelten: so ist nicht abzusehen, wie irgend ein (bejahendes) Urtheil ohne Identität, d. h. ohne das Bewusstsein der Einheit von Subject und Prädicat ausgesprochen werden könne. Auch das Wahrnehmungsurtheil setzt sein Prädicat in dasselbe Verhältniss zu seinem Subjecte, wie das begriffliche Urtheil; und dass keine Identität gedacht werde im Erfahrungsurtheil, gilt nur, wenn man nicht auf das eigentliche Subject des Erfahrungsurtheils sieht, sondern auf die Bedeutung des Worts mit dem es bezeichnet wird, oder den Begriff der Identität auf das Gebiet der blossen Begriffe beschränkt, was willkürlich ist.

Insofern aber hat Kant Recht, als ein verschiedener Grund der Gültigkeit seiner analytischen und seiner synthetischen Urtheile a posteriori da ist. Jene setzen nichts voraus als die Gewohnheit mit einem Worte bestimmte Vorstellungen zu verbinden, sie bedürfen also nur der **Constanz der Vorstellungen und der Uebereinstimmung im Sprachgebrauch**, um immer wieder aufs Neue vollzogen zu werden; bei diesen ist der letzte Grund der Gültigkeit eine **individuelle Thatsache der Anschauung**, die sich als solche gar nicht zum Gemeingut machen lässt. Die Nothwendigkeit jener Urtheile ist begründet in dem irgendwoher entstandenen Bestande unserer allgemeinen Vorstellungen; die Nothwendigkeit dieser in den Gesetzen, nach denen wir die Vorstellungen des Einzelnen mit dem Bewusstsein ihrer objectiven Realität bilden. Und hier kehrt auch der Unterschied in der Bedeutung des Urtheils wieder, dessen Erkenntniss sich an die Zweideutigkeit der Copula knüpfte; in den Urtheilen, die Kant analytische nennt, ist vom Sein ihrer Subjecte gar nicht die Rede; in denen, die er synthetische nennt, bezeichnet das Subjectswort »Gegenstände einer möglichen Erfahrung«.

## §. 19.

Soll ein Urtheil zu Stande kommen, in welchem mit der Subjectsvorstellung **nicht unmittelbar** die Prädicatsvorstellung als Eins erkannt wird: so bedarf es **einer Vermittlung**, sowohl um **die Beziehung eines ausserhalb des Subjects liegenden Prädicats auf dieses herbeizuführen,** als um **diese Beziehung als ein Einssein im Sinne des Urtheils erkennen und desselben gewiss werden zu lassen.**

1. Das nächste und geläufigste Beispiel eines vermittelten, ein Prädicat zu einem gedachten Subject erst hinzufügenden und in dasselbe aufnehmenden Urtheilens ist der Denkact desjenigen, der ein Urtheil, das er selbst zu vollziehen weder Veranlassung noch Grund hat, von einem andern hört. Alles wirkliche Lernen ist vermitteltes Urtheilen. Die socratische Maieutik freilich, welche von dem Satze ausgeht, dass es kein Lernen, sondern blosse Erinnerung gibt, begnügt sich dadurch, dass sie Subjects- und Prädicatsvorstellungen vermittelst der Frage überhaupt ins Bewusstsein ruft, die blossen Materialien zu liefern, die Urtheile aber den Gefragten selbst vollziehen zu lassen, und so die Ueberzeugung von ihrer Gültigkeit auf seine eigene Einsicht zu gründen; und wäre sie vollkommen durchgeführt, so würde allerdings alles Urtheilen, das sie hervorruft, unmittelbares, die Prädicate in den Subjecten selbst findendes, analytisches Urtheilen sein, und der fragende Maieute träte nur in die Rolle der psychologischen Reproductionsgesetze, welche gerade die zum Prädicat geeignete Vorstellung dem Subjecte zuführen, damit sie von der fortwährend lebendigen Lust zu urtheilen ergriffen werde.

Allein zu diesem Process haben Lehrende und Lernende selten Zeit; alles Lernen beginnt vielmehr mit der **Tradition**, bei der der Lernende die ihm vorgesprochenen Urtheile aufnimmt und nachbildet; und eben sofern er lernt, nimmt er auf Veranlassung des gehörten Satzes in ein Subject, dessen Vorstellung ihm das Subjectswort erweckt, ein Prädicat auf, hinsichtlich dessen das Subject noch unbestimmt gewesen war. Wer lernt, dass Eis gefrorenes Wasser ist, für den ist ›Eis‹ in der Anschauung gegeben, aber seine Entstehungsweise unbekannt, und keinerlei Beziehung zu ›Wasser‹ in seiner Anschauung enthalten; wer lernt, dass die Erde sich bewegt, für den tritt zu der Vorstellung der Erde die ihr völlig neue Bestimmung der Bewegung, und er ist aufgefordert, Subject und Prädicat in eine Einheit zu setzen, die ganz gegen seine Gewohnheiten geht. Erst wenn er das Gehörte verstanden, d. h. die verlangte Synthese wirklich vollzogen hat, hat er als Resultat seines Denkactes gewonnen, was der Lehrende als Ausgangspunkt hatte, die Einheit von Subject und Prädicat in dem durch ihre Kategorie bestimmten Sinne — insoweit freilich noch mit einer individuellen Differenz zwischen Lehrendem und Lernendem, als die Wörter einerseits in ihrer Bedeutung nicht absolut fixiert und für beide gleichwerthig sind, andrerseits selbst dann bei der Anwendung auf Einzelnes noch eine grössere oder geringere Breite der Wahl zwischen den einzelnen Abstufungen der Bedeutung gestatten würden.

In dem Masse als der Einzelne unwissend ist, und mit seinen Wörtern erst arme, auf unvollständiger Kenntniss ruhende Vorstellungen verbindet, ist er auf solches synthetisches Urtheilen angewiesen, durch das ihm allmählich die Wörter gehaltreicher werden, indem er immer mehrere einzelne Bestimmungen mit ihnen verknüpfen lernt. Unter ›Löwe‹ denkt das Kind zunächst nur an die äussere sichtbare Form, die ihm sein Bilderbuch zeigt; aus Erzählungen und Schilderungen aber bereichert sich ihm die Vorstellung durch alle Eigenschaften und Gewohnheiten des Thieres; der Zoologe hat die erfüllte Vorstellung.

Je vollkommener das Wissen und je reicher damit die Bedeutungen der Wörter, desto weniger Raum mehr bleibt für solche Synthesen, in denen etwas hinzugelernt wird; und zuletzt müsste sich das synthetische Urtheilen auf dasjenige Gebiet beschränken, was niemals Gegenstand der Bezeichnung durch das Wort sein kann, auf das einzelne Factum für jeden der es nicht selbst beobachtet, auf die einzelnen Veränderungen und Relationen, die allein in zeitlich gültigen Urtheilen ausdrückbar sind. Alle Urtheile, welche die Bedeutung des Worts, die allgemeine Vorstellung des Gegenstands betreffen können, sind dann analytisch. (In diesem Sinn hat Schleiermacher dem eigentlichen, synthetischen Urtheile das Gebiet der einzelnen Thatsachen zugewiesen. Dialektik § 155. S. 88. 405.)

2. Wo es sich um Lernen durch Tradition handelt, ist der Grund der Gewissheit des Urtheils für den Lernenden bloss die Autorität des Lehrenden; die objective Gültigkeit wird im Vertrauen auf das Wissen und die Wahrhaftigkeit des Lehrenden angenommen, ihm geglaubt. Da alle erzählenden Urtheile für den Hörenden nothwendig synthetisch sind, so sind es auch diese, die ihrer Natur nach sich an den Glauben der Hörenden wenden und diesen verlangen; und es gibt neben der eigenen Wahrnehmung (und dem was etwa daraus gefolgert wird) kein Wissen um Einzelnes anders als auf dem Wege des Glaubens, der in diesem Falle der historische Glaube ist.

3. Ein ganz ähnlicher Process, wie durch das Lehren und Erzählen, das zu einer noch bestimmbaren Subjectsvorstellung Prädicate herzubringt und dieselben mit ihr in Eins zu setzen auffordert, wird auch durch das innere Spiel unserer Vorstellungen eingeleitet, welches durch die Gesetze der associirenden Reproduction und die Thätigkeit der von Analogieen geleiteten Einbildungskraft bestimmt wird. Wenn durch Wahrnehmung oder Erinnerung irgend ein Object ins Bewusstsein tritt, so werden von ihm nicht bloss die Prädicate herbeigerufen, welche mit seinem gegenwärtigen und vorgestellten Inhalte übereinstimmen und zu unmittelbaren Urtheilen führen, sondern Erinnerung, Association, Analogie bringen auch noch andere Vorstellungen herbei, welche als Prädicate mit dem Subjecte sich zu vereinigen streben, ohne dass sie in seiner eben gegenwärtigen Vorstellung schon enthalten wären. Von einer Seite kann schon der S. 66 besprochene alltägliche Fall hieher gezogen werden, dass die Gesichtsbilder der einzelnen Objecte die Erinnerung an ihre übrigen Eigenschaften herbeirufen, und diese sofort als Prädicate ihnen zugetheilt werden. (Dies ist eine Traube — dies ist süss — dies ist ein Stein — hart u. s. w.) Während

§ 19. Der Process des vermittelten Urtheilens.

sich aber hier mit absoluter Sicherheit die Association so vollzieht, dass das Urtheil schon die ergänzte Vorstellung trifft (s. o.): so schliessen sich daran mit unmerklichen Abstufungen Fälle, in denen die Verschmelzung nicht sofort eintritt, vielmehr die herbeigerufene Vorstellung — mit Herbart zu reden — in der Schwebe bleibt, und nur die **Erwartung eines Urtheils** herbeiführt. Dies tritt am deutlichsten da ein, wo verschiedene einander ausschliessende Vorstellungen herbeigezogen werden und ein Wettstreit entsteht; so wenn ich eine menschliche Gestalt von Ferne sehe, die mir zugleich das Bild von A und das von B erweckt, bald diesem bald jenem zu gleichen scheint.

Auf solchen Associationen beruhen insbesondere alle Urtheile, die in die **Zukunft** hinausgreifen; sie können niemals aus der Analyse der Gegenwart hervorgehen, sondern sind durch irgendwelche Folgerungen vermittelt. Der Schnee wird schmelzen — das kann ich ihm nicht ansehen, sondern aus früherer Erfahrung denke ich zu der gegenwärtigen Anschauung ein Prädicat hinzu, das in dieser noch nicht enthalten ist.

4. Die allgemeine Neigung zu urtheilen und Neues mit schon Bekanntem zu verknüpfen ist so stark, dass, wo eine Hemmung nicht stattfindet, dieselben Processe, welche das Prädicat herbeibringen, sehr leicht auch das Urtheil entstehen lassen, d. h. den Glauben an die objective Gültigkeit der aufgegebenen Synthese herbeiführen. Je ungeschulter das Denken ist, desto unvorsichtiger; desto weniger ist die Differenz zwischen rein subjectiven und psychologischen Combinationen und objectiv gültigen bekannt; desto leichter wird geglaubt, was einem einfällt, zumal wenn es die mächtige Hülfe eines Wunsches oder einer Neigung findet. Die Erinnerung an einen oder wenige Fälle, in denen einem Subject A ein Prädicat B zukam, ist in der Regel genügend, jedem Subjecte, das auf den ersten Anblick A ähnlich ist, das Prädicat B zuzusprechen; und es ist oft kaum ein Bewusstsein vorhanden von dem Processe des Folgerns, durch welchen die Synthese des Urtheils zu Stande kommt. Diese Leichtgläubigkeit des natürlichen Denkens, die Quelle einer Menge von Täuschungen, voreiligen Annahmen,

abergläubischen Meinungen, ist zugleich die unentbehrliche Bedingung, unter der wir allein Erfahrungen machen und über das Gegebene hinausgehen lernen. Wie es mit der Verallgemeinerung der Vorstellungen gieng, dass wir dieselbe nicht zu lernen, sondern vielmehr zu hemmen, und das Unterscheiden zu üben haben, so geht es auch mit dem über das Gegebene hinausgreifenden Urtheilen; unsere natürlichen Neigungen gehen immer dahin, uns eine Menge von Prädicaten zuzuführen und ihre Beilegung zu vollziehen, was wir lernen müssen ist Vorsicht und Zweifel, Unterscheidung des Gültigen und des Ungültigen, Besinnung darüber, welche dieser Synthesen objectiv nothwendig, welche nur durch unsere natürlichen Gewohnheiten aufgedrungen sind.

5. Wo in Folge einer stärkeren Hemmung das über das Gegebene hinausgreifende Urtheil sich nicht vollenden kann, entsteht die **Frage** in doppelter Richtung. **Einmal** wird zu einer gegebenen Vorstellung eine nach sonstiger Analogie geforderte **Ergänzung** gesucht, die uns von keiner zweifellosen Association geboten wird; so wenn ich zu einem neuen und unbekannten Object keine mit ihm übereinstimmende Vorstellung aus früherer Erinnerung gegenwärtig habe — was ist das? oder zu einer gegebenen Eigenschaft oder Thätigkeit das Subject suche — wer spricht? was glänzt dort? oder wenn ich ungewiss bin, welche weiteren Eigenschaften oder Thätigkeiten als die wahrgenommenen einem Dinge zukommen — wie schmeckt das? In einer **zweiten** Reihe von Fällen ist zwar durch die Association diese Ergänzung herbeigeführt, aber die Gewissheit ihrer Gültigkeit fehlt; das Urtheil ist zwar in Gedanken fertig vorgebildet aber nicht vollzogen; und so entsteht die Frage, welche die Entscheidung über die Gültigkeit einer bestimmten Prädicierung sucht — Ist A wohl B?

6. Sowohl jene auf Ergänzung als diese auf Bestätigung gerichtete Frage setzt psychologisch das einfache und unmittelbare, mit dem Bewusstsein seiner Gültigkeit untrennbar verbundene Urtheil voraus. Ich kann nur das suchen, wovon ich wenigstens eine allgemeine und unbestimmte Vorstellung habe; nur die Erfahrung vollständiger Synthesen kann mir das Verlangen erzeugen, eine unvollständige Vorstellung durch ein

weiteres Element zu ergänzen; ich muss die Gewohnheit haben, sinnliche Empfindungen auf bestimmte Dinge zu beziehen, ehe ich dazu kommen kann, zu einer Empfindung, die mir ohne eine sichere Beziehung gegeben ist, das zugehörige Ding zu suchen.

Ebenso sucht die auf Ja oder Nein gestellte Frage eine Gewissheit, deren Erfahrung in unmittelbaren Urtheilen vorangegangen sein muss, um gesucht werden zu können; indem sie sucht, schliesst sie den Gedanken der Gewissheit schon ein, die in anderen Fällen mit der Prädicierung verknüpft war.

In den einfachen und unmittelbaren Urtheilen — das ist ein Baum, das ist roth, Schnee ist weiss, Kohle ist schwarz u. s. f. ist mit der Synthese des Subjects und Prädicats die Gewissheit ihrer Gültigkeit untrennbar gegeben; ich kann nicht fragen ob Kohle schwarz oder Schnee weiss, ob der Gegenstand vor mir roth oder ein Baum sei. Sobald die beiden Vorstellungen überhaupt in meinem Bewusstsein sind, ist auch das Bewusstsein der Nothwendigkeit ihrer Synthese da.

Erst wenn über das Gegebene hinausgegangen, wenn ein in der gegenwärtigen Subjectsvorstellung noch nicht enthaltenes Element mit ihr verknüpft werden soll, vermögen sich die beiden Elemente, welche im unmittelbaren Urtheile vereinigt sind, die einfache oder mehrfache Synthese zwischen Subject und Prädicat, und das Bewusstsein ihrer Nothwendigkeit und objectiven Gültigkeit zu trennen; nur im Gebiete der vermittelten Urtheilsbildung kann die Frage entstehen: Ist A wohl B?

Daraus folgt, dass man nicht ganz allgemein, wie z. B. Bergmann*) thut, psychologisch von einer »qualitätslosen Prädicierung« von einer blossen »Vorstellung« in der Subject und Prädicat zusammengedacht sind, als erstem Stadium der Urtheilsbildung ausgehen, und erst durch eine hinzukommende »kritische Reflexion« auf ihre Gültigkeit das Urtheil sich vollenden lassen kann; denn in den einfachsten Fällen ist beides

---

*) Reine Logik 1879 S. 42. 169, vergl. Schuppe's Einwendungen dagegen Vierteljahrsschr. f. wiss. Phil. III, 484 und meine Ausführungen, Vierteljahrsschr. für wiss. Phil. V, 1 S. 97 und Bergmanns Erwiderung ebenda V, 3 S. 370. Ueber Brentanos Auffassung meine Impersonalien S. 58.

nicht getrennt, und was der Sinn einer Prädicierung überhaupt sei, lässt sich gar nicht darstellen, wenn nicht von der objectiv gültigen Prädicierung ausgegangen wird, wie sie in dem unmittelbaren positiven Urtheile A ist B stattfindet.

Alle ähnlichen Theorien übersehen die fundamentale Wichtigkeit des Unterschiedes zwischen unmittelbaren und vermittelten Urtheilen, der in der Logik keine geringere Bedeutung hat, als der Unterschied analytischer und synthetischer Urtheile in der Transscendentalphilosophie.

7. In der Frage: »Ist A wohl B« sind alle Elemente in demselben Sinne genommen und verknüpft, wie im Urtheile; sie drückt die Erwartung einer Synthese zwischen A und B, und zwar einer gültigen Synthese, nicht bloss einer willkürlichen Combination aus; das Urtheil ist fertig concipirt, aber es bedarf noch des Siegels der Bestätigung; denn die Gewissheit der Gültigkeit fehlt. Dieses Entwerfen und Versuchen von Urtheilen, die über das Gegebene und die darin begründeten unmittelbaren Urtheile hinausgehen, stellt die lebendige Bewegung, den Fortschritt des Denkens, das erfinderische Thun im Gebiete des Urtheils dar; man kann geradezu sagen, Fragen sei Denken. Zweifel, Vermuthung und Erwartung sind nur bestimmte Variationen desselben Zustandes, unterschieden durch den Grad, in welchem das Bewusstsein des mangelnden Grundes zum Vollzug des Urtheils lebendig ist, gleich in Beziehung auf die Bedeutung der Synthesis zwischen Subject und Prädicat.

8. Die Entscheidung einer Frage kann erfolgen theils durch Verdeutlichung und Vervollständigung der Subjectsvorstellung selbst; wenn diese die Anschauung eines einzelnen Objects ist, durch genauere Auffassung und Beobachtung, welche vorher nicht beachtetes entdeckt — so wenn ich beim Anblick eines weissen Pulvers frage, ob das wohl süss ist, und es auf die Zunge bringe, so habe ich die Wahrnehmung vervollständigt, meine Antwort ist dann ein analytisches Urtheil aus der neuen Wahrnehmung heraus; ist meine Subjectsvorstellung nicht anschaulich gegeben, so kann Besinnen eine vollständigere Erinnerung herbeiführen und ebenso ein analytisches Urtheil möglich machen. Gelingen aber diese Versuche nicht: so bleibt kein anderer Weg zur Entscheidung zu

## §. 19. Der Process des vermittelten Urtheilens.

gelangen, als das Aufsuchen von Vermittlungen, welche die Gewissheit der versuchten Synthese herbeiführen können; und die Vermittlung, welche die gesprochene Frage zunächst anzurufen bestimmt ist, ist die Belehrung durch einen andern.

9. Führen weder Verdeutlichung oder Ergänzung der Subjectsvorstellung, noch vermittelnde Vorstellungen einen Grund für die versuchte Synthesis herbei, der sie erlaubte als Urtheil zu vollziehen: so bleibt entweder die Frage unentschieden stehen, ohne dass es zu einem Bewusstsein über objective Gültigkeit kommt, oder es entspringt die Verneinung daraus, dass die Subjectsvorstellung unmittelbar oder mittelbar die Prädicatsvorstellung abweist.

Indem wir den ersteren Fall, das missbräuchlich sogenannte problematische Urtheil, einer späteren Untersuchung vorbehalten, wenden wir uns zur Verneinung.

## Vierter Abschnitt.

## Die Verneinung.

### § 20.

Die Verneinung richtet sich immer gegen den Versuch einer Synthesis, und setzt also eine irgendwie von aussen herangekommene oder innerlich entstandene Zumuthung, Subject und Prädicat zu verknüpfen, voraus. Object einer Verneinung ist immer ein vollzogenes oder versuchtes Urtheil, und das verneinende Urtheil kann also nicht als eine dem positiven Urtheil gleichberechtigte und gleich ursprüngliche Species des Urtheils betrachtet werden.

1. Wenn nach dem Vorgange des Aristoteles eine Reihe von Logikern das Urtheil von vornherein als ein entweder bejahendes oder verneinendes bestimmen, und diese doppelte Richtung des Urtheilens in die Definition aufnehmen: so ist daran soviel richtig, dass die fertigen Urtheile in bejahende und verneinende erschöpfend getheilt werden können, und dass, wo überhaupt geurtheilt wird, es nur in der einen oder andern Richtung geschehen kann, dass einem Subjecte ein Prädicat zu- oder abgesprochen wird. Sollte aber damit gesagt werden, dass Bejahung und Verneinung gleich ursprüngliche und von einander völlig unabhängige Formen des Urtheilens seien, so wäre diese Ansicht falsch; denn das verneinende Urtheil setzt für seine Entstehung den Versuch oder wenigstens den Gedanken einer Bejahung d. h. der positiven Beilegung eines Prädicats voraus, und hat einen Sinn nur indem es einer solchen widerspricht oder sie aufhebt. Oder vielmehr, das ursprüng-

liche Urtheil darf gar nicht das bejahende genannt werden, sondern wird besser als das positive bezeichnet; denn nur dem verneinenden Urtheil gegenüber und sofern sie die Möglichkeit einer Verneinung abweist, heisst die einfache Aussage A ist B eine Bejahung; es gehört aber nicht zu den Bedingungen des Urtheils A ist B, dass an die Möglichkeit einer Verneinung gedacht oder eine Frage aufgeworfen worden wäre, die durch Ja oder Nein zu entscheiden ist\*).

2. Dass die Verneinung nur einen Sinn gegenüber einer versuchten positiven Behauptung hat, ergibt sich sofort, wenn man überlegt, dass von jedem Subject nur eine endliche Anzahl von Prädicaten bejaht, eine unabsehliche Menge von Prädicaten verneint werden kann. Allein alle Verneinungen, die an sich möglich und wahr wären, zu vollziehen fällt Niemanden ein, weil nicht das geringste Motiv dazu vorliegen kann; denn damit es einen Sinn hätte zu sagen: dieser Stein liest nicht, schreibt nicht, singt nicht, dichtet nicht, die Gerechtigkeit ist nicht blau, nicht grün, nicht fünfeckig, rotiert nicht u. s. f. müsste Gefahr sein, dass Jemand dem Stein oder der Gerechtigkeit diese Prädicate beilegen wollte.

Die Verneinung hat keinen andern Sinn, als die subjective und individuell zufällige Bewegung des Denkens, die in ihren Einfällen, Fragen, Vermuthungen, irrthümlichen Behauptungen über das objectiv Gültige hinausgreift, in die ihr durch die Natur der gegebenen Vorstellungen gesteckten Schranken zu weisen. Indem so ihre Voraussetzung ein subjectiv willkürliches und zufälliges Denken ist, das unbegrenzte Gebiet des Falschen, das eben in der Abweichung des individuellen Denkens vom objectiv nothwendigen und allgemeingültigen besteht, haftet auch ihrer Entstehung diese individuelle Zufälligkeit an; und es kann niemals allgemein und erschöpfend gesagt werden, was von einem Subjecte zu verneinen nothwendig ist\*\*).

\*) Vergl. Beneke, System der Logik I, 140 f.
\*\*) Kant Kr. d. r. V. Methodenlehre 1. Afl. S. 709 (eine Stelle auf die Windelband Strassb. Abh. S. 169 hinweist) sagt: In Ansehung des Inhalts unserer Erkenntniss überhaupt haben die verneinenden Sätze das eigenthümliche Geschäft, lediglich den Irrthum abzuhalten,

3. Was »nicht« heisse, und was die Verneinung meine, lässt sich nicht weiter definieren noch beschreiben; es lässt sich nur an das, was jeder dabei thut, erinnern. Wohl aber kann unrichtigen und künstelnden Auffassungen gegenüber der wahre Sinn des Satzes A ist nicht B verdeutlicht werden. Zunächst werden Subject und Prädicat, jedes für sich genommen, im verneinenden Satze ganz in derselben Weise gedacht wie im positiven; die Wörter stellen dasselbe vor. Wenn ich sage, Schnee ist nicht schwarz — so bedeutet Schnee dasselbe wie in dem Urtheil Schnee ist weiss, und schwarz dasselbe wie in dem Urtheil Kohle ist schwarz; an ihnen tritt zunächst keine Wirkung der Verneinung heraus, sie haben ihren gewohnten Gehalt. Die von Aristoteles (de interpr. 2 und 3) angeregte Frage, ob es ein ὄνομα ἀόριστον (οὐκ ἄνθρωπος) und ein ῥῆμα ἀόριστον (οὐ κάμνει) gebe, das als Subject oder Prädicat eines Urtheils auftreten könnte, betrifft das Wesen des verneinenden Urtheils gar nicht, sondern nur die Beschaffenheit der Subjecte und Prädicate, die in einem Urtheil überhaupt verwendbar sind, und einander zu- oder abgesprochen werden können. Eine natürliche und ursprüngliche Vorstellung kann durch den Ausdruck nonA oder nonB keinenfalls bezeichnet werden, es wäre aber immerhin möglich, dass diese Ausdrücke abkürzende Hülfsformeln wären, unter denen sich bestimmte Subjecte oder wenigstens Prädicate denken liessen. Dann aber fungieren sie als Zeichen von solchen, und, wo überhaupt eine Entscheidung möglich ist, werden solchen Subjecten irgendwelche Prädicate, oder solche Prädicate irgend welchen Subjecten zu- oder abgesprochen; das Urtheil nonA ist B und das Urtheil A oder nonA ist nonB bejahen, die Urtheile nonA ist nicht B, und A oder nonA ist nicht nonB verneinen. Dies hat Aristoteles vollkommen richtig aufgestellt; er versucht zwar (De interpr. 10) alle möglichen Combinationen mit unbegrenzten Subjecten und Prädicaten, aber er macht keine besondere Art von Urtheilen aus denen, in welchen ein Sub-

---

daher auch negative Sätze, welche eine falsche Erkenntniss abhalten sollen, wo doch niemals ein Irrthum möglich ist, zwar sehr wahr, aber doch leer .... und ebendarum oft lächerlich sind.

ject oder Prädicat von der Form nonA vorkommt. Wenn Kant (Kr. d. r. V. § 9) dagegen dem bejahenden und verneinenden Urtheile das unendliche\*) oder limitierende als drittes zur Seite stellt, (die Seele ist nicht-sterblich, soviel als gehört in die unendliche Sphäre, die übrig bleibt, wenn ich das Sterbliche aussondere) so geht er von einer Ansicht des Urtheils aus, welche wir später noch werden bekämpfen müssen, als sei dabei das Wesentliche, ein Subject in die Sphäre eines Begriffs zu stellen, und er vermag dadurch einen Unterschied zwischen den Sätzen: die Seele ist nicht sterblich, und: die Seele ist nicht-sterblich, herauszubringen; allein er gewinnt damit kein drittes zum positiven und negativen Urtheil, sondern muss selbst einräumen, dass in der allgemeinen Logik kein Grund sei, ein Urtheil von der Form A ist non-B, in welchem ein bloss verneinendes Prädicat dem A beigelegt wird, für etwas anderes als eine bejahende Aussage zu halten.

4. Den Versuchen gegenüber, alle verneinenden Urtheile so aufzufassen, als ob ein Prädicat non-B einem Subjecte zugesprochen werde, ist die überwiegende Tradition die, dass die Verneinung die Copula afficiere; und man spricht daher von bejahender oder verneinender Qualität der Copula. An dieser Lehre ist soviel richtig, dass die Verneinung nicht in den Elementen des Urtheils ist, sondern nur in der Art und Weise wie sie auf einander bezogen werden. Falsch aber ist, einer bejahenden Copula eine verneinende gegenüberzustellen. Versteht man unter Copula den Ausdruck desjenigen Denkacts, durch welchen im Urtheil ein Prädicat auf ein Subject als mit ihm congruierend, als Eigenschaft oder Thätigkeit bezogen wird, so ist damit eine Einssetzung ausgesprochen; und es kann keine Art der Einssetzung sein, Subject und Prädicat auseinanderzuhalten und es gar nicht zur Einheit kommen zu lassen; ein Band, welches trennt, ist ein Unsinn. Vielmehr hat im verneinenden wie im bejahenden Urtheil die eigent-

---

\*) Der Name rührt von einer ungeschickten Uebersetzung und Anwendung des ἀόριστος, das Aristoteles nicht vom Urtheil, sondern von seinen Bestandtheilen gebraucht hatte, cfr. Trendelenburg Elem. Log. Ar. § 5.

liche Copula (sprachlich die Verbalendung) **genau denselben Sinn**: die urtheilsmässige positive Beziehung von Subject und Prädicat, ein Hinsagen des Prädicats auf das Subject auszudrücken, den **Gedanken zu erwecken, dass das Prädicat dem Subjecte zukomme**; denn eben dieser **Gedanke**, den ja auch die **Frage** enthält, wird für falsch erklärt, eben diesem Versuch wehrt die Negation. **Die Copula ist nicht der Träger, sondern das Object der Verneinung**; es gibt keine verneinende, sondern nur eine verneinte Copula.

In dem einfachen positiven Urtheile können also zunächst **drei** Elemente unterschieden werden, Subject, Prädicat und der Gedanke ihrer Einheit (in dem bestimmten Sinn der durch die Kategorien bedingten Synthese), der der Gegenstand der Gewissheit ist, die sich im positiven Urtheile ausspricht; im verneinenden Urtheile sind dieselben drei Elemente in demselben Sinne vorhanden, aber als **viertes** tritt (auch sprachlich) die Negation hinzu, welche dem Versuche wehrt, jene Synthese als eine gültige zu vollziehen, dem ganzen Satze A ist B ihr Nein! entgegenhält; und das Object der Gewissheit, durch die auch der verneinende Satz eine Behauptung enthält, ist jetzt eben dieses Nein. Das Urtheil A ist nicht B bedeutet soviel als: Es ist falsch, es darf nicht geglaubt werden, dass A B ist; die Verneinung ist also unmittelbar und direct ein Urtheil über ein versuchtes oder vollzogenes positives Urtheil, erst indirect ein Urtheil über das Subject dieses Urtheils*).

---

*) Der oben aufgestellten Auffassung der Negation und ihres Verhältnisses zu der positiven Behauptung, dass einem Subjecte S ein Prädicat P zukomme, treten nach verschiedenen Richtungen die Ausführungen von Lotze, Brentano, Bergmann, Windelband (in den Strassburger Abhandlungen 1884 S. 167 ff.) gegenüber, die alle darin übereinstimmen, dass sie Bejahung und Verneinung coordinieren, und lehren, zu dem zunächst unentschiedenen Gedanken, der P von S prädiciert, trete ein entgegengesetztes Verhalten, das diesen Gedanken entweder für gültig oder für ungültig erkläre. Während Lotze nun (2. Afl. S. 61) den Gedanken der Beziehung von P und S als den Kern des Urtheils ansieht, und die Bejahung oder Verneinung dieses Gedankens als zwei entgegengesetzte Nebenurtheile darstellt, die jenem Gedanken-

### § 20. Die Verneinung als Aufhebung eines Urtheils.

5. Würde die Negation durch eine verneinende Copula vollzogen, also das »Ist nicht« im Urtheile A ist nicht B als

inhalt das Prädicat der Gültigkeit oder Ungültigkeit geben, finden die anderen Logiker das Wesen des Urtheils umgekehrt in dieser Entscheidung über Gültigkeit oder Ungültigkeit, und bezeichnen das, worüber entschieden wird, noch nicht als Urtheil, sondern als Vorstellungsverbindung oder, wie Bergmann, einfach als Vorstellung.

Diese scharfe Trennung des Actes der Bejahung und Verneinung von ·dem Gegenstande, der bejaht oder verneint wird, wird dadurch motiviert, dass in Bejahung oder Verneinung eine wesentlich andere Function des Geistes in Thätigkeit trete, als in dem blossen Vorstellen von Objecten oder Verbindungen von Objecten, eine Function, die dem practischen Verhalten näher verwandt sei, als dem Vorstellen von Objecten.

Nachdem Brentano (Psychologie I S. 266 ff.) diesen Gegensatz zuerst entschieden aufgestellt hatte, folgt ihm Bergmann (Reine Logik I, S. 46), indem er das Urtheilen ein kritisches Verhalten gegen eine Vorstellung, eine Reflexion auf ihre Geltung nennt, und hinzufügt: Das Entscheiden über die Geltung einer Vorstellung, also das im Urtheilen zum blossen Vorstellen Hinzukommende, ist gar kein lediglich theoretisches Verhalten, keine blosse Function der Intelligenz, sofern diese dem Wollen entgegengesetzt wird, es ist eine Aeusserung der Seele, an welcher ihre practische Natur, das Begehrungsvermögen betheiligt ist.

Dieselbe Grundanschauung vertritt Windelband, und da seine Ausführungen die eingehendsten und am sorgfältigsten begründeten sind, wird es genügen, mich mit seinen Gründen auseinanderzusetzen, indem ich gegenüber von Bergmann und Brentano auf Vierteljschr. f. wiss. Phil. V, 97 ff. und meine Impersonalien S. 58 ff. verweise. Windelband unterscheidet (Präludien S. 28 ff.) Urtheile und Beurtheilungen. In den ersteren werde die Zusammengehörigkeit zweier Vorstellungsinhalte, in den letzteren ein Verhältniss des beurtheilenden Bewusstseins zu dem vorgestellten Gegenstande ausgesprochen. In einem Urtheil wird jedesmal ausgesprochen, dass eine bestimmte Vorstellung (das Subject des Urtheils) in einer nach den verschiedenen Urtheilsformen verschiedenen Beziehung zu einer bestimmten anderen Vorstellung (dem Prädicat des Urtheils) gedacht werde. In einer Beurtheilung dagegen wird einem Gegenstande, der als vollständig vorgestellt, resp. erkannt vorausgesetzt wird (dem Subject des Beurtheilungssatzes) das Beurtheilungsprädicat hinzugefügt, durch welches die Erkenntniss des betreffenden Subjects in keiner Weise erweitert, wohl aber das Gefühl der Billigung oder der Missbilligung ausgedrückt wird, mit welchem sich das beurtheilende Bewusstsein zu dem vorgestellten Gegenstande verhält (ein Ding ist weiss — ein Ding ist angenehm oder unangenehm, ein Begriff ist wahr oder falsch, eine Handlung ist gut oder

Ausdruck eines einfachen Denkacts betrachtet werden müssen: so müssten consequenter Weise diejenigen Logiker, welche

> schlecht, eine Landschaft ist schön oder hässlich u. s. w.). Alle diese Prädicationen der Beurtheilung haben wieder nur in soweit Sinn, als der vorgestellte Gegenstand daraufhin geprüft wird, ob er einem Zwecke, nach welchem ihn das beurtheilende Bewusstsein auffasst, entspricht oder nicht entspricht; die Beurtheilungsprädicate enthalten eine Beziehung auf ein zwecksetzendes Bewusstsein.
> Dies findet insbesondere auf den Zweck der Erkenntnis Anwendung. Soweit unser Denken auf Erkenntniss, d. h. auf Wahrheit gerichtet ist, unterliegen alle unsere Urtheile sofort einer Beurtheilung, welche entweder die Giltigkeit oder die Ungiltigkeit der im Urtheil vollzogenen Vorstellungsverbindung ausspricht. Das rein theoretische Urtheil ist eigentlich nur in dem sog. problematischen Urtheil gegeben, in welchem nur eine gewisse Vorstellungsverbindung vollzogen, aber über ihren Wahrheitswerth nichts ausgesprochen wird. Sobald ein Urtheil bejaht oder verneint wird, hat sich mit der theoretischen Function auch diejenige einer Beurtheilung unter dem Gesichtspunkte der Wahrheit vollzogen . . . alle Sätze der Erkenntniss sind Vorstellungsverbindungen, über deren Wahrheitswerth durch die Affirmation oder Negation entschieden worden ist.
> Jede Beurtheilung, fährt S. 34 fort, ist die Reaction eines wollenden und fühlenden Individuums gegen einen bestimmten Vorstellungsgehalt. — Die Gesichtspunkte der Beurtheilung aber sind durch die Gegensätze angenehm und unangenehm, wahr und falsch, gut und böse, schön und hässlich ausgedrückt. Das erste Paar ist individuell; den andern liegt der Anspruch auf allgemeine Geltung zu Grunde. Und in Uebereinstimmung damit sagen nun die »Beiträge zur Lehre vom negativen Urtheil« (Strassburger Abh. S. 170), die Verneinung sei ein practisches Urtheil, eine Beurtheilung, der Ausdruck nicht bloss einer Beziehung von Vorstellungen, sondern eines missbilligenden Verhaltens des Bewusstseins zu dem Versuche einer solchen; darin bestehe die Verwerfung. Eben darum will Windelband nicht mit Brentano das Urtheilen als eine besondere Classe der Seelenthätigkeiten zwischen das theoretische Vorstellen und die practischen Bethätigungen in Liebe und Hass stellen; er ordnet vielmehr die logische Werthbeurtheilung von Vorstellungen der practischen Seite des Seelenlebens ein; der Wahrheitswerth ist den übrigen Werthen zu coordinieren.

Diesen Ausführungen, so viel Richtiges sie enthalten, kann ich nicht nach allen Seiten zustimmen. Dass die Logik als solche, als kritische und normative Wissenschaft von einem Zwecke, dem Zwecke der Wahrheit ausgeht, dass sie das Wahrdenkenwollen voraussetzt, und jedes wirkliche Urtheil an diesem letzten Zwecke misst, dass sie

## § 20. Die Verneinung als Aufhebung eines Urtheils.

dem »Ist« des bejahenden Urtheils die Kraft zuschreiben, die Existenz des Subjects zu behaupten, nun im verneinenden dem

zu unterscheiden sucht, welche Denkoperationen diesem Zwecke entsprechen, welche ihm widersprechen, habe ich in der Einleitung § 1—4 selbst betont; die logische Betrachtung im Unterschied von der psychologischen ruht einzig und allein auf dem Bewusstsein des Zwecks; und ich stimme auch den weiteren Consequenzen bei, welche die Präludien S. 43 ziehen, dass die Logik von einem Ideal eines normalen Bewusstseins ausgeht (vergl. unten § 32,7 und Bd. II. § 61. 62). Allein daraus folgt nicht einmal für den Logiker, dass im einzelnen Falle sein Bejahen oder Verneinen selbst ein practisches Verhalten sei, weil es an dem allgemeinen Zwecke der Wahrheit die einzelne Vorstellungsverbindung misst, und dass es eine Reaction des Gefühls oder Willens sei und nicht eine theoretische Thätigkeit. Wenn ich den Zweck habe, mich gesund zu erhalten, so habe ich mir freilich diesen Zweck durch mein Wollen auf Grund eines Gefühls gesetzt; und wenn ich darum eine schädliche Gewohnheit aufgebe, oder die Aufforderung zu einem Excess ablehne: so ist in dem Aufgeben einer Gewohnheit oder in dem Abweisen der Aufforderung allerdings mein Wille thätig, der um des Zweckes willen mein Verhalten bestimmt; mein Nein ist ein practisches »Ich will nicht«. Aber dieser Wille ruht doch auf der rein theoretischen Erkenntniss, dass jene Gewohnheit schädlich, diese Aufforderung gefährlich ist; hiebei ist mein Wille und mein Gefühl direct gar nicht betheiligt, denn was für meine Gesundheit zweckmässig oder unzweckmässig ist, hängt von der erfahrungsmässig erkannten Natur der Dinge, nicht von meinem Wollen oder Gefühl ab. Ebensowenig ist darum, weil ich die Wahrheit erkennen will, auch die Beurtheilung eines Satzes selbst ein Willensact. Der Unterschied zwischen einem rein objectiven Urtheil und einer »Beurtheilung« in Beziehung auf einen Zweck ist hinsichtlich des Inhalts wichtig genug; aber jede solche Beurtheilung selbst ist doch auch wieder ein Urtheil, das wahr oder falsch sein kann, nur ein Urtheil über eine Beziehung des Objects zu mir und meinem Zweck, nicht ein Urtheil über das Object an sich; jene Beziehung aber besteht einfach, und wird anerkannt, aber nicht gebilligt oder missbilligt. »Sonnenschein ist mir angenehm« ist freilich eine Beurtheilung des Sonnenscheines im Verhältniss zu meinem Gefühl; aber diese Beurtheilung selbst, die der Satz ausspricht, ist nicht ein Gefühl noch ein Wollen, sondern die einfache Anerkennung der Thatsache, dass Sonnenschein mir dieses Gefühl erweckt. Die Reaction des fühlenden Menschen ist das Behagen der Wärme; der Satz, in dem er das ausspricht, ist eine Function seines Denkens. Aus den Erfahrungen entgegengesetzter Gefühle hat er die allgemeinen Begriffe des Angenehmen und Unangenehmen gebildet, die nicht selbst Gefühle sind, und mittels dieser Begriffe drückt er

»Ist nicht« die Bedeutung geben, die Existenz des Subjects aufzuheben. Das ist aber schlechterdings nicht der Fall, das thatsächliche Verhältniss aus, das zwischen ihm und gewissen Dingen besteht. Dasselbe ist es mit gut und böse, schön und hässlich; die Urtheile, in denen sie prädiciert werden, sind nur durch die Beschaffenheit der Prädicate, nicht durch die Function des Urtheilens selbst verschieden; die Prädicate drücken ein Verhältniss eines Objects zu mir, zu meinem Willen und Gefühl aus, das ich im einzelnen Falle wiederfinde.

Bei den Prädicaten wahr und falsch aber ist nicht einmal eine so directe Beziehung zu Willen und Gefühl vorhanden, wie bei den ihnen von Windelband coordinierten Paaren; denn wahr und falsch als allgemeine Begriffe bezeichnen gar kein Verhältniss zu der practischen Seite unseres Lebens; es hängt weder von unserem Gefühl noch von unserem Wollen ab, was wahr und falsch ist, wie es davon abhängt, was schön und was gut ist. Denn wahr und falsch sind ja nicht Prädicate von irgend welchen vorgestellten oder gedachten Gegenständen, sofern sie in irgend einem Verhältniss zu mir stehen; wahr und falsch sind auch nicht, wie Windelband nicht ganz genau sagt, Prädicate von Begriffen, sondern Prädicate von Urtheilen, die wir vollziehen; sie betreffen, wie ein andermal richtiger gesagt wird, Vorstellungsverbindungen, aber nicht in dem Sinne, dass schon verbundene Vorstellungen, also fertige Vorstellungsverbindungen, wie grüner Baum oder schwarzes Pferd für wahr oder falsch erklärt würden, sondern dass der Act des Verbindens selbst, durch den das Bewusstsein der Einheit entsteht, unter diesen Gegensatz fällt. Was also durch die Prädicate wahr und falsch beurtheilt wird, sind nicht Vorstellungen irgend welcher Objecte, sondern die urtheilende Thätigkeit selbst.

Nun ist es vollkommen richtig, dass wo diese Prädicate wirklich auftreten, und die Frage entsteht, ob ein versuchtes oder vollzogenes Urtheil wahr oder falsch ist, ein klar gedachter oder wenigstens dunkel angestrebter Z w e c k zu Grunde liegt, der Zweck des E r k e n n e n s — denn wo es sich um willkürliche Fiction und blosses Spiel mit Gedanken handelt, hat der Gegensatz keine Stelle -- und dass wir aus diesem Zwecke den Massstab abnehmen, an dem wir die von uns entworfenen oder von undern aufgestellten Behauptungen messen, die eine dem Zweck entsprechend, die andere ihm widersprechend erklären. Man kann darin wohl auch ein Billigen und Missbilligen im weiteren Sinne finden, sofern je klarer der Zweck gedacht und je lebhafter er angestrebt wird, desto gewisser die Uebereinstimmung eines gegebenen Urtheils mit dem Zweck ein angenehmes, die Nichtübereinstimmung ein unangenehmes Gefühl erwecken wird (im engeren und strengeren Sinn freilich würde Billigen und Missbilligen sich nur auf ein Thun erstrecken können, das als willkürlich betrachtet wird; wir missbilligen

sondern das Urtheil »A ist nicht B« setzt im Allgemeinen in allen den Fällen die Existenz von A voraus, in welchen das

den Irrthum, wenn er eine Schuld, Folge von Unachtsamkeit u. dgl. ist). Aber dieses Billigen und Missbilligen hat doch zu seiner Voraussetzung, dass zuerst rein objectiv das Verhältniss eines versuchten oder vollzogenen Urtheils zur Norm der Wahrheit erkannt worden ist; wir missbilligen das Falsche, weil es falsch ist, aber es ist nicht darum falsch, weil wir es missbilligen; die theoretische Erkenntniss, dass ein Urtheil wahr oder falsch ist, kann erst ein Gefühl begründen, ebenso wie die Erkenntniss der Zweckmässigkeit eines Mittels vorangehen muss, ehe wir es wählen.

Von dem logischen Standpunkte, der jedes Urtheil an dem Zwecke der Wahrheit misst, erstreckt sich nun aber die Frage nach der Wahrheit oder Falschheit ebenso auf Bejahungen wie auf Verneinungen; wir erklären ebenso Verneinungen für wahr oder falsch, und darum schon kann der Gegensatz des Billigens und Missbilligens nicht ohne Weiteres mit dem der bejahenden und verneinenden Urtheile sich decken, und es lässt sich aus jenem kein Grund für die Coordination von Bejahung und Verneinung ableiten.

Die logische Beurtheilung nach dem Zweck findet also in der That sowohl positive als verneinende Urtheile schon vor; und darum ist von dieser logischen Betrachtung, die vom Zwecke ausgehend die wirklich vorkommenden Bewegungen des Denkens beurtheilt, die psychologische Untersuchung zu unterscheiden, welche fragt was in unserem wirklichen Denken vorgeht, wo im Verlaufe desselben die Verneinung entspringt, und wie denn überhaupt jener allgemeine Zweckgedanke der Wahrheit entstehen kann, der der Billigung oder Missbilligung zu Grunde liegt. Und hier ist meine Ansicht, der Windelband selbst in den wesentlichen Punkten zustimmt, kurz die folgende: Ich gehe aus von den einfachsten unmittelbaren Urtheilsacten die in der Anschauung wurzeln, bei denen die Verknüpfung der Vorstellungen und die Gewissheit ihrer Gültigkeit auf eine völlig unreflectierte Weise zugleich gegeben sind, und bei denen auch von einem irgendwie bewussten Zwecke noch nicht die Rede sein kann; Urtheilsacten, die wir vollkommen absichtslos mit der Sicherheit eines naturnothwendigen Processes vollziehen — das Erkennen der Gegenstände unserer Umgebung, das Urtheil dass dieses hier und jenes dort ist, u. s. w. — bei denen unmittelbare Evidenz unsere Schritte begleitet. Würden wir nach psychologischen Gesetzen keine andern Vorstellungsverknüpfungen vollziehen und vollziehen können, so käme uns gar nicht in den Sinn nach Wahrheit oder Falschheit zu fragen. Nun greift jedoch unser Denken über das Gegebene hinaus; vermittelt durch Erinnerungen und Associationen entstehen Urtheile, die zunächst ebenso mit dem Gedanken gebildet werden, dass sie das Wirkliche ausdrücken,

Urtheil, »A ist B« sie voraussetzen würde, d. h. wo die Bedeutung der Wörter sie einschliesst; an und für sich aber

z. B. wenn wir das Bekannte am bekannten Orte zu finden erwarten, oder von einer Blume voraussetzen dass sie riecht. Aber nun ist ein Theil des so Vermutheten mit dem unmittelbar Gewissen im Widerstreit: wir werden uns, wenn wir das Erwartete nicht finden, des Unterschieds zwischen dem bloss Vorgestellten und dem Wirklichen bewusst; dasjenige, dessen wir unmittelbar gewiss sind, ist ein anderes, als das, was wir anticipierend geurtheilt haben; und jetzt tritt die Negation ein, welche die Vermuthung aufhebt, und ihr die Gültigkeit abspricht. Damit tritt ein neues Verhalten ein, sofern die subjective Combination von dem Bewusstsein der Gewissheit getrennt wird; es wird die subjective Combination mit einer gewissen verglichen und ihr Unterschied von dieser erkannt; daraus entspringt der Begriff der Ungültigkeit. Aber dieses Verhalten ist eben nur möglich unter Voraussetzung nicht bloss der subjectiven Combination, sondern auch der Neigung, dieselbe für gültig zu halten; die Verneinung ist, wie Fichte sagt, dem Gehalte nach bedingt, nur der Form nach unbedingt, so gewiss der Begriff des Unterschieds (den Schuppe mit vollem Recht in seiner Bedeutung für die Negation hervorhebt) zwar die Vorstellung der unterscheidbaren Objecte voraussetzt, aber mit dieser Vorstellung noch nicht gegeben ist, und als allgemeiner Begriff nur durch Reflexion auf einzelne Unterscheidungen entsteht. So hängt in doppelter Weise die Negation von dem positiven Urtheile ab: sie setzt als Object ein solches voraus, das mit der Erwartung seiner Gültigkeit gedacht wurde, und weist eine versuchte Behauptung ab; und der Grund dieser Abweisung ist ursprünglich wieder etwas Positives — ein gegebenes Object, dessen Unterschied von meiner Vorstellung erkannt wird — verum sui index et falsi. Erst indem wir diese Erfahrungen machen, kann auch der bewusste Zweck der Wahrheit entstehen; wir können den Werth der Wahrheit nicht empfinden, wenn wir nicht durch ihren Gegensatz darauf aufmerksam geworden sind; aber wir müssen einerseits die unmittelbare Evidenz der unmittelbaren Urtheile, andrerseits den Unterschied der subjectiven Combinationen von dem unmittelbar Gewissen erfahren haben, ehe wir den Begriff der Wahrheit bilden konnten.

Dieses Verhältniss, wonach die Verneinung nicht gleich ursprünglich ist, wie das positive Urtheil, sondern dieses, sowohl nach der Seite der Synthese von Subject und Prädicat als nach der Seite der Gewissheit derselben voraussetzt, spiegelt sich in der Sprache deutlich wieder. Wäre die Ansicht richtig, dass Bejahung und Verneinung zwei gleich ursprüngliche Verhaltungsweisen zu einer zunächst problematischen Synthese S P wären, so wäre doch zu verwundern, was Bergmann und Windelband ausdrücklich anerkennen, dass die Bejahung meist

wird über Existenz oder Nichtexistenz durch das verneinende Urtheil so wenig etwas behauptet als durch das bejahende. »Socrates ist nicht krank« setzt zunächst die Existenz des Socrates voraus, weil nur unter dieser Voraussetzung von seinem Kranksein die Rede sein kann; sofern damit aber überhaupt nur für falsch erklärt wird, dass Socrates krank ist, ist diese Voraussetzung allerdings keine so bestimmte, wie bei dem bejahenden Urtheile Socrates ist krank; denn dieses kann auch verneint werden, weil Socrates todt ist. (Weiteres s. u. § 25.)

§. 21.

Die Verneinung folgt den verschiedenen Formen des positiven Urtheils, und hat ihren Gegenstand an den verschiedenen Beziehungen zwischen Subject und Prädicat, welche den verschiedenen Sinn der Einheit beider ausmachen; sie ist darum vieldeutig, wo das Urtheil eine mehr-

---

keinen besonderen sprachlichen Ausdruck findet, wohl aber die Verneinung; nur dann erscheint ein ἦ μήν, ein fürwahr u. dgl. wenn einer drohenden Verneinung entgegengetreten werden soll.

Dass bei fortgesetzter Reflexion mit den Prädicaten gültig und ungültig ins Endlose fortgegangen werden könnte, wie Windelband (Strassb. Abh. S. 170) hervorhebt, ist vollkommen richtig: A ist B — es ist wahr, dass A B ist — es ist wahr, dass A ist B ein wahrer Satz ist u. s. f.; A ist nicht B — es ist wahr, dass A nicht B ist — es ist falsch, dass A ist nicht B ein falscher Satz — falsch, dass A ist B ein wahrer Satz ist u. s. f.; aber das begründet keinen Einwand gegen unsere Auffassung, bestätigt im Gegentheil, dass »der Satz ist wahr, der Satz ist falsch« nichts von einem beliebigen Urtheil anders als durch sein Prädicat Verschiedenes ist. Dieselbe endlose Reflexion findet hinsichtlich unseres Selbstbewusstseins statt: qui scit, eo ipso scit se scire .. et sic in infinitum (Spin. Eth. II, 21. Sch.) — freilich nur der abstracten Möglichkeit nach; denn in Wirklichkeit ist irgend einmal eine Gewissheit vorhanden, die von dem Inhalt auf den sie sich bezieht nicht mehr durch Reflexion getrennt und besonders hervorgehoben werden kann; und so beweist der Einwand, was er widerlegen will, dass es kein Urtheilen gibt ohne dass jenes unmittelbare Urtheilen zu Grunde läge, bei dem sich nicht mehr Vorstellungsverbindung und »Billigung« oder »Bestätigung« trennen lässt.

fache Synthese enthält. Direct vermag sie nichts Seiendes auszudrücken, weder Eigenschaft, noch Thätigkeit, noch Relation.

1. Wenn die Verneinung eine versuchte Behauptung abweist, so folgt sie damit all den verschiedenen Arten von Aussagen und erklärt eben das für falsch, was diese behaupten.

Dem Urtheil, das zwei Vorstellungen als Ganze zusammenfallen lassen will, hält die Verneinung den Unterschied entgegen. Affen sind nicht Menschen — Roth ist nicht Blau — Freiheit ist nicht Zügellosigkeit wehren einer drohenden Verwechslung oder bewussten Aufhebung der festen Unterschiede der Objecte. Dieses verneinende Urtheilen hebt durch einen ausdrücklichen Act ins Bewusstsein, was unbewusst schon in der Bildung unserer Vorstellungen und ihrer sprachlichen Bezeichnung enthalten war, die Unterscheidung verschiedenen Vorstellungsinhaltes, durch welche wir, indem sie immer auf dieselbe Weise vollzogen wird, eine feste Vielheit von Vorstellungen gewinnen, der die Vielheit und der Unterschied der sprachlichen Bezeichnung entspricht. Dieses Unterscheiden, durch das unsere Vorstellungen erst werden, muss immer schon vorangegangen sein, ehe es vom verneinenden Urtheil zum Bewusstsein gebracht und bestätigt wird.

Dem Eigenschaftsurtheil gegenüber verhindert die Verneinung, dass zwischen einem Subjecte und einer ihm zugemutheten Eigenschaft das Verhältniss der Inhärenz gesetzt werde. Das Inhärenzverhältniss an und für sich liegt auch dem verneinenden Urtheil zu Grunde; durch den Satz Blei ist nicht elastisch wird nicht verneint, dass das Subject überhaupt eine Einheit von Ding und Eigenschaft sei; allein die in der Aussage nicht ausgedrückte Eigenschaft, welche das Subject wirklich hat, ist nicht diejenige, von der die Rede ist und die etwa an ihm vermuthet wurde; die Eigenschaft, die »elastisch« bezeichnet, kann ich an dem Subjecte Blei nicht finden; die wirklichen Eigenschaften des Bleies sind andere, als Elasticität. So ist auch hier zuletzt der feste Unterschied gewisser Eigenschaftsvorstellungen dasjenige, was die Verneinung betont. Dasselbe gilt von den Urtheilen, deren Prädicate Thätigkeiten sind.

2. Je nachdem nun, im Sinn des § 11, die Bewegung des Denkens von der Eigenschaft oder Thätigkeit zu dem Dinge, an welchem sie ist, oder umgekehrt geht, modificiert sich auch — sprachlich durch Stellung oder Betonung ausgedrückt — die Richtung, welche die Verneinung nimmt, indem sie entweder darauf Gewicht legt, dass ein gegebenes, als fest betrachtetes Ding eine Eigenschaft oder Thätigkeit nicht habe, die in Frage kommt, oder das betont, dass es **nicht dieses Ding sei**, welchem eine gegebene Eigenschaft oder Thätigkeit zukomme. Das Urtheil Ich habe gerufen ist sowohl dann falsch, wenn überhaupt nicht gerufen worden ist, als dann, wenn zwar ein Ruf gehört wurde, aber ein Anderer ihn laut werden liess. Im ersten Fall ist die Wirklichkeit des Prädicats verneint, im zweiten Fall die Beziehung desselben auf das Subject; dann pflegt dieses betont, oder die Negation ihm vorangesetzt zu werden. (Ich habe nicht gerufen, — nicht ich habe gerufen). Zuletzt kann die Verneinung meinen, dass weder das Prädicat, noch das Subject gefunden werde. Von der gewöhnlichen Auffassung der Negation aus ist der Satz: das Feuer brennt nicht, eine Contradictio in adjecto; wie kann von dem Subject Feuer das Prädicat brennen negiert werden? Und doch sprechen wir ihn ganz unbefangen aus, wenn wir etwa im Ofen nachsehen; wir erwarten das brennende Feuer zu finden, die Negation sagt: es ist falsch, dass das Feuer brennt, und dieser Satz ist richtig, wenn überhaupt kein Feuer da ist. Dies trifft insbesondere bei der Verneinung der **Impersonalien** zu: »Es donnert nicht« meint entweder, dass die Benennung falsch, das Gehörte kein Donnern sei, oder es hebt die durch das Prädicat gemeinte Erscheinung selbst auf — die Verneinung greift auch auf die vorausgesetzte Wirklichkeit des Subjects über.

3. Aehnliche Modificationen treten bei den **Relationsurtheilen** ein. Sofern nemlich hier die Synthese des positiven Urtheils eine dreifache ist, erhellt aus dem einfachen Verneinen des Relationsurtheils noch nicht, gegen welche Seite der Behauptung die Verneinung sich in erster Linie richtet,

und was als der Ausgangspunkt gelten soll, den der Verneinende im Auge hat. Ist das Urtheil »A geht nach Hause« falsch, so kann entweder bloss die Richtung des Gehens, oder die Art der Bewegung (wenn er reitet oder fährt), oder das Weggehen überhaupt verneint oder endlich das bestritten werden, dass A es ist, der nach Hause geht. Alle diese Bedeutungen kann der Satz haben: A geht nicht nach Hause. Diese Vieldeutigkeit der Negation, der wieder höchstens durch die Betonung begegnet werden kann, ist ein neuer Beweis dafür, dass sie gar keine andere Kraft hat, als das positive Urtheil als Ganzes für falsch zu erklären, für sich aber keine bestimmte Beziehung herzustellen vermag. Bei den causalen Relationen, welche durch transitive Verba ausgedrückt werden, richtet sich die Negation entweder bloss gegen das bestimmte Object der Thätigkeit, während diese selbst stattfindet, oder gegen die Thätigkeit selbst, oder gegen das Subject, dem die Thätigkeit zugeschrieben wird — ich habe diesen Satz nicht geschrieben kann entweder die ganze Thatsache läugnen, dass der fragliche Satz geschrieben worden sei, oder d i e s e n S a t z, oder i c h betonen. »Ich habe nichts geschrieben« läugnet das Schreiben überhaupt durch Verneinung jeder möglichen Art seiner Objecte; ich trinke keinen Wein verneint nur eine bestimmte Art des Objects.

4. Wo ein unbedingt gültiges Urtheil verneint wird, kann die Verneinung ebenso nur für falsch erklären, was das unbedingt gültige Urtheil sagt, dass nemlich in der Subjectsvorstellung als solchen, wie sie die Bedeutung des Subjectsworts ausmacht, das Prädicat enthalten sei (die Pflanze empfindet nicht — das Licht ist kein Stoff). In wiefern solche Verneinungen zweideutig sein können, (z. B. das Dreieck ist nicht gleichseitig) wird unten § 25 erörtert werden.

Dem zeitlich gültigen Urtheile gegenüber trifft die Verneinung nur die Gültigkeit für den behaupteten Zeitpunkt, und vermag darum nicht zu sagen, wie es ausserhalb dieses Zeitpunktes um das Subject bestellt war. Wenn das Urtheil »diese Uhr geht nicht« das zeitlich gültige Urtheil »diese Uhr geht« für falsch erklärt, so ist damit eben gesagt, dass sie j e t z t nicht geht; ob sie sonst geht oder nicht, ist durch diese Verneinung noch nicht entschieden.

5. Es hat nicht an Versuchen gefehlt, die Verneinung der Armuth des blossen Aufhebens zu entkleiden und ihr die Fähigkeit zu verleihen, direct eine inhaltsvolle Aussage zu machen, so dass, was das verneinende Urtheil behauptet, als ein Selbstständiges und für sich Gültiges dem gegenüberstünde, was die Bejahung aussagt, und eben damit Verneinung und Bejahung ebenbürtige Formen der Aussage wären.

Aristoteles selbst hat hiezu in gewisser Weise das Beispiel gegeben, wenn er (besonders Metaph. Θ, 10 1051 b 1 ff.) Bejahung und Verneinung einer Vereinigung (συγκεῖσθαι) und Trennung (διῃρῆσθαι) entsprechen lässt, und damit dem Verhältniss des Prädicats zum Subjecte zunächst im bejahenden Urtheil die Bedeutung gibt, ein Zusammengesetztes (aus Substanz und Accidens) auszudrücken. Wir haben schon oben (§ 14 S. 100 f.) diese Betrachtungsweise für unmöglich erklärt, da das Prädicat des Urtheils niemals als ein Seiendes, und am wenigsten als ein von dem Subjecte getrennt zu denkendes Seiendes aufgefasst werden kann; es hat keinen Sinn zu sagen, im Seienden sei »commensurabel« immer von der Diagonale des Quadrats getrennt; die Trennung wie die Vereinigung gehört nur dem Denken an. Aus demselben Grunde aber kann auch die Verneinung keiner Trennung entsprechen. Zunächst würde, was im Object, realiter, getrennt wäre, gar keine Beziehung auf einander haben, und es wäre nicht zu erklären, wie sich das Getrennte in Einem Denkacte zusammenfinden sollte; weiterhin aber lässt sich auch hier von dem Prädicate, das immer nur ein Vorgestelltes bedeuten kann, gar nicht sagen, dass es irgendwo vorhanden sei, um mit dem Subjecte sich zu vereinigen oder von ihm getrennt zu bleiben. Nur unter den Nachwirkungen der platonischen Ideenlehre kann der Satz, »der Mensch ist weiss«, als Ausdruck einer Vereinigung der Substanz Mensch mit der Idee des Weissen gefasst werden, weil dieser eine selbstständige Existenz zukommt; nur unter diesen Nachwirkungen kann das Verhältniss eines Dinges zu einem mit ihm unvereinbaren Prädicate als ein »für immer Getrenntsein« bezeichnet werden \*).

---

\*) Ueber die Mängel der aristotelischen Theorie in dieser Hinsicht

Von anderer Seite ist der bekannte Satz Spinoza's *Determinatio est negatio* als Ausdruck einer Ansicht verwendet worden, welche die Negation in das Wesen der Dinge selbst zu verlegen und damit das verneinende Urtheil als ursprünglichen Ausdruck ihrer Erkenntniss hinzustellen unternimmt. Trendelenburg hat mit Recht auf Thomas Campanella als einen der entschiedensten Vertreter der Meinung hingewiesen, dass alle Dinge aus Ja und Nein, Sein und Nichtsein bestehen, jedes dieses Bestimmte nur dadurch sei, dass es ein anderes nicht sei. Der Mensch ist, das ist seine Bejahung; aber er ist Mensch nur dadurch, dass er nicht Stein, nicht Löwe, nicht Esel ist, er ist also zugleich Sein und Nichtsein. In demselben Sinne spricht Spinoza sein Determinatio negatio est; eine Figur ist determiniert, sofern sie der übrige Raum nicht ist, und sie kann also nur mit Hülfe der Negation gedacht werden, als eine Beschränkung, d. h. Negation des Unendlichen. Allein in diesen Ansichten steckt überall die Verwechslung der Verneinung selbst, als einer Function unseres Denkens, mit dem vorausgesetzten objectiven Grunde dieser Verneinung, der in sich geschlossenen Individualität und Einzigkeit jedes unter den vielen realen Dingen. Was sie nicht sind, gehört niemals zu ihrem Sein und Wesen; es ist nur von dem vergleichenden Denken von aussen an sie herangebracht; und es handelt sich nur darum, zu erkennen, warum wir dieser subjectiven Umwege bedürfen, um die Welt des Realen zu erkennen, in der kein Gegenbild unseres verneinenden Denkens existirt. Dass die Hegel'sche Logik nur durch fortwährende Verwechslung der Verneinung im Denken mit den realen Verhältnissen im Sein, welche wir durch blosse Verneinung nur unvollkommen ausdrücken, den Schein erzwingt, als ob die Negation eine reale Macht und das Wesen der Dinge selbst sei, müsste fast bei jedem Schritte derselben nachgewiesen werden, wenn es nicht — zumal seit Trendelenburg's eindringender Kritik — als zugestanden gelten könnte.

---

siehe die vollkommen zutreffenden Bemerkungen von Prantl, Geschichte der Logik I. 118. 144 f. Aristoteles erkennt sonst ausdrücklich an, dass die Verneinung nur dem Gebiete des Denkens angehöre. Metaph. VI, 4.

## § 22.

Wenn der Versuch, einem Subjecte ein Prädicat beizulegen, durch die Verneinung abgewiesen wird: so liegt der Grund hiezu entweder darin, dass an dem Subjecte das fragliche Prädicat (oder, bei gewissen Relationsurtheilen, das Subject zu dem Prädicate) fehlt, oder dass das Subject, beziehungsweise ein Element desselben, mit dem Prädicate unverträglich ist. Die blosse Aussage der Verneinung deutet nicht an, ob das eine oder andere stattfinde.

Ebenso wenig vermag die Verneinung diejenigen Verhältnisse der Vorstellungen, vermöge deren sie unverträglich sind (den sog. contradictorischen und conträren Gegensatz), zu erklären oder auch nur vollständig zum Ausdruck zu bringen.

1. Wenn ein verneinendes Urtheil nicht ein erschlossenes, die Verneinung also nicht durch Zwischenglieder vermittelt ist, so haben wir, um eine Verneinung auszusprechen, nichts als das gegebene Subject und das ihm zugemuthete Prädicat. In dem gegebenen Verhältniss der Subjectsvorstellung zur Prädicatsvorstellung muss also der Grund liegen, das Prädicat abzuweisen.

Dies ist auf zweierlei Weise möglich. Entweder fehlt das Prädicat in meiner Subjectsvorstellung (resp. ein Element in der durch ein Relationsurtheil gedachten Gesammtvorstellung), oder es wird durch die Subjectsvorstellung (resp. die gegenwärtige Gesammtvorstellung) ausgeschlossen; der Verneinung liegt entweder ein Mangel (στέρησις, privatio) oder ein Gegensatz (ἐναντιότης, oppositio) zu Grunde.

2. Ist die Subjectsvorstellung ein concretes Einzelnes, ein Gegenstand der Anschauung, das versuchte positive Urtheil ein zeitlich gültiges, das in demselben Sinne, in dem es gelten soll, auch aufgehoben wird; so ruht das verneinende Urtheil auf dem Bewusstsein, dass ich in meiner Subjectsvorstellung das Prädicat nicht finde, auf der unmittelbaren Erkenntniss

der Differenz des Subjects, wie es ist, von einem andern denkbaren Dinge, welches das Prädicat an sich hätte, auf dem Bewusstsein also der Armuth seiner Bestimmungen. Diese Uhr geht nicht, diese Blume riecht nicht, der Kranke rührt sich nicht, die Sonne wärmt heute nicht — alle diese Urtheile gehen daraus hervor, dass ich der Differenz des Gegebenen von dem bloss Vorgestellten bewusst bin, dieser Uhr von einer gehenden Uhr, dieser Blume von einer riechenden Blume; denn dass ich mit der reicheren Vorstellung an das Gegebene herantrete, bringt ja erst mein Urtheil hervor. Handelt es sich um Relationsprädicate (Socrates ist nicht hier), so ist wiederum der Complex von Dingen, den das versuchte Urtheil ausdrückt (Socrates und ich in demselben Raume), verschieden von dem Complex, der meiner Anschauung gegeben ist (in demselben Raume, in dem ich bin, fehlt Socrates).

Der Mangel wird um so auffälliger, je leichter die vollständigere Vorstellung zur Vergleichung bereit, je gewöhnter sie ist, je enger das vermisste Prädicat zum ganzen Complexe zu gehören scheint; und das **Fehlen** wird zum **Mangel** im engeren Sinn, zum Fehlen von etwas, was da sein sollte, wo eine Zweckbeziehung oder ein ästhetisches Gesetz die Vollständigkeit der Prädicate fordert; aber diese Beziehungen, welche Urtheilen wie er sieht nicht, er hört nicht, er will nicht zur Einsicht kommen, der Satz hat keinen Sinn, die unwillige Färbung der Enttäuschung geben, haben logisch doch bloss den Werth, die Aufmerksamkeit für den Mangel zu schärfen und den Massstab der Vergleichung um so lebendiger zu erhalten; eine besondere Schattierung der Verneinung als solcher begründen sie nicht.

3. **Dasselbe Fehlen eines Prädicats** findet auch bei allgemeinen Vorstellungen statt; das verneinende Urtheil kann darauf ruhen, dass das Prädicat in dem, was die Bedeutung des Subjectsworts ausmacht, nicht mitgedacht wird: die Pflanze empfindet nicht, Wasser hat keinen Geschmack u. s. w. Die Vergleichung mit sonst Verwandtem, der Pflanze mit den thierischen Organismen, des Wassers mit andern Flüssigkeiten liegt dem privativen Urtheil zu Grunde; was an dem Subjecte seiner sonstigen Beschaffenheit nach sein könnte, ist nicht daran.

**§ 22. Privation und Gegensatz als Grund der Verneinung.**

4. Derselbe Grund einer Verneinung wäre da vorhanden, wo einer Vorstellung von höherer Allgemeinheit Prädicate beigelegt werden sollen, welche nur einzelnen darunter befassten bestimmteren Vorstellungen zukommen. In der allgemeinen Vorstellung des Dreiecks liegt weder, dass es eben, noch dass es sphärisch, in der des ebenen Dreiecks weder, dass es rechtwinklich, noch dass es spitzwinklich ist; in der Vorstellung des Menschen überhaupt liegt nicht, dass er schwarz oder weiss, schlichthaarig oder wollhaarig ist, in der allgemeinen Vorstellung der Bewegung nicht, dass sie fortschreitend, noch dass sie rotierend ist. Allein wir vermögen nun doch nicht diese blosse Unbestimmtheit der subjectiven Allgemeinvorstellung durch die einfache Negation jener Prädicate auszudrücken; das Dreieck ist nicht sphärisch, ist nicht rechtwinklich, der Mensch ist nicht schwarz, die Bewegung ist nicht rotierend, würde in dem ganz anderen Sinne verstanden werden, dass an allen Objecten, welche unter die Bezeichnung fallen, das Prädicat fehlt. So mächtig ist die Gewohnheit, von den allgemeinen Vorstellungen gleich auf die concretesten und bestimmtesten überzugehen, in denen jene enthalten sind, dass der an sich ganz richtige Satz, das Dreieck sei nicht rechtwinklich, missverstanden würde, und den Ausdruck fordert, das Dreieck sei nicht nothwendig rechtwinklich oder nicht alle Dreiecke seien rechtwinklich. Vgl. unten § 25.

5. Der Negation, welche auf dem privativen Verhältniss und damit auf einer einfachen **Differenz** ruht, steht die andere gegenüber, welche daraus entspringt, dass ein Element der Subjectsvorstellung die Prädicatsvorstellung zurückstösst; so dass auch der bei der Privation begleitende Gedanke, das Subject könnte das Prädicat wohl an sich haben, abgewiesen wird. (Dasselbe findet bei Relationsvorstellungen statt; A ist links von B ist entweder darum falsch, weil A überhaupt nicht in der Nähe von B ist, oder weil es rechts von B steht, diese Relation die andere versuchte abweist.) Wir sind damit auf die Untersuchung derjenigen Verhältnisse der Vorstellungen untereinander geführt, vermöge der sie sich, als Prädicate eines und desselben Subjects, ausschliessen können.

6. Handelt es sich um ein **Benennungsurtheil**, in welchem Subject und Prädicat als Ganzes mit Ganzem in Eins gesetzt werden soll, so ist das ausschliessende Verhältniss verschiedener Vorstellungen gegeben durch die **feste Bestimmtheit und Unterschiedenheit des Vorgestellten**, und zwar innerhalb der verschiedenen Kategorieen, welche allem Urtheilen vorausgesetzt ist, da sie Bedingung der Continuität und Uebereinstimmung des Bewusstseins selbst ist. Socrates ist nicht Kriton, Holz ist nicht Eisen, roth ist nicht blau, sehen ist nicht hören, rechts ist nicht links — solche Urtheile beruhen auf der Thatsache, dass wir eine Vielheit sicher unterschiedener und vor jeder Verwechslung und Vertauschung geschützter Vorstellungen haben, und sie können nur an diese immer gegenwärtigen Unterschiede erinnern (§ 21, 1). Und zwar ist die Erkenntniss, **dass** zwei Vorstellungen sich unterscheiden, im Allgemeinen früher als die Erkenntniss, **wie** sie sich unterscheiden; denn um anzugeben, **wie** sie sich unterscheiden, muss ich doch zuletzt auf Elemente zurückkommen, von denen ich einfach weiss, **dass** sie verschieden sind. Ich unterscheide ganz sicher meinen Freund A von meinem Freund B, ehe ich mir Rechenschaft gebe, wodurch sie verschieden sind; und wenn ich mir darüber Rechenschaft gäbe, und mir zum Bewusstsein brächte, dass der eine blond, der andere schwarz, der eine von runden und vollen, der andere von mageren und eckigen Formen ist: so würde der Unterschied von blond und schwarz, von rund und eckig, mager und voll übrig bleiben, und hier kann ich doch zuletzt nur noch sagen, **dass**, nicht mehr **wie** sie sich unterscheiden.

Wie wir nun (§ 14. S. 102 ff.) als Voraussetzung der Möglichkeit des bejahenden Urtheils ein **Princip der Uebereinstimmung** aufstellen mussten, vermöge dessen die Gleichheit des Vorgestellten unfehlbar gewiss erkannt wird, und wie alle Möglichkeit eines bejahenden Urtheils gewiss zu sein darauf ruht: so liegt der Verneinung in diesem Sinne ebenso zu Grunde, dass **verschiedene Vorstellungen unmittelbar und unfehlbar als verschiedene erkannt werden**, und ein Irrthum darüber, ob zwei im

§ 22. Privation und Gegensatz als Grund der Verneinung.

Bewusstsein gegenwärtige Vorstellungen verschieden sind oder nicht, unmöglich ist. Wäre die Formel »A ist nicht nonA« nicht missbraucht worden, um alles Mögliche zu bezeichnen, so könnten wir sie in dem Sinne anwenden, dass sie ausdrückte: A ist von allen anderen Vorstellungen verschieden; jedes Gedachte ist dieses und kein anderes; und es wäre damit ebenso ein Gesetz unseres unterscheidenden Verneinens, wie eine fundamentale psychologische Thatsache ausgesprochen.

Sollte man sich dagegen auf die Thatsache berufen, dass wir doch vieles verwechseln und dadurch irren: so ist zu antworten, einmal, dass Verwechslungen in Beziehung auf die D i n g e stattfinden, weil die augenblicklichen Vorstellungen die Unterschiede derselben nicht wiederholen, so wenn ich bei oberflächlicher Betrachtung eine künstliche Blume für eine natürliche halte — hier besteht zwischen meinen Vorstellungen die Differenz nicht, die bei vollständiger Auffassung bestehen würde; zweitens, dass Verwechslungen stattfinden in Folge m a n g e l h a f t e r R e p r o d u c t i o n u n d C o n s t a n z der Vorstellungen, indem im Laufe der Zeit eine der andern sich unterschiebt. So kann ich einen Fremden als alten Bekannten begrüssen, weil sich das Bild des Bekannten mir verwischt, und unter dem Eindruck des gegenwärtigen Anblicks verschoben reproduciert hat. Damit ist aber nicht gesagt, dass es möglich sei, zwei im Bewusstsein gegenwärtige, während eines Urtheilsactes unverrückt festgehaltene Vorstellungen, die verschieden sind, als nicht verschieden zu setzen. Vielmehr ruht alle Einheit und Klarheit unseres Selbstbewusstseins auf dieser Macht der Verneinung, das Viele, das uns gegenwärtig ist, vor dem Verschwimmen zu bewahren und auseinanderzuhalten, und ebenso ruht alle Möglichkeit der Gültigkeit eines Urtheils sicher zu sein, und damit die Möglichkeit des Urtheilens darauf, dass ein unmittelbares Bewusstsein der Verschiedenheit in vollkommen sicherer Weise möglich sei. Wo wir dies nicht voraussetzen könnten — wie etwa in der Narrheit — da wäre die Gemeinschaft des Denkens aufgehoben.

7. Schwieriger wird die Untersuchung der Bedingungen der Verneinung, wo die Urtheile Eigenschaftsurtheile sind. Denn da dasselbe Ding verschiedene Eigenschaften, und ver-

schiedene Dinge dieselben Eigenschaften haben können, so ist mit der einfachen Verschiedenheit der Eigenschaftsvorstellungen noch kein Grund gegeben, von dem Dinge A die Eigenschaft β zu verneinen, weil es die davon verschiedene Eigenschaft α hat, oder von B die Eigenschaft α zu verneinen, weil A sie hat, wie ein Grund vorhanden ist zu sagen, A ist nicht B, α ist nicht β. Die Frage ist: Unter welchen Voraussetzungen können wir von einem Ding A sagen, dass die Eigenschaft β mit ihm unvereinbar sei? Offenbar nur dann, wenn eine der Eigenschaften von A zur Eigenschaft β in dem Verhältnisse steht, dass sie nicht zusammen demselben Subjecte zukommen können. So schliesst eine bestimmte Farbe einer Oberfläche, z. B. weiss, alle anderen Farben aus; daraus, dass Schnee weiss ist, kann ich sofort alle andern Farben von ihm verneinen; daraus, dass eine Linie gerade ist, kann ich das Prädicat krumm von ihr verneinen u. s. f. Dasselbe gilt von verbalen und Relationsprädicaten; Sitzen schliesst Stehen, Stehen schliesst Gehen, rechts schliesst links, gleich schliesst grösser und kleiner gegenseitig aus; von was das eine gilt, von dem muss das andere verneint werden.

8. Wie der Ausdruck Identität, so ist der Ausdruck »Gegensatz« und »entgegengesetzt« fast unbrauchbar geworden durch den verschiedenen Sinn, den man ihm gegeben hat, und die häufig unklare Stellung dessen, was man als Gegensatz bezeichnete, zur Verneinung einerseits, zur Verschiedenheit andrerseits. Mit dem Widerspruch der Urtheile ist der Widerstreit der einzelnen Vorstellungen unter demselben Namen vermengt, und in Betreff der Bezeichnung der specielleren Verhältnisse widerstreitender Vorstellungen ist geradezu babylonische Sprachverwirrung. Versuchen wir aus der Natur der Sache die Unterscheidungen zu gestalten.

Die blosse Verschiedenheit der Vorstellungen, welche Bedingung alles Denkens ist, kann kein vernünftiger Grund bestehen als Widerstreit oder Gegensatz zu bezeichnen. Wie die verschiedensten Dinge im Raume friedlich nebeneinander sind, in den verschiedensten Eigenschaften, ohne sich zu stören, die bunte Erscheinung der Welt, in den verschiedensten Thätigkeiten ihren unaufhörlichen Wechsel darstellen, so

§ 22. Privation und Gegensatz als Grund der Verneinung.

wohnt die unabsehbare Manigfaltigkeit des Vorgestellten, jedes einzeln betrachtet, zwar geschieden, aber ohne Streit in unseren Gedanken; die unterscheidende Verneinung genügt, jeder ihr Recht werden zu lassen. Die Vorstellungen von Mensch und Löwe sind an sich so wenig im Streit, wie die von schwarz und roth oder schwarz und weiss. Streit kann ja überhaupt erst entstehen, wo zwei auf dasselbe Anspruch machen; und so kann ein Verhältniss des Streites unter Vorstellungen erst eintreten, wo sie sich als **versuchte Prädicate eines und desselben Subjects begegnen**; also bloss auf dem Gebiete des subjectiven, ins Falsche hinübergreifenden Denkens, da in Wahrheit jedes Subject im unbestrittenen Besitz Eines Prädicates ist. Und hier findet zwischen den Gliedern bestimmter kleinerer oder grösserer Gruppen von Vorstellungen das Verhältniss statt, dass sie, als Prädicate desselben Subjects versucht, sich abstossen und ausschliessen; und zwar nicht etwa wegen der besonderen Beschaffenheit eines einzelnen Subjects, sondern wegen ihres eigenen Gehalts. Wir nennen sie mit einer gangbaren Bezeichnung **unverträglich**, da **incomprädicabel**, was die Sache am genauesten ausdrücken würde, zu ungewohnt klingt. Ursprünglich findet dieses Verhältniss zwischen Eigenschafts-, Thätigkeits- und Relationsvorstellungen, abgeleiteter Weise auch zwischen Vorstellungen von Dingen statt, sofern diese als Prädicate von Benennungs- und Subsumtionsurtheilen auftreten. Denn zwei substantivische Vorstellungen widersprechen sich, sofern sie unvereinbare Bestimmungen enthalten\*).

9. Welche Vorstellungen unverträglich sind, lässt sich aus keinen allgemeinen Regeln ableiten, sondern ist mit der factischen Natur der Vorstellungsinhalte und ihrer Verhältnisse zueinander gegeben. Es liesse sich eine Einrichtung unseres Gesichtssinnes denken, bei der wir dieselbe Fläche in verschiedenen Farben leuchten sähen, wie sie ja Licht verschiedener Brechbarkeit aussendet, gerade wie wir in einem Klang ver-

---

\*) Τὰ ἐναντία ἀλλήλα οὐ δεχόμενα untersucht in lehrreicher Weise Plato im Phædon, Cap. 52. 103 D ff.

schiedene Obertöne, in einem Accord die einzelnen Klänge unterscheiden; es ist rein factisch, dass die Farben als Prädicate derselben Lichtquelle unverträglich sind, die verschiedenen Töne als Prädicate derselben Tonquelle nicht, und ebensowenig die Druck- und Temperaturempfindungen des Tastsinns, die in den verschiedensten Combinationen (kalt und hart, kalt und weich u. s. f.) auf dasselbe Subject bezogen werden können.

Wohl aber lässt sich im Allgemeinen sagen, in Betreff welcher Vorstellungen ihre Unverträglichkeit am häufigsten zum Bewusstsein kommen, welche am leichtesten in wirklichen Streit gerathen werden. Offenbar diejenigen, die am leichtesten nebeneinander als Prädicate versucht werden können, weil sie unter sich am gleichartigsten und verwandtesten sind, gleichartigen und ähnlichen Subjecten zukommen; diejenigen, welche sich eben wegen dieser Verwandtschaft zugleich als die specielleren Bestimmungen und Modificationen eines Allgemeineren darstellen. Darum ist die Unverträglichkeit verschiedener unter derselben allgemeineren Vorstellung zusammengefasster Bestimmungen wie der Farben, der Qualitäten des Tastsinns, der Formen, der Zahlen u. s. f. die geläufigste, diejenige, die uns sofort einleuchtet, weil wir am häufigsten Gelegenheit hatten uns derselben bewusst zu werden. An die Unverträglichkeit von Mensch und Känguruh, von schmelzen und fliegen denkt Niemand, weil der Fall nie eintreten wird zu fragen, ob irgend ein Wesen Mensch oder Känguruh sei, irgend ein Ding zerschmelze oder fliege; die Unverträglichkeit von schwarz und weiss, von jung und alt, von stehen und liegen stösst uns jeden Augenblick auf, weil die Fälle zahllos sind, in denen die Frage sich nahe legt, ob etwas schwarz oder weiss, eine Person jung oder alt sei, ob etwas stehe oder liege. Daraus entsteht die Täuschung, als ob es sich zwischen den Unterschieden einer allgemeineren Vorstellung um ein specifisches Verhältniss der Unverträglichkeit handle, das ihnen ganz abgesehen vom Urtheilen zukomme, als ob schwarz und weiss, krumm und gerade als Söhne desselben Vaters eine ganz besondere Feindschaft gegeneinander hätten.

10. Die Unverträglichkeit hat keine Grade; und sofern es sich bloss um den Grund der Verneinung handelt, steht

schwarz und unsichtbar in keinem andern Verhältnisse als schwarz und blau, und schwarz und blau in keinem anderen als schwarz und weiss. Es knüpfen sich aber an die Verhältnisse, auf denen die Unverträglichkeit beruht, andere an, welche bloss die **Grösse des Unterschieds** betreffen, und leicht mit jenen vermischt werden, die **gewöhnlich** sogenannten **Gegensätze**. Schwarz und weiss sind in ganz anderem Sinne entgegengesetzt als schwarz und blau; der Unterschied beider Verhältnisse ruht auf dem **Abstande gleichartiger Vorstellungen**, der allmählich wächst und endlich ein Maximum erreicht. So setzen wir Tag und Nacht, Maus und Elephant, Tropfen und Meer einander entgegen. Der schroffe Uebergang von einem Extrem zum andern scheidet sich für unser Gefühl scharf von dem Uebergang zum nächstähnlichen, besonders in den Gebieten, wo stetige Uebergänge die näherliegenden Unterschiede verknüpfen; und zumal wo der Gefühlseindruck selbst ein entgegengesetzter ist, wohlthuend und gefällig auf der einen, schmerzlich und missfallend auf der andern Seite, schärft dieser Gefühlswerth den Eindruck der Grösse des objectiven Unterschieds. So stehen sich Licht und Finsterniss, gut und böse, schön und hässlich, Lust und Schmerz selbst gegenüber; und es bedarf keiner Erläuterung, wie die Gleichartigkeit und Zusammenfassbarkeit unter eine gemeinschaftliche höhere Vorstellung hier durchweg vorausgesetzt ist. Aber wir würden vorziehen, dieses Verhältniss **Contrast** zu nennen, um es nicht mit dem der Unverträglichkeit zu vermischen. Dass das Wachsen der Unterschiede in einer solchen Reihe nebengeordneter Vorstellungen und die Stellung der Extreme uns in räumlichem Bilde erscheint, hat schon Aristoteles bemerkt und Trendelenburg mit feinem Sinne dargelegt[*]; aber auch das räumliche Entgegen, das geometrisch ein Maximum des Unterschieds der Richtung darstellt und physicalisch durch Druck und Gegendruck, Wirkung und Gegenwirkung Bedeutung gewinnt,

---

[*] Trendelenburg, Logische Unters. XII. 2. Afl. II, 151. 3. Afl. 171. vergl. El. log. Arist. zu § 10. Arist. Cat. 6. 6 a 12 und die Stellen bei Waitz zu Cat. 11b, 34.

und das an unserem eigenen Wollen eine ähnliche Resonanz
findet wie der Contrast an unserem Gefühl, zeichnet sich, wie
der Contrast, unter dem vielen Unverträglichen nur durch
Züge aus, welche direct keine besondere Beziehung zur Verneinung haben.

11. Dies zeigt sich am deutlichsten an den Versuchen,
die Verhältnisse, die man als Gegensatz bezeichnete, vermittelst der Negation zu begreifen oder wenigstens auszudrücken.
Aus der Verneinung einer Vorstellung sollte der Gegensatz
ursprünglich hervorgehen, indem einem A ein nonA zur Seite
trete. Man unterschied mit Herbeiziehung eines Terminus,
der ursprünglich für zwei sich entgegenstehende Urtheile geschaffen war (s. unten § 23), contradictorisch und conträr entgegengesetzte Vorstellungen. Die contradictorisch entgegengesetzten, lehrt man, verhalten sich wie A und
nonA, so dass die eine Vorstellung nur die Verneinung des
Inhalts der anderen enthält; die conträr entgegengesetzten so,
dass eine zwar die andere aufhebt, ausserdem aber noch eine
positive Bestimmung enthält. Gleich und nicht gleich, weiss
und nicht weiss gelten als Beispiele von contradictorischen,
weiss und schwarz, gut und böse als Beispiele von conträren
Gegensätzen.

Um das Recht dieser Lehre zu prüfen, muss zunächst
festgestellt sein, dass alle Verneinung nur einen Sinn hat im
Gebiete des Urtheils. Jede Verneinung ist die verneinende
Antwort auf eine Frage, und verbietet eine Prädicierung;
Nein und nicht haben ihre Stelle nur gegenüber einem Satze
oder in einem Satze. Die Formel nonA, wenn A ein beliebig
Vorgestelltes bezeichnet, hat wörtlich genommen gar keinen
Sinn; eine Vorstellung, die nur die reine Verneinung des Inhalts einer andern Vorstellung wäre, gibt es gar nicht. Soll
Verneinung soviel sein als Aufhebung: so kann allerdings
eine Vorstellung — Mensch, Himmel, blau, grün — da sein
oder nicht da sein, mit Bewusstsein vorgestellt werden oder
gar nicht vorgestellt werden und insofern »aufgehoben« sein;
aber dass Mensch nicht vorgestellt wird, ist dann nicht selbst
eine Vorstellung *), und den Sinn, dass οὐχ ἄνθρωπος bedeute

---

*) οὐδὲν γὰρ ἐνδέχεται νοεῖν μὴ νοοῦντα ἕν. Arist. Met. Γ 49. 100 b 610.

es werde »Mensch« nicht vorgestellt, kann die Formel schon deswegen nicht haben, weil um sie zu verstehen »Mensch« vorgestellt werden muss, die Formel also ebenso ihren Zweck verfehlte, wie Kant's Denkzettel »Lampe muss vergessen werden.«

Sollte nonA alles dasjenige bezeichnen, was nicht vorgestellt wird, wenn A — rein seinem Inhalte nach — vorgestellt wird, dessen Vorstellung also mit der Vorstellung A nicht unmittelbar gegeben ist: so hören A und nonA auf unverträgliche Bestimmungen zu bezeichnen, und es ist nicht wahr, dass sie sich ausschliessen. Wenn ich »weiss« vorstelle, so habe ich gar nichts als die Farbe vor mir; ist nonA alles was nicht diese Farbe ist, so gehört dazu auch rund, viereckig, schwer, in Schwefelsäure löslich; alles das ist »nicht weiss«, d. h. etwas anderes als »weiss«; aber diese Prädicate sind mit weiss durchaus nicht unverträglich, und bilden keinen Gegensatz im gewöhnlichen Sinne; man müsste erst von »weiss« zurückgehen auf alle weissen Dinge, und dann diese von der gesammten Welt abziehen; aber wo bedeutet das Wort »weiss« ohne Weiteres alle weissen Dinge?

Soll es sich aber um eine eigentliche **Verneinung** handeln, so muss das Vorgestellte **von etwas** verneint werden, also — ausdrücklich oder stillschweigend — in **ein Urtheil** eingehen. Dies ist auch wirklich die Meinung; nonA soll dasjenige bezeichnen, was nicht A ist, wovon A verneint werden muss. Es setzt also ein verneinendes Urtheil, oder eine Reihe verneinender Urtheile über ungenannte Subjecte voraus, die **erst auf Grund dieser Verneinungen** und sehr indirect als das bezeichnet werden können, was nicht A ist. Soll also unter nonA irgend etwas vorgestellt werden, so müssen diese Subjecte irgendwoher kommen, durch die blosse Forderung A zu verneinen sind sie noch nicht da; ich muss alles Mögliche in Gedanken durchgehen, um A von ihm zu verneinen; dieses Positive wäre der Inhalt, der durch nonA bezeichnet würde. Aber es ist ein unvollendbares Geschäft, auch wenn es einen Sinn hätte; und sehr mit Recht hat darum Aristoteles diesen Ausdruck ein ὄνομα ἀόριστον genannt *).

---

*) Vergl. über dieses nonA auch Prantl, Geschichte der Logik I, 144. Lotze, Logik 2 Aß. S. 61 f.

Fragen wir Kant's Logik: so zeigt nonA als Prädicat an, dass ein Subject unter der Sphäre eines Prädicats nicht enthalten sei, sondern dass es ausser der Sphäre desselben in der unendlichen Sphäre irgendwo liege; der Satz: die Seele ist nicht-sterblich, setzt die Seele in den unbeschränkten Umfang der nichtsterbenden Wesen, die von dem ganzen Umfange möglicher Wesen übrig bleiben, wenn ich das Sterbliche insgesammt wegnehme. Damit scheint ein einfaches Recept gegeben, um sich zu verdeutlichen was unter nonA gehört. Allein es ist nur da anwendbar, wo es sich um Prädicate handelt, die als Bezeichnung von Einzelwesen genommen werden können; hier kann ich die Welt als eine unendliche Zahl von solchen betrachten, von der ich die Zahl der A abziehe. Was ist aber mit den Begriffen anzufangen, die abstracter Natur sind und deren Umfang niemals eine Anzahl von Wesen bedeuten kann? Ist A = sterblich, und theile ich den Umfang möglicher Wesen in sterbliche und nicht sterbliche, wo hat die Tugend, die Gerechtigkeit, das Gesetz, die Ordnung, die Entfernung ihren Sitz? Sie sind weder sterbliche Wesen, noch nicht-sterbliche Wesen, weil sie gar keine Wesen sind; sie sind Eigenschaften und Relationen von Wesen, die sowohl sterblichen als nichtsterblichen Wesen zukommen können. Will man sie deshalb nicht unter nonA rechnen, weil sie einem sterblichen Wesen zukommen können — so darf man sie auch nicht unter A begreifen, und wir erhalten gegen die Voraussetzung ein Mittelreich zwischen A und nonA. Ist A Mensch: so scheint es leicht, die Menschen aus der Welt heraus bei Seite zu stellen; was übrig bleibt, Sonne Mond und Sterne, Mineralien, Pflanzen, Thiere ist Nicht-Mensch; aber wohin gehört schwarz, grün, weich, hart, als Eigenschaftsbegriffe gedacht? zu A oder nonA? Die so gemeinte Theilung der möglichen Wesen in A und nonA vergisst ganz, dass es verschiedene Kategorieen gibt; dass jeder Begriff theils zu solchen gleicher Kategorie im Verhältniss steht, theils zu solchen verschiedener Kategorie; und dass die Linien, die sie scheiden, sich in wunderlichster Weise kreuzen.

Gesetzt aber auch es wäre ausführbar, unter allem was

nicht A ist, irgend etwas fassbares zu denken, das zu prädicieren einen Sinn hätte — woran läge es zuletzt, dass ich von all dem, was nonA bedeuten kann, A verneinen muss? Nicht darin, dass es nonA ist, denn das wird nur auf indirecte und abgeleitete Weise von ihm gesagt, sondern in dem was es ist, und was hindert, A von ihm zu prädicieren. Der Gegensatz, der durch nonA ausgedrückt und verständlich gemacht werden sollte, ist vielmehr die Voraussetzung des nonA, und dieses bloss ein abgeleitetes Zeichen desselben, nicht sein Wesen und Grund.

Dieselbe Unbestimmtheit, in der sich der contradictorische Gegensatz auflöst, haftet auch dem conträren nach der gewöhnlichen Lehre an. Soll einer Vorstellung A alles conträr entgegengesetzt sein, was durch die Formel nonA + B ausdrückbar ist: so träten roth und tugendhaft, schwarz und unsterblich in conträren Gegensatz — ganz abgesehen von den wunderlichen Verwirrungen, die entstünden, wenn man A und B aus verschiedenen Kategorien nähme, was durch die Formel nicht ausgeschlossen ist; denn sie bezeichnet alles unter nonA befasste, und nicht bloss negativ, sondern direct bezeichnete; so kommt grasgrün und Algebra, gefühlvoll und Ellipse in conträren Gegensatz. Man verzeihe die Beispiele; aber die Gedankenlosigkeit der von einer Logik zur andern sich fortschleppenden Formeln kann nicht anders deutlich gemacht werden.

12. Die Einsicht, dass man nur da verneinen kann, wo eine vernünftige Möglichkeit zu fragen, beziehungsweise zu bejahen erfindlich ist, hat Andere dazu geführt, sowohl jenes ins Blaue hinausgeschleuderte nonA, als die gewöhnliche Erklärung des conträren Gegensatzes durch nonA + B fallen zu lassen, und den contradictorischen wie den conträren Gegensatz nur da zu suchen, wo eine allgemeinere Vorstellung sich durch Unterschiede weiter bestimmt, die sich ausschliessen, wie die Linie durch die Unterschiede der Richtung zur geraden oder krummen, das Verhalten eines Körpers im Raum zu Ruhe oder Bewegung. Der contradictorische Gegensatz wird nun da gefunden, wo nur zwei Bestimmungen einander gegenüberstehen, also mit der Verneinung der einen die an-

dere bestimmt gemeint sein muss — eine Linie, die nicht gerade ist muss krumm sein; der conträre Gegensatz da, wo mehrere Bestimmungen gleichmässig eintreten, wie bei den Farben. Damit ist unter diesen Namen des Contradictorischen und Conträren die Unterscheidung wieder eingeführt, die Aristoteles (Categ. 10. 11 b 33) zwischen Entgegengesetztem macht, das kein Mittleres habe, wie gerade und ungerade bei den (ganzen) Zahlen, Krankheit und Gesundheit bei einem lebenden Wesen, und Entgegengesetztem, das ein Mittleres habe, wie schwarz und weiss *).

Ist diese Wendung der Lehre rationeller, weil sie wenigstens in der allgemeineren Vorstellung ein Subject für die Negation gibt: so birgt sie dafür eine andere Gefahr, nemlich dass man glauben könnte, nun doch durch blosse Negation Entgegengesetztes, also Positives zu erzeugen, indem an dem Allgemeineren die Bestimmungen a und non a gesetzt werden. Aber das Allgemeinere ist nicht vor seinen Bestimmungen, sondern mit diesen zugleich; es gibt nicht erst eine Linie überhaupt, die sich entscheiden könnte, gerade oder nicht gerade zu sein; sondern in der Natur des Raumes, in welchem die Linie ist, liegt es, dass in ihm sowohl gerade als krumme Linien möglich sind. So hängt es überhaupt von der Natur der Objecte, welche wir in einer allgemeineren Vorstellung zusammenfassen, ab, welche Bestimmungen sie an sich gestatten, ob neben einem Prädicate, das wir als

---

*) Man ist dann noch weiter auch dazu fortgegangen, den Namen des conträren Gegensatzes auf die am weitesten von einander abstehenden Glieder einer Reihe solcher Unterschiede zu beschränken, unter den Farben also nur schwarz und weiss als conträren Gegensatz anzunehmen, roth und gelb aber nur als disjunct, nicht als conträr. Dies geschah, übereinstimmend mit der aristotelischen Bestimmung (Categ. 6. 6 a 17 und sonst, s. die Stellen bei Waitz Org. I, p. 309), dass die ἐναντία τὰ πλεῖστον ἀλλήλων διεστηκότα τῶν ἐν τῷ αὐτῷ γένει seien, von Trendelenburg in den Log. Unters. Cap. XII, und nach seinem Vorgang von Drobisch, Logik 3. Afl. § 24. S. 27 und Ueberweg, Logik 3. Afl. § 53, S. 108 f. Damit aber tritt (nach den Ausführungen S. 180) ein ganz neuer Gesichtspunkt, der der Vergleichung der Abstände des Vorgestellten herein, der uns hier, wo wir bloss von den Gründen der Negation handeln, nichts angeht.

möglich erkennen, auch noch ein anderes zulässig ist, und es hängt ebenso von der Natur der Objecte ab, wie gross der Kreis solcher nebeneinander möglicher Bestimmungen ist. Auch so kann die Negation und die vermittelst ihrer gebildete Formel nur für uns interpretieren, was in der Natur der Vorstellungen liegt, aber diese Natur nicht erst bestimmen. Vielmehr bleibt die Unverträglichkeit gewisser Vorstellungen für unsere jetzige Betrachtung ein factisches Verhältniss, und die Logik ist auch, genau betrachtet, nirgends über eine Beschreibung desselben hinausgekommen; die Bedeutung des Verfahrens aber, durch a und non a Unterschiede an einem Allgemeineren zum Ausdruck zu bringen, kann erst in der Lehre vom Begriff erörtert werden.

13. In Einem Falle scheint jedoch die Entstehung eines Gegensatzes durch Negation unabweisbar: nemlich da, wo das eine Glied wirklich bloss negative Bedeutung hat. Gerade und krumm sind zwei verschiedene Anschauungen, jede in sich bestimmt und positiv; bei Ruhe und Bewegung kann man wenigstens streiten, ob das eine bloss Negation des andern sei\*), und dabei das eine wie das andere als positiv nehmen; aber blind, taub, unglücklich, unverständig, unvernünftig, sprachlos, gefühllos und wie die zahllosen un- und -los sonst lauten? Lässt sich das Verhältniss von sehend und blind anders ausdrücken, als dass blind soviel sei als nichtsehend, die einfache Privation des Sehens, und haben wir also nicht hier einen Gegensatz, welcher durch Verneinung entstanden ist, und dessen eines Glied gar nichts als ein Nichtsein bedeutet? hat nicht also doch die Sprache, indem sie die Negation mit dem Prädicate verschmolz, das nonA der logischen Theorie zum Voraus legitimiert?

Dann müsste es vollständig gleichbedeutend sein, ob ich das eine Glied des Gegensatzes negiere, oder das andere bejahe; ob ich sage, dies sieht nicht, oder dies ist blind; A ist nicht glücklich, oder A ist unglücklich. Es bedarf keines Beweises, dass dem nicht so ist. Wenn nur das Urtheil falsch ist, dass A sieht — und mehr sagt »A sieht nicht« niemals

---

\*) Die Ruhe ist nicht ein blosses Nichts, sagt Spinoza (Tract. de Deo II, 19) und baut darauf seine ganze Physik.

durch seinen Wortlaut — so ist nicht ausgesprochen **warum** er nicht sieht; blind aber bezeichnet einen bestimmten Zustand des Subjects, eine organische Veränderung des Sehapparats, in Folge deren das Sehen nicht stattfindet. Wer also das Sehen verneint, bejaht darum nicht das Blindsein, wie es sein müsste, wenn diese sog. privativen Prädicate wirklich nichts als den Ausdruck einer Verneinung enthielten. Auch hier also reicht die Verneinung nicht aus, um den Gegensatz zu erklären; und **nur darum, weil unsere Verneinungen fast immer auf solchen Gegensätzen ruhen, erweckt die Verneinung nach psychologischen Gesetzen zuerst die Vorstellung des Gegensatzes**, und die Sprache, welche die psychologischen Kräfte benützt, und jedem Worte eine engere Bedeutung, als seine Etymologie mit sich bringt, zu geben die souveräne Macht hat, kann diese Gewohnheit verwerthen, um Gegensätze durch Negationen zu bezeichnen; aber sie meint immer mehr, als sie sagt, und der logischen Analyse kommt zu, zu unterscheiden, was die Verneinung an und für sich nothwendig und was sie nur vermöge einer Association gewöhnlich, auf Grund der bekannten Verhältnisse der Prädicate, bedeutet.

### § 23.

**Der Satz des Widerspruchs bezieht sich auf das Verhältniss eines positiven Urtheils zu seiner Verneinung, und drückt Wesen und Bedeutung der Verneinung aus**, indem er sagt, dass die beiden Urtheile, A ist B und A ist nicht B, nicht zugleich wahr sein können. Er sagt damit **etwas wesentlich anderes** als das gewöhnlich sogenannte *Principium contradictionis* (A ist nicht nonA), welches das **Verhältniss eines Prädicats zu seinem Subjecte** betrifft, und verbietet, dass das Prädicat dem Subjecte entgegengesetzt sei.

Das Verhältniss eines positiven Urtheils zu seiner Verneinung (abgeleiteterweise auch das Paar in diesem Verhältniss stehender Urtheile) heisst ἀντίφασις, Contradictio; sie sind

## § 23. Der Satz des Widerspruchs.

sich **contradictorisch entgegengesetzt** (ἀντιφατικῶς ἀντικεῖσθαι, contradictorie oppositum esse).

1. Aehnliche Verwirrung, wie über Identität und Gegensatz, besteht hinsichtlich des sogenannten *Principium contradictionis*. Aristoteles formulirt es in der bekannten Stelle\*) so: »**Es ist unmöglich, dass dasselbe demselben in derselben Beziehung zugleich zukomme und nicht zukomme**... Dies ist der allergewisseste Grundsatz... denn es ist unmöglich, dass irgend Jemand annehme, dasselbe sei und sei nicht, (wie einige meinen, dass Heraklit es sage; denn es ist nicht nöthig, dass einer das wirklich an-

---

\*) Metaph. Γ, 3. 1005 b 19: Τὸ γὰρ αὐτὸ ἅμα ὑπάρχειν τε καὶ μὴ ὑπάρχειν ἀδύνατον τῷ αὐτῷ καὶ κατὰ τὸ αὐτὸ (καὶ ὅσα ἄλλα προςδιορισαίμεθ᾽ ἄν, ἔστω προςδιορισμένα πρὸς τὰς λογικὰς δυσχερείας), αὕτη δὴ πασῶν ἐστι βεβαιοτάτη τῶν ἀρχῶν... ἀδύνατον γὰρ ὁντινοῦν ταὐτὸν ὑπολαμβάνειν εἶναι καὶ μὴ εἶναι, καθάπερ τινὲς οἴονται λέγειν Ἡράκλειτον· οὐκ ἔστι γὰρ ἀναγκαῖον, ἅτις λέγει, ταῦτα καὶ ὑπολαμβάνειν. εἰ δὲ μὴ ἐνδέχεται ἅμα ὑπάρχειν τῷ αὐτῷ τἀναντία (προςδιωρίσθω δ᾽ ἡμῖν καὶ ταύτῃ τῇ προτάσει τὰ εἰωθότα) ἐναντία δ᾽ ἐστὶ δόξα δόξῃ ἡ τῆς ἀντιφάσεως, φανερὸν ὅτι ἀδύνατον ἅμα ὑπολαμβάνειν τὸν αὐτὸν εἶναι καὶ μὴ εἶναι τὸ αὐτό· ἅμα γὰρ ἂν ἔχοι τὰς ἐναντίας δόξας ὁ διεψευσμένος περὶ τούτου. Διὸ πάντες οἱ ἀποδεικνύντες εἰς ταύτην ἀνάγουσιν ἐσχάτην δόξαν· φύσει γὰρ ἀρχὴ καὶ τῶν ἄλλων ἀξιωμάτων αὕτη πάντων. 4. 1006 b 33: οὐκ ἄρα ἐνδέχεται ἅμα ἀληθὲς εἶναι εἰπεῖν τὸ αὐτὸ ἄνθρωπον εἶναι καὶ μὴ εἶναι ἄνθρωπον (vergl. dazu Metaph. B, 2 996 b 31: λέγω δὲ ἀποδεικτικὰς τὰς κοινὰς δόξας, ἐξ ὧν ἅπαντες δεικνύασιν, οἷον ὅτι πᾶν ἀναγκαῖον ἢ φάναι ἢ ἀποφάναι, καὶ ἀδύνατον ἅμα εἶναι καὶ μὴ εἶναι). Wenn Aristoteles im obigen Zusammenhange den Satz verwendet, dass Entgegengesetztes (ἐναντία) nicht demselben zugleich zukommen könne, und ihn als Beweisgrund dafür zu verwenden scheint, dass derselbe nicht annehmen könne, dass dasselbe zugleich sei und nicht sei, so darf das natürlich nicht so verstanden werden, als ob damit ein höherer oder vom Satze des Widerspruchs unabhängiger Grundsatz aufgestellt würde; das widerlegt Aristoteles nicht nur im selben Zusammenhang, sondern kommt auch später (Metaph. IV, 6. 1011 b 15) darauf zurück: ἐπεὶ δ᾽ ἀδύνατον τὴν ἀντίφασιν ἀληθεύεσθαι ἅμα κατὰ τοῦ αὐτοῦ, φανερὸν ὅτι οὐδὲ τἀναντία ἅμα ὑπάρχειν ἐνδέχεται τῷ αὐτῷ, erklärt also umgekehrt diesen von jenem abhängig. Der obige Beweis ist vielmehr nur ein συλλογισμὸς ἐξ ὑποθέσεως im aristotelischen Sinn, d. h. eine argumentatio ex concessis, die nachweisen will, dass der Satz: Niemand kann annehmen, dass demselben dasselbe zukomme und nicht zukomme, in dem anerkannten Satze: demselben kann nicht Entgegengesetztes zukommen, liegt.

nimmt, was er sagt). . . . Jedermann, der einen Beweis führt, führt ihn deshalb auf diesen Satz als letzten zurück; denn er ist von Natur das Princip auch für alle andern Axiome«.

Damit ist also gesagt: der Satz A ist B, und der Satz A ist nicht B, können nicht zugleich wahr sein; wer den Satz A ist nicht B behauptet, muss den Satz A ist B für falsch erklären; und wer den Satz A ist B behauptet, erklärt den Satz A ist nicht B für falsch.

2. Damit ist nichts als eine **Declaration über die Bedeutung der Verneinung** gegeben, die Wesen und Sinn derselben in einem Satze darlegt, der übrigens selbst nicht ohne die Verneinung ausgesprochen werden kann, und darum nur den Werth hat, demjenigen, der die Negation gebraucht, sein eigenes Thun zum Bewusstsein zu bringen. Wer mit »nicht« denselben Sinn verbindet, den alle damit verbinden, der kann wohl mit Worten zugleich sagen A ist B und A ist nicht B, er kann es aber nicht glauben und im Ernste behaupten; oder er kann wohl mit Worten den Schein erwecken, als ob beides zugleich wahr sei, aber nur, indem er die Wörter in verschiedenem Sinne gebraucht oder von verschiedenen Zeiten spricht. Darum verwahrt Aristoteles seinen Satz so vorsichtig durch die Bestimmungen »zugleich« und »in derselben Hinsicht«.

So gewiss die Verneinung nur in einer über das Seiende hinausgreifenden Bewegung unseres Denkens wurzelt, welche auch das Unvereinbare an einander versucht, so gewiss kann Aristoteles mit seinem Princip unmittelbar nur die Natur unseres Denkens treffen wollen. Dahin weist die Begründung: Es ist unmöglich, dass irgend Jemand annehme, dass dasselbe zugleich sei und nicht sei; dahin weist die weitere Ausführung (Metaph. IV, 4), dass diejenigen, die sagen, es sei möglich, dass dasselbe sei und nicht sei, und es sei möglich das zu glauben, die Möglichkeit des Denkens und Sich-verständigens überhaupt aufheben; denn dieses beruht darauf, dass jedes Wort etwas Bestimmtes bedeutet, und der Redende bei dieser Bedeutung stehen bleibt, und sie nicht wieder aufhebt *).

---

*) Vergl. Prantl, Gesch. der Logik I, 131 ff. 134: Immer wird über-

## § 23. Der Satz des Widerspruchs.

3. Ist dies der Sinn, in welchem Aristoteles sein Princip des Widerspruchs gemeint hat, so erhellt auch, was die positive Kehrseite desselben sein muss: nemlich der Satz, dass Jeder, der mit Bewusstsein etwas behauptet, eben das behauptet, was er behauptet, dass seine Rede einen festen Sinn haben muss, weil er sonst in der That nichts sagte, wenn sich ihm, während er denkt und spricht, ein anderer Sinn unterschöbe; es muss gelten: was ich geschrieben, das habe ich geschrieben, was ich sage, das sage ich. Es ist aber klar, dass damit nur eine Ergänzung zu dem gemeint sein kann, was wir oben Constanz der Vorstellungen genannt haben; es ist die Eindeutigkeit des Urtheilsacts. Wollte man dem aristotelischen Grundsatz als seine positive Kehrseite ein Princip der Identität gegenüberstellen, so musste diese Eindeutigkeit des Urtheilsacts seinen Inhalt bilden. Allein erst aus der Abweisung des zugleich Bejahens und Verneinens kommt diese Eindeutigkeit zum Bewusstsein, und sagt nichts, was nicht der Satz des Widerspruchs auch sagte. Es ist also

---

einstimmend mit dem subjectiven Ursprunge, welchen das menschliche Urtheilen hat, erst an das im subjectiven Reden und Annehmen bestehende Verhältniss der gleiche Grundsatz betreffs der Objectivität angeknüpft. Allerdings scheint die Fassung: es ist unmöglich, dass dasselbe zugleich sei und nicht sei, darauf hinzudeuten, dass es sich zugleich und sogar in erster Linie um einen metaphysischen, erst in zweiter um einen logischen Grundsatz handle (wie z. B. Ueberweg § 77. S. 198 ff. annimmt, indem er die Aussprüche des Aristoteles in solche scheidet, welche den metaphysischen, und solche, welche den logischen Grundsatz aussprechen). Allein eine solche Trennung von Metaphysik und Logik kann niemals im Sinne des Aristoteles gelegen haben, schon darum nicht, weil er das wahre Urtheil immer als Ausdruck eines Seins fasst, und das ἐστιν der Prädication häufig geradezu als ein Sein schlechthin bezeichnet; seinem ausdrücklichen Ausspruch gegenüber aber (Metaph. VI, 4), dass das Wahre und Falsche nicht in den Sachen, sondern in Gedanken sei, kann ein Satz, der von zwei Behauptungen eine für falsch erklärt, immer in erster Linie nur das Thun des Denkens in der σύνθεσις und διαίρεσις treffen: dass dasselbe nicht zugleich ist und nicht ist, dasselbe demselben (objectiv) nicht zugleich zukommt und nicht zukommt, ergibt sich von selbst, weil vermöge des aristotelischen Begriffes der Wahrheit auch der logische Grundsatz sonst gar keine Geltung hätte. Beide Ausdrucksweisen, die subjective und die objective, sagen für Aristoteles zuletzt genau dasselbe. Vgl. Zeller Phil. d. Gr. II, 2, 174.

vollkommen naturgemäss, dass Aristoteles den Satz des Widerspruchs allein als Princip heraushebt, und seine positive Kehrseite nur gelegentlich zum Ausdruck bringt\*), wie auch lange Zeit unter dem Principium identitatis der aristotelische Satz des Widerspruchs verstanden wurde.

4. Was die spätere Logik, insbesondere Leibniz und Kant\*), als Principium contradictionis in der Formel A ist

---

\*) Was Trendelenburg, Elem. log. Arist. § 9 aus Anal. pr. I, 32. 47 a 8 anführt: Δεῖ πᾶν τὸ ἀληθὲς αὐτὸ ἑαυτῷ ὁμολογούμενον εἶναι πάντῃ, ist der späteren Lehre zu lieb herbeigezogen, und hat im Zusammenhange nicht diese principielle Bedeutung; diese kann man nur den Ausführungen Metaph. VI, 4 ff. beilegen, und das dort enthaltene formuliert Prantl, Gesch. der Logik I, 131, richtig dahin, dass jede Annahme betreffs eines ὑπάρχον(ich würde nur gesetzt haben ὑπάρχειν) in sich feststehe, was wiederum zuletzt nur unter Voraussetzung der begrifflichen Festigkeit der Wortbezeichnungen möglich ist. Baumann, der neuerdings (Philosophie als Orientierung über die Welt S. 373 ff.) sich bemüht hat, den ächten aristotelischen Sinn der logischen Grundsätze wieder zu Ehren zu bringen, verwischt doch die Bedeutung des Gesetzes, wenn er es auf den bloss factischen Thatbestand, dass etwas vorgestellt oder gedacht worden ist, bezieht (»Es drückt nichts aus, als dass die Thatsache des Vorstellens stattgefunden hat in der Weise, wie wir sie vollzogen haben«), und es bloss als einen speciellen Fall des factum infectum fieri nequit hinstellt; denn nicht darauf kommt es an, in einem hintenher kommenden Urtheile die Thatsache festzustellen, dass etwas gedacht worden· ist; dieses nachfolgende Urtheil selbst steht ja unter der Regel, dass es etwas bestimmtes meint, nemlich eben das Stattgefundenhaben dieses und keines andern Denkacts. Es handelt sich vielmehr darum, wie jeder Urtheilsact stattgefunden hat, nemlich so, dass darin eine bestimmte, einzige Meinung liegt, dass, wer irgend etwas behauptet, es nur in einem Sinne behaupten, und in demselben Acte nicht zugleich das Gegentheil meinen kann.

\*) Wann zum erstenmale als Principium identitatis nicht der aristotelische Satz (wie das ganze Mittelalter hindurch, laut Prantl's Belegstellen), sondern die Formel A est A oder Ens est Ens bezeichnet wurde, und im Zusammenhange damit auch das Principium contradictionis (und das Princ. exclusi tertii) seine veränderte Bedeutung erhielt, gestehe ich nicht zu wissen. Bei Leibniz lässt sich der Uebergang der einen Fassung in die andern deutlich sehen. In den Nouveaux Essais IV, 2 (Erdm. p. 338. 339) wird als Princip der Identität A est A, chaque chose est ce qu'elle est genannt, als Princip des Widerspruchs aber: Une proposition est ou vraie ou fausse. Darin sollen zwei Sätze liegen: 1. que le vrai et le faux ne sont point compatibles dans une

§ 23. Der Satz des Widerspruchs.

nicht nonA aufgestellt hat, ist nach Sinn und Anwendung von dem aristotelischen Satze durchaus verschieden. Der Satz des Aristoteles betrifft das Verhältniss eines bejahenden und eines verneinenden Urtheils, bei ihm widerspricht ein Urtheil dem andern; der spätere Satz betrifft Verhältniss von Subject und Prädicat in einem einzigen Urtheile, das Prädicat widerspricht dem Subject. Aristoteles erklärt das eine Urtheil für falsch, wenn ein anderes wahr ist; die Späteren erklären ein Urtheil für sich und absolut für falsch, weil das Prädicat dem Subjecte widerspricht. Die Späteren wollen ein Princip, aus dem die Wahrheit gewisser Sätze für sich erkannt werden könne; aus dem aristotelischen Satze folgt unmittelbar keines einzigen Satzes Wahrheit oder Falschheit, sondern nur die Unmöglichkeit, Bejahung und Verneinung zugleich für wahr zu halten.

So ist denn Kant's Polemik gegen Aristoteles ein Schlag in die Luft. Bei ihm lautet der Grundsatz (Kritik der r. Vern. Hart. S. 166 ff.): »Keinem Dinge kommt ein Prädicat zu, welches ihm widerspricht.« Er ist ein allgemeines, obzwar bloss negatives Criterium aller Wahrheit; er gilt von allen Erkenntnissen überhaupt, unangesehen ihres Inhalts, und

---

même proposition, ou qu'une proposition ne saurait être vraie et fausse à la fois; 2. que l'opposé ou la négation du vrai et du faux ne sont pas compatibles, ou qu'il n'y a point de milieu entre le vrai et le faux, ou bien il ne se peut pas qu'une proposition soit ni vraie ni fausse. Soweit schliesst sich Leibniz hier wie Theod. I, 44 im Wesentlichen an Aristoteles an; von den Beispielen aber, die er anführt, ist das erste: ce qui est A ne saurait être nonA; und man sieht wie aus diesem, das noch die zwei Urtheile, »dasselbe ist A und ist nicht-A« erkennen lässt, doch schon, durch das nonA, zur Hälfte die Formel A ist nicht nonA geworden ist. Diese erscheint dann wirklich Nouveaux Essais I, § 18 (Erdm. p. 211) neben der andern Formel: il est impossible qu'une chose soit et ne soit pas en même temps. In den Princ. phil. dagegen (§ 31) gibt er als Inhalt des Principium contradictionis an, dass wir kraft desselben für falsch erklären, was einen Widerspruch enthalte, und für wahr, was dem Widersprechenden oder Falschen entgegengesetzt sei. Hier ist also die contradictio im Prädicate; endlich wird § 35 gesagt, dass das Gegentheil der identischen Sätze einen ausdrücklichen Widerspruch enthalte, womit sich A ist A und A ist nonA als nothwendig wahr und nothwendig falsch gegenüberstehen.

sagt, dass der Widerspruch sie gänzlich vernichte; er verbürgt zwar im Allgemeinen noch nicht die Wahrheit eines Satzes, denn ein Urtheil kann, auch wenn es von innerem Widerspruche frei ist, dennoch falsch oder grundlos sein; man kann aber doch von demselben auch einen positiven Gebrauch machen, um Wahrheit zu erkennen. Denn wenn das Urtheil **analytisch** ist, es mag nun verneinend oder bejahend sein, so muss dessen Wahrheit jederzeit nach dem Satze des Widerspruchs hinreichend können erkannt werden. Denn von dem, was in der Erkenntniss des Objects schon als Begriff liegt und gedacht wird, wird das Widerspiel jederzeit richtig verneint, der Begriff selber aber nothwendig von ihm bejaht werden müssen, darum weil das Gegentheil desselben dem Objecte widersprechen würde.

Von hier aus verurtheilt dann Kant die Formel: Es ist unmöglich, dass etwas zugleich sei und nicht sei; sie enthalte nemlich eine Synthesis, welche aus Unvorsichtigkeit und ganz unnöthigerweise in ihr gemischt worden. Der Satz sei durch die **Bedingung der Zeit** afficiert, und sage gleichsam: Ein Ding A, welches etwas = B ist, kann nicht zu gleicher Zeit nonB sein; aber es kann gar wohl beides (B sowohl als nonB) nach einander sein. »Nun muss der Satz des Widerspruchs, als ein bloss logischer Grundsatz, seine Aussprüche gar nicht auf Zeitverhältnisse einschränken, daher ist eine solche Formel der Absicht desselben ganz zuwider.« Der Missverstand komme bloss daher, dass man von synthetischen Sätzen ausgehe; in dem einen sei ein Prädicat (z. B. ungelehrt) mit dem Subject (Mensch) synthetisch verbunden, und da entstehe ein Widerspruch, wenn man zu gleicher Zeit dem Subject ein entgegengesetztes Prädicat (gelehrt) zutheile; der Widerspruch finde aber statt zwischen dem einen Prädicat und dem andern, nicht zwischen dem Prädicat und dem Subject. Sage man aber: kein ungelehrter Mensch ist gelehrt, so erhelle der verneinende Satz aus dem Princip des Widerspruchs, ohne dass die Bedingung »zugleich« hinzukommen dürfe. In demselben Sinne führt auch die Logik Kants das Princip des Widerspruchs auf.

Es bedarf keiner langen Ausführung, dass Kant von

etwas ganz anderem redet, als der ursprüngliche Satz des Widerspruchs meinte. Wie Leibniz die Wahrheiten in nothwendige und thatsächliche theilte, und für jede beider Classen ein besonderes Princip ihrer Wahrheit aufstellte, für die nothwendigen, die alle zuletzt sog. identische Sätze sind, das Princip des Widerspruchs, für die thatsächlichen das Princip des zureichenden Grundes, so verfährt Kant mit seinen beiden Classen der analytischen und synthetischen Urtheile; er sucht ein Princip für die Wahrheit analytischer Urtheile. Nun haben es analytische Urtheile immer bloss mit Subjecten zu thun, die Begriffe sind, und sagen was in diesen als Begriffen — damit ganz unabhängig von der Zeit — gedacht wird; das Prädicat eines analytischen Urtheils ist immer schon in dem Begriffe, der sein Subject bildet, enthalten. Das Princip des Widerspruchs im Kantischen Sinne sagt nun: keinem Begriffe darf ein Prädicat beigelegt werden, das ihm widerspricht. Sofern dann auch andere Urtheile ihr Subject mit Hülfe eines Begriffs ausdrücken (dieser Mensch ist gelehrt, enthält schon die Erkenntniss des Objects durch den Begriff Mensch), findet der Satz auf sie Anwendung, dass sie sich selbst vernichten würden, wenn sie dem Subject ein Prädicat beilegen wollten, das dem Begriffe, unter den es gestellt ist, widerspricht. Was es heisse, einem Begriffe widersprechen, und ob auf diesen Widerspruch ein allgemeines logisches Princip gegründet werden könne, soll nachher untersucht werden; vorerst ist deutlich, dass nach diesen Voraussetzungen Kant allerdings ganz Recht hatte, die Zeitbestimmung aus seinem Princip auszuschliessen; allein wenn er die aristotelische Formel darum des Missverstandes beschuldigt, weil sie ihr »Zugleich« aufnimmt, so kommt dies nur aus seinem eigenen Missverstande, dass nemlich Aristoteles dasselbe sagen wolle wie er; denn Aristoteles will allerdings, zwar nicht den Widerspruch zwischen zwei Prädicaten, aber den Widerspruch zwischen Bejahung und Verneinung desselben Prädicats verbieten.

5. Man fragt nun billig: wie ist es doch möglich, dass zwei so verschiedene Sätze, wie der aristotelische und der Kantische, meist als dasselbe Grundgesetz des menschlichen Denkens angesehen werden, und besteht denn kein Zusammen-

hang zwischen ihnen? Allerdings. Das gewöhnliche Princip des Widerspruchs will eine Regel geben, nach welcher die Gültigkeit verneinender Urtheile geprüft werden kann. Von der Einsicht aus, dass eine Verneinung meist darauf ruht, dass das Subject das Prädicat ausschliesst, und in dem Wahne, dieses Verhältniss der Unverträglichkeit ruhe rückwärts wieder auf der Verneinung, sollen die allgemein gültigen Verneinungen auf Widerspruch reduciert werden. Allein die Formel dreht sich eben darum im Kreise.

Was kann es doch heissen: ein Prädicat B widerspricht einem Subjecte A? Ein Satz, der ein Prädicat B einem Subjecte A beilegt, schliesst einen Widerspruch ein? Es gibt keinen andern Weg, auf dem ein Widerspruch zu Stande kommen kann, als so, dass das Urtheil, das dieses Prädicat B einem Subjecte A beilegt, einem andern (wenn auch nicht ausdrücklich aufgestellten, so doch vorausgesetzten) Urtheile widerspricht, welches dieses Prädicat B dem Subjecte A abspricht; und indem das leztere Urtheil (A ist nicht B) als selbstverständlich oder als anderswoher bekannt angenommen wird, hebt allerdings der Widerspruch das erste Urtheil auf, und zwar nach dem Satze des Aristoteles, dass nicht beide zugleich wahr sein können. Warum ist der Satz in Kant's Beispiel »Ein ungelehrter Mensch ist gelehrt« ein Widerspruch? Weil das Prädicat gelehrt einem Subjecte zugesprochen wird, von welchem durch das Urtheil, das implicite in seiner Bezeichnung mit dem Subjectsworte »ungelehrter Mensch« liegt, behauptet war, es sei nicht gelehrt; es lässt sich also zurückführen auf die zwei Urtheile X ist gelehrt, und derselbe X ist nicht gelehrt. Diese zwei Urtheile werden von dem Satze behauptet, und darum enthält er einen Widerspruch, und darum ist er falsch, d. h. es ist falsch, dass derselbe gelehrt und nicht gelehrt sei; und wenn es wahr ist, dass er nicht gelehrt ist, ist es falsch, dass er gelehrt ist.

Ein Widerspruch kann also nur insofern zu Stande kommen, als im Subjecte schon implicite ein Urtheil ausgesprochen ist. Dies trifft bei den analytischen Sätzen, welche Kant im Auge hat, und bei den Sätzen, welche die Schullogik allein zu betrachten pflegt, allerdings zu. Kant's analytische Sätze sind, wie wir oben gesehen haben, nur möglich unter Voraussetzung von Begriffen, die übereinstimmend fixiert sind, d. h. unter Voraussetzung allgemeingültiger Urtheile über die Bedeutung von Wörtern, welche sagen, Körper heisst soviel als ausgedehntes Ding; die mit dem Worte »Körper« bezeichnete Vorstellung enthält die Vorstellung »Ausdehnung«. Sage ich: alle Körper sind ausgedehnt: so heisst das also: Alles was ich Körper nenne, muss ich auch ausgedehnt nennen; in der Bezeichnung irgend eines X mit Körper ist das Urtheil enthalten: X ist ausgedehnt. Sage ich nun: ein Körper ist nicht ausgedehnt, oder auch: dieser Körper ist nicht ausgedehnt, — so habe ich den Widerspruch: dies ist ausgedehnt, und dies ist nicht ausgedehnt; und da es absolut feststeht, dass was Körper ist, ausgedehnt ist, so ist nothwendig das Entgegengesetzte falsch.

Soweit steht sich Bejahung und Verneinung gegenüber, A ist B und A ist nicht B. Allein jetzt treten statt der widersprechenden Sätze die contradictorisch entgegengesetzten Prädicate B und nonB ein, und der Widerspruch der Bejahung und Verneinung wird auf die beiden Bejahungen A ist B und A ist nonB übertragen; wenn »A ist B« wahr, ist »A ist nonB« falsch.

Unter diesen Voraussetzungen allein kann ein Widerspruch eines Prädicats mit dem Subjecte stattfinden; und nur unter dieser Voraussetzung, dass die Begriffsbildung infallibel und die Wortbezeichnung absolut fest ist, und dass, wo es sich um Einzelnes handelt, die Subsumtion des Einzelnen unter den Begriff ebenso infallibel ist, kann aus dem Widerspruch des Prädicats mit dem Subjectsbegriff die Falschheit eines Satzes erkannt werden. Nun ist allerdings, so lange es sich bloss um die subjectiven Gebilde handelt, die Kant seinen analytischen Urtheilen zu Grunde legt (s. oben S. 133), die Möglichkeit nicht zu bestreiten, einen Begriff mit Leichtigkeit zu machen und einzelne Merkmale in ihm zu vereinigen, zu sagen Körper ist ausgedehntes Ding; jetzt ist das Urtheil die Körper sind ausgedehnt soviel als das Ausgedehnte ist ausgedehnt;

ich habe nur, wie Hobbes aufstellt, Gleichungen zwischen Wortbedeutungen, die willkürlich gemacht sind, es ist schon eine Erschleichung, wenn ich sage: alle Körper sind ausgedehnt; denn damit setze ich unter der Hand voraus, dass mein Begriff sich auf mögliche Dinge anwenden lasse, und dass ich in jedem einzelnen Fall diese Anwendung sicher machen könne; nur so hat das »alle« einen Sinn; davon vollends, dass ich über das, was ich Körper nenne, mehr sagte, als was schon in der Benennung liegt, ist gar keine Rede; alle Sätze werden identische, d. h. sinnlose und leere.

Gerade daran, knüpft nun aber die Formel A ist nicht nonA als Ausdruck des Principium contradictionis an. Indem sie voraussetzt, dass alle wahren Urtheile sich müssen auf A ist A zurückführen lassen, und dass wir daran, an dem fertigen Begriffssysteme, in dem sich allein unser Denken und Erkennen bewege, den absoluten Massstab der Wahrheit haben, bringt sie den Widerspruch eines Prädicats mit seinem Subject auf diese Formel. Diese leidet nun zunächst an ihrem ἄόριστον nonA. Dieses könnte man zwar versuchen, wegzuerklären. Man kann, vom sog. Princip der Identität A ist A ausgehend, den Satz aufstellen; Es ist falsch, dass A nicht A ist, — darum nemlich, weil es dem wahren Satze A ist A widerspricht —; man kann dann, mit einer kleinen Verrenkung der Sprache, das in den Satz zusammenziehen: Non [A non est A]; dann ist immer das bestimmte A Subject, und es wird verneint, dass von diesem A als Prädicat verneint werden dürfe; ebenso hätte die Formel einen Sinn, wenn man A als Zeichen eines Satzes nähme. So ists aber nicht gemeint; es wird nonA im Ernste eingeführt, der contradictorische Gegensatz von Begriffen statt der Contradiction von Sätzen; und jetzt soll man nonA nicht von A bejahen dürfen. Nun könnte man sich von gewissen Gesichtspunkten aus nonA schon gefallen lassen, und die Formel für theoretisch richtig erkennen; nur dass sie in der Praxis unbrauchbar ist. Denn so nackt, dass gesagt würde Gold ist Nicht-gold, grün ist nicht-grün, Sein ist Nichtsein, tritt uns der Widerspruch nicht leicht entgegen; wir müssen ihn meist in seinen Verhüllungen entdecken; wenn nur so leicht festzustellen wäre,

§ 24. Der Satz der doppelten Verneinung.

welche Bestimmungen, wenn A gegeben ist, nun unter non-A fallen, und deshalb A widersprechen!

Aber nun zeigt sich, dass das Principium contradictionis recht wie ein Orakel uns rathlos lässt, wenn wir fragen, was denn von A nicht behauptet werden dürfe. Denn zöge man sich darauf zurück, A als Begriff enthalte die Merkmale a, b, c, d, also dürfe ihm non a, non b, non c, non d nicht zugesprochen werden, so vervielfältigt sich nur die Noth des nonA; und bleibt man dabei stehen, es dürfe a, b, c, d nicht verneint werden — nun, so ist das der aristotelische Grundsatz, angewendet auf Urtheile, deren Gültigkeit schon bekannt ist.

Eine allgemeine Formel aber, nach der ohne weiteres entschieden werden könnte, was einem Subjecte entgegengesetzt ist, kann es schon darum für die Kant'sche Logik nicht geben, weil unsere Begriffe, nach Kant's ausdrücklicher Lehre, das Wesen ihrer Gegenstände nur nach einem Theil der Erfahrung von ihnen zu bezeichnen pflegen; daraus also, dass etwas nicht in dem Begriffe enthalten ist, niemals abgenommen werden kann, dass es der Sache nicht zukommt, daraus, dass es dem Begriffe nicht widerspricht, nie folgt, dass es der Sache nicht widerspricht. Es ist auch eine Fiction, dass wir alle Verhältnisse der Begriffe nach Gegensatz und Ausschliessung kennen.

Darum ist allein der aristotelische Grundsatz ein oberstes, schlechthin unbedingtes und auf all unser Urtheilen anwendbares Princip, weil er nur betrifft was wir kennen, die Function des Verneinens, und sich nicht bloss auf Urtheile bezieht, deren Subjecte Begriffe sind; weil er ferner, soweit wir die Verhältnisse des Gegensatzes und der Unverträglichkeit der Begriffe überhaupt kennen, den Grund enthält, um dessen willen es unmöglich ist, einem Begriff ein von ihm ausgeschlossenes Prädicat beizulegen.

Das gewöhnliche Principium contradictionis kann aber nur sagen: Ein Satz ist falsch, wenn sein Prädicat mit einer Bestimmung des Subjects unverträglich ist, und darum verbieten, ein mit ihm unverträgliches Prädicat beizulegen; er setzt damit die Kenntniss dessen, was unverträglich ist, schon voraus, und kann daher kein unbedingtes oberstes Princip sein, das für sich zureichend wäre, die Falschheit eines Satzes (und damit weiterhin nach dem Satz des ausgeschlossenen Dritten die Wahrheit seines contradictorischen Gegentheils) zu begründen.

§ 24.

Das Wesen der Verneinung ist aber nur dann vollständig erschöpft, wenn zu dem Satze des Widerspruchs der Satz hinzutritt, dass **die Verneinung der Verneinung** bejahe, die Aufhebung einer Verneinung der Bejahung desselben Prädicats von demselben Subjecte gleichkomme.

1. Es ist auffallend, dass der Satz Duplex negatio affirmat, den die Grammatik aus der Beobachtung häufig vorkommender Wendungen der Sprache abstrahiert hat, in der Logik keine Stelle finden konnte; man hat ihn wohl als Consequenz des Princips des ausgeschlossenen Dritten angesehen, er ist aber vielmehr die unentbehrliche Brücke vom Satz des Widerspruchs zum Princip des ausgeschlossenen Dritten. Der Satz des Widerspruchs erklärt es für unmöglich, dass Bejahung und Verneinung zugleich wahr sei; er führt damit, wenn die Bejahung gilt, auf die Ungültigkeit der Verneinung; er erklärt aber damit noch nicht, was es heisse, **eine Verneinung für falsch erklären**. Nur darum, weil **die Aufhebung der Verneinung die Bejahung selbst ist**, gibt es kein Mittleres zwischen Bejahung und Verneinung.

Aristoteles hat sich diesen einfachen Zusammenhang dadurch verhüllt, dass er von Anfang an Bejahung und Verneinung als durchaus parallele und gleichwerthige Formen der Aussage fasste, und sich darum über das Wesen der Negation selbst keine genügende Rechenschaft gab, ja genau genommen für die Verneinung einer Verneinung gar keine Stelle liess. Sobald aber erkannt ist, dass jede Negation schon eine positive Synthese voraussetzt, und dass sie nur gegen diese sich richten kann, um sie für ungültig zu erklären; sobald erkannt ist, dass die Verneinung ein besonderer Act ist, in welchem »nicht« den Werth eines **Urtheils über ein** (versuchtes oder vollzogenes) Urtheil hat: so erhellt auch inwiefern die Verneinung einer Verneinung möglich ist. A ist nicht B enthält ja die Behauptung, dass der Satz A ist B falsch sei, dass dem A andere Bestimmungen als B, mit B unvereinbare Bestimmungen zukommen, dass es unmöglich ist, B mit A zu vereinigen. Diese Behauptung, oder der Versuch einer solchen, kann selbst wieder aufgehoben werden; es ist falsch, dass A nicht B ist, sagt: es ist unmöglich den Satz A ist B für falsch zu erklären, dem A ein anderes Prädicat als B zuzuschreiben, die Vereinigung von A und B zu hindern; wenn die Einsprache gegen die Synthese A ist B unmöglich ist, so muss diese Synthese gelten\*).

2. Erst in dieser Eigenschaft der Verneinung, dass sie gegen eine Verneinung gerichtet ein Positives behauptet, erhellt vollständig der durchaus subjective Character der gesammten Bewegung des Denkens, welche sich im Gebiete der Verneinung vollzieht. Es kann durch den Process der Verneinung keine Wahrheit erzeugt und nichts geschaffen werden, was nicht unabhängig von ihr bestünde; wie die Voraussetzung ihrer Gültigkeit ist, dass eine bloss subjective und individuelle Combination versucht werde, welche von der festen Nothwendigkeit des Denkens abgewiesen wird, so verschwindet sie, wo sie ohne Grund versucht wurde, spurlos, und das wiederholte »nicht« zeigt nur den Umweg an, den das individuelle Denken genommen hat, um bei einer Wahrheit anzulangen, die zu gewinnen es dieses Umwegs nicht bedurft hätte; denn woraus die Verneinung für falsch erklärt wird, ist zuletzt immer ein Positives, und in diesem liegt der Grund, der die Verneinung scheitern macht.

3. Doch ist dieser Umweg nicht völlig vergeblich. Wie die Grammatik in ihrem Gebiete erkannt hat, wächst die **psychologische Festigkeit der Ueberzeugung** durch den abgeschlagenen Angriff; die Bejahung, welche sich durch

---

\*) Vergl. Bradley, The principles of Logic 1883 p. 149 ff., wo besonders darauf zurückgegangen wird, dass jeder Verneinung eine positive Erkenntniss zu Grunde liegen müsse; der einzige Grund, auf den hin A ist nicht B verneint werden kann, ist die Erkenntniss, dass A B ist; diese ist also in der doppelten Verneinung eingeschlossen.

eine Verneinung durchgekämpft hat, scheint fester zu stehen und gewisser zu sein. Diesen Gewinn kann sie davon tragen; niemals aber den anderen, dass sie nun mehr enthalte, als zuvor, und eine innere Bereicherung erfahren habe. A ist B sagt dasselbe, ob es direct erkannt oder aus der Verneinung von A ist nicht B hervorgegangen ist — so lange A und B dasselbe bedeuten, und nicht der blossen Verneinung »A ist nicht B« die Bejahung eines positiven, B entgegengesetzten Merkmals untergeschoben wurde. Denn dann allerdings wäre insofern ein Neues gewonnen, als A zu einem weiteren Prädicate in Beziehung getreten wäre. Ist es falsch, dass das Licht nicht eine Bewegung ist, so sagt der dadurch gewonnene Satz kein Jota mehr, als der Satz: das Licht ist eine Bewegung. Nur wenn dem ersten, auf Grund einer anderswoher bekannten Disjunction, der Satz sich untergeschoben hätte: das Licht ist ein Stoff, so wäre durch dessen Abweisung ein Neues hervorgebracht, eine Unterscheidung zwischen »Licht« und »Stoff«; aber dies ist nicht das Verdienst der doppelten Verneinung.

## § 25.

Aus dem Satze des Widerspruchs und dem Satze der doppelten Verneinung folgt von selbst, dass von zwei contradictorisch entgegengesetzten Urtheilen das eine nothwendig wahr ist, dass es also neben Bejahung und Verneinung keine dritte Aussage gibt, neben der jene beiden falsch wären. Dies ist der Satz vom ausgeschlossenen Dritten, der demnach, wie die beiden vorangehenden, nur das Wesen und die Bedeutung der Verneinung weiter zu entwickeln bestimmt ist.

Die gewöhnliche Fassung des Principium exclusi tertii durch die Formel *Omne A est aut B aut non B*, wonach jedem Subjecte von zwei contradictorisch entgegengesetzten Prädicaten eines zukommt, ist ebenso von dem ursprünglichen und ächten Satze des ausgeschlossenen Dritten verschieden, wie das gewöhnliche Principium contradictionis von dem Satze des Widerspruchs.

### § 25. Der Satz des ausgeschlossenen Dritten.

**1.** Dass von den beiden Urtheilen A ist B und A ist nicht B das eine nothwendig falsch ist, weil nicht beide zugleich behauptet werden können, sagt der Satz des Widerspruchs, und fixiert damit den Sinn der Verneinung. Dass aber das eine nothwendig wahr ist, ergibt sich sofort, **weil nicht beide zugleich verneint werden können**. Denn verneine ich A ist B, so behaupte ich eben damit A ist nicht B; verneine ich aber A ist nicht B, so heisst das wiederum nichts anderes als behaupten A ist B. Wollte ich also zugleich verneinen, dass A B ist, und verneinen, dass A nicht B ist: so würde ich mit jener Verneinung sagen A ist nicht B, mit dieser A ist B, also in Widerspruch fallen. Somit bleibt zwischen Bejahung und Verneinung kein Mittleres übrig, das eine Beziehung des Prädicats B auf das Subject A enthalten könnte; und jedes Urtheil, das B und A als Prädicat und Subject in Verbindung setzen will, muss entweder B von A bejahen oder B von A verneinen.

**2.** Aristoteles hat diesen Satz wiederholt aufgestellt, und in der Hauptstelle (Metaph. IV, 7) einen Beweis desselben versucht, der aber eine petitio principii enthält; sonst stellt er ihn als selbstverständlich hin\*). Seine enge Ver-

---

\*) Arist. Metaph. Γ, 1011 b 23: Ἀλλὰ μὴν οὐδὲ μεταξὺ ἀντιφάσεως ἐνδέχεται εἶναι οὐθέν, ἀλλ᾽ ἀνάγκη ἢ φάναι ἢ ἀποφάναι ἓν καθ᾽ ἑνὸς ὁτιοῦν· δῆλον δὲ πρῶτον μὲν ὁρισαμένοις τί τὸ ἀληθὲς καὶ ψεῦδος. τὸ μὲν γὰρ λέγειν τὸ ὂν μὴ εἶναι ἢ τὸ μὴ ὂν εἶναι ψεῦδος, τὸ δὲ τὸ ὂν εἶναι καὶ τὸ μὴ ὂν μὴ εἶναι ἀληθές, ὥστε ὁ λέγων τοῦτο εἶναι ἢ μὴ ἀληθεύσει ἢ ψεύσεται· ἀλλ᾽ οὔτε τὸ ὂν λέγεται μὴ εἶναι, ἢ εἶναι, οὔτε τὸ μὴ ὄν. Der Sinn dieser verschieden erklärten Stelle ist: Zwischen den Gliedern der Antiphasis gibt es nichts Mittleres, sondern man muss jedes von jedem entweder bejahen oder verneinen. Das erhellt, wenn wir zuerst bestimmen was wahr und falsch ist. Sagen, dass das Seiende nicht ist oder das Nichtseiende ist, ist falsch; sagen, dass das Seiende ist und das Nichtseiende nicht ist, ist wahr, so dass wer sagt, das dies (d. h. irgend ein bestimmtes entweder Seiendes oder Nichtseiendes) sei oder nicht sei, entweder wahr redet oder falsch. Aber weder vom Seienden wird gesagt, dass es nicht sei oder sei, noch vom Nichtseienden - in der vorausgesetzten mittleren Behauptung· nemlich zwischen Bejahung und Verneinung; denn würde eines dieser Urtheile ausgesprochen, so wäre es eine Bejahung oder Verneinung und wahr oder falsch; das Mittlere aber könnte weder vom Seienden noch vom Nichtseienden etwas aussagen, und darum auch weder wahr noch falsch

wandtschaft mit dem Satze des Widerspruchs tritt darin hervor, dass schon Aristoteles Formeln aufstellt, die beide in sich enthalten, und Leibniz beide ausdrücklich in der Formel: Ein Satz ist entweder wahr oder falsch zusammenfasste *). Aber in dem Entweder-Oder verschlingt sich in nur scheinbar einfachem Ausdruck Mehrfaches, und verhüllt sich die Stellung des Abgeleiteten zu dem Ursprünglichen; darum ist es naturgemässer, den Satz des ausgeschlossenen Dritten als ein besonderes Corollarium zu den Sätzen stehen zu lassen, welche die Bedeutung der Verneinung unmittelbar entwickeln; falsch aber, ihn als gleich unmittelbares Princip neben das des Widerspruchs zu stellen, von dem er abhängt; um so mehr, als ihm nicht dieselbe leichte und evidente Anwendbarkeit zukommt, wie dem Fundamentalsatze.

3. Es ist eine Folge der Schwäche der blossen Verneinung und ihrer Unfähigkeit, den Sinn zu sagen, in welchem sie verneint, dass aus der Anwendung des Satzes vom ausgeschlossenen Dritten sich Schwierigkeiten zu ergeben scheinen.

Die gewöhnlichen zwar, aus der Stetigkeit der Uebergänge

---

sein. Was aber weder wahr noch falsch ist, ist gar keine Behauptung, da es zum Wesen einer solchen gehört, wahr oder falsch zu sein (ὥστε οὔτε ἀληθεύσει τις, οὔτ' οὐκ ἀληθεύσει 1012 a 6). Aehnlich erklärt Ueberweg 3. Aufl. § 79. S. 216. Es ist klar, dass in der Definition des wahren und falschen Urtheils und in der Eintheilung der Urtheile in bejahende und verneinende schon vorausgesetzt ist, es gebe kein μεταξύ, wenn nur behauptet werden kann, dass das Seiende oder Nichtseiende ist, oder dass es nicht ist; als Beweis kann also die Ausführung nicht gelten, sondern nur, wie auch der fernere Verlauf des Capitels, als Aufzeigung, dass überall vorausgesetzt wird, es gebe kein Mittleres.

Categ. 10. 13 a 37: Ὅσα δὲ ὡς κατάφασις καὶ ἀπόφασις ἀντίκειται.... ἐπὶ μόνων τούτων ἀναγκαῖον ἀεὶ τὸ μὲν ἀληθὲς τὸ δὲ ψεῦδος αὐτῶν εἶναι — wiederholt 13 b 27. 33.

Metaph. I, 7. 1057 a 33: τῶν δ' ἀντικειμένων ἀντιφάσεως μὲν οὐκ ἔστι μεταξύ· τοῦτο γάρ ἐστιν ἀντίφασις, ἀντίθεσις ἧς ὁτῳοῦν θάτερον μόριον πάρεστιν, οὐκ ἐχούσης οὐδὲν μεταξύ. K, 12. 1069 a 3: ἀντιφάσεως οὐδὲν ἀνὰ μέσον, gleichlautend Phys. ausc. V, 3, 227 a 9.

Analyt. post. I, 2. 72 a 11 wird sogar der ein Drittes ausschliessende Gegensatz als die Basis angenommen, um zu erklären, was ein Urtheil sei: ἀπόφασις ἀντιφάσεως ὁποτερονοῦν μόριον, ἀντίφασις δὲ ἀντίθεσις ἧς οὐκ ἔστι μεταξὺ καθ' αὑτήν. Vergl. De interpr. 9. 18 a 28.

*) S. oben S. 148. Anm.

und der Vielseitigkeit der Subjecte hergenommen, sind leicht zu lösen; während die Sonne aufgeht, ist von den beiden Sätzen »sie ist aufgegangen« und »sie ist nicht aufgegangen« der eine oder andere wahr, je nachdem man »aufgegangensein« von der Erhebung des oberen oder des unteren Randes über den Horizont versteht. Sagt man: im Momente des Todes sei es falsch zu sagen »er lebt« und falsch »er lebt nicht« — so trifft auch das nicht, denn da »Leben« einen dauernden Zustand ausdrückt, so gilt vom Sterbenden in articulo mortis »er lebt nicht«; und ähnlich in allen Fällen, wo es sich um räumliche und zeitliche Grenzen handelt. Noch gröber sind die Beispiele: es sei falsch ein Schachbrett ist schwarz, und falsch es ist nicht schwarz; soll das Prädicat vom Ganzen gelten, so ist die Verneinung wahr; im andern Fall ist das Subject nicht dasselbe\*). Allein es erheben sich noch andere Bedenken.

Aristoteles schon hat die Frage erörtert, wie sich die beiden Sätze: Socrates ist krank und Socrates ist nicht krank verhalten, wenn Socrates nicht ist\*\*), und ob auch dann einer von beiden nothwendig wahr sei; er entscheidet dahin, dass in diesem Falle zwar die Sätze, die den realen Gegensatz aussprechen, Socrates ist krank und Socrates ist gesund, beide falsch wären, die blosse Negation aber, Socrates ist nicht krank, sei auch in diesem Falle wahr, und rette die Allgemeinheit des Grundsatzes. Vollkommen befriedigend zwar scheint diese Entscheidung nicht; denn der Satz: »Socrates ist nicht krank« wird ja doch gewöhnlich in dem Sinne verstanden, dass Socrates zwar lebt, aber nicht krank ist; und zwar darum, weil, wer die Frage: ist Socrates krank? überhaupt mit Ja oder Nein beantwortet, nach der gewöhnlichen Redeweise damit auf die Voraussetzung eingeht, unter der allein die Frage möglich ist, und darum sich einer Zweideutigkeit schuldig macht, wenn er von dem Gestorbenen sagt: Er ist nicht krank. Man kann sich nun zwar darauf berufen, dass wer eine solche Antwort zweideutig nennt, eben damit aner-

---

\*) Ueber diese und ähnliche Einwendungen vergl. Ueberweg § 78—80, bes. S. 205 ff. Drobisch, Logik § 60. S. 66.
\*) Categ. 10. 13 a 27—b 35.

kennt, dass der Wortlaut den anderen Sinn nicht ausschliesse, und formell sei also die Wahrheit des Satzes unanfechtbar.

4. Man kann diese Rechtfertigung anerkennen, und daraus doch die Lehre abstrahieren, dass im Gebiete zeitlich gültiger Urtheile mit dem Princip des ausgeschlossenen Dritten nicht viel anzufangen sei. Denn nicht darum handelt es sich ja, dass Socrates überhaupt nicht existirt (sonst müsste von den beiden Urtheilen: der Pegasus ist geflügelt und der Pegasus ist nicht geflügelt, das letztere wahr sein), sondern die Voraussetzung ist die seiner Existenz, nur seiner Existenz in einer früheren Zeit; und die Schwierigkeit betrifft das Präsens. Denn da zeitlich gültige Urtheile nur für einen bestimmten Zeitpunkt ihre Bejahung meinen, bleibt es unsicher, ob die Verneinung derselben nur diesen Zeitpunkt, oder das Subject überhaupt in seiner ganzen Dauer trifft; ob also nur das Präsens oder Präteritum oder Futurum falsch ist, oder das Prädicat überhaupt. Von den beiden Sätzen: Er wird sterben — er wird nicht sterben, ist nothwendig einer wahr, der andere falsch; ob aber »er wird nicht sterben« darum wahr ist, weil er schon gestorben ist, oder darum, weil er im Wetter gen Himmel fahren wird, wie Elia, sagt der Satz nicht *). Wo man also vermittelst des Satzes vom

---

*) In der wunderlichen Ausnahme, welche Aristoteles (De interpr. 9. 18 a 27) hinsichtlich der Zukunft statuiert, indem er ausführt, wenn der eine sage, es werde etwas sein, der andere es verneine, so gelte nicht, dass der eine nothwendig die Wahrheit sage, weil sonst alles Zukünftige nothwendig wäre und dem Ueberlegen kein Raum mehr bleibe, ist dem Stagiriten, wie auch Zeller (Gesch. d. griech. Phil. II, 2. S. 157) anerkennt, ein Versehen begegnet, indem er die Behauptung, dass nothwendig einer oder der andere Recht habe, mit der andern verwechselt, dass einer von beiden nothwendig Recht habe, d. h. darum Recht habe, weil, was er sage, nothwendig sei, oder nothwendig nicht sei; während nur nothwendig ist, dass der faktische, wenn auch zufällige Erfolg dem einen oder dem andern Recht gibt. Aristoteles meint aber, die Behauptung, dass nothwendig einer Recht habe, setze voraus, dass jetzt schon einer bestimmt Recht, der andere Unrecht haben müsse, während doch die Behauptung des einen ebensowenig gewiss sei als die des andern, und eigentlich weder ἔσται noch οὐκ ἔσται im Sinne eines Wissens gesagt werden könne. Es zeigt sich, wie er, gewöhnt jede Aussage auf das Sein zu beziehen, kein Correlat für eine

ausgeschlossenen Dritten bei der Wahrheit einer Bejahung anlangen kann, da ist der Satz auch bei bloss zeitlichen Urtheilen werthvoll, denn die Bejahungen sind eindeutig; blosse Verneinungen aber zu gewinnen, ist nicht der Mühe werth.

5. Besser ist es in Beziehung auf die **unbedingt gültigen Urtheile** bestellt. Denn da diese den Inhalt der Subjectsvorstellung treffen, so scheint auch die Verneinung eindeutig sein zu müssen. Von den beiden Urtheilen: die Materie ist schwer und die Materie ist nicht schwer, der Raum ist unendlich und der Raum ist nicht unendlich, scheint sowohl Bejahung als Verneinung eindeutig. Allein hier tritt eine Schwierigkeit anderer Art ein, welche schon oben (§ 22, 3. 4. S. 130) berührt worden ist, und die in der Allgemeinheit der Subjecte wurzelt, welche das Urtheil zugleich auf alles unter ihnen befasste bestimmtere Einzelne auszudehnen fortwährend einlädt. Während nun die Prädicate bejahender Urtheile selbstverständlich wie von der allgemeinen Vorstellung so von den einzelnen Objecten gelten, die unter sie fallen, kann nicht ebenso von ihnen verneint werden, was in der allgemeinen nicht mitgedacht wird. In der allgemeinen Vorstellung des Dreiecks liegt es nicht, gleichseitig, in der allgemeinen Vorstellung des Menschen nicht, weiss zu sein; aber darum kann nicht von allen Dreiecken gleichseitig von allen Menschen weiss verneint werden. Dadurch erhalten die gegenüberstehenden Urtheile: »Das Dreieck ist gleichseitig — das Dreieck ist nicht gleichseitig« etwas Schiefes; und wieder wird die Negation zweideutig, indem sie jetzt nur die Allgemeinheit aufheben und die Vereinbarkeit des Prädicats zulassen soll. Hier ist die Lücke, in welche zunächst das divisive und weiterhin das darauf gegründete disjunctive Urtheil einzutreten haben, das eine um die Verträglichkeit verschiedener Prädicate mit der allgemeinen Vorstellung, das andere um ihre Unverträglichkeit unter sich auszusprechen.

6. Die gewöhnliche Formel des Principium exclusi tertii liest den Satz, dass von zwei sich widersprechenden Urtheilen

---

Behauptung finden kann, welche Sein und Nichtsein unentschieden lässt.

eines nothwendig wahr sein müsse, (Entweder gilt: A ist B oder A ist nicht B) so, dass er lautet: Jedem denkbaren Subject A muss eines von zwei contradictorisch entgegengesetzten Prädicaten zukommen (A ist entweder B oder nonB); sie verlegt also die Negation an die Prädicate, und gewinnt auf diese Weise streng genommen **zwei bejahende Urtheile**, zwischen denen kein drittes möglich sei. Nachdem die Wolff'sche Logik diesen Uebergang gemacht, beutet ihn **Kant** für seine Zwecke aus, indem er zeigt, wie der Grundsatz, dass jedem Ding von allen möglichen Prädicaten, sofern sie mit ihren Gegentheilen verglichen werden, eines zukommen müsse, über das bloss Logische hinausgehe, und, als Grundsatz der durchgängigen Bestimmung, einen Inbegriff aller Prädicate als die gesammte Möglichkeit voraussetze. Ob nicht in diesem Uebergang eine quaternio terminorum in dem ›alle‹ liege, sofern es das einemal von einer ganz unbestimmten Allgemeinheit, das anderemal von einer bestimmten Zahl gebraucht wird, kann hier unerörtert bleiben; er zeigt jedenfalls den Sinn, in welchem Kant den Grundsatz auffasst, dass es sich nemlich dabei darum handle, ein Subject zu allen möglichen positiven und negativen Prädicaten in Beziehung zu setzen, um zu sehen, durch welche es zu bestimmen sei; und der Satz ›A ist entweder B oder nonB‹, gibt also die Anleitung, für B nacheinander alle denkbaren Prädicate zu setzen. Nun ist aber, auch ganz abgesehen von der Berechtigung der Formel nonB, dies ein vollkommen leeres Geschäft, da doch keine Bestimmung gewonnen wird, sondern immer unentschieden bleibt, ob nun B oder nonB, X oder nonX dem Subjecte zukomme; und wüssten wir auch zu entscheiden, so würde für die grosse Mehrzahl solcher Prädicate keine denkbare Combination die Möglichkeit herbeiführen, das Prädicat bejahend zu versuchen und dadurch eine Verneinung herauszufordern; in Betreff der Allgemeinbegriffe bliebe aber dieselbe Noth bestehen, dass sowohl B als nonB mit ihnen verträglich ist; so dass also auch hieraus der Werth des Satzes bedeutend sinkt.

7. In Wirklichkeit leitet der Satz des ausgeschlossenen Dritten das Ansehen, in welchem er steht, vielmehr daraus

ab, dass er ein speciellerer Fall eines allerdings sehr wichtigen und folgenreichen Verhältnisses ist, nemlich des disjunctiven. Es ist mit der Natur unserer Vorstellungen gegeben, dass wir sehr häufig im Stande sind, die Wahl unter verschiedenen Behauptungen über dasselbe Subject auf wenige, oft nur auf zwei zu beschränken; dass wir, auf Grund unserer Erkenntnisse und des bestimmten Inhalts unserer Subjecte und Prädicate, zwei positive Behauptungen aufstellen können, von denen wir wissen, dass sie sich insofern wie contradictorisch entgegengesetze Urtheile verhalten, als sie nicht beide zusammen wahr, aber auch nicht beide falsch sein können; und in diesem Falle gewinnen wir durch Verneinung jedes Gliedes eine bestimmte, eindeutige Bejahung. Der Grundsatz des ausgeschlossenen Dritten erweckt nun leicht den Schein, als lasse sich auf die bequemste und wohlfeilste Weise zu solchen fruchtbaren Disjunctionen gelangen; man dürfe nur aussprechen, dass jeder Satz wahr oder falsch sei, so habe man immer eine unanfechtbare Wahrheit und eine sichere Basis für strenge Untersuchung. Allein es schiebt sich dann unvermerkt der blossen Negation der Gegensatz der Prädicate unter, und die negative Behauptung scheint mehr zu sagen als sie wirklich sagt, indem sie von dem verstanden wird, worauf sie allerdings in der Regel ruht, von der Wahrheit des Satzes mit entgegengesetztem Prädicat. Könnten wir durch alle schwierigen Fragen hindurchkommen, indem wir frischweg beginnen: Entweder ist es so oder so — was noch eigentlicher trancher la question wäre, als was die Franzosen so nennen — entweder ist er geistig gesund oder geisteskrank, entweder ist die Zahl gerade oder ungerade, — dann wäre freilich das Princip des ausgeschlossenen Dritten eine unüberwindliche Waffe; aber es vermag als solches immer nur die Negation in ihrer ärmsten, nichtssagendsten Rolle der Bejahung entgegenzusetzen. Und so werthvoll für den Sinn der Negation selbst die Einsicht ist, dass es nichts Mittleres zwischen Bejahung und Verneinung gibt, so wenig verdient dieser Satz die Würde eines besonderen Princips.

8. Auch der apagogische Beweis leitet seine Kraft nur scheinbar von dem Grundsatze des ausgeschlossenen Drit-

ten ab; er endet allerdings, indem er von der Falschheit einer Verneinung auf eine Bejahung schliesst; aber die Falschheit dieser Verneinung konnte nur erwiesen werden, wenn an die Stelle der rein negativen und damit unbestimmten Contradiction eine bestimmte trat, die auf einer Disjunction fusste, und diese Disjunction war für sich allein genügend, den Beweis zu stützen \*).

---

\*) Die weitere Ausführung einem späteren Abschnitt vorbehaltend, zeigen wir vorläufig wenigstens an einem Beispiel, dass der Satz des ausgeschlossenen Dritten für den indirecten Beweis nicht nöthig ist. Euclid I, 29 beweist die Gleichheit der Wechselwinkel an Parallelen. Wären sie nicht gleich, so würde folgen, dass die inneren Winkel zusammen kleiner als zwei Rechte, die Linien also, nach dem bekannten Postulate, nicht parallel wären. Der Widerspruch mit der Voraussetzung ergibt, dass es falsch ist, dass die Wechselwinkel nicht gleich sind, wahr also dass sie gleich sind. In dieser Form ausgedrückt, scheint der Beweis auf dem Grundsatz des ausgeschlossenen Dritten zu ruhen. Allein es scheint nur. Würde der Annahme »die Winkel sind nicht gleich« nicht substituiert »ein Winkel ist grösser als der andere«, so könnte der Beweis nicht fortschreiten; die Voraussetzung, die sich als unmöglich erweist, ist, dass ein Winkel grösser sei als der andere; und daraus dass diese falsch ist, ergibt sich die Wahrheit des Demonstrandum. Worauf also der Beweis ruht, ist nicht, dass von den Sätzen: die zwei Winkel sind gleich,
      die zwei Winkel sind nicht gleich,
einer nothwendig wahr ist, sondern dass dies gilt von den Sätzen:
      die zwei Winkel sind gleich,
      der eine Winkel ist grösser als der andere.
Der disjunctive Satz schliesst die blosse Verneinung ein, aber nicht umgekehrt; und auf jenem ruht der Beweis.

## Fünfter Abschnitt.

## Die pluralen Urtheile.

Wir verstehen unter pluralen Urtheilen solche, welche in Einem Satze von einer Mehrzahl von Subjecten ein Prädicat aussagen.

### I. Positive plurale Urtheile.

### § 26.

Wenn einfache Urtheile **dasselbe Prädicat an einer Reihe von Subjecten** wiederholen, und der Urtheilende dem Bewusstsein dieser Uebereinstimmung dadurch Ausdruck gibt, dass er sprachlich die Prädicierung in Einem Act in Beziehung auf eine Mehrheit vollzieht, entstehen zunächst die Urtheile von der Form **A und B und C sind P (copulative Urtheile.)**

Fallen **A und B und C unter dieselbe Benennung N**, welche sie als **mehrere N zu zählen** erlaubt oder auffordert, so entsteht das plurale Urtheil im engern Sinn, welches mit bestimmter oder unbestimmter Angabe der Zahl auch die Mehrheit der Subjecte in einem sprachlichen Ausdruck zusammenfasst. (Mehrere N sind P.)

1. Indem unsere Lust zu urtheilen sich befriedigt, wie eben die psychologischen Veranlassungen ihr Stoff bieten, entsteht zunächst eine Kette von Urtheilsacten, die nur dadurch verknüpft sind, dass sie in dem urtheilenden Subjecte einander

folgen, und von demselben Bewusstsein umfasst sind, das von einem zum andern übergeht, ohne die früheren Acte sofort zu verlieren. Die sprachliche Verknüpfung der Sätze mit »Und«, die ursprünglichste und indifferenteste von allen, sagt zunächst nichts anderes als diese subjective Thatsache des Zusammenseins in Einem Bewusstsein aus, und es kommt ihr darum keine objective Bedeutung zu; das Heterogenste kann ebenso durch »Und« verknüpft werden, wie das Verwandteste. Aber schon die psychologischen Gesetze bringen es mit sich, dass leicht sich Urtheile aneinanderreihen, die entweder von demselben Subjecte nacheinander verschiedene Prädicate aussagen oder dasselbe Prädicat von verschiedenen Subjecten. Jene Urtheile, die das Verweilen der Aufmerksamkeit auf einer und derselben Subjectsvorstellung voraussetzen, fassen sich von selbst in die conjunctive Form A ist B und C und D u. s. w. zusammen, welche nicht bloss enthält, dass die Prädicate eins ums andere dem Subjecte zukommen, sondern auch das Bewusstsein dieses Nebeneinander von verschiedenen Bestimmungen ausdrückt. Das conjunctive Urtheil sagt insofern mehr, als seine einzelnen Theilurtheile. Es ist aber keine Veranlassung, diese Form hier ausführlicher zu betrachten; sie wird erst wichtig, wo sie, mit dem Bewusstsein logischer Forderungen, auf erzählende Urtheile angewendet, der Beschreibung, auf erklärende, der Definition dient.

2. Die Zusammenstellung von Urtheilen, welche dasselbe Prädicat verschiedenen Subjecten zuschreiben, setzt eine Aufmerksamkeit auf das Prädicat, den innerlich vorhandenen allgemeinen Factor des Urtheils, und damit die Thätigkeit des vergleichenden und beziehenden Denkens voraus, das Einzelnes zusammenzufassen, das Uebereinstimmende in Verschiedenem zu erkennen sucht; das Urtheil von der Form A und B und C sind P liegt damit in derselben Richtung, in der das Urtheilen überhaupt sich bewegt, mit Hülfe der schon vorhandenen und festen Vorstellungen das Manigfaltige und Neue sich anzueignen; und es stellt darum eine höhere Entwicklung des Denkens gegenüber dem einfachen Urtheil dar.

3. Der einfachste Fall, in dem eine Wiederholung von Prädicaten eintritt, ist die Anschauung einer Mehrheit **gleicher oder ähnlicher Dinge**, welche mit demselben Worte **benannt** werden, sei es dass sie, discret wahrgenommen, eine räumliche oder zeitliche Reihe bilden, sei es dass sie als sich besondernde Theile eines Ganzen, als Glieder einer Gruppe erkannt werden. Die Wiederholung derselben Anschauung und derselben Benennung kommt zum Bewusstsein in der Unterscheidung der **vielen A** von **einem A**, sprachlich in der Bildung des **Pluralis**. Wo das Interesse bloss darauf gerichtet ist, **was das Gesehene ist**, da erfolgt ein Benennungsurtheil im Plural (das sind Schafe, das sind Buchstaben); aber jede Vielheit von Gleichartigem fordert weiterhin zum Zählen und zum Vergleichen nach der Anzahl auf, und die Antwort auf die Frage »Wie viele« erscheint in einem unbestimmten oder bestimmten Zahlausdruck. Je nachdem die Benennung oder die Zahl vorangeht, ist in dem Urtheil »das sind drei Schüsse« das Zahlwort oder das Nomen das eigentliche Prädicat, das der Sprechende betont.

4. So rasch und unbewusst in der Regel das Benennen vor sich geht, so dass wir daraus keine besonderen Urtheile bilden, und die Benennung nur in der Wortbezeichnung des Subjects niederlegen, so schnell verläuft meistens auch die Unterscheidung der Einheit und Mehrheit, das Zählen kleiner Anzahlen und die Schätzung der verschiedenen Abstufungen der Vielheit — wenige — einige — mehrere — viele u. s. w. Wir machen daraus nur dann besondere Prädicate, wenn es darauf ankommt wie viele es sind, oder wenn es gilt eine zweifelhafte oder bestrittene Angabe festzustellen; die Synthese des Urtheils ist dann zwischen der gegebenen, jetzt gezählten Vielheit und der bestimmten oder unbestimmten Zahlvorstellung\*). Meist wird auch dies nur als Theil der

---

\*) Die Logiker, welche in jedem Urtheile eine Subsumtion des Subjects unter einen allgemeineren Prädicatsbegriff sehen, der dem Subject als seine Gattung gegenübersteht, dürften in Verlegenheit kommen zu sagen, wozu denn Drei oder Sieben oder Hundert das Allgemeine sei, und welcher Umfang diesen Begriffen zukomme? Gehört zum Umfang von Drei alles in der Welt, woran ich eins, zwei, drei zählen kann?

Bezeichnung des Subjects, als fertiges Resultat ausgedrückt, und es handelt sich darum, was von den so und so vielen Subjecten auszusagen ist.

5. Wenn auf diese Weise Urtheile entstehen wie Hagelkörner fallen — Einige Sterne werden sichtbar — Viele Bäume sind entwurzelt — Fünfzig Mann sind verwundet — welcher Art ist die Urtheilsfunction?

Am nächsten liegt die Auffassung, welche den Plural des Verbs — also auch der Copula — als **Zeichen einer Mehrheit von Urtheilsacten** ansieht, welche in gemeinschaftlichem Ausdruck summiert werden. Um zu sagen Einige Sterne werden sichtbar, muss ich hier einen — dort einen — dort wieder einen — gesehen haben; jedem Einzelnen kommt das Prädicat zu; aber ich kenne ihre Namen nicht oder will sie nicht nennen, statt zu sagen α Lyræ und α Cygni und α Bootis werden sichtbar, bezeichne ich diese bestimmten nur mit ihrem gemeinschaftlichen Namen; **ich meine aber diese bestimmten Einzelnen.** Allein dies ist die Entstehung des pluralen Urtheils nur in einem Theil der Fälle; im andern wird das Subject als eine Vielheit so zu sagen mit Einem Blick wahrgenommen und erst von dieser Vielheit das Prädicat ausgesagt; die Synthese ist also in der That eine einfache. Dies zeigt sich besonders deutlich in Urtheilen, in welchen das Prädicat dem Einzelnen gar nicht zukommen kann. Zahllose Vögel beleben den Wald — die Bäume stehen dicht gedrängt, sind keine Urtheile, die aus einer Summierung von vielen Urtheilen entstanden wären.

Anders, wenn das Zahlwort das eigentliche Prädicat ist. »Viele Menschen sind kurzsichtig« will mir nicht mittheilen, dass A und B und C u. s. f. kurzsichtig sind, und

---

Oder ist nicht vielmehr Drei eine vollkommen in sich bestimmte Vorstellung, bei der von Umfang gar keine Rede sein kann, da sie immer schlechterdings dieselbe Zahl ist, so gut als der Process des Zählens immer auf dieselbe Weise vollzogen wird? Und wenn sie Prädicat ist, ist sie wirklich Prädicat der Dinge, von denen sie ausgesagt wird, und nicht vielmehr Prädicat ihrer Zahl, die bloss dadurch existiert, dass ich jetzt eben gerade diese und keine anderen Dinge zusammenfassend zähle?

meint auch gar nicht die bestimmten mit seiner Aussage; sondern was mitgetheilt werden soll, ist die leidige Thatsache, dass der Kurzsichtigen Viele sind — viele vergleichsweise, im Verhältniss zur Gesammtzahl. Wenn der Gefechtsbericht eintrifft, so versteht es sich von selbst, dass es Todte oder wenigstens Verwundete gegeben hat; es handelt sich darum wie viele; und die Fassung des Telegramms: Todt 10, verwundet 50 ist logisch die correcteste.

Dass ebenso wie Dinge auch wiederholte Thätigkeiten zu pluralen Urtheilen Veranlassung geben, bedarf keiner Ausführung.

Allerdings muss jeder solchen Zahlangabe eine Reihe von Einzelurtheilen vorangehen — A ist kurzsichtig, B ist kurzsichtig u. s. f., die Beobachtung muss an jedem Einzelnen festgestellt sein, ehe ich sie zählen kann. Aber indem ich sie zähle, sehe ich eben damit von allem ab, was sie unterscheidet, vergesse wer kurzsichtig ist, weiss bloss, dass ich an Menschen meine Beobachtungen gemacht habe, halte nur die bestimmte Zahl der Wiederholungen derselben Beobachtung an gleichartigen Individuen fest, und bestimme ihre relative Grösse; ich verfahre wie der Statistiker verfährt, der nur seine Rubriken mit Zahlen füllt und dem es gleichgültig ist, wer die gezählten Geborenen, Gestorbenen, Selbstmörder u. s. w. sind; die Prädicate seiner Urtheile sind ebenso die Zahlen.

Es ist nöthig, diese selbstverständlichen Dinge hier ausführlicher darzulegen, um in die Unklarheiten der traditionellen Lehre vom allgemeinen und particulären Urtheil einiges Licht zu bringen.

## § 27.

Alle, womit das Subject des sogenannten allgemeinen Urtheils (Alle A sind B) verbunden ist, meint ursprünglich eine bestimmte Zahl, und ein Urtheil mit Alle setzt eine begrenzte Anzahl von zählbaren einzelnen Objecten voraus. Alle A sind B kann darum in seiner ursprünglichen Bedeutung nur in Beziehung auf bestimmtes Einzelnes ausgesprochen werden. Dabei ist »Alle« logisch betrachtet Prädicat (die A, die B sind, sind alle A).

Von diesem **empirisch allgemeinen Urtheil** ist genau zu unterscheiden das **unbedingt allgemeine**, das die **nothwendige Zusammengehörigkeit** des Prädicats B mit der Subjectsvorstellung A auf inadäquate Weise durch Zurückgehen auf die unbegrenzte Menge des Einzelnen ausdrücken will. (Wenn etwas A ist, ist es nothwendig auch B).

1. »Alle« setzt nach seiner ursprünglichen Bedeutung eine bestimmte Zahl voraus; denn es drückt aus, dass zwei bestimmte Zahlen einander gleich sind. Um ein Urtheil zu fällen von der Form Alle A sind B, muss ich ein doppeltes Zählen vornehmen; erstlich die Dinge zählen die A sind, und dann die A zählen die B sind; sind beide Zahlen gleich, so drücke ich das in dem Satze aus: Alle A sind B (alle beide, alle viere, alle neune erinnern direct daran). Wenn »alle da sind« — z. B. die eingeladenen Gäste: so weiss ich, wie viele ich eingeladen, zähle die Anwesenden, und die gleiche Zahl gibt mir »alle«; vermuthe ich, dass in einem Spiel eine Karte fehlt, so zähle ich nach, und wenn die Zahl derer, die ich in Händen habe, gleich der ist, welche zum Spiel gehören, so sind »alle da«.

Es ist dabei nicht nöthig, dass die bestimmte Zahl ausdrücklich bekannt und genannt ist, um ein Urtheil mit »alle« auszusprechen. Wenn sich ein Saal entleert hat, und ich sage: »es sind alle hinausgegangen«, so brauche ich ihre Zahl nicht zu kennen; es genügt, dass Keiner zurückgeblieben ist, dass ich also in Gedanken die Reihe derer durchgehe, die dagewesen, und nun weiss, dass jeder Einzelne, der dagewesen, auch hinausgegangen sein muss; dass also das Prädicat **an Keinem fehlt**.

Durch diese **doppelte Negation** ist überhaupt »Alle« immer hindurchgegangen. Es geht aus von der Annahme einer möglichen Differenz zwischen der einen und der andern Zahl, also von der Frage: ob es keine Ausnahme gibt?

Alle negiert die Ausnahme; und auf welche Weise ich mich nun versichern mag, dass keine Ausnahme stattfindet, ob durch directes Abzählen oder nur so, dass ich Eins ums andere vornehme und mich versichere, dass mir keines entgeht, ich bin meines »Alle« gleich sicher. Darum ist die Formel nemo non, nullus non u. s. f. eine ganz ursprüngliche, und keine Umschreibung; sie drückt vollkommen genau den Process aus, welchen ich durchmache; und »omnes« vielmehr ist der secundäre Ausdruck.

2. Die eigentliche Behauptung richtet sich nun streng genommen auf das Alle. Dieses ist, logisch betrachtet, das Prädicat, wenn es auch grammatisch nicht als solches erscheint. Der Satz lautet: diejenigen A, die B sind, sind alle A. Dass es viele A gibt, ist in dem Plural impliciert; dass es überhaupt A gibt, welche B sind, ist gleichfalls implicite mitgesetzt; aber um was es zu thun ist, worauf die Frage gestellt ist, welche von dem Urtheil beantwortet werden soll, ist, ob die A, denen B zukommt, alle sind, ob es keine Ausnahme gibt. (Wo es sich nicht von Dingen, die im Raume nebeneinander gezählt werden, sondern von Zuständen oder Thätigkeiten handelt, die in verschiedenen Zeitpunkten stattfinden, gilt von »immer« und »jedesmal« dasselbe.)

3. Daraus ist klar, dass in einem Urtheil mit Alle es sich dem Wortlaute nach ursprünglich um einzelne Dinge handelt; dass diese einzelnen Dinge in bestimmter, begrenzter, zählbarer Anzahl vorhanden sein müssen, und dass nur unter dieser Voraussetzung ein Urtheil mit »alle« der adäquate Ausdruck meines Gedankens ist.

Mit andern Worten: Alle A sind B ist ursprünglich dem Wortlaute nach nur Ausdruck einer empirischen, d. h. durch factisches Zählen erreichbaren Allgemeinheit, und kann nur in Beziehung auf Subjecte ausgesprochen werden, die in bestimmter zählbarer Anzahl vorhanden sind, und von denen einzeln das Prädicat behauptet wird; es ist der Ausdruck einer bestimmten, begrenzten Vergleichung der vorliegenden Fälle und es setzt voraus, dass ich von jedem einzelnen erst des Urtheils gewiss bin, ehe ich es von allen behaupten kann.

4. Wie verhalten sich nun dazu die Urtheile: Alle Menschen sind sterblich, alle Körper sind ausgedehnt u. s. w.? Ihr Sinn ist nicht, dass der Urtheilende alle Menschen oder alle Körper einzeln durchgegangen und abgezählt habe; sondern dass, was auch ein Mensch, was auch ein Körper sei, das Prädicat sterblich oder ausgedehnt habe.

Der Sinn aber, in welchem sie wirklich gelten, kann ein doppelter sein. Entweder nemlich sind sie **erklärende Urtheile** (analytische in Kant's Sinn), weil sie auf der **anerkannten Bedeutung des Subjectsworts** ruhen. Alle Thiere empfinden — kann ich, ohne die einzelnen durchgezählt zu haben, dann mit vollkommener Gewissheit behaupten, wenn in meiner Vorstellung von Thier das Empfinden enthalten ist, ich also etwas, was nicht empfände, eben deswegen gar nicht ein Thier nennen würde. In diesem Falle ist der **Ausdruck des Gedankens mit »Alle«** secundär; er ist eine einfache Folge der Analyse der Vorstellung, die ich mit dem Worte Thier verbinde; die Bedeutung des Wortes bestimmt den Umfang, in dem es anwendbar ist, und ich kann darum aus der Bedeutung voraussagen, dass in demselben Umfang, in welchem die Benennung Thier gerechtfertigt ist, auch das Prädicat empfinden eintreten muss (s. oben S. 114 f.). Weil **das Thier empfindet, empfinden alle Thiere.** Der analytische Satz, der die Bedeutung der Wörter, die sie in den Gedanken haben, ausdrückt, wird in die gewohntere Sprache der erzählenden Urtheile über Einzelnes übersetzt und dadurch anschaulicher, dass ich vom allgemeinen Gedanken zu den Individuen fortgehe. Darum hat sich der Ausdruck mit »Alle« auch da eingebürgert, wo er nicht ursprünglich ist, wo die alles Einzelne durchgehende Erfahrung nur **anticipiert** wird, auch da anticipiert wird, wo sie der Natur der Sache nach unvollendbar ist.

Im andern Falle ist das Prädicat in der Bedeutung des Worts nicht analytisch enthalten. Das Wort »Mensch« z. B. kann nur die bestimmte Gestalt des Leibes, das Leben, die Sprachfähigkeit u. s. w. enthalten; eine bestimmte Lebensdauer ist nicht nothwendig darin eingeschlossen; es gibt für Jeden eine Zeit, in welcher er Menschen sicher von allem andern unterscheidet, und nie fragt, wie lange sie leben und ob sie alle sterben. Das Urtheil alle Menschen sind sterblich ist unter dieser Voraussetzung nicht analytisch. Es ist ebensowenig ein Erfahrungsurtheil in dem Sinne, dass »alle Menschen« nur diejenigen bezeichnete, die ich kenne und an denen ich durch Erfahrung das Prädicat gefunden habe. Es ist aber um so gewisser das Resultat eines Schlusses, und zwar entweder des Schlusses aus allen beobachteten Fällen auf alle übrigen, deren Zahl eine unbestimmte und unabsehbare ist; oder des Schlusses aus den im Worte mitverstandenen Bestimmungen auf andere, die nothwendig damit verknüpft sind. Derjenige, der das Urtheil wirklich bildet und nicht bloss nachspricht, kann es nur auf einen solchen Schluss hin bilden.

Dem sprachlichen Ausdruck des Urtheils kann man es durchaus nicht ansehen, in welchem Sinne es genommen werden soll; ob im Sinne eines empirisch allgemeinen Urtheils, das eine bestimmte Zahl von Subjecten voraussetzt, oder im Sinne eines unbedingt allgemeinen Urtheils, und wenn dieses, ob im Sinne eines analytischen oder eines synthetischen; die gewöhnliche Lehre pflegt aber ohne Weiteres jedes Urtheil, das mit »Alle« anfängt, als zu derselben Species gehörig zu betrachten.

5. Ist ein Urtheil mit »Alle« ein unbedingt allgemeines Urtheil: so ist klar, dass darin von der wirklichen Existenz der Subjecte direct gar nicht geredet wird, die von dem empirischen, wenn es sich überhaupt auf reale Dinge bezieht, allerdings vorausgesetzt wird; alle A sind B heisst dann nur: Was A ist, ist B; oder Wenn etwas A ist, ist es B. Dass etwas existierendes Einzelnes als ein A erkannt und mit dem Namen A benannt werde, das ist zwar unbestimmt vorausgesetzt, wird aber in diesem Urtheile gar nicht behauptet; und eben darum ist der Pluralis und damit die ganze Ausdrucksweise streng genommen inadäquat, eine μετάβασις εἰς ἄλλο γένος, ein Rückfall aus dem Gebiete des freien und unabhängigen, in unsern festen Vorstellungen sich bewegenden Denkens in die Gewohnheiten der Anschauung, die es mit Einzelnem zu thun hat. Der adäquate Ausdruck ist schlechthin: A ist B, der Mensch ist sterblich, das Quadrat ist gleichseitig u. s. w.

6. Die traditionelle Lehre pflegt in der Einführung des allgemeinen Urtheils gar keine Schwierigkeit zu finden. Wenn ein Prädicat B, pflegt man zu sagen, von dem **ganzen Umfang** des Subjectsbegriffes A behauptet wird, so ist das Urtheil universal; wenn von einem Theile des Subjectsumfangs, particular. Ist das Subjectswort ein Nomen proprium, oder ein gleichwerthiger Ausdruck, so ist sein Umfang mit Einem Individuum erschöpft; das Urtheil »Kallias ist reich« hat also insofern den Charakter eines universalen.

In dieser einleuchtenden Lehre steckt doch, neben der zweifelhaften Verwendung des Nomen proprium als Zeichen eines Begriffs, eine Undeutlichkeit, deren Folgen überall wiederkehren. Während nemlich sonst gelehrt wird, der Umfang eines Begriffs werde gebildet durch seine Artbegriffe, indem durch die Unterschiede, welche er noch an sich zulässt, eine **Mehrheit bestimmterer allgemeiner Vorstellungen** gebildet werden können, pflegt im Capitel vom allgemeinen Urtheil ohne Weiteres angenommen zu werden, dass der Umfang eines Begriffs **aus einzelnen existierenden Dingen** besteht, und dass **diesen** Umfang zu übersehen, festzustellen und zu erkennen gar keine Schwierigkeit macht, — deshalb nicht, weil vorausgesetzt wird, dass unsere Begriffe bereits dem entsprechen, was sie leisten sollen, nemlich der Ausdruck des Wesens der Dinge nach ihren festen Artunterschieden zu sein. Darum pflegt die Logik gar nicht zu unterscheiden zwischen den Urtheilen, die nur auf dem Begriff, d. h. der Bedeutung des Subjectsworts fussen, und diese erklärend zum Voraus jedem Ding, welches mit dem Subjectswort benannt werden, also »den Umfang des Begriffs« mitbilden wird, ein Prädicat beilegen, und denjenigen Urtheilen, welche von **allen bekannten**, wegen gleicher Eigenschaften unter gleiche Benennung fallenden Dingen, etwa auf Grund übereinstimmender Erfahrung, ein Prädicat aussagen; und sie verhüllt damit das Wichtigste, nemlich den Uebergang aus einem **empirisch allgemeinen** zu einem **unbedingt allgemeinen** Urtheile, die Begriffs- und Urtheilsbildung aus der Erfahrung. »Alle Planeten bewegen sich von West nach Ost um die Sonne« ist zunächst ein empirisch allgemeines Urtheil; wer es vor 1781 aussprach, meinte unter allen Planeten alle sechs; wer zwischen 1781 und 1801, rechnete den Uranus mit und verstand alle sieben darunter; von 1807 bis 1845 meinte man alle elf; und heute meint man ebenso alle 200 oder wieviele es inzwischen geworden sind — immer aber nur alle bekannten, an deren jedem einzelnen die rechtläufige Bewegung in seiner Bahn constatiert ist. Der Satz sagt: Alle die Weltkörper, die ich Planeten nenne, haben die gemeinschaftliche Richtung der Bewegung von West nach Ost; ich kenne keine Ausnahme. Hätte ich nun aber, etwa auf Grund der Kant-Laplace'schen Hypothese, die Nothwendigkeit erkannt, dass alle unsere Sonne in constanten Bahnen umkreisenden compacten Weltkörper dieselbe Richtung der Bewegung haben müssen, weil innerhalb des Raumes, in welchem es solche geben kann, keine rückläufige Bewegung möglich ist, so würde ich die Bewegung von West nach Ost in die Bedeutung des Wortes Planet aufnehmen müssen — z. B. um sie von den Sternschnuppen zu scheiden — und dann würde mein Urtheil: »Alle Planeten bewegen sich von West nach Ost« ein analytisches im Kantischen Sinne sein, und darum auch auf die ungezählten, erst künftig oder gar nie zu entdeckenden gehen; es hiesse: Was ein Planet genannt werden kann, bewegt sich von West nach Ost; und es folgt daraus, dass, was sich rückläufig bewegte, kein Planet wäre.

7. Die Schwierigkeit, das sog. singuläre Urtheil in dieselbe Eintheilung unterzubringen, welche allgemeine und particuläre Urtheile scheidet, erhellt nach dem Vorangehenden leicht daraus, dass jenes mit diesen ganz unvergleichbar ist. Denn bei dem allgemeinen und particulären Urtheil handelt es sich um ein Prädicat, das eine absolute oder relative Zahlangabe meint; ihr Genus sind nicht Urtheile überhaupt, sondern Urtheile, deren Prädicate Zahlvorstellungen sind. Bei dem sog. singulären Urtheile handelt es sich aber darum, was einem bestimmten einzelnen Subjecte zukommt und nicht zukommt, und nicht darum, in welcher Anzahl die mit einem Prädicat behafteten Subjecte vorhanden sind.

Man kann also erstlich nicht singuläre, particuläre und

allgemeine Urtheile als eine richtige erschöpfende Eintheilung
betrachten; und es besteht zum zweiten kein Grund, aus particulären und allgemeinen Urtheilen besondere Arten des Urtheils überhaupt zu machen; denn so gut man aus den Urtheilen, deren Prädicat »alle« ist, in der gewöhnlichen Logik eine
besondere Art macht, müsste die Mathematik aus den Urtheilen,
deren Prädicat »gleich« oder »unendlich« ist, eine besondere
Art zu machen verlangen. Ebendarum ist es eine Gewaltthätigkeit der traditionellen Lehre, von jedem Urtheile den
Ausweis zu verlangen, ob es ein particuläres oder allgemeines
sei. Die singulären Urtheile über Einzelnes, Concretes, haben
sich müssen als allgemeine ansehen lassen, (obgleich, was gewöhnlich singulär heisst, dreierlei ist: das individuelle —
Kallias ist reich; das Zahlurtheil — Ein Planet hat einen
Ring, das particuläre des folgenden § — es gibt einen Kometen, der sich getheilt hat); die pluralen als particuläre, wenn
sie auch nicht von weitem an eine Vergleichung des Gegebenen
mit dem »ganzen Begriffsumfange« dachten; und die einfachen
erklärenden Urtheile, selbst die Definitionen, waren ebenfalls
heimatlos, bis sie sich bequemten, zum Scheine allgemein zu
werden. Die Allheit spielt eine wichtige Rolle im menschlichen Denken; zuletzt aber entlehnt sie ihre Wichtigkeit
doch von der Nothwendigkeit.

§. 28.

Das sogenannte **particuläre Urtheil**, als dessen allgemeine Formel »Einige A sind B« angegeben wird, ist **als
empirisches Urtheil über einzelne Dinge** nur dann
von dem rein pluralen verschieden, wenn es dazu bestimmt
ist, **entweder dem allgemeinen gegenüber eine Ausnahme zu constatieren oder ein allgemeines Urtheil vorzubereiten.**

**Wo das Subject nicht in empirischem Sinne** genommen werden soll, ist es **ein durchaus inadäquater
Ausdruck für den Gedanken**, welchen es bezeichnen soll,

und verwirrt den durchgreifenden Unterschied der empirischen und der unbedingt gültigen Urtheile.

1. Dem allgemeinen Urtheil pflegt die traditionelle Logik, im Anschluss an Aristoteles zwar, aber nicht in seinem Sinn, ein particuläres gegenüberzustellen, dessen Formel sei »Einige A sind B«. Dieses particuläre Urtheil, wie es gewöhnlich gehandhabt wird, gehört zu den unglücklichsten und unbequemsten Schöpfungen der Logik. Seinem Wortlaute nach völlig unbestimmt, ist es dem Gedanken, den es ausdrücken soll, in der Regel incongruent und verhüllt ihn. Man pflegt den Unterschied des allgemeinen und particulären Urtheils zwar durch die Erwägung einleuchtend zu machen, dass in jenem der Subjectsbegriff nach seinem ganzen Umfange, in diesem nur nach einem Theile seines Umfangs (ἐν μέρει) gesetzt werde. Diese Unterscheidung trifft, die Beziehung des Umfangs auf die Gesammtheit der einzelnen Individuen zugegeben, da zu, wo vorausgesetzt ist, dass wir den ganzen Umfang kennen, und darum auch alle Theile des Umfangs uns wirklich gegeben sind; und für die Naturbetrachtung des Aristoteles, welche davon ausgeht, dass ein System von festen und unveränderlichen Begriffen sich in den festen Formen der Natur verwirklicht habe und fortwährend verwirkliche, und dass unsere empirische Kenntniss diese Verwirklichung des Begriffs nach allen seinen wesentlichen Unterschieden übersehe, war diese Unterscheidung des allgemeinen und des particulären Urtheils um so rationeller, als er sie in der That nur in den Richtungen verwandte, in welchen sie berechtigt ist. Wenn aber eine spätere Logik, die sich nur in Begriffsverhältnissen bewegt und von der realen Verwirklichung des Begriffs ganz absieht, doch die aristotelische Unterscheidung aufnimmt und seine Formeln, dazu noch in schlechter Uebersetzung, verwendet, so ergeben sich eine Menge von Ungereimtheiten, und die gewöhnliche Lehre ist vollkommen falsch, wenn man sie nach dem gewöhnlichen Wortsinne versteht.

2. Der Plural der Formel »Einige A sind B«, mit welcher das aristotelische τινὶ ὑπάρχειν, μὴ παντὶ ὑπάρχειν übersetzt zu werden pflegt, hat nur einen Sinn, wenn er Einzelnes, Bestimmtes und darum Zählbares meint, also ein erzäh-

lendes Urtheil voraussetzt, das von wirklich Existierendem handelt (wie denn auch Kant dem particulären Urtheil die Kategorie der Vielheit entsprechen lässt); und er hat ebenso, wenn das particuläre Urtheil dem allgemeinen gegenüberstehen soll, nur einen Sinn, wenn vorausgesetzt wird, dass jeder Theil eines Begriffsumfangs doch schon eine Mehrheit von Individuen enthalte, während doch nicht abzusehen ist, warum Ein Individuum nicht auch schon einen Theil des Begriffsumfangs bilden soll.

Das erste ist nun in allen Fällen richtig, wo einem empirisch allgemeinen Urtheil ein particuläres gegenübersteht — alle Planeten bewegen sich in Ellipsen, einige Planeten haben Monde; wo es sich aber um abstracte Subjecte handelt, deren Umfang nicht in einer Vielheit von Dingen besteht, lässt uns die Formel im Stich: soll man sagen einige Tugenden sind Gerechtigkeit oder einige Tugend ist Gerechtigkeit? einige Liebe ist Affenliebe oder — aber da haben wir ja gar keinen Plural. Ja schon in Fällen, wo das Zählen nicht widersinnig ist, verrückt der Plural den Boden, auf dem das Urtheil steht. Einige Parallelogramme haben gleiche Diagonalen, einige Kegelschnitte sind Parabeln, nimmt sich vom Standpunkte der Geometrie schon wunderlich aus, die ja ihre Constructionen nicht in einer Vielheit von Exemplaren in der Welt verbreitet denkt, um von ihnen zu sprechen wie von einigen Katzen, die blaue Augen haben, und einigen Vierfüssern, die fliegen können. Das allgemeine Urtheil, alle Parallelogramme werden von der Diagonale in congruente Dreiecke zerlegt, alle Kegelschnitte sind Kurven zweiten Grades, lässt sich noch eher hören, da Alle, in unbedingtem Sinn gebraucht, von selbst über das empirisch Bekannte hinausgreift; aber dieser Vortheil kommt dem particulären nicht zu, das nothwendig den Gedanken in den Kreis des Einzelnen bannt. Ἡ κατὰ μέρος εἰς αἴσθησιν τελευτᾷ.

In der zweiten Hinsicht aber ist der übliche Pluralis falsch und irreführend; »ein Mensch ist sündlos« ist ebensogut ein particuläres Urtheil, wie »einige Menschen sind sündlos« es wäre; wie denn Aristoteles in seinem τὶς ἄνθρωπος λευκὸς den Singular mit eingeschlossen hat. Herbart (Einl. § 62) corrigiert in dieser Hinsicht die gewöhnliche Lehre vollkommen richtig.

3. Wenn ein Urtheil von der Form Ein A ist B oder einige A sind B ein erzählendes, auf empirischem Gebiete erwachsenes ist: so scheint ihm keine andere Bedeutung zuzukommen, als ein bestimmtes Prädicat von einem oder mehreren Subjecten auszusagen, die nur nicht einzeln genannt, sondern unbestimmt durch ein allgemeines Wort bezeichnet sind; das zweite scheint als plurales Urtheil keine andere Rolle spielen zu können als eine Reihe von Einzelurtheilen, da die Zahlbestimmung nicht betont ist.

Und doch ist in dem Urtheile »Einige Menschen verwechseln roth und grün« noch etwas Anderes angedeutet, als in dem copulativen Urtheile Hans und Peter und Paul verwechseln roth und grün. Indem Hans und Peter und Paul als »einige Menschen« bezeichnet werden, geht zwar die individuelle Bestimmtheit der Aussage verloren; aber durch die Bezeichnung mit dem allgemeinen Namen werden sie zur Gesammtheit der Menschen in eine Beziehung gesetzt, welche zur Vergleichung auffordert, und das Urtheil meint und deutet es durch die unbestimmte Bezeichnung der Subjecte an, dass solche, die als Menschen allen anderen gleich sind, in dieser Hinsicht von den anderen verschieden sind und etwas Besonderes an sich haben; dass es gegenüber der vorausgesetzten Gleichheit der Farbenempfindung Unterschiede gibt.

Durch diese Absicht, **Unterschiede** und **Ausnahmen** hervorzuheben, wird das plurale **Urtheil** zu einem **particulären**. Es ist aber klar, dass diese Absicht ebensogut durch ein **singuläres** Urtheil erreicht wird, sobald sein Subject nicht mit dem Nomen proprium, sondern mit dem allgemeinen Namen bezeichnet wird. Es gibt einen Kometen, der sich in zwei getheilt hat — ist bereits ein particuläres Urtheil in diesem Sinne.

4. Die Tradition lehrt nun aber, dass das particuläre Urtheil das allgemeine nicht auszuschliessen meine. Einige A sind B wolle nicht sagen, dass nicht alle A B sind. Dies ist ein neuer Beweis für die Vieldeutigkeit der Formel; denn in der Regel soll allerdings eben dies gesagt werden, dass

einige A sich von den übrigen A unterscheiden. Allein jene Bestimmung weist doch auf etwas Richtiges hin; nemlich dass das plurale Urtheil ebenso **auf dem Wege zu einem allgemeinen** liegen und dieses vorbereiten kann, wie es sich gegen ein allgemeines als Ausnahme abzuschliessen vermag. Wenn der scheinbaren Unbeweglichkeit des Fixsternhimmels gegenüber erst an einigen Fixsternen die eigene Bewegung nachgewiesen wird; wenn dem copulativen Urtheil »α Centauri und 61 Cygni und Sirius haben eigene Bewegung« durch den Ausdruck »Einige Fixsterne haben eigene Bewegung« nicht die Bedeutung gegeben worden ist, dass darum diese drei keine Fixsterne seien, sondern, indem man ihre Zugehörigkeit zu den Fixsternen stehen lässt, die Bedeutung, dass dem alten Glauben entgegen an einzelnen Bewegung wahrgenommen werde, so wandte sich damit das Urtheil als Ausnahme gegen den Satz: »Alle Fixsterne stehen absolut fest«; es war ein particuläres, das einen Unterschied innerhalb der Fixsterne ausdrücken wollte.

Wie nun aber die Zahl wuchs und die Beobachtungen fortschritten, konnte dasselbe Urtheil: »Einige Fixsterne haben eigene Bewegung« den anderen Sinn gewinnen: Von einigen weiss man's gewiss, von allen ist es wahrscheinlich. Während jenes Urtheil die fertige Erkenntniss voraussetzt, dass einigen A ein Prädicat zukommt, das anderen fehlt, setzt dieses die erst werdende Erkenntniss voraus, und die Particularität ist nur eine provisorische.

5. Auf diesem Gebiete des Fortschritts der Erkenntniss durch Erfahrung an Einzelnem pflegt sich aber die Schullogik gar nicht zu bewegen; ihre particulären Urtheile setzen die festen Begriffsverhältnisse voraus und sind nur dazu bestimmt, sie abzulesen. Nun kommt sie aber mit der Forderung, dass ihre Sätze sich müssen aus dem Princip der Identität und des Widerspruchs als richtig einsehen lassen, ins Gedränge. Einige Parallelogramme haben gleiche Diagonalen — woher kommt mir diese Erkenntniss? Aus dem Begriffe des Parallelogramms nicht, denn dieser enthält nichts von rechten Winkeln; und wenn ich zu »Parallelogramm« »einige« setze, so nehme ich damit einen Theil des Umfangs,

aber der Begriff ist nicht bestimmter geworden, und ich kann bloss darauf hin vom Theil nichts aussagen, was nicht im Begriffe läge. Kann damit aus einer blossen Erklärung kein particuläres Urtheil hervorgehen, so muss aus dem, was die Vorstellung des Parallelogramms enthält, die Möglichkeit einer näheren Bestimmung sich ergeben, welche das Prädicat mit sich führt, und neben der andere nähere Bestimmungen möglich sind; oder diese Bestimmung muss in Gedanken gesetzt sein, um das Subject meines Urtheils zu constituieren; sie wird nur in der Bezeichnung des Subjects verschwiegen, ich meine die rechtwinklichen Parallelogramme, ich bezeichne sie aber bloss als einige Parallelogramme.

Der adäquate Ausdruck ist dann aber vielmehr: Das Parallelogramm **kann** gleiche Diagonalen haben, und: Eine **Art** des Parallelogramms hat gleiche Diagonalen.

Nun könnte man allerdings der Logik nicht verbieten, ihre Formel »Einige A sind B« in dem Sinne beizubehalten, dass »einige A« einen Theil der **möglichen** A bezeichnet, wenn nicht die Gefahr nahe läge, dass unvermerkt statt der möglichen immer wieder die wirklichen gesetzt werden, welche der Plural zunächst andeutet.

## II. Verneinende plurale Urtheile.

### § 29.

Ganz dieselben Bestimmungen gelten, **wo von einer Mehrheit von Subjecten ein und dasselbe Prädicat verneint wird**; insbesondere ist das Urtheil, welches **allgemein verneint, ebenso entweder empirisch oder unbedingt allgemein.**

1. Das copulative verneinende Urtheil \*). Weder A noch

---

\*) Von ihm ist wieder die **conjunctive Verneinung** verschiedener Prädicate von demselben Subjecte (A ist weder B noch C noch D) zu unterscheiden, deren Bedeutung wiederum erst später erhellen kann. Ich halte es für einen überflüssigen und lästigen Luxus der Terminologie, für die copulative Verneinung den Ausdruck **remotives Urtheil** zu gebrauchen.

B noch C sind P führt, wenn A und B und C unter eine gemeinschaftliche Bezeichnung fallen, zu der pluralen Verneinung Mehrere N sind nicht P, und an diese schliesst sich wiederum die Aussage, welche die Zahl treffen will: der N, die nicht P sind, sind viele, sind hundert. Das Verhältniss dieser Aussagen zu der Verneinung über Einzelnes ist genau dasselbe, was § 26 in Beziehung auf die positiven Urtheile ausgeführt ist.

2. Das allgemein verneinende Urtheil: die A, die nicht B sind, sind alle A — wird ursprünglich auf demselben Wege des Durchgehens einer bestimmten Zahl gewonnen, wie das allgemein bejahende Urtheil. Wenn ich von einer bestimmten Anzahl von Bäumen einen um den andern darauf ansehe, ob er Früchte trägt, wenn ich es von jedem Einzelnen bis auf den letzten verneinen muss, dann entsteht mir die allgemeine Verneinung, welche ganz bezeichnend die Sprache in den Ausdruck kleidet: Keiner trägt Frucht\*). Denn dieses Kein lässt eben eins ums andere an mir vorübergehen; nicht Einer, οὐδὲ εἷς, ne unus quidem ist, dem das versuchte Prädicat zukäme; ein einziges A, das B wäre, liesse es nicht zu dem

---

\*) Keiner, Niemand, Nichts u. s. f. sind also nicht etwa negative Subjecte wie das aristotelische οὐκ ἄνθρωπος; ich behaupte nicht etwas von Nichts, Niemand u. s. f.; wenn ich sage Niemand ist gut, denn der alleinige Gott, so sind das Subject meines Urtheils die Menschen, denen das Gutsein abgesprochen wird; und der Sinn ist: da ist keiner, der gerecht sei, auch nicht einer; wenn ich sage: es thut mir nichts weh — so meine ich nicht, dass mir das Ding, Nichts genannt, wehe thue, sondern, dass alles das, was mir etwa weh thun könnte, nicht weh thut. Aber dass die Negation am Subject auftritt, ist darum höchst ausdrucksvoll, weil ich mit meinem Prädicate so zu sagen vergeblich herumgehe um ein Subject dazu zu finden. Dasselbe ist es, wo Niemand, Nichts, kein, im Accusativ steht: Doch ich sehe Niemand gehn, sehe Niemand kommen — grammatisch erscheint der kommende »Niemand« als Object des Sehens; in der That wird das Sehen eines Kommenden verneint. Ebenso fällt in dem Satze »ich höre nichts« nicht bloss das Object, sondern auch das Hören selbst weg; es ist falsch, dass ich etwas höre. Daraus geht weiter hervor, dass Nichts (so gut wie Niemand) nur im Satze einen Sinn hat; und es ausserhalb des Satzes als selbstständiges Zeichen eines Begriffs zu verwenden, wie in dem berühmten Sein, Nichts und Werden geschieht, muss nothwendig zum blossen Wortspiel führen.

allgemeinen Satze kommen. Daraus erklärt sich auch die Vieldeutigkeit der Negation, und der verschiedene Sinn, den Urtheile von der Form »kein A ist B« haben können. Einerseits nemlich setzen sie das Vorhandensein einer Mehrheit von A voraus, und wollen sagen, dass das Prädicat B an allen vorhandenen A fehlt — kein Baum trägt Frucht; andrerseits können sie (innerhalb des gemeinten räumlichen oder zeitlichen Kreises) das Vorhandensein von Subjecten, denen das Prädicat zukäme, selbst negieren wollen: kein Baum verstreuet Schatten, kein Quell durchdringt den Sand — keines Mediceers Güte lächelte der deutschen Kunst. Wenn ich verneine, dass ein A existiert, das B ist: so setzt das voraus, dass ich zu dem Prädicate B ein Subject A suche, von dem es prädiciert werden kann. Entweder finde ich nun zwar ein oder einige A, aber ohne das Prädicat B; oder ich finde überhaupt kein A, und das wird der Fall sein, wenn das Prädicat B gar nicht fehlen könnte, wenn ein A da wäre. (Vergl. »das Feuer brennt nicht« S. 163.)

Das Urtheil kein A ist B verneint also unmittelbar, dass ein A, das B ist, existiert; und erst in zweiter Linie und nur dann, wenn das Prädicat B überhaupt an A fehlen kann, lässt sich das so ausdrücken, dass die A, die nicht B sind, alle A sind.

3. Daraus geht wiederum hervor, dass diese Formel Kein A ist B nur dann adäquat ist, wenn sie einzelne A im Sinne hat, und als Resultat von Urtheilen über einzelne A erscheint, also ein erzählendes Urtheil darstellt. Soll aber ausgesprochen werden, dass durch die Subjectsvorstellung das Prädicat **ausgeschlossen** sei, dass also, was auch immer mit A benannt werden könne, ebendeswegen nicht B sei: so ist der adäquate Ausdruck A ist nicht B, oder Es ist unmöglich, dass A B sei; und es ist nur die Gewohnheit, immer auf das Concret-anschauliche zurückzugehen, welche das unbedingt verneinende Urtheil ebenso von den Einzelnen aussprechen will, obgleich weder ihre Zahl, noch auch nur ihre Existenz direct in Frage kommt, wie das allgemein bejahende. Statt zu sagen: Kein Mensch vermag die Zukunft zu erkennen, ist es richtiger zu sagen: der Mensch vermag die Zukunft nicht zu erkennen. Denn mein Urtheil verneint nicht die Existenz, sondern die Möglichkeit des Propheten. Deutlich

wird dies, wo modale Prädicate die Existenz eines dem Subjectswort entsprechenden Einzelnen in Frage stellen; wir sagen nicht Kein Gespenst existiert, kein Mord ist geboten, sondern Gespenster existieren nicht, der Mord kann niemals geboten sein.

### III. Die Verneinung der pluralen Urtheile.

### § 30.

Wenn ein **allgemeines Urtheil verneint wird**, so richtet sich die Verneinung gegen das was es eigentlich aussagt, dass die Subjecte, denen das Prädicat zukommt oder nicht zukommt, **alle** seien, welche unter das Subjectswort fallen. Die Verneinung von Alle A sind B meint: **die A die B sind, sind nicht alle A**; und je nachdem das Urtheil als empirisches oder als unbedingt allgemeines gelten wollte, ist auch seine Verneinung zu verstehen.

Die Verneinung des **empirisch allgemeinen Urtheils** sagt, dass **eine Ausnahme wirklich**, die des unbedingt allgemeinen aber nur, dass **eine Ausnahme möglich sei**.

Die von Aristoteles aufgestellte, von der Logik immer wiederholte Lehre, dass **das allgemein bejahende und particulär verneinende, das allgemein verneinende und particulär bejahende Urtheil sich contradictorisch entgegengesetzt seien**, führt auf Falsches, wenn der **Unterschied der empirischgültigen und der allgemeingültigen Urtheile** nicht beachtet wird.

1. Der eigentliche Charakter der bisher betrachteten Urtheile erhellt am deutlichsten, wo sich die Verneinung gegen sie richtet. Die Verneinung eines copulativen oder pluralen Urtheils ist mehrdeutig, sofern entweder bloss der Plural, oder

die Zusammengehörigkeit von Subject und Prädicat überhaupt dasjenige sein kann, was falsch ist. Insbesondere vermag die Verneinung eines negativen Urtheils auch hier auf keine bestimmte Behauptung zu führen; wenn es falsch ist, dass weder Petrus, noch der Magier Simon in Rom gewesen ist, so weiss ich nicht, welcher von beiden, oder ob beide dort gewesen sind; wenn es falsch ist, dass mehrere Kometen Unglück gebracht haben, so weiss ich nicht, ob nur einer oder gar keiner. Die Verneinung, welche sich gegen ein Zahlprädicat richtet, wird zunächst dieses bestreiten, aber es ist unsicher, ob sie nicht weiter greift. Wenn es falsch ist, dass 10 Häuser abgebrannt sind, so sind entweder mehr oder weniger oder gar keines abgebrannt.

2. Bestimmteren Werth hat nach der gewöhnlichen Lehre die Verneinung eines allgemeinen — sei es bejahenden oder verneinenden Urtheils.

Tritt eine Verneinung gegen ein bejahendes Urtheil mit »Alle« auf, so hebt sie die Behauptung auf, welche eben auf die ausnahmslose Vollständigkeit der Zahl gieng; die Allgemeinheit ist negiert. Da das bejahende allg. Urtheil sagt: Es gibt keine Ausnahme — so sagt seine Verneinung: Es gibt eine Ausnahme. Wenn ich weiss, es ist falsch, dass alle Raben schwarz sind: so gibt es wenigstens einen, der nicht schwarz ist; ich kann also sagen: Ein Rabe ist nicht schwarz.

Wendet sich die Verneinung gegen den Satz Kein A ist B: so heisst der nach dem obigen soviel als: Ein A, das B wäre, gibt es nicht; dann muss also wahr sein, dass es ein A gibt, das B ist. Ist es falsch, dass kein Rabe weiss ist — so gibt es einen weissen Raben.

Aus dem Sinn des allgemeinen Urtheils folgt also direct, indem der Satz des Widerspruchs und der doppelten Verneinung auf Sätze mit dem Prädicat »alle« angewendet werden, was Aristoteles (De interpr. 7, 17, b 16) lehrt: ἀντικεῖσθαι κατάφασιν ἀποφάσει ἀντιφατικῶς τὴν τὸ καθόλου σημαίνουσαν τῷ αὐτῷ ὅτι οὐ καθόλου, οἷον πᾶς ἄνθρωπος λευκός — οὐ πᾶς ἄνθρωπος λευκός; οὐδεὶς ἄνθρωπος λευκός — ἔστι τις ἄνθρωπος λευκός. Dies ist die vollkommen richtige Formel, welche noch nicht durch die gedankenlose Gewohnheit, statt οὐ πᾶς und τὶς den Plural einige zu setzen, falsch geworden ist\*).

3. Richtig aber nur, solange man nicht von unbedingt gültigen Urtheilen auf empirisch gültige und umgekehrt übergeht.

Wendet sich die Verneinung gegen ein unbedingt allgemeines Urtheil, welches durch die anschaulichere Allgemeinheit bejahend die nothwendige Zusammengehörigkeit von Subject und Prädicat, verneinend die nothwendige

---

\*) Die gewöhnliche Lehre ist:
Contradictorisch entgegengesetzt sind: Alle A sind B
                                                                           Einige A sind nicht B
            Ebenso           Kein A ist B
                                                                           Einige A sind B.
Conträr (ἐναντίως) entgegengesetzt:    Alle A sind B
                                                                           Kein A ist B.
Diese können nicht beide wahr, wohl aber beide falsch sein.

Die Urtheile Einige A sind B — Einige A sind nicht B, von denen Aristoteles (Anal. pr. II, 15. 63 b 27) ganz treffend sagt: τό τινὶ τῷ οὐ τινὶ κατὰ τὴν λέξιν ἀντίκειται μόνον — weil gar nicht dasselbe Subject vorhanden ist — hat die spätere Terminologie widersinnig genug als subconträr bezeichnet; sie sollen beide wahr, aber nicht beide falsch sein können. (Würde in den beiden Sätzen: Einige A sind B, Einige A sind nicht B, dasselbe Subject vorausgesetzt, das nur unbestimmt bezeichnet ist, so würden sie natürlich contradictorisch entgegengesetzt sein; aber der Ausdruck lässt ja unentschieden welche A gemeint sind).

Die Richtigkeit unserer obigen Darstellung, dass die Contradiction des allgemeinen und besonderen Urtheils von entgegengesetzter Qualität die einfache Folge davon sei, dass als Prädicat alle betrachtet werde, erhellt aus einer Schwierigkeit, in welche die gewöhnliche Lehre zu führen scheint. Wenn ich nemlich die Sätze gegeneinander stelle: Das Licht ist Materie — Das Licht ist nicht Materie — so sind sie contradictorisch entgegengesetzt, und einer ist nothwendig wahr; die gleichbedeutenden Alles Licht ist Materie — Kein Licht ist Materie, sollen nur conträr entgegengesetzt sein, und also beide falsch sein können. Die Schwierigkeit löst sich, sobald man darauf achtet, dass im zweiten Paare ein ganz anderes Subject auftritt, das die Voraussetzung in sich schliesst, es sei vom Licht nicht nach seiner Einheit, sondern von den Unterschieden desselben die Rede; und daraus erhellt, dass der Satz Alles Licht ist Materie doch ein inadäquater und nicht vollkommen gleichbedeutender Ausdruck ist für: das Licht ist Materie.

§ 30. Verneinung der pluralen Urtheile.

Ausschliessung des Prädicats vom Subjecte behaupten will: so kann sie nur verneinen, was gemeint ist, und sagen, es sei dort nicht nothwendig, hier nicht unmöglich, dass dem Subjecte das Prädicat zukomme. Aber dass einem oder einigen wirklichen A das Prädicat B zukomme, oder nicht zukomme, muss diese Verneinung nicht meinen, welche es mit der Voraussetzung, dass einzelne Subjecte abgezählt worden seien, gar nicht zu thun hat; und die Anwendung des contradictorischen Verhältnisses wäre jetzt ganz unzulässig. Wenn es falsch wäre, dass alle Menschen Sünder sind, im Sinne einer mit ihrer Natur gegebenen Sündhaftigkeit: so wäre damit noch nicht gesagt, dass in Wirklichkeit einige Menschen nicht Sünder sind; und das empirische Urtheil, alle Menschen sind Sünder, könnte gelten, »dieweil sie alle gesündiget haben«. Wenn es falsch wäre, dass kein Mensch vollkommen böse ist, im Sinne der Verneinung einer Unmöglichkeit — so wäre darum noch nicht wahr, dass einer oder einige in Wirklichkeit es sind.

Umgekehrt kann die Verneinung eines empirisch gültigen particulären Urtheils immer nur ein empirisch allgemeines, niemals ein unbedingt allgemeines begründen. Wenn es falsch ist, dass es Lebendiges gibt, das nicht aus Lebendigem entstanden wäre, so ist der Satz Omne vivum ex vivo richtig in dem Sinne, dass alles Lebendige, was wir kennen, wieder aus Lebendigem entstanden ist; ob aber daraus folgt, dass der Satz eine absolute Nothwendigkeit ausspreche, ist eben noch bestritten. Wenn es falsch ist, dass es Menschen gibt, welche über 200 Jahre leben: so ist damit das Urtheil »Kein Mensch lebt über 200 Jahre« noch nicht in dem Sinne motiviert, dass es unmöglich wäre, Mensch zu sein und doch über 200 Jahre alt zu werden.

Es ist das Charakteristische der Schlüsse der Erfahrungswissenschaften, von empirisch gültigen auf unbedingt gültige allgemeine Urtheile überzugehen; aber die Berechtigung dazu liegt nicht in der Lehre von dem contradictorischen Gegensatz der allgemeinen und particulären Urtheile, noch in der Zweideutigkeit des »Alle«; und es ist die schwierige Aufgabe einer Theorie der Induction, festzustellen, unter welchen Bedingungen von einem empirischen Urtheil auf ein allgemeingültiges übergegangen werden darf.

4. Was also Aristoteles und die traditionelle Logik mit dem allgemeinen und particulären Urtheile wollten und weshalb sie ihnen eine so grosse Bedeutung beilegten, war nicht das, was sie eigentlich nach der gewöhnlichen Theorie sagen, dass »dem ganzen Umfang oder einem Theil des Umfangs eines Begriffs« ein Prädicat zukommt, sondern dass die Verknüpfung des Prädicats mit dem Subjecte nothwendig oder möglich sei. Das ganze Interesse der Ausnahmslosigkeit liegt in der Hinweisung auf ein bindendes Gesetz; das ganze Interesse der Ausnahme darin, dass sie eine Mehrheit von Möglichkeiten zeigt.

Damit sind wir von selbst auf die genauere Untersuchung des Nothwendigen und Möglichen in Beziehung auf das Urtheilen geführt.

# Sechster Abschnitt.

## Möglichkeit und Nothwendigkeit.

Der Behandlung der logischen Fragen, welche das Mögliche und Nothwendige betreffen, ist zur vorläufigen Orientierung eine fundamentale Unterscheidung voranzuschicken: Die Behauptung, dass ein Urtheil möglich oder nothwendig sei, ist verschieden von der Behauptung, dass es möglich oder nothwendig sei, dass einem Subjecte ein Prädicat zukomme. Jene betrifft die subjective Möglichkeit oder Nothwendigkeit des Urtheilens; diese betrifft die objective Möglichkeit oder Nothwendigkeit des im Urtheile Ausgesprochenen. Auf jene geht die Kantische Unterscheidung der verschiedenen **Modalität** der Urtheile, wonach sie entweder **problematische** oder **assertorische** oder **apodictische** sind; auf diese geht der aristotelische Satz: Πᾶσα πρότασίς ἐστιν ἢ τοῦ ὑπάρχειν ἢ τοῦ ἐξ ἀνάγκης ὑπάρχειν ἢ τοῦ ἐνδέχεσθαι ὑπάρχειν (Anal. pr. I, 2. 24 b 31).

### I. Die sogenannten Unterschiede der Modalität.

#### § 31.

Das sogenannte **problematische Urtheil** (A kann B sein im Sinne von A ist vielleicht B) **kann insofern nicht als Urtheil bezeichnet werden, als ihm das Bewusstsein objectiver Gültigkeit fehlt**, d. h. es ist kein Urtheil über das durch das Subject des Satzes Bezeichnete. Es ist ein Urtheil nur, sofern es aussagt, dass der Redende hinsichtlich der Frage, ob A wohl B ist, unentschieden sei.

Das sogenannte assertorische Urtheil (die einfache Behauptung A ist B) ist von dem apodictischen (es ist nothwendig zu behaupten, dass A B ist) **nicht wesentlich verschieden, sofern in jedem mit vollkommenem Bewusstsein ausgesprochenen Urtheile die Nothwendigkeit es auszusprechen mitbehauptet wird.** Die Urtheile unterscheiden sich allerdings hinsichtlich **des Weges, auf dem die Gewissheit erlangt wird,** ob unmittelbar oder mittelbar; wollte man aber darauf den Unterschied des assertorischen und apodictischen Urtheils gründen, so käme dem apodictischen die untergeordnete Stelle zu, weil seine Gewissheit nur eine abgeleitete wäre.

1. Die unmittelbaren Urtheile, in welchen sich Subject und Prädicat ohne weitere Vermittlung als einstimmig erweisen, bringen für sich die Unterschiede der bloss möglichen und der nothwendigen Behauptung nicht zum Bewusstsein; sie vollziehen sich gemäss dem Grundsatz der Uebereinstimmung mit unreflectierter Sicherheit. Wo aber das vermittelte (synthetische) Urtheilen sich dadurch einleitet, dass, sei es von aussen durch Frage und Behauptung Anderer, sei es von innen durch psychologische Combinationen, Vorstellungen von Synthesen bestimmter Subjecte mit bestimmten Prädicaten sich bilden, die in der eben gegenwärtigen Subjectsvorstellung noch nicht enthalten sind, und wo diese Synthesen mit dem Bewusstsein objectiver Gültigkeit zu vollziehen kein Grund vorliegt, wo sich also die Vorstellung einer Synthese als Frage oder Vermuthung in der Schwebe hält, und die gewisse Entscheidung erst sucht, welche das Prädicat bestätigt oder abweist: da wird ein Urtheil als **möglich** vorgestellt; was soviel heisst, als dass weder es wirklich zu vollziehen, noch zu verneinen für den Denkenden in diesem Momente nothwendig ist. Nennen wir, um eine kurze Bezeichnung zu haben, das bloss als möglich vorgestellte, noch nicht vollzogene Urtheil A ist B die **Hypothesis** A ist B: so ist der reinste Ausdruck dieses Stadiums zwischen Synthese und Urtheil **die Frage,** die nur dann wahrhaftig ist, wenn sie ein Ja oder

Nein erst erwartet (denn wo sie nur um einen andern zu versuchen von dem schon Entschiedenen gestellt wird, ist sie keine eigentliche Frage, sondern ein Imperativ); während aber die Frage das Stadium der ersten Conception der Hypothese ausdrückt, welche die Entscheidung sucht, so folgt ihr, wenn sie diese weder im bejahenden noch im verneinenden Sinne findet, das Bewusstsein der Unentschiedenheit, und dieses drückt sich in den Formeln aus: A ist vielleicht B, A ist vielleicht nicht B. (Die häufig gebrauchte Formel »A kann B sein« ist zweideutig und irreführend; denn sie drückt sowohl das objective Können (δύνασθαι) als das subjective Schwanken aus). Diese Form der Aussage unterscheidet sich also von der Frage nur dadurch, dass sie das Bewusstsein, die Frage nicht entscheiden zu können, zum Ausdruck bringt; während in der Frage der Wunsch nach Entscheidung liegt, bezeichnet sie die Resignation, die in der Ungewissheit verharren muss; im Wesentlichen ist beidemal dasselbe gedacht, eine Synthese ohne Entscheidung über ihre Gültigkeit.

2. Diesen **Ausdruck der Ungewissheit** pflegt man ein **problematisches Urtheil** zu nennen, und ihm das **assertorische** und **apodictische** als den Ausdruck verschiedener Grade von Gewissheit entgegenzustellen\*). Kant selbst gibt zwar dem problematischen Urtheil eine etwas andere Bedeutung. Die Modalität, sagt die Kritik d. r. V. § 9, 4 trägt nichts zum Inhalte des Urtheils bei, sondern geht nur den Werth der Copula in Beziehung auf das Denken überhaupt an. **Problematische** Urtheile sind solche, wo man das Bejahen oder Verneinen als **bloss möglich** (beliebig) annimmt. **Assertorische**, da es als **wirklich** (wahr) betrachtet wird. **Apodictische**, in denen man es als **nothwendig** ansieht. Die beliebige Annahme des problematischen Urtheils wird dann von Kant auf Urtheile ausgedehnt, die offenbar falsch sind; sie sind von problematischer Bedeutung, wenn gedacht wird, dass Jemand einen solchen Satz etwa auf einen Augenblick annehmen möge. In dieser Fassung des Begriffs,

---

\*) Vergl. z. B. Ueberweg, Logik 3. Aufl. § 69 S. 164 ff. 5. Afl. S. 207. Drobisch § 61. § 62.

der das problematische Urtheil der aristotelischen ὑπόθεσις\*)
gleichstellt, liegt demnach, dass jedes Urtheil problematisch
sei, sofern seine Gültigkeit nicht eben jetzt behauptet werde.
Allein es ist darin zweierlei zusammengefasst, was unterschieden
zu werden verdient; nemlich ob über die Gültigkeit eines
vorgestellten Urtheils deshalb nichts behauptet wird, weil
nichts behauptet werden k a n n, darum weil der Sprechende
noch zu keiner Entscheidung gelangt ist, oder deshalb, weil
über seine Gültigkeit nichts behauptet werden w i l l, darum,
weil der Sprechende um irgend eines weiteren Zweckes willen
vorübergehend ein gültiges Urtheil wie ein ungültiges, ein
ungültiges wie ein gültiges, ein ungewisses wie ein gewisses
behandelt. Die Tradition hat sich hierin nicht an Kant angeschlossen, wie auch Kant's Logik (Einleitung IX) unter dem
problematischen Urtheil nur ein ungewisses Fürwahrhalten
versteht.

3. Die herkömmliche Bezeichnung des Satzes ›A ist vielleicht B‹, als p r o b l e m a t i s c h e n U r t h e i l s droht nun aber
den Begriff des Urtheils selbst zu zerstören, und mit allen
andern Lehren in Widerspruch zu gerathen. Denn gehört
zum Wesen des Urtheils, dass es eine Behauptung aufstellt,
welche Anspruch macht wahr zu sein und geglaubt zu werden: so kann eine Aussage, die nichts behauptet und es frei
lässt, dass das Gegentheil wahr sei, keine Art des Urtheils
sein. Ist jedes Urtheil entweder Bejahung oder Verneinung
einer Frage: so kann die Aussage, welche die Frage weder
bejaht, noch verneint, kein Urtheil sein; denn es ist keine
Art der Entscheidung, die Frage unentschieden zu lassen,
und keine Stufe der Gewissheit, ungewiss zu sein; und dem
Gesetz des Widerspruchs zum Trotz wäre A ist vielleicht B
und A ist vielleicht nicht B zugleich gültig.

---

\*) Für Aristoteles ist ὑπόθεσις ein Urtheil über Stattfinden oder
Nichtstattfinden, das nur angenommen wird, ohne dass es gewiss, oder
wenigstens ohne dass es als gewiss erwiesen wäre, und das im Gespräch
oder im Beweis nur verwendet werden kann, wenn es zugestanden wird.
Vgl. mein Programm: Beiträge zur Lehre vom hypothetischen Urtheile
(Tübingen, Laupp 1870) S. 2. Daraus möge sich auch der oben eingeführte Gebrauch dieses Wortes rechtfertigen.

§ 31. Die sogenannten Unterschiede der Modalität.

Als Urtheil über A gefasst, ist also das sogenannte problematische Urtheil kein Urtheil, sondern nur der Gedanke an ein Urtheil, der unvollendete Versuch eines Urtheils. Die einzige wirkliche Aussage, welche durch die Formel A ist vielleicht B gemacht wird, ist: Die Hypothesis A ist B ist ungewiss. Zunächst und unmittelbar ist das nur ein Urtheil über den Redenden selbst, über sein Verhältniss zu der Hypothesis A ist B, die Formel sagt: ich weiss nicht, ob die Hypothesis gilt oder nicht gilt, ich habe weder einen Grund sie zu bejahen noch zu verneinen; sie constatiert einen eben vorhandenen Zustand meines Denkens, aber nichts was hinsichtlich des Subjects A objective Geltung hätte.

Nun könnte man der Formel eine weiter tragende Bedeutung geben wollen durch die Ueberlegung, dass sie nicht bloss meinen könnte: ich weiss nicht, ob A B ist, sondern man weiss nicht ob A B ist, dass also die Ungewissheit nicht bloss als individuelles Factum, sondern als dem Satze überhaupt anhaftend bezeichnet würde. Allein abgesehen davon, dass der Wortlaut das nicht einschliesst, so würde auch dann diese Aussage zu keinem Urtheil über A führen, das dem positiven und negativen Urtheil coordiniert werden könnte; sie würde auch dann nur eine Behauptung über ein subjectives Verhalten aussprechen, nur nicht über ein individuelles, sondern über ein in dem gegenwärtigen Zustande des gesammten Wissens, oder noch allgemeiner über ein in den Schranken der menschlichen Intelligenz überhaupt begründetes subjectives Verhalten. Es ist vollkommen richtig, dass wir hinsichtlich vieler Fragen über die Constatierung der Unmöglichkeit der Entscheidung nicht hinauskommen, und dass diese Erkenntniss ihren Werth hat, wenn wir die menschliche Erkenntnissfähigkeit an dem Ideal des Erkennens messen; aber diese Erkenntniss constatiert immer nichts, was ein Urtheil über A wäre. Für ein ideales Bewusstsein, für eine allwissende Intelligenz ist der eine Satz wahr, der andere falsch; erst wenn wir des einen oder andern gewiss sind, ist der Zweck des Denkens, ein Urtheil von objectiver Gültigkeit erreicht; so lange das nicht der Fall ist, bleibt die Hypothesis als unentschiedenes Problem stehen, und es kann nur verwirren, wenn man den

Ausdruck der subjectiven Ungewissheit und den Ausdruck der Gewissheit der objectiven Gültigkeit eines Satzes unter denselben Begriff des Urtheils subsumiert. Darum ist auch die einzig mögliche Verneinung des problematischen Urtheils, es sei dem Urtheilenden nicht ungewiss ob A B sei, sondern die Bejahung oder die Verneinung sei gewiss *).

---

*) Gegen die gegebene Auffassung ist das problematische Urtheil nicht bloss von Wundt (Logik I, S. 197, vergl. meine Entgegnung in der Vierteljahrschr. für wiss. Phil. IV, 473 ff.) sondern auch von Windelband (Strassb. Abh. S. 185 ff.) in Schutz genommen worden. Von seiner S. 154 ff. besprochenen Auffassung aus sucht er zu zeigen, dass das problematische Urtheil dem affirmativen und negativen als eine dritte Art des »practischen Verhaltens« zu coordinieren sei, das sich in der Beurtheilung einer gegebenen Vorstellungsverbindung ausspreche. »Auch die Beurtheilung hat, wie alle Functionen des Billigens und Verwerfens, die Möglichkeit einer graduellen Verschiedenheit«. Die Gradation der Gewissheit trete in den verschiedenen Graden der Wahrscheinlichkeit zu Tage; sie repräsentieren verschiedene Intensitäten des Ueberzeugungsgefühls, das sowohl negative als affirmative Sätze treffen könne. »Diese verschiedenen Intensitäten der Wahrscheinlichkeit lassen sich derartig auf einer Linie schematisiert denken, dass von den beiden Endpuncten völliger Gewissheit, auf der einen Seite der Bejahung, auf der andern Seite der Verneinung, sie sich durch allmähliche Abschwächung einem Indifferenzpunkte nähern, auf welchem weder Bejahung noch Verneinung vorhanden ist«. Dieser Nullpunkt sei nicht eindeutig; die Indifferenz zwischen positiver und negativer Reaction könne eine totale oder eine kritische sein. Die totale Indifferenz finde einmal bei allen denjenigen Vorstellungsverläufen statt, welche ohne jede Rücksicht auf ihren Wahrheitswerth von Statten gehen, dann bei der Frage, die eine Vorstellungsverbindung ohne Entscheidung des Wahrheitswerthes, aber mit dem Verlangen danach sei. Die Frage nun will W. nicht (wie Lotze versucht) als Urtheilsart mit Affirmation und Negation coordinieren, weil ihr jede Entscheidung über die Geltung des Gedachten fehlt. Allein wenn die Betrachtung einer durch eine Frage vollzogenen Vorstellungsverbindung zu der Einsicht führt, dass weder für die Bejahung noch für die Verneinung zureichende Gründe der Gewissheit und auch nur der Wahrscheinlichkeit vorliegen, so entsteht das problematische Urtheil, das bedeutet, dass über die Geltung der Vorstellungsverbindung A—B nichts ausgesagt werden solle. Das ist die ausdrückliche Suspension der Beurtheilung, die kritische Indifferenz. Der darin liegende bewusste Verzicht auf die Entscheidung, sagt W., sei eine vollständige Entscheidung über die Stellung, welche der Urtheilende zu der in Frage stehenden Vorstellungsverbindung einnimmt, und darum das

## § 31. Die sogenannten Unterschiede der Modalität.

Die Lehre, dass das sog. problematische Urtheil eine Art des Urtheils sei, ist also aufzugeben, sobald man in den Begriff des Urtheils die Behauptung der Wahrheit der Aussage aufnimmt, und lehrt, ein Urtheil müsse entweder wahr oder falsch sein.

problematische Urtheil in der Eintheilung nach der Qualität dem affirmativen und dem negativen zu coordiniren.

Ich erkenne natürlich die Richtigkeit dessen, was über den Sinn des sog. problematischen Urtheils gesagt ist, und die treffende Unterscheidung der einfachen Frage von demselben, die ich oben im Texte dankbar aufgenommen habe, vollständig an: aber ich muss daraus die entgegengesetzte Consequenz ziehen. Stelle ich mich ganz auf den Standpunkt Windelbands, dass Bejahung und Verneinung gleicherweise eine Beurtheilung einer Vorstellungsverbindung unter dem Gesichtspunkte des Wahrheitswerthes seien, so vermag ich in einer Suspension der Beurtheilung nicht eine Art der Beurtheilung zu erkennen; wenn über die Geltung der Vorstellungsverbindung nichts ausgesagt werden soll, so kann keine Beurtheilung vollzogen werden, und es bleibt nur die Erkenntniss dieses subjectiven Factums übrig. Das Verhältniss der drei »Urtheilsformen« kann keine Coordination sein. Entweder vermag ich nicht zu entscheiden, oder ich vermag zu entscheiden; entscheide ich, so entscheide ich entweder bejahend oder verneinend. Coordinirt sind also nur Bejahung und Verneinung als Richtungen der Entscheidung; sie stehen beide zusammen der Nichtentscheidung gegenüber; das ist es, was ich ausdrücken wollte. Und wenn nur dann eine Erkenntniss der Sache vorhanden ist, wenn ich entweder bejahen oder verneinen kann, so ist im entgegengesetzten Falle keine Erkenntniss der Sache, sondern nur eine Erkenntniss meines subjectiven Unvermögens gegeben; also nur ein Urtheil über mich, nicht ein Urtheil über das Subject des Satzes. Ich kann auch nicht zustimmen, dass es Grade der Gewissheit gebe, weil Gewissheit ein Gefühl sei und alle Gefühle Intensitätsunterschiede zeigen. Gewissheit, das Wort im strengen Sinne genommen, ist entweder da oder nicht da; was nicht absolut gewiss ist, ist ungewiss. Die Gewissheit kündigt sich allerdings auf unmittelbare Weise in unserem Bewusstsein an, es gibt ein Gefühl der Gewissheit, ebenso wie sich die Ungewissheit, das Schwanken zwischen entgegengesetzten Wahrscheinlichkeiten im Gefühl ankündigt; aber entgegengesetzt sind sich nun nicht Gewissheit der Bejahung als ein Extrem, Gewissheit der Verneinung als das andere, und dazwischen die Ungewissheit als Uebergang; sondern entgegengesetzt sind Gewissheit und Ungewissheit, und die Gewissheit ist gleicherweise bei Bejahung und Verneinung vorhanden. Würde mit der Lehre, dass die Gewissheit Grade habe, Ernst gemacht, so wäre der Unterschied von Meinen und Wissen nur ein relativer. Grade hat nur die Hoffnung der Gewissheit.

4. Nicht viel glücklicher ist die traditionelle Lehre in ihrer Unterscheidung des **assertorischen** und **apodictischen** Urtheils. Wenn Kant sagt (Krit. d. r. V. § 9, 4. Logik § 30) das assertorische Urtheil sei vom Bewusstsein der Wirklichkeit des Urtheilens, das apodictische vom Bewusstsein der Nothwendigkeit desselben begleitet, so handelt es sich beim assertorischen Urtheil also nur darum, dass überhaupt in Worten eine Behauptung ausgesprochen wird, auch wenn das Bewusstsein der Nothwendigkeit des Urtheilens nicht dabei ist; wie denn in der Einl. der Logik IX das assertorische Urtheil als Ausdruck eines bloss subjectiven G l a u b e n s auftritt, der nur für mich gilt; wogegen was ich w e i s s, apodictisch gewiss, d. h. allgemein und objectiv nothwendig für alle geltend sein soll; gesetzt auch dass der Gegenstand selbst, auf den sich dieses gewisse Fürwahrhalten bezieht, eine bloss empirische Wahrheit wäre.

Nach dieser Unterscheidung würde auch das assertorische Urtheil ausserhalb unserer Definition des Urtheils fallen, welche es als wesentliches Merkmal desselben aufstellt, dass es objectiv gültig sein wolle. Es gibt in der That in dieser Hinsicht nur Einen Sinn des Urtheils, das eine wirkliche Behauptung enthält — den, dass jeder dasselbe behaupten und glauben muss, darum, weil es nothwendig ist, es zu glauben und zu behaupten. Alle unsere Rede verlöre ihren Halt und würde zu Kinderspiel oder Lüge, wenn, wer einen Satz aufstellt, nicht zugleich damit sagen wollte, dass dessen Verneinung falsch sei, und wer etwas damit Unverträgliches behaupte, irre; d. h. wenn zwischen einem assertorischen und apodictischen Urtheil der Unterschied wäre, dass dieses zwar nothwendig ist, jenes aber nicht; dieses für jeden gilt, jenes aber nur für mich. Wahrheit hat keinen Sinn, wenn sie nicht diese Nothwendigkeit des subjectiven Thuns meint. Auch wo die bloss zeitliche Aussage über das allerzufälligste Einzelne — dieses Eisen ist heiss — vollzogen wird: da setzt sie voraus, dass es eben jetzt nothwendig ist, so und nicht anders zu urtheilen; meine Empfindung macht die Verknüpfung dieses Subjects mit diesem Prädicate zu einer unabweislichen; und gegen jeden Widerspruch würde ich festhalten, dass ich nichts anderes als eben dies als den Ausdruck meiner Empfindung aussprechen könne, sobald die Frage gestellt ist, ob dieses Eisen heiss sei oder nicht.

5. Damit fällt jeder **wesentliche** Unterschied des assertorischen und apodictischen Urtheils zusammen; wenn ich sage »das ist so«, so ist das nur dann ein vollkommen reifes Urtheil, wenn es so viel heisst, als: ich muss nothwendig urtheilen, dass das so ist; die ganze Gewissheit meiner Aussage ruht auf der Voraussetzung dieser Nothwendigkeit.

Es bleibt nur übrig, theils dass der Grund, auf welchem die Nothwendigkeit ruht, verschieden ist, theils dass sie in verschiedener Weise ins Bewusstsein tritt.

6. In ersterer Hinsicht lassen sich zunächst unmittelbare und vermittelte Urtheile unterscheiden. Bei den unmittelbaren (in specie analytischen) Urtheilen ist die Nothwendigkeit, das Prädicat von dem Subjecte auszusagen (beziehungsweise zu verneinen), auf das Prinzip der Uebereinstimmung (beziehungsweise des Unterschieds) gegründet; bei den mittelbaren entweder auf Autorität oder auf Folgerung. Die unmittelbaren Urtheile gehen dabei entweder auf ein individuelles Factum (wie in der Wahrnehmung) zurück, auf das hin einem Subject ein Prädicat zugesprochen wird; oder auf die gemeinschaftlich anerkannte Bedeutung eines Worts. Derselbe Unterschied eines individuellen und eines Allen zugänglichen Grundes scheidet unter den mittelbaren Urtheilen die auf Autorität und die auf Folgerung zurückgehenden; denn dass einer für mich Autorität ist, ist ein individueller Grund, der nur für mich gilt, so lange nicht auf eine allgemeingültige Weise die Glaubwürdigkeit festgestellt und bewiesen ist; die Folgerung aber bindet mich nur, wenn sie (von denselben Voraussetzungen aus) alle bindet.

So hat man denn z. B. unterschieden zwischen **unmittelbarer** (auf eigene oder fremde Wahrnehmung gegründeter) Gewissheit, und **vermittelter**, auf Beweis gegründeter Gewissheit — wobei nur die auf fremde Wahrnehmung gegründete Gewissheit vielmehr zur **vermittelten** zu rechnen sein wird, und die unmittelbare sich nicht bloss auf Wahrnehmungen bezieht; und man hat auf jene das assertorische, auf diese, seinem Wortlaute entsprechend, das apodictische Urtheil (πρότασις ἀποδεικτική) bezogen. Dem bieten sich auch die hergebrachten Formeln dar: A ist B, und A muss B sein (»muss« als Ausdruck des bloss Erschlossenen genommen, wie in dem Satze: Es muss heute Nacht geregnet haben). Nur dass dann die gewöhnliche Vorstellung aufgegeben werden muss, als ob das apodictische Urtheil etwas Höheres bezeichne, als das assertorische, und vom problematischen hinauf zum apodictischen eine Steigerung der Gewissheit und damit des Werths und der Würde der Urtheile stattfinde; denn jede vermittelte Gewissheit muss ja zuletzt auf unmittelbarer, jeder Beweis auf Prämissen ruhen, die selbst keines Beweises bedürfen. In komischem Widerspruch mit der Emphase, mit welcher man von apodictischer Gewissheit zu reden pflegt, bezeichnet im gewöhnlichen Leben das »apodictische« Urtheil »Es muss so sein, es muss so gegangen sein« einen sehr bescheidenen Grad von Zuversicht, weil man aus guten Gründen der Sicherheit der gewöhnlichen Schlüsse misstraut, und sich lieber an das unmittelbar Wahrgenommene hält; aber auch den strengsten Beweis vorausgesetzt, kann das Erwiesene niemals einen höheren Grad von Gewissheit ansprechen, als dasjenige, woraus es erwiesen ist.

Andere Auffassungen scheinen vielmehr den Unterschied von Sätzen, die schlechthin allgemein gelten, von denen, welche von einer individuellen Bedingung abhängen, im Auge zu haben, wenn z. B. der Charakter des Apodictischen in die Vernunftnothwendigkeit gegenüber dem Thatsächlichen gesetzt wird. So hat Leibniz die nothwendigen Wahrheiten von den thatsächlichen unterschieden *). Die nothwendigen Wahrheiten sind diejenigen, deren Gegentheil einen Widerspruch

---

*) Leibn. Princ. phil. § 33 (Erdm. p. 707): Il y a deux sortes de vérités, celles de *raisonnement* et celles de *fait*. Les vérités de raisonnement sont nécessaires et leur opposé est impossible, et celles de fait sont contingentes et leur opposé est possible. Quand une vérité est *nécessaire*, on peut en trouver la raison par l'analyse, la résolvant en idées et en vérités plus simples, jusqu'à ce qu'on vienne aux primitives ... 35: ce sont les énontiations identiques, dont l'opposé contient une contradiction expresse. Nouv. Ess. IV, § 1. Erdm. 340: Pour ce qui est des vérités primitives de *fait*, ce sont les *expériences immédiates internes*, d'une immédiation de sentiment. Vergl. De scientia universali Erdm. p. 83.

enthält; die thatsächlichen diejenigen, deren Gegentheil möglich ist. Jene kommen zuletzt auf identische Sätze zurück; diese ruhen auf unmittelbarer Empfindung. In dieser Formulierung tritt nicht heraus, dass die Subjecte, auf welche sich die nothwendigen, und diejenigen, auf welche sich die thatsächlichen Wahrheiten beziehen, verschieden sind. Die nothwendigen Vernunftwahrheiten stellen Gleichungen zwischen **Begriffen** dar, welche als ein fester und allgemeiner Besitz vorausgesetzt werden; nur unter dieser Voraussetzung kann ja (nach § 23. S. 190 f.) überhaupt von einem Satze gesagt werden, dass er widersprechend, also sein Gegentheil nothwendig wahr sei; sie entsprechen den analytischen Urtheilen Kant's. Die Subjecte der thatsächlichen Wahrheiten sind **einzeln existierende Dinge**, und die thatsächlichen Wahrheiten sagen allerdings, sofern sie das Dasein und das veränderliche Geschehen betreffen, etwas aus, was in dem Begriffe des Dinges nicht liegt; denn es ist weder mit seinem Begriffe gegeben, dass es existiert, noch dass es eine bestimmte zufällige Beschaffenheit hat; sie verneinen, führt also keinen logischen Widerspruch herbei, wie sagen, ein Dreieck sei nicht dreieckig. Allein daraus, dass das Gegentheil einer thatsächlichen Wahrheit nicht *a priori* unmöglich ist, folgt nicht, dass es für mich nicht nothwendig wäre, das Factum zu behaupten, nachdem es geschehen ist, und dass die entgegengesetzte Behauptung für den möglich wäre, der das Factum kennt; eine Wahrheit ist auch die thatsächliche Wahrheit nur darum, weil es unmöglich ist, das Gegentheil zu behaupten — nur unmöglich auf Grund einer individuellen Erfahrung, statt auf Grund der festen Begriffe, von denen ich ausgehe. Und auch die Verwandlung eines unmittelbaren Bewusstseins in einen Satz von objectiver Gültigkeit setzt ja allgemeingültige Grundsätze voraus, nach denen die Empfindung auf ein Sein und ein Seiendes bezogen wird; somit ist auch in den thatsächlichen Wahrheiten Vernunftwahrheit insofern enthalten, als nach allgemeinen Grundsätzen (z. B. dass jede Veränderung ein beharrliches Subject voraussetze, an dem sie geschieht) allein aus einem individuellen Geschehen ein wahres Urtheil hervorgehen kann. Auf der anderen Seite ist das Haben der allgemeinen

Begriffe, auf denen die identischen Sätze ruhen, zuletzt ebenso etwas Factisches, was da sein muss, ehe das Princip der Identität darauf angewandt werden kann, um ein nothwendiges Urtheil zu erzeugen. Die Nothwendigkeit beider Arten von Wahrheit ist also zuletzt eine hypothetische. Wenn ich bestimmte Begriffe denke, muss ich das in ihnen Gedachte von ihnen prädiciren; und wenn ich bestimmte Wahrnehmungen habe, muss ich von den wahrgenommenen Subjecten das prädiciren, was mich die Wahrnehmungen zu prädiciren nöthigen \*). Auch diese Unterscheidung löst sich also hinsichtlich des Charakters der Nothwendigkeit auf und nur der Grund der Nothwendigkeit ist verschieden, weil die Subjecte der Urtheile verschieden sind.

---

\*) Wollte man sich darauf berufen, dass ja die Sinne täuschen und dass es möglich sei an dem Vorhandensein der ganzen realen Welt zu zweifeln, nicht aber an dem Satze A=A: so ist das vollständig richtig, hebt aber den Satz nicht auf, dass jedes Urtheil nur insofern wahr sei, als es nothwendig ist. Denn vermöchten wir aus unsern factischen Empfindungen deshalb, weil wir sie als rein zufällig, individuell verschieden und gesetzlos wie Traumvisionen eintretend voraussetzen, keine Aussage über ein Seiendes und überhaupt keine allgemeingültige Aussage zu machen, so wäre überhaupt kein thatsächliches Urtheil über etwas anders als unsere momentane Affection möglich; würden wir aber voraussetzen, die Empfindungen seien zwar einer für alle gleichen Nothwendigkeit unterworfen, wir kennen aber diese Nothwendigkeit und ihr Gesetz nicht, so wäre wiederum dasselbe — wir könnten kein Urtheil über ein ausser uns Seiendes vollziehen. In Beziehung auf die Frage, was das Seiende, das wir empfinden, seinem letzten Wesen nach ist, sind wir in der That in diesem Falle; ebendarum gibt es darüber nur Vermuthung und Hypothese, aber keine Urtheile, die sich als wahr ankündigen dürfen; soweit wir aber die Nothwendigkeit in den Processen, durch welche wir aus Empfindungen Urtheile bilden, zu kennen überzeugt sind, soweit reicht auch das Gebiet des sicheren, von der Ueberzeugung der Wahrheit begleiteten Urtheilens. Wir wissen, dass wir jetzt diese, jetzt jene Farbe empfinden, dass wir sie an diesen Ort des Raums verlegen, als Farbe dieses bestimmten erscheinenden Gegenstandes ansehen müssen; ob dieser Gegenstand blosse Erscheinung, oder ob er Erscheinung eines Seienden und eines wie beschaffenen Seienden sei — darüber kann man streiten, und je nach den Voraussetzungen darüber richtet sich der Sinn, in welchem ein thatsächliches Urtheil wahr ist.

§ 31. Die sogenannten Unterschiede der Modalität.

7. Dass die Nothwendigkeit, ein Prädicat mit einem Subjecte zu verbinden, in **verschiedener Weise ins Bewusstsein tritt**, ist nicht zu bestreiten. Eine Menge von unmittelbaren Urtheilen vollziehen wir mit unbefangener, unreflectierter Sicherheit, welche an die Möglichkeit des Irrthumes, des Andersseins gar nicht denkt; die absolute Gewissheit, das reine Beruhen in unserem Denkacte ist von demselben unzertrennlich; mit solchen Urtheilen beginnt all unser Denken. Die Aussprüche unseres unmittelbaren Selbstbewusstseins, wie das unmittelbar Einleuchtende, sei es der Anschauung oder des allgemeinen Urtheils, sind von keinem Gefühle des Zwangs begleitet, wie ihn die behauptete Nothwendigkeit voraussetzen sollte, noch von dem Gedanken an die Unmöglichkeit des Gegentheils; erst gegenüber dem Versuche des Widerspruchs stellt sich dieses Bewusstsein ein. Zur Gewissheit anderer Urtheile gelangen wir auf dem Wege des Zwangs, indem uns alle andern Möglichkeiten abgeschnitten werden; und hier tritt uns zugleich mit dem Urtheile seine Nothwendigkeit in dem Bewusstsein dieses Zwangs entgegen. Wenn man also Nothwendigkeit als Unmöglichkeit des Andersseins definiert, und darin das Wesen derselben sieht, so kann man sagen, jene Urtheile seien vom Bewusstsein der Nothwendigkeit nicht begleitet, nur diese.

Allein jene unmittelbare Sicherheit und Gewissheit ist vielmehr die ursprüngliche und ächte Form, in welcher die Nothwendigkeit im Gebiete des Denkens erscheint; in ihr zeigt sich die Form und Richtung, in welcher die volle lebendige Kraft des Denkens wirkt, und diese unmittelbare Evidenz ist durch nichts anderes vollkommen zu ersetzen. Der Versuch eines Widerspruchs kann wohl dazu dienen, das Vorhandensein jener Sicherheit zu constatieren und das Mass der Kraft zu messen, welche in einer Behauptung thätig ist; aber die Einsicht, dass das Gegentheil unmöglich sei, setzt in der Regel die Gültigkeit des ursprünglichen Satzes schon voraus; dass A ist nicht B widersprechend sei, ist unmittelbar nur dann klar, wenn fest steht, dass A B ist; die doppelte Negation erzeugt nicht den Satz, sondern umgeht ihn bloss, indem sie ihn abscheidet von seinem Gegentheil; aber sie ist die Form, in welcher uns die Wahrheit zum ausdrücklichen Bewusstsein kommt, indem wir uns von ihr entfernen und wieder zu ihr zurückkehren. Wie die Identität erst durch die Verneinung des Anderen, die Bejahung durch Verneinung der Verneinung zum ausdrücklichen Bewusstsein kommt, so die Nothwendigkeit durch die Unmöglichkeit des Andersseins. Aber in den Gedanken, durch welche sie sich aufklärt, ist sie selbst schon enthalten; die Verneinung der Verneinung bestätigt nur darum die Bejahung, weil dieser Process selbst in seinen einzelnen Schritten unmittelbar gewiss ist. Jene unreflectirte Nothwendigkeit ist das rein ursprüngliche, das in all unserem Denken wirkt, und daher niemals in jedem Punkte ins Bewusstsein erhoben werden kann.

Wollte man assertorische und apodictische Urtheile so scheiden, dass bei diesen ihre Nothwendigkeit zum ausdrücklichen Bewusstsein komme und darum auch im sprachlichen Ausdrucke erscheine, bei jenen nur ungeschieden in dem Urtheilsacte selbst liege: so wäre damit eine wirklich stattfindende Differenz getroffen, welche zwar nicht den Grad, aber die Art der Gewissheit eines Satzes angeht; nur eine Differenz, die ganz auf psychologischem Gebiete sich bewegt, und sagt was, von individuellen Bedingungen abhängig, bei demselben Urtheile bald so, bald anders eintreten kann, und eine Differenz, welche das gerade Gegentheil von dem bedeutet, was die Ausdrücke sagen sollen. Denn die apodictische Form A muss B sein erinnert an den Zweifel und die Denkbarkeit des Gegentheils; sie schreitet, vorsichtig sich umsehend, von A zu B fort; die assertorische geht geradeswegs auf ihr Ziel zu. Gerade wo ein Urtheil ein erschlossenes ist, spricht die assertorische Form die festere Zuversicht aus als die apodictische, welche gleichsam auffordert, den Beweis erst zu prüfen; und jene ist also überall der natürlichere, weil directere Ausdruck auch der sog. apodictischen Gewissheit; wie denn auch die Logik die Schlusssätze der Syllogismen in assertorischer Form auszusprechen pflegt.

Wollte man entgegenhalten, es werde thatsächlich viel ins Blaue hinein behauptet, wo der Sprechende es nicht so genau nehme mit der Nothwendigkeit seiner Aussage: so ist

## § 31. Die sogenannten Unterschiede der Modalität.

dies ebenso richtig, als dass viel gelogen wird; nur widerlegt es den Satz nicht, dass derjenige Act, für den die ernsthafte Aussage der adäquate Ausdruck ist, die Nothwendigkeit des Urtheils mitbehaupte, und die Aussage von Jedem so verstanden werde. Sonst wäre die Rede gedankenlos, indem sie Worte ohne Sinn gebrauchte, oder mit der Lüge behaftet, wenn als gewiss hingestellt wird, was dem Redenden selbst nicht gewiss ist. Dass im Streite der Interessen und Parteien in diesem Sinne viel gelogen wird, geht die Logik nichts an, welche, wie das Wahrdenkenwollen, so auch das Wahrredenwollen voraussetzt. Ebenso ist zuzugeben, dass dieses Wahrdenken- und Wahrredenwollen erst allmählich ein bewusstes Wollen wird, und zuerst nur als ein seiner Ziele unbewusster Trieb auftritt, aber ehe dieses Bewusstsein klar ist, wissen die Redenden nicht was sie thun; so lange ist das Urtheilen thatsächlich aber nicht als freies und bewusstes vorhanden, und hat seine volle Reife noch nicht gefunden.

8. Die Nothwendigkeit des Denkens, welche in der Gewissheit des einzelnen Urtheilsacts sich manifestirt, erhält ihren eigenthümlichen Charakter zuletzt von der **Einheit des Selbstbewusstseins**. Indem jedes einzelne Urtheil mit dem Bewusstsein der Identität des Subjects und des Prädicats wie des Urtheilsacts wiederholbar ist, von denselben Voraussetzungen immer dieselbe Synthese sich vollzieht, und unser Selbstbewusstsein nur mit dieser Constanz bestehen kann, erscheint unser urtheilendes Ich mit seiner constanten Thätigkeit als ein allgemeines gegenüber den einzelnen Urtheilsacten, als das Gleiche und Beharrliche, welches die verschiedenen zeitlich getrennten Momente unseres Denkens verknüpft. Mit der Sicherheit der Bewegung des einzelnen Falls verknüpft sich das Bewusstsein der unveränderten Wiederholung, der Rückkehr zu demselben; an dieser Stetigkeit, welche dem einzelnen Acte gegenüber ein allgemeines Gesetz darstellt, kommt das Urtheilen ebenso als etwas der subjectiven Willkür und dem Andersmachenkönnen entzogenes zum Bewusstsein, wie wenn es sich dem Widerspruch gegenüber im einzelnen Acte behauptet. Diese Identität und Beharrlichkeit unseres Thuns ist, weil Bedingung unseres einheitlichen Bewusstseins überhaupt, auch das letzte

Fundament, auf das wir zurückgehen können; und so lange, wie in dem unreifen Kindesalter, diese vollständige, zusammenfassende Besinnung nicht da ist, sind auch die psychologischen Bedingungen des Urtheilens nur unvollständig entwickelt; und dasselbe ist's im Traume, wo die allseitige Verknüpfung fehlt.

Somit ergibt sich, dass jeder einzelne Urtheilsact durch den Sinn, in welchem er sich vollzieht, auf nothwendige und allgemeingültige Gesetze zurückweist, — allgemeingültig sowohl für das einzelne Subject in seinen zeitlich verschiedenen Momenten, als für die verschiedenen denkenden Subjecte, mit denen wir in der Gemeinschaft des Denkens stehen, Gesetze, welche zunächst unbewusst bleibend nur die Sicherheit des Urtheils wirken, ins Bewusstsein erhoben, die fundamentale Anschauung eines Nothwendigen geben.

9. Die Nothwendigkeit des Denkens, welche in der Gewissheit des einzelnen Urtheilsacts und der Stetigkeit in seiner Wiederholung ursprünglich zu Tage tritt, ist etwas durchaus Positives, die unmittelbare Wirkungsweise der Intelligenz, die Form unseres Selbstbewusstseins selbst, und, zum Bewusstsein gebracht, eine unmittelbare Anschauung, so gut wie der Gedanke des Ich oder des Seins. Sie ist darum zugleich das Mass der anderen Begriffe, der Möglichkeit und Unmöglichkeit. Möglich ist im Gebiete des Urtheilens dasjenige, was weder zu bejahen noch zu verneinen nothwendig ist; der Einfall, der Versuch, der sich nicht zum entscheidenden Urtheile vollenden und nicht in die Einheit des Selbstbewusstseins, in das feste Gefüge dessen, was ebenso gewiss ist, wie mein eigenes Sein, aufgenommen werden kann. Die blosse Möglichkeit ist eine Privation. Das Unmögliche dagegen ist in doppeltem Sinn zu nehmen; was unmöglich zu denken wäre, würde ebendarum gar nicht gedacht, höchstens in Worten ausgesprochen; den Worten »der Kreis ist viereckig« entspricht kein vollziehbarer Gedanke, und in demselben Sinn meint Aristoteles, es sei unmöglich zu denken, dass dasselbe zugleich sei und nicht sei; »denn es ist nicht nöthig, das, was man sagt, auch anzunehmen.« Diesem Unmöglichen steht das Mögliche gegenüber, das nothwendig verneint werden muss, die Hypothesis, die als solche vollziehbar ist, wenn man sie isolirt nimmt,

welche zu behaupten aber mit einem gültigen Satze streiten und so das Denken entzweien würde. Dieses Unmögliche hat seine Stelle nur in dem Gebiete des vermittelten Urtheilens; weil die Unvereinbarkeit des Prädicats mit dem Subject nicht analytisch erkannt wird, kann seine Vereinbarkeit gedacht, der Satz sogar vorübergehend angenommen werden, so lange die entgegenstehende Wahrheit dem Bewusstsein entschwunden ist; die durchgängige Beziehung unserer Urtheile aufeinander erst verneint das Mögliche. Nur in diesem Sinne trifft die Leibniz'sche Unterscheidung zu, dass die Verneinung der nothwendigen Wahrheiten unmöglich, die der thatsächlichen möglich sei. Man kann sie aufzustellen versuchen, aber das Gegebene versagt ihnen die Bestätigung und zwingt sie zu verneinen.

10. Aus dem Obigen geht nun hervor, dass eine wirkliche Bejahung oder Verneinung, d. h. ein mit dem Bewusstsein der Gültigkeit ausgesprochenes Urtheil nur für den möglich ist, für den es nothwendig ist; für das Urtheil selbst fallen Möglichkeit und Nothwendigkeit vollkommen zusammen. Eine Hypothesis dagegen ist möglich, wenn und so lange es nicht nothwendig, also unmöglich ist sie entweder zu bejahen oder zu verneinen. Sie ist — als Ausdruck eines subjectiven Zustandes der Unentschiedenheit — allerdings in gewissem Sinne ein Drittes zu Bejahung und Verneinung; aber ebendarum kein Urtheil.

## § 32.

Das sog. Gesetz des Grundes ist in seiner ursprünglichen Fassung bei Leibniz kein logisches Gesetz, sondern ein metaphysisches Axiom, das nur auf einen Theil unserer Urtheile Bezug hat.

Sofern jedes Urtheil die Gewissheit seiner Gültigkeit voraussetzt, kann der Satz aufgestellt werden, es werde kein Urtheil ausgesprochen ohne einen psychologischen Grund seiner Gewissheit; und sofern es nur berechtigt ist, wenn es logisch nothwendig ist, behauptet jedes Urtheil einen logischen Grund zu haben, der es für jeden Denkenden nothwendig macht. Es erhebt aber damit nur einen Anspruch, dessen Recht zu untersuchen eben Aufgabe der Logik ist.

Das Wesen der Nothwendigkeit im Denken spricht der Satz aus, dass mit dem Grunde die Folge nothwendig gesetzt, mit der Folge der Grund aufgehoben sei. Dieser Satz vom Grund und der Folge entspricht dem Satze des Widerspruchs als ein fundamentales Functionsgesetz unseres Denkens.

1. Die Ergebnisse des vorigen Paragraphen scheinen sich ganz von selbst in dem Satze auszusprechen, dass nicht geurtheilt werden könne ohne Grund; denn unter Grund versteht man ja eben dasjenige, was ein Urtheil nothwendig macht. So ergäbe sich aus der Analyse des Sinnes, in welchem jedes Urtheil überhaupt vollzogen und ausgesprochen wird, das vierte der sogenannten Denkgesetze von selbst; es spräche die ganz allgemeine Eigenschaft alles Urtheilens überhaupt aus, dass im Glauben an die Gültigkeit des Urtheils zugleich der Glaube an seine Nothwendigkeit liegt.

2. Das Gesetz des Grundes ist übrigens in verschiedenem Sinne verstanden worden, und hat darin das Schicksal der anderen sog. Denkgesetze getheilt. Leibniz hat es zuerst ausdrücklich als oberstes Princip neben dem Princip des Widerspruchs aufgestellt. »Unsere Schlüsse, sagt er\*),

---

\*) Princ. phil. 31 ff. Erdm. 707: Nos raisonnements sont fondés sur deux grands principes, celui de la Contradiction ... et celui de la Raison suffisante, en vertu duquel nous considérons qu'aucun fait ne saurait se trouver vrai ou existant, aucune énontiation véritable, sans qu'il-y-ait une raison suffisante pourquoi il en soit ainsi et non pas autrement, quoique ces raisons le plus souvent ne puissent point nous être connues. Dasselbe hatte Leibniz früher. De scientia universali (Erdm. p. 83) so formulirt; Omnis veritatis (quae immediata sive identica non est) reddi posse rationem, hoc est, notionem praedicati semper notioni sui subjecti vel expresse vel implicite inesse; er hatte darunter also ein rein logisches Princip verstanden, vermöge dessen

sind auf zwei grosse Principien gegründet, das des Widerspruchs ... und das der ratio sufficiens, kraft dessen wir annehmen, dass kein Factum wahr oder wirklich, kein Satz wahr sei, ohne dass es einen zureichenden Grund gäbe, warum es so sei und nicht anders, obgleich diese Gründe in den meisten Fällen uns unbekannt sein können.« Es ist leicht, in dieser Fassung die zwei Seiten zu unterscheiden, dass nemlich theils von der wirklichen Existenz von realen Dingen und Vorgängen, theils von der Wahrheit von Sätzen die Rede ist; allein sobald man sich erinnert, dass Leibniz nur die thatsächlichen Wahrheiten, d. h. die Wahrheit der Sätze, welche eine Thatsache aussagen, auf dieses Princip gründen will, während die nothwendigen Wahrheiten auf dem Princip des Widerspruchs ruhen, und dass ihm die letzte ratio sufficiens immer der göttliche Wille ist, so ist klar, dass diese Unterscheidung nichts bedeutet, und das Princip von Leibniz nichts anderes als das reale Causalprincip ist, dass die Existenz jedes wirklichen Dings und die Wirklichkeit jedes Vorgangs eine Ursache haben müsse; denn die Sätze, welche Thatsachen aussprechen, begründen ja ihre Wahrheit auf die Wirklichkeit derselben, ihre Wahrheit hängt also davon ab, dass das Ausgesagte wirklich ist, dessen Wirklichkeit aber von der zureichenden Ursache; wenn ich also den realen Grund einer thatsächlichen Wahrheit angebe, nenne ich die Ursache, welche das Wirkliche hervorgebracht hat. Ebendaraus erhellt aber

---

alle nicht identischen Sätze erst insofern wahr seien, als ihre Nothwendigkeit syllogistisch erwiesen sei. An andern Stellen dagegen hebt er nur die metaphysische Seite hervor; so Theod. 44 (Erdm. p. 515): ... l'autre principe est celui de la raison déterminante, c'est que jamais *rien n'arrive*, sans qu'il-y-ait une cause ou du moins une raison déterminante, c'est-à-dire quelquechose qui puisse servir à rendre raison a priori, pourquoi cela est existant plutôt que non, et de telle plutôt que de toute autre façon. Ce grand principe a lieu dans tous les évènements... Pr. de la nature et de la Grace § 7 (Erdm. p. 716): rien ne se fait sans raison suffisante cfr. Trois. écrit à Mr. Clarke (Erdm. p. 751). Im fünften Schreiben an Clarke dagegen § 125 (Erdm. p. 778) erscheint wieder die volle Formel: Ce principe est celui du besoin d'une raison suffisante, pour qu'une chose existe, qu'un évènement arrive, qu'une vérité ait lieu.

auch, wie wenig Recht man hatte, nun daraus ein schlechthin allgemeines logisches Gesetz zu machen, das neben dem Gesetze des Widerspruchs in Betreff derselben Sätze gälte, welche auch unter dem Gesetze des Widerspruchs stehen, und in dem Leibniz'schen Satze einen **logischen Grund** zu suchen, der von der realen Ursache verschieden wäre. Das ist schon durch die wiederholte Bemerkung ausgeschlossen, dass uns die Ratio sufficiens häufig unbekannt sein könne. Dies gilt ja nur von der realen Ursache; ein logischer Grund, den wir nicht kennen, ist streng genommen ein Widerspruch; denn er wird erst ein logischer Grund dadurch, dass wir ihn kennen. Nur wenn man in der Fiction lebt, als könnte ein Urtheil wahr sein, abgesehen davon, dass irgend eine Intelligenz dieses Urtheil denkt, kann man auch den Grund als irgendwo im Leeren vorhanden annehmen.

Wer also als logisches Gesetz aufstellt: Es solle nichts gedacht werden ohne Grund, meint jedenfalls etwas ganz Anderes als Leibniz gemeint hat.

3. Unterscheidet man von der realen Ursache den Grund des Urtheils, von demjenigen, was das Dasein und Sosein eines Seienden nothwendig macht, dasjenige, worauf das Urtheil als Denkact ruht: so kann immer noch das Wort »Grund« in sehr verschiedenem Sinn genommen werden.

Von einer Seite nemlich fällt jedes Urtheil, als ein wirkliches, psychologisches Ereigniss in einem denkenden Individuum genommen, selbst unter den Gesichtspunkt eines Seienden, und es kann insofern der Begriff des Causalverhältnisses und der Grundsatz darauf angewendet werden, dass jeder Vorgang seine zureichende Ursache haben müsse. Die Ursache eines Urtheilsacts muss zunächst auf psychologischem Gebiete gesucht werden, sofern ein Urtheil nur möglich ist, wo gewisse Vorstellungen dem Bewusstsein gegenwärtig sind, und die psychologische Ursache eines Urtheils ist also der Gesammtbestand desjenigen, woraus gerade dieser Urtheilsact mit Nothwendigkeit hervorgieng; principaliter also das urtheilende Subject selbst mit seinem Denkvermögen, und den Gesetzen, welche dieses Vermögen in seinen Aeusserungen beherrschen, weiterhin die bestimmten Zustände und vorausgegangenen Acte, aus welchen dieses bestimmte Urtheil zu Stande kommt. Zu diesen gehört:

a. Dass sowohl die Subjectsvorstellung als die Prädicatsvorstellung im Bewusstsein gegenwärtig war (und diese Gegenwart im Bewusstsein weist auf weiter zurückliegende Ursachen hin, die als causae remotiores des Urtheils gelten können, und unter denen der von einem Interesse geleitete Wille einen Gegenstand zu erkennen und über denselben nachzudenken eine der wichtigsten ist).

b. Dass zwischen Subjects- und Prädicatsvorstellung eine Synthese sich einleitete, sei es dass vermöge ihrer Uebereinstimmung die Denkthätigkeit nach den ihr einwohnenden Gesetzen sie verknüpft, sei es dass in der Art, wie sie in's Bewusstsein treten, ihre Synthese zugleich aufgegeben war und zunächst der Gedanke ihrer möglichen Verknüpfung entstand.

c. Dass im letzteren Falle ein Ereigniss eintritt, welches die Entscheidung in bejahendem oder verneinendem Sinne herbeiführt und damit auch, sofern jedes Urtheil zugleich das Bewusstsein seiner Gültigkeit in sich schliesst, die factische Gewissheit als Gemüthszustand psychologisch erklärt.

In dieser Hinsicht sind zunächst unter den **unmittelbaren Urtheilen** diejenigen, welche bloss Vorgestelltes verknüpfen, zu unterscheiden von denen, welche das Seiende treffen wollen. Während dort für die unmittelbaren Urtheile das Princip der Uebereinstimmung (als Ausdruck eines Bewegungsgesetzes für unser Denken) genügt, um sowohl die Synthese als ihre Gewissheit zu erklären, gehen diejenigen, welche etwas über Seiendes aussagen wollen, wie z. B. die Wahrnehmungsurtheile (es blitzt — dieses Eisen ist heiss), auf complicirtere Voraussetzungen zurück. Indem ihre Veranlassung eine momentane Empfindung oder ein Complex von Empfindungen ist (die ihrerseits auf eine Reihe von Ursachen zurückweist, welche mich in die Lage gebracht haben, eben so sinnlich afficirt zu werden), fällt unter die Ursachen des Urtheils über einen factischen Thatbestand auch der Inbegriff all der psychologischen Kräfte, welche aus Empfindungen die Vorstellungen wirklicher Dinge mit ihren Eigenschaften immer aufs neue erzeugen und in jedem einzelnen Falle die Gewissheit, dass wir Seiendes wahrnehmen und erkennen, herbeiführen; das Princip der Uebereinstimmung erklärt nur, wie wir das eben Angeschaute mit einer früheren Vorstellung identificieren, niemals aber die Ueberzeugung von der realen Wirklichkeit der Dinge überhaupt, noch die Ueberzeugung, dass wir eben jetzt ein thatsächlich wahres Urtheil aussprechen. Während also für die bloss erklärenden Urtheile mit den Ursachen des Zustandekommens und Bewusstwerdens der Vorstellungen und dem Princip der Uebereinstimmung alles erschöpft ist, fordern die andern für den Glauben an die Realität der Dinge ihre besonderen Erklärungen. Es ist leicht zu sehen, dass hier der Kantische Unterschied zwischen analytischen und synthetischen Urtheilen wiederkehrt, und die Bedeutung der Frage erhellt, wie synthetische Urtheile (im Kantischen Sinne) möglich sind; und ebenso, dass mit der Anerkennung der factischen Ursachen der Erzeugung des Glaubens an die Wirklichkeit und die thatsächliche Gültigkeit unserer Wahrnehmungsurtheile noch nichts über das Recht dieses Glaubens ausgemacht ist; denn es sind ebenso factische Ursachen, welche uns allen Sonne und Mond beim Aufgang grösser erscheinen lassen als im Meridian.

Was aber die **vermittelten Urtheile** betrifft: so besteht die Vermittlung, welche die Entscheidung herbeiführt, nicht nur in Voraussetzungen, welche sich selbst in Form von Urtheilen aussprechen lassen, wie die Obersätze von eigentlichen Schlüssen, sondern ebenso in unbewussten Gewohnheiten der Combination und in der Macht von Autoritäten, welche in nicht analysierbaren Eindrücken wurzelt.

In der Gesammtheit der **psychologischen Bedingungen** kann nun unterschieden werden: 1. die **Veranlassung**, welche überhaupt Subject und Prädicat ins Bewusstsein bringt, bei vermittelten Urtheilen also die Frage erzeugt; 2. der **Grund der Entscheidung**, auf welchen hin das Urtheil vollzogen und die subjective Synthesis als objectiv gültig ausgesprochen wird, der also zugleich der Grund der subjectiven Gewissheit des Urtheils ist. Von der Veranlassung, welche dem Inhalt des Gedachten gegenüber zufällig sein und ganz von aussen herantreten kann, hängt der Wechsel der Objecte unseres Urtheilens ab; der Grund der Entscheidung aber führt immer zuletzt auf eine gesetzmässig wirkende psychische Kraft zurück, und ein einzelnes psychologisches Ereigniss kann immer nur insofern als Grund genannt werden, als es vermöge eines constanten Zusammenhangs das Urtheil herbeiführt. So ist im unmittelbaren analytischen Urtheil die Subjectsvorstellung der Grund der Beilegung des Prädicats, aber nur sofern vermöge des Princips der Uebereinstimmung die Gegenwart übereinstimmender Subjecte und Prädicate ihre Synthese nothwendig herbeiführt.

5. Von diesem **psychologischen Grunde der Gewissheit** gilt das Gesetz: **Es wird kein Urtheil vollzogen ohne Grund**, d. h. ohne dass das Bewusstsein seiner Gültigkeit irgendwie erzeugt worden wäre; es wird also auch kein Satz ohne Verletzung der Wahrhaftigkeit ausgesprochen, der nicht vom Bewusstsein der Gültigkeit des Urtheils begleitet ist. Das liegt im Wesen des Urtheils selbst, sofern es die Gültigkeit einer Synthese behauptet, und darin, dass ein rein willkürlicher Act, ein sic volo, sic jubeo, das Bewusstsein der Gültigkeit nicht zu erzeugen vermöchte, in dem ja eben liegt, dass die Synthese nicht willkürlich sei. Es ist aber damit nicht gesagt, dass der Grund immer ein bewusster sei, sobald das Urtheil ausgesprochen ist.

6. Wenn nun aber jedes Urtheil, das in seinem vollen Sinne ausgesprochen und verstanden wird, behauptet nothwendig zu sein: so meint es nicht diese **psychologische Nothwendigkeit**, sondern es meint die **objective Wahrheit**; und der Grund seiner Gewissheit, dessen Vorhandensein implicite mitbehauptet wird, ist nicht dieser individuelle, sondern ein allgemeingültiger, der für Jeden das Urtheil nothwendig machen soll, und der nur in dem Vorgestellten als solchen liegen kann, weil nur dieses, nicht die individuelle Stimmung u. s. w. ein für alle Gemeinsames sein kann. Dieser allein ist der **logische Grund**, der Grund der Wahrheit im Unterschiede vom Grunde der Gewissheit. Aller Irrthum und Streit beruht zuletzt auf der Differenz des psychologischen Grundes der Gewissheit vom Grunde der Wahrheit; auf der Möglichkeit, dass der momentane Glaube irren

und das augenblickliche Gefühl der Gewissheit täuschen könne. In dieser Hinsicht gilt das Gesetz, dass **kein Satz wahr sei ohne Grund**; aber ebendarum fällt die Untersuchung, was ein logischer Grund sei, und unter welchen Bedingungen ein Satz mit Recht behauptet werde, ausserhalb unserer jetzigen Aufgabe. Die Analyse des Urtheils hatte nur zu constatiren, dass im Sinne jeder Aussage liegt, dass sie einen logischen Grund haben wolle; und dass darin zugleich die Aufgabe liegt, sich des Grundes bewusst zu werden.

7. Eine Unterscheidung ist übrigens schon hier zu machen, welche sich auf die Thatsache bezieht, dass wir im Denken immer schon an unwillkürlich und reflexionslos Entstandenes anknüpfen. Eine **absolute Nothwendigkeit** käme nemlich nur denjenigen Urtheilen zu, welche jedes urtheilsfähige Wesen als solches aus sich selbst entwickeln müsste, in der Weise, dass sowohl die darin verknüpften Vorstellungen als ihre Verknüpfung unfehlbar sich einstellten, wie es also jede Theorie voraussetzen muss, die auf angeborene Ideen im alten und ursprünglichen Sinn und angeborene Wahrheiten zurückgeht. Der Grund dieser Urtheile ist die Vernunft selbst, und in Beziehung auf sie könnte es keine Differenz zwischen logischem und psychologischem Grunde geben. Andern Urtheilen kommt aber nur **hypothetische Nothwendigkeit** zu, d. h. es ist logisch nothwendig, sie zu behaupten, vorausgesetzt dass anderes in unserem Bewusstsein vorangegangen ist. Soweit es also von äusseren Bedingungen abhängt, welche Vorstellungen in einem Subject entstehen, und welche sich im Denken begegnen, ist wohl das Urtheil A ist B nothwendig, sobald A und B im Bewusstsein sind und übereinstimmen; aber dass es überhaupt gedacht werde, ist nicht allgemein und absolut nothwendig. Nur sofern wir ein **ideales Denken** fingieren, das alle Wahrheit umfasst, ist die logische Nothwendigkeit zugleich eine reale, die wirkliches Denken hervorbringt; für den Einzelnen, dessen Denkenwollen auf jenes Ideal gerichtet ist, ist sie eine **moralische**, durch sein Können bedingte.

Während man nun von einer Seite nur das als Grund im vollen und wahren Sinne könnte gelten lassen, was selbst noth-

§ 32. Das Gesetz des Grundes.

wendig zu denken ist, so lässt sich andererseits jede factische Voraussetzung als Grund ansehen, sofern angenommen wird, dass aus ihr mit logischer Nothwendigkeit ein weiteres Urtheil hervorgeht. Ja man kann noch einen Schritt weiter gehen, und ein Verhältniss von Grund und Folge zwischen Sätzen aufstellen, die nur als Hypothesen gedacht werden, in Beziehung auf welche also nicht einmal die psychologische Gewissheit vorhanden ist. Eine Hypothese ist Grund in Beziehung auf eine andere Hypothese heisst dann: wenn die erstere als wahr angenommen wird, muss auch die letztere als wahr angenommen werden. Dort bedeutet also Grund dasjenige, was, sobald es wirklich mit Bewusstsein gedacht wird, ein Urtheil zu vollziehen nöthigt; hier bedeutet Grund die Hypothese, die, sobald sie als gültig angenommen wird, eine weitere Hypothese als gültig zu erklären zwingt.

Von dem Grunde in diesem letzteren Sinne gilt das Gesetz, das Aristoteles *) formulirt hatte, und das später nur als Princip der hypothetischen Schlüsse eine Stelle fand: Mit dem Grunde ist die Folge gesetzt, mit der Folge der Grund aufgehoben. Diese Formel drückt nichts als das Wesen und den Sinn der logischen Nothwendigkeit aus, in ähnlicher Weise wie der Satz des Widerspruchs das Wesen der Verneinung; er sagt, wenn der Satz A als Grund von B anerkannt ist, so muss mit der Bejahung von A auch B bejaht, mit der Verneinung von B auch A verneint werden. Dieses Gesetz allein verdient eine Stelle neben dem Satze des Widerspruchs, weil es ebenso eine fundamentale Bewegungsform unseres Denkens, das Fortschreiten nach nothwendigen Zusammenhängen trifft; aber ebenso unentschieden lässt, ob Grund oder Folge wahr sei, wie der Satz des Widerspruchs unentschieden lässt, welche der entgegenstehenden Behauptungen gelte.

8. Die reale Causalität darf mit dem logischen Verhältniss von Grund und Folge in keiner Weise vermengt wer-

---

*) Aristot. Anal. pr. II, 4. 57 b 1: Ὅταν δύο ἔχῃ οὕτω πρὸς ἄλληλα ὥστε θατέρου ὄντος ἐξ ἀνάγκης εἶναι θάτερον, τούτου μὴ ὄντος μὲν οὐδὲ θάτερον ἔσται, ὄντος δ' οὐκ ἀνάγκη εἶναι θάτερον.

den; denn der Satz, dass jedes Ding oder jede Veränderung ihre Ursache habe, verhält sich in Beziehung auf die logische Nothwendigkeit unserer Urtheile nicht anders als jeder andere allgemeine Satz, der uns als Grund für weitere Behauptungen dient, oder uns erlaubt, mit logischer Nothwendigkeit von einem Satz auf einen andern zu schliessen. Wenn wir den Ausdruck »Grund« auch von realer Causalität brauchen und sagen, die Anziehungskraft der Erde sei der Grund des Fallens der Körper, so ist damit zunächst nur ausgesprochen, dass realiter das eine das andere hervorbringe. Sofern aber das erkannte Causalverhältniss uns befähigt und nöthigt, aus dem Stattfinden der Ursache auch das Stattfinden der Wirkung abzuleiten, ist jene Erkenntniss ein logischer Grund, und die Annahme des Causalverhältnisses der einzige Weg, von der Wahrheit einer Thatsache auf die Wahrheit einer andern, davon verschiedenen Thatsache zu kommen; die Sätze also, welche Causalverhältnisse aussprechen, spielen eine grosse Rolle unter unsern logischen Gründen, allein bei weitem nicht jeder logische Grund ruht auf einem Causalverhältniss, und noch weniger ist die Richtung, in welcher unsere Urtheile von einander abhängen, irgendwie dieselbe, in welcher die reale Causalität wirkt; vielmehr bleibt die Unterscheidung des Erkenntnissgrundes und des Realgrundes bestehen, und findet Anwendung, so oft aus der Wirkung die Ursache erkannt wird.

9. Von dem logischen Grunde unterscheiden sich zuletzt die **Wahrscheinlichkeitsgründe**, welche unter verschiedenen Hypothesen, deren keine wir zu behaupten den zureichenden Grund haben, der einen vor der andern den Vorzug geben, indem sie die Erwartung, dass die eine gültig sei und als solche sich erweisen werde, lebhafter machen. Sie haben darum zunächst theils nur psychologischen Werth, theils sind sie von practischer Bedeutung, wo es aus practischen Gründen nothwendig ist, auch aufs Ungewisse zu entscheiden; welche Bedeutung ihnen in dem Werden unserer Erkenntniss zukommt, kann erst im dritten Theile untersucht werden.

## II. Möglich und nothwendig als Prädicate in wirklichen Urtheilen.

### § 33.

**Nothwendig in objectivem Sinne ist immer zuletzt ein Prädicat des in einem Urtheil Ausgesprochenen;** nothwendig ist entweder, dass ein Ding sei, oder dass es bestimmte Eigenschaften habe, Thätigkeiten ausübe, in bestimmten Relationen stehe. Diese Nothwendigkeit ist entweder **eine innere des Wesens, oder eine äussere der Causalität;** immer aber eine hypothetische. Erkennbar ist sie nur **in der Form allgemeiner Regeln**, unter denen das Einzelne steht; umgekehrt wollen die **unbedingt allgemeinen Urtheile** diese Nothwendigkeit ausdrücken.

1. Während das assertorische Urtheil kein wesentlicher, in ihm selbst gelegener Unterschied vom apodictischen trennt, ist die Behauptung, dass etwas sein muss, oder geschehen muss, ihrem Inhalte nach verschieden von der, dass es ist oder geschieht, sobald unsere Behauptungen über das Gebiet unserer Vorstellungen hinaus auf das Seiende reichen und eine reale Nothwendigkeit treffen wollen. So lange allerdings in **bloss erklärenden Urtheilen** das »Müssen« und »Nothwendigsein« erscheint, wie dass alle Körper nothwendig ausgedehnt sind und eine Wirkung eine Ursache haben muss, ist die in unsern festen Wortbedeutungen liegende **logische Nothwendigkeit** gemeint, mit einer Subjectsvorstellung eine Prädicatsvorstellung zu verknüpfen, und diese also von allem zu prädiciren, worauf jene angewendet wird, und das Urtheil »die Körper sind ausgedehnt« sagt nichts anderes als »die Körper müssen ausgedehnt sein«; das letztere ruft nur ausdrücklich dem, der sie etwa vergessen wollte, die Wortbedeutung ins Gedächtniss.

Wenn aber von Seiendem als solchem die Rede ist, da wollen unsere Behauptungen über seine Nothwendigkeit etwas treffen, was das Seiende selbst, nicht bloss unser Urtheil bindet, und nothwendig ist ein inhaltsvolles Prädicat, das ebenso bestimmt bejaht oder verneint wird, wie alle übrigen Prädicate wirklicher Urtheile.

Zwar von den Dingen als solchen kann Nothwendigkeit im eigentlichen Sinne nicht als Prädicat gebraucht werden; es ist kein Eigenschaftswort. Wendungen wie: Gott ist ein nothwendiges Wesen, die Welt ist nicht nothwendig, sind kein adäquater Ausdruck des Gedankens: was gemeint ist, das ist, dass Gott nothwendig existiert. So gewiss δεῖ oder oportet einen Satz verlangt, und müssen ein sog. Hülfsverbum ist, so gewiss kann immer nur das in einem Satz Ausgesprochene, die Existenz eines Dings, sein Haben einer Eigenschaft, sein Entfalten einer Thätigkeit als nothwendig prädiciert werden; und nur den Abstractis, welche einen Satz vertreten, kann nothwendig als Prädicat beigelegt werden: die Existenz Gottes ist nothwendig. (Die Nothwendigkeit des Urtheils macht keine Ausnahme; es ist nothwendig, dass ich und dass jeder Denkende dies urtheilt.)

Damit stellt sich eine neue Classe von Aussagen ein, in denen als Subject das in einem Urtheil Ausgesagte (nicht das Urtheil selbst, wie bei den Prädicaten wahr, falsch, glaublich, logisch nothwendig) auftritt. Von realer Nothwendigkeit kann also nur insofern geredet werden, als der Synthese des Urtheils eine reale Einheit, des Dings mit seiner Eigenschaft und seiner Thätigkeit, entspricht.

2. Was ist es, was an ein Gedachtes die Existenz, an ein bestimmtes existierendes Subject eine Eigenschaft oder Thätigkeit, oder verschiedene in einer Relation zusammen bindet? Sehen wir von der Nothwendigkeit der Existenz zunächst ab, so suchen wir, das Sein bestimmter Dinge vorausgesetzt, ihr So sein und ihr Verhalten, das uns zunächst als ein bloss wirkliches, factisches erscheint, zugleich als ein nothwendiges einzusehen, und es so erst zu begreifen und mit dem Denken zu durchdringen. Der subjectiven Nothwendigkeit unseres an das Thatsächliche im Erkennen gebundenen Urtheilens soll die Nothwendigkeit der Sache zu Grunde liegen. Wir untersuchen hier zunächst weder den Ursprung des

Strebens, ein solches Band der Nothwendigkeit in der Welt zu finden, und über die Erkenntniss, dass etwas ist und geschieht, hinaus die Einsicht zu verlangen, dass es so sein müsse, noch das metaphysische Recht dieser Voraussetzung; genug, dass dieses Streben da ist und unser populäres wie unser wissenschaftliches Denken beherrscht, und dass uns daraus die Aufgabe erwächst, den Sinn desselben festzustellen.

Hier ist zunächst zu unterscheiden zwischen der Voraussetzung die überhaupt unser Denken leitet, dass Nothwendigkeit in der Welt sei, und dem Grunde der Behauptung, dass dieses und jenes Bestimmte nothwendig sei. Erkennbar ist die Nothwendigkeit nur da, wo dieselbe Stetigkeit der Verknüpfung im Sein stattfindet, welche auf logischem Gebiete (§ 31, 8) die Verknüpfung der Gedanken beherrscht, wo also der einzelne Fall in derselben Weise aus seinen Voraussetzungen mit unfehlbarer Sicherheit hervorgeht, wie das Urtheil aus seinen Voraussetzungen immer in derselben Weise sich wiederholt, wo eine vollkommene Congruenz realer und logischer Nothwendigkeit möglich ist. Nur indem wir auf eine solche Stetigkeit treffen, finden wir den Grund der Nothwendigkeit, dass etwas sei; was im Realen Grund sein soll, muss dieselbe Stetigkeit und allgemeine Gültigkeit an sich tragen, welche dem logischen Grunde zukommt, dem einzelnen Falle gegenüber ein Allgemeines, dem zeitlichen Wechsel gegenüber ein Stetiges sein. Etwas als nothwendig erkennen, heisst immer es als Folge von etwas erkennen, das stetig und allgemein gilt. Das rein Individuelle, Unvergleichbare als solches vermögen wir darum als nothwendig nicht einzusehen, wenn wir auch an seine Nothwendigkeit glauben.

3. Die Nothwendigkeit, welche ein Prädicat an ein Subject bindet, fassen wir theils als eine innere, theils als eine äussere auf; und der Unterschied erinnert an den der analytischen und synthetischen Urtheile. Wo ein Subject für sich ausreicht, seine Bestimmungen nothwendig zu machen, fassen wir die Nothwendigkeit als eine innere; wo anderes hinzukommen muss, um eine Bestimmung zu erzeugen, als äussere.

Es ist uns eine innere Nothwendigkeit, dass der Geist selbstbewusst ist und denkt; es ist eine äussere, dass der gestossene Körper sich bewegt. Dort folgt aus dem Subjecte, sofern es nur da ist, für sich die Eigenschaft und das Thun; hier erst, sofern ein anderes ist.

4. Wo wir von innerer Nothwendigkeit reden: da setzen wir die Einheit des Dinges der Vielheit seiner Eigenschaften und Thätigkeiten gegenüber, und betrachten jene als den beharrlichen, von den Unterschieden der Zeit nicht berührten Grund, der diese Eigenschaft oder Thätigkeit constant oder in bestimmtem Wechsel nothwendig macht. Die Einheit des Dings, sofern sie für sich die Nothwendigkeit gewisser Eigenschaften enthält, heisst das Wesen (die Natur) des Dings, und wesentlich ist ihm alles das, was aus seinem Wesen für sich hervorgeht. In keiner philosophischen Conception ist diesem Gedanken ein grösserer Spielraum gegeben worden, als in der Leibniz'schen Lehre, dass es nur innere Nothwendigkeit gibt, und die Reihe der Thätigkeiten jeder einzelnen Monade rein aus ihrem eigenen Inneren entstammt; hier ist das Wesen der einzelnen Individuen der einzige Grund der Nothwendigkeit, und ihr ganzer Verlauf nur die Entfaltung dieses Wesens. Erkennbar ist das Wesen theils in unveränderlichen Eigenschaften, und beharrlichen Thätigkeiten — theils in dem Gesetze der Entwicklung, das den Hervorgang einer Thätigkeit aus der andern vorschreibt.

In dieser Vorstellung eines beharrlichen Grundes, der die Aeusserungen eines Dings regiert, vollendet sich genau betrachtet nur der Gedanke eines Dings, das als mit sich identisch veränderliche Eigenschaften haben und wechselnde Thätigkeiten üben soll. So wie wir nemlich die volle Identität des Dinges festhalten wollen, muss sie in einem Punkte gesucht werden, der hinter der jeweiligen Wirklichkeit liegt; in dieser treffen wir den Wechsel, und da die Eigenschaften dem Dinge nicht äusserlich sind, vielmehr dasselbe, was es ist, eben durch seine Eigenschaften ist, droht die Identität dem Dinge selbst zu entschwinden, wenn nicht ein im Wechsel beharrliches, den Wechsel selbst hervorbringendes derselben Halt gibt; und ebenso vermag unser Denken die vorausgesetzte Einheit und Identität eines Dings nur in sich darzustellen, wenn ein und derselbe Vorstellungsgehalt, immer in derselben

Weise gedacht, als Gegenbild des mit sich identisch real Existierenden gelten kann.

Derselbe Gedanke eines Wesens der Dinge als des beharrlichen zeitlosen Grundes ihrer jeweiligen zeitlichen Wirklichkeit gibt auch unseren zunächst subjectiven Allgemeinvorstellungen ein objectives Recht. Die Zusammenfassung räumlich und zeitlich verschiedener Dinge unter Einer allgemeineren Vorstellung, und ihre Bezeichnung mit demselben Worte ist nur dann nicht ein willkürliches und bloss von subjectiver Laune oder beliebigen Zweckmässigkeitsrücksichten geleitetes Thun, wenn dem Vielen neben der für unsere Auffassung erscheinenden Aehnlichkeit ein wirklich Gemeinschaftliches, in allen Identisches zukommt. Dieses kann aber nur hinter der unterscheidbaren und individuellen Erscheinung des Einzelnen darin liegen, dass ein gemeinschaftliches Wesen die Uebereinstimmung in den Eigenschaften und Thätigkeiten nothwendig macht, und die Differenzen als von aussen herzukommende, nicht im Wesen gegründete, accidentelle angesehen werden.

5. Der inneren Nothwendigkeit steht die äussere, dem Hervorgehen aus dem Wesen das Bestimmtsein durch die Umstände gegenüber. Jedes Einzelne ist so, weil ein anderes so ist, jede Veränderung eines einzelnen Dings geschieht, weil eine bestimmte Veränderung eines anderen Dings stattgefunden hat; die Dinge haben die Kraft, sich ihr Verhalten gegenseitig vorzuschreiben; der Zusammenhang der Welt besteht in dieser von einem auf das andere übergehenden Nothwendigkeit, welche die causale in dem engeren Sinne ist, der unter causa nur die causa transiens versteht. Die Erkenntniss, dass etwas aus äusserer Nothwendigkeit so ist, wie es ist, so geschieht, wie es geschieht, setzt sich immer aus zwei Elementen zusammen: dem allgemeinen Gesetz, und dem bestimmten Datum, auf welches dieses Gesetz anwendbar ist. Es ist nothwendig, dass sich die Planeten in Ellipsen um die Sonne bewegen: diese Erkenntniss ruht einerseits auf der Erkenntniss der allgemeinen Principien der Mechanik, und andrerseits auf der Erkenntniss der factischen Masse der Sonne und der Planeten und des Verhältnisses zwischen Tangentialgeschwindigkeit und Attraction; ein anderes Verhältniss würde andere

Bahnen hervorbringen. Dieses rein factische Element vermögen wir nicht zu entfernen, und darum drückt sich die Erkenntniss der Nothwendigkeit als solcher in bloss hypothetischen Formen aus, welche sagen, dass, wenn dies und jenes eintrete, ein anderes nothwendig eintrete. Dass das erste eintritt, ist wieder aus anderen Ursachen nothwendig; aber indem wir es erklären, kommen wir auf ein weiteres Factisches, und so in infinitum.

Die Nothwendigkeit jedes Einzelnen ist also immer nur eine bedingte Nothwendigkeit, eine ἀνάγκη ἐξ ὑποθέσεως; indem etwas für nothwendig erklärt wird, wird nicht seine Ursache, sondern sein Hervorgehen aus der vorhandenen Ursache für nothwendig erklärt*).

6. Der hypothetischen Nothwendigkeit des Seienden aus dem Wesen und der Ursache scheint die Nothwendigkeit aus dem Zwecke gegenüberzustehen. Der Mensch muss athmen, damit er lebe; man muss zum Kriege gerüstet sein um den Frieden zu erhalten. Allein bei näherer Betrachtung zerlegt sich diese teleologische Nothwendigkeit in die logische und die der Ursache. Der Zweck ist etwas Wirkliches, das eine Nothwendigkeit begründen kann, nur als Gedanke eines wirklichen, denkenden und wollenden Wesens; er ist ein als zukünftig Gedachtes und Gewolltes, dessen Realisierung erfolgen soll, aber, gemäss der Causalordnung der Natur, die jeden bestimmten Erfolg mit bestimmten Ursachen verknüpft, nur durch Vermittlung bestimmter Ursachen erfolgen kann; wer also den Zweck will, muss auch die Mittel wollen, das vorausgesetzte Wollen eines bestimmten Zwecks macht das Wollen bestimmter Mittel nothwendig. Der Zusammenhang zwischen dem Gedanken des Zwecks und dem Gedanken der Mittel als Objecte unseres Wollens ist ein logischer, aber die Nothwendigkeit des Denkens ruht auf der erkannten causalen Nothwendigkeit des Seins. Dass der Zweck gewollt werde, ist das Vorausgesetzte, Factische, auf der andern Seite ist als factisch vorausgesetzt der Bestand der wirksamen Ursachen, die nicht willkürlich geändert und gemehrt werden können;

---

*) Die vollständige Erörterung dieser Begriffe wird im dritten Theile ··ben werden.

aus ihrer Erkenntniss geht mit logischer Nothwendigkeit hervor, was Mittel für einen bestimmten Zweck sei, und darum gewollt werden muss, sobald der Zweck gewollt wird. Indem aber unsere Naturbetrachtung auch da, wo von keinem Wollen eines bestimmten denkenden Subjects und seiner Ausführung die Rede ist, den Erfolg unter den Gesichtspunkt des Zwecks stellt, weil sich ihr so ein Einheitspunkt für die Verknüpfung verschiedener Ursachen darbietet, ergibt sich der Schein einer besonderen Art von Nothwendigkeit, welche von der causalen oder logischen verschieden wäre. Der Mensch muss athmen, damit er lebe — drückt aber zuletzt nichts anderes als die Einsicht aus, dass die Naturordnung an den Stillstand des Athmens unabänderlich den Tod geknüpft hat, und dass das Athmen durch keine vorhandene Einrichtung ersetzt zu werden vermag; wo das Leben als Zweck gewollt würde, müsste auch das Athmen als Mittel gewollt werden.

Wo der Gedanke frei schöpferisch aufträte: da wäre er kein Zweck, der der Mittel zu seiner Verwirklichung bedarf, sondern einfach Ursache, welche aus ihrer Kraft ein Reales hervorbrächte; auch dann gäbe es keine teleologische Nothwendigkeit.

Dieselben Gesichtspunkte finden auf das Anwendung, was man moralische Nothwendigkeit genannt hat. Sofern es für ein vernünftiges und wollendes Wesen Normen gibt, deren Gültigkeit es für sich als oberste Regeln seines Wollens anerkennen muss und wodurch es sich verpflichtet fühlt: insoweit ist die Anerkennung einer solchen Verpflichtung eine Nothwendigkeit des Wesens, welche als mit der Natur des vernünftigen Subjects gegeben angesehen wird; werden diese Normen wirklich gewollt, und als höchster Zweck gesetzt, so ist es logisch nothwendig, ihre Anwendung im Einzelnen zu machen, und die Verpflichtung auf die einzelnen Fälle zu übertragen. Die Verpflichtung selbst aber unter den Gesichtspunkt der Nothwendigkeit zu stellen, weil sie ein Gefühl der Nöthigung bei sich führt, verwirrt die Begriffe und verhüllt die Kluft, welche zwischen der Anerkennung der Verpflichtung und dem wirklichen Wollen besteht.

**7.** Wenn die Nothwendigkeit die **Existenz selbst treffen soll**: da begreifen wir aus dem Gesichtspunkte der äusseren Causalität leicht, dass das Dasein eines Einzelnen als nothwendig behauptet werde, wenn eine schöpferische Macht vorausgesetzt ist, welche es nach blinder Nothwendigkeit oder um eines factischen Zweckes willen schafft. Wer die Welt zur Selbstoffenbarung Gottes nothwendig erklärt, und daraus ihr Dasein begreift, der leitet das Dasein der Welt aus einer höheren Ursache ab, und setzt es damit bedingt nothwendig.

Wo aber etwas **an sich selbst nothwendig existieren** soll, wie wenn im ontologischen Beweise zum Wesen Gottes die Existenz gehört, und aus ihm als nothwendig begriffen werden soll — wo also die Nothwendigkeit aus einer hypothetischen eine absolute werden will, — da verlässt uns das Licht, das aus der Erfahrung unseres eigenen Selbstbewusstseins auf den Gedanken der Nothwendigkeit gefallen war, und diese immer nur als ein Band gezeigt hatte, das Unterscheidbares, sei es im Denken, sei es im Sein, zusammenhält; das Band reisst ab, sobald das Seiende damit an einem blossen Begriff aufgehängt werden soll, der doch keines Denkenden Begriff wäre, und es hat nichts mehr zu verknüpfen, wenn ein schon Seiendes sich selbst nun überflüssiger Weise noch überdem auch nothwendig seiend machen soll, während doch dieser Nothwendigkeit das Sein immer schon vorausgesetzt ist. So gut aller logischen Nothwendigkeit doch zuletzt ein seiendes denkendes Subject, dessen Natur es ist, so zu denken, vorausgesetzt werden muss, so lange wir verständlich reden wollen, so gut muss aller Nothwendigkeit des Seins ein letztes und einfach Seiendes vorausgesetzt sein. Wenn die Unruhe des Warum-Fragens meint auch das erste Glied noch als ein nothwendiges haben zu müssen, und sich mit Antworten abfindet, Gott sei causa sui, er habe den Grund seines Seins in sich selbst, so täuscht sie sich mit Worten, und stellt unvollziehbare Formeln auf\*); Formeln, deren

---

\*) Vergl. die Kritik Arnauld's gegen Cartesius in den Objectiones quartae.

imaginärer Werth nirgends deutlicher erhellt, als wo wirklicher Ernst damit gemacht und die metaphysische Mythologie von dem von Gott selbst verschiedenen Grunde erdichtet wird. Irgendwo muss beim einfachen Sein stehen geblieben werden; die Betrachtung der Welt, welche über den Kreis der endlichen Ursachen nicht hinausgehen will, muss den ganzen Complex einander gegenseitig bedingender Wesen für einfach Daseiendes erklären, bei dem die Frage nach der Nothwendigkeit aufhört; wer die Welt als nothwendig begreifen will, führt sie auf Gott zurück, aber um so gewisser hört hier jede Unterscheidung des Nothwendig-seins von dem Sein schlechthin auf.

8. Die **mathematische Nothwendigkeit** gilt häufig als der vollkommenste Typus dessen, was wir als Nothwendigkeit bezeichnen. »Auf dieselbe Weise, wie aus der Natur des Dreiecks folgt, dass seine Winkel gleich zwei Rechten sind«, ist Spinoza's stehendes Beispiel für die reale Nothwendigkeit des Hervorgehens einer Wirkung aus ihrer Ursache. Es ist hier nicht der Ort, das Wesen der mathematischen Erkenntniss zu untersuchen, und die Frage zu entscheiden, ob ihre Nothwendigkeit eine logische oder reale ist; allein soviel ist nach dem Bisherigen einleuchtend, dass in dem Wesen der mathematischen Objecte allerdings jene Constanz und Stetigkeit von Hause aus liegt, vermöge der sie immer in derselben Weise gegenwärtig sind, und darum jedes Einzelne die Bedeutung eines Allgemeinen hat, weil es in wirklicher Anschauung in derselben Weise wiederholt werden kann; während bei den realen Objecten wir das, worin sie constant sind, erst suchen und aus den zufälligen und wechselnden Verbindungen lösen müssen. Der Raum und die Vielheit, und unsere Raumanschauung und unser Zählen sind allerdings zuletzt ein Gegebenes, aber so dass wir der absoluten Unveränderlichkeit dieser Elemente gewiss sind.

9. Was nun unsere **allgemeinen Urtheile** treffen wollen, ist nichts anderes als diese **objective Nothwendigkeit**, dass mit dem Subjecte bestimmte Eigenschaften verknüpft sind, oder mit bestimmten Eigenschaften, Thätigkeiten und Relationen andere Eigenschaften, Thätigkeiten und Relationen im Zusammenhange stehen, und nur wo wir von

dieser Nothwendigkeit überzeugt sind, ist das unbedingt allgemeine Urtheil gerechtfertigt. Alle Materie ist schwer — was Materie ist, ist nothwendig schwer — es gehört zum Wesen der Materie schwer zu sein — sind gleichgeltende Urtheile; die Verbindung des Prädicats mit dem Subjecte ist durch die Natur des Subjects nothwendig, mit dem Dasein des Subjects ist auch sein Prädicat realiter Eins mit ihm. Jeder geworfene Körper beschreibt eine Parabel — ein geworfener Körper beschreibt nothwendig eine Parabel, will wiederum dasselbe sagen; es ist die causale Nothwendigkeit der nach festen Gesetzen wirksamen Kräfte, welche allein das allgemeine Urtheil trägt.

Wo ein solches Urtheil verneint wird: da wird die Nothwendigkeit verneint, und gesagt, das Subject könne auch ohne das Prädicat sein; was die traditionelle Lehre durch das particuläre Urtheil — Einige Materie ist nicht schwer — ausdrückt.

10. Wo allgemeine Urtheile die wesentlichen Prädicate der Dinge ausdrücken, treffen sie mit den **erklärenden Urtheilen** zusammen, und es begegnet sich die logische Nothwendigkeit des Urtheils mit der im Urtheil ausgesprochenen Nothwendigkeit der Sache. Denn indem das erklärende Urtheil, während es den Gehalt einer Vorstellung angibt, doch zugleich auf die Dinge hinaussieht, die dieser Vorstellung entsprechen, gewinnt es reale Bedeutung, sobald in die Vorstellung das Beharrliche und Unveränderliche aufgenommen ist, was mit dem Dasein eines bestimmten Subjects oder bestimmter Subjecte nothwendig gegeben ist, die Vorstellung also dem W e s e n der Dinge entspricht. Das erklärende Urtheil: Wasser ist flüssig, drückt nur den Gehalt der Vorstellung eines Dings aus, das in bestimmten zufälligen Zuständen aufgefasst worden ist; aber es trifft das Wesen des Stoffes, den wir Wasser nennen, nicht, weil der feste und der dampfförmige Zustand ebenso an ihm vorkommen, das Flüssigsein nicht zu seinem Wesen gehört; das Urtheil: Wasser ist Verbindung von Sauerstoff und Wasserstoff, ist zugleich erklärend und Ausdruck des Wesens. Das Bestreben, beides vollkommen in Einklang zu bringen, beherrscht die Aufgabe der Definition.

## § 34.

Möglich im vollen realen Sinne ist nur das, was als Aeusserung freier Subjecte dem Gebiete der Nothwendigkeit entrückt ist. Wo im Gebiete des Nothwendigen von Möglichkeit die Rede ist, da kann es nur geschehen, indem entweder die Dinge in Gedanken dem zeitlichen Verlaufe ihrer wirklichen Existenz entrückt und damit von den Bedingungen ihres wirklichen Seins isoliert werden, um die Prädicate, die ihnen wirklich nur im Zusammensein zukommen, doch als in ihrem bleibenden Wesen begründet darzustellen, oder indem ein Theil der Bedingungen isoliert betrachtet wird, von welchen die Wirklichkeit des in einem Satze ausgesagten abhängt. Findet im letzteren Fall ein Nichtwissen der Bedingungen statt, so geht das Urtheil über eine objective Möglichkeit in die subjective Möglichkeit einer Vermuthung und damit in den Ausdruck der Ungewissheit über.

Das Urtheil: Es ist möglich dass A B sei, steht in contradictorischem Gegensatz zu dem Urtheil: Es ist nothwendig dass A nicht B sei.

1. Indem wir den vieldeutigen Ausdruck »Möglich« untersuchen, unterscheiden wir zunächst die Möglichkeit des Soseins, welche von einem Subjecte ausgesagt wird, von der Möglichkeit seines Daseins. Jene spricht sich in den Sätzen aus: A ist möglicherweise B, A kann B sein; diese in den Sätzen: A ist möglich; A kann sein. Die ersteren Urtheile können wiederum theils von Einzelnem als solchem ausgesagt werden, so dass ihre Subjecte bestimmte Dinge (Eigenschaften, Thätigkeiten, Relationen bestimmter Dinge) sind, theils von allgemein gedachten Subjecten.

2. Wird von einem Einzelnen ein Können ausgesagt: so hat diese Aussage ihre ursprüngliche Stelle und ihre volle Bedeutung unter der Voraussetzung freier Subjecte, die

als solche Macht haben, Verschiedenes zu thun, bei denen diese Macht aber nur ausgeübt wird auf Geheiss des Willens und auf Grund einer Wahl, etwas zu thun oder nicht zu thun, so oder anders zu thun.

Der Gedanke verschiedener Thätigkeiten geht voran, welche der Wille allein ausreicht zu verwirklichen; welche er verwirklichen werde, hängt von einer Entscheidung ab, die weder von aussen nothwendig, noch eine nothwendige Folge früherer Thätigkeit ist. Dieser Freiheit steht einerseits gegenüber das Nicht-können, wenn dem Willen die reale Causalität fehlt, das Gedachte zu verwirklichen; andrerseits das Müssen, wo die Wahl abgeschnitten ist, und die Nothwendigkeit die Bahn des Thuns vorschreibt. Das Nicht-können ist aber genauer betrachtet nur eine andere Form des Müssens, das Unterlassen-müssen.

3. Das Verhalten eines freien Subjects zu den Thätigkeiten zwischen welchen es eine Wahl hat, zeigt eine in die Augen springende Aehnlichkeit mit dem Verhalten des urtheilenden Subjects zu verschiedenen Hypothesen, deren keine es nothwendig zu bejahen oder zu verneinen findet. Hier wie dort der in Gedanken entworfene Act, dessen wirkliche Vollziehung noch nicht stattgefunden hat; dort wie hier die Frage: was soll ich thun? Aber während das Bejahen oder Verneinen erst eintreten kann, wo die Nothwendigkeit sich zeigt, und dadurch dem Gebiete des freien Thuns entrückt ist, ist es in diesem die undeterminierte und willkürliche That, einen der Gedanken zu verwirklichen und damit dem anderen die Wirklichkeit zu versagen. Es handelt sich nicht um die metaphysische Wahrheit dieser Ansicht, sondern um die Voraussetzungen, welche den Gedanken des Möglichen in diesem Gebiete bestimmen. Während dort die verschiedenen Hypothesen nicht zu wirklichen Urtheilen werden können, und, so lange die Wahl besteht, das Urtheil unmöglich ist, liegt hier im Willen die Kraft der Verwirklichung, welche sich zu allen gleich verhält, und sie ebendamit als realiter möglich erscheinen lässt. So sprechen wir von der realen Möglichkeit eines Entwurfs, eines Plans, wenn wir uns überzeugt haben, dass alle Bedingungen seiner Verwirklichung in unserer Ge-

walt sind, und seine Verwirklichung nur noch von dem Wollen abhängt.

Darum ist der wahre Gegensatz des realiter Nothwendigen allein das aus Freiheit hervorgehende; diesem allein kommt es zu nicht nothwendig zu sein. Nicht umsonst verknüpft die Sprache in dem Stamme des Möglichen das Wollen mit dem Können.

4. Die Vorstellung des Möglichen dehnt aber ihren Bereich aus auch auf das Unfreie. Denn auch für dieses gibt es eine Betrachtungsweise, die es dem Freien vergleichbar macht. Auch das unfreie Ding ist in verschiedener Weise thätig, sofern es veränderlich ist, und die Nothwendigkeit ihm nicht zu allen Zeiten dasselbe zu sein und zu thun vorschreibt. Wenn wir in seine Zukunft sehen, so liegt eine Manigfaltigkeit verschiedener Prädicate vor uns, welche den Gedanken einer Wahl zwischen denselben erwecken. Die Sonne wird abwechselnd scheinen und von Wolken verhüllt sein, der Bach wird frieren, und ein andermal vertrocknen; unser die Zukunft vorbildendes Denken schwankt hin und her zwischen verschiedenen Prädicaten. Freilich, welche dieser Prädicate in einem bestimmten Zeitpunkt wirklich eintreten werden, hängt nicht von der Selbstentscheidung des Dings ab, sondern ist durch Nothwendigkeit bestimmt; entweder bloss durch die Nothwendigkeit seines eigenen Wesens, das eine bestimmte Entwicklung durch verschiedene Stadien hindurch vorschreibt, und dann muss es alles das werden, was es werden kann, und es ist nur der Unterschied der Zeit, der nöthigt, das Künftige nicht als ein Seiendes, sondern als ein bloss der Möglichkeit nach gesetztes zu bezeichnen — oder durch die gemeinsame Nothwendigkeit des Wesens und der Umstände; und indem wir die manigfaltigen Combinationen der Umstände und ihren wechselnden Verlauf nicht kennen, oder von ihnen absehend, das zeitlich Succedierende in Gedanken zusammenfassend nebeneinanderstellen, steht es uns gegenüber wie ein freies Wesen, dessen künftige Entscheidungen wir nicht kennen, so dass seine wirklichen Zustände uns wie Ausflüsse seiner Willkür und Laune entgegentreten.

Die erstere Betrachtungsweise gilt vom Ganzen der Welt,

soweit wir sie unabhängig von der Freiheit denken; in ihr liegt der gesammte Grund zu allem, was in Zukunft sein und geschehen wird, was aber noch nicht wirklich ist. Dies ist die **volle** Möglichkeit, die potentia im prägnanten Sinn.

Die zweite Betrachtungsweise gilt von dem Einzelnen, das im Zusammenhang der Welt steht, und dessen Wesensentfaltung durch Umstände bestimmt und auch von Umständen gehindert ist; sofern es den partiellen Grund dessen enthält, was sein wird, kommt ihm die **blosse** Möglichkeit der künftigen Zustände zu. So kommt dem Samen die Möglichkeit zu, Pflanze zu werden.

Die vollkommen objective und reale Bedeutung hat dieses »Können« übrigens nur da, wo wir sicher sind, dass unter bestimmten Umständen das Prädicat wirklich eintreten wird, weil von der Natur des Subjects der Umkreis von Prädicaten abhängt, welche es unter verschiedenen Umständen annehmen wird; wir entnehmen im Allgemeinen der Erfahrung der Vergangenheit unsere Erkenntniss dessen, was ein Ding unter verschiedenen Umständen sein kann, aber wir meinen eine sichere Erkenntniss auszusprechen, wenn wir sagen, dass der Mond verfinstert werden kann.

*3.* Besonders deutlich wird dieser Sinn des Könnens, wo wir von unsern Subjecten im Allgemeinen reden. Wasser kann frieren und verdunsten — Eisen kann geschmolzen werden — Kochsalz ist in Wasser löslich u. s. w. — enthalten vollkommen bestimmte und positive Aussagen, die meinen eine Eigenschaft dieser Subjecte zu treffen; ja es gibt gar keinen andern Weg, die veränderlichen Eigenschaften auf eine allgemeine Weise auszusagen, ohne dass über das Subject hinaus auf die Bedingungen und Ursachen gegangen wird, welche die wechselnden Zustände bestimmen. Indem ich die Vorstellung eines Dings isoliere und von den Bedingungen der Existenz, unter denen das Wirkliche immer steht, in Gedanken loslöse und für sich festhalte, bleiben ihm zunächst nur die Eigenschaften, welche sich nicht von ihm lostrennen lassen, weil sie wesentlich sind; aber indem der Gedanke den Umkreis der Veränderungen durchläuft, welche unter wechselnden Verhältnissen eintreten werden und müssen und sie nur auf das allgemein gedachte Ding bezieht, verlegt er durch Ausdrücke, welche ein Können, Vermögen, Fähigkeit u. s. w. bezeichnen, einen beharrlichen Grund auch des Wechselnden in das Subject; nur dass dieser Grund für sich nicht ausreicht, die Wirklichkeit herbeizuführen, sondern seine Ergänzung von den Umständen erwarten muss. Je mehr aber sich alle erkennbaren Eigenschaften der Dinge in Relationen zu andern auflösen, desto mehr vermögen wir ihre unveränderliche Beschaffenheit nur durch das auszudrücken, was sie unter wechselnden Umständen sein können.

Ganz analog sind die Möglichkeitsurtheile, welche die Zulässigkeit weiterer Determinationen an einer allgemeinen Vorstellung aussprechen. Was dort in die zeitliche Reihe einander folgender Zustände auseinandergeht, spaltet sich hier in die Vielheit der Vorstellungen, die ein gemeinschaftliches Element enthalten, das aber, um einem bestimmten Dinge congruent zu sein oder überhaupt als einzelnes vorgestellt werden zu können, weiterer Bestimmung bedarf. Ein Dreieck kann spitzwinklich, rechtwinklich, stumpfwinklich sein. Mit den Bestimmungen, welche ich bei dem Worte Dreieck denke, ist noch keine anschauliche Figur gegeben; um eine solche vorzustellen, gehört ein bestimmtes Verhältniss der Seiten und Winkel dazu, und indem ich die verschiedenen Bestimmungen construierend versuche oder aus der Erinnerung mir vergegenwärtige, legt mir die allgemeine Vorstellung die Wahl verschiedener näherer Bestimmungen vor. Mit den Eigenschaften eines Thieres, welche den Inhalt der Vorstellung Pferd ausmachen, ist eine bestimmte Farbe nicht nothwendig verbunden. Das Pferd kann schwarz, weiss, braun u. s. w. sein. Sofern es sich bloss um den Gehalt meiner Vorstellung handelt, sind diese Urtheile vollkommen bestimmte Aussagen über die Manigfaltigkeit der Unterschiede; sofern sie von der Natur des Seienden reden wollen, drücken sie ebenso eine reale Möglichkeit aus, welche mit der Organisation eines bestimmten Thiers den Wechsel der Farbe verknüpft; erst auf ein bestimmtes Einzelnes angewendet, geht das Urtheil in die problematische Bedeutung des Nichtwissens über; wovon ich bloss weiss, dass es ein Pferd ist, von dem kann ich nicht behaupten, dass es schwarz, weiss u. s. w. ist; wovon ich bloss weiss, dass es ein Dreieck ist, von dem weiss ich nicht, ob es rechtwinklich ist oder nicht.

Dieses Urtheil: A kann B sein u. s. w. ist, wo es sich um allgemein vorgestellte Subjecte handelt, der adäquate Ausdruck des sog. particulären Urtheils.

6. Es ist mit dem Sinne der bisher betrachteten Urtheile, auch wenn sie Einzelnes treffen, gegeben, dass sie unbedingt gültig sein wollen und nicht auf einen bestimmten Zeitpunkt ihre Gültigkeit einschränken. Einen anderen Sinn gewinnt die Möglichkeit und das Können, wo vom einzelnen Fall die Rede ist, und ausgesagt wird, was heute und hier sein und geschehen kann. Wenn gesagt wird: es kann heute Nacht frieren — der Kranke kann gerettet werden — die Antwort kann heute eintreffen u. s. f. — so überlegt unser Denken die Zukunft nicht, indem es sein Subject isolirt, sondern im Gegentheil, indem es die eben gegenwärtigen Umstände übersieht, und aus ihnen heraus den Erfolg vorauszuberechnen unternimmt. Aber der Mangel der Kenntniss, sei's aller Umstände, sei's der genauen Gesetze, nach denen sie wirken, verbietet diese sichere Voraussagung; und die Urtheile haben nur den Sinn: der Kranke wird gerettet werden, wenn das richtige Heilverfahren angewendet wird, wenn keine unerwartete Störung eintritt u. s. w. Ein Theil der Bedingungen also, von denen der thatsächliche Erfolg abhängt, ist bekannt und liegt dem Urtheil zu Grunde; und indem der Kreis der bekannten und gewissen gegen die unbekannten und ungewissen abgeschätzt wird, beginnt die Berechnung der Wahrscheinlichkeit dessen, was wir als möglich bezeichnen. Aber möglich ist es für uns doch bloss wegen unseres Nichtwissens; und eben damit führen diese Urtheile doch ganz unvermerkt hinüber zu denen, welche bloss die subjective Unmöglichkeit einer Entscheidung aussagen; indem es scheint, als beschäftigen sie sich mit den Dingen, beschäftigen sie sich in der That nur mit dem Mass unserer Erkenntniss der Dinge, und sind der Ausdruck der Resignation unseres beschränkten Wissens. Das wird ganz deutlich da, wo genau in denselben Ausdrücken die Möglichkeit von dem schon Bestehenden und

Vergangenen ausgesagt wird. Wenn der Historiker aus zerstreuten oder widersprechenden Nachrichten ein Factum aufklären, oder der Richter, der einen Augenschein aufnimmt, aus den Spuren der That den genauen Hergang erforschen will, da bieten sich verschiedene Combinationen, die möglich sind; es kann so, kann aber auch so gegangen sein. Dieses Können ist der Ausdruck subjectiver Unentschiedenheit; und seine Bedeutung liegt in der Abweisung einer entscheidenden Feststellung in entgegengesetztem Sinn. Wenn der Angeklagte trotz gravierenden Indicien unschuldig sein kann: so heisst das nur soviel, dass die Indicien nicht ausreichen, die Schuld zu beweisen; dass das Urtheil: er ist schuldig, nicht nothwendig, also auch nicht möglich ist; aber von einem Können im objectiven Sinne ist nicht die Rede, da objectiv schon absolut entschieden ist, ob die Bejahung oder die Verneinung gilt.

Nur ist die Behauptung, das und das sei möglich, um so leerer und wohlfeiler, je grösser der Umfang unserer Unkenntniss ist, je weniger positive Gründe wir anzugeben haben, welche das Vermuthete hervorbringen. Wenn man sagt, eine spontane Zeugung sei möglich: so ist das insofern richtig, als wir nicht beweisen können, dass sie unmöglich ist; aber in der uns bekannten Naturordnung sprechen alle Gründe dagegen, und jene Möglichkeit liegt nur in den dunklen Räumen, in welche unser Wissen noch nicht vorgedrungen ist.

7. Bloss auf diesem subjectiven Gebiete gilt, dass möglich sei, was keinen Widerspruch enthalte, beziehungsweise auf keinen Widerspruch führe. Da jede als möglich angenommene Hypothesis sofort vernichtet wird, wenn sie mit einem anerkannt gültigen Satze in Widerspruch tritt: so kann sie nur solange als Annahme bestehen, als kein Widerspruch gegen eine gültige Wahrheit erkannt, d. h. ihr Gegentheil nicht erwiesen ist. Mit dem was realiter stattfinden kann, hat aber diese Widerspruchslosigkeit gar nichts zu thun.

8. Dennoch hat man versucht, die Widerspruchslosigkeit auch in anderem Sinne zum Kriterium der Möglichkeit zu machen — da vor allem, wo es sich nicht um die Möglichkeit des So und So seins, sondern um die Möglichkeit des

Seins überhaupt handelt. In diesem Sinne hat vor allem Leibniz das Mögliche gefasst; es ist dasjenige, was denkbar (conceivable) ist, weil es keinen Widerspruch enthält; in diesem Sinne hat er den Nachweis der Möglichkeit Gottes verlangt, ehe man sein Dasein beweise. Allein diese Bestimmung ist eine vollkommen leere, weil erst festgestellt werden müsste, was sich, als Bestimmung eines und desselben Dings gedacht, widerspricht und was nicht (§ 22. S. 128 ff.); und Leibniz muss ausserdem dieser abstracten Bestimmung ihre Beziehung zur Realität erst dadurch sichern, dass er den Satz postuliert alles Mögliche verlange die Existenz, und existiere also, wenn nichts sie verhindere*). Gegen diesen forcierten Uebergang aus dem bloss Denkbaren zu dem, von dem die Möglichkeit soll behauptet werden können, dass es sei, richtet sich die Kritik Kant's (Postulate des empir. Denkens überhaupt), welche den Begriff des Möglichen durch die Beziehung auf die formalen Bedingungen der Erfahrung einschränkt. Allein auch Kant lässt dem Begriffe noch zu grossen Spielraum, sofern er ihn doch in demselben Sinne wie Leibniz als Prädicat von Dingen brauchen will. Dem gegenüber ist auch hier festzustellen, dass immer nur von dem im Urtheil ausgesprochenen die Möglichkeit behauptet werden kann, alle Möglichkeit damit so gut wie alle Nothwendigkeit eine hypothetische ist, welche bereits ein Seiendes voraussetzt. Wenn es möglich sein soll, dass etwas sei: so hat diese Behauptung, wenn sie reale Gültigkeit beansprucht, nur dann Sinn, wenn sie eine Kraft aufweist, das Ding hervorzubringen, und zeigt, dass die bestehende Weltordnung keine unbedingte Einsprache dagegen erhebt. Dadurch allein scheidet sich das **mögliche Ding** von der möglichen Vorstellung oder dem möglichen Begriffe. Eine absolute Möglichkeit hebt sich selbst auf.

9. In einem besonderen Verhältnisse steht das Mögliche zur Negation.

Es erscheint als selbstverständlich, dass mit der Möglichkeit, dass A B sei, zugleich auch die Möglichkeit behauptet werde, dass A nicht B sei; denn eben dadurch steht ja das

---

*) De verit. primit. Erdm. p. 99. vgl. Princ. phil. § 45. Erdm. p. 708.

bloss Mögliche dem Nothwendigen gegenüber, dass es auch nicht eintreten kann. Allein wenn man näher zusieht, so erleidet der Satz, dass jedem A potest esse B ein gleich gültiger Satz A potest non esse B zur Seite trete, wesentliche Einschränkungen, wenn man sich im Gebiete sinnvoller Aussagen und nicht leerer Formeln bewegen will.

Wo nemlich von dem Veränderlichen, Entwicklungsfähigen und von aussen Bestimmbaren das zusammenfassende Denken seine verschiedenen Phasen als möglich prädiciert, hat die Behauptung, welche auch die Verneinung für möglich erklärt, keinen Sinn, oder ihre Gegenüberstellung alteriert den Sinn des ursprünglichen Satzes. Kochsalz kann in Wasser gelöst werden, will eine Eigenschaft des Kochsalzes aussagen; was soll daneben der Satz heissen: Es ist möglich, dass Kochsalz nicht in Wasser gelöst werde? Ein Paar Mäuse kann in wenigen Jahren Millionen von Nachkommen haben, will das Mass der Vermehrungsfähigkeit und damit ein organisches Gesetz aussprechen; was soll dagegen der Satz, dass das Paar auch diese Millionen Nachkommen nicht haben könne? Wo die positive Behauptung ausdrücklich ihr Subject isoliert von den wechselnden Bedingungen, hat es keinen Sinn, nun diese gegen sie zu kehren, und mit einemmale den Standpunkt in der Manigfaltigkeit des wirklichen Geschehens zu nehmen.

Wo jedoch vom e i n z e l n e n  F a l l e die Rede ist, in zeitlich gültigen Urtheilen, tritt mit gleichem Sinne die Möglichkeit des Nichtseins zur Seite. Die Antwort kann noch heute eintreffen, sie kann aber auch erst morgen oder gar nicht eintreffen; es kann heute Nacht frieren, es kann aber auch der Frost ausbleiben. Worauf sich die Verneinung gründet, ist die Voraussetzung, dass neben den bekannten Verhältnissen, welche den Erfolg herbeiführen würden, auch andere da sein können, die ihn aufheben oder verhindern, Saumseligkeit des Schreibers oder der Beförderung im ersten Falle, das Eintreten einer wärmeren Luftströmung im zweiten. Dieses Verhältniss zwischen Ursachen, welche einen Erfolg herbeiführen, und Ursachen, welche ihn aufheben und verhindern, ist vorausgesetzt, wo Möglichkeit des Seins und Nichtseins wie gleichberechtigte Sätze gegeneinander treten. Der Grund davon ist aber nur unsere Unkenntniss darüber, ob die begünstigenden oder die verhindernden Ursachen wirklich vorhanden und wirksam sind.

Dasselbe findet statt, wo ein Gattungsbegriff zu ausschliessenden speciellen Bestimmungen in Beziehung gesetzt wird: Ein Dreieck kann gleichseitig sein und nicht gleichseitig sein — wenn ich nur weiss, dass es ein Dreieck ist, habe ich keinen Grund die Gleichseitigkeit zu bejahen oder zu verneinen; der allgemeine Begriff lässt beide Möglichkeiten offen.

10. Die Verneinung der Möglichkeit aber führt auf die Nothwendigkeit, die Verneinung der Nothwendigkeit auf die Möglichkeit.

 a. Es ist möglich, dass A B sei, widerspricht dem
  Es ist nicht möglich, dass A B sei, und dies ist gleich
  Es ist nothwendig, dass A nicht B sei.
 b. Es ist nothwendig, dass A B sei, widerspricht dem
  Es ist nicht nothwendig, dass A B sei, und dies ist gleich
  Es ist möglich, dass A nicht B sei.

So entsteht die doppelte Antiphasis, welche der doppelten Antiphasis des allgemein bejahenden und particulär verneinenden, und des allgemein verneinenden und particulär bejahenden Urtheils parallel geht.

Allein wie dort ist genau darauf zu achten, dass die Formeln in demselben Sinn interpretiert werden, wenn nicht Widersinniges folgen soll.

Sie gelten, wenn möglich und nothwendig in subjectivem Sinne von einer Hypothese gebraucht werden; sie gelten ebenso, wenn nothwendig und möglich gleichmässig von der Wesensnothwendigkeit der einen und der realen Möglichkeit anderer unter sich entgegengesetzter Bestimmungen gebraucht werden; sie gelten endlich, wenn im zeitlich gültigen Urtheil die Möglichkeit und Nothwendigkeit im einzelnen Falle ausgesprochen wird.

11. Sehen wir auf die ganze Reihe der Erörterungen zurück, zu welchen uns die Begriffe des Möglichen und Nothwendigen führten: so hat sich uns die Urtheilsfunction darin in doppelter Weise weiter entfaltet. Einerseits haben sich durch das vermittelte Urtheilen die Stadien der Urtheilsbildung,

welche das unmittelbare Urtheil mit Einem Schritte durchmisst, bestimmt von einander abgesetzt; der blosse Versuch eines Urtheils, die Frage ist aufgetreten, und hat zur Reflexion über das Verhältniss des urtheilenden Subjects zu dieser Frage geführt, und durch den Gegensatz der Frage und Entscheidung ist der innerste und wesentlichste Sinn alles Urtheilens, die Nothwendigkeit, ans Licht gezogen worden. Andererseits hat das Urtheilen dadurch einen Schritt weiter gemacht, dass an die Stelle einzelner einfacher Subjecte oder einer Anzahl von solchen das im Urtheil selbst Ausgesprochene, die reale Einheit von Subject und Prädicat Gegenstand neuer Prädicate, zunächst des Nothwendigen und Möglichen wurde, und sich damit neue Kategorieen offenbarten, welche insofern über den zuerst gefundenen stehen, als sie diese zu ihrer Grundlage haben und unter sich in Beziehung setzen, und ebendarum nicht nur das Einzelne, sondern auch seinen Zusammenhang erkennbar machen; und damit der blossen Verneinung, die sich ebenso auf eine urtheilsmässige Synthese bezieht, ein positives Gegenstück gegenüberstellen.

Erkennen wir so als den Weg des Denkens, von dem blossen Versuch, der Hypothese, dem Möglichen, zum Nothwendigen vorzudringen: so gewinnen damit auch die bestimmteren Formen ihre natürliche Bedeutung, welche dem ein bestimmtes Prädicat von einem Subjecte aussagenden oder verneinenden Urtheil beigeordnet zu werden pflegen, das hypothetische und disjunctive Urtheil. Jenes ist der reine Ausdruck der Nothwendigkeit, dieses der erschöpfende Ausdruck sich ausschliessender Möglichkeiten. Jenes setzt Mögliches in nothwendigen Zusammenhang, und schränkt von dieser Seite das Gebiet der Möglichkeit durch die Nothwendigkeit ein; dieses bereitet den Weg, durch die Verneinung bestimmter Möglichkeiten die Nothwendigkeit der einen zu erreichen.

## Siebenter Abschnitt.
## Das hypothetische und das disjunctive Urtheil.

Die Gewohnheit der neueren Logik, die Urtheile nach dem Gesichtspunkt der sog. Relation in k a t e g o r i s c h e (A ist B, A ist nicht B), h y p o t h e t i s c h e (Wenn A ist, ist B) und d i s j u n c t i v e (A ist entweder B oder C) einzutheilen, ist weder ursprünglich, noch lässt sie sich als erschöpfende Eintheilung der Urtheilsformen irgendwie begründen *). Sieht man auf den Gehalt der Behauptung, so sind kategorische und hypothetische, hypothetische und disjunctive Sätze vielfach nur grammatisch verschiedene Ausdrücke desselben Gedankens; hält man sich aber an den sprachlichen Ausdruck, so können hypothetische und disjunctive Urtheilsformen schon darum keine coordinierten Arten der Urtheilsform überhaupt sein, weil sie die kategorische Urtheilsform in sich schliessen; und gründet man den Unterschied auf das letztere, und stellt den einfachen Urtheilen die zusammengesetzten gegenüber, welche sprachlich als Satzverbindungen erscheinen: so stehen dem hypothetischen und disjunctiven Urtheile noch eine Reihe anderer Satzverbindungen zur Seite, von denen dann nicht einzusehen ist, mit welchem Rechte die Logik sie ausschliesst.

In der That hat lange Zeit, nach dem Vorgang der Stoiker, die Logik dem einfachen, in Einem Satze ausgedrückten Urtheil das zusammengesetzte gegenübergestellt; und diese zumal seit Kant verschollene Tradition ist in neuerer Zeit z. B. von Ueberweg wieder aufgenommen worden.

Es lässt sich für eine Untersuchung, welche zunächst

---
*) Vergl. zum Folgenden mein Programm: Beiträge zur Lehre vom hypothetischen Urtheil (Tübingen, Laupp) 1870.

das wirkliche Urtheilen analysieren will, und darum den sprachlichen Ausdruck als nächstes Untersuchungsobject vorfindet, nicht umgehen, zuerst jene ältere Gewohnheit wieder aufzunehmen; um so weniger, da eine Menge von Missverständnissen hinsichtlich des hypothetischen Urtheils besonders aus der mangelhaften Besinnung über die logische Bedeutung der sprachlichen Formen hervorgegangen sind.

## I. Die verschiedenen Arten von Satzverbindungen und ihre logische Bedeutung.

### § 35.

Wenn Redeweisen auftreten, in welchen durch **Partikeln, Conjunctionen und Relativa verschiedene Sätze verknüpft werden**, so geschieht es entweder so, dass **vollständige Sätze**, die für sich verständlich ein bestimmtes Urtheil aussprechen, in eine Beziehung zu einander gesetzt werden, oder so, dass **ein Satz ein integrirender Bestandtheil eines andern Satzes wird**.

In jenem Falle ist die Beziehung eine **bloss sprachliche**, wie bei den Relativsätzen, oder sie drückt ein **subjectives und individuelles Verhältniss** aus, in welchem für den Redenden die Aussagen stehen, oder sie hat den **Werth eines eigenen Urtheils**, dessen Prädicat entweder das **logische Verhältniss** der durch die Sätze ausgedrückten **Synthesen**, oder das **Verhältniss des in den Sätzen Ausgesprochenen** (der Zustände, Vorgänge u. s. w., welche durch die Sätze ausgedrückt werden) angibt.

In diesem Falle wird entweder über das grammatisch abhängige **Urtheil** selbst eine Aussage gemacht, vermittelst modaler Relationsprädicate, oder **über das in dem Urtheile Ausgedrückte**.

1. Die einfachste und am leichtesten analysierbare Art der Satzverbindungen ist diejenige, bei welcher zwei Sätze, deren jeder für sich verständlich ein selbstständiges und für sich gültiges Urtheil ausdrückt, noch ausserdem in eine Beziehung zu einander gesetzt werden, durch welche mehr ausgedrückt werden soll, als durch das einfache Aussagen des einen Satzes nach dem andern. Das sprachliche Mittel diese Beziehung herzustellen sind die Partikeln: und es handelt sich um die Bedeutung dieser.

a. Dass die Partikel »und«, wie alle ihr gleichwerthigen Ausdrücke, nichts zu leisten vermag, als zu sagen dass der Redende jetzt eben beide Urtheile in seinem Bewusstsein zusammenfasst, haben wir schon oben (S. 166) gesehen; und da dieses subjective Factum schon durch die Thatsache constatiert ist, dass derselbe beide Sätze ausspricht, so kommt an und für sich diesen bloss anreihenden Partikeln eine objective Bedeutung nicht zu, wenn sie auch die Function übernehmen können, eine entsprechende Folge in dem dargestellten Objecte anzudeuten (also z. B. die Zeitfolge in der Erzählung); sie haben also nicht den Werth eines Urtheils.

b. Auch die **Adversativpartikeln** vermögen nicht als Zeichen einer bestimmten objectiven Aussage zu gelten. In der Wechselrede kehren sie sich allerdings häufig gegen einen ausgesprochenen Satz, um ihm eine Einwendung, Beschränkung oder Widerlegung entgegenzustellen; aber es kommt ihnen doch nicht die Kraft zu, ihn zu verneinen, denn ebenso oft weisen sie nur ab, was durch irgend eine Combination aus jenem gefolgert oder vermuthet werden könnte. In der Rede eines Einzigen aber gebraucht, haben sie einerseits dieselbe Function, einem etwa Erwarteten entgegenzutreten, andrerseits führen sie nur irgendwie Contrastierendes oder Unerwartetes ein, einen bejahenden Satz nach einem verneinenden oder umgekehrt, ein unerwartetes Prädicat.

Während also die Verneinung eine bestimmt ausgesprochene Behauptung aufhebt, wenden sich die Adversativpartikeln häufig zuvorkommend gegen verschwiegene und bloss als möglich vorausgesetzte Combinationen, und die Verneinung, die sie aussprechen, ist darum keine bestimmte, die sich in einem eigenen Urtheil fixieren liesse.

c. Anders ist es mit den sog. **Causalpartikeln** und **Folgepartikeln**. Denn diese behaupten, wo sie das **logische Verhältniss** der Urtheile angeben, dass das eine Urtheil vom andern logischer Grund, beziehungsweise Folge sei; wo sie aber das **Verhältniss des im Urtheile Ausgesprochenen treffen wollen**, dass das im einen Urtheil Behauptete der reale Grund, beziehungsweise die reale Folge des im andern Urtheile Behaupteten sei. Sie stellen also das Verhältniss eines logisch oder real nothwendigen Zusammenhangs her, und sind insofern einem eigenen bestimmten Urtheile äquivalent. Es wird kalt, denn das Thermometer fällt — es wird kalt, darum fällt das Thermometer — sind je drei vollständige Urtheile: Es wird kalt — das Thermometer fällt — jenes Urtheil ist aus diesem erschlossen; es wird kalt — das Thermometer fällt — jene Veränderung ist die Ursache dieser Veränderung.

d. An die Causalpartikeln, welche eine reale Nothwendigkeit aussagen, schliessen sich alle die Bestimmungen, welche die **realen Verhältnisse** der in den Sätzen ausgesprochenen Zustände, Ereignisse u. s. f. ausdrücken; so namentlich die Zeitverhältnisse des Erzählten, Gleichzeitigkeit, Folge u. s. f. und die Ortsverhältnisse. Auch diese vertreten bestimmte Relationsurtheile und sind durch solche ausdrückbar.

e. Unter dem Namen der **exponibeln Urtheile** hat die frühere Logik solche aufgeführt, welche, scheinbar eine einzige Aussage darstellend, in der That mehrere Urtheile enthalten. Dahin gehören vor allem diejenigen mit restringierenden Wörtern — nur, allein u. s. w. Nur der Weise ist glücklich — sagt einmal, dass der Weise glücklich ist, und dann, dass wer nicht weise ist, nicht glücklich ist, oder dass alle Glücklichen Weise sind.

2. Die Grammatik unterscheidet Verbindungen **coordinierter und subordinierter Sätze**; allein dieser Unterschied trifft in dieser Allgemeinheit keine wesentliche Differenz des Gedankens; denn obgleich die grammatische Form zu bedeuten scheint, dass es dem Redenden um die Behauptung

des Hauptsatzes zu thun sei, und die abhängigen Sätze nur um dieses willen angeführt werden, nicht um sie jetzt aufzustellen, sondern nur um an sie als schon geltende zu erinnern: so hat doch die lebendige Sprache diesen Unterschied coordinierter und subordinierter Sätze nicht streng festgehalten, sondern braucht die Conjunctionen in demselben Sinne wie die coordinierenden Partikeln, höchstens mit einem leichten Unterschiede in der subjectiven Betonung der einzelnen Glieder, dem aber eine objective Bedeutung für das Ausgesagte selbst nicht zukommt. Dasselbe Verhältniss, das die Partikel »denn« bezeichnet, drückt ebenso ein »weil« aus; dasselbe Verhältniss, das durch »zugleich« seinen Ausdruck findet, kann ein »während« kundgeben.

So ist insbesondere die Bedeutung der relativen Verbindung eine mannigfaltig abgestufte. Wo die Relativa an ein schon für sich bestimmtes Wort sich anschliessen, da ist die Bedingung ihrer Anwendbarkeit nur, dass über einen Bestandtheil einer Aussage eine weitere Aussage gemacht werden könne, wobei das Relativ, indem es die ausdrückliche Wiederholung des bestimmt bezeichnenden Wortes erspart, diese Identität noch deutlicher herausspringen lässt, als es durch die Nebeneinanderstellung geschehen würde; aber die beiden Aussagen, welche so das Relativ aneinanderreiht, stehen in den verschiedensten Verhältnissen. Die entschiedenste Unterordnung findet statt, wo der Relativsatz nur dazu dient, ein Element des Hauptsatzes noch durch Erinnerung an Bekanntes kenntlicher zu machen und also der Aussage, die er einführt, ein selbstständiger Werth gar nicht zukommt, sie vielmehr einem attributiven Adjectiv oder einer Apposition u. dgl. äquivalent ist; eine vollkommene Gleichstellung, wo der Relativsatz eine selbstständige und neue Behauptung (am häufigsten im Lateinischen) einführt. Ein eigenes Urtheil zu vertreten kommt aber dabei dem Relativum nicht zu; alles was ausgesagt wird, wird in den beiden Sätzen gesagt, die es verknüpft; seine Function ist nur die sprachliche, die Identität der sprachlichen Bezeichnung festzustellen. A, welches B ist, ist C sagt nicht mehr als A ist B und A ist C; es lässt nur keinen Zweifel, dass das A des einen Satzes dasselbe A sei, wie das des andern.

Eine ganz andere Function nehmen die Relativsätze da an, wo durch sie überhaupt erst ein für sich unbestimmtes Element des Satzes bestimmt wird, sie also als Theil der Subjects- oder Prädicatsbezeichnung auftreten, eine allgemeinere Bezeichnung auf ein bestimmtes Gebiet einschränken, — wo sie also **determinierend** sind. Der Satz: diejenigen Menschen, welche in kalten Klimaten leben, bedürfen reichlicher Nahrung, gibt erst durch den Relativsatz das Subject an, ähnlich wie in andern Fällen ein determinierendes Adjectiv — die elastischen Körper werfen den Stoss zurück u. s. w. So kann die einfache Bezeichnung durch ein bestimmteres Wort vermittelst des Relativs umschrieben werden: diejenigen Parallelogramme, welche rechtwinklich und gleichseitig sind, ist soviel als die Quadrate.

Daran schliessen sich die **unbestimmten Relative** (wer und was, ὅστις ἄν, quisquis) die nichts vermögen als zu sagen, dass die Subjecte, von denen das eine Prädicat gilt, auch das andere haben, so dass der Ausdruck damit einem allgemeinen Urtheile äquivalent wird, und zwar sowohl in empirischer als in unbedingter Allgemeinheit gemeint sein kann; wie umgekehrt jedes allgemeine Urtheil sich in solcher Form ausdrücken lässt. Der Mensch ist sterblich — alle Menschen sind sterblich — was ein Mensch ist, ist sterblich — meinen alle schlechterdings dasselbe, die nothwendige Zusammengehörigkeit des Menschseins mit dem Sterblichsein; nur dass die Form »was ein Mensch ist, ist sterblich« die Benennung, welche in dem »alle Menschen« als vollzogen gedacht ist, erst vor unsern Augen vollzieht, und im Zusammenhang damit es unbestimmt lässt, welches Einzelne und ob ein Einzelnes so benannt werden könne; während die Formel »alle Menschen« das Vorhandensein ihrer Subjecte zwar nicht behauptet, aber doch der gewöhnlichen Redeweise nach voraussetzt.

Ganz ähnliche Bewandtniss hat es mit **wenn** und **wo** als Zeit- und Ortsrelativen. Die deutsche Sprache hat den Gebrauch des »Wenn« von einem bestimmten einzelnen Zeitpunkte der Vergangenheit verloren, welchen die englische noch sich erhalten hat; indem sie es zunächst von der Zukunft gebraucht, haftet ihm vielfach eine gewisse Unbestimmtheit und die Un-

Sicherheit des wirklichen Eintretens des Zukünftigen — wenn auch oft nur wie ein leichter Schatten — an, ohne dass es doch etwas anderes ausdrücken wollte, als dass zu derselben Zeit, zu der das eine geschieht, auch das andere geschehen wird. (Wenn es zwölf Uhr schlägt, beginnt das neue Jahr; wenn der Krieg beendigt sein wird, werden wir zurückkehren). Dieses temporale Wenn ist daran zu erkennen, dass im Nachsatz ein temporales »dann« gesetzt werden kann. Wo es als allgemeines Relativ (jedesmal wenn, so oft als) steht, meint es wiederum direct nichts als die Allgemeinheit des Zugleichseins zweier Zustände oder Ereignisse, mag diese nun rein empirisch als Ausdruck einer ausnahmslosen Wahrnehmung, oder schlechthin allgemein ausgesprochen werden. (Wenn die Dämmerung eintritt, beginnen die Fledermäuse ihren Flug). Sofern aber das gleichzeitige Eintreten zweier Ereignisse in der Zukunft oder das unbedingt allgemeine Zugleichstattfinden derselben nur behauptet werden kann, wenn sie irgendwie nothwendig zusammenhängen, dehnt die ursprüngliche Zeitpartikel ihre Bedeutung auf diesen nothwendigen Zusammenhang aus, und wird so zur Bedingungsconjunction im hypothetischen Urtheil, wovon später. Denselben Process macht das allgemeine »wo« durch.

3. Von den bisherigen Verbindungen sind die andern zu unterscheiden, in welchen **ein Satz als solcher Bestandtheil eines anderen Satzes**, sei es als Subject, sei es als Relationspunkt (Object) wird; und zwar erscheint der Satz entweder als Vertreter des Urtheils, sofern es subjectiv gedacht oder ausgesprochen wird, oder als Vertreter des im Urtheil Ausgedrückten; und dieses kann wiederum theils als ein bloss Gedachtes und Angenommenes, theils als ein objectiv und thatsächlich Gültiges erscheinen.

a. Behauptungen, deren Bestandtheile Sätze sind, sind diejenigen, in welchen **modale Relationsprädicate** sich auf Urtheile beziehen. Die Behauptungen, dass ein Urtheil wahr, falsch, glaublich, zweifelhaft, möglich, nothwendig sei; die Behauptungen, dass ich etwas glaube, verwerfe, bestreite, bezweifle — beziehen sich alle auf eine durch einen Satz ausgedrückte Hypothesis, der ihre Beziehung auf mein Denken oder auf das Denken Aller gegeben wird. In dieselbe Classe gehören alle Finalsätze; wenn ich etwas thue, damit etwas geschehe, so ist der Zweck zunächst als mein Gedanke hingestellt, und die Behauptung trifft das Verhältniss eines in Urtheilsform vorgestellten Erfolgs zu meinem Denken und dem davon abhängigen Wollen.

Da jedem Urtheil als solchem bestimmte modale Relationen nothwendig zukommen, so lassen sie sich auch immer von ihm aussagen; das Urtheil A ist B ist wahr, oder ist nothwendig, sagt nicht mehr, als die einfache Behauptung A ist B; ich behaupte, ich weiss, ich bin gewiss, dass A B ist, hebt auch nur ausdrücklich hervor, was in der einfachen Behauptung A ist B durch ihre Aufstellung schon liegt; nur verwandelt jede derartige Wendung den Satz A ist B in den Ausdruck eines bloss gedachten Urtheils, einer Hypothesis, und verlegt den Vollzug des Urtheils in das modale Prädicat.

b. Die Behauptungen, deren Bestandtheile die in Satzform ausgedrückten Zustände oder Ereignisse sind, unterscheiden sich nur durch die sprachliche Wendung von denjenigen, welche adjectivische oder Verbalabstracta unter ihren Elementen haben. Ob ich sage: die grössere Wärme des Sommers ist von dem höheren Stande der Sonne abhängig, oder ob ich sage, dass der Sommer wärmer ist hängt davon ab, dass die Sonne höher steht — der Gedanke ist beidemal derselbe; die Voraussetzung dieser Aussage ist nur, dass von dem, was ursprünglich das Urtheil auszudrücken die Aufgabe hat, neue Prädicate ausgesagt werden können (vergl. § 13. S. 96. 97).

4. Aus dieser kurzen Uebersicht, die übrigens auf Vollständigkeit keinen Anspruch macht, mag doch soviel abgenommen werden, dass die manigfaltigen grammatischen Formen der Satzverbindung keine neuen Arten der Urtheilsfunction begründen, welche nicht auch in einfachen Urtheilen vorkämen und durch solche ausdrückbar wären; dass der Sinn derselben sich immer durch Prädicate ausdrücken lässt, welche in einfachen Aussagen vorkommen; und die logische Theorie hat darum vollkommen Recht gehabt, die localen, temporalen u. s. w. Satzverbindungen der Grammatik zu überlassen, welche den sprachlichen Ausdruck des Gedankens betrachtet. Der Ausdruck

»zusammengesetzte Urtheile« ist ganz falsch und unglücklich; was aus Urtheilen zusammengesetzt ist, ist eine Verbindung von Urtheilen, aber diese Verbindung ist darum nicht selbst wieder ein Urtheil; wo aber Sätze Bestandtheile eines Urtheils sind, sind sie als solche keine Urtheile, d. h. sie werden nicht eben jetzt als Aussagen vollzogen, sondern sie gehen entweder als Hypothesen oder als schon fertige Resultate des Urtheilens und damit als Zeichen des im Urtheil Ausgedrückten in neue Urtheile ein.

5. Wenn die logische Tradition aus allen Satzverbindungen nur das sog. hypothetische und disjunctive Urtheil ausgesondert hat: so ist sie von dem richtigen Gefühl geleitet gewesen, dass es in allen anderen Fällen sich um die verschiedenartigsten bestimmten Behauptungen, um Zuweisung bestimmter Prädicate an bestimmte Subjecte handelt; hier aber um solche Aussagen über Hypothesen, welche für den letzten Zweck alles Denkens, aus dem Subjectiven zum Objectiven, aus dem Möglichen zum Nothwendigen zu kommen, direct wichtig, und darum von ganz universaler Bedeutung für alle Arten von Aussagen sind; so gewiss überall da, wo nicht mit Einem Schlage ein bestimmtes Urtheil fertig ist, sondern erst durch den Versuch die Wahrheit gewonnen werden soll, die Reflexion über den Werth und die Bedeutung der Hypothesen nothwendig wird. Das hypothetische und disjunctive Urtheil treten so der Verneinung zur Seite, welche ebenso ein Urtheil über ein versuchtes Urtheil ist, und treffen das Stadium des Denkens, das zwischen Frage und Entscheidung liegt.

## II. Das hypothetische Urtheil.

### § 36.

Das hypothetische Urtheil behauptet, dass **zwei Hypothesen in dem Verhältniss von Grund und Folge stehen; sein Prädicat ist »nothwendige Folge sein.«** Wenn A gilt, so gilt B, heisst also: B ist nothwendige Folge von A.

## § 36. Das hypothetische Urtheil.

**1.** Der gewöhnliche Ausdruck des hypothetischen Urtheils, an welchem sein Sinn und seine Bedeutung am schärfsten hervortritt, ist eine Satzverbindung von der Form: wenn A B ist, so ist C D; oder kürzer, indem A und B als Zeichen von Sätzen genommen werden: wenn A gilt, so gilt B; wobei »wenn« nicht in seiner temporalen Bedeutung, sondern in der conditionalen, gleichbedeutend mit εἰ und si steht.

**2.** Die Grammatik pflegt solche Sätze als **Bedingungssätze** zu bezeichnen, indem sie von der scheinbar zunächst liegenden Auffassung ausgeht, dass es sich um die **Gültigkeit des Nachsatzes** handle. Diese kann nicht schlechtweg behauptet werden, sondern wird nur unter der Voraussetzung behauptet, dass auch der Vordersatz gelte; das Ganze wäre also eine **bedingte Behauptung des Nachsatzes**, also eine Aussage über das Subject des Nachsatzes *). Allein da der Nachsatz nicht behauptet werden will, ehe man des Vordersatzes sicher ist, da in Beziehung auf beide also ein Conditionalsatz Ausdruck der Ungewissheit ist, beide, wie man sich ausdrückt, **problematisch** gesetzt werden, oder wie wir sagen, blosse Hypothesen ausdrücken: so scheint in der That, so lange man auf die beiden Sätze sieht, gar kein Urtheil im eigentlichen Sinne vorzuliegen, d. h. keine Aussage, welche als wahr und nothwendig behauptet wird; um so weniger, da es Bedingungssätze gibt, welche mit dem ausgesprochenen Bewusstsein der Falschheit von Vorder- und Nachsatz hingestellt sind (Si tacuisses, philosophus mansisses).

**3.** Allein es liegt doch, wie zuerst die **Stoiker**\*\*) bestimmt erkannt haben, eine Behauptung in einer solchen Satzverbindung, welche ein **Urtheil im eigentlichen Sinne** ist; die Behauptung nemlich, dass zwischen Vorder- und Nachsatz das Verhältniss von **Grund und Folge** (S. 253) bestehe, die Annahme des Vordersatzes die Annahme des Nachsatzes nothwendig mache; dass mit der Gültigkeit des Vordersatzes die des Nachsatzes unabweislich verknüpft sei. Dieses **Verhältniss der nothwendigen Folge** ist das

---

\*) So hat Wolff in seiner Logik das hypothetische Urtheil bestimmt. S. mein oben erwähntes Programm S. 23 ff.

\*\*) S. mein Programm S. 12.

eigentliche Prädicat des hypothetischen Urtheils *); Vorder-
und Nachsatz sind die beiden Beziehungspunkte, welche in
dieses Verhältniss gesetzt werden. Für die Behauptung dieses
nothwendigen Zusammenhangs kommt es dann weiter gar
nicht darauf an, wie es mit der Gültigkeit des Vordersatzes
bestellt ist, und was ich etwa über seine Wahrheit, Wahrscheinlichkeit, Unwahrscheinlichkeit, Falschheit für Nebengedanken habe; so wenig als es in dem einfachen Urtheile über
Gedachtes darauf ankommt, ob ich das Gedachte als existirend,
als möglicherweise existirend, oder als blosse Fiction betrachte.
So erklärt es sich, dass die Urtheile mit »Wenn« bald bloss
Ausdruck der Ungewissheit, bald bloss Ausdruck der Folge
zwischen Wirklichem zu sein scheinen **).

*) J. St. Mill, Logik I. Buch, 4 .Cap. § 3.
**) Mit dieser Erkenntniss, dass das hypothetische Urtheil den Nach-
satz als n o t h w e n d i g e  F o l g e des Vordersatzes behauptet, scheint
die geläufige Bezeichnung desselben in Logik und Grammatik im
Widerspruch zu stehen, welche den Vordersatz als V o r a u s s e t z u n g
oder Bedingung des Nachsatzes angibt. Versteht man nemlich unter
B e d i n g u n g  nach dem gewöhnlichen Sprachgebrauch die conditio
sine qua non, dasjenige, was erst erfüllt sein muss, ehe ein anderes
eintritt oder gültig wird: so scheint damit angedeutet zu sein, dass
mit dem Vordersatz der Nachsatz aufgehoben sei und nicht mehr gelte,
wenn der Vordersatz nicht gilt. Eben das wird aber durch die nothwendige Folge nicht gefordert; die Folge kann da sein, auch wenn der
Grund nicht gilt, so lange dieser kein ausschliessender ist, und es ist
ja übereinstimmende Lehre, dass mit der Ungültigkeit des Vordersatzes
der Nachsatz nicht aufgehoben werde (wenn ein Dreieck gleichseitig
ist, ist es spitzwinklich, behauptet nicht, dass die Gleichseitigkeit Bedingung der Spitzwinklichkeit sei, so dass ein Dreieck, das nicht gleichseitig wäre, nicht spitzwinklich sein könnte). Andrerseits genügt, was
blosse Bedingung ist, darum noch nicht, die Sache herbeizuführen;
auch wenn man Bedingung in dem Sinne eines integrirenden Theils
der vollen Ursache fasst, bezeichnet sie eben nur einen Theil; im hypoth. Urtheil soll aber der Vordersatz den Nachsatz nicht bloss mit
bedingen, sondern für sich nothwendig machen. Der Widerspruch löst
sich, wenn wir die subjectiven Bedingungen der Aussage von dem Inhalt des Ausgesagten unterscheiden. Die subjective Bedingung der
Behauptung des Nachsatzes ist die Gewissheit desselben; und das Urtheil sagt aus, dass in dem Zusammenhange des Denkens, in dem ich
eben stehe, die Gewissheit des Nachsatzes von der des Vordersatzes
abhängig ist; nur sofern der Vordersatz gilt, w i l l und k a n n  i c h

## § 36. Das hypothetische Urtheil.

Dieselbe Nothwendigkeit, welche das hypothetische Urtheil in Beziehung auf bloss angenommene Sätze behauptet,

über das Subject des Nachsatzes etwas behaupten; wenn der Vordersatz nicht gilt, will ich nichts behaupten; wenn die Bedingung nicht erfüllt ist, stehe ich für nichts — z. B. wenn du schnell läufst, holst du ihn ein. Damit ist aber nicht gesagt, dass objectiv das schnell Laufen als Conditio sine qua non des Einholens behauptet wäre; denn der andere kann stehen bleiben u. s. f.; auf der andern Seite aber muss ich der nothwendigen Folge des Nachsatzes aus dem Vordersatze gewiss sein, um den Nachsatz unter der Bedingung des Vordersatzes zu verbürgen.

Bergmann (Reine Logik I § 19. S. 202 ff.) bestimmt das Wesen des hypothetischen Urtheils dahin, dass es die Entscheidung über die Thesis von der Entscheidung über die Hypothesis abhängig mache, und unterscheidet einen doppelten Sinn desselben, je nachdem es (wie Wolff lehrt) nur eine relative Entscheidung, eine Entscheidung unter Vorbehalt anzeigen, oder den Zusammenhang zwischen der Geltung der Hypothesis und der Geltung der Thesis betonen wolle. Als Beispiele für den ersteren Sinn werden angeführt die Sätze: Morgen werde ich dich besuchen, wenn es gutes Wetter ist; Rom wurde zuerst von Königen regiert, wenn Livius als Gewährsmann gelten kann; eine vollständige allgemeine Theorie der Gleichungen wird nie gefunden werden, wenn anders die Erfolge der bisherigen Versuche einer solchen auf die künftigen schliessen lassen.

Kein Zweifel, dass hier der Urtheilende vor allem hervorheben will, dass die Thesis nicht unbedingt, sondern nur unter Vorbehalt der Richtigkeit der Hypothesis aufgestellt werde. Aber es fragt sich, ob damit der Satz hinfällig werde, dass in jedem hypothetischen Urtheile der nothwendige Zusammenhang zwischen der Geltung der Hypothesis und der Geltung der Thesis behauptet werde, und dass es nur darum ein Urtheil genannt zu werden verdiene, und dass die sprachliche Wendung wenn — so diesen Zusammenhang behaupte. (Dass es, wie Bergmann mir S. 204 und 208 zuschreibt, »dem Urtheilenden nur um den Zusammenhang der Hypothesis und der Thesis zu thun sei« und dass »wenn A gilt, gilt B«. ein inadäquater Ausdruck sei für: »B ist nothwendige Folge von A«, habe ich nirgends gesagt). Für die beiden letzten Beispiele ist die Behauptung des Zusammenhangs ohne weiteres evident: Wenn Livius als Gewährsmann gelten kann, so ist wahr, was er erzählt; er erzählt aber dass Rom zuerst von Königen regiert wurde, also wurde dann wirklich Rom zuerst von Königen regiert — die Wahrheit der Thesis folgt mit logischer Nothwendigkeit aus der Wahrheit der Hypothesis. Ebenso in dem letzten Beispiel: Wenn der Schluss aus den bisherigen Erfolgen auf künftige berechtigt ist, so muss aus dem thatsächlichen bisherigen Misslingen auf ein künftiges Misslingen geschlossen

behauptet die sog. causale Verbindung von Sätzen in Beziehung auf gültige Urtheile: Weil A gilt, gilt B, und zwar in der doppelten Richtung des Erkenntnissgrundes und des Realgrundes. (Weil das Thermometer steigt, wird es wärmer; weil es wärmer wird, steigt das Thermometer.)

4. Ob die Urtheile, welche als Grund und Folge hingestellt werden, bejahende oder verneinende, allgemeine oder

---

werden; wiederum die logische Nothwendigkeit der Consequenz. Einen scheinbareren Einwand enthält das erste Beispiel: Morgen werde ich dich besuchen, wenn es schönes Wetter ist. Hier scheint in der That nur eine bedingte Aussage vorzuliegen, und der nothwendige Zusammenhang zu fehlen; wie kann das schöne Wetter den Besuch zur nothwendigen Folge haben? Aber auch dieses Beispiel begründet, genauer angesehen, keine Ausnahme. Was es ausdrückt, ist ein Wollen, ein jetzt schon gefasster Entschluss, zugleich ein gegebenes Versprechen. Dieser Entschluss ist selbst, als solcher, nicht bedingt; durch mein Versprechen bin ich jetzt schon gebunden; denn was mein Wille enthält, ist eben die Abhängigkeit einer Handlung von dem Eintreten einer bestimmten Thatsache, der Inhalt meines jetzigen Wollens ist eben der, dass mit der Voraussetzung auch die Folge wirklich eintreten soll, ich stifte durch meinen Willen einen Zusammenhang, und vermöge dieses jetzt gewollten Zusammenhangs behaupte ich, dass die Ausführung eintreten wird, sobald die Voraussetzung da ist; diese Aussage gründet sich auf mein Wollen, das sich nicht widersprechen kann. Dasselbe findet bei allen Versprechungen, Drohungen, vertragsmässig für bestimmte Fälle eingegangenen Verpflichtungen statt: ich bestimme durch meinen Willen, dass ein künftiges Wollen unfehlbare Folge der eingetretenen Bedingung sein soll. Auch hier ist also, was ich behaupte, der Zusammenhang zwischen Voraussetzung und Folge (vergl. die Ausführungen in dem mir eben noch zukommenden Werke von Enneccerus: Rechtsgeschäft, Bedingung und Anfangstermin 1888. S. 16. 175 ff.); nur ist dieser Zusammenhang, eben als gewollter, verschieden von einem unabhängig von meinem Wollen bestehenden realen Zusammenhang, den eine rein theoretische Aussage meint. Als solche wäre der Satz: wenn es gutes Wetter ist, werde ich dich morgen besuchen, falsch, da kein objectiv nothwendiger Zusammenhang besteht, wie in dem Satze: Wenn es gutes Wetter ist, werden diese Knospen sich morgen öffnen; er kann objectiv nur gelten, weil vorausgesetzt ist, dass mein Wille die Macht hat, den gewollten Zusammenhang zu verwirklichen, und dass er constant bleibt, ich also meinem Versprechen nicht untreu werde. Es bleibt also dabei, dass jede Aussage mit einem conditionalen Wenn — so nur insofern ein Urtheil ist, als sie einen nothwendigen Zusammenhang ausspricht.

einzelne, erzählende oder erklärende sind, ändert an dem Wesen der Behauptung selbstverständlich gar nichts, und die Versuche an dem hypothetischen Urtheile Unterschiede der Quantität u. s. f. aufzustellen, beruhen auf der Verwechslung hypothetischer Urtheile mit Aussagen über blosse Zeitrelationen oder über ein sonstiges bloss factisches gelegentliches Zusammentreffen.

Die Urtheile: Jedesmal wenn es zwölf Uhr schlägt, sterben einige Menschen, und ähnliche wird Niemand als hypothetische gelten lassen. Besonders deutlich ist die Verwechslung an den Urtheilen, die man hat zu particulären hypothetischen machen wollen: Meistens wenn es schönes Wetter ist, steht das Barometer hoch; denn wo der Zusammenhang nicht ausnahmslos stattfindet, kann er kein nothwendiger sein; ein solches Urtheil kann immer nur das empirische oder sonst zufällige Zusammentreffen in einer relativ grösseren oder kleineren Anzahl von Fällen ausdrücken. Zuweilen, wenn ein Dreieck rechtwinklich ist, hat es zwei gleiche Winkel, sagt weiter nichts, als dass das Rechtwinklichsein dann und wann mit der Gleichheit der beiden andern Winkel zusammen vorkomme und sie nicht ausschliesse: das Wenn — zuweilen verbindet nicht Grund und Folge, sondern zusammentreffende Eigenschaften oder Vorgänge an denselben oder verschiedenen Dingen, das als nur thatsächlich behauptet, über dessen Grund nichts ausgesagt wird. (Vergl. mein Programm S. 45 und Vierteljahrsschr. f. wiss. Phil. V, 1 S. 109 ff.)

5. Seit Kant hauptsächlich hat man das hypothetische Urtheil dem kategorischen als eine coordinierte besondere Art des Urtheils gegenübergestellt, welche sich durch die Verschiedenheit der logischen Function scheide; im kategorischen Urtheil seien die Vorstellungen einander untergeordnet als Prädicat dem Subject, im hypothetischen als Folge dem Grunde. (Krit. d. r. V. § 9, 3. Hart. S. 106.) Die Consequenz, welche in den hypothetischen Urtheilen gedacht wird, entspricht dann der Copula in den kategorischen; sie ist dasjenige, was den verschiedenen Vorstellungen Einheit gibt. So entspricht dann der logischen Function des hypothetischen Urtheils die Kategorie der Causalität.

Allein die ganze Eintheilung ist undurchsichtig und schon darum unbrauchbar, weil die Vorstellungen, die sich wie Subject und Prädicat verhalten, nach Kantischem Sprachgebrauch Begriffe, die Vorstellungen, die sich wie Grund und Folge verhalten, Urtheile sind. Kants Unterscheidung gab dann Veranlassung zu einer weiteren Lehre, die er jedoch nicht selbst aufgestellt hat, dass nemlich die kategorischen Urtheile Ausdruck des Verhältnisses der Inhärenz, die hypothetischen Ausdruck des Verhältnisses der Causalität seien; allein diese Lehre ist gänzlich unhaltbar, wenn man die Ausdrücke kategorisch und hypothetisch in dem gewöhnlichen Sinne nimmt; das Urtheil: Gott ist Ursache der Welt, ist gewiss ein kategorisches im gewöhnlichen Sinne und drückt doch ein Causalitätsverhältniss aus; das Urtheil: wenn die Seele materiell ist, so ist sie ausgedehnt, ist ein hypothetisches und bewegt sich doch in lauter Inhärenzverhältnissen. Unterscheidet man aber, abgesehen von der sprachlichen Form, Beschaffenheits- und Beziehungsurtheile (wie z. B. Drobisch), so ist diese Eintheilung gerechtfertigt, wenn es sich um den Sinn bestimmter Aussagen handelt; aber das ächte hypothetische Urtheil ist in dieser Eintheilung gar nicht befasst, und kann nur gewaltsam unter die Beziehungsurtheile subsumiert werden, welche reale Relationen zwischen Dingen aussagen.

6. Je nach der Art der Aussagen, welche das hypothetische Urtheil in das Verhältniss von Grund und Folge setzt, unterscheidet sich der bestimmtere Sinn desselben. Wo zwei Sätze, die für sich **unbedingte Gültigkeit** ausdrücken würden, durch Wenn — so verbunden werden, da ist die Behauptung einfach die, dass, wer den einen annehme, auch den andern annehmen müsse. Wenn die Seele körperlich ist, ist sie ausgedehnt — Wenn die Seele einfach ist, so ist sie unzerstörbar — Wenn Gott allmächtig und gütig ist, ist die Welt vollkommen — setzt die Wahrheit des Nachsatzes als nothwendige Folge der Wahrheit des Vordersatzes, und sagt, wer den einen annehme, müsse auch den andern annehmen. Was dabei der **Grund der Nothwendigkeit** ist, tritt im hypothetischen Urtheile nicht heraus; ob es die einfachen Verhältnisse der Vorstellungen sind (körperlich und ausge-

dehnt), vermöge der die Prädicierung mit der einen die Prädicierung mit der andern nach sich zieht; ob es Annahmen über die Natur der Dinge sind, wie dass das Einfache unzerstörbar ist, oder Annahmen über die nothwendige Wirkungsweise bestimmter Ursachen, wie in dem letzten Beispiele, sagt das hypothetische Urtheil nicht; und es lassen sich in dieser Hinsicht Urtheile unterscheiden, welche **analytisch** und welche **synthetisch** sind. Ist nemlich in dem ersten Satze der zweite so enthalten, dass er vermöge der allgemein anerkannten Bedeutung der Wörter daraus hervorgeht, so ist das Urtheil ein analytisches; bedarf es aber der Vermittlung des Zusammenhangs durch einen sonst vorausgesetzten Grund der Nothwendigkeit, so ist es ein synthetisches; ein Unterschied, der übrigens erst später (bei der Lehre von den Schlüssen) genauer fixiert werden kann. Gleicher Art sind die Fälle, wo von der allgemeinen Regel auf den einzelnen Fall übergegangen wird: Wenn auf Mord Todesstrafe steht, so ist dieser Mörder mit dem Tode zu bestrafen; sie drücken die logische Nothwendigkeit aus, mit der in der allgemeinen Regel der einzelne Fall enthalten ist.

7. Wenn **Vordersatz und Nachsatz Einzelnes betreffen** und zeitlich gültige Aussagen sind, so sind zwei Fälle zu unterscheiden: entweder ist auch hier die zweite Synthese in der ersten eingeschlossen, und folgt aus ihr, kraft der Bedeutung der Prädicate, die ganz allgemein miteinander verknüpft sind (wenn dieser Mensch betrunken ist, ist er unzurechnungsfähig); oder die Consequenz geht vermöge bestimmter Gesetze aus der besonderen Beschaffenheit des vorliegenden Falls und seiner Umstände hervor, so dass auch die Nothwendigkeit des Zusammenhangs, dessen Bedingungen der Vordersatz nicht angibt, eben für diesen Fall gilt: Wenn der Himmel sich aufhellt, friert es heute Nacht — wo die bestehende Temperatur u. s. f. vorausgesetzt ist. Die Consequenz ruht auf den Gesetzen der Wärmestrahlung; aber diese bringen nur unter der gegebenen schon niederen Temperatur u. s. w. den Erfolg hervor.

8. Eine eigenthümliche Anwendung findet das hypothetische Urtheil, wenn es nicht Sätze mit bestimmten Sub-

jecten verknüpft, sondern die **Subjecte selbst unbestimmt gelassen** sind — sei es dass sie absolut unbestimmt sind und durch »etwas« u. dgl. bezeichnet werden, sei es dass sie wenigstens theilweise unbestimmt, d. h. nur durch ein allgemeines Wort bezeichnet sind. Wenn etwas körperlich ist, ist es ausgedehnt; wenn einer gerecht ist, gibt er jedem das Seinige; wenn ein Dreieck gleichseitig ist, ist es gleichwinklich u. s. f. Jetzt ist nicht nur die Gültigkeit einer bestimmten Aussage in suspenso gelassen, um nur ihre nothwendige Folge anzugeben, sondern es bleibt unentschieden, ob und wo überhaupt sich zu den Prädicaten ein Subject findet; aber von jedem Subject, an welchem sich das eine Prädicat findet, wird behauptet, dass sich an ihm auch das andere finden muss. Diesen Urtheilen ist es darum wesentlich, im Vorder- und Nachsatz wenigstens dem Sinne nach dasselbe Subject zu haben (Wenn ein Dreieck gleiche Winkel hat, sind seine Seiten gleich, zeigt allerdings grammatisch ein anderes Subject, aber dieses weist durch sein Possessivpronomen auf das zurück, worüber zuletzt eine Aussage gemacht wird).

Sie sind deshalb völlig gleichwerthig den **allgemeinen Relativsätzen**: Wer gerecht ist, gibt jedem das Seinige u. s. f.; jedes Dreieck, welches gleichseitig ist, ist auch gleichwinklich. Wenn diese durch ihr Relativ die Identität dessen behaupten, dem das eine und dem das andere Prädicat zukommt, so vermögen sie das doch nur, weil das zweite Prädicat mit dem ersten **nothwendig** verknüpft ist; in der ausnahmslosen Identität dessen, dem das eine und dem das andere Prädicat zukommt, manifestiert sich diese Nothwendigkeit.

Der Gang des Denkens, welchen diese Ausdrucksweisen voraussetzen, ist klar; sie bewegen sich in dem Gebiete des Bestimmens des Einzelnen, dessen Vorhandensein vorläufig vorausgesetzt wird; mit dem bestimmten Prädicate des Vordersatzes im Bewusstsein wird auf das Viele hinausgesehen, und erwartet, dass irgendwo das Prädicat anwendbar sei, um zu behaupten, dass dann auch das andere nothwendig damit verknüpft werden müsse.

9. Damit sagen diese Urtheile schlechterdings nichts anderes, als die **unbedingt allgemeinen kategorischen** Urtheile. »Alle Körper sind ausgedehnt« meint ja auch nicht eine begrenzte und bestimmte Anzahl, sondern sagt: Was ein Körper ist, ist ausgedehnt, oder wenn etwas ein Körper ist, ist es ausgedehnt; in der Bezeichnung der Subjecte, von denen etwas ausgesagt wird, versteckt sich der Vordersatz des hypothetischen Urtheils. Der brave Mann denkt an sich selbst zuletzt — ist darum ebensogut ein hypothetisches Urtheil als jedes, das sein Subject nur mit einem »Ein« einführt, in dem Sinne, dass es unbestimmt bleiben soll, ob und wo sich dieses Subject findet, und nicht bloss ein bestimmtes Subject ungenau bezeichnet ist (der Unterschied wird deutlich an den Beispielen: Ein Kaiser muss stehend sterben — Ein Kaiser war Stoiker).

Damit erledigt sich der vielverhandelte Streit über das Verhältniss des hypothetischen und kategorischen Urtheils. Alle unbedingt allgemeinen kategorischen Urtheile sind völlig gleichbedeutend mit hypothetischen, weil sie (nach § 27 S. 212 ff.) gar nichts anderes aussagen, als die nothwendige Zusammengehörigkeit des Prädicats mit dem Subject, wonach aus der Prädicierung eines Einzelnen mit dem Subject die mit dem Prädicat nothwendig folgt; und sofern dem »Alle« die Zweideutigkeit anhaftet, bald ein empirisches, bald ein unbedingt allgemeines Urtheil einzuführen, ist die hypothetische Form der strengere und adäquatere Ausdruck. Alle Urtheile dagegen, in welchen bestimmten einzelnen Subjecten bestimmte Prädicate zugewiesen werden, widerstehen selbstverständlich der Umwandlung in die hypothetische Form; andrerseits greift die Bedeutung und Anwendbarkeit des hypothetischen Urtheils über dasjenige hinaus, was in kategorischer Form ohne Zwang ausgesprochen werden kann.

10. Anders, wenn von einem unbestimmt bezeichneten Subject **veränderliche Eigenschaften, Thätigkeiten, Relationen** im Vordersatze ausgesagt werden. Wenn Wasser unter 0 Grad erkältet wird, wird es fest; wenn ein Körper unter dem Einfluss eines Stosses und einer im umgekehrten Verhältniss des Quadrats der Entfernung wir-

kenden Kraft sich bewegt, beschreibt er einen Kegelschnitt; wenn die Strahlen einer Lichtquelle senkrecht auffallen, ist die Beleuchtung die stärkste u. s. f. Da es sich hier ebenso um wiederholte Fälle an demselben Subject, wie um Fälle an verschiedenen Subjecten handeln kann, so ist der Ausdruck in einem allgemeinen kategorischen Urtheil inadäquat; soll die Nothwendigkeit durch die unbedingte Allgemeinheit ausgedrückt werden, so bieten sich die allgemeinen Relativsätze Jedesmal wenn, so oft als; und es geht daraus hervor, dass jetzt auch dem hypothetischen Urtheil eine Zeitbeziehung anhaftet, da Veränderliches nur in einer bestimmten Zeit eintreten kann, und die Gültigkeit des Vordersatzes zu einer bestimmten Zeit auch der Gültigkeit des Nachsatzes eine bestimmte Zeit anweist — dieselbe oder eine unmittelbar folgende oder vorangehende. Diese Urtheile sind es, die der Natur der Sache nach auf Causalitätsverhältnissen ruhen, sobald ihre Subjecte unter den realen Dingen zu suchen sind, denn nur durch Causalzusammenhang kann der Eintritt der Veränderung eines Dings den Eintritt einer zweiten Veränderung desselben oder eines andern Dings nach sich ziehen.

11. Zu den hypothetischen Sätzen mit unbestimmten Subjecten gehören auch alle Gleichungen der analytischen Geometrie und Mechanik mit Veränderlichen. Die Unbestimmtheit des Werthes der Veränderlichen verhindert, dass die Gleichung der Parabel $y^2 = px$ eine Gleichung im gewöhnlichen Sinne, d. h. das Urtheil bedeute, dass zwei Zahlen oder Linien oder Figuren einander gleich sind; sie behauptet: wenn die Abscisse irgend einen bestimmten Werth hat, so hat die ihr zugehörige Ordinate den durch die arithmetische Relation mit der Constanten bestimmten Werth. Ebenso sind alle algebraischen Formeln mit allgemeinen Zeichen in hypothetische Urtheile zu übersetzen, wie $a(b + c) = ab + bc$.

12. Unter den hypothetischen Urtheilen mit verneinenden Gliedern stellt die Form: wenn A gilt, gilt B nicht, die Verneinung eines Satzes als nothwendige Folge einer Bejahung hin, und setzt also die Hypothesen A und B als unverträglich. Diese Unverträglichkeit ruht theils auf der Unverträglichkeit bestimmter Prädicate, oder

auf den realen Verhältnissen der hindernden oder vernichtenden Ursache. Dieses Verhältniss ist immer ein **gegenseitiges**; wenn aus der Bejahung von A die Verneinung von B nothwendig folgt, so folgt (nach dem Gesetze des Grundes und der Folge) aus der Bejahung (der Aufhebung der Verneinung) von B nothwendig die Verneinung von A: mögen nun A und B allgemeine und unbedingt gültige Urtheile, oder zeitlich gültige Urtheile über Einzelnes vorstellen oder unbestimmte Subjecte haben. (Wenn der Himmel bewölkt ist, fällt kein Thau; wenn Thau fällt, ist der Himmel nicht bewölkt.) Einem solchen hypothetischen Urtheil entspricht ein allgemein verneinendes kategorisches; der Satz: Kein rechtwinkliches Dreieck ist gleichseitig, sagt dasselbe, wie: Wenn ein Dreieck rechtwinklich ist, ist es nicht gleichseitig; die Verneinung des Prädicats gleichseitig wird als nothwendige Folge der Bestimmung rechtwinklich behauptet\*).

Wenn eine **Verneinung als nothwendige Folge einer andern Verneinung** auftritt (Wenn A nicht gilt, gilt B nicht), so kann dieses Verhältniss nur darauf ruhen, dass die entsprechenden Bejahungen in nothwendigem Zusammenhange stehen. Denn nur unter dieser Voraussetzung kann die Verneinung der einen die Verneinung der andern zur Folge haben. Die Ungültigkeit von A ist nur dann ein untrüglicher Grund der Ungültigkeit von B, wenn A nothwendige Folge von B ist. Wenn der Himmel nicht hell ist, fällt

---

\*) Die Schwierigkeit, welche Twesten (Logik § 64) gegen die Ansicht erhoben hat, das hypothetische Urtheil mit verneinendem Nachsatz sei bejahend, ist leicht zu heben. Wenn das kategorische Urtheil, sagt er, »kein gleichseitiges Dreieck ist rechtwinklich« verneinend ist, wie sollte denn das correspondierende hypothetische: Wenn ein Dreieck gleichseitig ist, ist es nicht rechtwinklich, nur bejahend sein können? Freilich nicht, wenn das hypothetische Urtheil eine Behauptung über das gleichseitige Dreieck, und nicht über die Nothwendigkeit einer Folge wäre; aber warum soll man nicht bejahen können, dass ein verneinender Satz nothwendig folge? Die Möglichkeit der unbedingten Verneinung »kein A ist B« ruht ja eben darauf, dass erkannt wird, die Bestimmungen, die in A gedacht werden, machen nothwendig B zu verneinen; und diesen Sinn einer allgemeinen Verneinung drückt das hypothetische Urtheil durch Bejahung dieser Nothwendigkeit aus.

kein Thau, kann ich nur sagen, wenn ich sicher bin, dass wenn Thau fällt, der Himmel hell sein muss; wenn ein Dreieck nicht gleichseitig ist, ist es nicht gleichwinklich, nur dann, wenn jedes gleichwinkliche Dreieck gleichseitig ist. Nach dem Grundsatze, dass mit der Folge der Grund aufgehoben ist, der den Sinn der nothwendigen Folge enthält, welche das hypothetische Urtheil behauptet, ergibt sich immer aus: Wenn A gilt, gilt B, auch das andere: Wenn B nicht gilt, gilt A nicht.

Wenn eine **Bejahung** als **Folge einer Verneinung** erscheint: wenn A nicht gilt, gilt B, so liegt diesem Urtheil immer unmittelbar oder mittelbar die Einsicht zu Grunde, dass von verschiedenen sich ausschliessenden möglichen Hypothesen nothwendig eine gültig ist, d. h. die Einsicht, welche sich im disjunctiven Urtheile ausspricht; es ist aber falsch, dass das Urtheil: Wenn A nicht gilt, gilt B bereits dem disjunctiven Entweder gilt A oder B äquivalent sei *).

13. Die **Verneinung eines hypothetischen Urtheils** kann allein in der Aufhebung des Prädicats bestehen, das es aussagt, d. h. der nothwendigen Folge. Der Satz: B ist nicht nothwendige Folge des Satzes A, d. h. wenn A gilt, gilt darum nicht B (wenn auch A gilt, gilt doch nicht B) ist der contradictorische Gegensatz des Urtheils: Wenn A gilt, so gilt B **); wie umgekehrt die Verneinung der Behauptung, Wenn A gilt, so folgt nicht, dass B gilt, auf das Urtheil führt: Wenn A gilt, gilt B.

---

*) S. mein Programm S. 54 ff. Wenn der Mondmittelpunkt nicht in der Ebene der Ekliptik ist, bildet er mit den Mittelpunkten der Sonne und Erde ein Dreieck, heisst nicht soviel als: Entweder ist der Mondmittelpunkt in der Ebene der Ekliptik, oder er bildet mit den beiden andern Mittelpunkten ein Dreieck; denn er kann auch ein Dreieck bilden, wenn er in der Ebene der Ekliptik ist, aber der Knoten nicht in die Gerade fällt, welche durch die Mittelpunkte der Sonne und Erde geht.

**) Damit ist den sogenannten **Concessivsätzen** ihre logische Stelle angewiesen; ihre Bedeutung liegt darin, dass sie eine unmittelbare oder mittelbare Consequenz, die aus dem Vordersatz gezogen werden könnte, abweisen.

14. Hypothetische Urtheile von der Form: Wenn A gilt und B gilt und C gilt, gilt D, dürfen nicht als copulative hypothetische Urtheile bezeichnet werden; denn es wird nicht von verschiedenen Relationen ausgesagt, dass sie nothwendige Folgen seien, wie in dem Urtheile: Sowohl wenn A ist, als wenn B ist, als wenn C ist, ist D. Nur dieses Urtheil ist copulativ; jenes gibt nur einen Grund, der bloss aus einer Mehrheit von Voraussetzungen besteht, und kann darum nicht in eine Mehrheit von hypothetischen Urtheilen aufgelöst werden.

15. Nur wenn auf die Bedeutung der Möglichkeit gesehen wird, welche auf den partiellen Grund zurückgeht (§ 34, S. 270), kann mit jedem Theil des Grundes die Möglichkeit der Folge verknüpft werden. Wenn der Mond in Conjunction oder Opposition steht, und zugleich der Knoten der Mondsbahn der Verbindungslinie von Sonne und Erde nahe ist, entstehen Finsternisse — kann in die zwei Urtheile entwickelt werden: Wenn der Mond in Conjunction oder Opposition steht, können Finsternisse eintreten; wenn der Knoten der Mondsbahn der Verbindungslinie von Sonne und Erde nahe ist, können Finsternisse entstehen. Dasselbe Können tritt ein, wenn der Vordersatz die Ungültigkeit eines Urtheils ausdrückt, das den Nachsatz aufheben würde: Wenn die Wärmestrahlung der Sonne nicht abnimmt, kann das organische Leben der Erde unbegrenzt fortdauern.

### III. Das disjunctive Urtheil.

### § 37.

Das disjunctive Urtheil behauptet, dass von einer bestimmten Anzahl sich ausschliessender Hypothesen eine nothwendig wahr ist. Wo es nicht, als Satz vom ausgeschlossenen Dritten, die beiden Glieder einer Antiphasis betrifft, setzt es immer ein einfaches Urtheil voraus, das den verschiedenen Hypothesen zu Grunde liegt, und dessen Inhalt den Kreis der Möglichkeiten bestimmt und einschränkt; am häufigsten so, dass entweder das Subject oder das Prädicat eine geschlossene Reihe sich ausschliessender näherer Bestimmungen zulässt, welche aufzuzählen Aufgabe des divisiven Urtheils ist.

1. Wenn eine Hypothese A ist B ungewiss ist: so ist der nächste Ausdruck davon, dass weder ihre Bejahung noch ihre Verneinung vollzogen werden kann; ich stehe vor einer unentschiedenen Wahl. Aber ich weiss, dass wenn die Bejahung wahr ist, die Verneinung falsch ist und umgekehrt; und dass, wenn die Bejahung falsch ist, die Verneinung wahr ist und umgekehrt.

Eine solche Wahl zwischen verschiedenen Hypothesen kann nun aber nicht bloss stattfinden zwischen Bejahung und Verneinung. In Beziehung auf dasselbe Subject können verschiedene Hypothesen möglich sein — A ist vielleicht B, vielleicht C, vielleicht D u. s. f. So lange die Prädicate B, C, D gegen einander gleichgültig sind, treten diese Hypothesen in keine weitere Beziehung zu einander (so kann ich mir von der Königin Semiramis sagen, sie war vielleicht hochgewachsen, schwarzäugig u. s. f.); führt eines das andere nothwendig mit sich, so entsteht das hypothetische Urtheil; sind sie aber unverträglich, so schliesst die Annahme eines Prädicats die der übrigen aus, und ich stehe also vor unvereinbaren Sätzen, deren jeder für sich eine mögliche Hypothese ist.

Es ist die Function der Partikel oder, solche unvereinbare Hypothesen, die gleich ungewiss sind, zu verknüpfen; und zwar nicht bloss Prädicate eines und desselben Subjects, sondern überhaupt Annahmen, die sich — aus irgend einem Grunde — ausschliessen, deren Verhältniss also in einem hypothetischen Urtheile ausgesprochen werden kann, das die Bejahung der einen Annahme mit der Verneinung der anderen verknüpft. Die Partikel »oder« enthält also die beiden Behauptungen, dass die Sätze ungewiss sind, und dass sie sich ausschliessen. A ist B oder C, heisst: A ist vielleicht B, vielleicht C; wenn es B ist, ist es nicht C, wenn es C ist, ist es nicht B.

2. Eine ähnliche Nebeneinanderstellung ergibt sich aus den Urtheilen, die eine **Möglichkeit** aussagen. Die Urtheile: Wasser kann flüssig, fest, gasförmig sein; der Mensch kann wachen und schlafen, drücken sich, auf einen und denselben beliebigen Zeitpunkt bezogen, auch in der Form aus: Wasser ist flüssig oder fest oder gasförmig; der Mensch schläft oder wacht. Und ebenso tritt das »oder« ein, wo eine unbestimmtere Vorstellung noch weitere Determinationen zulässt; das Dreieck ist eben oder sphärisch u. s. w.; eine ebene geradlinige Figur ist dreieckig oder viereckig oder fünfeckig u. s. w. Mit der blossen Bezeichnung eines Dings durch das unbestimmtere Wort ist noch Raum für bestimmtere, sich ausschliessende Prädicate; wovon ich nur weiss und sage, dass es ein Dreieck ist, dem können noch verschiedene, untereinander unverträgliche Bestimmungen zukommen.

3. Wird nun von einer Reihe solcher Hypothesen behauptet, dass eine derselben nothwendig wahr, mit den aufgezählten also alle subjectiv oder objectiv möglichen, sich ausschliessenden Prädicate erschöpft seien: so ist damit das **disjunctive Urtheil** gegeben: **Entweder gilt A ist B, oder A ist C; A ist entweder B oder C oder D.** Die Behauptung des disjunctiven Urtheils ist also auf die nothwendige Gültigkeit einer aus einer bestimmten Anzahl von möglichen unvereinbaren Hypothesen gerichtet.

4. Den einfachsten Fall eines disjunctiven Urtheils bildet die **Antiphasis selbst**, sofern von ihr das Gesetz des ausgeschlossenen Dritten gilt; von den beiden Sätzen A ist B und A ist nicht B ist nothwendig der eine wahr, der andere falsch. Allein eben weil diese Disjunction so selbstverständlich ist, hat sie nur beschränkten Werth (s. o. § 25 S. 202); die werthvollen Disjunctionen sind diejenigen, welche die Wahl unter positiven Urtheilen mit bestimmten Prädicaten einschränken.

5. Unter diesen sind die nächstliegenden diejenigen, welche die beschränkte Anzahl von näheren sich ausschliessenden Bestimmungen aussprechen, die eine allgemeinere Vorstellung zulässt. Eine Linie ist entweder gerade oder krumm; ein Dreieck entweder rechtwinklich oder schiefwinklich; ein Mensch

entweder männlich oder weiblich; Wasser ist entweder flüssig oder fest oder gasförmig. Das »Können«, das die einzelnen Glieder voraussetzen, gilt im Sinne von § 34, 5 S. 268 und 269; die Bedeutung der Disjunction ist, dass dasjenige, wovon ich bloss weiss, dass es unter die allgemeine Vorstellung A fällt, noch irgend einen der an A möglichen Unterschiede haben muss; sie erhellt am besten in dem hypothetischen Ausdruck, der den Sinn jener Disjunctionen vollständig angibt: Wenn etwas eine Linie ist, ist es entweder eine krumme oder eine gerade Linie. Vorausgesetzt ist also ein Urtheil, das einem Subjecte ein allgemeineres Prädicat zuweist, und die Kenntniss einer geschlossenen Reihe ausschliessender Unterschiede, welche an diesem möglich sind.

6. Denkt man sich die Gesammtheit der einzelnen Subjecte, welche unter A fallen können, und damit die Unterschiede wirklich gesetzt: so lässt sich dasselbe Verhältniss in dem sogenannten divisiven Urtheile ausdrücken: die Linien sind theils gerade, theils krumm; die Menschen theils männlich theils weiblich; und dem entspricht in Beziehung auf die Veränderungen desselben Dings, wenn der ganze Umkreis als durchlaufen vorausgesetzt wird, die Form: Wasser ist bald flüssig, bald fest, bald gasförmig. Dabei findet hinsichtlich des Verhältnisses des divisiven und disjunctiven Urtheils der Unterschied statt, dass, wo bloss von der Erfahrung ausgegangen wird, das divisive Urtheil das disjunctive begründet; da thatsächlich die Gesammtheit der Menschen in männliche und weibliche Individuen zerfällt, wird geschlossen, dass ein Drittes unmöglich sei, und darauf das disjunctive Urtheil: Jeder Mensch ist entweder Mann oder Weib, gegründet; während in der Mathematik z. B. das disjunctive Urtheil vorangeht: Ein Dreieck ist entweder rechtwinklich oder spitzwinklich oder stumpfwinklich — und daraus erst die Sicherheit der vollständigen Aufzählung der Arten des Dreiecks folgt; ebenso vorangeht: Eine Ebene, die einen geraden Kegel schneidet, schneidet ihn entweder parallel zur Grundfläche, oder nicht parallel, und dann entweder alle Seitenlinien, oder nicht alle Seitenlinien, und im letzteren Fall entweder parallel zu einer Seitenlinie oder nicht parallel — und aus der Erkennt-

niss, dass damit alle Möglichkeiten erschöpft sind, geht erst die Division hervor: die Kegelschnitte sind theils Kreise theils Ellipsen theils Parabeln theils Hyperbeln. Sprachlich kleidet sich das divisive Urtheil wohl auch in die Form eines copulativen: Kreis, Ellipse, Parabel und Hyperbel sind d i e Kegelschnitte — wobei der Artikel die Identität der Umfänge anzeigt.

7. Das Bedürfniss, die Vollständigkeit der Aufzählung bestimmter auszudrücken als es durch das theils — theils geschieht, hat dazu geführt, auch das divisive Urtheil in die Form eines disjunctiven zu kleiden: Alle Linien sind entweder gerade oder krumm; die Menschen entweder weiblich oder männlich. Diese Ausdrucksweise führt aber eine Zweideutigkeit mit sich; denn die Urtheile, zwischen denen Disjunction gesetzt wird, sind nicht: Alle Linien sind gerade, alle Linien sind krumm — wie das Urtheil: Die Menschen stammen entweder von einem Paare oder von verschiedenen ab, die zwei Sätze disjungiert: Die Menschen stammen von einem Paare, und die Menschen stammen von verschiedenen Paaren ab. Die Disjunction gilt vielmehr nur von j e d e r  e i n z e l n e n Linie; und auch hier ist also die hypothetische Form der unzweideutige Ausdruck: Was eine Linie ist, ist entweder gerade oder krumm.

8. Von diesen Disjunctionen, deren Glieder die näheren Bestimmungen des S u b j e c t s sind, und die sich also auf divisive Urtheile zurückführen lassen, welche den Subjectsbegriff in seine Arten theilen, sind die anderen verschieden, welche ein P r ä d i c a t eines bestimmten Subjects in seine Unterschiede entwickeln\*). Wird gesagt dass die Planeten entweder selbstleuchtend sind oder ihr Licht von der Sonne empfangen: so heisst das nicht, dass mit dem Planetsein diese beiden Möglichkeiten gegeben sind, und die Planeten theils

---

\*) Die Lehre Trendelenburg's, dass das disjunctive Urtheil den Umfang des Subjectsbegriffs angebe, trifft nur diejenigen disjunctiven Urtheile, welche auf einer Division des Subjectsbegriffs fussen; sie ist nicht anwendbar, wo die Disjunction veränderliche Zustände trifft, und nicht in demselben Sinne, wo ein Prädicatsbegriff es ist, dessen mögliche Bestimmungen entwickelt werden. Vergl. mein Programm S. 60. 61.

selbstleuchtend, theils von der Sonne beleuchtet sind; vielmehr ist das bestimmte Urtheil vorausgesetzt: die Planeten leuchten, und es fragt sich um die nähere Beschaffenheit dieses Leuchtens, und die Möglichkeit, es unter den gegebenen Umständen zu erklären. Sagt man: die Welt ist entweder von Ewigkeit oder geworden, und entweder durch eine freie Ursache oder durch blinde Nothwendigkeit geworden: so ist dort vorausgesetzt: die Welt ist da, und es handelt sich um die Dauer dieses Daseins, hier: die Welt ist geworden, und zwar aus einer Ursache, und es handelt sich um die verschiedenen Arten von Ursachen. Sagt man: er ist entweder ein Heuchler oder ein Wahnsinniger — so ist vorausgesetzt, er benimmt sich unvernünftig, und die Frage ist nach der Quelle dieses Benehmens. Ob die näheren Bestimmungen des Prädicats in ihm selbst nach seiner Bedeutung liegen, oder ob sie aus der Ueberlegung der concreten Möglichkeiten des einzelnen Falls gewonnen sind, macht einen weiteren Unterschied aus.

9. Urtheile wie: »entweder wird das Böse bestraft, oder es gibt keine göttliche Gerechtigkeit« führen auf hypothetische Urtheile als ihren Grund zurück, und ruhen auf dem Satze, dass mit der Folge der Grund aufgehoben ist, zusammen mit dem Satze des ausgeschlossenen Dritten. Wenn es eine göttliche Gerechtigkeit gibt, wird das Böse bestraft — Entweder wird das Böse bestraft oder nicht — im letzteren Falle ist die Voraussetzung aufgehoben.

10. Die Lehre, dass das disjunctive Urtheil A ist entweder B oder C sich auf zwei hypothetische Wenn A nicht B ist, ist es C, und Wenn A B ist, ist es nicht C, zurückführen lasse, ist selbstverständlich richtig; allein es folgt daraus nicht, dass dem disjunctiven Urtheil neben dem hypothetischen keine selbstständige Bedeutung zukomme. Denn eine Verneinung als Grund einer Bejahung zu behaupten, ist nur möglich, wenn die Disjunction bereits feststeht. Nur wenn feststeht, dass das Licht entweder Materie oder Bewegung ist, kann das Urtheil ausgesprochen werden: Wenn das Licht nicht Materie ist, ist es Bewegung.

11. Es geht aus dem Wesen der Behauptung, welche das disjunctive Urtheil enthält, hervor, dass die Sätze: A ist ent-

weder B oder C, A kann entweder B oder C sein, und A muss entweder B oder C sein, vollkommen dasselbe sagen.

## § 38.

### Ergebnisse.

Die Urtheilsfunction ist überall insofern dieselbe, als sie kategorische Aussage eines Prädicats von einem Subject ist. Die Unterschiede, die an ihr heraustreten, hängen theils davon ab, ob die Synthese des Prädicats mit dem Subjecte einfach ist, wie bei dem Benennungsurtheil, oder mehrfach, wie bei den Urtheilen, welche auf den Kategorieen der Eigenschaft, Thätigkeit, Relation ruhen, theils davon, ob das Subject eines Urtheils eine einheitliche Vorstellung, oder ob es selbst wieder eine urtheilsmässige Synthese oder eine Verknüpfung von solchen ist, von der die Prädicate falsch, möglich, nothwendig u. s. w. ausgesagt werden.

Die gewöhnlich aufgestellten Unterschiede der Urtheile sind Unterschiede ihrer Prädicate und Subjecte, und nicht Unterschiede der Urtheilsfunction; während dieselbe Classe, die der kategorischen Urtheile, die wirklichen Verschiedenheiten der Urtheilsfunction in sich vereinigt.

Um so mehr tritt die Bedeutung der Prädicate hervor, welche allem Urtheilen vorausgesetzt sind, und welche als immer dieselben in den wechselnden Subjecten des Urtheilens wiederzuerkennen das gemeinsame Wesen alles Urtheilens ist.

1. Die bisherige Untersuchung hat gezeigt, dass die hergebrachte und durch Kant hauptsächlich sanctionierte Eintheilung der Urtheile mangelhaft ist.

Die Basis und Voraussetzung alles Urtheilens ist das unmittelbare einfache positive Urtheil, als die mit dem Bewusstsein objectiver Gültigkeit vollzogene Synthese eines Subjects und eines Prädicats. Der Sinn dieser Synthese und ihrer objectiven Gültigkeit richtet sich nach der Beschaffenheit der Vorstellungen, welche im Urtheil verknüpft werden; sie ist einfach bei der blossen Benennung; mehrfach, wo die Kategorieen der Eigenschaft, Thätigkeit, Relation ihr zu Grunde liegen. Immer ist die Erkenntniss der Uebereinstimmung einer schon bekannten Vorstellung mit einem Elemente des Subjects im Urtheile vollzogen, und es ist, der ursprünglichen Bedeutung von Erkennen entsprechend, jedes Urtheil das Erkennen und Wiedererkennen eines schon Bekannten in dem Subject; aber daraus folgt nicht, dass jedes Urtheil n u r in dieser Erkenntniss bestehe, nur eine Subsumtion ausspreche; das Bewusstsein der Einheit der Eigenschaft und Thätigkeit mit einem Ding, das Bewusstsein des Verhältnisses zweier Dinge ist in einem Theile der Urtheile ebenso unentbehrlich, und nur durch die Unterscheidung verschiedener Elemente in der Einheit des Vorgestellten und ihre Synthese ist die Subsumtion in den Eigenschafts-, Thätigkeits- und Relationsurtheilen möglich.

Auch diejenigen Urtheile, deren Prädicate Zahlbestimmungen sind, zeigen keine wesentlich verschiedene Urtheilsfunction. Denn dass, um ein Zahlprädicat auszusprechen, andere Urtheile vorangegangen sein müssen, macht keine eigenthümliche Bestimmung aus; jedes Urtheil über Einzelnes, welches mit dem Subjectsworte dieses benennt, setzt ebenso ein vorangegangenes Urtheil voraus; es ist nur die Eigenthümlichkeit der Zahlprädicate, welche die Art der vorausgegangenen Operationen bestimmt, wie die Eigenthümlichkeit anderer Relationsprädicate andere vorausgehende Operationen nöthig macht — z. B. Gleichheit und Ungleichheit das Messen; die eben jetzt gefundene Zahl wird mit einer bekannten Zahl gleichgesetzt.

2. Nun führt aber der Gang unseres über das unmittelbar Gegebene hinausgreifenden Denkens dazu, dass die Vorstellung eines Urtheils, das vollzogen werden könnte, sich scheidet von seinem wirklichen Vollzug; und dass in Beziehung auf ein vorgestelltes Urtheil, oder die Verhältnisse vorgestellter Urtheile, neue Urtheile eintreten.

Dem Urtheil, das in der Behauptung selbst liegt, dass die dadurch ausgedrückte Synthese nothwendig oder wahr sei, tritt die Behauptung entgegen, dass sie falsch sei, in der Verneinung; und neben die bejahende oder verneinende Entscheidung tritt einerseits das Urtheil, dass eine Hypothese möglich, d. h. dass weder sie zu bejahen noch zu verneinen, subjectiv nothwendig sei, andererseits dass sie nothwendige Folge einer andern Hypothese, dass unter einer Anzahl bestimmter Hypothesen eine nothwendig wahr sei.

Alle diese Urtheile sind insofern den einfachen Urtheilen gleichartig, als sie einfache modale Prädicate über ein Subject aussagen; sie sind also nicht durch die Art der Synthese, sondern nur durch die Beschaffenheit ihrer Subjecte und Prädicate eigenthümlich; aber da diese Subjecte ein wesentliches Element der Urtheilsfunction selbst sind, und die Prädicate eben diejenige Beschaffenheit derselben betreffen, welche ihre Beziehung auf den letzten Zweck alles ernsthaften Denkens ausdrückt, sind sie in eminentem Sinne logische Urtheile, und keine Urtheilsfunction überhaupt kann sich mit Bewusstsein vollziehen, ohne sich über das Verhältniss der zunächst subjectiven Combination von Subject und Prädicat zu diesen Bestimmungen Rechenschaft zu geben. Damit ist es gerechtfertigt, das verneinende, hypothetische, disjunctive Urtheil besonders zu betrachten, nicht als ob sie **besondere Arten des Urtheils** wären, sondern weil sie Urtheile über Hypothesen sind, die ihren logischen Werth und ihre logische Bedeutung betreffen.

Es gibt also in der That nur einerlei Urtheilen, die kategorische Aussage eines Prädicats von einem Subjecte; wenn man überhaupt **Form** und **Inhalt** beim Urtheil unterscheiden will, so kann unter Form des Urtheils nur diejenige Thätigkeitsweise unseres Denkens verstanden werden, durch welche ein Urtheil als solches zu Stande kommt, und diese ist ihrem Wesen nach überall dieselbe. Was gewöhnlich als Verschiedenheit der Urtheilsformen aufgeführt wird, ist eine Verschiedenheit des **Inhalts**, und hängt von der Beschaffenheit der Subjecte und Prädicate ab; je nachdem diese verschieden ist, modificiert sich allerdings theils die dem Urtheil vorausgehende

Bewegung des Denkens, theils der Sinn der Prädication, d. h. der Einheit zwischen Subject und Prädicat, welche in allem Urtheilen gedacht wird. Die traditionelle Lehre von den verschiedenen Urtheilsformen (die zum Theil durch die Gewohnheit vor allem den sprachlichen Ausdruck zu beachten entstanden ist), verliert den einheitlichen Begriff, um dessen willen allein alle als Urtheile bezeichnet werden können.

Die Voraussetzung alles Urtheilens ist also in erster Linie das Vorhandensein einer Reihe von Prädicatsvorstellungen, welche in den Subjecten wieder erkannt werden können, und weiterhin die Vorstellung der verschiedenen Arten der Synthese zwischen Prädicaten und Subjecten, welche, durch die Natur der Subjecte und Prädicate bestimmt, den Sinn der einfachen Aussage des Prädicats vom Subjecte ausmachen.

Will man die danach sich ergebenden Arten der im Urtheil vollzogenen Synthese dennoch als Urtheilsformen bezeichnen, so ist das zuletzt Sache des Sprachgebrauchs; nur darf damit nicht, wie es besonders in der Unterscheidung des bejahenden und verneinenden Urtheils als entgegengesetzter Urtheilsformen regelmässig geschah, der Gedanke ausgedrückt werden, dass eine Mehrheit ursprünglich verschiedener und coordinierter Denkacte durch den Namen Urtheil bezeichnet werde. Sonst fehlt dem Worte der einheitliche Begriff, und es ist blosses Homonym.

# Zweiter, normativer Theil.

## Die logische Vollkommenheit der Urtheile und ihre Bedingungen, bestimmte Begriffe und gültige Schlüsse.

## § 39.

Soll der Zweck, zu gewissen und allgemeingültigen Sätzen zu gelangen, durch den Vollzug der Urtheilsfunction wirklich erreicht werden, so ist dazu vor allem nöthig, dass die **Gewissheit des einzelnen Urtheils eine unveränderliche und mit dem Bewusstsein seiner Allgemeingültigkeit** verknüpft sei. Dies ist nur möglich, wenn **erstens** der Urtheilende sich des **logischen Grundes seines Urtheils bewusst** ist, und wenn **zweitens** die Elemente des Urtheils selbst vollkommen bestimmt und constant, und von allen in derselben Weise gedacht sind.

Die letztere Forderung verlangt, dass die Elemente unserer Urtheile, zunächst ihre Prädicate, **logisch vollkommene Begriffe** seien; die erstere, dass die Urtheile selbst nach allgemeingültigen und nothwendigen Gesetzen des Denkens **begründet** seien.

1. Wir haben im ersten Theile das Denken aufgenommen, wie wir es thatsächlich vorfinden, und die Function des Urtheilens analysiert, in welcher es sich überall bewegt, wo es den Zweck der Wahrheit und Allgemeingültigkeit erreichen will. Wir haben versucht, Sinn und Bedeutung des Urtheils nach allen Beziehungen aufzuzeigen, und als ein wesentliches Element jeder Behauptung den Anspruch gefunden, **wahr, d. h. nothwendig und darum für alle Denkenden gültig** zu sein.

Es handelt sich jetzt darum diesen Anspruch zu prüfen, und die Bedingungen zu untersuchen, unter denen unser Urtheilen seinem Zweck entspricht; unter denen die momentane Gewissheit, ohne welche kein Urtheil wirklich vollzogen werden kann, keine Täuschung in sich schliesst, vielmehr der Ausdruck objectiver Nothwendigkeit ist; und unter denen die Allgemeingültigkeit des individuellen Urtheilsactes verbürgt ist.

2. Zur Vollkommenheit eines Urtheils gehört in erster Linie, dass es **für den Urtheilenden fest stehe** und **als dasselbe sich stets wiederholen lasse**, sobald zu denselben Subjecten und Prädicaten zurückgekehrt wird, dass mithin auch **seine Gewissheit eine unveränderliche sei**. Wenn dieselbe Synthese demselben zu verschiedenen Zeiten das einemal gewiss, das anderemal ungewiss wäre; wenn die Verknüpfung derselben Subjecte und Prädicate nicht in demselben Sinne gälte, soweit sich dasselbe einheitliche Bewusstsein erstreckt; wenn ich für möglich hielte, dass ich von denselben Voraussetzungen aus in der Zukunft vielleicht anders urtheilte, als jetzt: dann könnte ein solcher Urtheilsact unmöglich seinen Zweck erreicht haben, in welchem von selbst das Beruhen in der unumstösslichen Gültigkeit des Urtheils liegt.

Die Gewissheit aber, dass es bei einem Urtheile bleibt, dass die Synthese unwiderruflich ist, dass ich immer dasselbe sagen werde — diese Gewissheit kann nur dann vorhanden sein, wenn erkannt ist, dass die Gewissheit nicht auf **momentanen und mit der Zeit wechselnden psychologischen Motiven** ruht, sondern **auf etwas, was jedesmal, wenn ich denke, unabänderlich dasselbe und von allem Wechsel unberührt ist**; und dies ist einerseits **mein Selbstbewusstsein selbst**, die Gewissheit Ich bin und denke, die Gewissheit Ich bin Ich, derselbe, der jetzt denkt und früher gedacht hat, der dieses und jenes denkt; und andererseits das, worüber ich urtheile, **das Gedachte selbst nach seinem gleichbleibenden, von mir in seiner Identität anerkannten Inhalt**, der ganz unabhängig von den individuellen Zuständen der Denkenden ist.

Die Gewissheit, dass Ich bin und denke, ist die absolut letzte und fundamentale, die Bedingung alles Denkens und aller Gewissheit überhaupt; hier kann nur von der unmittelbaren Evidenz die Rede sein, man kann nicht einmal sagen, dass dieser Gedanke nothwendig ist, sondern er ist vor aller Nothwendigkeit. Und ebenso unmittelbar und evident ist die Gewissheit des Bewusstseins, dass ich dieses und dieses denke; sie ist mit meinem Selbstbewusstsein unauflöslich verflochten, das eine mit dem anderen gegeben.

Gibt es nun eine Nothwendigkeit, mit der ich, sobald ich etwas mit Bewusstsein vorstelle, nun auch so und nicht anders darüber urtheilen muss; kann ich zum Bewusstsein gelangen, dass ich, so gewiss ich derselbe bin, dieses Subject und dieses Prädicat gerade so verknüpfen muss, lediglich weil ich eben dies denke: so ruht die Gewissheit jedes bestimmten Urtheils auf der Einsicht in diese Nothwendigkeit; ich bin mir damit seines **logischen Grundes** bewusst, und damit ist das Urtheil mit meinem Selbstbewusstsein selbst verknüpft, ich weiss, dass ich es so gewiss immer als dasselbe wiederholen muss, als ich selbst derselbe bin.

Die erste Forderung lautet also: **Damit ein Urtheil vollkommen sei, muss der Urtheilende sich des logischen Grundes desselben bewusst sein.**

3. Unter welchen Bedingungen lässt sich zu diesem Bewusstsein gelangen?

Wenn ein meinem Bewusstsein gegenwärtiges A als der Grund gelten soll, der ein Urtheil B logisch nothwendig macht: so ruht die Nothwendigkeit auf einem **constanten Gesetz**, vermöge dessen immer und ausnahmslos B aus A folgt, und nur in soweit ist sie eine erkennbare; dass aber A gegenwärtig ist, ist ein rein **Factisches**, das vorhanden sein muss, damit die Nothwendigkeit wirksam werde. Das Bewusstsein des Grundes zerfällt also in das **Bewusstsein des Gesetzes, vermöge dessen B aus seinen Voraussetzungen folgt**, und in das **Bewusstsein dieser Voraussetzungen**.

**Sind diese Voraussetzungen selbst keine Urtheile**, sondern anders geartete Objecte meines Bewusstseins, über die es nur das einfache Wissen gibt, dass ich sie eben jetzt vorstelle, Sinnesempfindungen, reproducirte Vorstellungen aller Art, dem Bewusstsein gegenwärtige Begriffe:

so sind wir mit der logischen Nothwendigkeit bereits bei einem Letzten angelangt, das als ein rein **Thatsächliches** zu betrachten ist, und bei dem nur gefragt werden kann, was nun mit Nothwendigkeit daraus hervorgeht. Das Urtheil, dass der Kreis gleiche Halbmesser habe, beruht auf dem Begriff des Kreises; dieser Begriff, oder die Anschauung aus der er entsteht, ist aber zuletzt ein **Factisches**, und keine allgemeine logische Nothwendigkeit kann aufgezeigt werden, dass dieses geometrische Gebilde überhaupt in meinem Bewusstsein erscheine, sei es mit Hülfe der Anschauung äusserer Objecte, sei es auf dem Wege erfindender Construction. Jedes Wahrnehmungsurtheil hat unter seinen Voraussetzungen das unmittelbare Bewusstsein einer Sinnesempfindung; dieses ist ein rein Thatsächliches, und es kann wohl gefragt werden, ob diese Sinnesempfindung unter normalen Bedingungen zu Stande gekommen sei und darum ein Urtheil über ein Seiendes zulasse, d. h. es kann gefragt werden, was mit allgemeingültiger Nothwendigkeit aus dem einfachen Factum einer subjectiven Empfindung folge, aber dass die Sinnesempfindung da ist, kann niemals Gegenstand einer logischen Nothwendigkeit, sondern nur des unmittelbaren Bewusstseins einer einfachen Thatsache sein.

Sind dagegen die **Voraussetzungen selbst wieder Urtheile**: so zerlegt sich das Bewusstsein der Nothwendigkeit einerseits in das **Bewusstsein der Gesetze nach denen aus Urtheilen andere Urtheile folgen** (d. h. der Regeln der Folgerung), andererseits in das **Bewusstsein der Gültigkeit der Voraussetzungen**. Auf diese finden aber wieder dieselben Forderungen Anwendung, dass man sich des Grundes dieser Urtheile bewusst sein müsse; und nur diejenigen Urtheile sind davon ausgeschlossen, deren evidente Gewissheit als eine ebenso unmittelbar thatsächliche angesehen werden müsste, als das Ich denke oder das Dasein bestimmter Vorstellungen, und bei denen eine Analyse ihrer Gewissheit durch ein Bewusstwerden ihrer Nothwendigkeit nicht mehr möglich ist; und ebenso Urtheile, deren Inhalt die fundamentalen Gesetze aller Nothwendigkeit bilden, **nach denen** alles nothwendig ist, und deren

Gültigkeit darum nur anerkannt, nicht aber aus einem andern als nothwendig eingesehen werden kann; die so gewiss sind, als der Satz »Ich bin« selbst, oder von denen gezeigt werden kann, dass ihre Gewissheit eben mit der Gewissheit dieses Satzes nothwendig gegeben ist.

Die ganze Möglichkeit einer Logik, welche Normalgesetze für das Denken aufstellen will, ruht demnach auf der Möglichkeit, sich solcher letzter Gesetze bewusst zu werden, und sie als etwas absolut Gewisses und Evidentes zu entdecken. Als ihre Aufgabe ergibt sich jetzt aber, nicht das unerschöpfliche Thatsächliche und Individuelle zu verfolgen, das im Einzelnen die factischen Voraussetzungen unserer Urtheile ausmacht, sondern eben jene Gesetze darzulegen, nach welchen bestimmte Vorstellungen Urtheile, bestimmte Urtheile andere Urtheile logisch nothwendig machen und ihre Gewissheit begründen. Und dazu gehört, was wir schon in der Einleitung § 3 als Postulat aufgestellt haben, dass wir nemlich die Fähigkeit haben, objectiv nothwendiges Denken zu unterscheiden an der Evidenz, durch die es sich ankündigt, und durch Analyse der Bedingungen dieser Evidenz jene allgemeinen Gesetze aufzustellen. Ob jenes Postulat gegründet ist, kann nur die Ausführung rechtfertigen.

4. Die unveränderliche Gültigkeit und feste Gewissheit eines Urtheils hat aber noch weiter zurückliegende Bedingungen, welche im Laufe des natürlichen Denkens nicht erfüllt sind, nemlich die Constanz und völlige Bestimmtheit der Vorstellungen, welche durch die Subjects- und Prädicatswörter bezeichnet sind. Das Bewusstsein der Identität eines Urtheils haftet zunächst an seinem sprachlichen Ausdruck, daran, dass in Worten dasselbe von demselben ausgesagt wird, und dieser sprachliche Ausdruck ist für das Prädicat immer, für das Subject wenigstens in den erklärenden und allgemeinen Urtheilen vorausgesetzt. Wenn nicht jedem Worte immer genau dieselbe Bedeutung entspricht und diese also vollkommen bestimmt und fixiert ist, so ist keine Möglichkeit, bei der Wiederholung desselben Satzes der Wiederholung desselben Urtheils gewiss zu sein, und der Sinn des Urtheils selbst wird schwankend. Die Gefahr, dass diese Ver-

wirrung eintrete, ist um so grösser, da (nach § 7, 8 S. 51) durch das fortschreitende Urtheilen selbst die Prädicatsvorstellungen sich verschieben, und unser gewöhnliches Urtheilen häufig durch die blosse unbestimmte Aehnlichkeit eines Neuen mit einem Bekannten geleitet wird. Als die Marcomannen die Löwen, welche Marc Aurel gegen sie losliess, für Hunde ansahen und sie ohne Umstände todtschlugen, so meinte ihr Urtheil »dies sind Hunde« zunächst nur, dass die Löwen von den ihnen bekannten Thieren den Hunden am ähnlichsten sehen; aber zugleich veränderte sich ihnen die allgemeine Vorstellung des Hundes und die Bedeutung des Wortes, in welche ein neues Bild aufgenommen wurde.

Ebenso ist die **Allgemeingültigkeit** der Urtheile zwar durch ihre Nothwendigkeit verbürgt, aber eben nur so, dass, wer von denselben Voraussetzungen ausgeht, dieselbe Synthese vollziehen muss. Wären aber die letzten Voraussetzungen, die Vorstellungs-Elemente zwischen denen die Synthese stattfindet, durchweg individuell verschieden und incommensurabel, so dass bei demselben Worte jeder wieder etwas anderes, wenn auch noch so wenig Verschiedenes dächte: so könnte die Allgemeingültigkeit der Urtheile niemals factisch eintreten, sondern höchstens annäherungsweise erreicht werden; und die durch die Sprache angestrebte Gemeinschaft des Denkens, welche Bedingung seiner höheren Entwicklung, und insbesondere aller Wissenschaft ist, würde niemals völlig realisiert.

Nun ist, nach den Ausführungen des § 7. in dem natürlichen Gange unseres Denkens weder die Constanz und völlige Bestimmtheit der individuellen Vorstellungen, noch die Uebereinstimmung derselben in den verschiedenen Individuen und ihre gemeinsame sprachliche Bezeichnung erreicht; vielmehr ist gerade durch die Gesetze, welche die natürliche Bildung der Vorstellungen beherrschen, sowohl ihre Veränderlichkeit in dem Einzelnen, als ihre Differenz in Verschiedenen nothwendig gesetzt; und damit auch die Unsicherheit der sprachlichen Bezeichnung.

Ehe also von der vollkommenen logischen Gewissheit eines Urtheils und seiner unabänderlichen Gültigkeit die Rede sein kann, muss erst feststehen, dass, was als dasselbe Urtheil erscheint, weil es sprachlich gleich lautet, auch wirklich dasselbe Urtheil ist, in welchem dasselbe von demselben ausgesagt wird; und ehe von der Allgemeingültigkeit eines bestimmten Urtheils, in concreto also von seiner Verständlichkeit und Ueberzeugungskraft für jeden Andern die Rede sein kann, muss feststehen, dass es gemeinschaftliche und in allen übereinstimmende Vorstellungen enthält. Der ideale Zustand des vollkommenen Denkens schliesst die natürliche Anarchie vollkommen aus; und die Logik, welche die Normalgesetze des vollkommenen Denkens aufstellen will, muss vor allem die Forderungen bestimmen, welche an die **Vorstellungen selbst als Voraussetzungen** des Urtheils zu stellen sind.

5. Daraus ergeben sich zwei Hauptaufgaben unseres Theils.

a. Die Bedingung der **Möglichkeit** vollkommener Urtheile ist **durchgängige Constanz, vollkommene Bestimmtheit, allgemeine Uebereinstimmung und unzweideutige sprachliche Bezeichnung** der Vorstellungen, welche als Prädicate beziehungsweise als Subjecte in das Urtheil eingehen. Eine Vorstellung, welche diese Forderungen erfüllt, nennen wir **Begriff im logischen Sinne des Wortes**. Ein erster Abschnitt hat also die Forderungen zu untersuchen, welche darin enthalten sind, dass unsere Vorstellungen Begriffe sein sollen.

b. Die Bedingung der **logischen Nothwendigkeit und Allgemeingültigkeit** der Urtheile ist, dass sie **begründet sind**. Eine zweite Untersuchung hat die Regeln aufzustellen, nach denen ein Urtheil mit Nothwendigkeit aus seinen Voraussetzungen hervorgeht.

In dem einen Abschnitt derselben sind die Gesetze zu untersuchen, nach welchen **unmittelbare Urtheile** begründet sind durch die Vorstellungen, welche in sie eingehen; in dem andern die Gesetze, nach welchen **vermittelte Urtheile** durch andere Urtheile begründet sind.

# Erster Abschnitt.

## Der Begriff.

### § 40.

Der Begriff im logischen Sinne unterscheidet sich von der im natürlichen Laufe des Denkens gewordenen und durch ein Wort bezeichneten allgemeinen Vorstellung durch seine Constanz, durchgängige feste Bestimmtheit und die Sicherheit und Allgemeingültigkeit seiner Wortbezeichnung; er unterscheidet sich von dem Begriff im metaphysischen Sinne als dem adäquat gedachten Wesen eines Objects dadurch, dass er nur die vollkommene Fixierung unserer Prädicatsvorstellungen zur Aufgabe hat, und diese Aufgabe direct davon unabhängig ist, ob er einem realen Objecte überhaupt, oder ob er ihm adäquat entspricht. Die Bestimmung der Allgemeinheit ist ihm mit jeder Vorstellung als solcher gemeinsam; das unterscheidende Wesen des Begriffs ist vielmehr die feste Begrenzung und sichere Unterscheidung gegenüber von allen übrigen, und das Ziel aller Begriffsbildung im logischen Sinne eine für alle Denkenden gleiche Ordnung ihres manigfaltigen Vorstellungsgehalts; und damit die allseitige planmässige Vollendung dessen, was die Sprache überall schon ohne bewusste Absicht begonnen hat.

1. Wenn von »Begriffen« die Rede ist, so ist ein dreifacher Sinn zu unterscheiden, in welchem das Wort genommen wird. Einerseits bezeichnet es ein natürliches psy-

chologisches Erzeugniss, und ist das einfache innere Correlat des Wortes wie es im gewöhnlichen natürlichen Sprechen gebraucht wird; es ist die Vorstellung auf der Stufe, auf der sie ein innerer Besitz geworden ist, dadurch die § 7 erläuterte Allgemeinheit gewonnen hat, die jeder Vorstellung als solcher zukommt, und nun fähig ist als Element, insbesondere als Prädicat des Urtheils verwendet zu werden. Dass diese Vorstellungen individuell different und im Werden begriffen sind, dass sie im einzelnen Individuum selbst sich umbilden und also dasselbe Wort selbst für denselben nicht immer gleiche Bedeutung hat, haben wir oben gesehen; und es ist genau genommen eine Fiction, welche das Individuelle vernachlässigt, wenn man von den Begriffen redet, welche die im gewöhnlichen Sprechen gebrauchten Wörter bezeichnen.

2. Dieser empirischen Bedeutung steht eine ideale gegenüber, wonach der Begriff den Zielpunkt unseres Erkenntnissstrebens insofern bezeichnet, als in ihm ein adäquates Abbild des Wesens der Dinge gesucht, und gefordert wird, dass, wer den Begriff einer Sache habe, sie dadurch in ihrem innersten Kerne durchschaue, sie begreife, d. h. ihre einzelnen Bestimmungen als nothwendige Folge ihres einheitlichen Wesens in ihrem Zusammenhange einsehe. So wäre die Physiologie vollendet, wenn sie den Begriff des Lebens, die Chemie und Physik, wenn sie den Begriff der Materie, die Psychologie, wenn sie den Begriff des Geistes in diesem Sinne besässe; und unser ganzes Erkennen hätte von dieser Seite sein Ziel erreicht, wenn ein System von Begriffen aufgestellt wäre, in welchem das Seiende ohne Rest nach seiner Wahrheit enthalten wäre. Wollen wir uns ein absolutes, göttliches Erkennen denken: so bestimmen wir es dahin, dass in der absoluten Intelligenz Begriff und Sein Eins sei. In diesem Sinne redet man wohl von der Wahrheit unserer Begriffe; sie sind wahr, wenn sie in sich der erschöpfende Ausdruck des Wesens der Dinge sind. Der wahre Gottesbegriff wäre derjenige, der in seinen Bestimmungen das reale Wesen Gottes nach allen Seiten als ein Gedachtes enthielte.

3. Zwischen jener empirischen und dieser metaphysischen Bedeutung des Worts liegt die logische, welche uns hier

allein beschäftigt, und welche durch die logische Forderung bestimmt ist, dass unsere Urtheile gewiss und allgemeingültig seien. Dadurch ist zunächst nur die durchgängige **Festigkeit und Bestimmtheit unserer Vorstellungen und ihre Uebereinstimmung in allen** gefordert, die sich desselben Bezeichnungssystemes bedienen; in **welcher Beziehung das Gedachte zum Seienden steht**, ob ihm absolut congruent oder nicht, ist direct wenigstens durch diese Aufgabe noch nicht bestimmt. Ja wir müssen, da unsere Erkenntniss überall im Werden begriffen ist, voraussetzen, dass in jedem gegebenen Zeitpunkt in unseren Vorstellungen weniger gesetzt ist, als im Seienden; unsere Vorstellungen im besten Falle übereinstimmende, aber nicht erschöpfende Darstellungen des Seienden sind. Wäre die Allgemeingültigkeit unserer Urtheile davon abhängig, dass ihre Elemente vollkommene Begriffe im metaphysischen Sinne sind, und wäre die individuelle Differenz und Unbestimmtheit der Vorstellungen nicht früher zu beseitigen, als ihre Inadäquatheit mit dem Seienden: so wäre dem Ziel der Erkenntniss nicht einmal in allmählichem Fortschritt der Wissenschaft näher zu kommen, denn Wissenschaft setzt überall übereinstimmende Begriffsbildung voraus. Wir müssen also die **formale Brauchbarkeit der Begriffe zum Zweck des Urtheilens von der metaphysischen Adäquatheit** nothwendig unterscheiden, und wenigstens die Möglichkeit voraussetzen, dass jene früher zu erreichen sei, als diese.

4. Von dem Gesichtspunkt der logischen Vollendung des Begriffs ist endlich der der Zweckmässigkeit der Begriffsbildung zu trennen, der im Zusammenhang mit den Aufgaben der Classification eines bestimmten Gebiets von **gegebenen Objecten** (Dingen, Handlungen, Verbrechen u. s. w.) steht. Ein Begriff kann vollkommen bestimmt und insofern logisch vollkommen und doch einem andern gegenüber weniger geeignet sein, den Bedürfnissen der Wissenschaft zu dienen, welche darauf ausgeht, mit Hülfe der Begriffe und ihrer Bezeichnungen die grösstmögliche Einfachheit und Abkürzung unseres Wissens zu erreichen und darum die Frage stellt: Wie müssen die Begriffe gebildet werden, um die werthvollsten und umfassendsten allgemeinen Urtheile in einfachstem Aus-

druck möglich zu machen? Dieser Gesichtspunkt wird der leitende in der **Methodenlehre**, welche von den durch die Natur der Bedingungen unseres Erkennens gegebenen Aufgaben ausgeht.

Dagegen entsteht allerdings, wenn die Aufgabe der logischen Vollkommenheit unserer Urtheile wirklich erfüllt werden soll, die Forderung, dass die logisch vollkommenen Begriffe immer soweit reichen, um Alles, was Gegenstand unserer Urtheile wird, mit ihrer Hülfe ausdrücken und bestimmen zu können; da unser Urtheilen nicht bloss Bekanntes wiederholt, sondern immer Neues und Neues ergreift, so ist **extensiv** die Möglichkeit vollkommener Urtheile dadurch bedingt, dass durch begriffliche Feststellung des ganzen menschlichen Vorstellungsmaterials für alles die Begriffe bereit seien, durch welche unsere Erkenntniss ausdrückbar ist, oder dass sie wenigstens aus den schon begrifflich fixierten Elementen sicher hergestellt werden können; ähnlich wie das Ideal eines allgemeinen Alphabets die übereinstimmende Bezeichnung aller dem menschlichen Sprachorgane möglichen unterscheidbaren einfachen Laute in sich schliesst. In diesem Sinne hat Leibniz in der Idee der Characteristica universalis dem Ziel aller logischen Begriffsbildung einen vollkommen zutreffenden Ausdruck gegeben *).

5. Man pflegt als die wesentliche Bestimmung des Begriffs die **Allgemeinheit** aufzustellen**); und lehrt im Zu-

---

*) Vergl. Trendelenburg: Ueber Leibnizens Entwurf einer allgemeinen Charakteristik. Histor. Beitr. zur Philos. III, S. 1 ff. Cartesius Ep. 1, 111, wo er einen ähnlichen Gedanken entwickelt: Ejusmodi linguae inventio a vera Philosophia pendet. Absque illa enim impossibile est omnes hominum cogitationes enumerare, aut ordine digerere; imo neque illas distinguere, ita ut perspicuae sint et simplices. . . Et si quis clare explicuisset, quales sint ideae illae simplices, quae in hominum imaginatione versantur, et ex quibus componitur quidquid illi cogitant, essetque hoc per universum orbem receptum, auderem demum sperare linguam aliquam universalem etc.

**) So Kant in der transsc. Aesthetik § 2, 4: Man muss einen jeden Begriff als eine Vorstellung denken, die in einer unendlichen Menge von verschiedenen möglichen Vorstellungen (als ihr gemeinschaftliches Merkmal) enthalten ist, mithin diese unter sich enthält.

sammenhange damit, dass die Begriffe durch **Abstraction** gewonnen werden, d. h. durch einen Process, in welchem die gemeinschaftlichen Merkmale einzelner Objecte von den sie unterscheidenden gesondert, und jene zur Einheit zusammengefasst werden. Aber diese Ansicht vergisst dass, um ein vorgestelltes Object in seine einzelnen Merkmale aufzulösen, schon **Urtheile** nothwendig sind, deren Prädicate allgemeine Vorstellungen (nach gewöhnlicher Redeweise Begriffe) sein müssen; und dass d i e s e Begriffe zuletzt irgendwie anders als durch solche Abstraction gewonnen sein müssen, da sie den Process dieser Abstraction erst möglich machen. Sie vergisst ferner, dass bei diesem Process vorausgesetzt wird, dass der **Kreis der zu vergleichenden Objecte irgendwie bestimmt sei**, und sie setzt stillschweigend ein Motiv voraus gerade diesen Kreis zusammenzufassen und das Gemeinschaftliche zu suchen. Dieses Motiv kann, wenn nicht absolute Willkür herrschen soll*), zuletzt nur das sein, dass jene Objecte zum Voraus als ähnlich erkannt werden, weil sie alle einen bestimmten Inhalt gemeinsam haben, d. h., dass bereits

---

*) Es ist consequent, wenn Drobisch (Logik 3. Aufl. § 18. S. 20) diese Willkür ausdrücklich zulässt. »Es ist an sich völlig willkürlich, welche Objecte wir miteinander vergleichen wollen; man kann einen Himbeerstrauch mit einem Brombeerstrauch, aber auch mit einem Federmesser oder einer Schildkröte vergleichen. Wenn dann aber als Beispiel solcher »gesuchter Vergleichungen« das Linné'sche System angeführt wird, das sehr verschiedene Pflanzen in einer Classe vereinige, so ist übersehen, dass die Begriffe, welche die Linné'schen Classen bestimmen, nicht auf diesem einfachen und directen Wege der Vergleichung entstanden sind. Denn dieser hebt nur das G e m e i n s a m e beliebig zusammengenommener Objecte hervor, die Linné'schen Classen aber sind im Gegentheil aus dem Bestreben hervorgegangen einfache **U n t e rs c h e i d u n g s m e r k m a l e** zu finden, durch welche die unabsehbare Manigfaltigkeit der Pflanzen in bestimmte Gruppen eingetheilt werden könnte; das erste war die Einsicht, dass die Pflanzen sich durch die Zahl der Staubfäden u. s. w. **u n t e r s c h e i d e n**, und dann erst die Methode, die darin übereinstimmenden zusammenzufassen. Eine Vergleichung im weiteren Sinne lag natürlich auch jener Unterscheidung zu Grunde; aber sie war zuerst darauf gerichtet, Unterschiede und nicht allen verglichenen Objecten Gemeinsames zu finden. (Die beiden letzten Sätze mit Rücksicht auf die Gegenbemerkungen von Drobisch, 5. Aufl. S. 21.)

eine allgemeine Vorstellung da ist, mit Hülfe welcher diese Objecte aus der Gesammtheit aller ausgeschieden werden. Die ganze Lehre von der Begriffsbildung durch Vergleichung und Abstraction hat nur dann einen Sinn, wenn, wie es häufig geschieht, die Aufgabe vorliegt, **das Gemeinschaftliche der thatsächlich durch den allgemeinen Sprachgebrauch mit demselben Worte bezeichneten Dinge** anzugeben, um daraus die factische Bedeutung des Worts sich deutlich zu machen. Wenn verlangt wird, den Begriff des Thiers, des Gases, des Diebstahls u. s. w. anzugeben, da kann man versucht sein, so zu verfahren, dass man die gemeinschaftlichen Merkmale aller der Dinge, welche übereinstimmend Thiere, aller der Körper, welche Gase, aller der Handlungen, welche Diebstahl genannt werden, aufsucht\*). Ob es gelingt; ob diese Anweisung zur Begriffsbildung ausführbar ist, das ist

---

\*) Dies ist im Wesentlichen auch das Verfahren der socratischen Begriffsbestimmung, welche immer davon ausgeht, dass den geläufigen Wortbedeutungen bestimmte Begriffe entsprechen, und ihr Verfahren nun so einrichtet, dass durch Vergleichung einzelner Beispiele von Solchem, was mit dem Worte benannt wird, und durch Gegenüberstellung von Anderem, was mit dem Worte nicht benannt wird, die Erklärung gefunden wird. Der Unterschied ist nur, dass Socrates nicht darauf ausgeht, alles Einzelne durchzugehen, sondern an einzelnen Beispielen sich genügen lässt. Von diesem socratischen Verfahren, das immer voraussetzt, dass den Wörtern der Sprache Begriffe entsprechen müssen, ist im Grunde die Lehre vom Begriff bis auf den heutigen Tag abhängig gewesen; von ihm stammt die Gewohnheit, den Begriff im psychologischen und den Begriff im logischen Sinne nicht zu unterscheiden. Das Bedürfniss jenes Verfahrens und seine Bedeutung ruht zuletzt darauf, dass in jeder durch Tradition erlernten Sprache zuerst feststeht, welche concreten Dinge und Vorgänge traditionell mit einem gewissen Worte benannt werden, und gemäss der Entstehung des Verständnisses der Wörter sich zunächst die Vorstellung einer Reihe von einzelnen Objecten mit dem Worte verknüpft, ehe die allgemeine Wortbedeutung als solche zum Bewusstsein kommt. Die Antwort des Theätet auf die Frage: Was ist ἐπιστήμη? — es ist die Mathematik u. s. w. ist in dieser Hinsicht typisch; Kinder und wissenschaftlich ungeschulte Leute werden immer mit dem Beispiel, statt mit der Definition antworten; das socratische Verfahren dient zunächst dazu, auf die Wortbedeutung als solche zu führen, welche den einzelnen Benennungen zu Grunde liegt.

eine andere Frage; sie liesse sich hören, wenn man voraussetzen könnte, dass es nirgends zweifelhaft ist, was man Thier, Gas, Diebstahl zu nennen habe, — d. h. wenn man den Begriff, den man sucht, in Wahrheit schon hat. Einen Begriff so durch Abstraction bilden wollen, heisst also die Brille suchen, die man auf der Nase trägt, mit Hülfe eben dieser Brille.

6. Das Wahre, was dieser Lehre zu Grunde liegt, ist hinsichtlich der Allgemeinheit des Begriffs zunächst das, dass die logischen Begriffe die natürlich entstandenen Vorstellungen meist nicht zu ersetzen, nur zu vollenden haben. Die Natur unseres Vorstellens selbst vermögen wir nicht zu ändern und die natürlichen Bildungen sind immer die Voraussetzung der kunstgerecht gebildeten Begriffe. Nun haftet jeder Vorstellung, sofern sie von der ursprünglichen Einzelanschauung oder einzelnen Function losgerissen und als ein reproducierbares Object in unsern inneren Besitz übergegangen ist, die Allgemeinheit vermöge ihrer Natur an; und diese Natur vermag keine Willkür aufzuheben. Nur dass diese Allgemeinheit vorhanden ist unabhängig davon, ob eine Vorstellung sich aus Einer Anschauung oder aus vielen gleichen oder verschiedenen gebildet hat (§ 7), und nur das sagen will, dass, wie sich Kant vorsichtig ausdrückt, eine Vorstellung in unendlich vielen **möglichen** Vorstellungen enthalten ist; ob in vielen wirklichen, ist der Natur der Vorstellung und des Begriffs gegenüber gleichgültig; und ebenso gleichgültig, ob sie aus vielen oder einer einzigen entstanden ist.

Die Betonung der Allgemeinheit des Begriffs hat aber darin noch eine weitere Berechtigung, dass sie die vollkommene Losreissung der Bedeutung eines Wortes von den einzelnen Anschauungen fordert, um den Sinn des Urtheils rein und bestimmt zu erhalten, und an die Stelle einer vagen Vergleichung ein Urtheil zu setzen, das wirklich eine Einheit von Subject und Prädicat ausspricht. Wer zum erstenmal eine Palme sieht und sie »Baum« nennt, wird zunächst von der Aehnlichkeit ihres Gesammtanblicks mit den Tannen und Buchen u. s. w. geleitet, welche er kennt, und deren Bilder ihm bei dem Worte »Baum« vorschweben, ohne dass er sich Rechenschaft darüber gegeben hätte, **worin** die Aehnlichkeit

## § 40. Wesen des logischen Begriffs.

besteht; das Urtheil: Die Palme ist ein Baum, ist nur dann als ein eigentliches Urtheil im strengen Sinne gerechtfertigt, wenn unter »Baum« nichts weiter verstanden wird, als was der Palme mit Tannen, Buchen u. s. w. gemeinschaftlich ist; nur dann ist das Urtheil nicht bloss in dem uneigentlichen Sinne genommen: die Palme ist einem Baum ähnlich, sondern in dem eigentlichen: was ich unter »Baum« denke, finde ich ganz in der Palme wieder. Dazu ist allerdings nöthig, mit Bewusstsein das Gemeinsame alles dessen, was ich Baum nenne, auszusondern; aber das Hauptinteresse dabei ist nicht, zu dem Einzelnen ein Allgemeines zu finden, sondern nur das schon unbestimmt und mit dem Einzelnen vermischt gedachte Allgemeine sicher zu fixieren und scharf abzugrenzen und so dem Urtheil seinen bestimmten Sinn zu geben, damit zugleich den Process zu vollenden, der sich unbewusst immer einleitet. Denn schon durch unwillkürlich wirkende psychologische Gesetze entstehen einerseits aus manigfaltigen ähnlichen Anschauungen Gesammtbilder, in welchen die Differenzen der einzelnen Bilder untergegangen sind, verschiebbare Schemate, welche unsern Wörtern entsprechen; es findet also allerdings ein Verlust des Unterschiedenen und ein Festhalten des Gemeinsamen statt, nur nicht vollständig, weil nicht auf Grund bewusster Vergleichung und Unterscheidung der einzelnen Merkmale; eben diese hat eine bewusste Vergleichung nachzuholen (§ 7, 11 S. 55 f.). Ebenso ist richtig, dass mit der unwillkürlichen Bildung unserer Vorstellungen das eintritt, was allein Abstraction heissen sollte, die trennende Abstraction, vermöge der das in der Anschauung ungetheilte Ganze in Ding, Eigenschaft und Thätigkeit zerlegt, und die aus dieser Einheit losgerissenen, abstracten Vorstellungen gebildet werden, welche allein möglich machen, Verschiedenes zu vergleichen, und nach der einen Seite gleich, nach der andern verschieden zu finden, weil sie allein die Prädicate zu den Urtheilen liefern, in welchen die bewusste Vergleichung und Unterscheidung sich vollzieht; und ebenso ist richtig, dass eine unter diesen Voraussetzungen vollzogene Vergleichung von Objecten, die theilweise übereinstimmen, die mehr oder weniger zufällige Veranlassung zur Bildung neuer Begriffe werden kann.

Wäre im Kreise der sichtbaren Gegenstände dieselbe Farbe und Form immer vereinigt, so würden wir weit schwerer dazu kommen, die Vorstellung der Farbe für sich und die der Form für sich zu bilden, d. h. aus dem gegebenen Ganzen zu abstrahieren; aber eine bewusste Vergleichung der verschiedenen rothen Dinge nach ihrer Farbe ist nur möglich, wenn jene Abstraction schon vollzogen ist, oder wenigstens zugleich mit jener Abstraction. Die Vergleichung des Pferdes, des Hundes, der Eidechse mag zufällig einmal darauf führen, den Begriff des vierfüssigen Thieres zu bilden, wenn gerade die Uebereinstimmung der vier Füsse auffällt (viel sicherer freilich führt die Unterscheidung darauf, welcher der Unterschied der Vierfüsser von Menschen und Vögeln, Käfern und Fliegen einerseits, Schlangen und Schnecken andrerseits zum Bewusstsein kommt) und in ähnlicher Weise entstehen eine Menge von Verallgemeinerungen. Aber weder sind diese Processe, in dieser Weise vollzogen, absichtliche und kunstmässige, noch ist ihr Product ein solches, das den logischen Bedürfnissen schon entspricht. Denn den Merkmalen, welche bei der Vergleichung übereinstimmend gefunden werden, haftet noch immer, wenn sie in dieser zufälligen Weise aufgegriffen werden, die natürliche Unbestimmtheit und Unbegrenztheit an, welche Folge der Expansivkraft unserer Vorstellungen und ihres Bestrebens Aehnliches an sich anzuschliessen und unter dieselbe Bezeichnung zu stellen ist; und der ganze Process schwebt in der Luft, solange nicht die Merkmale selbst, welche Prädicate der Vergleichungsurtheile sind, vollkommen bestimmt und übereinstimmend fixiert sind. Es ist einer der Hauptmängel der gewöhnlichen Lehre vom Begriff, dass sie verfährt als wären die Merkmale von selbst gegeben und in Beziehung auf sie gar kein weiteres Verfahren nöthig; während die ungeheure Schwierigkeit, aus dem natürlichen Zustand, in welchem jeder seine eigene Sprache spricht, herauszukommen, viel weniger in den Processen der Vergleichung selbst als in der Aufstellung genauer und übereinstimmender Massstäbe der Vergleichung, d. h. in der begrifflichen Fixierung dessen besteht, was als Merkmal verwendet werden soll.

7. Was den logisch vollkommenen Begriff von der na-

§ 40. Wesen des logischen Begriffs.

türlich gewordenen Vorstellung, welche dem gewöhnlichen Reden zu Grunde liegt, unterscheidet, ist, dass der natürlichen Expansivkraft der Vorstellungsbildung eine negative, begrenzende, Form und Consistenz gebende Thätigkeit gegenübergetreten ist. Sehen wir von der Forderung übereinstimmender Vorstellungen in Allen zunächst ab: so besteht das Wesentliche des Begriffs in der Constanz und allseitigen Unterscheidung eines mit einem bestimmten Worte bezeichneten Vorstellungsgehalts.

Die Constanz setzt voraus, dass mit Bewusstsein ein bestimmter Vorstellungsgehalt mit seiner zugehörigen sprachlichen Bezeichnung fixirt worden ist, um ihn immer als denselben mit dem Bewusstsein seiner strengen Identität reproducieren zu können; die allseitige Unterscheidung ist bedingt durch eine vollständige Uebersicht zunächst über die am meisten ähnlichen und der Verwechslung am leichtesten ausgesetzten Objecte, weiterhin über das Gesammtgebiet des Vorstellbaren überhaupt, und ruht ebenso auf bewussten Acten, durch welche die Unterschiede der Vorstellungen A, B, C, D u. s. w. zum Bewusstsein gebracht und der Abstand derselben von einander ebenso festgehalten wird, wie die Bestimmtheit der einzelnen. Durch diesen letzteren Act wird jenes Fixiren unterstützt und vollendet\*), indem die Identität desselben In-

---

\*) Die Meinung, als ob erst durch die Unterscheidung eine Vorstellung eine bestimmte werde, vergisst, dass das Unterscheiden selbst nur möglich ist zwischen schon vorhandenen verschiedenen Vorstellungen, und dass die Unterscheidung also den unterschiedenen Gehalt nicht erzeugt. Wenn z. B. Ulrici (Compendium der Logik 2. Afl. S. 60) sagt: »Nur weil Roth eben als Roth zugleich nicht Blau, nicht Gelb u. s. w. ist, nur darum ist es diese bestimmte Farbe, die wir roth nennen — ohne den Unterschied von Blau u. s. w. wäre es ohne alle Bestimmtheit, nur Farbe — überhaupt, ein schlechthin Unbestimmtes, von dem wir nichts wissen würden, weil, wie gezeigt, die Farbe als Farbe nur durch die Unterschiedenheit der Farben uns zum Bewusstsein kommt« — so kann ich dieser Ausführung nicht zustimmen. Die Empfindung des Roth — genauer eines bestimmten Roth — ist etwas vollkommen Positives mit eigenthümlichem Inhalt, es wäre dieses, wenn auch weniger als die von allen normalen Augen wahrgenommenen Farben daneben empfunden würden; und es hindert bei Keinem die Bestimmtheit seiner Farbenempfindungen, dass er vielleicht eine Menge von

halts durch die Verneinung des Andern erst zum ausdrücklichen Bewusstsein kommt; zugleich wird durch Abstufung der Unterschiede eine Ordnung der Vorstellungen möglich.

8. Wäre, was wir als einheitliche Vorstellung zu betrachten und zu behandeln im Laufe unseres Denkens Veranlassung haben, und was als Bestandtheil in unsere Urtheile einzugehen bestimmt ist, einfach durch einen untheilbaren Vorstellungsact, sei es der Anschauung, sei es des beziehenden Denkens, herzustellen; und wäre, was überhaupt Gegenstand unseres Vorstellens werden kann, eine leicht übersehbare abgeschlossene Vielheit solcher einfacher Objecte, die durch scharfe Unterschiede so getrennt wären, dass uns beim Uebergang vom einen zum andern der Schritt, den wir vollziehen, so leicht und sicher zum Bewusstsein käme, wie der Uebergang von eins zu zwei, von zwei zu drei: so wäre das logische Geschäft der Begriffsbildung mit den angegebenen Functionen und der übereinstimmenden Benennung erschöpft; es bedürfte nur der Kraft des Gedächtnisses, welche die einmal gewonnene Uebersicht festhielte. Wäre unsere Vorstellungswelt z. B. auf die 12 einfachen Töne einer Octave beschränkt, so wäre mit dem Merken jedes einzelnen Tones und seiner sicheren Unterscheidung von den übrigen, die vor jeder Verwechslung schützte, alles geleistet, wodurch unsere Vorstellungen zu begrifflicher Bestimmtheit erhoben würden; und wir hätten mit den Vorstellungen der einzelnen Töne und dem Bewusstsein ihrer Unterschiede das ganze Material unserer Begriffe in fester Ordnung gegeben.

Allein weder die eine noch die andere Voraussetzung trifft

---

Farben niemals zu Gesicht bekommt. Nur die Manigfaltigkeit fiele weg und damit der Reichthum seiner Vorstellungen; für den, der nur Roth empfände, wäre allerdings Roth soviel als Farbe überhaupt, aber damit wäre nur gesagt, dass die Vorstellung Farbe keine Manigfaltigkeit unterscheidbarer Qualitäten unter sich begriffe, nicht dass sie ein schlechthin Unbestimmtes wäre. Die Bedingungen, unter denen wir eine Vielheit von Empfindungen im Bewusstsein festhalten können, sind nicht die Bedingungen für die Bestimmtheit der einzelnen; vielmehr ist diese die Voraussetzung von jenem. Vergl. Lotze, Logik 2. Afl. S. 26.

## § 41. Die Analyse der Begriffe in einfache Elemente.

zu. Die **erste** nicht; denn was wir als einheitliche Vorstellung behandeln und mit Einem Worte bezeichnen, ist in der Regel in eine **Mehrheit unterscheidbarer Elemente auflösbar** und zeigt sich als ein zusammengesetztes Product aus einfacheren für sich festhaltbaren Vorstellungen; und dadurch ist einerseits das **Festhalten** erschwert, denn zum Festhalten einer zusammengesetzten Vorstellung gehört das Festhalten sowohl der einzelnen Elemente als der Art ihrer Zusammensetzung, andrerseits sind der **Unterscheidung** bestimmtere und schwierigere Aufgaben gestellt, sofern nämlich das Zusammengesetzte in einigen seiner Elemente mit anderem gleich, in einigen davon verschieden sein kann. Will ich z. B. die Vorstellung des Pferdes mit Bewusstsein festhalten, so ist das nur möglich durch ein inneres Nachzeichnen, in welchem ich Stück für Stück die Bestandtheile der Gestalt in bestimmter Ordnung zusammenfüge; will ich sie unterscheiden, so ist sie mit der Vorstellung des Esels in den meisten Stücken übereinstimmend, nur in einigen sicher unterschieden.

Auch die **zweite** Voraussetzung trifft nicht zu; denn überall treffen wir in dem, was sich in unserer Erinnerung angesammelt hat, auf Reihen unmerklicher Unterschiede, durch welche jene scharfen Absätze verwischt werden, die das Bestreben unsere Vorstellungen bestimmt zu fixieren sucht; und diese Continuität trifft sowohl die einfacheren Elemente unserer Vorstellungen, als die zusammengesetzteren Gebilde. Im Gebiete der Farben geht durch unmerkliche Abstufungen roth durch violet in blau, durch orange in gelb, durch rosa in weiss, durch rothbraun in braun über; im Gebiete der Raumgrössen und der Formen findet ein ähnliches Continuum statt, und es entsteht dadurch eine unbegrenzte Manigfaltigkeit kaum unterscheidbarer Objecte, welche es unmöglich macht, alle gesondert zu fixieren und in ihren Unterschieden festzuhalten. Ebenso ist es mit den anschaulichen Dingen selbst; überall schieben sich zwischen das zuerst Unterschiedene Mittelglieder ein, je weiter unsere Kenntniss sich ausdehnt: zwischen Schnee und Hagel, zwischen Baum und Strauch, zwischen Pferd und Esel, zwischen Neger und Europäer.

## § 41.

Da ein grosser Theil unserer Vorstellungen zusammengesetzt, d. h. durch unterscheidbare Acte geworden ist, kann die Fixierung ihres Gehaltes nur durch eine bewusste Fixierung ihrer Elemente (Merkmale, Theilvorstellungen) und der Art ihrer Synthese vollzogen werden. Jede begriffliche Bestimmung des Gehalts einer Vorstellung setzt also vor allem eine Analyse in einfache, nicht weiter zerlegbare Elemente voraus, welche zugleich die Form ihrer Synthese festzustellen hat.

Diese Analyse könnte vollständig nur auf Grund einer erschöpfenden Einsicht in die Bildungsgesetze unserer Vorstellungen gewonnen werden, welche allein zugleich die Uebereinstimmung dieser Elemente in allen Denkenden zu sichern vermöchte. Sie kann aber niemals auf lauter isolierte Elemente als Producte von Functionen kommen, welche von einander unabhängig wären, sondern nur auf ein System zusammengehöriger und aufeinander bezogener Functionen, welche zugleich verschiedene Formen der Synthese des Manigfaltigen enthalten. Die Functionen, durch welche wir die logischen Kategorieen (Einheit, Identität, Unterschied) denken, verknüpfen sich mit den Anschauungsformen des Raums und der Zeit, beide zusammen im Gebiete dessen, was wir als seiend denken, mit den realen Kategorieen (Ding, Eigenschaft, Thätigkeit, Relation), und alle wieder mit dem anschaulich gegebenen Inhalt unserer unmittelbaren sinnlichen oder inneren Auffassung. Eine begriffliche Vollendung unserer Vorstellungen setzt ein vollständiges System dieser Elemente voraus.

Sofern im Gebiete des anschaulich Gegebenen eine unbegrenzte Manigfaltigkeit von Vorstellungen vorliegt,

## § 41. Die Analyse der Begriffe in einfache Elemente.

welche durch **unmerkliche Unterschiede** getrennt sind, muss sich die begriffliche Fixierung auf **Feststellung bestimmter Grenzen in dem allmählichen Flusse der Unterschiede** beschränken.

1. Die Forderung, welche aus der ersten der § 40, 8 angeführten Thatsachen, aus der **Zusammengesetztheit der Vorstellungsobjecte** hervorgeht, ist der traditionellen Lehre vom Begriffe geläufig. Sie lehrt das in einer einheitlichen, durch Ein Wort bezeichneten Vorstellung Gedachte durch **Merkmale** bestimmen, einen Begriff in seine **Theilvorstellungen** oder **Theilbegriffe** zerlegen. Diese werden in dem Begriffe gedacht und bilden seinen **Inhalt**. So werden in dem Begriffe Gold die Merkmale schwer, gelb, glänzend, metallisch u. s. f., in dem Begriffe Quadrat die Merkmale begrenzte vierseitige gleichseitige rechtwinkliche ebene Fläche, in dem Begriffe Mord die rechtswidrige vorsätzliche mit Ueberlegung ausgeführte Tödtung eines Menschen gedacht; der Inbegriff dieser Merkmale bildet den Inhalt der Begriffe Gold, Quadrat, Mord; und man stellt wohl diesen Inhalt als die Summe oder das Product der einzelnen Merkmale dar. Mit dieser Zerlegung in Merkmale hält man gewöhnlich auch die weitere Aufgabe der **Unterscheidung** schon für erfüllt; denn die Merkmale sollen eben das sein, wodurch verschiedene Vorstellungen sich unterscheiden*).

Dabei wird in der Regel durch die Beispiele selbst die Frage, woher denn die Möglichkeit komme, verschiedene Merkmale in dem Ganzen einer Vorstellung zu unterscheiden, bereits als erledigt betrachtet; und ebenso ist schon wiederholt — am eingehendsten von Trendelenburg — der Mangel einer näheren Bestimmung darüber hervorgehoben worden, in welchem Verhältniss denn die Merkmale zu einander stehen, ob sie alle gleichartig, und wenn nicht, in welcher Weise sie verschieden, ob sie gegeneinander gleichgültig, oder von einander abhängig seien; in welchem Verhältniss endlich die

---

*) So z. B. Ueberweg § 49 S. 103: **Merkmal eines Objects ist alles dasjenige an demselben, wodurch es sich von andern Objecten unterscheidet.**

Theilbegriffe zum Ganzen stehen. Denn die Bezeichnung derselben als **Theilbegriffe** oder **Theilvorstellungen**, die von räumlichen oder zeitlichen Verhältnissen hergenommen ist, kann doch nur bildlich sein, die Theilvorstellungen sollen ja nicht etwa Vorstellungen der **Theile** eines Ganzen sein, (wie von Kopf, Hals, Rumpf u. s. w. als der Theile eines Thiers) die zur Vorstellung des Ganzen im selben Verhältniss stünden, wie die Theile zum Ganzen, sondern Bestandtheile der Vorstellung, wie die einzelnen Eigenschaften eines Dings u. s. w.

2. Die Möglichkeit, eine gegebene Vorstellung in Theile oder Merkmale zu zerlegen, kann zuletzt nur darin begründet sein, dass diese Vorstellung **aus verschiedenen Elementen** durch unterscheidbare Functionen **geworden** ist. Wäre sie ursprünglich ein Einfaches, wäre nicht um sie zu erzeugen Eins, Zwei, Drei nöthig: so hätte die Zerlegung weder eine Fuge, in welche sie einsetzen könnte, noch ein Recht; sie wäre im besten Fall eine gewaltsame Zertrümmerung.

In der That sind nun die Vorstellungen, an welche man bei diesen Sätzen zunächst zu denken pflegt, die Vorstellungen der anschaulichen Dinge, durch eine unbewusst vollzogene Synthese entstanden. Sie treten unserem Bewusstsein als fertige Ganze gegenüber; aber die psychologische Analyse weiss mit überzeugender Sicherheit die Processe nachzuweisen, durch welche aus einzelnen Elementen erst das Ganze wird. Nicht mit Einem Schlag, durch eine Art zauberhafter Uebertragung oder auf dem mechanischen Weg einer psychischen Photographie dringt das Bild des Apfels durch die Thore unserer Sinne auf die Tafel, auf der unsere Vorstellungen gemalt sind; die Analyse der Sinneswahrnehmung weist nach, wie die Empfindung einer Farbe mit den den Umrissen nachgehenden Bewegungen des Auges, wie eine perspectivische Ansicht mit andern, diese mit den einzelnen, innerlich zusammengefassten und zum stereometrischen Bilde gestalteten Tastempfindungen der Hand sich verknüpfen müssen, wie eine psychische Function die Empfindungen zur Vorstellung eines äusseren Gegenstandes gestalten und eine andere ihm seinen Ort im Raume anweisen muss; wie die Vorstellung dieses sichtbaren und greifbaren Dings durch Geruchs- und Geschmacksempfindungen

§ 41. Die Analyse der Begriffe in einfache Elemente.

sich bereichert, deren Beziehung auf den sichtbaren und getasteten Gegenstand wieder eigenthümliche Functionen der Combination der Eindrücke verschiedener Sinnesgebiete voraussetzt; und wie endlich durch theilweise Wiederholung solcher Eindrücke und ihre fortwährende Ergänzung durch die reproducierende Vorstellung, endlich durch ihre Association mit einem Worte es uns geläufig wird, beim Wort Apfel eine Art von Abbreviatur jener Processe so rasch und sicher innerlich zu wiederholen, dass das Resultat fertig vor unserem inneren Auge steht, ohne dass wir uns seiner Bildung bewusst geworden.

Dasselbe, was von den Vorstellungen der D i n g e gilt, findet auch auf E i g e n s c h a f t s -, T h ä t i g k e i t s -, R e l a t i o n s vorstellungen Anwendung. Gleichseitig ist eine zusammengesetzte Vorstellung, denn sie setzt zunächst die Auffassung der einzelnen Seiten voraus — und um eine Linie als S e i t e zu erkennen, ist eine Relationsvorstellung nöthig — ferner ein Messen derselben und das Urtheil dass sie gleich sind; die Vorstellung der Bewegung, der einfachsten Thätigkeit, bedarf ebenso zu ihrem Werden der Auffassung verschiedener Oerter und des Uebergangs vom einen zum andern; die Vorstellung des Mords, eine Relationsvorstellung, schliesst ausser den Beziehungspunkten derselben, des Mörders und des Gemordeten, eine ganze Reihe von Bestimmungen ein, die bewusste und überlegte Absicht des Einen, seine Handlung, ihren Effect, der in der Vernichtung des Lebens des Andern besteht — sie ist also nur durch eine Reihe von Acten möglich, welche das Ganze erst erzeugen. In doppeltem Masse gilt dies von solchen Vorstellungen, in denen eine Mehrheit von selbständigen Objecten durch eine oder mehrere Relationen verknüpft gedacht wird, den sog. Collectivbegriffen im weitesten Sinn, Volk, Familie u. s. w.

4. Soweit die Zusammensetzung reicht, soweit kann auch die F i x i e r u n g einer Vorstellung nur so vor sich gehen, dass die bewusste Aufmerksamkeit sich auf die einzelnen Elemente und die Art ihrer Synthese richtet. Die Voraussetzung jeder Begriffsbildung ist also einerseits die A n a l y s e in e i n f a c h e, n i c h t w e i t e r z e r l e g b a r e E l e m e n t e,

und andrerseits die reconstruierende Synthese aus diesen Elementen; wobei immerhin die Form der Synthese wieder selbst in weiterem Sinn ein Element des Begriffs und ein Merkmal desselben genannt werden kann, und im folgenden genannt werden wird.

Der Begriff verhält sich demnach zur natürlich entstandenen Vorstellung wie die bewusste Construction eines Objects zu seiner unbewussten und unwillkürlichen Bildung, und setzt die Fähigkeit voraus, sich den Process der Bildung der Vorstellung nach allen seinen Seiten zum Bewusstsein zu bringen. Dies geschieht durch Urtheile, welche die einzelnen Merkmale als Prädicate dem Object beilegen; der Begriff setzt also diese Prädicate, d. h. die Vorstellungen der Merkmale schon voraus, diese müssen selbst begrifflich bestimmt sein, wenn es die zusammengesetzte Vorstellung sein soll. Dies führt also zur Forderung einer Reihe von einfachen Merkmalen, d. h. nicht weiter analysierbaren und doch vollkommen bestimmt fixierten und unterschiedenen Vorstellungselementen.

5. Nun soll aber der Begriff noch die weitere Forderung erfüllen, allgemeingültigen Urtheilen zu dienen, d. h. alle diejenigen, welche in der Gemeinschaft des Denkens stehen, sollen dieselben Vorstellungen mit denselben Wörtern verbinden, sie darum auch auf dieselbe Weise analysieren und auf dieselben einfachen Merkmale zurückführen können. Eine Mittheilung eines zusammengesetzten Begriffs ist möglich durch Angabe seiner Elemente und der Art ihrer Synthese; die Elemente aber müssen in jedem gleich sein, und in gleichem Sinne combiniert werden, wenn es übereinstimmende Begriffe geben soll. Dies setzt also einen Grundstock von Vorstellungen voraus, welche nach durchaus übereinstimmenden Gesetzen in allen gebildet werden, und wir haben die Sicherheit übereinstimmender Begriffe nur in dem Masse, als wir der übereinstimmenden Gesetzmässigkeit in der Bildung unserer Vorstellungen sicher sind. Die Vollendung der Begriffsbildung hängt also von der vollendeten Einsicht in die Processe der Bildung unserer Vorstellungen, und von der dadurch gegebenen Möglich-

keit ab, jeden zur Vorstellung desselben zu veranlassen. Könnten wir annehmen, dass alle unsere Vorstellungselemente jedem in derselben Weise angeboren sind, wie es eine frühere Erkenntnisstheorie wenigstens in Betreff eines Theiles unserer Begriffe annahm; oder könnten wir annehmen, dass dieselbe uns gegebene Welt dasselbe System von Vorstellungen mit derselben mechanischen Sicherheit erzeugte, wie gleich starke Erschütterung gleich gespannter Saiten denselben Ton: so wäre die Voraussetzung der traditionellen Lehre, dass die Merkmale der Begriffe sich so zu sagen von selbst darbieten, zu rechtfertigen; in dem Masse aber, als der Bildungsprocess unserer Vorstellungen verwickelter, von äusseren Bedingungen, die nothwendig individuell verschieden sind, und inneren Gesetzen zugleich abhängiger ist, wird die Erkenntniss und Herstellung der Bedingungen schwieriger, unter denen vollkommen übereinstimmende Vorstellungen von allen gebildet werden, und ebenso die Erkenntniss, was von dem, was wir in allen schon vorfinden, übereinstimmend ist und was different. Die oft grosse Schwierigkeit sich zu überzeugen, ob Zwei unter demselben Worte genau dasselbe verstehen, beruht auf der Schwierigkeit, solche Vorstellungen zu finden, welche in allen in gleicher Weise vorhanden und übereinstimmend bezeichnet sind.

6. Da wir nur die Bedingungen einer idealen Vollkommenheit der logischen Begriffsbildung aufstellen, können wir es nicht zu unserer Aufgabe rechnen, eine vollendete Theorie der Bildung unserer Vorstellungen aufzustellen. Eine solche gehört zu den Aufgaben der Zukunft*). Aber aus dem was wir in dieser Hinsicht als Resultat der bisherigen Forschungen annehmen dürfen, geht doch schon soviel hervor, dass die Aufgabe, eine gegebene Vorstellung in einfache Merkmale, die von allen übereinstimmend gedacht werden, aufzulösen, eine weit verwickeltere ist, als es die Formeln vermuthen lassen, die sagen ein Begriff A enthalte die Merkmale a b c d, und diese seien seine Theilvorstellungen; als ob A eine Art

---

*) Wir treffen darin mit den Ansichten zusammen, welche E. Zeller in seiner Berliner Antrittsrede ausgesprochen hat.

mechanischer oder chemischer Zusammensetzung aus bekannten differenten, isolierten, und gleichwerthigen Bestandtheilen wäre, wie die Silbe nach dem Beispiele des Theätet eine Zusammensetzung aus Buchstaben.

7. Die Frage ist zunächst, ob wir denn überhaupt solche einfache Vorstellungen als isolierte Elemente voraussetzen können, welche wie die Buchstaben eines Alphabets jeder für sich aussprechbar und festhaltbar wären. Wir sind oben von der Fiction ausgegangen, dass unsere ganze Vorstellungswelt aus 12 Tönen bestünde, und dass mit dem Fixieren, Unterscheiden und Benennen derselben das ganze Geschäft der Begriffsbestimmung erschöpft wäre; den mancherlei Zusammenklängen würden dann etwa die zusammengesetzten Vorstellungen entsprechen. Aber es war auch das eine Fiction, dass die Vorstellung eines einfachen Tons nun ein wirklich Einfaches, Homogenes und Unauflösbares sei, in welchem sich nichts mehr unterscheiden lasse. Indem wir einen bestimmten Ton als solchen vorstellen, können wir das nur, indem wir ihn als **einen**, mit sich identischen, von anderen mehreren unterschiedenen denken; nur so ist er überhaupt Gegenstand unseres Bewusstseins, das ohne eine Vielheit unterschiedener Objecte gar nicht denkbar ist; indem wir also den Ton A denken, ist darin die Vorstellung der **Einheit** und der **Identität** mit sich, ebenso des **Unterschieds** von anderen und damit die Vorstellung einer **Mehrheit** dieser anderen unabtrennbar mitgesetzt, und dies weist auf Functionen zurück, durch welche wir etwas als Eins, mit sich identisch, von andern unterschieden setzen, und damit zugleich die Vielheit im Unterschiede von der Einheit und in ihrem Verhältnisse zu ihr denken. Indem wir also zum Bewusstsein bringen, was wir vorstellen indem wir A vorstellen, finden wir ausser dem hörbaren Tonbild auch diese Bestimmungen in der Vorstellung von A, und sie erweist sich dadurch bereits, so wie sie unserem Bewusstsein gegenwärtig ist, als ein complexes Product\*).

Wollten wir nun aber jene Bestimmungen, Einheit, Iden-

---

\*) Vergl. Lotze, Logik 2. Afl. S. 26.

## § 41. Die Analyse der Begriffe in einfache Elemente.

tität, Unterschiedenheit einerseits, das sinnliche Tonbild andererseits als die gesuchten letzten und isolirten Elemente ansehen: so zeigt sich, dass Einheit, Identität, Unterschiedenheit, rein für sich gedacht, vollkommen unvollziehbar sind. Nicht nur lässt sich Identität nicht ohne Einheit und Negation des Unterschieds denken, so dass diese Bestimmungen ineinanderhängen, sondern sie tragen auch immer den Gedanken von Etwas in sich, dessen Einheit, Identität, Unterschiedenheit gedacht wird; ja, sobald wir diese Bestimmungen selbst jede für sich denken wollen, wiederholt sich an ihnen selbst dasselbe, dass, indem wir diese Begriffe festhalten wollen, wir das nur thun, indem wir sie selbst wieder unter den Bestimmungen der Einheit, Identität, Unterschiedenheit denken müssen, unsere Analyse also nie auf das schlechthin Einfache kommt, sofern sie gewisse Elemente findet, die in jedem, auch dem Einfachsten, schon dadurch mitgegeben sind, dass es überhaupt gedacht wird und dass etwas von ihm geurtheilt werden soll; die also nothwendige und immer wiederkehrende Producte der unterscheidbaren Functionen selbst sind, durch welche wir ein Vorgestelltes festhalten und als Subject oder Prädicat eines Urtheils verwerthen können. Statt der gesuchten isolirten Buchstaben also treffen wir auf einen Complex unter sich zusammenhängender und sich gegenseitig bedingender Functionen, deren Thätigkeit in diesen **formalen logischen Kategorieen** zu Tage tritt, wie wir sie in der Kürze nennen können; deren Verhältniss zu allen Denkobjecten dasselbe, und dadurch bestimmt ist, dass sie Bedingungen sind, unter denen allein etwas mit Bewusstsein in der Vorstellung festgehalten werden kann *).

---

*) Wir rechnen zu diesen formalen Kategorieen, welche die Bedingungen sind, dass überhaupt etwas im Denken festgehalten werde, auch die Zahl in dem Sinn, dass die Grundfunction alles Zählens, das Setzen und Unterscheiden von Einheiten und das Bewusstsein des Fortgangs von einer Einheit zur zweiten, von dieser zur dritten, und die Einheit des Bewusstseins dieser Reihe von Schritten, mit diesen allgemeinsten Bedingungen des Denkens gegeben ist. Wenn die weitere Entwicklung des Zählens und die complicierteren Operationen der Rechnung auch erst durch die Verhältnisse der anschaulichen Dinge in Raum

8. Aber unser vorausgesetzter Ton birgt noch weiteres in sich; weder der einzelne Ton noch eine Mehrheit von Tönen kann vorgestellt werden anders als in der Zeit, wie eine Farbe nicht anders vorgestellt werden kann als im Raum; bringen wir uns also zum Bewusstsein, was wir vorstellen, indem wir den Ton A vorstellen, so finden wir die Vorstellung der Zeit mit darin. Und es wiederholt sich dasselbe: wenn wir nun meinten, die Zeit als ein einfaches nicht weiter analysierbares Element ausscheiden zu können, so zeigt sich, dass wir Zeit schlechthin isoliert gar nicht vorzustellen vermögen, ohne dass wir zugleich etwas und zwar Verschiedenes und Vieles in der Zeit mitvorstellen, und ebensowenig den Raum, ohne an Verschiedenes zu denken was im Raum ist; auch hier versagt also die Natur unserer Vorstellungen dem Bestreben das schlechthin Einfache und Isolierte zu finden seine Erfüllung; wir treffen zwar unterscheidbare, aber immer einander fordernde Elemente. Ferner ist das Verhältniss, in welchem Zeit und Raum zu ihrem anschaulichen Inhalt stehen, zugleich ein wesentlich anderes, als das in welchem Identität u. s. w. zu ihren Objecten stehen; damit haben wir grundverschiedene Synthesen dessen, was wir innerhalb eines Vorgestellten unterscheiden können; ein Unterschied, den wir mit Kant's Ausdruck dadurch andeuten, dass wir Raum und Zeit als Anschauungsformen den formalen Kategorieen gegenüberstellen.

9. Bewegt sich die Begriffsbestimmung im Gebiete dessen, was wir als seiend vorstellen, und sofern wir es als (wirklich oder möglicherweise) seiend vorstellen: so ergeben sich dabei wieder andere Elemente. Da wir alles Seiende als

und Zeit veranlasst werden, und insbesondere die Brüche die Theilbarkeit eines Ganzen voraussetzen, die nur in räumlichem oder zeitlichem Gebiet ursprünglich gegeben ist, so folgt daraus nicht, dass die Zahl überhaupt von Bedingungen der Anschauung abhängig sei. Zur Zeit steht das Zählen in keinem andern Verhältniss, als alle unsere Thätigkeiten überhaupt, dass nemlich eine Reihe derselben nur in der Zeit vollzogen werden kann; es ist aber gar nicht wesentlich, dass die Zeit beim Zählen zum Bewusstsein komme; die Vorstellung der Zeit ist ebenso von der Vorstellung der Zahl, einer Vielheit unterscheidbarer Momente abhängig. Vgl. § 6, 3, b S. 40.

§ 41. Die Analyse der Begriffe in einfache Elemente.

Ding mit Eigenschaften und Thätigkeiten vorstellen und kein einzelnes Seiendes ohne alle Beziehung zu anderem Seienden, zum mindesten zu uns selbst, sofern es unser Object ist, vorzustellen vermögen: so liegt in allem dem, was wir als seiend oder sein könnend vorstellen, dieser Kreis zusammengehöriger Bestimmungen mit, der sich ebenso wenig in isolierte Merkmale auflösen lässt, und der eine dritte Art der Synthese des Unterschiedenen, die des Dings mit seinen Eigenschaften und Thätigkeiten in sich schliesst. Wir nennen diese Elemente die realen Kategorieen.

Die traditionelle Logik pflegt zu ihren Beispielen in der Regel die Begriffe von Dingen zu wählen und als Merkmale dieser Begriffe erscheinen dann ihre Eigenschaften (als Merkmale des Begriffs »Gold« schwer, gelb, glänzend u. s. f.); eben damit aber ist eine ganz bestimmte Art der Synthese dieser Merkmale, nemlich die der Eigenschaften in einem Ding gesetzt; diese hat einen wesentlich anderen Sinn als die Synthese der Merkmale eines zusammengesetzten Eigenschafts- oder Thätigkeitsbegriffs, und wieder einen andern als die Synthese von einzelnen Dingen zu einem Ganzen vermittelst bestimmter Relationen, welche sie verknüpfen; und es kann nur verwirren, wenn unterschiedslos Alles, dreiseitige Figur, dunkles Roth, rotierende Bewegung, gelber Körper, von einer Schale umgebener Kern u. s. w. durch dieselbe Formel A = a b c d ausgedrückt wird, als wäre diese Nebeneinanderstellung der Ausdruck einer immer gleichen Verknüpfungsweise.

Sind diese realen Kategorieen unzweifelhaft Elemente unserer Vorstellungen des Seienden, so versteht sich auch von selbst, dass, wo es sich um begriffliche Feststellung handelt, erst diese Kategorieen selbst begrifflich fixiert und aus der unsicheren und schwankenden Anwendung der populären, durch die Wortformen geleiteten Unterschiede von Ding, Eigenschaft und Thätigkeit zu voller Klarheit herausgearbeitet sein müssen. Jede Begriffsbestimmung im Gebiete des Seienden setzt also eine anerkannte Theorie über das Wesen dieser Kategorieen voraus, ist nur insoweit logisch vollendet, als diese es ist, und kann nur soweit gelten als sie angenommen ist; und die Möglichkeit einer solchen Theorie selbst ruht auf der Möglichkeit, übereinstimmende Begriffe der Kategorieen selbst mit Sicherheit zu erzeugen, also durch Analyse unserer Denkprocesse dasjenige zum Bewusstsein zu bringen, was mit gesetzmässiger Nothwendigkeit von allen gedacht wird, sofern sie etwas als ein Seiendes denken.

10. Die **Allgemeinheit** der bisher betrachteten Elemente unserer Vorstellungen beruht zuletzt darauf, dass sie auf Functionen zurückgehen, welche sich in Beziehung auf den verschiedensten gedachten oder anschaulichen Gehalt immer in derselben Weise wiederholen. Die Art unserer räumlichen und zeitlichen Vorstellungen ist dieselbe, was auch die einzelnen Objecte sein mögen, welche wir in Raum und Zeit vorstellen; die Zurückführung des sinnlich Gegebenen auf Dinge mit Eigenschaften und Thätigkeiten ist derselbe Process, wie manigfaltig auch unsere Sinne afficiert und die einzelnen Affectionen unter sich combiniert sein mögen. Die Möglichkeit, ein abgeschlossenes System dieser Elemente aufzustellen, hängt davon ab, ob sie, wie Kant voraussetzt, vollkommen a priori gegeben sind, als im Gemüthe bereit liegende Formen, welche also eine vollständige Analyse entdecken könnte; oder ob von der Art und Weise unserer sinnlichen Affectionen selbst es abhängt, welche formalen Elemente sich entwickeln. Dort tritt ein schon fest organisiertes, ein für allemal fertiges System den zeitlich allmählich eintretenden sinnlichen Reizen entgegen; hier würden die Kategorieen ein Product einer Entwicklung sein, welche durch die besondere Art und Reihenfolge unserer Sinnesempfindungen mitbestimmt würde. Es genügt an diese Möglichkeiten zu erinnern, um zu zeigen, dass die endliche Festsetzung dieser Elemente von der definitiven Einsicht in die Genesis unserer Vorstellungen selbst abhängig ist.

11. Diesen Elementen unserer Vorstellungen stehen die durch **unmittelbare Empfindung oder innere Wahrnehmung anschaulich gegebenen** gegenüber. In den einzelnen Farben, Tönen, Gerüchen u. s. w. haben wir ohne Zweifel vom subjectiven, psychologischen Gesichtspunkt aus etwas einfaches und letztes, wahrhaft elementares;

§ 41. Die Analyse der Begriffe in einfache Elemente.

ebenso in dem unmittelbaren Bewusstsein innerer Vorgänge, der Lust, des Schmerzes, des Begehrens u. s. w. Das Weiss dieses Papieres, das Schwarz dieser Buchstaben lässt sich nicht weiter analysieren; es ist mit einem Schlage durch die Affection unserer Organe gegeben. Es wiederholt sich in den verschiedensten Combinationen und räumlichen Formen, aber immer als dasselbe, nicht weiter aufzulösende. Hier also scheinen wir mit Leichtigkeit elementare Merkmale aufstellen zu können, die zwar nie isoliert — die Farbe nie ohne den Raum u. s. w. — vorgestellt werden können, die aber wenigstens leicht in ihrem Unterschiede von der Form und in ihrem Unterschiede von einander — Gerüche von Farben, Farben von Tönen u. s. w. festgehalten werden können. Wenn irgendwo, so haben wir hier etwas, was nur genannt aber nicht erklärt werden kann, ein Analogon der Buchstaben des Alphabets. Und wäre festzustellen, dass aus diesen durch unmittelbare Anschauung gegebenen Elementen, aus den Anschauungsformen, den realen und formalen Kategorieen die Gesammtheit unserer Vorstellungen sich bildete, so wäre damit der Kreis der ursprünglichen Merkmale umschrieben.

Allein hier tritt die andere der Schwierigkeiten ein, die wir § 40, 8 hervorgehoben. Jede bestimmte Empfindung, jedes einzelne Schmerzgefühl ist etwas Einfaches, Elementares; aber die Menge dieser unterscheidbaren einfachen Empfindungen ist eine unendliche; es ist schlechterdings unmöglich, alle einzelnen wahrnehmbaren Abstufungen der Helligkeit, der Wärme u. s. w., deren jede als ein einfach Gegebenes uns zum Bewusstsein kommt, im Gedächtniss zu fixieren und im Unterschiede von allen andern festzuhalten; keine Mittel der Sprache würden ausreichen, dieser unendlichen Manigfaltigkeit gerecht zu werden. Die Sprache hilft sich eben dadurch, dass Aehnliches durch unmerkliche Unterschiede zusammenhängt, und bezeichnet mit demselben Wort eine ganze Reihe aneinandergrenzender Abschattungen. Aber Aehnlichkeit ist an und für sich selbst etwas Unbestimmtes, zur begrifflichen Fixierung Untaugliches, das einen Unterschied setzt ohne seine Grösse anzugeben. Will man hier zu begrifflicher Bestimmtheit gelangen, so gibt es keinen andern Weg, als von der

Uebersicht über die ganze durch verschwindende Unterschiede gebildete Reihe auszugehen und in diesem Continuum Grenzen zu ziehen, zwischen welchen eine bestimmte Bezeichnung gelten soll: damit tritt ein, was wir oben § 7 die **Allgemeinheit des Wortes** im Unterschiede von der **Allgemeinheit der Vorstellung** genannt haben. Die Bezeichnungen der Farben z. B. sind so lange begrifflich nicht fixiert, als nicht die ganze Reihe aller Farbennüancen hergestellt und nun bestimmt ist, innerhalb welcher Grenzen die Bezeichnung roth, grün u. s. w. gelten soll. Von den Mitteln, welche wir haben diese Fixierung vorzunehmen, kann erst im dritten Theile die Rede sein; hier genügt es festzustellen, dass roth nicht im selben Sinn ein Allgemeines zu purpurroth, scharlachroth u. s. w. ist, wie ausgedehnt ein Allgemeines zu den verschiedenen Körpern ist; denn in purpurroth, scharlachroth u. s. w. wird nicht **dasselbe Roth** in verschiedenen Combinationen gedacht, jede Empfindung ist etwas durchaus einfaches, und kann nicht in ein allen gleiches Element und ein differentes aufgelöst werden[*]).

---

[*]) Vergl. Werner Luthe, Beiträge zur Logik S. 2: Aus einem bestimmten Roth kann nicht das allem Roth Gemeinsame ausgeschieden werden. Die Ausführungen von Lotze (Logik 2 Aß. S. 27 ff.) widersprechen dem Obigen nur scheinbar. Er sagt zwar zuerst (S. 28 oben) dass in einer Mehrheit verschiedener Eindrücke sich etwas Gemeinsames vorfinde, das von ihren Unterschieden getrennt **denkbar** sei, das (S. 29) in den einzelnen Gliedern der Reihe (hellblau, dunkelblau u. s. w.) mit eigenthümlichen Unterschieden behaftet sei; aber er erkennt an, dass das allgemeine Blau sich nicht in derselben Weise verdeutlichen lasse, wie die Elemente anderer Begriffe, die wir aus bekannten Einzelvorstellungen zusammensetzen, und fügt hinzu, dass das Enthaltensein eines Gemeinsamen sich nur **empfinden, fühlen, erleben** lasse, dass das Gemeinsame nicht den Inhalt einer **dritten** Vorstellung bilde, welche von gleicher Art und Ordnung mit den verglichenen wäre. dass es in keiner Anschauung für sich zu fassen sei.

Damit ist dasselbe gesagt, was oben ausgedrückt werden sollte; und es wird darum richtiger sein, überhaupt nicht von einem **Gemeinsamen** zu reden, sondern nur von dem unanalysierbaren Eindruck der **Aehnlichkeit**, der in sehr verschiedenen Abstufungen vorhanden ist, und nach dem wir die einfachen Empfindungen in Reihen nach abnehmender Aehnlichkeit ordnen, um innerhalb derselben die Grenzen zu ziehen, bis zu welchen eine bestimmte Bezeichnung (roth,

## § 41. Die Analyse der Begriffe in einfache Elemente.

Daraus ergibt sich auch die **Natur der Bedeutung solcher Wörter wie Farbe, Ton, Geruch u. s. w.** Nach der gewöhnlichen Theorie sollte, da Farbe das Allgemeine zu roth, blau, gelb u. s. w. ist, auch der Begriff der Farbe ein Element der Begriffe roth u. s. w. sein; allein roth, blau, gelb sind einfach; was Farbe ist, kann man nur damit sagen, dass man die einzelnen Farben aufzählt. Wenn das Wort »Farbe« noch daneben einen begrifflich bestimmten Sinn haben soll, so kann es nur dadurch geschehen, dass es, indem es eine ganze Reihe von Vorstellungen zusammenfasst, diese zugleich als von andern abgegrenzt darstellt, welche unvergleichbar sind, wie die Töne und Gerüche; soll aber das **Gemeinschaftliche** ausgedrückt werden, so ist dies nur möglich vermittelst einer **Relation**, welche nicht direct den Vorstellungsgehalt bezeichnet, sondern eine gemeinschaftliche Beziehung, durch die sich roth, blau, gelb u. s. w. von andern einfachen Empfindungen unterscheiden, die Beziehung auf das Sehen und das Auge. Anders als durch solche Relationen lässt sich nichts Gemeinschaftliches aufstellen; aber diese Relationen sind nicht Elemente der Vorstellungen selbst. Dieser Unterschied von Wörtern, welche blosse **Gemeinnamen einfacher Merkmale sind, von solchen, welche wirklich einfache Vorstellungselemente bezeichnen**, ist durchaus festzuhalten, wenn nicht die Lehre von den Merkmalen und die damit zusammenhängende von der Ueber- und Unterordnung der Begriffe in Verwirrung gerathen soll. Immerhin können auch jene Gemeinnamen als Zeichen von Merkmalen gelten, sofern sie auf ein gemeinschaftliches, das der übereinstimmenden Beziehung zu Grunde liegt, hinweisen.

Intensität aber der Empfindung und ihre Unterschiede sind wahrhaft allgemeine Begriffe; denn sie gehen auf eine die Empfindung begleitende Gefühlserregung zurück, deren Wechsel bei verschiedenen objectiven Elementen derselbe ist.

---

gelb etc.) gelten soll. Anders ist es bei den Intensitätsunterschieden z. B. der Wärme, der Töne von derselben Höhe; hier ist das Gemeinsame vorstellbar, weil die Unterschiede auf der Erregung des Gefühls beruhen und nicht Unterschiede des vorgestellten Inhalts sind.

12. Dasselbe aber was wir von den sinnlichen Qualitäten ausgeführt haben, scheint auch von den F o r m e n und B e w e g u n g e n zu gelten, die ebenso als etwas unmittelbar Anschauliches erscheinen; auch hier unendliche Manigfaltigkeit und unmerkliche Abstufungen; auch hier scheint das einzelne sinnlich Anschauliche das Ursprüngliche zu sein, und das Allgemeine (Form, Bewegung) nur eine Allgemeinheit des Wortes zu besitzen. Allein es scheint nur so. Denn die Vorstellung einer bestimmten Form — eines Dreiecks, Vierecks, Kreises — ist keineswegs etwas so unmittelbar mit Einem Schlage Gegebenes, wie die Empfindung eines Schalls oder eines Geruchs; die Auffassung der Form erfordert eine Bewegung des Blicks oder der Hand, und diese in sich zurückkehrende Bewegung, durch welche ein Körper im Raume auf bestimmte Weise abgegrenzt wird, ist in der That, als dieses Thun, bei jeder Auffassung einer Form nach einer Seite dasselbe, nach der andern in ihrem Verlaufe verschieden modificiert. Ebenso ist bei der Vorstellung der objectiven Bewegung der Process, durch den sie wahrgenommen wird, das Vergleichen zweier Oerter und die Erkenntniss ihrer Verschiedenheit und die Vorstellung des stetigen Uebergangs vom einen zum andern dasselbe; aber Bahn, Geschwindigkeit u. s. f. modificiert sich. Bewegung, Form sind wahrhaft allgemeine Begriffe, Farbe und Ton (als Ausdruck des unmittelbar Gegebenen, nicht im physicalischen Sinne) allgemeine Wörter oder Gemeinnamen; darum kann, was Bewegung sei, an Einem Beispiel aufgezeigt werden, was Farbe sei, nicht. Es begreift sich daraus zugleich, wie jede Theorie, welche von den Sinnesempfindungen als den allein ursprünglich gegebenen Elementen unserer Vorstellungen ausgeht, geneigt sein muss, alles Allgemeine nur als Gemeinnamen zu fassen, und diese Betrachtungsweise auch auf alle Dinge ausdehnt, sobald sie diese als sinnlich gegeben ansieht, und die Processe der Bildung ihrer Vorstellungen ignoriert. Sensualismus und Nominalismus gehen immer zusammen.

## § 42.

Auf Grund der Analyse der Objecte in ihre letzten Elemente entstehen — und zwar ebenso leicht aus der Analyse eines einzigen Objects wie aus der Vergleichung der Analyse verschiedener — **Reihen von Begriffen, in welchen jedes folgende Glied durch ein weiteres unterscheidendes Merkmal determiniert ist**, und dadurch, dem vorangehenden gegenüber, einen **reicheren Inhalt** hat. Der weniger determinierte ärmere Begriff, der in dem folgenden mitgedacht ist, heisst der **übergeordnete, höhere** oder **Gattungsbegriff**, der mehr determinierte, reichere der **untergeordnete, niedere, Artbegriff**; ihr Verhältniss das der **Subordination**.

Das Verhältniss der Subordination besteht übrigens **nur zwischen Begriffen derselben Kategorie**, weil diese den Sinn der Synthese ihrer Merkmale bestimmt und sie dadurch allein vergleichbar macht.

Der **Umfang** eines Begriffs ist die **Gesammtheit der ihm untergeordneten niederen Begriffe**; er ist innerhalb derselben Subordinationsreihe um so grösser, je kleiner der Inhalt und umgekehrt. Von dem **logischen Umfang eines Begriffs** ist der **empirische Umfang** desselben, und von diesem der **Umfang des Namens** zu unterscheiden.

**Von wesentlichen und unwesentlichen Merkmalen** kann nur in Beziehung auf die Objecte einem gegebenen Begriff gegenüber die Rede sein.

1. Setzen wir das wichtigste Geschäft aller Begriffsbestimmung, die Uebersicht über die Merkmale nach ihren verschiedenen Classen, durch eine vollendete und allgemeingültige Theorie der Bildung unserer Vorstellungen als vollzogen voraus; setzen wir voraus, es sei dadurch klar, welche Merkmale andere voraussetzen und von ihnen abhängig sind (wie die

Farbe von der ausgedehnten Fläche), was ebenso in der Regel vernachlässigt wird; welche Wörter bestimmte Vorstellungselemente bezeichnen, welche blosse Gemeinnamen sind; so fragt sich weiter, wie sich unsere Begriffswelt unter dieser Voraussetzung gestalten muss.

Da alle begriffliche Vollendung immer an ein schon gegebenes Material von Vorstellungen anknüpft, und zunächst die Aufgabe hat diese zu reconstruieren und zu bestimmen; da ferner unsere immer schon vorhandenen, kunstlos und reflexionslos entstandenen Vorstellungen an Einzelnes sich anschliessen, und Urtheile, in denen das Einzelne durch Prädicate bestimmt werden soll, fortwährend zur Aufgabe unseres Urtheilens gehören, so können wir die weiteren Verhältnisse unserer Begriffe am leichtesten deutlich machen, wenn wir von der Aufgabe ausgehen, irgend eine gegebene, zunächst aus einem Einzelnen herrührende Vorstellung begrifflich zu bestimmen.

2. Soll die von irgend einem einzelnen Dinge gewonnene Vorstellung festgehalten, d. h. sicher dem Gedächtniss überliefert und in der Reproduction als dieselbe wieder erkannt werden: so reicht die bloss unwillkürliche Function der Reproduction, die einfach das Bild als Ganzes wiederholt — die z. B. im Traume absichtslos thätig ist und die beim Beginne unseres Urtheilens den einfachen Benennungsurtheilen zu Grunde zu liegen pflegt — nicht aus, weil sie nicht in ihren einzelnen Elementen eine bewusste ist, und also mit ihr das Bewusstsein der Identität nicht nothwendig verknüpft, und sie darum vor Verwechslungen nicht geschützt ist. Um ihre genau identische Wiederholung zu sichern, bedarf es vor allem der **Zerlegung in die einzelnen Elemente**, welche ihrerseits die Bedingung der **Unterscheidung des Dinges von allen andern** ist. Diese Zerlegung vollzieht sich durch Zurückgehen auf lauter einfache, vollkommen bestimmte Merkmale, und hat insbesondere die Fixierung der fliessenden Unterschiede z. B. der Farbe durch übereinstimmende Bezeichnung, der Grösse durch ein festes Mass u. s. w. zur Voraussetzung.

Das Resultat eines solchen Versuchs ist eine in einem conjunctiven Urtheil vollzogene **Beschreibung**. So beschreibe ich die vor mir liegende Oblate, wenn ich etwa sage: sie ist ein scheibenförmiges, kreisrundes, 2 Centim. im Durchmesser haltendes, 1 Millim. dickes, rothes, leichtes, glattes Ding, indem ich alle Prädicate angebe, welche ich mit Hülfe meiner verschiedenen Sinne wahrnehme, und sie mit Bewusstsein wieder zu einem Ganzen zusammensetze, wobei durch die Kategorie des Dings die Bedeutung der ganzen Synthese angegeben wird, und zugleich die Abhängigkeit der Merkmale roth, glatt u. s. w. von den räumlichen Merkmalen durch die Natur dieser Merkmale selbst bestimmt ist. Wer eine solche Beschreibung hört, wird damit aufgefordert, nun die Synthese, welche in der Anschauung selbst sich unwillkürlich vollziehen und nur in ihrem Gesammtresultat zum Bewusstsein kommen würde, Schritt für Schritt zu vollziehen, und es wird ihm zugemuthet, dass ihm nun aus der Beschreibung dieselbe Vorstellung entstehe, die ich habe; vorausgesetzt natürlich, dass er sich unter den einzelnen Merkmalen genau dasselbe denkt.

Aber es zeigt sich sofort, dass, indem ich auf diese Weise etwas beschreibe, ich schon etwas Anderes zu Stande gebracht habe, als ich beabsichtigte; die Beschreibung ist in der Regel doch dem einzelnen Bilde nicht äquivalent und kann die Anschauung selbst nicht ersetzen. Ich habe in den Worten: »ein kreisrundes rothes, glattes etc. Ding« eine Formel in allgemeinen Ausdrücken aufgestellt, welche für den, der sie hört, wie ein Räthsel klingt, das er zu errathen hat, eine Aufgabe für seine Einbildungskraft, sich ein Ding anschaulich vorzustellen, das den Bedingungen der Aufgabe genügt. Mit jedem weiteren Merkmal ist zwar meine Vorstellung von anderen unterschieden, welche die übrigen Merkmale noch mit ihr gemein haben; dabei bleibt aber wegen der Natur der Prädicate noch individuelle Freiheit, diese Vorstellung so oder so zu gestalten; denn Prädicate wie roth, leicht, glatt u. s. w. lassen, auch wenn sie genau abgegrenzt sind (leicht z. B. specifisch leichter als Wasser heissen sollte u. dgl.), noch eine Reihe bestimmterer Unterschiede zu, zwischen denen er wählen muss, um ein anschauliches Bild zu gewinnen. Die Beschreibung gibt ein Signalement, das nicht bloss auf eine unbestimmte Anzahl vollkommen gleicher, sondern noch auf eine Reihe unterscheidbarer Dinge passt; eine Formel also, der nicht bloss **numerische**, sondern **generelle Allgemeinheit** zukommt.

Weiter zeigt sich, dass diese Allgemeinheit nicht bloss Folge der Weite einzelner Bestimmungen wie roth u. s. w. ist, sondern dass die angegebenen Merkmale häufig nicht alles erschöpfen, was die direct wahrnehmbaren oder erschliessbaren Eigenschaften meines Objects ausmacht; jene Formel würde auf ein rundes Stück Pappe oder eine rothe Spielmarke ebensogut passen, weil sie das Material und die davon abhängigen Eigenschaften nicht angibt. In diesem Falle handelt es sich um eine leicht zu corrigierende Unvollständigkeit der Beschreibung; aber dasselbe kann eintreten, wo für unsere jetzige Kenntniss verborgene und uns gar nicht erkennbare Differenzen vorhanden sind. Die exacteste Beschreibung der Keimzelle eines Säugethiers würde ohne Weiteres auf die Keimzellen vieler anderen passen, obgleich wir voraussetzen müssen, dass verborgene Differenzen da sind, die sich in der Entwicklung offenbaren\*); und keine Beschreibung irgend eines realen Dings überhaupt kann darauf Anspruch machen, eine so erschöpfende zu sein, dass sie nicht möglicherweise in allen Stücken auf ein davon noch durch unbekannte Unterschiede Verschiedenes passte.

Somit haben wir in einer solchen auf Merkmale reducierten Formel nicht den vollen Ausdruck eines Dings, sondern zunächst ein **subjectives Gebilde**, das unsere aus der Anschauung eines Dings erwachsene Vorstellung ausdrückt, soweit wir sie in übereinstimmend fixierten Merkmalen festhalten können; eine **Regel** der Vorstellungsbildung, der genügt werden soll, aber in verschiedener Weise genügt werden kann; deren Allgemeinheit theils von der Weite der einzelnen Merkmale, theils von der Möglichkeit abhängig ist, noch weitere differente Merkmale zu den gegebenen hinzuzufügen. Ob die geläufige Sprache für eine solche Vorstellung ein be-

---

\*) Von der dadurch entstehenden Nothwendigkeit, Merkmale, welche auf Relationen beruhen, zur Begriffsbestimmung heranzuziehen, wird im dritten Theile die Rede sein.

sonderes Wort habe, ist zunächst gleichgültig; wenn es der Mühe werth wäre, würde eines dafür geschaffen werden können.

Wäre unsere Beschreibung weniger vollständig, wäre z. B. die Angabe der Grösse weggelassen: so wäre ein Unterschied vernachlässigt, durch den sich dieses Object von anderen grösseren und kleineren unterscheidet, und die Formel würde auf viel mehr unterschiedene Objecte anwendbar sein, indem wir noch alle möglichen Grössen ergänzen können; wäre sie bestimmter, z. B. statt »roth« rosenroth gesetzt: so würden eine Reihe vorher darunter befasster unterscheidbarer Objecte ausgeschlossen werden; immer aber hätten wir eine Formel, welche eine Synthesis von Merkmalen ausdrückt, zu denen noch andere hinzukommen können; die derjenige, der sie hört, in manigfaltiger Weise ergänzen kann.

3. Auf diese Weise kann schon von der Analyse der Vorstellung eines einzigen Objects aus eine Reihe von Formeln entstehen, welche successiv mehr und mehr Merkmale enthalten; durch jedes Merkmal wird das, was vorgestellt werden soll, vollständiger bestimmt, durch jedes weitere Merkmal werden Objecte ausgeschlossen, auf welche die früheren für sich noch zutrafen. Von jeder dieser Formeln kommt man auf die vorangehende, indem man ein Merkmal weglässt, auf die folgende, indem man eines hinzufügt. Je weniger Merkmale zusammengefasst sind, von desto mehreren unterschiedenen Objecten kann die Formel prädiciert werden, wenn man die möglichen Unterschiede wirklich setzt; je mehr, von desto wenigeren. Die Formeln verhalten sich wie allgemeinere und speciellere Begriffe. Auch der speciellste ist noch allgemein, sofern seine Merkmale noch eine gewisse Weite zulassen; nur wenn alle Merkmale vollkommen bestimmt wären, käme dem Begriff bloss noch numerische Allgemeinheit zu (z. B. ein Cubus aus reinem Golde von 1 Centim. Seite ist eine vollkommen bestimmte Vorstellung).

Dies wird so ausgedrückt, dass man von einem gegebenen Begriff zu einem allgemeineren aufsteige durch Abstraction, d. h. Weglassung von Merkmalen, zu einem specielleren herabsteige durch Determination, d. h. Hinzufügung von Merkmalen; die Abstraction vermindert den Inhalt, aber erweitert den Umfang, die Determination vermehrt den Inhalt, aber verengert den Umfang. Inhalt und Umfang stehen in umgekehrtem Verhältniss. Der allgemeinere Begriff heisst der höhere, weitere; der specielle der niedere, engere; ihr Verhältniss heisst das der Subordination.

Dasselbe ergibt sich, wenn wir nicht von einem einzelnen Objecte ausgiengen, sondern von verschiedenen, und die Aufgabe gestellt wäre, anzugeben, welche Merkmale verschiedenen Objecten gemeinschaftlich sind. Je mehrere verschiedene zusammengefasst werden sollen, desto wenigere Merkmale werden ihnen gemeinsam sein, desto inhaltsloser wird der Begriff; je wenigere, desto inhaltsreicher.

4. In diesen Sätzen, so einfach und selbstverständlich sie erscheinen, verstecken sich doch einige gewöhnlich nicht genügend beachtete Fragen und Schwierigkeiten, theils hinsichtlich der Processe der Abstraction und Determination, theils hinsichtlich des Verhältnisses zwischen Inhalt und Umfang.

Zunächst ist das Weglassen und Hinzufügen von Merkmalen nichts so Willkürliches und Beliebiges, als es nach diesen Sätzen scheint. Unter den Merkmalen ist immer eins dasjenige, welches die Art der Synthese bestimmt, indem es die Kategorie angibt; würde man versuchen dieses wegzulassen, so verlören die übrigen Merkmale ihren Halt, und der Sinn ihrer Synthese würde unsicher. Ueber- und untergeordnet können nur Begriffe innerhalb derselben Kategorie sein; und es verwirrt, wenn etwa roth der übergeordnete Begriff zu Rose oder vernünftig der übergeordnete Begriff zu Mensch oder vorsätzlich der übergeordnete Begriff zu Mord sein soll.

Ferner sind die Merkmale nicht alle unabhängig von einander, sondern setzen einander theilweise voraus. Es hülfe nichts, das Merkmal ausgedehnt wegzulassen und roth beizubehalten; dieses setzt jenes voraus. Somit ist der Gang der verallgemeinernden Abstraction innerhalb gewisser Grenzen vorgezeichnet.

Ebenso der der Determination. Selbstverständlich ist zunächst, dass diese nicht unvereinbare Merkmale herzubringen darf, ohne dem Widerspruch zu verfallen; aber wodurch soll die Determination bestimmt werden? Hier ist auf einen doppelten Grund der Determination hinzuweisen. Sofern nemlich die gegebene Begriffsformel Merkmale enthält, die noch ihrer eigenen Natur nach eine Reihe von Unterschieden zulassen — wie roth eine Reihe von Schattierungen, kreisrund alle möglichen Grössen des Durchmessers u. s. w. — bietet sich hier für die Determination die Setzung irgend eines dieser Unterschiede, und sie rechtfertigt sich aus dem gegebenen Begriffe selbst. Aber schon hier ist zu achten, ob nicht andere Merkmale einen Theil der so möglichen Merkmale ausschliessen und die Determination einschränken. Der Begriff einer von drei Geraden begrenzten ebenen Figur enthält nichts über die Grösse der Figur, noch die Grösse der Geraden und ihr Verhältniss zu einander; mit dem Begriff der Geraden ist irgend eine Grösse nothwendig gegeben, welche, bleibt der Determination vorbehalten; aber ich kann nun nicht beliebig für jede Gerade eine Determination vollziehen, sondern bin durch das Gesetz eingeschränkt, dass zwei Seiten zusammen grösser sind als die dritte; dieses Gesetz ist mir durch die übrigen Merkmale und die Art der geforderten Synthese derselben vorgeschrieben. Die Determination kann also nicht aus einem Merkmale für sich, sondern nur aus dem ganzen Complex hervorgehen.

Neben dieser Determination läuft aber eine andere her, welche unabhängige neue Merkmale hinzufügt, ohne dass diese in den gegebenen einen Anknüpfungspunkt haben. Wird z. B. die Materie bestimmt als die ausgedehnte und schwere Substanz, so vermögen wir die specifischen Eigenschaften der einzelnen Stoffe auf dem Standpunkte unserer jetzigen Kenntniss in keiner Weise als Modificationen der Ausdehnung und Schwere zu betrachten. In solchen Fällen zeigt es sich nun aber, dass die Determination durch die rein empirische Kenntniss dessen bestimmt ist, was unter den Begriff der Materie fällt; wir fügen die Merkmale hinzu, welche wir erfahrungsmässig mit den allgemeineren vereinigt finden. Diese Determination könnte durch den Gehalt unserer Vorstellungen erst geleitet sein, wenn wir eine absolut vollkommene Einsicht in das Wesen der Dinge hätten.

5. Diese doppelte Weise der Determination macht unsicher, was unter dem **Umfang** eines Begriffs zu verstehen sei. Gehen wir vom logischen Gesichtspunkt aus, der zunächst begrifflich bestimmte Prädicate fordert, und darum nur die Vorstellungen im Auge hat, mit denen wir an die wirklichen Dinge herantreten: so kann consequenterweise das **Verhältniss der Unterordnung immer nur zwischen Begriffen** stattfinden, und die Allgemeinheit des Begriffs besteht darin, dass er in einer Menge begrifflich, d. h. durch ihren Inhalt, durch differente Merkmale unterschiedener Vorstellungen gedacht wird. Die bloss numerische Allgemeinheit, vermöge der dieselbe Vorstellung in einer unbestimmten Menge einzelner angeschauter Dinge wiedergefunden wird, ist für das Wesen des Begriffs völlig gleichgültig; es ist ein und derselbe Begriff, der in allen Exemplaren gedacht wird, und sein Wesen verändert sich nicht, ob er von einem oder von hundert Dingen prädiciert werden kann.

Darum kann der Begriffs-Umfang **niemals nach der empirischen Anzahl gleicher Dinge bemessen werden, welche unter einen Begriff fallen**, sobald — gegen das Principium identitatis indiscernibilium — die Möglichkeit anerkannt ist, dass es für unsere Erkenntniss Objecte gibt, die sich nicht mehr durch ihre Eigenschaften, sondern nur noch durch verschiedenen Ort oder verschiedene Zeit unterscheiden. Dem gegenüber ist festzuhalten, dass **ein Begriff, der sich nicht weiter determinieren lässt, keinen Umfang mehr hat**; er repräsentiert die Grenze der Beschränkung des Umfangs, den Punkt; wenn auch das ihm entsprechende in Millionen Exemplaren empirisch vorhanden sein mag. Eine gusseiserne Kugel von 10 Centim. Durchmesser ist, alles Gusseisen als gleich vorausgesetzt, ein solcher Begriff.

Nur sofern es Merkmale gibt, deren begriffliche Fixierung immer nur in einer Begrenzung eines Continuums unmerklich kleiner Unterschiede bestehen kann, hat auch die unterste begrifflich fixierte Formel noch einen Umfang, nur dass er sich nicht mehr in discrete Begriffe zerlegen lässt.

Die Frage nach den **Individualbegriffen** nimmt an

dieser Schwierigkeit Theil. Ein Individualbegriff kann niemals bloss deshalb ein solcher heissen, weil zufällig in der empirischen Wirklichkeit bloss ein Ding existiert, das ihm entspricht, sowenig als es die logische Natur des Begriffs afficiert, wenn gar kein ihm entsprechendes Object gegeben wäre. Individualbegriff kann nur der heissen, **durch dessen Merkmale schon die Einzigkeit eines ihm entsprechenden Objects gegeben ist**; so ist der Mittelpunkt der Welt in diesem Sinne ein Individualbegriff. Die Frage dagegen, ob alle Individuen, welche factisch unter einen gegebenen Begriff fallen, noch anders als räumlich und zeitlich unterscheidbar seien, und ob ein Begriff kleinsten Umfangs nur Ein oder ob er mehrere Einzeldinge unter sich befassen könne, geht die logische Betrachtung nichts an, sondern gehört in die reale Wissenschaft.

Ebendarum ist es auch rein zufällig, wenn die Zahl der unter zwei inhaltlich verschiedene Begriffe fallenden Dinge dieselbe ist, und sie dürfen darum **gleichgeltende oder Wechselvorstellungen** nicht als **Begriffe** heissen, sondern nur insofern, als sie, als **Namen** gebraucht, für unsere Kenntniss dieselben Dinge bezeichnen. In der That sind sie verschieden und haben logisch betrachtet verschiedenen Umfang. Das zweifüssige ungefiederte Thier ist ein anderer Begriff, als der Begriff des Menschen; nur als Namen gebraucht, bezeichnen sie dieselben Wesen. Vom logischen Umfang des Begriffs ist also der **empirische Umfang des Namens** zu scheiden.

Höchstens kann man darüber im Zweifel sein, ob die Begriffe »gleichseitiges Dreieck« und »gleichwinkliches Dreieck« identisch oder verschieden sind. Sie sind in der Formel verschieden; da aber das Merkmal gleichseitig, zusammen mit den in dem Worte Dreieck zusammengefassten Merkmalen das Merkmal gleichwinklich mit Nothwendigkeit enthält und umgekehrt, so haben sie absolut denselben Werth; und nur wo man am sprachlichen Ausdruck hängt, kann man sie für verschieden erklären. Dann müssen aber auch gleichseitiges Rechteck und rechtwinklicher Rhombus verschiedene Begriffe sein.

Direct vergleichbar sind ferner nur die Umfänge unter-

und übergeordneter Begriffe; die Umfänge von Begriffen, die von einander unabhängig sind, lassen sich nicht vergleichen, ausser sofern jeder Begriff, der noch viele Determinationen zulässt, im Allgemeinen ein weiter, jeder der nur noch wenige zulässt, im Allgemeinen ein enger heissen kann; ein bestimmtes allgemeines Mass der Umfänge aber kann es nicht geben.

Weiter ist zwischen dem **logischen Umfang** und dem **empirischen Umfang eines Begriffs** zu unterscheiden. Den logischen Umfang constituieren alle die Begriffe, welche durch die weitere Determination seiner Merkmale gewonnen werden, die mit diesen selbst gegeben ist. Wo aber die Determination bloss durch unsere Kenntniss der factisch vorhandenen Dinge geleitet wird, eine Reihe an sich möglicher Determinationen und Combinationen von Merkmalen gar nicht ausgeführt wird, weil wir keine empirische Veranlassung dazu haben — da kann auch nur von einem **empirischen Umfang** geredet werden, weil wir weder die Nothwendigkeit einsehen, gerade diese, noch die Nothwendigkeit, nur diese Determinationen vorzunehmen. Niemand vermag aus dem Begriffe des Metalls abzuleiten, dass es soviele, und dass es nur soviele verschiedene Metalle gibt; aber es wäre ein völlig leeres Geschäft, alle möglichen verschiedenen Combinationen von Merkmalen zu versuchen; der Umfang des Begriffs Metall wird für uns durch die Begriffe der bekannten Metalle constituiert. Ebendarum ist aber der empirische Umfang eines Begriffs niemals für abgeschlossen zu halten.

6. Auf das Verhältniss der über- und untergeordneten Begriffe pflegt man auch den Ausdruck **Gattung** und **Art**, **Genus** und **Species** anzuwenden; jeder Begriff ist dem niederen gegenüber Genus, dem höheren gegenüber Species. Es gilt von diesen Terminis ebenso, dass sie nur innerhalb derselben Kategorie bestimmten Sinn haben; roth ist kein Gattungsbegriff zu Rose, sondern nur zu den verschiedenen Abschattungen von roth. Die höchsten Gattungen, die πρῶτα γένη sind darum die Kategorieen; ihr Gemeinschaftliches ist zuletzt wieder nur die Relation, ein Denkobject zu sein. Hält man an jener Bestimmung nicht fest, so gäbe es soviel höchste

Gattungen, als es von einander unabhängige Merkmale irgendwelcher Art gibt.

Vom **Gattungsbegriff** ist die **Gattung im concreten Sinne**, die Gesammtheit der unter einen Gattungsbegriff fallenden Dinge, vom Gattungsbegriff Mensch die menschliche Gattung selbstverständlich zu unterscheiden.

7. **Von einem und demselben Begriff kann zu verschiedenen höheren Begriffen aufgestiegen** werden, wenn er verschiedene von einander unabhängige Merkmale enthält. Vom Begriffe des Quadrats kann zu dem des gleichseitigen Vierecks, dem des gleichwinklichen Vierecks, dem der regulären Figur aufgestiegen werden, je nachdem eines der Merkmale gleichwinklich, gleichseitig, vierseitig, die alle von einander unabhängig sind, wegfällt; alle die höheren Begriffe verhalten sich gleichmässig als Gattungsbegriffe zu dem des Quadrats. Dem entspricht, dass ebenso die **Determination in verschiedener Ordnung** erfolgen kann, je nachdem das eine oder das andere aus einer Zahl unabhängiger Merkmale zuerst gesetzt wird. Von dem Begriffe der geradlinigen ebenen Figur aus kann fortgeschritten werden in der Ordnung figura plana rectilinea quadrilatera — fig. pl. r. quadrilatera aequilatera — fig. pl. r. quadrilatera aequilatera aequiangula; ebenso aber auch in dieser Ordnung: Figura plana rectil. aequiangula — fig. pl. r. aequiangula aequilatera — fig. pl. r. aequiangula aequilatera quadrilatera etc. Jeder Begriff, der von einander unabhängige Merkmale enthält, kann also in **verschiedenen Reihen einander subordinierter Begriffe** liegen, und es bedürfte der arithmetischen Combinationsrechnung, um alle Möglichkeiten zu erschöpfen.

Es gibt also **keine durch die Natur der Begriffe mit Nothwendigkeit gegebene Anordnung der Subordinationsfolge**, keine feste Rangstufenordnung, in welche sich alle logisch möglichen und berechtigten Begriffe in einerlei Weise einreihen liessen; gerade darum, weil die Begriffe in unserem Sinne subjective Gebilde sind, Formeln, die zunächst nur den Zweck haben, unsere Vorstellungen zu fixieren und zu allgemeinverständlichen und eindeutigen Prädicaten zu stempeln, kommt ihnen auch die Beweglichkeit und Freiheit manigfaltiger Combination zu *).

8. Diese ursprünglichste Function der Begriffe, als Prädicate in unsern manigfaltigen Urtheilen zu dienen, lässt es als keine Unvollkommenheit derselben erscheinen, dass sie in der Regel ärmer an Bestimmungen sind als die concreten und völlig bestimmten Subjecte, von denen sie prädiciert werden, und dass ihnen mehr oder weniger fehlt, wenn sie nun mit der anschaulichen Wirklichkeit der einzelnen Dinge, Vorgänge u. s. w. verglichen werden. Es schadet dem Werthe des Begriffs »Obst« nicht, dass kein Mensch Obst überhaupt essen kann, sondern nur Aepfel oder Birnen u. s. w., und zwar von einer ganz bestimmten Sorte, und jedes Exemplar von individueller Form und Grösse; und es schadet dem Werthe des Begriffs Uhr ebensowenig, dass Niemand eine Uhr überhaupt haben kann, sondern nur eine Penderluhr oder Spiraluhr etc. Diese Differenz zwischen dem Begriff und dem Seienden ist mit seinem Zweck und seiner Function nothwendig gegeben. Es ist darum eine den obersten und allgemeinen Zweck der Begriffsbildung verkennende Forderung, wenn nun die logische Theorie den vermeintlichen Mangel wieder dadurch gut machen will, dass sie behauptet oder fordert, dass der Begriff eines Dinges die **wesentlichen Merkmale** desselben enthalte — womit dasjenige, was der Begriff noch unbestimmt lässt, als unwesentlich, als accidentell hingestellt wird. Abgesehen davon, dass wir eine durchdringende Kenntniss der ganzen

---

*) Die Vorstellung einer Anordnung der Begriffe, in der von Einer Spitze — dem Begriffe des ὄν oder des Etwas aus — als dem allgemeinsten Begriffe sich die specielleren in immer grösserer Zahl ausbreiten, ist nach allen Seiten schief; sie setzt voraus, dass die Zahl der höheren Gattungsbegriffe viel kleiner sein müsse, als die der specielleren; wenn man aber die Begriffe als Combinationen aus einer begrenzten Anzahl von Merkmalen betrachtet, so hängt es ganz von ihren Verhältnissen ab, ob die Combinationen grösserer oder geringerer Allgemeinheit zahlreicher sind. Nur auf dem Grunde einer Metaphysik, welche dem höheren Begriffe die reale Bedeutung beilegt, hervorbringende Ursache der niederen zu sein, ergibt sich die Nothwendigkeit einer festen Anordnung, und damit zugleich jenes Bild einer Begriffspyramide.

Welt haben müssten, um zu wissen, was denn wesentliche Merkmale der Dinge seien und was nicht, so führt diese Behauptung, sobald man sie mit der Ueber- und Unterordnung der Begriffe zusammennimmt, nothwendig zu der pantheistischen Consequenz, dass aller Dinge Wesen nur Eines, und alle Unterschiede nur accidentelle, zuletzt nur in der subjectiven Vorstellungsweise gegründet seien. Denn da keine absolute und feste Grenze besteht zwischen den Unterschieden, welche die begriffliche Fixierung vernachlässigen muss, um die Begriffsspaltung nicht ins Unübersehbare zu treiben, und denen, die eben noch ihre begriffliche Fixierung und Formulierung finden — so sind mit demselben Rechte, mit welchem die bloss individuellen Unterschiede der unter einen niedersten Begriff fallenden Dinge bloss accidentell sind, auch die Unterschiede der letzten Species gegenüber dem Genus accidentell; und da sich zuletzt immer ein höheres Genus zu seinen Species verhält wie der speciellste Begriff zu den noch unterscheidbaren Individuen, so kann nur der höchste Begriff das eigentliche Wesen ausdrücken. Dies ist in der That die Genesis der Spinozischen Lehre, dass es nur eine Substanz gebe, und alle Unterschiede blosse Modificationen dieses Einen seien.

Der Unterschied wesentlicher und unwesentlicher Merkmale hat seine Bedeutung und sein Recht zuerst im Gebiete der Zweckbegriffe. Wo es sich darum handelt, irgend einen Zweck durch reale Mittel zu erreichen, pflegen diese ihrer natürlichen Beschaffenheit nach noch eine Reihe von Eigenschaften zu haben, welche nicht gewollt und darum durch den Zweckbegriff nicht bestimmt sind; sie sind demselben gegenüber accidentell. Das Bedürfniss des Schutzes gegen die Kälte erzeugt den Zweckbegriff einer den Wärmeverlust verhindernden Umhüllung, damit ist von dem Stoffe, der diesem Zwecke dienen soll, verlangt, dass er ein schlechter Wärmeleiter und biegsam sei. Jeder erreichbare Stoff hat aber ausser der Eigenschaft, ein schlechter Wärmeleiter und biegsam zu sein, noch viele andere Eigenschaften; die letzteren thun zur Erfüllung des Zwecks nichts; dem Begriffe des Kleides gegenüber sind sie accidentell. Ebenso ist der

Begriff der Uhr ursprünglich ein Zweckbegriff — der Begriff eines Apparates, welcher die Zeit durch räumliche Veränderungen misst; für den Begriff der Uhr ist es accidentell, wie sie construirt ist, wenn sie nur ihren Zweck erfüllt. Hier geht also in der That der subjective Begriff mit seinen Merkmalen der Realität voran; dass nicht bloss die Bestimmungen verwirklicht werden können, welche er in sich schliesst, hängt von der Natur der Dinge ab, welche als Mittel verwendet werden müssen; mit der Mannigfaltigkeit der Mittel besondert er sich. Nur wo die Natur selbst unter den Begriff des Zwecks gestellt und so betrachtet wird, als wolle sie gewisse Ideen oder Formen verwirklichen, die in ähnlicher Unbestimmtheit und Variabilität gedacht werden, wie der Mensch seine Zwecke denkt, hat es einen Sinn, wesentliche und unwesentliche Merkmale in der Vorstellung eines existierenden **Dings** zu unterscheiden. Kommt es der Natur darauf an, bloss die Form, den Bau und die Organisation des Pferdes zu schaffen, und ist für ihren Zweck die Farbe gleichgültig: so gilt diese als unwesentliches Merkmal, das nur da ist, weil das Pferd doch irgend eine Farbe haben muss. Die Veränderlichkeit solcher Merkmale bei sonst ähnlichen Individuen gilt dann als Zeichen ihrer Gleichgültigkeit; während doch, naturwissenschaftlich betrachtet, die weisse Farbe des Schimmels und die schwarze des Rappen ebenso nothwendig aus der Constitution der einzelnen Individuen folgt, wie der Bau ihres Skeletts und ihrer Muskeln.

Der Unterschied des Wesentlichen und Unwesentlichen liegt also zuletzt immer da, **wo mit einem schon gegebenen Begriffe** eine darunter befasste Vorstellung verglichen, und die Realisierung des Begriffs in ihr gesucht und betrachtet wird. Wenn das Strafrecht gewisse Begriffe von Verbrechen aufstellt, Mord, Todtschlag u. s. f.: so sucht in den einzelnen concreten Handlungen der Richter die Merkmale, welche das Gesetz bestimmt; diese sind für die Subsumtion und die Ausmessung der Strafe wesentlich, die individuellen Umstände der That, die nicht vorgesehen sind, sind unwesentlich. Es ist wesentlich, ob einer vorsätzlich oder unvorsätzlich, mit oder ohne Ueberlegung einen andern getödtet hat; es ist unwesentlich, ob mit einer Kugel oder einem conischen Geschoss.

Derselbe Gesichtspunkt kehrt wieder, wenn die Aufgabe gestellt ist, die Bedeutung eines gebräuchlichen Wortes begrifflich zu fixieren; unwesentlich ist jetzt, was nicht zu der allgemeinen Bedeutung gehört, sondern nur den bestimmteren, darunter befassten Dingen oder specielleren Vorstellungen angehört. In diesem Sinne ist es für den Begriff des Hauses unwesentlich, ob es mit Ziegeln oder Stroh gedeckt ist, wesentlich aber, dass es überhaupt ein Dach hat; in der thatsächlichen Bedeutung des Wortes »Haus« ist das Bedecktsein eingeschlossen, das bestimmte Material aber nicht.

9. Von dieser logischen Betrachtung des Unterschiedes wesentlicher und unwesentlicher Merkmale eines Dinges ist scharf zu unterscheiden die Frage, was zum realen Wesen eines Dinges gehört, ihm wesentlich ist oder nicht (vergl. §. 33, 4 S. 258). Wenn die Forderung gestellt wird, die Begriffe der Dinge so zu bilden, dass sie das Wesen der Dinge ausdrücken, d. h. diejenigen Bestimmungen, die ihnen an und für sich zukommen und rein aus ihrem Wesen hervorgehen: dann sollen die Merkmale eines Begriffs die wesentlichen Bestimmungen der Dinge enthalten, und es sollen also unter denselben Begriff alle Dinge fallen, deren Wesen dasselbe ist. Es ist aber klar, dass diese Forderung nur durch die infimae species erfüllt werden kann, wenn man nicht in die pantheistische Richtung gerathen will, also für alle höheren Begriffe keinen Sinn mehr hat; und es ist ebenso klar, dass diese Wesensbegriffe, wenn sie überhaupt erreichbar sind, nur ein kleiner Theil der Begriffe sein können, deren wir überhaupt bedürfen. Denn für die Erkenntniss handelt es sich nicht bloss darum, das unveränderlich sich gleichbleibende Wesen, sondern auch die manigfaltige Aeusserung, Erscheinung und Wirkung dieses Wesens zu erkennen; und auch dazu bedarf es der Urtheile, deren Prädicate Begriffe sind.

Von einer Seite ist allerdings ein Unterschied zwischen den beharrlichen und bleibenden, und den veränderlichen und wechselnden Eigenschaften oder Zuständen eines Dinges, der Unterschied, den z. B. Cartesius durch die Distinction der attributa und der modi bezeichnen wollte; da der Begriff eine constante Vorstellung sein muss, der Begriff eines Dinges ein in der Zeit Beharrliches meint, so kann im Begriff des Dings nur liegen, was ihm bleibend zukommt. Dem Begriff des Dings gegenüber ist also das Veränderliche unwesentlich, aber nur weil es nicht in den Begriff aufgenommen werden kann, nicht weil es keine Beziehung zum realen Wesen des Dings hätte; denn dieses expliciert sich eben in den Veränderungen, und wir sind darum genöthigt, den bleibenden Grund des Veränderlichen als Vermögen, Kraft u. s. w. in den Begriff des Dinges aufzunehmen, wenn wir sein reales Wesen ausdrücken wollen.

10. Von dem Unterschiede der wesentlichen und unwesentlichen Merkmale, der in Beziehung auf den Begriff als solchen keinen Sinn hat, ist der andere der **fundamentalen und abgeleiteten Merkmale** wohl zu unterscheiden. Wenn aus einer Combination elementarer Merkmale andere Prädicate mit Nothwendigkeit hervorgehen, so heissen die ersteren fundamental, die zweiten abgeleitet *). Es ist eine fundamentale Eigenschaft des Rechteckes, parallele Seiten und rechte Winkel, eine abgeleitete gleiche Diagonalen zu haben; ein fundamentales Merkmal der ungeraden Zahl durch zwei getheilt den Rest Eins zu lassen, ein abgeleitetes durch gerade Zahlen nicht theilbar zu sein u. s. f. Aber auch hier ist die Vermischung des Logischen und Metaphysischen abzuweisen; es darf den fundamentalen Merkmalen nicht die Bedeutung beigelegt werden, dass sie das reale Wesen eines Dings constituieren — darüber wissen wir in vielen Fällen nichts, — sondern nur, dass sie nach der Art, wie **wir** die Abhängigkeit der Merkmale von einander erkennen, den Begriff als eine bestimmte Vorstellung constituieren.

11. Es geht aus unserer Lehre von der Negation her-

---

*) Abgeleitete Merkmale sind etwas anderes als abhängige. Abhängig ist ein Merkmal, das nur unter Voraussetzung anderer gedacht werden kann, wie die Farbe unter Voraussetzung der Ausdehnung; abgeleitet, wenn es zugleich **nothwendige Folge** anderer Merkmale ist.

vor, dass **negative Bestimmungen** niemals ursprüngliche Elemente an der Vorstellung sein und darum Merkmale im eigentlichen Sinne nicht werden können. Jede negative Bestimmung setzt ein verneinendes Urtheil voraus, und das Subject dieses Urtheils muss vor der Verneinung bestimmt gedacht werden können, um die Verneinung zu begründen. Inwiefern negative Bestimmungen dennoch zur **Ordnung der Begriffe** nothwendig werden können, wird sich im Folgenden ergeben.

### § 43.

Von dem **Unterschiede** der einfachen Merkmale und dem davon abhängigen der zusammengesetzten **Begriffe** ist die **Verschiedenheit** dessen, **worin** der Begriff gedacht wird, zu unterscheiden. Verschiedene Begriffe, die in demselben Objecte gedacht, also von demselben prädiciert werden können, heissen **vereinbare**, und sind in der Regel sich **kreuzende Begriffe**; verschiedene Begriffe, die **unvereinbar sind**, können nur in Verschiedenem gedacht werden, ihre **Umfänge schliessen sich aus**.

Auf der Determination eines Gattungsbegriffs durch unvereinbare Merkmale beruht die Differenziierung desselben in **disjunct coordinierte Begriffe**, auf der Vollständigkeit der Aufstellung der disjunct coordinierten Begriffe die **Eintheilung oder Division**.

Die **Eintheilung** geschieht entweder durch **innere Entwicklung schon gegebener Merkmale** oder durch **Hinzunahme neuer**; im letzteren Fall zuweilen durch **negative Bestimmungen**. Die Eintheilung rechtfertigt die Aufnahme negativer Merkmale von der Form nonB in einen Begriff, nicht aber nonB als selbstständigen Begriff.

Der Unterschied des sog. **contradictorischen** und **conträren Gegensatzes** fällt richtig verstanden mit dem

Unterschied einer zweigliedrigen oder mehrgliedrigen Eintheilung zusammen.

Die **Vollständigkeit der Eintheilungsglieder** ist entweder eine **bloss empirische** oder eine **logische**.

1. Mit der **Vielheit unterschiedener Merkmale** ist nothwendig gegeben, dass ihr **Unterschied** sich durch die **Verneinung** ausspreche, welche sagt, dass A nicht B, nicht C u. s. w. ist (§ 21, 1. § 22, 6). Es gehört zur Vollendung der begrifflichen Bestimmtheit, dass diese Verneinung immer klar und selbstverständlich sei, und nicht durch die Unbestimmtheit der gewöhnlichen Sprache da schwankend werde, wo es sich um allmähliche Uebergänge handelt.

Dasselbe gilt von allen **zusammengesetzten Begriffen**, welche nicht absolut identisch, d. h. gleichbedeutende Synthesen derselben Merkmale sind; sie sind ihrem Inhalte nach durch die Verschiedenheit der Merkmale nothwendig verschieden, und diese Verschiedenheit wird ebenso durch die Verneinung der Identität ausgedrückt, welche sagt, dass A nicht dasselbe sei was B, und nichts anderes als die feste und unverrückbare Regel zu bestätigen hat, nach der die verschiedenen Wörter Verschiedenes bedeuten, und die, wo es sich bloss um den Inhalt der durch verschiedene Wörter bezeichneten Begriffe handelt, selbst dann gilt, wenn das Prädicat einen dem Subject übergeordneten Begriff bezeichnet: Quadrat ist nicht Parallelogramm.

Man hat wohl ein Maximum der Verschiedenheit aufgestellt, indem man von **unvergleichbaren (disparaten) Begriffen** sprach, die gar kein Merkmal gemein haben (wie Verstand und Tisch, wozu also die verschiedenen einfachen Merkmale selbst gehören, wie roth und süss), im Unterschiede von den **vergleichbaren**, welche ein oder mehrere Merkmale gemeinschaftlich haben (also nach gemeiner Lehre unter einem und demselben höheren Begriffe stehen) und sich nur durch die übrigen unterscheiden. Aber dieser Unterschied ist ein relativer; denn absolut unvergleichbar ist gar nichts, sofern allem überhaupt Gedachten wenigstens die formalen logischen Bestimmungen zukommen. Sieht man aber von diesen ab, so ist die einschneidendste Verschiedenheit der Begriffe diejenige, welche einen verschiedenen Sinn der Synthese ihrer Merkmale bestimmt, die Verschiedenheit der Kategorieen; und insofern hätte man Recht, Begriffe, welche verschiedenen Kategorieen angehören, als **grundverschieden**, (wie Mensch und Tugend, Mensch und Bewegung), solche, welche innerhalb derselben Kategorie stehen, als **untergeordnet verschieden** zu bezeichnen. Dann können aber grundverschiedene Begriffe doch viele Merkmale nur in verschiedenem Sinne gemein haben, wie Eisen und metallisch, Mensch und lebendig, ohne dass sie darum im gewöhnlichen Sinne unter einem gemeinschaftlichen höheren Begriff stünden, weil die Subordination nur innerhalb derselben Kategorie einen Sinn hat.

2. Von der **Verschiedenheit der Begriffe** selbst ihrem Inhalte nach ist wohl zu unterscheiden die **Verschiedenheit dessen, worin sie gedacht werden,** und wovon sie also prädiciert werden können. Die Möglichkeit zusammengesetzter Begriffe ist allein dadurch gegeben, dass verschiedene Merkmale als Bestimmungen einer und derselben Vorstellung gedacht werden können, mag die Form ihrer Synthese sein welche sie will: und insbesondere ist die Vorstellung der unabsehbaren Menge unterschiedener Dinge dadurch bedingt, dass verschiedene Eigenschaften als Bestimmungen desselben Dings vereinigt gedacht werden können. Jeder Begriff, der noch weitere Determinationen durch verschiedene Merkmale zulässt, wird, sobald diese gesetzt sind, in verschiedenen Begriffen mitgedacht; umgekehrt kann eine Reihe von verschiedenen höheren Begriffen in demselben niederen mitgesetzt sein.

Merkmale, welche in demselben Begriff sich vereinigen lassen, und Begriffe, welche als Bestandtheile desselben Begriffes gedacht werden können, heissen **vereinbar**. Verschiedene Gattungsbegriffe insbesondere, welche eine und dieselbe Species unter sich haben, heissen **sich kreuzende Begriffe**, sofern sie wenigstens einen Theil ihres Umfangs gemeinschaftlich haben, also die bildlich (etwa als Kreise) vorgestellten Grenzen ihres Umfangs sich kreuzen und ein allen gemeinschaftliches Stück einschliessen. So kreuzen sich Viereck und reguläre Figur im Quadrat. Es ist klar, dass der Begriff, in welchem zwei höhere sich kreuzen, dadurch entsteht, dass die Merkmale, in welchen sie verschieden sind, combiniert werden, und gegenseitig als Determination auftreten. Zwei Begriffe a b c und a b g kreuzen sich in dem Begriffe a b c g, der als Determination von a b c durch g, oder als Determination von a b g durch c betrachtet werden kann.

3. Den vereinbaren Merkmalen stehen gegenüber die unvereinbaren oder unverträglichen (vergl. § 22, 8—13 S. 172 ff.), die nicht in demselben Begriffe zusammengedacht werden können, sondern sich, als Bestimmungen desselben gedacht, gegenseitig ausschliessen. Ein Merkmal, das mit allen andern unverträglich wäre, gibt es nicht: mit den formalen logischen Bestimmungen wenigstens müssen alle verträglich sein; die Unverträglichkeit selbst aber, wo sie eine logische ist, ist mit der Natur unserer Vorstellungen gegeben (vergl. § 22, 8 S. 172 f.).

4. Auf diesem Verhältnisse nun, dass Merkmale mit denselben andern vereinbar, unter sich aber unvereinbar sind, ruht die Differenziierung der Begriffe und specieller die vollständige Entwicklung (Eintheilung)\*) derselben.

Wird ein Begriff A durch zwei unvereinbare Merkmale b und c determiniert: so heissen b und c artbildende

---

\*) Es ist eine Unbequemlichkeit der herrschenden logischen Terminologie, dass zwei so verschiedene Processe wie die Analyse eines Begriffs in seine Merkmale und die Entwicklung entgegengesetzter Begriffe aus einem höheren durch Ausdrücke bezeichnet werden, die vom Theilen hergenommen sind, und das einemal das Theilen des Inhalts in seine Elemente, das anderemal das Theilen des Umfangs in sich ausschliessende Umfänge verstanden werden soll. Dadurch entsteht das Irrationelle, dass durch die Theilung eines Begriffs nicht Theile des Begriffs gewonnen werden, sondern Begriffe, in deren jedem der ganze getheilte Begriff als Theil ist. Geht man consequent vom Inhalt der Begriffe aus, so kann es sich nur um eine Entwicklung der in demselben angelegten Unterschiede handeln; der terminus Eintheilung oder Division (bei Arist. διαίρεσις) passt vielmehr auf die Gesammtheit der Einzelobjecte, welche unter den Begriff fallen; diese wird als das Ganze betrachtet, das in verschiedene Gruppen zu zerlegen ist.

Unterschiede (differentiae specificae) und die so entstandenen Begriffe selbst sind unverträglich, d. h. sie können nicht als Bestandtheile desselben niedern Begriffs gedacht, also nicht von demselben prädiciert werden (kein Ab ist Ac, kein Ac ist Ab); ihre Umfänge sind daher absolut geschieden, und alle weiter aus ihnen entwickelten specielleren Begriffe sind ebenso unverträglich; während jeder dieser Umfänge ein Theil des Umfangs des höheren Begriffs ist (rechtwinkliches und spitzwinkliches Viereck, rothe und gelbe Rose u. s. w.) Solche Begriffe heissen **disjuncte**, und sofern sie in demselben Subordinationsverhältniss zu einem gemeinschaftlichen höheren Begriffe stehen, **disjunct-coordinierte Begriffe**.

Lässt ein Begriff A **nur eine beschränkte Anzahl** sich ausschliessender Determinationen b c d zu, so entsteht eine Reihe disjuncter Begriffe, deren **Umfang den Umfang des Begriffs A erschöpft**, sofern wenn A in die Gesammtheit der von ihm aus noch möglichen Unterschiede entwickelt wird, jeder niedere Begriff mit einem oder dem anderen jener Merkmale gedacht werden muss. Der Begriff A heisst **eingetheilt** in die Begriffe Ab, Ac, Ad; diese die **Glieder der Eintheilung**.

Die Eintheilung selbst stellt sich dar in einem **divisiven Urtheile**: A ist theils Ab, theils Ac, theils Ad; von jedem einzelnen, das unter A fällt, gilt das **disjunctive Urtheil**, dass es entweder Ab oder Ac oder Ad sei (s. § 37, 6. 7).

5. Die **Voraussetzung jeder Differenziierung** ist, dass ein Begriff noch in einem oder mehreren seiner Merkmale unbestimmt sei und weitere sich ausschliessende Unterschiede zulasse, oder dass die Synthese seiner Merkmale unvollständig sei und für weitere Merkmale Raum gebe; die Voraussetzung jeder Eintheilung, dass die Gesammtheit der möglichen Determinationen eine beschränkte und erschöpfend bekannte sei. Der Begriff der geradlinigen ebenen Figur ist nach verschiedenen Seiten unbestimmt, sowohl nach der Zahl der Seiten, als nach der Grösse derselben, und zwar sowohl der relativen als der absoluten Grösse, ebenso nach der relativen Grösse der Winkel (die absolute Grösse derselben ist kein völlig unabhängiges Merkmal, sondern innerhalb gewisser Grenzen

von der Seitenzahl abhängig); je nachdem an der einen oder andern noch offenen Seite die Determinationen gesetzt werden, wird der Begriff nach verschiedenen Richtungen in seine Unterschiede entwickelt. Ebenso ist der Begriff der Flüssigkeit noch unbestimmt hinsichtlich der Durchsichtigkeit oder Reflexionsfähigkeit des Lichtes, hinsichtlich des Geruchs, Geschmacks u. s. f. Geruch, Geschmack, Farbe sind keine Unterschiede eines der Merkmale, welche den Begriff der Flüssigkeit constituiren, aber sie können zu den übrigen Merkmalen hinzutreten, da ihre allgemeine Möglichkeit durch die Merkmale des Begriffs Flüssigkeit gegeben ist.

Nur die erste Form der Differenziierung kann genau genommen Entwicklung genannt werden. Wenn dasjenige Merkmal, an welchem die Unterschiede heraustreten, der Theilungsgrund (fundamentum divisionis) heisst: so ist hier der Theilungsgrund in dem gegebenen Begriffe selbst, und liegt darin, dass ein Merkmal sich ausschliessende Unterschiede noch in sich befasst. So entwickelt sich der Begriff der Linie in den der geraden und krummen; mit der Entstehung der Vorstellung der Linie ist eine Bewegung gegeben, und diese kann nicht gedacht werden ohne Richtung; die mit sich gleichbleibende Richtung ist die gerade, die sich stetig ändernde Richtung ist die krumme Linie. Der Begriff der krummen Linie entwickelt sich in die Unterschiede der geschlossenen, in sich zurückkehrenden, und der ins Unendliche verlaufenden; denn mit der stetigen Richtungsänderung ist die Möglichkeit zu beiden Fällen gegeben u. s. w.

Die zweite Form der Differenziierung bringt die Determinationen von aussen heran; der Theilungsgrund ist zunächst nur die unbestimmte Möglichkeit eines weiteren, von den bisherigen unabhängigen Merkmals, oder verschiedener unvereinbarer Merkmale; er tritt an den Begriff heran nur in Form einer Frage, ob wohl mit Ab noch weitere Merkmale vereinbar sind; die Determination könnte eine synthetische heissen. Mit dem Begriffe der Flüssigkeit, der nur Merkmale enthält, die sich auf Gesichts- und Tastempfindungen gründen, ist die blosse Möglichkeit des Geschmacks und der Geschmacksunterschiede gegeben; sie kommen als neue Elemente hinzu. Auf diesem Boden entsteht dann die Möglichkeit **negativer Unterscheidungsmerkmale**, die eine blosse Privation ausdrücken. Wir theilen den Begriff des organischen Wesens in das empfindende und das nichtempfindende, die Blumen etwa in riechende und geruchlose, die Flüssigkeiten in farblose und gefärbte; **das Fehlen eines Merkmals**, das mit den übrigen Merkmalen vereinbar aber nicht nothwendig verknüpft ist, begründet hier einen Artunterschied. Die negative Formel tritt in diesen Fällen aus ihrer Unbestimmtheit heraus, indem sie an der durch den allgemeineren Begriff gesetzten und in einer seiner Arten verwirklichten Möglichkeit des positiven Merkmals ihren Inhalt hat; und sie hat keine selbstständige Function, um den Inhalt auszudrücken, sondern dient nur als **Ordnungszeichen**, um den Unterschied zu markieren.

Von diesen **privativen Merkmalen** als Mitteln der Differenziierung sind diejenigen genau zu unterscheiden, bei denen der negative Ausdruck von Merkmalen nur eine **Umschreibung von positiven**, innerhalb desselben allgemeineren Merkmals liegenden Unterschieden ist. Theile ich die Linien in gerade und nichtgerade, die Menschen in weisse und nicht weisse u. s. f., so hat der negative Ausdruck einen bestimmten positiven Sinn, indem er diejenigen Merkmale meint, welche von dem negierten Unterschiede **auf der Basis desselben Eintheilungsgrundes** ausgeschlossen sind. Die Verneinung der möglichen Bestimmung ist auf ein ganz bestimmtes Gebiet eingeschränkt, und setzt darum ein Positives; es liegt ihr eine Disjunction zu Grunde (gerade oder krumm, weiss oder farbig, resp. weiss oder gelb oder roth oder braun oder schwarz). Die Verneinung eines Disjunctionsglieds enthält die Setzung der anderen.

Diese negative Formel findet **doppelte Anwendung**: **einmal**, um in Einem Ausdruck eine längere Reihe von coordinierten disjuncten Gliedern zusammenzufassen, weil sie in irgend einer weiteren Hinsicht gleich sind und von dem dadurch ausgeschlossenen Begriffe sich unterscheiden. Wenn die Menschen in **weisse und farbige** d. h. hier **nicht weisse** eingetheilt werden, so hat das einen Sinn, wenn den farbigen gemeinsam die Fähigkeit zu höherer Cultur fehlt, welche den weissen zukommt; denn sonst ist, bloss die Farbe betrachtet, der Unterschied von schwarz und roth, roth und gelb ebenso gross als der von gelb und weiss, und es bestünde kein Grund, diese Reihe gleichgeltender Unterschiede bloss durch die Negation des Einen auszudrücken.

Die zweite Anwendung findet da statt, wo unter einer endlosen Reihe von möglichen Unterschieden einer bestimmt begrifflich fixierbar ist, die andern wegen der endlosen Menge der Unterschiede nicht oder weniger leicht, und ihre begriffliche Fixierung eben nur so vollzogen werden kann, dass sie gegen den Einen abgegrenzt werden; so ist es mit den regulären und nicht regulären Figuren; jede der letzteren hat an und für sich ein bestimmtes Verhältniss ihrer Seiten und Winkel; aber dem einfachen Merkmale der Gleichseitigkeit und Gleichwinklichkeit steht eine unendliche Reihe anderer Verhältnisse gegenüber, deren keines auf einen so einfachen Ausdruck gebracht werden kann, und die einzeln zu bestimmen absolut unmöglich ist.

6. Dadurch ergibt sich nun im Gebiete der Begriffseintheilung der **Werth und die Bedeutung der negativen Ausdrücke**, denen wir oben (§ 22, 11 S. 176 f.) jede Berechtigung absprechen mussten, sobald sie isoliert und unabhängig von dieser Aufgabe als selbstständige Zeichen von Vorstellungen auftreten wollten; und es ergibt sich zugleich, in welchem Sinne der Unterschied der sog. **conträren und contradictorischen Gegensätze** berechtigt ist. Beschränkt man den Ausdruck »Gegensatz« auf das Verhältniss disjunct-coordinierter Begriffe, so stehen in **contradictorischem Gegensatz die disjuncten Glieder einer zweigliedrigen Eintheilung**, in **conträrem die disjuncten Glieder einer mehrgliedrigen**. Dort lässt sich immer ein Glied durch die blosse Negation des das andere constituierenden Unterschieds vollkommen bestimmt und unzweideutig bezeichnen; hier nicht. Dort ist, wenn Ab und Ac die disjuncten Glieder sind, Ab soviel als A nonc und Ac soviel als A nonb; hier, wenn Ab, Ac, Ad die Glieder sind, ist Ac zwar in der Formel A nonb begriffen, diese selbst aber

umfasst sowohl Ac als Ad, und es ist also auszudrücken durch A nonb c.

7. Wo die **Anzahl von Unterschieden** ihrer Natur nach **unbeschränkt** ist, kann von einer Eintheilung im eigentlichen Sinne nicht die Rede sein, sondern nur von **Entwicklung eines höheren Begriffs in eine unendliche Reihe disjuncter niederer Begriffe**. So entwickelt sich der Begriff des Vielecks in die Arten des Dreiecks, Vierecks, Fünfecks u. s. f. in infinitum.

8. Das letztere Beispiel macht zugleich auf einen weiteren Punkt aufmerksam. Wenn ein Merkmal, für sich gedacht, eine Reihe von disjuncten Unterschieden an sich hat, wie das Merkmal der Vielheit die Zahlen, das Merkmal der Farbe die einzelnen Farben u. s. f., so hängt es von der Natur der übrigen Merkmale des Begriffs ab, ob die ganze Reihe dieser Unterschiede mit demselben vereinbar ist, oder nur ein Theil derselben. Während für den Begriff des sphärischen Vielecks alle Zahlen als disjuncte Merkmale eintreten, ist durch die Merkmale der geradlinigen ebenen Figur die Zahl 2, und sind durch die Merkmale des von Ebenen begrenzten Körpers die Zahlen 2 und 3 ausgeschlossen.

Besondere Bedeutung gewinnt diese Auswahl unter den an sich in einem Merkmal enthaltenen Unterschieden, wo der Process der Eintheilung nicht in der Weise der Entwicklung des Inhalts eines gegebenen Begriffs sich vollzieht und so den **logischen Umfang desselben** umschreibt, sondern von **dem empirischen Umfang desselben ausgeht**, und also die Aufgabe entsteht, einen Begriff so zu theilen, dass alle Unterschiede zugleich empirisch vorhanden sind. Mit der Thatsache, dass der menschliche Körper nicht durchsichtig ist, ist gegeben, dass er irgend eine Farbe zeigt; und würde bloss von diesem Merkmal aus der Begriff entwickelt, so würden alle Farben als Theilungsglieder eintreten müssen; an sich ist, von jenem Merkmal aus, die Aufstellung einer Species blauer und grüner Menschen ebenso gefordert, als der der weissen und schwarzen. In der Wirklichkeit fehlt eine Reihe von Farben; und wenn man den Begriff Mensch nach dem Eintheilungsgrunde der Farbe theilt, setzt man nur die

Farben, welche wirklich vorkommen, und betrachtet die Theilung als durch diese wirklich vorkommenden Unterschiede vollkommen erschöpft.

Es ist aber klar, dass diese Beschränkung im Allgemeinen zweierlei vollkommen verschiedene Aufgaben vermischt: die Aufgabe, eine gegebene Menge von Einzelwesen zu classificieren, die wir später genauer betrachten werden, und die Aufgabe, ein System von Begriffen herzustellen, das für die Erkenntniss des Einzelnen vermittelst logisch vollkommen bestimmter Prädicate dienen soll. Wäre es rein zufällig, dass im Umkreis unserer Erfahrung nur ein Theil der Farben wirklich als Hautfarbe des Menschen vorkommt, so wäre die sog. Eintheilung der Menschen nicht eine Theilung des Begriffs, sondern bloss eine Classification der wirklich gegebenen Menschen, es liesse sich aber nie feststellen, dass der Begriff damit erschöpfend getheilt wäre; es wäre eine blosse Aufzählung disjuncter Arten, wie die Chemie ihre Metalle aufzählt, ohne sagen zu wollen, dass nicht noch neue entdeckt werden können.

Nur wenn die Thatsache, dass keine anderen Hautfarben vorkommen, als ein Zeichen dafür angesehen werden kann, dass durch die übrigen Merkmale des Menschen blaue oder grüne Hautfarbe ausgeschlossen ist, könnte die empirische Classification der Menschen zugleich als erschöpfende Eintheilung des Begriffs des Menschen gelten. Es hängt mit der Vernachlässigung der Betrachtung des Begriffs von seinem Inhalte aus, und mit der allerdings populäreren und anschaulicheren Weise, immer von dem empirischen Umfang auszugehen, zusammen, dass vielfach an die Stelle der Begriffseintheilung die blosse Classification des Gegebenen gesetzt, und so der logische Umfang mit dem empirischen verwechselt wurde. Dem gegenüber ist festzuhalten, dass die Thatsache, dass die Umfänge einer Reihe von Theilungsgliedern dem empirischen Umfang des getheilten Begriffs gleich sind, niemals die logische Vollständigkeit der Theilung verbürgt.

9. Die durchgeführte Division lässt einen bis jetzt nicht hervorgehobenen Unterschied der Merkmale heraustreten: den der notae communes von den notae propriae. Ein Theil der

Merkmale nemlich kann einer grossen Menge sonst verschiedener Begriffe gemeinsam sein, während es andere gibt, welche nur unter Voraussetzung einer bestimmten Combination anderer Merkmale möglich sind, und demgemäss einen bestimmten Begriff von allen höheren oder coordinierten unterscheiden. So ist das Merkmal »lauter ebene rechte Winkel haben« nur beim Viereck möglich; es ist eine nota propria des rechtwinklichen Vierecks. Eine solche nota propria kann aber immerhin noch einem Gattungsbegriffe zukommen; Merkmale, welche nur einer infima species zukommen, sind dann specifische notae propriae. Insoweit als es solche Merkmale gibt, ist durch sie ein Begriff von allen andern unterschieden; in sofern heissen sie **charakteristische Merkmale**.

10. Derselbe Begriff kann nach **verschiedenen Eintheilungsgründen getheilt** werden, und da die so entstandenen Begriffe im Allgemeinen sich kreuzende sein werden, so wird gesagt, dass solche Eintheilungen **sich kreuzen**. So kreuzt sich die Eintheilung der Parallelogramme in rechtwinkliche und schiefwinkliche mit der in gleichseitige und ungleichseitige, die Eintheilung der Pflanzen in Phanerogamen und Kryptogamen mit der in Land- und Wasserpflanzen u. s. f. Solche combinierte Theilungsgründe sind ein Mittel, einen Begriff mit Einem Schlage in eine Reihe von solchen zu zerfällen, die nicht unmittelbar untergeordnet sind\*); die Zahl der Theilungsglieder, die aus mehreren von einander unabhängigen Eintheilungen, die jede für sich a, b, c u. s. w. Glieder ergeben würde, hervorgeht, ist gleich dem Producte dieser Zahlen.

11. Denken wir uns einerseits die einfachsten möglichen Combinationen von Merkmalen hergestellt, die als selbstständige und isolierte Begriffe gedacht werden können, und diese wieder nach allen Seiten, nach allen Theilungsgründen durch Divisionen entfaltet bis in die speciellsten Begriffe herab: so wäre dadurch eine **geordnete Uebersicht** aller für unser Vorstellen möglichen Begriffe gegeben, in welchen sowohl

---

\*) Von der sog. Subdivision besonders zu handeln besteht gar kein Grund, da der Process absolut derselbe ist, ob ein höherer oder niederer Gattungsbegriff getheilt wird.

ihre Subordinationsverhältnisse als ihre Unterschiede nach allen Seiten bestimmt wären, und von jedem einzelnen Begriffe sofort klar wäre, in welchem Verhältniss der Unterordnung und des Gegensatzes er zu allen übrigen steht; dann wäre das logische Ideal vollkommener Analyse des Inhalts und allseitiger Unterscheidung erreicht, damit zugleich ein System von Prädicaten für alle einzelnen Objecte und das Mittel ihrer Zusammenfassung nach den verschiedensten Richtungen gegeben. Denn jedes Object würde dann zwar nur unter einem speciellsten Begriffe stehen, und damit von allen geschieden sein, die nicht in allen Merkmalen mit ihm übereinstimmen, aber nach verschiedenen Seiten unter verschiedene Reihen höherer Begriffe subsumiert werden können.

## § 44.

Eine **Definition** ist ein Urtheil, in welchem die **Bedeutung eines einen Begriff bezeichnenden Wortes angegeben wird**, sei es durch einen Ausdruck, der diesen Begriff in seine Merkmale zerlegt zeigt, wodurch also der **Inhalt des Begriffs vollständig dargelegt wird**, sei es durch Angabe der **nächsthöheren Gattung und des artbildenden Unterschieds**, wodurch seine Stellung im geordneten Systeme der Begriffe angegeben wird.

**Jede logische Definition ist eine Nominaldefinition: die Forderung einer Realdefinition beruht auf der Vermischung der metaphysischen und der logischen Aufgaben.**

Definitionen sind **analytisch oder erklärend**, wenn sie einen schon gebildeten, durch einen bekannten Terminus bezeichneten Begriff darlegen; **synthetisch oder bestimmend**, wenn sie dazu dienen, einen neuen Begriff durch eine Synthese bestimmter Merkmale aufzustellen und einen Terminus für denselben einzuführen.

Von der eigentlichen Definition ist die **Aufsuchung**

der dem gewöhnlichen Sprachgebrauch zu Grunde
liegenden Begriffe zu unterscheiden.

1. Gesetzt, das eben aufgestellte logische Ideal wäre erreicht, und es wäre ferner für jeden dieser Begriffe seine sprachliche Bezeichnung unzweideutig festgestellt, so würde die Aufgabe, den Inhalt eines Begriffs anzugeben, nur durch eine Wiederholung der Analyse und Synthese gelöst werden, durch die er erst als Begriff gebildet wurde, und es würde sich nur darum handeln, sich jeden Augenblick die Bedeutung eines solchen Wortes klar machen zu können, indem man die elementaren Merkmale expliciert, welche den durch das Wort bezeichneten Begriff constituieren, und sich seine Stellung nach Subordination und Disjunction zu vergegenwärtigen. Das erste geschieht in einer Formel, welche die einzelnen elementaren Merkmale angibt, und durch ihre Synthese den Begriff entstehen lässt; das zweite durch eine Formel, welche das Genus proximum und die Differentia specifica nennt, d. h. den Begriff als Glied einer Division angibt. (Sofern derselbe Begriff verschiedene Genera haben kann und die Ordnung der Determination in verschiedener Weise möglich ist, können in der zweiten Hinsicht verschiedene Formeln entstehen; das Quadrat ist vierseitige reguläre Figur, gleichseitiges Rechteck u. s. w., Formeln, deren Verschiedenheit nur scheinbar ist und sich aufhebt, sobald die Analyse fortgesetzt und auch diese höheren Begriffe in ihre Merkmale zerlegt werden.)

Nennt man die Angabe aller Merkmale eines Begriffs oder des Genus proximum und der Differentia specifica Definition, so ist klar, dass es sich darin nicht um eine Begriffserklärung, sondern, sofern etwas erklärt wird, nur um eine Worterklärung handeln kann. Eine Vorstellung ist nur dann ein Begriff, wenn sie klar ist, d. h. wenn was darin gedacht wird, vollkommen bewusst ist, die Definition ist also der Begriff selbst, nicht etwas vom Begriff Verschiedenes; das Wort allein, das dem Begriffe gegenüber äusserlich und zufällig ist, und in Einem Laut den Reichthum des Gedachten verbirgt, und in der That, wie $x$ und $y$ in der

Algebra, vielfach nur als Zeichen gebraucht wird, dessen Bedeutung nicht bei jedem Schritte gegenwärtig ist; das Wort, das durch seine äussere Form weder sein Verhältniss zu den Wörtern für übergeordnete, noch für nebengeordnete Begriffe an der Stirne trägt, wie eine chemische Formel die Zusammensetzung aus den Elementen, bedarf einer Erklärung, einer immer erneuerten Erinnerung an seinen Gehalt; es bedarf derselben insbesondere, wenn es aus der populären Sprache mit ihren fliessenden Grenzen aufgenommen ist, und aus einem schwankenden und zweideutigen ein constantes unzweideutiges Begriffszeichen geworden ist oder werden soll. Wäre das Leibniz'sche Ideal einer Characteristica universalis ausgeführt, so würde das Zeichen jedes Begriffs, mit dem er selbst im Denken unlösbar verbunden ist, zugleich seine Definition sein, und sein Verhältniss zu allen andern erkennen lassen.

Definition in diesem Sinne kann also niemals etwas anderes als eine **Nominaldefinition** sein, welche die Bedeutung eines Wortes angibt, und die nur in dem Sinne eine **Realdefinition**\*) sein muss, dass sie den **Inhalt** des

---

\*) Will man an eine Definition noch in anderem Sinne die Forderung stellen, Realdefinition zu sein: so verwirrt man die wissenschaftlichen Aufgaben. Die Frage, ob einem logisch vollkommen bestimmten Begriffe ein wirkliches Object entspreche, ist erst lösbar, wenn man den Begriff hat, und das Gegebene darunter subsumieren kann; die Frage, ob die Merkmale eines Begriffs das Wesen der darunter fallenden Dinge angeben, oder ob dadurch diese Dinge aus ihren realen Ursachen begriffen seien, ist erst lösbar nach vollkommener Erkenntniss der Objecte; diese Erkenntniss selbst kann aber nicht eine Definition genannt werden. Das gilt auch von dem Beispiel Lotzes (Logik 2. Afl. S. 202): »Nennen wir die Seele das Subject des Bewusstseins, des Vorstellens, Fühlens und Wollens, so kann dies schicklich eine nominale Definition genannt werden — erst eine Ansicht, welche bewiese, dass entweder nur ein übersinnliches und untheilbares Wesen oder nur ein verbundenes System materieller Elemente den Träger des Bewusstseins und seiner manigfachen Erscheinungen bilden könne, würde die reale Definition der Seele festgestellt haben.« Die Erkenntniss, welcher Art von Wesen die zunächst in dem Begriff der Seele gedachte Bestimmung, Subject des Bewusstseins zu sein, zukomme, ist keine Definition, sondern die Feststellung der Abhängigkeit der zuerst gedachten Merkmale von anderen, die noch nicht in den Begriff aufgenommen waren; ist diese Abhängigkeit erkannt, so ist der Begriff be-

dabei Gedachten analysiert und vom Inhalt anderer Begriffe scheidet; denn bloss sprachliche Erklärungen, wie Logik heisst Denklehre, Demokratie heisst Volksherrschaft, oder Erklärung sprachlicher Abkürzungen, wie eine Gerade ist eine gerade Linie, nennt Niemand Definitionen (vgl. § 5, 3. S. 27).

Eine Definition ist also ein **Urtheil**, in welchem die Bedeutung eines einen Begriff vertretenden Worts gleichgesetzt wird der Bedeutung eines zusammengesetzten Ausdrucks, der die einzelnen Merkmale des Begriffs und die Art ihrer Synthese durch die einzelnen den Ausdruck bildenden Wörter und die Art ihrer grammatischen Beziehung angibt; eine Gleichung zwischen zwei Zeichen desselben Begriffs, die sich ebendarum auch umkehren lässt. Es geht daraus von selbst hervor, dass, was unter das eine Wort, auch unter den anderen Ausdruck fällt, d. h. dass die Umfänge von Subject und Prädicat schlechthin dieselben sind. Das Dasein oder die reale Möglichkeit eines dem Begriff entsprechenden Seienden kann von der Definition wohl vorausgesetzt, von ihr als

---

reichert, wir verstehen jetzt unter »Seele« ein immaterielles untheilbares Wesen, das Subject des Bewusstseins ist; aber diese Definition ist jetzt in demselben Sinne Nominaldefinition, und in demselben Sinne Realdefinition, wie die erste; auch jetzt machen wir, nur vollständiger, »die Bedingungen namhaft, welche irgend ein Reales erfüllen muss, um Anspruch auf den Namen einer Seele zu machen«. Die beiden Begriffe bezeichnen nur zwei Stadien auf dem Wege zum Ziele der Erkenntniss; weitere Forschung würde uns lehren, in welchem Verhältniss die unter diesen bereicherten Begriff fallenden Wesen ihrer Natur nach zu andern Wesen stehen müssen u. s. f; dadurch würden sich noch reichere Definitionen ergeben. Alle Erkenntniss setzt, um ihr Object eindeutig zu bestimmen, eine Definition des dafür gebrauchten Wortes voraus; findet sie mit den so festgestellten Merkmalen andere nothwendig verbunden, so werden diese in die Definition mit aufgenommen, um mit diesem bereicherten Begriff ebenso zu verfahren. Die Forderung der Realdefinition durch die wesentlichen Merkmale geht durchweg auf die aristotelische Forderung zurück, dass der Begriff das Wesen des Dings im Sinne seiner Metaphysik angeben solle. Nachdem wir die aristotelische Metaphysik längst hinter uns haben, und uns in den meisten Gebieten bescheiden, das τί ἐστι im aristotelischen Sinne zu erkennen, wäre es Zeit dass auch die Logik den Begriff der sog. Realdefinition fallen liesse. Sie hat für uns in der Logik keinen Sinn mehr; sie repräsentiert nur ein einseitiges Ideal der Erkenntniss.

solcher aber niemals behauptet werden; die Definition ist ein erklärendes Urtheil im Sinne des § 16.

Daraus fliesst zunächst die Forderung, in dem definirenden Ausdruck (definiens) nicht das Wort zu wiederholen, das definiert werden soll (das definiendum), nicht idem per idem vermittelst einer Tautologie zu definieren, denn damit würde die Forderung der Analyse nicht erfüllt, welche immer das in einem Wort einheitlich gedachte in seine, nothwendig verschieden bezeichneten, Elemente zerlegen muss. Daraus fliesst die Opposition dagegen, auch nur ein Wort desselben Stammes in dem definiens zu wiederholen (z. B. Freiheit ist das Vermögen frei zu handeln), die übrigens nur dann berechtigt ist, wenn das etymologische Verhältniss beider Wörter unzweideutig ist, und beide genau in demselben Sinne genommen werden (z. B. Röthe ist die Eigenschaft roth zu sein), während die obige Erklärung der Freiheit darum bereits als Definition gelten kann, weil durch den Ausdruck »frei handeln« die Bedeutung von »frei« eingeschränkt wird, und nicht jede Eigenschaft frei zu sein, wie z. B. frei von Schmerzen u. s. w. Freiheit heissen soll; in solchen Fällen wird zunächst die Bedeutung der Ableitungssilbe definiert; und dies ist so wenig zu tadeln, als wenn bei einem zusammengesetzten Wort nur der eine Bestandtheil erklärt wird (z. B. Lebenskraft ist der innere Grund des Lebens).

Aus dem Wesen der geforderten Analyse folgt ferner, dass zu einfacheren Elementen zurückgegangen werden muss, und eine richtige Definition keinen Cirkel beschreiben kann, so dass sie unter den angegebenen Elementen das definiendum selbst wieder aufführte.

Dagegen ist die Forderung *definitio ne fiat per negationem* nicht unbedingt richtig; allerdings ist mit dem, was ein Begriff nicht ist, nicht gesagt was er ist; allein da die Unterscheidung eines Begriffs von coordinierten Begriffen oft nur in der Privation eines Merkmals besteht, und die Definition eben diese Aufgabe der Unterscheidung in sich begreift, so lassen sich negative Bestimmungen nicht überall vermeiden.

Dass eine Angabe der Arten eines Begriffs keine Definition ist, ergibt sich von selbst daraus, dass die Arten den Begriff enthalten, also ein Cirkel herauskäme.

Die Forderung der **Präcision** der Definition verbietet Merkmale anzugeben, die in andern schon enthalten oder nothwendig mit ihnen gegeben sind (abgeleitete Merkmale); in der Definition des Parallelogramms z. B. ausser der Parallelität der gegenüberliegenden Seiten auch noch ihre Gleichheit; übrigens ist eine sog. **abundante Definition** nicht fehlerhaft, und auf Gebieten, wo man des Zusammenhangs der Merkmale nicht absolut sicher ist, ist sie vorzuziehen.

Für die **Bezeichnungen der letzten Elemente** gibt es keinerlei Definition, sondern diese müssen als unmittelbar von allen in gleicher Weise verständlich vorausgesetzt werden; sie können nur genannt, nicht erklärt werden; wer sie noch nicht kennt, dem können sie höchstens **gezeigt** werden, dadurch dass man die Vorstellung durch Herstellung ihrer Bedingungen in ihm erweckt, wie das bei Farben, Gerüchen, Geschmäcken unter Voraussetzung der gleichen Organisation möglich ist. Ein Analogon der Definition findet nur da statt, wo eine Reihe von Merkmalen gemeinschaftlichen Namen hat, und durch die Angabe desselben an die übrigen in derselben Reihe stehenden erinnert wird — wie wenn gesagt würde, roth ist eine Farbe; hier kann etwas angegeben werden, was dem genus proximum entspricht, die differentia specifica aber nicht; höchstens könnte diese in negativer Weise ersetzt werden, durch Verneinung aller übrigen Unterschiede.

Muss die Begriffsbildung zuletzt auf die Gesetze unserer einfachen Vorstellungsfunctionen und der Formen ihrer Synthese zurückgehen: so ist die vollendete Definition diejenige, welche die Vorstellung ihres Objects aus ihren Elementen entstehen lassen kann; nur ihr kommt der Name einer **genetischen Definition** zu.

3. Kann eine durchgängige übereinstimmende Analyse unserer Vorstellungen in vollkommen bestimmte, übereinstimmend fixierte und bezeichnete Elemente nicht vorausgesetzt werden: so ist kein Begriff im logischen Sinne vorhanden und damit jede Aufgabe einer Definition im Allgemeinen

unlösbar; so unlösbar als die Aufgabe aus einer Gleichung mit lauter Unbekannten eine derselben zu bestimmen; jede Definition setzt eine wissenschaftliche Terminologie voraus.

So lange eine solche nicht vorhanden ist, kann eine Definition nur insoweit gelingen, als es möglich ist, schon in der gewöhnlichen Sprache Ausdrücke aufzufinden, welche unzweideutig sind und praktisch wenigstens dazu dienen können, die wirklich vorkommenden Objecte unzweifelhaft zu subsumieren. In diesem Falle befindet sich z. B. die Rechtswissenschaft in ihrer Anwendung auf die Verhältnisse des täglichen Lebens.

4. Für denjenigen, dem wohl die Elemente der Begriffe bekannt wären, der aber nicht alle daraus zu bildenden Begriffe selbst schon gebildet und die Bedeutung ihrer Bezeichnungen nicht vollständig gelernt hätte, hat die Definition, die er hört, die Bedeutung, eine Anleitung zur Begriffsbildung und zugleich eine Interpretation eines unverstandenen Worts zu sein.

Da ferner nach § 40, 4 zum logischen Ideal nur gehört, dass alle Elemente und alle Combinationsformen begrifflich festgestellt sind, so kann die Bildung zusammengesetzter Begriffe eine immer fortschreitende sein, um so mehr, da im Gebiete des Realen es ein völlig müssiges Geschäft wäre, alle Begriffscombinationen zu versuchen, so lange wir in die Gründe der realen Vereinbarkeit oder Unvereinbarkeit der einzelnen Merkmale und Merkmalscombinationen keine Einsicht haben, und die Veranlassung fehlt bestimmte Combinationen herzustellen; und damit ergibt sich also das Bedürfniss neue Begriffe zu bilden und neue Wörter für dieselben auszuprägen, welchen ihre begrifflich fixierte Bedeutung erst gegeben werden muss.

Stellen jene ersten Definitionen **a n a l y t i s c h e G l e i c h u n g e n** dar, in denen der Werth eines Worts durch eine gleichgeltende Formel ausgedrückt wird: so sind die Gleichungen, durch welche erst Ausdrücke für *neue Begriffe bestimmt werden, **B e s t i m m u n g s g l e i c h u n g e n**, in denen einem Zeichen durch Gleichsetzung mit einem aus bekannten Elementen bestehenden Ausdruck erst sein Werth verliehen wird. Wer zum erstenmal den mathematischen Begriff der Function bildete, gab diesem Wort seine Bedeutung durch eine Formel, die, äusserlich einer Nominaldefinition gleich, der Sache nach von ihr verschieden ist. Die Definitionen der Wörter für schon gebildete Begriffe sind **analytische**, die Definitionen, welche den Terminus für einen neuen Begriff einführen, **synthetische** genannt worden *).

5. Von diesen beiden Arten der Definitionen sind weiterhin die Worterklärungen zu unterscheiden, die sich zur Aufgabe setzen, bloss den **factischen Sprachgebrauch** festzustellen, und die zunächst bloss Versuche sind, diesen factischen Sprachgebrauch zu rechtfertigen und zu begründen, indem gezeigt wird, dass ihm ein bestimmter Begriff zu Grunde liege, der in allen mit dem Worte benannten Objecten und in keinem anderen gedacht werde, und so der Gesichtspunkt nachgewiesen wird, von dem aus die Sprache eine Reihe von Gegenständen unter gleiche Benennung stellt (§ 40, 5 Anm.). Wenn sie gelingen, so sind sie eine **Erzählung** darüber, welche Bedeutung factisch einem bestimmten Worte allgemein zukomme. Nur auf diese Art von Worterklärungen bezieht sich ursprünglich die Warnung, eine Definition soll nicht zu **eng** und nicht zu **weit** sein, d. h. ihre Merkmale sollen kein Object ausschliessen, das die Sprache noch mit dem Worte benennt, und kein Object einschliessen, das die Sprache mit einem anderen benennt. Es bedarf aber keiner Ausführung, einmal dass eine Definition überhaupt nur unter Voraussetzung begrifflich bestimmter Merkmale möglich ist, und dann, dass sich eine Menge von Wörtern in diesem Sinne gar nicht definiren lassen, theils weil sie ihre Bezeichnungen willkürlich ausdehnen und erst ihre verschiedenen Bedeutungen unterschieden werden müssten, theils weil sie nur zur Bezeichnung

---

*) Drobisch § 117 f. bemerkt mit Recht, dass in den synthetischen Definitionen das definiendum eigentlich die Stelle des Prädicats vertrete, und dieses Prädicat nur das Wort als Name sei. Die Definitionen an der Spitze von Spinoza's Ethik geben sich schon durch die Formel: Per substantiam *intelligo* id, quod etc. als Definitionen der zweiten Art, als Einführung von einfachen Wortbezeichnungen für bestimmte Begriffe zu erkennen.

bestimmter gegebener individueller Erscheinungen gebräuchlich sind, und eine Ausdehnung derselben auf andere, obgleich sie in den gemeinschaftlichen Merkmalen übereinstimmen, erst der Legitimation des Sprachgebrauches bedarf. Der grösste Scharfsinn wird keine einfache Definition des Wortes »Volk« ausfindig machen können, wenn er den Sprachgebrauch angeben will; Wörter wie Kirche, Theocratie, Cäsareopapismus sind keine Zeichen von Begriffen, sondern Bezeichnungen bestimmter historischer Erscheinungen nach hervorstechenden Zügen, also Namen von Einzelnem; über ihren Begriff wird man immer streiten können.

Auf diesem Gebiet gewinnt auch die Forderung, in einem Begriff die **wesentlichen Merkmale** zu vereinigen, einen Sinn, wenn nemlich von der Aufgabe ausgegangen wird, aus den vom Sprachgebrauche gleich benannten Objecten heraus den Begriff zu finden (vgl. § 42, 8); denn jetzt ist allerdings die Aufgabe, den Begriff so zu bestimmen, dass er den **Grund der Benennung** enthält, und dass nur diejenigen Merkmale aufgenommen werden, welche die Sprache bei der Benennung leiten, und von denen es abhängt, ob Neues mit demselben Namen benannt werden wird oder nicht. Geht man von dem empirischen Umfange des Namens Mensch aus: so muss nach den Regeln der Abstraction das Merkmal »ungeschwänzt« nothwendig aufgenommen werden, denn es ist ein gemeinschaftliches Merkmal der bekannten Menschen; aber sobald wir gewiss sind, dass, die vollkommene Aehnlichkeit in allem Uebrigen vorausgesetzt, ein äusseres Hervortreten der Schwanzrudimente, welche der Mensch hat, uns nicht abhalten würde, die Träger dieses Gliedes immer noch Menschen zu nennen, erscheint das »ungeschwänzt« nicht als Merkmal des Begriffs Mensch, und darf in die Definition nicht aufgenommen werden, da es für die Subsumtion des Einzelnen unter diesen Begriff gleichgültig ist. Was aber in diesem Sinne wesentlich ist, was gleichgültig, hängt durchaus von den Gesichtspunkten ab, nach denen die Sprache bei der Gruppirung der Objecte verfährt; in einer Hinsicht kann ein Merkmal gleichgültig sein, das in einer andern wesentlich ist.

Von der Aufgabe, aus dem factischen Sprachgebrauch

die thatsächliche Bedeutung eines Wortes festzustellen, unterscheidet sich die Aufgabe, einem schwankenden Sprachgebrauch gegenüber anzugeben, in welchem Sinne gegebene Wörter innerhalb einer bestimmten wissenschaftlichen Darstellung, eines Gesetzes u. s. w. gebraucht werden sollen. Hiezu kann, wenn der allgemeine Begriff, unter den sie fallen, als gegeben und bekannt vorausgesetzt wird, jede Bestimmung dienen, welche die beabsichtigte Anwendung des Wortes sicher und unzweideutig begrenzt, auch wenn sie nur abgeleitete und accidentelle Unterscheidungszeichen verwendet. Ein extremes Beispiel hiefür ist § 1 des deutschen Strafgesetzbuches, der Verbrechen, Vergehen und Uebertretungen nach dem Strafmass unterscheidet, mit dem die Handlungen bedroht sind; als Definition im gewöhnlichen Sinne genommen wäre das ein logisches Monstrum; als blosse Begrenzung der beabsichtigten Anwendung von Terminis, bei denen die allgemeine Bedeutung einer strafbaren Gesetzesverletzung als bekannt vorausgesetzt ist, lässt es sich rechtfertigen[*]. Es ist ein ähnlicher Fall, wie wenn bestimmt wird, die warme Zone sei die zwischen den Wendekreisen u. s. w.

6. Handelt es sich nur darum, **gegebene Objecte** so zu bezeichnen, dass sie von allen andersartigen sicher unterschieden werden können: so ist nicht nothwendig, den ganzen Inhalt des Begriffs anzugeben, sondern es genügt an einer Formel, welche ihre **charakteristischen Eigenschaften** nennt, und die wir als **diagnostische Definition** bezeichnen können. Die chemischen Reactionen, welche bestimmten Stoffen eigenthümlich sind, sind ein Beispiel solcher Merkmale, welche die Angabe des vollständigen Begriffsinhalts überflüssig machen, wo es sich nur darum handelt, gegebene Erscheinungen richtig zu subsumieren und von anderen zu unterscheiden. Die Eigenschaft Stärke blau zu färben ist dem Jod charakteristisch, darum genügt der Nachweis dieser Eigenschaft um die Gegenwart von Jod zu constatieren; ich habe damit ein Mittel, das was Jod ist von allen andersartigen Elementen zu unterscheiden; aber nur in

---

[*] Vergl. die Ausführungen von G. Rümelin, Juristische Begriffsbildung 1878 S. 22 ff.

dieser Hinsicht vertritt dieses Merkmal den ganzen Begriff, seine Bedeutung liegt darin, durch seine Anwesenheit auch die Anwesenheit der übrigen Merkmale zu erweisen, die den Begriff des Jod constituieren. Aehnliche charakteristische Merkmale abgeleiteter Art sind die Spectrallinien der einzelnen Stoffe.

Nach einer Seite allerdings ist, wie schon Kant in der Methodenlehre ausgeführt hat, gegenüber den Producten der Natur keine erschöpfende Definition möglich; unsere Formeln müssen sich begnügen, eine Auswahl solcher Merkmale herzustellen, welche die zunächst erkennbaren Eigenschaften soweit angibt, dass eine sichere Unterscheidung möglich wird; darum sind alle Definitionen, welche wir hier aufstellen können, insofern diagnostische Definitionen, als sie nicht alle Merkmale aufzuzählen vermögen, welche dem Gegenstand zukommen, auch nicht alle, welche unsere Kenntniss des Gegenstands ausmachen\*). Aber es bleibt ein Unterschied zwischen

---

\*) Es zeigt sich dabei nur von einer besonderen Seite die Natur der Begriffe in ihrem Verhältniss zu dem concret Existirenden. Wir haben bis jetzt nicht ausdrücklich der Schwierigkeit gedacht, die neuestens wiederum besonders von Volkelt (Erfahrung und Denken S. 342 ff.) in eingehender und scharfsinniger Weise hervorgehoben worden ist, ob denn das Allgemeine als solches überhaupt denkbar, Object eines wirklichen Vorstellens sei, ob es nicht nach Berkeley vielmehr nur Einzelanschauungen gebe, das Allgemeine nur durch das Wort vertreten werde. Mit Berufung auf Lotze (Logik 2. Afl. S. 40 ff.) führt Volkelt aus, dass das Allgemeine sich nicht durch einfache Hinweglassung der unterscheidenden Merkmale gewinnen lasse. »Oder ist nicht der Gedanke eines Dreiecks, das weder gleichseitig noch ungleichseitig, weder spitz- noch recht- noch stumpfwinklich ist, geradezu ein Ungedanke«? Darum könne das Allgemeine nur mit Beziehung auf die unbestimmte Totalität des Einzelnen gedacht werden; zum Begriff gehöre der Nebengedanke, dass das Allgemeine nur durch die unterscheidenden Merkmale, nur im Einzelnen und als Einzelnes ein denkbares Etwas werde. Daraus folge, dass die Forderung, die im Begriffe enthalten ist, nur in einem Bewusstsein verwirklicht sein könnte, das, indem es das Allgemeine dächte, in demselben ungetheilten Acte zugleich die dazu gehörige Anschauung vollzöge, und zwar als ein unendliches, absolutes, zeitloses Denken. In diesen Ausführungen ist unzweifelhaft richtig, dass als das Ideal unseres Denkens ein solches allumfassendes Bewusstsein vor uns steht, dem das ganze Begriffssystem mit allen seinen Besonderungen, wie seine Verwirklichung

den Formeln, welche nur der möglichst leichten Diagnose dienen, und denen, welche zugleich den Inhalt eines Begriffs repräsentieren wollen; diese werden wenigstens einige der fundamentalen Bestimmungen geben, und das durch Angabe des genus proximum erreichen; für sie gilt: definitio ne fiat per accidens; jene können sich mit zufälligen und äusserlichen Unterscheidungszeichen begnügen, denn sie wollen nicht Merkmale der Begriffe sein, sondern Merkmale der Objecte, welche unter bestimmte Begriffe zu subsumieren sind.

---

in den concreten Erscheinungen gegenwärtig wäre; allein es ist zugleich der Gesichtspunkt zurückgetreten, der jene Schwierigkeit hebt, und auch für unser thatsächliches Denken den allgemeinen Begriffen als solchen ihre Bedeutung gibt: dass nemlich die Begriffe, welche die Logik fordert, in erster Linie die Bedeutung haben, als Prädicate zu fungieren, und nicht direct Repräsentanten des Seienden als solchen zu sein, das natürlich immer ein Einzelnes, Concretes, Bestimmtes sein muss. Der Gedanke »eines Dreiecks«, das weder gleichseitig noch ungleichseitig, weder rechtwinklich noch schiefwinklich ist, ist freilich ein Ungedanke: wenn ich, was ich bei Dreieck denke, als ein einzelnes anschaulich Gegebenes vorstellen soll, muss ich die Determination vollziehen und darf sie nicht negieren. Soll ich aber von einer Figur nicht eben nur behaupten können, dass sie ein Dreieck sei, ohne mich um ihre Grösse und nähere Gestalt zu bekümmern? Alles Urtheilen, wie alle Begriffsbildung, beruht auf der Fähigkeit der Analyse, welche einzelne Seiten hervorhebt; Dreieckig sein ist doch ein vollkommen bestimmtes, für sich verständliches Prädicat, so gewiss ich eine klare Vorstellung davon habe, was eine Ecke und was die Zahl drei ist. Und hätte ich wirklich kein subjectives Correlat zu diesem allgemeinen Wort Ecke? Nicht allerdings, wenn ich mir fertige Anschauungen vergegenwärtige; wohl aber, wenn ich auf das Verfahren achte, durch das mir die Anschauung einer Ecke entsteht, die plötzliche Aenderung der Richtung, die ich in der Bewegung des Blicks unmittelbar empfinde, ob sie gross oder klein ist. Und hätte ich keine Vorstellung der Zahl drei, wenn ich mir dabei nicht ganz bestimmte Gegenstände denke? Genügt es nicht, mir des Verfahrens, drei zu zählen, bewusst zu sein, das ich auf alles beliebige anwenden kann? Die Begriffsformeln haben nicht die Aufgabe, die Anschauung des Einzelnen zu ersetzen, sondern nur ihre logische Analyse möglich zu machen; es liegt ihnen nur zu Grund, dass jedes Einzelne sich durch allgemeine Prädicate ausdrücken lasse.

## Zweiter Abschnitt.

## Die Wahrheit der unmittelbaren Urtheile.

Als unmittelbare Urtheile, d. h. als solche, welche nichts als die in ihnen verknüpften Vorstellungen der Subjecte und Prädicate selbst voraussetzen, um mit dem Bewusstsein objectiver Gültigkeit vollzogen zu werden (§ 18, 1), treten uns zunächst theils die bloss erklärenden Urtheile gegenüber, welche in ihrem Prädicate nur aussagen, was in der durch das Subjectswort bezeichneten Vorstellung als solcher gedacht wird, theils die auf unmittelbarer Anschauung ruhenden Urtheile über Einzelnes, in welchen ausgesagt wird, was einer gegebenen Einzelvorstellung als Prädicat zukommt. Unter den letzteren scheiden sich die Aussagen über uns selbst, und Wahrnehmungsurtheile über Aeusseres.

### § 45.

Die Wahrheit derjenigen Urtheile, welche bloss über die Verhältnisse unserer festgestellten Begriffe etwas aussagen, gründet sich auf das Princip der Uebereinstimmung, und sofern in den Begriffsverhältnissen auch die Unvereinbarkeit gewisser Merkmale und Begriffe festgestellt ist, auf das Princip des Widerspruchs.

1. Die durchgängige Bestimmtheit der Vorstellungen, welche dem Urtheilen immer schon vorausgesetzt sind, haben wir als Bedingung davon erkannt, dass von seiner Wahrheit

oder Falschheit überhaupt in eindeutigem Sinne geredet werden könne. Die erklärenden Urtheile (§ 16) betreffen nur Vorstellungen, welche schon als gemeinschaftlich vorhanden vorausgesetzt werden. Sind diese Begriffe im logischen Sinne, so geben diese Urtheile nur die Verhältnisse der bereits fixierten Begriffe an, und wiederholen was bei der Festsetzung derselben in Eins gesetzt und unterschieden worden ist.

2. Die positiven Urtheile, welche Definitionen enthalten, die Urtheile, welche die Merkmale eines Begriffs von diesem aussagen, die Urtheile, welche einen höheren Begriff von einem niederen prädicieren, sind durch den gegebenen Inhalt von Subject und Prädicat nothwendig wahr. Die factische Voraussetzung (§ 39, 3) derselben ist, dass die Subjects- und Prädicatsbegriffe wirklich, und zwar immer und von allen in derselben Weise gedacht werden; das Gesetz aber, das unter dieser Voraussetzung das Urtheil nothwendig macht, ist kein anderes als das Gesetz der Uebereinstimmung (§ 14), das jetzt erst, wo die Constanz der einzelnen Vorstellungen nicht bloss für den Moment des Urtheilens (§ 14, 4 S. 102), sondern für die ganze Dauer unseres Bewusstseins gesichert ist, seine Anwendung nicht bloss als Naturgesetz, sondern auch als Normalgesetz unseres Denkens finden kann, und zugleich, wegen der Gleichheit der Begriffe in allen, die Allgemeingültigkeit der Urtheile verbürgt.

Der Unterschied, ob das Princip der Uebereinstimmung als Naturgesetz oder als Normalgesetz betrachtet wird, liegt also nicht in seiner eigenen Natur, sondern in den Voraussetzungen auf die es angewendet wird: im ersten Fall wird es angewendet auf das eben dem Bewusstsein Gegenwärtige; im zweiten auf den idealen Zustand einer durchgängigen unveränderlichen Gegenwart des gesammten geordneten Vorstellungsinhalts für Ein Bewusstsein, der empirisch niemals vollständig erfüllt sein kann. Und das letztere allein ist es, was als Princip der Identität mit der Forderung einer normativen Geltung auftreten kann, dass $A = A$ sei, d. h. in jedem Denkacte die begrifflichen Elemente stets dieselben seien und als dieselben gewusst werden (in praxi mit jedem Wort stets genau derselbe Sinn verbunden werde). Die Möglichkeit der Erfüllung dieser Forderung hängt von der Fähigkeit ab, mit zweifelloser Sicherheit der von allem zeitlichen Wechsel unabhängigen Constanz der Vorstellungen bewusst zu werden und so zu denken, als ob für ein zeitloses Anschauen die ganze Welt der Begriffe in unveränderlicher Klarheit vor uns stünde. Aber das Princip der Identität, so gefasst, ist nicht Princip unseres Urtheilens, in welchem nicht dasselbe, sondern Unterschiedenes eins gesetzt wird.

3. Wollte man fragen, **worauf denn die Gültigkeit des Princips der Uebereinstimmung selbst beruhe**: so können wir nur auf das Bewusstsein zurückgehen, dass das Einssetzen von Uebereinstimmendem etwas absolut Evidentes ist; dass wir, indem wir darauf reflectieren, was wir im Urtheilen thun, dieses Thuns als eines durchaus constanten bewusst werden; dass wir ebenso, wie wir fähig sind, der Identität unseres Ich in allen zeitlich verschiedenen Acten, vergangenen wie zukünftigen, gewiss zu sein, und in Einem Act die unveränderliche Wiederholung desselben »Ich bin« durch eine unbegrenzte Reihe von Momenten vorzustellen, und fähig sind unseren Vorstellungsinhalt mit Bewusstsein als denselben festzuhalten, auch fähig sind, gewiss zu sein, dass, so gewiss wir dieselben sind, wir stets in derselben Weise im Urtheilen verfahren werden. Jedes Bewusstsein einer Nothwendigkeit ruht zuletzt auf der unmittelbaren Gewissheit der Unveränderlichkeit unseres Thuns. Will man darum sagen, dass es zuletzt doch eine innere Erfahrung sei, welche uns diese Gewissheit gebe, so ist dagegen nichts einzuwenden; nur ist dann von der Erfahrung der einzelnen Momente unseres veränderlichen Vorstellens die Erfahrung zu unterscheiden, welche in dem einzelnen Thun zugleich sicher ist, dass es nicht von den momentanen und wechselnden Bedingungen des einzelnen Moments abhängig ist, sondern in allen wechselnden Momenten doch dasselbe sein wird. Diese unmittelbare Sicherheit gibt uns die unmittelbare und nicht weiter zu analysierende Anschauung der Nothwendigkeit, welche wohl Gegenstand einer Erfahrung, d. h. eines unmittelbaren, in

einem bestimmten Zeitpunkt aufgehenden Bewusstseins, aber nicht bloss Resultat einer Summe von Erfahrungen ist*).

4. Ebenso einfach folgt aus den festgestellten Begriffsverhältnissen die **Nothwendigkeit aller verneinenden Urtheile**, welche verschiedene Begriffe als Ganze unterscheiden, und — nach dem Princip des Widerspruchs (§ 23. S. 182 ff.) — der verneinenden Urtheile, welche von einem Begriffe unvereinbare Merkmale oder unvereinbare Begriffe negieren, oder, was gleichbedeutend ist, die nothwendige **Falschheit** der Urtheile, welche die Beilegung eines Prädicats, das dem Subjectbegriff widerspricht (die contradictio in adjecto), vollziehen wollen. In den festgestellten Begriffsverhältnissen liegt die Unvereinbarkeit gewisser Merkmale als ein unveränderliches Verhältniss mit, d. h. die Nothwendigkeit b zu verneinen, wenn a bejaht ist; einem Begriff, der a enthält, b zusprechen, heisst also sagen, dasselbe ist a und ist nicht a.

5. Wiederum tritt das Princip des Widerspruchs in keinem andern Sinne als Normalgesetz auf, als in welchem es ein Naturgesetz war und einfach die Bedeutung der Verneinung feststellte; aber während es als Naturgesetz nur sagt, dass es unmöglich ist, mit Bewusstsein in irgend einem Moment zu sagen A ist b und A ist nicht b, wird es jetzt als Normalgesetz auf den gesammten Umkreis constanter Begriffe angewendet, über welchen sich die Einheit des Bewusstseins überhaupt erstreckt; unter dieser Voraussetzung begründet es das gewöhnlich sogenannte Principium Contradictionis, das jetzt aber kein Seitenstück zum Princip der Identität (im Sinne der Formel A ist A) bildet, sondern dieses, d. h. die absolute Constanz der Begriffe selbst wieder als erfüllt voraussetzt.

---

*) Insofern kann ich den Ausführungen von Baumann (Philosophie als Orientierung über die Welt, S. 296 ff.) über die mathematische Nothwendigkeit nicht vollkommen beistimmen. Mit der blossen Erfahrung der Constanz des Vorstellens in verschiedenen Wiederholungen ist noch keine Nothwendigkeit gesetzt; die Wirklichkeit einer Thatsache kann nicht den Gedanken der Möglichkeit des Andersseins ausschliessen; das vermag nur das Bewusstsein, dass diese Thatsache, sowie sie jetzt wirklich ist, immer wirklich sein wird, d. h. das Bewusstsein ihrer Nothwendigkeit.

Und wiederum ruht die absolute Gültigkeit des Princips des Widerspruchs und in Folge davon der Sätze, welche eine contradictio in adjecto verneinen, auf dem unmittelbaren Bewusstsein, dass wir immer dasselbe thun und thun werden, wenn wir verneinen, so gewiss wir dieselben sind*).

6. Aus den feststehenden Begriffsverhältnissen ergibt sich ferner die Gültigkeit der **Möglichkeitsurtheile**, welche einem noch nicht determinierten Begriff die Möglichkeit zusprechen, die mit ihm vereinbaren Determinationen anzunehmen (§ 34, 5 S. 269) und der **Disjunctionen**, welche auf einer Division fussen.

Sofern vorausgesetzt wird, dass ein Begriff eine Mehrheit von Arten unter sich enthält, oder auf eine Vielheit von Einzeldingen anwendbar ist, also von Verschiedenem prädiciert werden kann, folgt auch aus den Begriffsverhältnissen unmittelbar die **hypothetische Nothwendigkeit** dasjenige, was unter einen Begriff fällt, mit den Prädicaten dieses Begriffs zu prädicieren. Gilt von den Begriffen A ist B, so gilt auch: Wenn etwas A ist, so ist es B, oder alle A sind B. Mit Recht sind derlei Urtheile immer als analytische betrachtet worden, welche durch das Princip der Uebereinstimmung gewiss seien. Aehnlich verhält es sich mit den verneinenden; gilt von den Begriffen: B ist mit A unvereinbar, so gilt ebenso: wenn etwas A ist, so ist es nicht B, oder kein A ist B.

7. In all diesen Urtheilen haben wir, die feststehenden Begriffe vorausgesetzt, nur abzulesen, was wir in die Begriffe hineingelegt haben; wir bewegen uns ganz im Gebiete unserer

---

*) Wenn J. St. Mill (Schluss des zweiten Buchs) den Satz des Widerspruchs als eine unserer ersten und geläufigsten Generalisationen aus der Erfahrung betrachtet und seine Bedeutung darin findet, dass Glaube und Unglaube zwei verschiedene Geisteszustände sind, die einander ausschliessen, was wir aus der einfachsten Beobachtung unseres eigenen Geistes erkennen, so kann ich dem in gewisser Weise zustimmen; das Räthsel liegt eben dann darin, woher wir denn wissen, dass sie nicht bloss verschieden sind, sondern dass sie sich ausschliessen? Wenn aus einer leichten Beobachtung die Sicherheit folgen soll, dass sie sich ausschliessen, so muss eben die **Nothwendigkeit** davon selbst unmittelbar zum Bewusstsein kommen.

festen Vorstellungen, und für Niemand, der genau dieselben Vorstellungen hat, können diese Urtheile irgendwie zweifelhaft sein. Sie sind ebendarum von jeder Zeit unabhängig, unbedingt gültig; sind nach Leibniz ewige und nothwendige Wahrheiten; sie sagen aber ebendarum direct niemals, dass etwas sei, noch reden sie von bestimmten einzelnen, noch von seienden Objecten. Ein Existentialurtheil kann niemals ein analytisches im Kantischen Sinne sein; denn es handelt sich, wie Kant unwiderleglich nachgewiesen hat, beim Existentialurtheil darum, dass ein dem Begriff entsprechendes existiert; das Subject des Existentialurtheils ist zunächst ohne Existenz gedacht, aber gerade so wie es gedacht wird, soll es auch existieren. Der Grund, etwas als existierend zu setzen, kann also niemals in demjenigen Vorstellen liegen, durch welches der Inhalt einer Vorstellung gedacht wird, im begrifflichen Denken; sondern es muss, wenn es überhaupt einen gibt, ein im Bewusstsein Gegenwärtiges sein, das vom begrifflichen Denken verschieden ist.

8. So leicht nun aber unter Voraussetzung eines vollendeten Begriffssystems die Wahrheit der begrifflichen Urtheile eingesehen werden kann, so wenig ist dadurch die eigentliche Function der Begriffe erschöpft. Die Begriffsurtheile haben den Werth, die Begriffe selbst immer neu zu beleben und gegenwärtig zu erhalten, die Abbreviatur des Worts in ihren Inhalt auseinanderzulegen; aber zuletzt liegt doch aller Werth und alle Bedeutung eines Begriffssystems darin, angewandt zu werden, und, indem es zur Prädicierung verwendet wird, zur Erkenntniss desjenigen zu dienen, was in dem Begriffssystem als solchem noch nicht enthalten ist. Das Begriffssystem ist das Organ aller Erkenntniss, aber nicht diese selbst; der Apparat mit dem wir arbeiten, aber nicht das Product. Der menschliche Geist wäre zu ewiger Sterilität verurtheilt, wenn er sich, wie im Hintergrunde die Schullogik meint, immer in dem umtreiben sollte, was er schon weiss, und nur die Urtheile wiederholen sollte, durch die er seine Begriffe fixiert hat; sein Fortschritt besteht darin, immer Neues und Neues mit den schon festgestellten Begriffen oder neuen daraus gebildeten zu bewältigen. Auch mit der idealen Vollendung eines überein-

stimmenden Begriffssystems ist die Aufgabe noch nicht fertig, sowenig als ein Lexicon die Literatur eines Volks ist. Der Fortschritt des Denkens und Forschens erzeugt neue Anschauungen und Vorstellungen; und die Hauptaufgabe ist, der Gesetze bewusst zu werden, nach denen das fortwährend neu sich vollziehende Urtheilen Anspruch auf Wahrheit und Allgemeingültigkeit hat.

9. Dieser Fortschritt im Denken und Wissen geht zunächst von den einzelnen Individuen aus, in denen Urtheile neu entstehen und von denen aus sie durch Mittheilung sich verbreiten. Ihre Bedingung ist, da die Prädicate immer als bereits gegeben vorausgesetzt werden müssen, die Entstehung neuer Subjectsvorstellungen. Sofern diese nur neue begriffliche Schöpfungen sind, welche durch bestimmende Definitionen (§ 48, 2) eingeführt werden, fällt ihre Gültigkeit unter die obigen Gesetze; sie dienen ja zuletzt nur dazu, eine neue Abbreviatur herzustellen und einen Terminus einzuführen, und was über sie geurtheilt wird, ist sofort wieder blosse Begriffserklärung.

Anders, wenn die neu entstehenden Subjectsvorstellungen einzelne sind. Den Unterschied der Vorstellung von Einzelnem gegenüber dem Vorstellen des begrifflichen Inhalts müssen wir zunächst als einen gegebenen und Jedem bekannten voraussetzen (§ 7. S. 45 ff.); wenn er durch den Unterschied von Anschauung und Begriff ausgedrückt wird, so wird eben auch vorausgesetzt, dass dieser Unterschied unmittelbar verständlich sei; wir können ihn höchstens nach abgeleiteten und äusseren Merkmalen dahin bestimmen, dass das begrifflich Vorgestellte ein rein inneres, nach unserem freien Belieben wiederholbares und dann immer in derselben Weise gegenwärtiges, von nichts als der inneren Kraft unseres Denkens abhängiges sei, das Angeschaute dagegen uns in einem bestimmten Momente gegeben sei und seine Vorstellung von Bedingungen abhänge, welche es in eine Beziehung zu uns den Vorstellenden setzen, die von der inneren Kraft des Denkens unabhängig sei, vielmehr den allgemein ausdrückbaren Inhalt in einem einzelnen Object zu setzen verlange.

Wäre nun ein Einzelnes mit dem Bewusstsein vorgestellt, dass es zwar ein mir anschaulich Gegebenes, seine Vorstellung aber mir **individuell angehörig**, von anderen gar nicht oder nur zufällig zu gewinnen sei, wie ein Traumbild oder eine Vision, der nur ich theilhaftig werde, oder eine innere Schöpfung der künstlerischen Phantasie, welche von der Willkür des Denkens unabhängig mir als ein eben jetzt gegenwärtiges Einzelobject gegenübersteht: so ist zwar durch das Princip der Uebereinstimmung garantiert, dass ich dieses Object, soweit ich es mit Bewusstsein vorstelle und festhalte, richtig, d. h. so beschreiben würde, wie es seinem Inhalt entsprechend ist, aber es besteht kein Interesse weiter nach der Begründung dieser Urtheile zu fragen, da sie durchaus individuell und unübertragbar sind, von dem also, der die Anschauung nicht hat, nur auf Autorität geglaubt werden.

Wären aber die Vorstellungen solche, welche sich in **allen übereinstimmend erzeugen können** und unter bestimmten Bedingungen **übereinstimmend erzeugen müssen**, so dass sie ihrer Natur nach gemeinschaftliche Objecte für alle werden können, so besteht auch das Interesse, dass, was darüber geurtheilt wird, als allgemeingültig erkannt werde. Dieses ist z. B. der Fall mit den Gebilden der Geometrie, sofern die Raumvorstellung als eine in allen gleiche und die Elemente der Geometrie als gegebene Anschauungen vorausgesetzt werden\*); vor allem aber ist es der Fall mit

---

\*) Die geometrischen Constructionen nehmen insofern eine eigenthümliche Stelle ein, als in ihnen nach einer Seite hin der Unterschied zwischen einzelnem Bild und Begriff sich aufhebt. Sofern sie nemlich als innere, bloss von unserer construierenden Thätigkeit abhängige Gebilde betrachtet werden, die zwar im Augenblick als einzelne angeschaut, aber beliebig in derselben Weise so wiederholt werden können, dass ihre Identität lediglich an der Identität des Vorgestellten haftet, kommt ihnen die Allgemeinheit der Vorstellung und des Begriffs zu; das Einzelne als solches ist ein Allgemeines. Sofern aber vorausgesetzt wird, dass die Elemente derselben allen in gleicher Weise gegeben sind, und dass sie durch äussere Anschauung jedem aufgedrungen werden können, sind sie wegen der Selbigkeit für Alle dem angeschauten Seienden verwandt, und man kann in gewissem Sinne von einem objectiven Sein derselben reden. Um nicht zu wiederholen,

dem, was wir als existierend betrachten. Alles, was wir als seiend setzen, ist ebendamit ein **einzelnes Ding** oder eine Bestimmung an einem Einzelnen. Es liegt ferner im Begriffe des Seins, dass das Seiende ein von der individuellen Vorstellung unabhängiges und für alle selbiges ist. Hat es aber seine Existenz nicht durch das Denken, sondern vor demselben, so ist eine **verschiedene Beziehung des Seienden zu verschiedenen Vorstellenden** nicht ausgeschlossen; es kann von dem einen vorgestellt, von dem andern nicht vorgestellt werden, von dem einen vollständig, von dem andern unvollständig; da der Grund, es zu setzen, nicht in dem für alle gemeinschaftlichen begrifflichen Denken liegt, so kann er in Bewusstseinsdaten liegen, die für die Einzelnen verschieden sind. Andererseits kann über das Seiende nur dann **wahr** geurtheilt werden, wenn alle übereinstimmen, da es ein für alle Erkennenden Selbiges ist. Eben darin liegt das Bedürfniss, sich darüber gewiss zu werden, **worin die Nothwendigkeit unserer Urtheile über Seiendes** beruht.

Wo etwas als seiend gesetzt oder vorausgesetzt wird, lässt sich im Allgemeinen unterscheiden die Vorstellung des Einzelnen als Subject, und das Urtheil, dass es sei*); mag nun das letztere bloss wie gewöhnlich mitverstanden, oder in einem Existentialurtheil ausdrücklich ausgesprochen sein.

## § 46.

Unter den unmittelbaren Urtheilen über Seiendes stehen in erster Linie diejenigen, welche **das unmittelbare Bewusstsein unseres eigenen Thuns**, wie es in jedem Momente unseres wachen Lebens vorhanden ist, aussagen. Ihre

---

behalten wir uns die genauere Untersuchung der darauf bezüglichen Urtheile für den dritten Theil vor.

*) Das »Seiende« überhaupt kann nicht als wahrer Gattungsbegriff zu dem einzelnen Seienden betrachtet werden; es ist begrifflich betrachtet nur ein gemeinschaftlicher Name. Denn da »Sein« für uns ein Relationsprädicat ist, kann es kein gemeinschaftliches Merkmal sein; es müsste denn gezeigt werden, dass dieses Prädicat in einer dem Begriffe alles Seienden gemeinsamen Bestimmung wurzle.

Gewissheit ist eine nicht weiter zu analysierende. Sie schliessen nicht nur die **Gewissheit des Urtheils »Ich bin«**, sondern auch die **Gewissheit der Realität der Einheit von Substanz und Action** ein.

Sofern ihnen **die Zeit** anhaftet, setzen sie eine **allgemeine Nothwendigkeit unsere einzelnen Actionen als in einer Zeitreihe verlaufend vorzustellen, und allgemeingültige Regeln, jedem Moment seinen Ort in dieser Zeitreihe anzuweisen**, voraus.

1. Die Urtheile: Ich empfinde Schmerz; ich sehe Licht; ich will das und das — sind so absolut gewiss, und ihre Gültigkeit so selbstverständlich, dass es scheint als böten sie einer logischen Untersuchung nach ihrer Berechtigung und dem Grunde ihrer Nothwendigkeit gar keine Handhabe. In der That vermag, die Klarheit des Bewusstseins und die Deutlichkeit und vollkommene Entwicklung der Prädicatsbegriffe vorausgesetzt, kein Mensch an ihrer unmittelbaren Wahrheit zu zweifeln, und Niemand schreibt sich das Recht zu, die Aussagen eines andern, die Wahrhaftigkeit seiner Rede vorausgesetzt, zu verdächtigen, ob ihm auch zu glauben sei, was er über sich aussage. So scheint zunächst nur **ihr Unterschied von den Begriffsurtheilen** festzustellen.

2. Dieser ist in der That ein durchgreifender. Die Begriffsurtheile haben Subjecte, welche als von allen in gleicher Weise gedacht angenommen werden; das Urtheil »Ich sehe« hat ein Subject, das in der Weise, wie ich es vorstelle, von keinem andern vorgestellt werden kann; in dem Begriffsurtheil wird der Inhalt des Subjects explicirt, der in immer gleicher Weise in ihm gedacht wird; was der Inhalt dessen sei, was ich mit »Ich« bezeichne, lässt sich gar niemals erschöpfend angeben, es ist uns auf eine mit allen andern Objecten unseres Denkens völlig unvergleichliche Weise gegeben. Das Begriffsurtheil sagt: Wenn ich A denke, denke ich es nothwendig mit der Bestimmung B; bei dem Urtheil des Selbstbewusstseins

gibt es kein Wenn, das Subject wird schlechtweg gedacht, wenn überhaupt etwas gedacht wird, und dass es gedacht wird, ist die schlechthin factische Voraussetzung für alles andere Denken; das Begriffsurtheil sagt über die Existenz seiner Objecte nichts, das Urtheil Ich sehe schliesst aber das Urtheil Ich bin allezeit ein; bei jedem Begriff kann gefragt werden, ob das existiert, was er enthält; ob Ich existiere, kann nicht gefragt werden; die Merkmale des Begriffs sind unveränderlich, die Prädicate des Ich sind, mit Ausnahme des Ich selbst, von Moment zu Moment veränderlich; und jedem Urtheil kommt doch, indem es vollzogen wird, eine unmittelbar gewisse Wahrheit zu, die nur anerkannt, nicht auf ihre Gründe geprüft werden kann. Das Princip der Uebereinstimmung garantiert wohl, dass der allgemeine Begriff des Prädicats mit dem in der unmittelbaren Anschauung gegebenen Thun übereinstimme; allein es vermag nicht die Behauptung zu garantieren, weder dass das Subject eben diese Action vollzieht, noch die darin eingeschlossene, dass es existiert*).

3. Müssen wir die Aussagen jedes Selbstbewusstseins als etwas anerkennen, über dessen Gewissheit nicht auf etwas anderes, von dem sie abhienge, zurückgegangen werden kann, so handelt es sich nur darum, zu constatieren, wieviel damit anerkannt ist.

Zunächst, dass es in Beziehung auf dieses Subject nicht möglich ist, jene Trennung auszuführen zwischen dem bloss Vorgestellten und dem Sein desselben; und dass das Urtheil »Ich bin« also nicht wie alle andern Existentialurtheile ein Ich als bloss Vorgestelltes zum Subject hat, dem das Sein zugesprochen würde, sondern dass Subject und Prädicat unauflöslich zusammengehören.

Ferner, dass mit der unmittelbaren Gewissheit der Aus-

---

*) Kant's Lehre, dass die Aussagen des inneren Sinnes wegen der Subjectivität der Zeitform sich nur auf Erscheinungen beziehen, afficiert den logischen Charakter der Urtheile nicht, sondern nur die metaphysische Bedeutung derselben, und den Sinn der Realität, welche damit ausgesprochen ist. Ihre unmittelbare Gewissheit als Urtheile ist unter der Kantischen Voraussetzung ebenso unanfechtbar als unter irgend einer andern.

sagen des Selbstbewusstseins wenigstens auf diesem Punkte die Realität der Synthese von Substanz und Action gegeben ist; und sofern die Actionen auf Eigenschaften zurückbezogen werden, auch die Realität der Synthese zwischen Substanz und Eigenschaft.

Endlich, dass die fundamentalste Gewissheit hinsichtlich eines Seins gerade ein Urtheil betrifft, das in derselben Weise von keinem andern wiederholt werden kann und auf einen durchaus individuellen Act zurückgeht; denn die Vorstellung, die ein a n d e r e r von m i r hat, ist verschieden von der, die i c h von mir habe; sie betrifft dasselbe Subject, aber nicht auf dieselbe Weise; das Setzen eines Seins ist also, wo es am ursprünglichsten geschieht, ein individueller und von individuellen Bedingungen abhängiger Act. Jedes Urtheil über ein anderes Ich ist nothwendig ein vermitteltes, sowohl die Anerkennung seines Seins, als der Glaube an seine Aussage.

4. Nun kommt aber diese unmittelbare Gewissheit immer bloss dem a u g e n b l i c k l i c h e n S e l b s t b e w u s s t s e i n, dem Urtheil zu, welches das eben jetzt gegenwärtige ausspricht; und das Urtheil ist also n u r f ü r e i n e n b e s t i m m t e n Z e i t p u n k t w a h r. Es liegt in der Art und Weise, wie wir das Bewusstsein unserer einzelnen Zustände haben, schon die Vorstellung der Zeit mitgesetzt, denn wir haben das Bewusstsein des einzelnen Actes nie ohne die Erinnerung an der Zeit nach vorangehende, und in dem Bewusstsein unserer selbst ist das Bewusstsein eines in der Zeit identischen Selbst immer mit enthalten. Sofern es sich nun bloss darum handelt, dass in jedem Augenblick auch unser Dasein in früherer Zeit, und damit unsere Existenz überhaupt als eine dauernde vorgestellt wird, so ist auch darin unmittelbare Gewissheit gesetzt; in dem Ich bin liegt mit ebenso unanfechtbarer Sicherheit auch Ich war früher. Allein weiter erstreckt sich genau genommen die Sicherheit nicht. Einerseits ist, sowie es sich um das Einzelne der Erinnerung handelt, wohl die Aussage gewiss, dass ich jetzt glaube, das und das früher gethan zu haben; aber dieser Glaube selbst kann nicht auf dieselbe Sicherheit Anspruch machen. Indem er aus der Realität einer jetzt gegenwärtigen Erinnerung die Realität

eines früheren realen Geschehens ableitet, wäre er nur berechtigt, wenn ein absolut nothwendiges Gesetz bestünde, wonach, was ich jetzt glaube früher gethan zu haben, ich auch unter allen Umständen überzeugt bleiben müsste, früher wirklich gethan zu haben, d. h., wenn es keine Erkenntniss einer Täuschung in der Erinnerung gibt. Nun gilt uns allerdings ein Theil unserer Erinnerungen, zumal an das Nächstvergangene, für absolut sicher; aber ebenso sicher ist, dass ausnahmsweise wenigstens diese Erinnerung täuscht, und dass kein sicheres Kriterium besteht, die unfehlbaren Erinnerungen von den fehlbaren zu scheiden, und es ist zuletzt nur der **bewusste, nach allen Seiten continuierliche und übereinstimmende Zusammenhang**, in welchen wir unsere Erinnerungen zu setzen vermögen, der uns die Garantie ihrer Wahrheit und Zuverlässigkeit gibt. Das Urtheil also, dass ich einen bestimmten Act früher wirklich vollzogen habe, weil ich glaube mich dessen zu erinnern, kann nicht als ein **unmittelbar sicheres** angesehen werden: es ist ein vermitteltes Urtheil, sofern es aus einer gegenwärtigen Vorstellung die Realität eines ihr entsprechenden früheren Thuns behauptet, und eine unmittelbar gewisse und absolut sichere Regel für dieses Urtheilen gibt es nicht\*).

---

\*) Vergl. die treffliche Schrift von W. Windelband »Ueber die Gewissheit der Erkenntniss«, die in so vielen Punkten mit den hier aufgestellten Sätzen übereinstimmt, dass ich sie mit wenigen Ausnahmen fast Wort für Wort unterschreiben könnte. Er sagt (S. 87 ff.) über die obige Frage, woher die Gewissheit davon komme, dass eine Vorstellung eine Erinnerung sei, dass zuletzt nur ein deutliches Gefühl, welches die Vorstellung begleitet, uns sage, dass sie schon einmal vorgestellt sei; das Gefühl aber beruhe zuletzt darauf, dass sich mit dieser Vorstellung die Nebenvorstellung einer Verbindung und Beziehung derselben zum Ich associiert habe, und diese Nebenvorstellung nun mit heraufsteige und als Gefühl der Erinnerung ins Bewusstsein trete; daraus erkläre sich, dass wir Vorstellungen zum zweitenmal haben können, ohne sie als Erinnerungen zu wissen, wenn nemlich ihre Verbindung mit dem vorstellenden Ich nicht zum deutlichen Bewusstsein kam. Diese Auseinandersetzung trifft soweit zu, dass ein eigenthümliches Gefühl uns in der Regel das schon Bekannte von Unbekanntem unterscheidet; allein Gewissheit vermag dieses Gefühl erst zu geben, wenn sich aus ihm der erkannte Zusammenhang der einzelnen Vorstellung

Auf diesem Gebiete liegen allerdings auch die psychologischen Schwierigkeiten, der Constanz unserer Begriffe sicher und damit gewiss zu sein, dass das logische Ideal erfüllt ist; denn sofern sich unser Denken in zeitlich geschiedenen Acten vollzieht, afficirt die Unsicherheit der Erinnerung auch das Bewusstsein, dass dasselbe, was ich jetzt denke, das ist, was ich schon früher gedacht habe. Jenes Ideal ist darum nur annähernd zu erreichen, und bedarf nicht bloss unablässiger Uebung, sondern auch äusserer Hülfsmittel, unter denen die S c h r i f t obenansteht, deren Bedeutung so gross ist, dass man sagen kann, erst mit der Schrift sei Wissenschaft möglich.

5. Nach der andern Seite handelt es sich darum, dass durch jedes Urtheil über ein gegenwärtiges Thun, insofern als dieses dadurch in eine Zeitreihe gestellt wird, ihm zugleich seine Gültigkeit für einen einzelnen Zeitpunkt bestimmt ist, und dass dieses »Jetzt« einen integrierenden Theil des Urtheils bildet; schon darum, weil, auf einen anderen Zeitpunkt bezogen, die Gültigkeit dieses Urtheils von andern aufgehoben würde. Soll also ein Urtheil, das so den Zeitpunkt seiner Gültigkeit einschliesst, ein o b j e c t i v  g ü l t i g e s  sein, so setzt dies nicht bloss voraus, dass es eine a l l g e m e i n e  N o t h w e n d i g k e i t  g e b e, unsere einzelnen Bewusstseinsmomente übereinstimmend als in einer Zeitreihe verlaufend vorzustellen, dass es also e i n e  f ü r  a l l e  s e l b i g e  Z e i t  gebe; sondern, wenn ein solches Urtheil auf Allgemeingültigkeit Anspruch macht, muss es auch allgemeine Regeln geben, aus denen die

---

mit anderem und damit seine Anknüpfung an den gegenwärtigen Moment herstellen lässt. Ich kann, wenn ich eine Person sehe, mit der grössten Stärke das Gefühl empfinden, das Bekanntes von Unbekanntem zu unterscheiden pflegt, vollkommene Gewissheit habe ich erst, wenn ich mich der Umstände erinnere, unter denen ich sie früher gesehen, und sie so in den mir stets gegenwärtigen Kreis dessen, was mein Selbstbewusstsein ausmacht, hereingezogen habe. Darin besteht jene B e z i e h u n g  a u f  d a s  I c h, auf welche Windelband mit Recht Gewicht legt; sie ist keine Beziehung auf die abstracte Einheit des Selbstbewusstseins, sondern auf das empirische Ich, und nur das fortwährende Durchlaufen und übereinstimmende Verknüpfen einer Reihe von Momenten meines früheren Lebens macht das Wissen im Gebiete der Erinnerung aus.

Nothwendigkeit hervorgeht, der Wahrheit jedes Urtheils ihre bestimmte Zeit anzuweisen. Damit mein Urtheil gültig sei und allgemein anerkannt werde, muss also der Zeitpunkt, für den es gültig ist, auf eine allgemeingültige Weise bestimmt werden können.

Es genügt also nicht, dass die Zeit überhaupt, wie Kant lehrt, eine nothwendige Vorstellung ist; sondern es wird ebenso die Fixierung eines für alle gleichen Zeitpunkts in einer objectiven Zeit und ein gemeinschaftliches Zeitmass erfordert, nach welchem jeder einzelnen Thatsache des Bewusstseins ihre Stelle angewiesen wird.

Die Frage, wie diese Regeln zu finden seien, lässt sich nicht durch Zurückgehen auf unmittelbar Gewisses erledigen, da sie auf eine Vergleichung des mir unmittelbar Gewissen mit den Zeitvorstellungen anderer zurückführt; ihre Untersuchung ist ein Problem für unsern dritten Theil.

## § 47.

Die unmittelbaren Urtheile über Seiendes ausser uns sind die Wahrnehmungsurtheile. Sie schliessen (in dem Sinne, in dem sie gewöhnlich ausgesprochen werden) die Behauptung der Existenz ihres Subjects ein. Da die Wahrnehmung zunächst subjectiv gewiss ist (nach § 46), als Aussage, dass ich eben jetzt die Vorstellung eines bestimmten Seienden habe: so ist die Bedingung der objectiven Gültigkeit eines Wahrnehmungsurtheils, dass die Nothwendigkeit dieses Subjective überhaupt auf ein existierendes Ding zu beziehen, und dass ebenso allgemeine Gesetze feststehen, wonach das in einer Wahrnehmungsvorstellung gesetzte nothwendig als reales Prädicat eines Seienden gedeutet wird; also insbesondere Gesetze, nach denen meine räumlichen Anschauungen zu räumlichen Bestimmungen der Objecte, meine Beziehung von Eigenschaften und Veränderungen auf ein Ding zu realen Eigenschaften und Thätigkeiten von Substanzen, meine Vorstellung seiner Relationen zu realen Relationen umgedeutet werden.

1. Ebenso unmittelbar gewiss als die Aussagen des unmittelbaren Selbstbewusstseins erscheinen dem natürlichen Denken die Wahrnehmungsurtheile, durch welche wir Aussagen über ein uns unmittelbar Gegenwärtiges ausser uns machen.

Diese Wahrnehmungsurtheile schliessen zunächst das Bewusstsein ein, dass ich eben jetzt eine mir gegenwärtige Vorstellung eines Einzelnen habe, welche die eigenthümlichen nicht weiter zu beschreibenden Charaktere hat, wodurch sich die Wahrnehmung von der Erinnerung und der bloss inneren Vorstellung überhaupt unterscheidet. Das Vorhandensein fester Begriffe und ihrer Bezeichnungen erlaubt jetzt, den Inhalt des so Gegebenen auf allgemeingültige Weise auszudrücken, theils indem er als Ganzes (den Benennungsurtheilen entsprechend) unter einen Gattungsbegriff subsumiert*) wird, theils indem seine einzelnen Elemente analysiert und die ihnen entsprechenden Prädicate ausgesagt werden. Sofern die letzteren einfach sind, bleibt auch jetzt das Urtheil ein vollständig unmittelbares; ein Element der Wahrnehmungsvorstellung wird als übereinstimmend mit einem begrifflich fixierten Merkmal erkannt (was ich sehe ist roth**) u. s. w.). Sofern es sich aber um Subsumtion unter zusammengesetzte Begriffe handelt, tritt jetzt an die Stelle der unmittelbaren Benennung, die Ganzes mit Ganzem Eins setzt, die Nothwendigkeit der Vergleichung der einzelnen Merkmale der Wahrnehmungsvorstellung mit den Merkmalen des Begriffs, und damit wird die Subsumtion eine vermittelte, indem sie aus einer Reihe von Einzelurtheilen hervorgeht. (S. u. über den Subsumtionsschluss § 56).

---

*) Ueber den Terminus Subsumtion vergl. § 9, 6 Note.
**) Sofern eine Schwierigkeit besteht, die begrifflichen Grenzen fliessender Unterschiede in der blossen inneren Reproduction der Begriffe festzuhalten, kann allerdings schon die objective Gültigkeit eines solchen Urtheils von weiteren Processen (Messung u. s. f.) abhängig sein.

2. So lange nun ein Wahrnehmungsurtheil nur sagen wollte, dass was ich jetzt eben sinnlich vorstelle roth, süss u. s. w. sei, so würde auch hier durch das Princip der Uebereinstimmung garantiert, dass das Urtheil nothwendig ist, und von jedem, der dieselbe Vorstellung hätte, auf dieselbe Weise vollzogen werden müsste.

Aber ein solches Urtheil will nicht bloss Vorstellungen vergleichen; sondern es bezieht eine Vorstellung auf einen einzelnen als existierend gedachten Gegenstand, und es sagt von diesem bestimmten ein Prädicat aus als ihm objectiv zukommend. Soll das Urtheil wahr sein: so muss nicht bloss die Uebereinstimmung der Einzelvorstellung mit der allgemeinen begründet sein, sondern es muss ebenso begründet sein, was das gewöhnliche Urtheilen als selbstverständlich voraussetzt, dass diese Einzelvorstellung sich auf einen bestimmten seienden Gegenstand bezieht, und dass dieser Gegenstand die Prädicate hat, welche ich ihm beilege; und dies ist nur möglich, wenn ein Gesetz besteht, wonach mit unfehlbarer und allgemeingültiger Nothwendigkeit **subjective und individuelle Affectionen und Vorstellungen auf objective Gegenstände** bezogen werden. Nun beweist zwar die factische Allgemeinheit der Ueberzeugung, dass unsern Empfindungen reale Gegenstände entsprechen, das Vorhandensein einer **psychologischen Nöthigung**, das Empfundene als real zu setzen; ebenso beweist aber auch die Thatsache vielfacher sog. Sinnentäuschungen, und ebenso die Differenz der Aussagen verschiedener Beobachter desselben Gegenstands, dass diese allgemeine Nöthigung nicht in jedem einzelnen Falle **durchgängige Uebereinstimmung** garantiert, dass also auch hier ein Unterschied des factisch nach psychologischen Gesetzen Eintretenden von dem allgemein Gültigen stattfinden kann und vielfach stattfindet, und dass von einer zureichenden Begründung solcher Urtheile erst die Rede sein kann, wenn die subjectiven Differenzen eliminiert werden können; dies aber ist nur möglich, wenn wir uns **allgemeiner Gesetze, nach welchen wir die subjective Empfindung mit Nothwendigkeit auf objective Realität beziehen**, bewusst zu werden und jeden Fall daran zu messen vermögen; erst dann lässt sich von dem Urtheil: ich bin sicher das und das gesehen und wahrgenommen zu haben, zu dem Urtheil fortgehen: das und das ist da, ist geschehen.

3. Sobald erkannt ist, dass wir es in den Wahrnehmungen zunächst mit subjectiven Ereignissen zu thun haben, dass nur die Gegenwart der V o r s t e l l u n g das unmittelbar Gegebene, ihre Beziehung auf ein Ding ausser uns aber ein zweiter Schritt ist, der allerdings meist unbewusst vollzogen wird, bedarf jedes Urtheil über äussere Existenz zunächst der Begründung durch ein Gesetz, wonach ü b e r h a u p t — wenigstens unter gewissen Bedingungen — die Vorstellung n o t h w e n d i g a u f e i n e n ä u s s e r e n e x i s t i e r e n d e n G e g e n s t a n d zu beziehen ist. Der Skepticismus läugnet, dass eine solche Nothwendigkeit vorhanden, oder wenigstens dass sie erkennbar sei; der subjective Idealismus behauptet eine solche Nothwendigkeit, aber er gibt ihr nur die Bedeutung, dass das Wahrgenommene nothwendig als realer Gegenstand ausser uns vorgestellt werde; aber dieses Setzen einer äusseren Existenz ist ihm selbst ein blosser Act des Vorstellens, und wir kommen also in ein zweites Stadium des Vorstellens durch diese Nothwendigkeit, aber nicht zu einer von uns unabhängigen Existenz; die Wirklichkeit, welche wir behaupten, ist nur eine Wirklichkeit von Erscheinungen, nicht von Dingen, welche von uns unabhängig wären.

Es ist hier nicht unsere Aufgabe, diese Streitfragen zu lösen; es genügt zu constatieren, dass die unmittelbare Gewissheit unserer Wahrnehmungsurtheile n i c h t auf einer absoluten Nothwendigkeit beruht, ehe ein allgemeines Gesetz gezeigt ist, nach welchem das Factum der Wahrnehmung die Anerkennung der Existenz eines äusseren Gegenstands nothwendig macht.

Für die logische Betrachtungsweise ist es übrigens vollkommen gleichgültig, ob dieses Gesetz in dem Sinne aufgezeigt werden kann, dass daraus die wirkliche Existenz der äusseren Dinge gewiss wird — also in realistischem Sinne, oder in dem idealistischen, dass es nur die Vorstellung realer Gegenstände auf Grund der Wahrnehmung nothwendig macht;

der logische Charakter der so entstandenen Urtheile, ihre Nothwendigkeit und Allgemeingültigkeit wäre dieselbe, nur der Sinn des Prädicats Sein (im empirischen Sinne) würde modificiert. Nur die skeptische Behauptung der Unmöglichkeit, zu nothwendigen Urtheilen zu gelangen, würde sie von der logischen Betrachtung ausschliessen.

Ein solches allgemeines Gesetz kann nun in keinem Falle so lauten, dass, wenn ich etwas wahrnehme, nun auch etwas existirt, was der nach psychologischen Gesetzen daraus entstehenden Einzelvorstellung entspricht. Im Gegentheil ist immer wieder von den verschiedensten Seiten sogar die Möglichkeit aufgestellt worden, an der Existenz der gesammten äusseren Welt zu zweifeln, und verfochten worden, dass der psychologischen Nöthigung, eine solche anzunehmen, keine logische Nothwendigkeit entspreche, durch die jener Zweifel entkräftet werden könnte *); wenn es also doch Mittel und Wege gibt, zur Ueberzeugung äusserer Realität zu gelangen, so können sie sich nicht an die einfache Thatsache der Wahrnehmung, sondern sie müssten sich an die bestimmte Beschaffenheit der Wahrnehmungen halten.

4. Gesetzt nun aber, es gebe Grundsätze, welche die Beziehung der Wahrnehmungsbilder auf real Seiendes nothwendig machen, so handelt es sich weiter um die **Bedingungen ihrer Anwendbarkeit**; die Frage ist, unter welchen Voraussetzungen das individuelle Factum der Wahrnehmung ein objectiv gültiges Urtheil trägt. Die individuellen Differenzen, welche in den Wahrnehmungsurtheilen heraustreten, zeigen zur Genüge, dass nicht unter allen Umständen ein Wahrnehmungsurtheil objectiv gültig werden kann, denn sie führen auf Widersprechendes.

Die individuellen Differenzen können nun im Allgemeinen einen **doppelten Grund** haben. Entweder liegt die Differenz schon im **ersten Anfang des Processes**, in den **factischen Voraussetzungen**, von denen die Bildung der Subjectsvorstellung und das Urtheil darüber ausgeht, in

---

*) Vergl. die Ausführung dieses Satzes in den ersten Capiteln von Baumann's Philosophie als Orientierung über die Welt.

der Affection unserer Sinnesorgane oder genauer in der Art, wie wir derselben in der Empfindung bewusst werden; oder sie liegt erst in den **weiteren Processen**, die wir im gewöhnlichen Denken **unbewusst** vollziehen, die aber doch stattfinden und sich, hauptsächlich durch die sog. Sinnestäuschungen, als ein **Analogon von Schlüssen** nachweisen lassen.

5. In **erster Hinsicht** liegt die Voraussetzung der Sicherheit, mit der wir unsere Empfindungen der Farbe, der Temperatur u. s. f. den Gegenständen als ihre Eigenschaften beilegen, in der Ueberzeugung, dass ein **constanter Zusammenhang zwischen dem vorausgesetzten Object und uns** in dem Sinne vorhanden sei, dass dieselbe Eigenschaft des Objects unabänderlich zu jeder Zeit in jedem Subjecte derselben Empfindung entspreche. Wenn noch Bacon fest glaubte, dass die Keller im Sommer kälter seien als im Winter, so setzte er seine Temperaturempfindung als constanten und untrüglichen Massstab für die Beschaffenheit des Objects; was kalt empfunden wird, ist kalt, und ebenso kalt als es erscheint. Der Widerspruch, auf den diese Voraussetzung führt, dass sie zwingt dasselbe zu bejahen und zu verneinen, hat schon frühe dieses sinnliche Urtheilen in Misscredit gebracht; seit den ersten Anfängen der griechischen Philosophie war die Sinneswahrnehmung zum Theil wenigstens wegen ihrer subjectiven Veränderlichkeit und individuellen Differenz vom Gebiete des eigentlichen Wissens ausgeschlossen, bis man seit **Bacon** sich wieder darauf besann, dass schliesslich der grösste Theil unseres Wissens doch auf dieser Basis stehe und es nur auf die Kunst ankomme, das Instrument richtig zu gebrauchen. Aber die Vernachlässigung der Bedingungen der Gültigkeit dieser Urtheile geht durch die platonisch-aristotelische Logik bis auf den heutigen Tag hindurch; im Begriff glaubte man mehr als genügenden Ersatz für die unzuverlässige Wahrnehmung zu haben, bis **Kant** vollends zum Bewusstsein brachte, dass man mit dem blossen Begriffswissen sich ewig auf dem Absatze dreht, ohne je das Object zu erreichen. Jede Logik ist aber unvollständig, wenn sie nach den Bedingungen der Gültigkeit dieser Urtheile nicht

Sigwart, Logik. I. 2. Auflage. 26

fragt; denn sie geben auch der Begriffsbildung ihr Interesse und ihre Richtung.

6. Ein Wahrnehmungsurtheil kann also nur insofern Anspruch auf Allgemeingültigkeit machen, als die Sinnesaffection, auf der es ruht, Ausdruck eines constanten Verhältnisses zwischen dem vorausgesetzten Object und Subject, die Empfindung das untrügliche Zeichen einer objectiven Qualität ist, und nur insoweit als eine Gewissheit über dieses constante Verhältniss, also über die **absolut gleiche Organisation und Empfindungsthätigkeit aller** zu erreichen oder die Differenzen sicher zu corrigieren sind. Der dritte Theil wird zu untersuchen haben, auf welchen Wegen wir dazu gelangen, eine Basis herzustellen, die wenigstens praktisch dieser Forderung einer absoluten Gleichheit oder Reducierbarkeit der Affectionen, in Folge der jeder den andern ohne Differenz vertreten kann, entspricht.

7. Mit den Wahrnehmungen des Gesichts und Tastsinnes ist die Vorstellung der **Räumlichkeit** des Wahrgenommenen unauflöslich verknüpft; wir stellen das Wahrgenommene als ein räumlich Ausgedehntes von bestimmter Form und Grösse vor, und weisen ihm seinen Ort im Raum an. Wir haben darin wieder zunächst **unsere Vorstellung**, und der Ort, den wir den Dingen anweisen, ist zunächst auf unsern eigenen Körper als Ausgangspunkt der Ortsbestimmung bezogen. Man kann darüber streiten, wieviel von unsern räumlichen Vorstellungen schlechthin ursprünglich, mit der Empfindung selbst in Einem untrennbaren Acte gegeben sei; dass ein Theil unserer räumlichen Vorstellungen, wie die Vorstellung der körperlichen Form der Objecte, ihrer Entfernung von uns und von einander nicht einfach gegeben, sondern Resultat von Combinationen ist, welche wir allerdings meist unbewusst vollziehen, lässt sich evident beweisen.

Nun ist zunächst soviel klar, dass um ein objectiv gültiges Urtheil nicht über meine Vorstellung, sondern über ein räumlich Seiendes und Existierendes von bestimmter Ausdehnung und Form abzugeben, die Gewissheit da sein muss, dass die Vorstellung des Raumes überhaupt eine für alle gleiche, und dass es nothwendig ist, die Empfindungen in einer bestimmten

§ 47. Die Wahrheit der Wahrnehmungsurtheile.

Art räumlich zu deuten; denn nur dann geht aus meiner Empfindung das Urtheil über objective Räumlichkeit mit objectiver Nothwendigkeit hervor, und kann der räumliche Gegenstand für alle derselbe sein. Die Voraussetzung also, dass die Vorstellung des Raumes in allen dieselbe, und dass sie nicht eine willkürliche oder sonst variable, sondern schlechthin bestimmte ist, dass alle in der Vorstellung des Raumes nach derselben Weise verfahren müssen, ist eine Bedingung objectiv gültiger Wahrnehmungsurtheile; und ihre Gewissheit ist nur insoweit möglich, als die Gesetze dieser Raumvorstellung erkannt sind. Es handelt sich dabei nicht bloss um die Möglichkeit der **reinen Geometrie** als Wissenschaft; in der geometrischen Vorstellung des Raumes hat **jeder seinen eigenen Raum**, und die verschiedenen Räume sind nur congruent oder wenigstens ähnlich; es ist gleichgültig, wo in diesem Raume von jedem seine Linien gezogen und seine Figuren construiert werden. Die geometrischen Figuren haben keinen Ort im Raum. Anders wenn es sich darum handelt, etwas als **in dem für alle selbigen objectiven Raume existierend** zu setzen; mit jedem Urtheil dies ist hier, dies ist dort behaupte ich etwas, was für alle gültig sein, den Ort eines Objects so bestimmen soll, dass es von allen als an demselben Orte des Raumes befindlich anerkannt werde, und dass alle räumlichen Relationen desselben für alle übereinstimmen. Die Thatsache, dass in unserer nächsten Umgebung unsere kunstlos erworbene Praxis in den meisten Fällen geübt genug ist, um ohne merklichen Fehler durchzukommen, und auch die räumlichen Vorstellungen anderer, die sie aus ihrem Orte haben müssen, zu construiren, erspart der strengen Theorie durchaus nicht, die **Bedingungen und Normalgesetze einer objectiv gültigen Form- und Ortsbestimmung des Einzelnen** zu suchen. Die Astronomie ist der beste Beweis dafür, von wie vielen Voraussetzungen Urtheile über die Lage der Himmelskörper abhängig sind, welche auf objective Gültigkeit Anspruch machen, und wie diese Urtheile nur dann gültig sind, wenn jene Voraussetzungen als durchaus gewisse und nothwendige erkannt sind. Sie begreifen in sich aber nicht bloss die allgemeinen Sätze der Geometrie, sondern daneben auch Sätze über die Beziehung der Sinnesempfindung auf einen bestimmten Ort, welche ihrerseits auf optischen Gesetzen, der geradlinigen Bewegung der Lichtstrahlen in gleichartigen, ihrer Ablenkung in ungleichartigen Medien u. dgl. beruhen. Wie wir zur Erkenntniss dieser Voraussetzungen gelangen, ist hier nicht auszumachen; nur soviel ist klar, dass sie zuletzt auf unmittelbar Gewisses, dessen Nothwendigkeit eine ursprüngliche ist, zurückgehen müssen, wenn das einzelne Urtheil objectiv gültig sein soll.

8. Dasselbe ist es mit der Bewegung. Die unmittelbar wahrgenommene Bewegung setzt einmal, um zu einem gültigen Urtheile zu führen, eine nach nothwendigen Gesetzen vollzogene Ortsbestimmung voraus; ausserdem aber, da alle Bewegung, sofern sie wahrgenommen werden kann, nur relativ, d. h. die gegenseitige Lageveränderung sichtbarer Objecte ist, unsere Urtheile aber objectiv sagen wollen, dass A sich gegen B bewegt, bedarf es allgemeiner Gesetze, um die relative Lageveränderung auf die wirkliche Bewegung, die Veränderung des Ortes im Raume zu deuten, und auszumachen, was als ruhend, was als bewegt betrachtet werden muss. Auch hier liefert die Geschichte der Astronomie den Beweis, dass objectiv gültige Urtheile über Bewegung nur unter Voraussetzung allgemeiner Grundsätze zu gewinnen sind, nach denen die subjective Wahrnehmung der Bewegung auf wirkliche Bewegung bezogen, die subjective Erscheinung auf ein objectives Geschehen gedeutet wird; und die Schwierigkeiten, die Begriffe der relativen und absoluten Bewegung zu scheiden, beweisen zur Genüge, welche Arbeit die Auffindung der letzten Grundsätze kostet.

9. Wichtiger noch ist die Beziehung der Empfindungen auf bestimmte Dinge selbst. Die allgemeine Form zwar, das gegebene Material der Empfindungen auf beharrliche Dinge zu beziehen, ist mit der unaustilgbaren Natur unseres Denkens gegeben, und wir können uns diesem psychologischen Zwange nicht entschlagen, auch wenn wir wollten; aber ebendarum, weil der Gedanke eines Dings nicht mit der Affection selbst schon da ist, lässt sich auch eine Verschiedenheit des Processes denken. Zwar wo es sich um ruhende, dauernde Erscheinungen handelt, tritt

diese Differenz kaum zu Tage; das für unsere Auffassung unveränderliche, am selben Orte des Raums verbleibende, fest abgegrenzte wird ohne Weiteres als dasselbe Ding übereinstimmend aufgefasst; die Voraussetzung, dass an demselben Punkte des Raumes nicht zwei Dinge sein können, ist ebenso factisch allgemein, so dass sie überall zu Grunde liegt; auch die blosse räumliche Bewegung vermag diese Beziehung noch nicht unsicher zu machen, wenn sie continuierlich beobachtet wird.

Sobald aber **Veränderung der Form, der Grösse, der sinnlichen Qualitäten** eintritt, erscheinen die Probleme, in welcher Weise die successiven Stadien der Veränderung auf die vorausgesetzte Substanz bezogen werden sollen, und die **Nothwendigkeit übereinstimmender Grundsätze**, nach denen sich das Urtheilen des Einzelnen richten muss, wenn es nicht bloss **seine** Auffassung aussprechen sondern objectiv gültig sein will. Wenn eine Quecksilbersäule sich ausdehnt oder zusammenzieht, so beschreiben wir die Reihenfolge unserer Wahrnehmungen in dem Satze: dies wird kleiner, dies wird grösser; mit denselben Worten beschreiben wir das Wachsthum des Krystalls in seiner Mutterlauge oder die Verminderung eines Stückes Eis an der Luft; unsere Sätze scheinen zu sagen, dass in beiden Fällen ein bestimmtes Ding, und zwar **dasselbe Ding** sein Volumen verändert. Für den Physiker sind die beiden Sätze verschieden; im ersten Fall ist es in der That für ihn **dasselbe Subject**, das jetzt grösseren, jetzt geringeren Raum einnimmt; im zweiten Fall ist der vergrösserte Krystall, das halbverdunstete Eis nicht mehr **dasselbe Ding** wie vorher, sondern zu dem ursprünglichen ist Neues hinzugetreten, oder vom ursprünglichen Ding ein Theil hinweggekommen. Für die kindliche Auffassung **verschwindet** das Wasser, wenn es verdunstet, das Holz, wenn es verbrennt; für die physicalische **bleibt** dasselbe Ding, nur in anderer Form; derselbe Satz: dieses Wasser verdunstet, hat für die eine Auffassung einen ganz anderen Sinn als für die andere. Kant hat den **Grundsatz von der Beharrlichkeit der Substanz** unter die apriorischen Grundsätze unseres Verstandes aufgenommen. Er ist es nicht in dem Sinne, dass durch eine natürliche Nothwendigkeit unserer Verstandesthätigkeit alle Beziehung von Empfindungen auf Gegenstände sich durch diesen Grundsatz leiten liesse, sonst hätten in keiner Sprache die Wörter sich bilden und auf Dinge angewendet werden können, die Entstehen, Vergehen, Wachsen, Abnehmen u. s. f. bedeuten. Als Bedingung einer übereinstimmenden Erfahrung nur ist ein Grundsatz nothwendig, der bestimmt, nach welcher Regel zum Accidens die Substanz hinzugedacht werden soll: der Grundsatz aber in der Form, wie Kant ihn meint, ist erst möglich, wenn festgestellt ist, dass das Gewicht das Mass des Quantums der Substanz sein soll, er ist ein spätes Resultat der Wissenschaft. Das Wahre an Kant's Lehre ist nur, dass es kein übereinstimmendes und nothwendiges Urtheilen über Einzelnes gibt, wenn nicht ein solcher Grundsatz vorhanden ist; nur in diesem Sinne zunächst ist er nothwendig, — nothwendig, wenn es Erfahrungswissenschaft geben soll. Ob er nothwendig angenommen werden muss, weil er a priori im gewöhnlichen Sinne, von aller Erfahrung unabhängig, durch sich selbst einleuchtend ist, oder weil die gegebene Erfahrung nur vermittelst dieses Grundsatzes in durchgängige Uebereinstimmung gebracht werden kann, ist eine andere Frage.

10. Nur ein specieller Fall der Schwierigkeit, den Begriff des Dings als des in der Zeit mit sich identischen im Einzelnen anzuwenden, ist die Schwierigkeit, die **reale Identität** desselben Dings auf Grund zeitlich auseinanderliegender Wahrnehmungen zu constatieren; auch hier bedarf es bestimmter Regeln, auf denen diese Behauptung ruhen muss.

11. Die bisherige Analyse schon hat gezeigt, von wie ganz anderen und complicierteren Bedingungen die Gültigkeit jedes Urtheils über das einzelne Seiende abhängt, als die Gültigkeit der bloss analytischen Urtheile, die auf übereinstimmender Begriffsbildung ruhen; sie hat ferner gezeigt, dass die **Forderung vollkommen gültiger Urtheile die natürliche Unmittelbarkeit der erzählenden Urtheile auflöst, und sie zwingt, vermittelte zu werden, um wahr und ihrer Wahrheit gewiss zu sein.**

**Vom Standpunkte der Bedingungen der Wissenschaft** also, im Unterschiede von dem der psychologischen Genesis der Urtheile, hat Kant doch wieder ein Recht gehabt, bloss die Begriffsurtheile als analytische, alle übrigen als synthetische zu betrachten, und nach den Principien ihrer Synthesis a priori als Bedingungen ihrer objectiven Gültigkeit zu fragen.

12. Noch deutlicher als bei dem Zurückgehen von der Erscheinung auf die Substanz zeigt sich die Nothwendigkeit leitender Grundsätze bei den Urtheilen der Causalität. Unserem gewöhnlichen Urtheilen ist die Anwendung der Vorstellung des Wirkens so geläufig, und sie ist in den einfacheren und alltäglichen Fällen so reflexionslos von uns angeeignet, dass die Urtheile, welche sagen, dass ein Schlag eine Fensterscheibe zertrümmert hat und dass Trinken den Durst stillt, als unmittelbare vollzogen werden, weil in den transitiven Verben wir die darin liegende Vorstellung des Wirkens unbewusst uns aneignen; die gegebene Relation von Vorgängen wird ohne Weiteres mit den Verben und Adjectiven ausgedrückt, welche den Gedanken einer Wirkung einschliessen, und wir glauben darum diese Wirkung ebenso direct aufzufassen, wie Veränderung oder Bewegung. Allein wenn wir die einzelnen Verba, welche ein Wirken ausdrücken, auf bestimmte Begriffe gebracht denken: so enthalten sie theils Elemente, welche sinnlich anschaulicher Natur sind, eine Bewegung des einen Dings, eine darauf folgende Veränderung des andern; ausserdem aber ein Element, das nicht anschaulich ist, nemlich eben die Causal-Relation selbst, in der liegt, dass das zeitlich folgende wirklich von dem andern hervorgebracht, nicht aus dem Subject, an dem es geschieht, selbst hervorgegangen, sondern von der Ursache ihm angethan worden sei. Die Auffassung des wahrnehmbaren Geschehens ist nach ihrer objectiven Gültigkeit an den früheren Voraussetzungen zu messen; die Aussage, dass ein Theil desselben Wirkung eines andern sei, bedarf eines weiteren Grundsatzes, wonach auf objectiv gültige und nothwendige Weise ein wahrnehmbares Geschehen als ein Fall eines Causalverhältnisses erkannt wird; nur dadurch erhält ein Causalurtheil über Einzelnes objective Gültigkeit. Denn noch viel deutlicher als beim Substanzbegriff tritt hier heraus, dass wohl in der menschlichen

Natur und den Entwicklungsgesetzen unseres Denkens nothwendig gegeben ist, dass die Ereignisse in Causalzusammenhang gebracht werden und das Bedürfniss das eine als Folge des anderen anzusehen sich unabweisbar einstellt; aber dass dadurch weit differente Anwendungen dieses allgemeinen Princips, weit differente Beziehungen des Einzelnen auf Causalzusammenhänge nicht ausgeschlossen sind. Es ist das **natürliche Causalitätsbedürfniss** gewesen, was die Menschen trieb, die Ursachen der Ereignisse in der Macht von Dämonen oder in der Stellung der Gestirne zu suchen; aber jeder derartige Satz hat nur dann objective Gültigkeit, es ist **überhaupt nur dann möglich, im Einzelnen einen Causalzusammenhang zu behaupten, wenn es eine feste und nothwendige Regel gibt, nach welcher Ereignisse auf Ursachen bezogen werden** und ausgemacht werden kann, was die Ursache eines bestimmten Ereignisses ist. Eine solche Regel war es wiederum, welche Kant in seinem apriorischen Grundsatz suchte; eine Bedingung wissenschaftlicher Erfahrung und objectiv gültiger Causalurtheile, die eine bestimmte Art der Verknüpfung des subjectiv gegebenen Manigfaltigen, eine bestimmte Deutung des empirisch zusammen Gegebenen nothwendig, aus einem Wahrnehmungsurtheil (nach Kant's Unterscheidung) ein Erfahrungsurtheil macht\*). Wieder glaubt er in dem synthetischen Grundsatz a priori, dass alles was geschieht, etwas voraussetzt, worauf es nach einer Regel folgt, diese letzte Bedingung objectiver Urtheile aufgezeigt und zugleich in ihrer Apriorität den Grund ihrer Nothwendigkeit dargethan zu haben; aber wiederum ist die Frage, ob dieser Grundsatz in dieser Form als ein nothwendiger und apriorischer

---

\*) Sein bekanntes Beispiel (Proleg. § 20) ist das Urtheil: »Wenn die Sonne den Stein bescheint, wird er warm.« Dieses Urtheil ist ein blosses Wahrnehmungsurtheil, und enthält keine Nothwendigkeit, ich mag dieses noch so oft und andere auch noch so oft wahrgenommen haben; die Wahrnehmungen finden sich nur gewöhnlich so verbunden. Sage ich aber: die Sonne **erwärmt** den Stein, so kommt über die Wahrnehmung noch der Verstandesbegriff der Ursache hinzu, der mit dem Begriff des Sonnenscheins den der Wärme **nothwendig** verknüpft, und das synthetische Urtheil wird nothwendig allgemeingültig, folglich objectiv und aus einer Wahrnehmung in Erfahrung verwandelt.

anzuerkennen sei, oder ob er bloss deswegen nothwendig anzunehmen ist, weil nur unter seiner Voraussetzung die gegebene Erfahrung widerspruchslos zu gestalten ist; es fragt sich ausserdem noch weiter, ob er in dieser Form ausreichend und überhaupt geeignet ist, die Basis für die Objectivität unserer Causalurtheile abzugeben. Soviel aber ist sicher: nur in dem Masse, als es eine feste Regel gibt, Wahrnehmungen auf Causalverhältnisse zu beziehen, kann auch im einzelnen Falle behauptet werden, dass eine Erscheinung B die Wirkung einer andern A sei, und daraus folgt, dass jedes einzelne Causalurtheil nur durch Zurückführung auf den allgemeinen Grundsatz sich begründen, d. h. dass es ein erschlossenes, synthetisches sein muss. Wenn man bedenkt, wie schwierig oft die Entscheidung ist, was denn die Ursache eines bestimmten Vorgangs sei, so wird man der Behauptung, dass es schlechterdings kein Causalurtheil gebe, über dessen Nothwendigkeit man unmittelbar gewiss sein könne, um so eher zustimmen.

## § 48.

Die letzten und höchsten allgemeinen Regeln neben dem Princip der Uebereinstimmung, von denen die Begründung aller andern Sätze abhängt, sind theils **Axiome der Begriffsbildung**, theils **Postulate hinsichtlich des Seienden**. Die Voraussetzungen, welche auf Grund dieser Postulate gemacht werden, stehen unter dem **Gesetze des Widerspruchs** als ihrer obersten Norm.

1. Aus diesen Erörterungen geht jedenfalls soviel hervor, dass die rein empiristische Ansicht, welche die einzelnen Thatsachen der Wahrnehmung in ihrer Bedeutung als objective Aussagen für das unmittelbar Gewisse und das Fundament aller andern Sätze nimmt, eine Wissenschaft, die in allgemeingültigen Sätzen bestünde. nicht zu begründen vermag. Da die Thatsachen der Wahrnehmung individuell sind, so ist, was der Einzelne auf sie hin behauptet, zunächst nur für ihn gültig, und es kann über diese Gültigkeit nicht hinausgegangen werden, wenn es keine Regel gibt, nach der aus dem

subjectiven Factum ein für alle gültiger Satz folgt; die nothwendige Consequenz jeder Ansicht, welche die Wahrnehmungsthatsachen im gewöhnlichen Sinne für das letzte Gewisse erklärt, ist entweder die skeptische Hume's, welche verbietet, über die subjectiven Impressionen überhaupt zu einer Behauptung über ein Sein hinauszugehen, oder, wenn dieses Hinausgehen und die Behauptung, dass etwas sei, gestattet wird, so folgt der Satz des Protagoras, dass für jeden das sei, was ihm scheine; in jedem Falle die Unmöglichkeit einer für alle gültigen Wahrheit. Wenn einzelne empiristische Theorieen wie die Mills doch auf diesem Boden eine Wissenschaft bauen wollen, so geschieht es auf dem Wege der Erschleichung allgemeingültiger Voraussetzungen, theils so, dass als selbstverständlich angenommen wird, dass die Wahrnehmungsurtheile übereinstimmend sind und ein objectives Sein aussagen und wirkliche Erkenntniss gewähren, theils so, dass die Schlüsse aus diesen Wahrnehmungsurtheilen als etwas Selbstverständliches hingestellt werden, während sie ohne eine allgemeingültige Voraussetzung keinerlei Berechtigung haben *).

2. Dem gegenüber glauben wir nachgewiesen zu haben, dass ein nothwendiges und allgemeingültiges Urtheilen über Seiendes auf Grund der Wahrnehmung nur unter der Bedingung möglich ist, dass die Nothwendigkeit der einzelnen Urtheile auf allgemeinen Grundsätzen ruht. Diese müssten zuletzt irgendwie unmittelbar gewiss sein, und können ihre Gewissheit nicht aus einer Erfahrung ableiten, die erst durch sie in Form wahrer Urtheile möglich ist. Es entsteht also die Frage, ob es **unmittelbar gewisse Sätze** dieser Art gibt. Was sie aussagen müssten, wäre die Nothwendigkeit der Processe, durch welche wir aus den fundamentalen subjectiven Thatsachen der unmittelbaren Empfindung die Vorstellung einer in Raum und Zeit existirenden Welt einzelner Dinge, der Realität ihrer Eigenschaften und Actionen, sowie ihrer manigfaltigen Relationen gewinnen; und ihre allgemeine Formel müsste sein, aus den Bedingungen des

---

*) Die Prüfung der Mill'schen Theorie im Einzelnen behalten wir uns für die Untersuchung des Inductionsverfahrens vor.

Einzelvorstellens die Aussage über ein Sein von Gegenständen, aus Aussagen über das bestimmte Sein dieser Gegenstände andere Aussagen als nothwendig hinzustellen.

Wenn nach ihnen daraus, dass ich bestimmte räumliche Anschauungen habe, abzuleiten wäre, dass ein Raum, wie ich ihn vorstelle, objectiv existirt; wenn aus der Thatsache, dass ich an einem bestimmten Orte dieses Raums eine Lichtempfindung habe, folgte, dass an diesem Orte ein leuchtender Gegenstand existirt, nach dem Grundsatz, dass zu einer empfundenen Qualität eine Substanz gehört, der sie inhärirt; wenn aus der Thatsache, dass ein Ding ist oder sich verändert, sich ableiten liesse, dass ein anderes Ding ist und sich verändert, und die Nothwendigkeit jener Sätze so einleuchtend wäre, als der Satz des Widerspruchs — dann wäre eine leichte und nahe liegende Begründung auch für die Wahrnehmungsurtheile gewonnen. Denn da das subjective Factum, dass ich jetzt dies oder jenes vorstelle, als ein unmittelbar gewisses anerkannt werden muss, so wäre damit die factische Voraussetzung da, aus der nach jenen Gesetzen die Nothwendigkeit der Urtheile über das Seiende folgt.

Diese Sätze müssten a priori gewiss sein, in dem Sinne, dass wir in ihnen nur einer constanten und unabweislichen Function unseres Denkens bewusst würden und sicher wären, dass so gewiss wir selbst sind, wir auch so urtheilen müssen; und sie giengen nicht aus von dem Inhalte des Vorgestellten, wie er im Begriffe sich ausdrücken lässt, sondern würden dem vorgestellten Inhalt ein Prädicat beilegen, das nicht aus ihm selbst, sondern nur aus der jeweiligen Art, wie er vorgestellt wird, aus dem specifischen Charakter der Wahrnehmung abgeleitet wäre; sie würden insofern **synthetische Urtheile** begründen.

Daraus erhellt auch von dieser Seite die durchgreifende Wichtigkeit der Kantischen Frage: Wie sind **synthetische Urtheile a priori** möglich? denn es zeigt sich, wie an ihr die Möglichkeit hängt, aus dem immer neu entstehenden individuellen Vorstellen heraus zu allgemein gültigen Sätzen und ebenso aus dem subjectiven Vorstellen heraus zu Urtheilen über ein Seiendes zu gelangen.

3. Dass es solche Sätze gibt, wird überall da anerkannt, wo gelehrt wird, dass es **Axiome** gebe, von welchen unsere Erkenntniss des Seienden abhänge. Denn wo man nach dem Vorgange des Aristoteles*) **Axiome von Definitionen** und den daraus folgenden analytischen Urtheilen einerseits, von **Postulaten** andererseits unterscheidet, versteht man darunter Sätze, deren Wahrheit und Gewissheit unmittelbar einleuchtend, deren Gegentheil zu denken eben darum unmöglich ist, ohne dass sie darum blosse Begriffserklärungen wären, und die also die letzten Voraussetzungen bilden, auf welche alle Begründung zurückgehen muss. Und zwar gehört der Name der Axiome nicht den unmittelbar gewissen Einzelurtheilen, z. B. den Aussagen des unmittelbaren Selbstbewusstseins, sondern **allgemeinen Sätzen**, welche eine weithin anwendbare Nothwendigkeit ausdrücken; wie denn Aristoteles ausser dem schlechthin obersten und allgemeinsten Axiom, dem Princip des Widerspruchs, für jeden Kreis des Wissens besondere Axiome kennt, z. B. die mathematischen u. s. w. **Postulate** dagegen sind Sätze, welche weder weiter zu begründen und abzuleiten, noch als unmittelbar und noth-

---

*) Unter dem, was als nicht mehr weiter zu begründendes in unser Wissen eingeht, unterscheidet Aristoteles in der Hauptstelle Anal. post. I, 2 und 10 ἀξίωμα (ἀρχὴ ἣν ἀνάγκη ἔχειν τὸν ὁτιοῦν μαθησόμενον — ὃ ἀνάγκη εἶναι δι' αὐτὸ καὶ δοκεῖν ἀνάγκη) und θέσις (ἣν μὴ ἔστι δεῖξαι, μηδ' ἀνάγκη ἔχειν τὸν μανθάνοντα τι); die θέσις unterscheidet er in ὑπόθεσις, welche sagt, dass etwas ist oder nicht ist, und ὁρισμός, welcher nur das »Was«, nicht das »Dass« angibt. Eine ὑπόθεσις aber, welche gegen die Voraussetzungen des Lernenden aufgestellt wird, ist αἴτημα.

Der letztere Terminus hat keine feste Bedeutung gewinnen können. Der neuere Gebrauch des Wortes Postulat ist durch Kant — aber wiederum nicht sicher — bestimmt worden, der sich in der Kritik d. r. V. auf den Sprachgebrauch der Mathematiker beruft: Postulat heisst der practische Satz, der nichts als die Synthesis enthält, wodurch wir einen Gegenstand uns zuerst geben und dessen Begriff erzeugen; danach nennt er die Grundsätze der Modalität Postulate, weil sie die Art anzeigen, wie der Begriff von Dingen mit der Erkenntnisskraft verbunden wird. In der Kritik der practischen Vernunft aber ist Postulat ein **theoretischer**, als solcher aber nicht erweislicher Satz, sofern er einem a priori unbedingt geltenden practischen Gesetze unzertrennlich anhängt. Diese Discrepanz findet sich auch in Kants Logik wieder. Wir erweitern im Obigen die zweite Definition.

wendig gewiss anzunehmen möglich ist, deren Gewissheit aber doch, nur aus andern Gründen als der logischen Nothwendigkeit, also aus allgemeinen psychologischen Motiven angenommen wird.

Ohne dass wir untersuchen wollten, ob, was zu verschiedenen Zeiten als Axiom gegolten hat, auch diese Benennung wirklich verdient — denn das könnte nur durch ein Eingehen auf die besonderen Kreise der Vorstellung erreicht werden, welches der allgemeinen Logik fern liegt — kann wenigstens auf Grund der bisherigen Untersuchungen ein wichtiger Unterschied hinsichtlich der Bedeutung solcher Sätze aufgestellt werden. Es zeigt sich nemlich, dass ein wesentlicher Unterschied besteht, der in der Regel nicht beachtet worden ist, obgleich Kant eine richtige Andeutung in dieser Hinsicht gegeben hat\*); wir meinen den Unterschied zwischen **Axiomen der Begriffsbildung** und **Axiomen der Erkenntniss eines einzelnen Seienden**.

Wir hatten die Möglichkeit einer logisch vollkommenen Begriffsbildung von dem Nachweis nothwendiger Gesetze in unserem Vorstellen überhaupt abhängig gemacht; so gewiss logisch vollkommene Begriffe kein fertiges Product sind, sondern erst durch eine bewusste Synthese gewonnen werden müssen, so gewiss muss diese Synthese unter Regeln stehen, deren Nothwendigkeit uns einleuchtend ist, die aber zunächst nur die **Form unserer Begriffe** und die Beziehung ihrer Elemente zu einander, nicht aber die Behauptung des Daseins eines Einzelnen begründen. So ist der Satz, dass wir keine reale Eigenschaft zu denken vermögen ohne Voraussetzung eines Dings dem sie anhaftet, eine Regel, welche die Bildung unserer Vorstellungen und das Verhältniss ihrer Elemente bestimmt.

Ebenso gehören zu den Axiomen der Begriffsbildung alle Sätze über die **Unvereinbarkeit gewisser Merkmale**; es ist mit der festen Natur unseres Vorstellens gegeben, dass gewisse Bestimmungen nicht in Einer Vorstellung vereinigt

---

\*) In dem Unterschiede des mathematischen und dynamischen Gebrauchs der Synthesis der reinen Verstandesbegriffe.

werden können, (wovon wesentlich zu unterscheiden die Sätze über Unvereinbarkeit, die nur empirisch erschlossen sind, wie z. B. gasförmigen Zustands und grosser specifischer Schwere u. s. w.) und diese Unmöglichkeit kann uns nur auf dieselbe Weise gewiss werden, wie das Princip der Uebereinstimmung.

Unter diese **Axiome der Begriffsbildung** gehören ferner die **mathematischen Axiome** (sofern was so genannt wird nicht ein bloss analytischer Satz ist, wie der Grundsatz: Zwei Grössen, welche derselben dritten gleich sind, sind einander selbst gleich, aus dem Begriff der Gleichheit analytisch folgt): denn sofern alle geometrischen Gebilde den Raum voraussetzen und von der Natur unserer Raumvorstellung beherrscht sind, drücken jene Axiome nichts anderes aus, als die Art der Synthese, welche durch unsere Raumvorstellung nothwendig gemacht wird. Das Axiom, dass zwei gerade Linien keinen Raum einschliessen, ruht auf den festen Regeln unserer Raumvorstellung.

Von gewisser Seite können alle diese Axiome wieder als **analytische Sätze** behandelt werden, wenn man darauf achtet, dass sie zwar nicht aus den Begriffen der grammatischen Subjecte abgeleitet, wohl aber mit der Natur der Vorstellungen gegeben sind, welche diesen Subjecten vorausgesetzt sind (§ 18, 5 S. 138 ff.); und den Schein eines synthetischen Charakters enthalten sie nur dadurch, dass sie **Relationsurtheile** sind, also allerdings eine Synthesis in der Vorstellung vorangehen muss, welche die Relation überhaupt herstellt. Sie ruhen darauf, dass die verschiedenen Elemente unserer Vorstellungen nicht unabhängig von einander sind.

Es gibt solche Axiome auch hinsichtlich dessen, was wir als seiend vorstellen, wenn es sich nemlich nur um den **Begriff des Seins** und nicht um die Behauptung handelt, dass dieses oder jenes einzelne sei. Das Axiom Spinozas Omnia quae sunt, vel in se vel in alio sunt, ist ein solches Axiom, das darauf zurückgeht, dass wir als seiend nur Substanzen mit Accidentien denken können.

Aber diese Axiome wollen nicht ein Urtheil begründen,

dass dieses oder jenes einzelne sei; das letztere z. B. lässt vollkommen unentschieden, auf was der Begriff des für sich Seins und des an einem andern Seins angewendet werden soll. Unsere Urtheile über das einzelne Seiende aber bedürfen eben solcher Axiome, welche die Behauptung begründen, dass ein bestimmtes Einzelnes darum als seiend gedacht werden müsse, weil wir es auf bestimmte Weise vorstellen oder weil ein anderes Einzelnes sei oder gewesen sei; und darin eben liegt ihr verschiedener Charakter. So sagt z. B. das Axiom der Causalität in der Form des Trägheitsgesetzes nichts aus über die nothwendige Vorstellung der Bewegung, sondern es sagt, dass wenn ein bestimmter Körper sich wirklich in diesem Augenblicke bewegt, er sich im nächsten in derselben Richtung und mit derselben Geschwindigkeit weiter bewegen wird, dass wenn er seine Bewegung ändert, ein anderer Körper da ist, der auf ihn eingewirkt hat. Ihre allgemeine Formel ist also theils: Wenn ich etwas Einzelnes unter bestimmten Bedingungen wahrnehme, so ist es; theils: wenn etwas Einzelnes ist, so ist ein anderes. Sie regeln also den Process, meine Vorstellungen des Einzelnen zur Realität umzudeuten.

Die Nothwendigkeit jener Axiome kann durch blosses Achten auf das, was wir im Vorstellen stetig thun, zum Bewusstsein gebracht werden; die Nothwendigkeit dieser lässt sich eben darum, weil sie das Seiende betreffen, nicht ohne Weiteres aus der Nothwendigkeit unseres Vorstellens ableiten; ausser sofern man als oberstes Axiom die Uebereinstimmung unseres Vorstellens mit dem Sein annähme.

4. Die Geschichte der Wissenschaft zeigt unwiderleglich, dass der Glaube, die Urtheile, dass etwas Bestimmtes sei und so sei, auf einfache und unmittelbar gewisse Axiome gründen, und aus ihnen alles Einzelne als nothwendige Folge ableiten zu können, sich immer wieder als eine Täuschung erwies. Weder der Satz Non datur vacuum noch das Axiom, dass ein Ding nur wirken könne wo es sei, weder die Behauptung, dass nur Gleichartiges auf Gleichartiges wirke, noch die dass die Wirkung nur fortdauere wenn auch die Ursache fortdauere, haben sich als solche behaupten können, und das Kriterium

des Nicht anders denken könnens ist immer wieder von der psychologischen Unmöglichkeit in Folge der Gewohnheit, statt von der logischen Nothwendigkeit verstanden worden *).

Auch Kant's grossartiger Versuch, die synthetischen Urtheile a priori aufzuzeigen, welche aller Erfahrung zu Grunde liegen, hat im Grunde nur gezeigt, dass solche synthetische Urtheile a priori gelten müssen, wenn Erfahrung als Wissenschaft möglich sein soll; er ist von der Annahme ausgegangen, dass Erfahrungserkenntniss bestehe, und hat rückwärts die Bedingungen derselben gesucht, von dem Grundsatz aus, dass alle Erkenntnisse sich müssen in Einem Bewusstsein vereinigen lassen. Aber weder seine Ableitung der Kategorieen aus den Urtheilsformen der von ihm ergänzten traditionellen Logik, noch die auf dieser Basis gewonnenen synthetischen Grundsätze und ihre Beweise haben die Ueberzeugung hervorzubringen vermocht, dass wir es hier mit absolut nothwendigen und selbstverständlichen Sätzen zu thun haben, deren Gegentheil zu denken unmöglich ist, und die a priori in unserem Verstande liegen; und auf der andern Seite hat der Beweis, dass unsere wirklich eintretenden Empfindungen sich den Kategorieen und apriorischen Grundsätzen fügen müssen, der Fragen genug übrig gelassen.

Schopenhauer hat die weitläufige Festung der zwölf Kategorieen geräumt, um die Citadelle der Causalität um so fester zu behaupten; allein so lehrreich seine Vereinfachung Kant's ist, so wenig kann sie als ein Ersatz für die Kantischen reinen Verstandesformen und synthetischen Sätze a priori gelten. Denn soll dadurch auch nur psychologisch der Process erklärt werden, durch den überhaupt jedes Individuum genöthigt ist, seine räumlichen Anschauungen zu objectivieren und als einen Gegenstand ausser sich vorzustellen, so ist das Princip der Causalität hiezu unzureichend; denn es kann daraus wohl abgeleitet werden, dass ich irgend etwas von mir Verschiedenes als Ursache meiner Sinnesaffectionen annehmen muss, weil ich mir nicht bewusst bin, sie

---

*) Vgl. Mill's Logik 2. Buch 7. Capitel und 5. Buch. 3. Cap.

selbst hervorgebracht zu haben, aber es folgt daraus nicht von selbst, weder dass diese Ursache nothwendig im Raume ist, noch dass speciell das Angeschaute selbst, als ein Existierendes gedacht, die Ursache ist. Der wissenschaftlichen Reflexion allerdings auf unsere Sinneswahrnehmungen, die von vornherein von der Voraussetzung ausgeht, dass sie von den Objecten ausser uns hervorgerufen werden, bestätigt sich diese Voraussetzung dadurch, dass sie die Sinnesempfindungen so zu erklären vermag, und darum hat diese Theorie Schopenhauers den Beifall z. B. von Helmholtz gefunden; aber sie ist einleuchtend eben nur dann, wenn das Dasein der Objecte schon in der Stille vorausgesetzt ist, dessen Annahme sie erklären soll. Sobald man sich aber klar gemacht hat, dass in dem allgemeinen Causalitätsprincip niemals liegt, wie beschaffen die Ursache einer gegebenen Wirkung sein müsse, fehlt jede Möglichkeit nach demselben auf das Dasein einer **bestimmten** Ursache zu schliessen.

Als **Princip objectiver Wahrheit** gedacht, hat aber der Satz in diesem Sinne noch viel bedenklichere Mängel. Denn auch gesetzt, er könnte als allgemeines Axiom gelten, das durch sich selbst gewiss wäre, so ist er für den Schluss auf äussere Objecte nur anwendbar, wenn zugleich der Satz: Ich bin mir nicht bewusst, meine Affectionen selbst hervorgebracht zu haben, beweist, dass ich in der That nicht ihre Ursache bin; er setzt also für seine Anwendbarkeit das Axiom voraus, dass ich nur die Ursache dessen bin, was ich mit Bewusstsein hervorbringe; ein Axiom, dessen apriorische Gültigkeit Niemand behaupten wird; und ebenso könnte er ein Princip objectiver Wahrheit nur sein, wenn er gewährleistete, dass alles, was auf diese Weise individuell objectivirt wird, eo ipso auch gültig wäre. Ist er ein **Naturgesetz** unseres Vorstellens: so sind noch die Bedingungen zu entdecken, unter denen er ein **Normalgesetz** werden kann\*).

---

\*) Ich kann **Windelband** (a. a. O. S. 76) zustimmen, dass es eine oberste Regel des Erkennens — d. h. genauer unseres Erkenntniss**strebens** — sei, nach welcher zu jeder Erscheinung eine Ursache gesucht werde; nur reicht diese Regel nicht aus, um nun für jede Erscheinung den zureichenden Grund **aufzuweisen**. Und eine solche

Auch das Princip der Causalität also reicht nicht aus, um daraus mit Nothwendigkeit zu behaupten, dass dies und jenes Einzelne, meiner Wahrnehmungsvorstellung entsprechende ist, und so ist, wie ich es mir vorstelle; denn es sagt für sich über die Art der Ursache gar nichts.

Lässt sich also nicht annehmen, dass die allgemeinen Sätze, welche die objective Gültigkeit unserer Wahrnehmungsurtheile garantieren, als einfache selbstverständliche Wahrheiten zu Tage liegen, in einer Form, welche ohne Weiteres die Beziehung der Wahrnehmungen auf ein Seiendes, und bestimmter Wahrnehmungen auf ein bestimmtes Seiendes a priori gewiss machte: so bleibt noch die andere Möglichkeit übrig, das Dasein einer äusseren, für alle selbigen Welt als ein **Postulat** unseres Wissens- und Erkenntnisstriebes anzuerkennen, an dessen Wahrheit zu glauben wir trotz der Einsicht, dass sie nicht selbstverständlich ist, uns nicht verwehren können\*). Dieses Postulat zugegeben, entsteht die Frage:

---

Regel wäre nothwendig, um die Wahrheit unserer Wahrnehmungsurtheile zu begründen. Vergl. die Kritik dieser Causalitätstheorie in dem Werke von Spir, Denken und Wirklichkeit S. 121 ff.

\*) Im Wesentlichen auf dasselbe scheint mir auch Baumanns Begründung des Realismus (Philosophie als Orientierung über die Welt S. 248 ff.) hinauszukommen.

Die mit musterhafter Klarheit und Umsicht geführte Untersuchung Zellers »über die Gründe unseres Glaubens an die Realität der Aussenwelt« (Vorträge und Abhandlungen, dritte Sammlung S. 225 ff.) führt sachlich auf dasselbe Resultat, obgleich sie (S. 256 ff) die Annahme, dass ich selbst das einzige reale Wesen sei, das existiere, durch eine Widerlegung zu beseitigen unternimmt, der sie die Bedeutung eines Beweises beilegt. Denn der Beweis wird doch nur daraus geführt, dass der Inhalt unseres Bewusstseins unerklärlich wäre unter jener Voraussetzung; er setzt also die Nothwendigkeit der Erklärung, und zwar der causalen Erklärung voraus. Diese Nothwendigkeit ist aber zunächst eine subjective, eine Nothwendigkeit des Strebens. Dass das Bedürfniss des Erklärens und Begreifens die Ueberzeugung von der Realität einer Aussenwelt rechtfertige, gilt doch nur in dem Sinne eines Postulats; ein Axiom, dass nichts Unbegreifliches existieren könne, wird um so weniger angenommen werden können, als die vollständige Begreiflichkeit des Gegebenen immer nur eine Aufgabe ist, die wir nie vollständig zu lösen vermögen. So vollständig ich also den Ausführungen zustimme, dass die Annahme, unsere Vorstellungen seien

Welche allgemeinen Voraussetzungen werden durch die Natur unserer Wahrnehmungen gefordert, um ihre Beziehung auf ein Seiendes ausser uns möglich zu machen, und die daraus hervorgehenden Urtheile in durchgängige Uebereinstimmung zu bringen? Diese Voraussetzungen zu entdecken, ist dann nicht der Ausgangspunkt, sondern das Ziel der Wissenschaft; der Leitfaden dabei aber ist zuletzt ein Grundsatz, der dem logischen Princip des Widerspruches täuschend ähnlich sieht, in Wahrheit vielmehr aber nur eine bestimmte Anwendung desselben ist, das Princip: **Es ist unmöglich, dass dasselbe zugleich sei und nicht sei, zugleich B sei und nicht B sei.** Der Satz des Widerspruchs als Naturgesetz unseres Denkens sagt, dass es unmöglich ist, mit Bewusstsein denselben Satz zugleich zu bejahen und zu verneinen. Wenn dann unter Voraussetzung eines festen Begriffssystems, das einem idealen Bewusstsein immer in derselben Weise gegenwärtig und für alle Denkenden dasselbe ist, alle begrifflichen Urtheile durch das Princip der Uebereinstimmung feststehen: so folgt aus dem Princip des Widerspruchs auch die Falschheit aller ihnen widersprechenden Urtheile, mögen sie nun directe Negationen, oder Urtheile sein, die unvereinbare Merkmale beilegen. Wenn ich in diesem Sinne sage: **dasselbe kann nicht zugleich B und nicht B sein**; so ist unter »dasselbe« derselbe Begriff, der feste Inhalt meiner Vorstellung verstanden.

Betrifft aber unser Urtheilen Seiendes, so ist nach demselben Princip zunächst unmöglich zu denken, dass **dasselbe zugleich sei und nicht sei**: würde also aus den Voraussetzungen, die wir in Betreff des Seienden gemacht haben, von der einen Seite folgen, dass ein einzeln Vorgestelltes ist,

---

nur Producte des bewussten Subjects, unhaltbar ist, so kann ich der letzten Voraussetzung, auf der unsere Ueberzeugung von der Realität einer Aussenwelt ruht, doch nur den Charakter eines Postulats beilegen; aus diesem aber folgt auch für mich die Aufgabe die S. 263 formuliert wird: Die Ursache derjenigen Bewusstseinserscheinungen, die wir Wahrnehmungen nennen, soll in einer den Thatsachen entsprechenden Weise bestimmt werden.

von der andern, dass dasselbe einzeln Vorgestellte nicht ist, so können diese beiden Sätze nicht zusammenbestehen, und in den Voraussetzungen muss etwas falsch sein. Und ebenso ist es unmöglich zu denken, dass dasselbe einzelne A zugleich B sei und nicht B sei.

Und da im Begriff des Seins liegt, dass es für alle Denkenden **dasselbe** ist, also Aller wahre Urtheile über dasselbe übereinstimmen müssen, so folgt, dass auch wenn **Verschiedene** auf Grund ihrer Wahrnehmungen zu Entgegengesetztem kämen, ihre Urtheile nicht zugleich von einem und demselben Seienden wahr sein könnten. Allerdings liegt dem zuletzt unser **Begriff** des Seins zu Grunde, über den wir nicht hinaus können; aber eine andere Wissenschaft als die, welche sagt, dass, was wir als seiend denken wollen, wir nothwendig so oder so denken müssen, gibt es überhaupt nicht. Wo die Möglichkeit vorausgesetzt würde, dass das Seiende an sich den Widerspruch ertragen könnte, der nur unserem Denken widerstrebe, da wäre ebendamit jedes Streben dasselbe zu erkennen vergeblich.

Wir hoffen in unserem dritten Theile zu zeigen, wie aus der Natur der Aufgaben, wie der Bedingungen unserer Erkenntniss mit Nothwendigkeit der Process des Erfahrungswissens hervorgeht, den die Geschichte der wirklichen Entwicklung der Wissenschaft aufzeigt, dass nemlich die ganze Arbeit darin bestanden habe, dem Postulate dass etwas sei gemäss auf Grund unserer Wahrnehmung ein Seiendes zu setzen, und die Voraussetzungen, die wir hinsichtlich desselben machen, so zu bestimmen, dass unsere Aussagen darüber widerspruchslos sind; die Geschichte der Wissenschaft zeigt einen fortwährenden Process der Umbildung und Berichtigung der Vorstellungen des Seienden, der jedesmal in ein neues Stadium tritt, wenn die bisherigen Voraussetzungen auf Widersprüche führen; und es gibt keine andere Bestätigung unseres Glaubens, dass etwas Bestimmtes sei, als die durchgängige Uebereinstimmung aller unserer auf das Seiende bezüglichen Urtheile, die Rückkehr des Kreises in sich selbst. Alle allgemeinen Sätze, welche wir in Betreff des Seienden annehmen, müssen schliesslich so beschaffen sein, dass aus ihnen das unmittelbar Gewisse, das subjective Factum der Wahrnehmung wieder als nothwendige Folge hervorgeht, wie es Ausgangspunkt des ganzen Processes gewesen war. Auf diesem Wege hat sich die unmittelbare Voraussetzung, von der wir immer ausgehen, dass die sinnlichen Qualitäten unmittelbar Eigenschaften des Seienden sind, berichtigt; ihre Annahme hat auf Widersprechendes geführt; auf diesem Wege sind die physicalichen Axiome, der Grundsatz der Beharrlichkeit der Substanz u. s. w. gefunden. Diesen Weg hat auch Kant in den Antinomieen eingeschlagen, um zu zeigen, dass Raum und Zeit **nur** subjective Anschauungsformen und alles in ihnen gesetzte nur Erscheinung sei; die Annahme, dass sie im gewöhnlichen Sinne real seien, führt nach ihm auf Widersprüche.

In diesen Process, eine Erfahrungserkenntniss zu gestalten, geht das Princip der Causalität wenigstens in der Form, in der es allein anwendbar ist, nemlich als das **Postulat** ein, dass das Seiende als **nothwendig** erkennbar, d. h. nach **allgemein gültigen Gesetzen** bestimmt sei. Denn auch die festeste Ueberzeugung, dass alles seine Ursache hat, würde uns niemals dazu führen können, ein Einzelnes mit Gewissheit als seiend zu setzen, wenn die Ursachen **beliebig** wirkten\*).

---

\*) Die allseitige Erörterung des Causalitätsprincips verschieben wir, um nicht zu wiederholen, auf den dritten Theil.

## Dritter Abschnitt.

## Die Begründung der vermittelten Urtheile durch die Regeln des Schlusses.

Nachdem der vorangehende Abschnitt gezeigt hat, dass die Urtheile, welche wir vom natürlichen Denken ausgehend für unmittelbare halten mussten, doch, sofern ein Grund ihrer Gewissheit verlangt werden muss, sich bereits müssen als nothwendige Folgen eines allgemeinen Gesetzes darstellen lassen, die analytischen als Folgen des Grundsatzes der Uebereinstimmung, die Wahrnehmungsurtheile als Folgen der Gesetze, nach welchen wir aus subjectiven Affectionen die Ueberzeugung realer Dinge gewinnen: so stellt sich, da jene allgemeinen Regeln nur in Form von Urtheilen zum Bewusstsein kommen können, der vorige Abschnitt zu einem grossen Theil unter diesen, und es sind zuletzt nur die höchsten und letzten Gesetze, sowie die unmittelbaren Aussagen des Selbstbewusstseins als keiner Zurückführung fähig ausgeschlossen\*).

### § 49.

Die allgemeinste Formel der Ableitung eines Urtheils aus anderen ist der **hypothetische Schluss**, der entweder (als sog. **gemischter hypothetischer Schluss**) die einfache Anwendung des Satzes ist, dass **mit dem Grunde die Folge bejaht, mit der Folge der Grund aufgehoben ist**, oder (als sog. **reiner hypothetischer**

---

\*) Ueber das Verhältniss von Urtheil und Schluss vergl. die vielfach zutreffenden Ausführungen Schuppes, Erk. Logik S. 124 ff.

Schluss) auf dem Satze ruht, dass die Folge der Folge Folge des Grundes ist.

1. Ein Folgern oder Schliessen im psychologischen Sinne findet überall da statt, wo wir zu dem Glauben an die Wahrheit eines Urtheils nicht unmittelbar durch die in ihm verknüpften Subjects- und Prädicatsvorstellungen, sondern durch den Glauben an die Wahrheit eines oder mehrerer anderer Urtheile bestimmt werden. Der Motive, welche psychologisch diesen Glauben herbeiführen, sind mancherlei (§ 19, 3. 4 S. 144 f.) und es geschieht häufig, dass die Vermittelung, welche die Gewissheit eines Urtheils aus der Gewissheit eines andern ableitet, nicht einmal deutlich zum Bewusstsein kommt; denn sie beruht häufig auf Gewohnheiten der Association und Verknüpfung, die factisch bestimmte Regeln befolgen, ohne dass wir uns derselben ausdrücklich bewusst werden. Jede Erwartung eines zukünftigen Ereignisses beruht auf einer über das Gegebene hinausgehenden Folgerung; aber wenn wir erwarten, dass ein losgelassener Körper zu Boden fällt, dass Essen den Hunger stillt, oder unsere Rede von dem Hörenden verstanden wird, ist uns nicht jedesmal der Grund unserer Erwartung, der in früheren Erfahrungen liegt, ausdrücklich im Bewusstsein in Form eines allgemeinen Satzes gegenwärtig; von der Gewissheit des gegebenen Vorgangs gehen wir ohne bewusste Vermittlung zu der Gewissheit über, dass der zukünftige eintreten werde.

Die logische Theorie hat nun aber zu fragen, unter welchen Bedingungen das Schliessen gültig ist; d. h. da jeder Schluss den Glauben enthält, dass ein Urtheil (die Conclusion, der Schlusssatz) wahr sei, weil ein oder mehrere andere Urtheile (die Prämissen) wahr seien, hat sie die logische Nothwendigkeit dieses Glaubens zu untersuchen, dass die Conclusion durch die Prämissen begründet sei.

2. Die Frage nach der Begründung eines Urtheils durch andere lässt sich nun von einem doppelten Gesichtspunkte ansehen. Entweder wird von einem gegebenen Urtheil ausgegangen, das als gültig angenommen ist, und gefragt, welche weiteren Urtheile kann dieses begründen; oder es wird von

einer Frage ausgegangen, dem Versuch eines vermittelten Urtheils, und es wird gefragt: In welcher Weise und unter welchen Bedingungen ist dieses Urtheil begründet? was muss gewiss sein, damit es gültig sei?

3. Wenn ein gültiges Urtheil A gegeben ist, so ist soviel klar, dass es ein davon verschiedenes Urtheil X nur dann sicher begründen kann, wenn der unbedingt und allgemein gültige Satz besteht: Wenn A gilt, so gilt X; denn dieses hypothetische Urtheil drückt ja eben gar nichts anderes aus, als dass X nothwendige Folge von A sei, und wer A annehme, auch X annehmen müsse. Ohne eine solche Regel aber gibt es kein logisches Recht einer Folgerung; sobald A gelten könnte, ohne dass X gilt, dürfte die Gewissheit von diesem nicht auf die Gewissheit von jenem gegründet werden. Jede objective Gültigkeit eines Schlusses von A auf X ist also von der Gültigkeit dieser hypothetischen Regel abhängig.

Darum ist das allgemeinste logische Schema alles und jedes Folgerns der sog. gemischte hypothetische Schluss\*):

| A gilt | Wenn A gilt, so gilt X |
|---|---|
| Wenn A gilt, so gilt X | A gilt |
| also gilt X | also gilt X. |

Die Ordnung der Prämissen ist von der jeweiligen Bewegung des Denkens abhängig; denn wenn die Gültigkeit des Urtheils A den factischen Bestandtheil des Grundes repräsentiert, die **Voraussetzung aus der** geschlossen wird, das hypothetische Urtheil aber das Gesetz, das die Nothwendigkeit enthält, die **Regel nach der** geschlossen wird, so kann im wirklichen Verlaufe des Denkens ebensogut das eine wie das andere das erste sein. Die logische Terminologie pflegt aber überall die Regel nach der geschlossen wird, den **Obersatz**, die Voraussetzung aus der geschlossen wird, den **Untersatz** (die Assumtion) zu nennen.

---

\*) Vergl. Kants Logik (Hartenst. 1, S. 453 § 57): »Das allgemeine Princip, worauf die Gültigkeit alles Schliessens durch die Vernunft beruht, lässt sich in folgender Formel bestimmt ausdrücken: **Was unter der Bedingung einer Regel steht, das steht auch unter der Regel selbst**«. Dieser Satz enthält eben die Auffassung vom Wesen des Schlusses, welche im folgenden durchgeführt ist.

4. Ist A zuerst gegenwärtig: so schliesst sich die Frage an: Gibt es ein Urtheil Wenn A gilt, so gilt ein anderes X? Ist dagegen die Regel zuerst gegenwärtig, so ist die Frage: Findet die Regel Anwendung? Gilt A, und darum auch X?

Bei dem letzteren Gang ist nun aber ein Doppeltes möglich: Die Anwendung ergibt sich, wenn A gilt d. h. als gewiss erkannt ist; sie ergibt sich aber auch, wenn X **nicht gilt**, nach dem Gesetze, dass mit der Folge der Grund aufgehoben ist.

So ist der weitere Schluss möglich:

Wenn A gilt, so gilt X
X gilt nicht
---
also gilt A nicht.

5. Auf diese beiden Formen, die man als den *modus ponens* und *modus tollens* des gemischten hypothetischen Schlusses anzuführen pflegt, müssen sich alle Arten der Ableitung einer einfachen Aussage zurückführen lassen\*); so gewiss unter dieser Ableitung nur das verstanden werden kann, dass ein Urtheil aus anderen nothwendig hervorgehe.

Es lässt sich also feststellen: die Gültigkeit eines Urtheils kann niemals aus einem **einzigen Urtheil** abgeleitet werden, sondern es sind immer wenigstens **zwei Prämissen** nothwendig.

Ein Urtheil kann aus andern nur unter der Bedingung abgeleitet werden, dass **eine der Prämissen ein unbedingt gültiges Urtheil ist, das einen nothwendigen Zusammenhang ausspricht**.

Dieses ist der eigentliche Träger des Fortgangs von einer Gewissheit zur andern, auf Grund des Gesetzes, dass mit dem (hypothetischen) Grunde die Folge bejaht, mit der Folge der Grund aufgehoben ist\*\*).

---

\*) Insofern aus dem Urtheil: Wenn A gilt, so gilt X jederzeit das andere abgeleitet werden kann: Wenn X nicht gilt, so gilt A nicht, lässt sich auch der sog. modus tollens auf den modus ponens zurückführen.

\*\*) Das obige Schema des hypothetischen Schlusses erweist sich als die natürliche und allgemeine Formel des Schliessens auch dadurch, dass es in den sprachlichen Wendungen, in welchen wir unsere Folgerungen auszusprechen pflegen, überall erkennbar ist; die Verbindungs-

6. Das hypothetische Urtheil, das eine Folgerung vermittelt, kann selbst wieder ein abgeleitetes und vermitteltes sein; und zwar lässt sich der Satz, dass X nothwendige Folge von A sei, dann als nothwendig erkennen, wenn X Folge einer Folge von A ist. Wenn also gälte

Wenn A gilt, so gilt M
Wenn M gilt, so gilt X, so folgt
Wenn A gilt, so gilt X.

Das Princip, welches diesem Schlusse zu Grunde liegt, ist mit dem Begriff der Folge selbst gegeben; es lässt sich so formuliren: die Folge der Folge ist Folge des Grundes*).

Dies ist der sog. reine hypothetische Schluss;

weisen mit da — weil — deshalb — denn u. s. w. sind nur sprachliche Abkürzungen jenes Schemas, indem diese Partikeln die doppelte Bedeutung haben, die Gültigkeit des begründenden wie des begründeten Satzes, und das Verhältniss der Begründung, die Nothwendigkeit der Consequenz auszusprechen; durch das letztere weisen sie auf ein hypothetisches Urtheil zurück.

*) Die Regel aber, dass mit der Folge der Grund aufgehoben ist, lässt sich in doppelter Weise verwenden:

I. Wenn A gilt, gilt B
Wenn C gilt, gilt B nicht
Wenn A gilt, gilt C nicht
Wenn C gilt, gilt A nicht

d. h. zwei Voraussetzungen, welche widersprechende Folgen haben, heben sich gegenseitig auf.

II. Wenn A gilt, gilt B
Wenn A nicht gilt, gilt C
Wenn C nicht gilt, so gilt B
Wenn B nicht gilt, so gilt C

d. h. die Folge einer Bejahung und die Folge der Verneinung schliessen sich aus. Diese beiden Formeln aber lassen sich auf die obigen zurückführen. Denn statt des Untersatzes in I. kann gesetzt werden:

Wenn B gilt, gilt C nicht; und wir erhalten
Wenn A gilt, gilt B
Wenn B gilt, gilt C nicht
Wenn A gilt, gilt C nicht — also den einfachen Fortschritt von Folge zu Folge.

Ebenso in II. lässt sich für den Obersatz setzen:

Wenn B nicht gilt, gilt A nicht
Wenn A nicht gilt, gilt C
Wenn B nicht gilt, so gilt C.

auch bei ihm erhellt die Nothwendigkeit wenigstens zweier Prämissen. Was aber von zwei Gliedern gilt, gilt ebenso ins Unbegrenzte; mit dem Grunde ist jede Folge der Folge gesetzt und so entsteht die Möglichkeit einer ganzen Reihe von Folgerungen, welche den ersten Grund mit der letzten Folge zusammenzuschliessen gestatten. Dies ist der **hypothetische Kettenschluss**, der zweierlei Anordnung der Prämissen zulässt:

I. Wenn A gilt so gilt B
Wenn B gilt so gilt C
Wenn C gilt so gilt D
――――――――――――――
Wenn A gilt so gilt D

II. Wenn C gilt so gilt D
Wenn B gilt so gilt C
Wenn A gilt so gilt B
――――――――――――――
Wenn A gilt so gilt D.

Die Ordnung der Prämissen geht im ersten Fall zu weitern und weiteren Folgen herab (**episyllogistisch**), im zweiten Fall zu weiter zurückliegenden Gründen zurück (**prosyllogistisch**).

### § 50.

Während bei dem gemischten hypothetischen Schlusse die hypothetische Regel nur ein bestimmtes Urtheil von **einem bestimmten** andern abzuleiten gestattet, wird eine hypothetische Regel auf **unbestimmt viele Urtheile** anwendbar, wenn die Folge sich nur daran knüpft, dass ein **bestimmtes Prädicat** irgend einem beliebigen Subjecte beigelegt wird. In diesem Falle findet eine **Einsetzung** eines bestimmten Subjects (πρόσληψις) im Untersatze statt, um den Schluss herbeizuführen.

1. Wenn es sich nur darum handelte, in einer allgemeinen Formel die wesentlichen Bedingungen darzustellen, die alles Schliessen eben dadurch erfüllen muss, dass es die Gültigkeit eines Urtheils aus der Gültigkeit eines andern ableitet, so wäre die logische Theorie des Schliessens bereits zu Ende.

Allein diese Formel des hypothetischen Schlusses leidet an einem Mangel, der ihren Werth wesentlich beeinträchtigt, dass nemlich, wenn nur nach ihr geschlossen werden könnte, für jede Ableitung eines einfachen Urtheils aus einem andern

eine besondere Regel nothwendig wäre, wir also ebensoviele
Regeln als Fälle der Anwendung hätten; für jede Ableitung
eines hypothetischen Urtheils aber sogar zwei weitere erfordert würden; dass ferner, um irgend einen Schluss zu machen,
alles schon fertig gedacht sein müsste, was den Fortgang von
einem Urtheil zum andern möglich macht, und somit ein
wirklicher Fortschritt im Urtheilen, ein wahrhaft synthetisches Urtheilen nicht möglich wäre. Alles, was im Process
unseres Denkens wahrhaft werthvoll ist, den Fortgang zu
neuen Urtheilen, setzt der hypothetische Schluss in der einfachsten oben aufgestellten Form immer als im Wesentlichen
schon geschehen voraus; denn gerade die Erkenntniss, dass
ein Urtheil von einem andern nothwendig abhängt, ist dasjenige, was wir zunächst suchen.

2. Eine weitere Entwicklung der Theorie des Schliessens
muss also an die Frage anknüpfen, was es denn sei,
worin jene Nothwendigkeit des Zusammenhangs
zwischen A und X beruhe? und ob es kein anderes
Mittel gebe, zu einem hypothetischen Urtheil zu gelangen,
als den reinen hypothetischen Schluss, der immer wieder hypothetische Urtheile voraussetzt? Ob also alle einzelnen Zusammenhänge dieser Art als ein Letztes betrachtet werden
können, das keiner weiteren Analyse mehr fähig ist, oder ob
es möglich sei, auf wenigere Gesetze die Nothwendigkeit zurückzuführen?

In vielen Fällen ist allerdings ein solcher Zusammenhang,
den ein hypothetisches Urtheil zwischen einem ganz bestimmten
Vordersatz und einem ganz bestimmten Nachsatz ausspricht,
ein Letztes, und die Consequenz unmittelbar gegeben. Jeder
Vorsatz, den ich für eine bestimmte Eventualität fasse, jedes
Versprechen, das ich für einen gewissen Fall gebe, jeder Vertrag, den ich schliesse, schafft ein durch meinen Willen gültiges
hypothetisches Urtheil, und die Ausführung des Vorsatzes, die
Erfüllung des Versprechens oder des Vertrages geht auf einen
solchen einfachen hypothetischen Schluss zurück: Wenn A ist,
so soll B sein, A ist, also soll B sein. Der Zusammenhang
ist durch meinen Willen gesetzt, und ist gültig durch meinen
thatsächlichen Willen; die Nothwendigkeit, die darin gegründet

ist, lässt keine weitere Analyse zu; es ist direct die Abhängigkeit eines bestimmten Urtheils von einem anderen bestimmt. (Vergl. oben § 36 S. 288 Note).

3. Allein ebenso kann das Gesetz, nach welchem X aus A hervorgeht, noch ein anderes sein, als das Urtheil: Wenn A gilt, so gilt X. Spinoza schliesst Eth. I, 11: Wenn irgend etwas existiert, so existiert ein absolut unendliches Wesen; nun existiere jedenfalls ich; also existiert ein absolut unendliches Wesen, d. h. Gott. Allgemein ausgedrückt: Aus dem Urtheil A ist B (Ich existiere) folgt das Urtheil C ist D (Gott existiert) nicht bloss dann, wenn feststeht: wenn A B ist, so ist C D, sondern auch dann, wenn feststeht: wenn irgend etwas B ist, so ist C D; wenn also das abgeleitete Urtheil mit Nothwendigkeit folgt, sobald das Prädicat irgend einem Subjecte zukommt, wenn es nicht bloss Folge der Prädicierung eines bestimmten Subjects, sondern Folge jeder Prädicierung eines beliebigen Subjects mit diesem Prädicate ist.

4. Ein solches Gesetz begreift vermöge seiner Allgemeinheit eine **unbestimmte Menge einzelner Fälle** unter sich; und die Allgemeinheit beruht darauf, dass die Folge **nur von dem Prädicat**, nicht von dem bestimmten Subject abhängt, dem dieses Prädicat ertheilt wird.

Neben der Ableitung, welche der hypothetische Schluss ausspricht, findet also hier noch eine **Einsetzung** eines bestimmten Subjects für den unbestimmten Träger des Prädicats, oder dasjenige statt, was die Aristoteliker ein πρόσληψις nannten*). Dadurch dass **dasselbe Prädicat** einer unbestimmten Menge von einzelnen Subjecten zugetheilt werden kann, gilt die Folge für jedes einzelne Urtheil, in welchem diese Zutheilung wirklich stattfindet. Und dies ist nach § 31, 8 S. 243 und § 33, 2 S. 257 **die einzige Form, in welcher die Nothwendigkeit als solche erkennbar ist.**

5. Wäre das hypothetische Urtheil ein solches, das ein

---

*) In dem Schlusse:
καθ' οὗ τὸ B κατὰ τούτου τὸ A
B κατὰ τοῦ Γ
A κατὰ τοῦ Γ ist der Untersatz die πρόσληψις. Vgl. Prantl I, 376 ff. und mein Programm S. 8.

Prädicat von einem andern Prädicat desselben Subjects abhängig macht, von der Form: Wenn etwas A ist, so ist dasselbe auch B: so würde es jetzt nicht bloss eine Manigfaltigkeit von Voraussetzungen für dieselbe Folge begreifen, sondern eine gleiche Manigfaltigkeit von Folgen in sich fassen; die Einsetzung des bestimmten Subjects fände sowohl im Vordersatz als im Nachsatz statt.

$$\frac{\text{Wenn etwas A ist, so ist es B}}{\text{also ist C B}}$$
$$\text{C ist A}$$

Dieser Schluss ist kein einfacher hypothetischer mehr, sondern er ist dadurch vermittelt, dass im Untersatz ein bestimmtes Subject genannt ist, an dem die Prädicierung zutrifft, für welche zuerst nur ein mögliches Subject überhaupt vorausgesetzt war. Das hypothetische Urtheil begreift in seiner Formel die einzelnen Urtheile: Wenn C A ist, so ist C B; wenn D A ist, so ist D B u. s. f.; es macht also eine unbestimmte Menge einzelner Folgen nothwendig. Zu der Nothwendigkeit, welche der Obersatz ausspricht, tritt seine allgemeine Anwendbarkeit; die Regel ist ein Gesetz geworden.

6. Aehnliches gilt von hypothetischen Urtheilen, welche nicht an einfache Prädicierungen, sondern an Verhältnisse von Relationen weitere Folgen knüpfen, deren Ausdruck ebendarum verwickelter wird. Wenn zwei Grössen derselben dritten gleich sind, sind sie unter sich selbst gleich, behauptet ein Verhältniss von Relationen für alle beliebigen Objecte, welche unter diese Relationen fallen; schliesse ich daraus A = B, C = B, also A = C, so habe ich wiederum in die allgemeine Formel die bestimmten Grössen A, B, C eingesetzt, von denen das Relationsprädicat der Gleichheit gilt; die Assumtion sagt nicht, dass überhaupt zwei Grössen derselben dritten gleich sind, sondern dass diese bestimmten, A und C, derselben dritten B gleich sind. Die Einsetzung muss sich in diesem Falle in einer Mehrheit von einzelnen Urtheilen vollziehen, welche zusammen erst die Anwendung des Vordersatzes enthalten.

7. Der Satz, dass eine der Prämissen einen nothwendigen Zusammenhang aussprechen müsse, scheint durch eine Menge Beispiele aus der gewöhnlichen, auch wissenschaftlichen Praxis

widerlegt zu werden*). Ich schliesse: A ist der Vater von B, B der Vater von C, also A der Grossvater von C; Breslau liegt in Schlesien, Schlesien in Preussen, also liegt Breslau in Preussen; $A = B, B = C$, also $A = C$; $A > B, B > C$, also $A > C$; A ist rechts von B, B rechts von C, also A rechts von C u. s. f. Allein es ist nur ein Schein, dass diese Prämissen für sich den Schlusssatz begründen, und dass ein allgemeiner Obersatz fehle. Kein Zweifel, dass wir mit grösster Sicherheit in diesen Fällen schliessen, ohne eines allgemeinen Obersatzes bewusst zu sein oder ihn ausdrücklich zu formuliren, im letzten Beispiel den Satz: Wenn A rechts von B und B rechts von C, so ist nothwendig A rechts von C; aber wäre der Schluss gültig, wenn nicht dieser Obersatz wahr wäre, oder der allgemeinere: Was rechts von einem zweiten liegt, welches selbst rechts von einem dritten ist, liegt auch rechts von diesem dritten? Die unmittelbare Anschaulichkeit der räumlichen Verhältnisse oder der Grössenverhältnisse und die unausgesetzte Gewohnheit ihre Beziehungen zu denken erspart allerdings die Nothwendigkeit, die Gesetze unter denen sie stehen, jedesmal in Worten zu formuliren; nichtsdestoweniger trägt nur die Gültigkeit des **nothwendigen Zusammenhangs der verschiedenen Verhältnisse** die Folgerung, wie ja die Mathematik den Grundsatz: zwei Grössen, die derselben dritten gleich sind, sind unter sich selbst gleich, ausdrücklich voranstellt. Es handelt sich in der logischen Untersuchung überall nicht um das, was im wirklichen Folgern ausdrücklich gedacht und mit Bewusstsein hervorgehoben wird, sondern um das, was gelten muss, wenn ein Schluss gültig sein, die Conclusion aus den Prämissen mit Nothwendigkeit folgen soll. Die Sätze $A = B$, $B = C$ bilden in der That nicht die einzigen Prämissen des Schlusses; sie enthalten nur die **Assumtion**, die jetzt in zwei Gliedern besteht; der Fortgang von ihnen zu dem Schlusssatz $A = C$ beruht auf der Einsicht in die **Nothwendigkeit**, dass, wenn $A = B$ und $B = C$, dann auch $A = C$.

---

*) Vergl. die Ausführungen von F. H. Bradley in seinem durch Originalität hervorragenden und durch vielfach treffende Kritik lehrreichen Werke The principles of Logic, London 1883 S. 227.

Die Beispiele zeigen aber die Wichtigkeit der soeben (6.) hervorgehobenen Classe von Zusammenhängen, und die Häufigkeit der Schlüsse aus Obersätzen, welche sagen, dass zwei Relationen, in denen ein Object zu zwei andern steht, eine dritte zwischen diesen letzteren nothwendig machen; und viele der Obersätze, die zuletzt allem Schliessen zu Grunde liegen, werden darum die Form von hypothetischen Urtheilen annehmen, deren Vordersatz zweigliedrig ist, indem er eine doppelte Relation enthält. Auch das Princip, auf das hin Identität erschlossen wird, gehört hieher; auch Identität ist ja eine Relation zwischen Gedachtem; A identisch mit B, B identisch mit C ergibt A identisch mit C nur dadurch, dass vermöge des Begriffs der Identität aus den beiden ersten Identitäten die dritte folgt, also das Gesetz gilt: Was mit demselben dritten identisch ist, ist unter sich identisch.

Ebenso beruht das Recht, in jedem Urtheil Subject- oder Prädicatswort durch einen gleichgeltenden Ausdruck zu ersetzen — mag es sich um verschiedene Bezeichnungen eines und desselben Individuums, oder um verschiedene Ausdrücke für Begriffe handeln — auf der Einsicht, dass von demselben dasselbe bejaht und verneint werden muss*).

8. Die geistige Operation, die wir bei solchem Schliessen wirklich vollziehen, bietet Unterschiede dar, welche zu verschiedenen Auffassungen des Schlusses überhaupt geführt haben. Von einer Seite wird darauf hingewiesen, dass der eigentliche Vorgang im Schliessen in einer Synthese verschiedener Elemente bestehe, und dass der Schlusssatz nur diese Synthese analysiere, und insofern ein unmittelbares Urtheil sei. Wenn ich schliesse: A links von B, B links von C, also A links von C, so gibt mir die Zusammenfassung der beiden Prämissen bereits die drei Punkte A, B, C in dieser bestimmten Lage, aus der unmittelbar erhellt, dass A links von C liegt. Das

---

\*) Nur um eine solche Ersetzung eines Ausdrucks durch einen andern handelt es sich direct in solchen Beispielen wie:
    Aristoteles war der Philosoph von Stagira.
    Aristoteles war der Erzieher Alexanders, also etc.,
die nur durch irgend welche Nebengedanken eine Bedeutung erhalten können, die sie über das Niveau leerer Wortspielerei erhebt.

§ 50. Der hypoth. Schluss vermittelst einer Einsetzung.

Wesen des Schlussprocesses ist also die Combination verschiedener Elemente zu einem Ganzen, eine Construction, welche dasjenige bereits fertig gibt, was der Schlusssatz ausspricht\*). Ebenso, wenn wir ein Individuum S haben, das einen Complex greifbarer und sichtbarer Merkmale M hat, in diesem Complex eine wahrnehmbare Eigenschaft P, so ist S und M und P wie das Bild eines einzigen Dinges vor uns. Die Erkenntniss, dass P an und in dem S ist, ist ebenso klar und zwar aus demselben Grunde evident, wie dass M ihm zukommt oder P dem M zukommt. Die Prämissen stellen eine Verbindung her, welche, nachdem sie erschaut ist, die Zusammengehörigkeit der im Schlusssatz verknüpften Elemente unmittelbar erkennen lässt\*\*). Nach der entgegengesetzten Auffassung müsste das Schliessen darin bestehen, dass durch die Vergleichung der beiden Prämissen die Nothwendigkeit erkannt würde, dem Subjecte S ein Prädicat P beizulegen, und auf Grund dieser eingesehenen Nothwendigkeit erst würde der Gedanke der Einheit S P wirklich vollzogen; der Schliessende verhielte sich gerade wie einer, der das Urtheil SP von einem Zweiten hörte; in den beiden Prämissen bekommt er die Vorstellungen zunächst getrennt, welche er nun zu einem Ganzen zu vereinigen aufgefordert ist. Mit andern Worten: nach der ersten Auffassung fällt das eigentliche Schliessen vor die Formulirung des Schlusssatzes, dieser spricht nur analytisch die gewonnene Erkenntniss aus; nach der zweiten erzeugt es zunächst die Einsicht, dass das Prädicat P dem Subjecte S beigelegt werden müsse, und auf diesem synthetischen Wege entsteht der Gedanke der Einheit SP. Diesen letzteren Weg hat die gewöhnliche Betrachtung der Syllogismen um so gewisser im Auge, je bestimmter sie durch ihre Schlussregeln und Schlussfiguren das Schliessen mechanisiren, und in eine Art von Rechnen verwandeln will. Bei einer algebraischen Rechnung operiere ich nur mit den Zeichen; erst am Schlusse interpretire ich die so gewonnene Gleichung, indem ich mir nun das bezeichnete wieder vergegenwärtige, und ich habe das Resultat nicht vor dem Schlusssatz, sondern durch den Schluss-

---

\*) vergl. Bradley, Principles of Logic S. 235.
\*\*) Schuppe, Erk. Logik S. 260.

satz. Aber auch wo es sich nicht bloss darum handelt, dass eine Schlussoperation zuerst nur in Worten oder Zeichen gemacht und dann das Resultat verstanden wird, hängt es von der Beschaffenheit dessen woraus, und dessen was geschlossen wird ab, ob sich die Prämissen sofort zu Einem Ganzen zusammenfügen, das dann nur analytisch ausgesprochen würde. Wo es sich um eine negative Prämisse handelt, ist jene Synthese schon durch das Wesen der Negation ausgeschlossen; aber auch bei positiven Prämissen wird sich die Ansicht Bradleys nicht durchführen lassen, sobald es sich um Relationen handelt, welche nicht Gegenstand so unmittelbar evidenter Anschauung sind, wie die einfachen räumlichen Verhältnisse, von denen er ausgeht, oder um Prädicate, die nicht zu dem immer gegenwärtigen Inhalt des Mittelbegriffs gehören.

Jedenfalls aber betrifft der hervorgehobene Unterschied in dem Schlussverfahren nur den psychologischen Hergang; die Frage, ob der Schlusssatz aus den Prämissen nothwendig folgt, wird dadurch nicht afficiert. Denn wo wirklich jene Synthese stattfindet, die der Schlusssatz nur analytisch ausspricht, da ist sie nur dann nothwendig und eindeutig bestimmt, wenn ein Gesetz da ist, welches diese Synthese vorschreibt und jede andere unmöglich macht; A links von B, B links von C bringt eben nur darum die Synthese A—B—C zu Stande, weil das Gesetz der räumlichen Verhältnisse sie vorschreibt. Ob im einzelnen Falle dieses Gesetz ohne ausdrückliches Bewusstsein nur in der Synthese befolgt wird, oder ob es als bewusster Grund die Synthese leitet, ist für die Abhängigkeit der Wahrheit des Schlusssatzes von der Wahrheit der Prämissen gleichgültig.

## § 51.

Die allgemeine hypothetische Regel selbst, nach der geschlossen wird, hat synthetischen Charakter, wenn sie nicht in dem begründenden Urtheile oder seinen Elementen schon eingeschlossen ist, sondern zu demselben als ein Neues hinzutritt. Solche Regeln sind theils die Axiome, welche Relationen verknüpfen, theils allgemeine Sätze, welche durch einen Inductionsschluss aus der **Erfahrung** gewonnen sind, theils Gesetze, die einen von dem **Wollen** festgestellten Zusammenhang aussprechen.

Andere hypothetische Regeln sind mit dem begründenden Urtheile selbst schon gegeben und können aus demselben **analytisch** entwickelt werden, und zwar entweder aus der **Form** desselben, sofern der Urtheilsact selbst unter allgemeinen logischen Gesetzen steht, oder aus dem **Inhalt** der Begriffe, die seine Elemente bilden, sofern diese allgemeine Urtheile einschliessen.

1. Hypothetische Sätze, welche im Sinne des vorigen Paragraphen einen allgemeinen Zusammenhang aussagen, können aus sehr verschiedenen Quellen stammen.

Zuerst begegnen uns allgemeine Sätze, welche eine unmittelbar einleuchtende Nothwendigkeit hinsichtlich der Relationen bestimmter Objecte unserer Vorstellung aussagen (synthetische Urtheile a priori im Sinne Kants); dahin gehören vor allen die mathematischen Axiome, welche den Zusammenhang von Relationen der Zahl, des Raumes oder der Zeit ausdrücken.

Andere allgemeine Zusammenhänge können geglaubt werden auf Grund einer beständigen und ausnahmslosen Erfahrung. Wie es möglich ist, von einzelnen Wahrnehmungen aus auf Urtheile von allgemeiner unbedingter Gültigkeit zu kommen, werden wir im dritten Theile zu untersuchen haben; genug, dass nach allgemeiner Ueberzeugung eine Menge nothwendiger Zusammenhänge aus der Erfahrung zu entnehmen sind. Dass ein Körper sich ausdehnt, wenn er erwärmt wird, dass weisses Licht, wenn es durch ein brechendes Medium hindurchgeht, zerlegt wird u. s. f., sind solche Gesetze; wenn die Voraussetzung in irgend einem Falle zutrifft, schliessen wir mit Sicherheit, dass in demselben Falle auch die im Gesetze genannte Folge eintreten müsse; und die letzte Basis dieser Sicherheit sind einfache Thatsachen der Wahrnehmung, welche den einen Vorgang mit dem andern verknüpft zeigen.

In weitem Umfang ferner bewegt sich unser Schliessen

in der Anwendung allgemeiner Gesetze, welche unserem Wollen entspringen und bestimmt sind, unser Wollen zu regeln. Indem wir für unsere Handlungsweise uns eine allgemeine Norm vorschreiben, bestimmen wir durch unsern Willen einen allgemeingültigen Zusammenhang zwischen bestimmten Bedingungen und bestimmten Handlungsweisen; aus dem Wollen des allgemeinen Gesetzes geht mit logischer Nothwendigkeit das Wollen der einzelnen Handlungen hervor, die das Gesetz vorschreibt, und dieser logische Zusammenhang gilt, sofern unser Wollen constant und mit sich einstimmig ist, und gilt für Jeden, der sich das Wollen der allgemeinen Regel aneignet. Jedes Strafgesetzbuch, das auf Raub Zuchthaus, auf Mord Todesstrafe setzt, stellt eine Reihe solcher hypothetischer Urtheile auf, in denen der Zusammenhang zwischen dem Begehen des Verbrechens und der folgenden Strafe ganz allgemein festgestellt ist; und diese Festsetzungen gewinnen selbst die Bedeutung theoretischer Sätze, sofern sie die allgemeine Verpflichtung für den Richter aussagen, dem Gesetze gemäss zu entscheiden.

Stelle ich in der analytischen Geometrie eine beliebige Formel auf, wie $y^2 = px$, so bestimme ich dadurch die Construction einer Curve; für jeden Werth der Abscisse bestimme ich durch die Formel den zugehörigen Werth der Ordinate; diese Beziehung zwischen $x$ und $y$, welche den Sinn eines hypothetischen Urtheils hat, kann ganz beliebig, zu freier Construction eines räumlichen Gebildes gewählt sein; insofern ist eine solche Formel einer positiven Festsetzung vergleichbar.

In diesen Fällen kommt zu dem Urtheile A, aus dem geschlossen wird, ein allgemeines Gesetz hinzu, das in ihm selbst noch nicht mitgedacht, noch nicht analytisch in ihm enthalten ist.

2. Anders, wenn es Zusammenhänge gäbe, welche darin schon eingeschlossen sind, dass ein bestimmtes Urtheil vollzogen oder gedacht wäre; Regeln, die man aus diesem Urtheile selbst entnehmen könnte, und die auf Grund allgemein nothwendiger Gesetze sagten, dass, wenn dieses Urtheil gilt, auch ein anderes gelten müsse, die herbeigezogen werden können, ohne dass man etwas ausserhalb Liegendes zu Hülfe nimmt.

Wie kann in der Thatsache, dass das Urtheil A ist B gilt, etwas weiteres gefunden werden? Auf doppelte Weise. Theils dadurch, dass in dem Urtheil A ist B, ganz abgesehen von der Bedeutung von A und B, nur die **bestimmte Form der Synthese beider Elemente** noch andere Formen urtheilsmässiger Verknüpfung möglich und nothwendig macht; dass es also Gesetze gibt, unter denen alles Urtheilen überhaupt steht, und nach denen aus jedem beliebigen Urtheil noch andere Urtheile mit denselben Elementen hervorgehen. Theils aber dadurch, dass in der Prädicierung des Subjects A mit dem Prädicat B noch andere Urtheile **vermöge der bestimmten Bedeutung von A und B**, die sie in diesem Urtheile haben, eingeschlossen sind. Dort würden die Regeln **formelle**, hier **materielle** sein.

## § 52.

Auf dem allgemeinen Wesen des Urtheils selbst, welches bei jedem Inhalte dasselbe ist, beruhen die sogenannten **unmittelbaren Folgerungen**, welche nur **Umformungen eines gegebenen Urtheils** selbst sind. Als solche pflegen aufgezählt zu werden die Folgerungen der **Opposition**, der **Veränderung der Relation**, der **Aequipollenz**, der **Subalternation, der modalen Consequenz, der Conversion und der Contraposition**.

1. Die nächstliegenden Folgerungen, welche lediglich aus dem Sinne des Urtheilens selbst abgeleitet werden können, pflegen in der Regel gar nicht aufgeführt zu werden. Das Urtheil A ist B schliesst das Urtheil ein: Es ist wahr, dass A B ist, und es ist nothwendig zu behaupten, A ist B; ebenso: A und B sind vereinbar.

2. Daran schliesst sich die Folgerung der **Opposition** d. h. aus der Wahrheit eines Urtheils auf die Falschheit des contradictorischen Gegentheiles, und umgekehrt aus der Falschheit eines Urtheiles auf die Wahrheit seines contradictorischen Gegentheils; die Basis dieser Folgerung ist der Satz des Widerspruchs und der doppelten Verneinung, der einfach sagt,

die Urtheile A ist nicht B, und Es ist falsch, dass A B ist, die Urtheile A ist B und Es ist falsch, dass A nicht B ist, sind gleichbedeutend. Ebenso in Beziehung auf hypothetische Urtheile. Wird das Urtheil Wenn A gilt, so gilt B verneint, so heisst das soviel als: Wenn auch A gilt, so gilt darum nicht B; ist dieses falsch, so ist jenes wahr.

3. Wenn das **unbedingt allgemeine Urtheil** Alle A sind B in das **hypothetische** verwandelt wird: Wenn etwas A ist, ist es B, so macht dieser Ausdruck die Nothwendigkeit zum Prädicat, die in dem unbedingt allgemeinen Urtheil der Grund der Allgemeinheit ist; umgekehrt drückt das unbedingt allgemeine, das an die Stelle des hypothetischen tritt, die Allgemeinheit als Folge der Nothwendigkeit aus. Ebenso, wenn ein disjunctives Urtheil in hypothetische zerlegt, oder mehrere hypothetische (wenn A nicht B ist, so ist es C, wenn A nicht C ist, so ist es B) in ein disjunctives (A ist entweder B oder C) zusammengezogen werden, so wird der Sinn der sprachlichen Formen in verschiedener Weise ausgedrückt.

4. Weiter pflegt aufgeführt zu werden:

a) Die Folgerung der **Aequipollenz**. Aus einem Urtheil A ist B soll folgen A ist nicht nonB; eine Folgerung, welche wegen der Unbestimmtheit des nonB werthlos ist. (Der Schluss: Schnee ist weiss, also nicht roth, kann nicht als bloss formaler betrachtet werden; denn er setzt ein Urtheil »was weiss ist, ist nicht roth« voraus, das den Inhalt der Prädicate betrifft.)

b) Die Folgerung nach der **Subalternation**, wonach aus dem Urtheil alle A sind B (oder nicht B) folgen soll, einige A sind B (oder nicht B), aus der Falschheit des Urtheils einige A sind B (nicht B) die Falschheit des Urtheils alle A sind B (nicht B). Da aber in den allgemeinen Urtheilen »Alle« das eigentliche Prädicat ist, so ist diese Folgerung von dem Inhalt des Prädicats abhängig, und ist nur ein specieller Fall der Regel, dass die kleinere Zahl in der grösseren enthalten ist; nach derselben Regel ist zu schliessen, dass, wo drei sind, auch zwei sind u. s. w.; es kann sich also hier nicht um eine formale Umformung aus dem Wesen des Urtheilsacts, sondern nur um einen Schluss aus der Bedeutung des Prädicats handeln. Mit demselben Recht müsste es als unmittelbare Folgerung gelten, dass wo das Ganze, auch der Theil ist u. s. f.

c) Die Folgerung nach der sog. modalen Consequenz will aus der Nothwendigkeit die Wirklichkeit und Möglichkeit, aus der Wirklichkeit die Möglichkeit ableiten, ebenso aus der Verneinung der Möglichkeit die Verneinung der Wirklichkeit und Nothwendigkeit, aus der Verneinung der Wirklichkeit die der Nothwendigkeit. Was den Urtheilsact selbst betrifft, so fallen Nothwendigkeit, Wirklichkeit und Möglichkeit zusammen; werden aber diese Wörter als reale Prädicate gebraucht, so ist die Folgerung von ihrem Inhalt abhängig, gehört also nicht hieher.

5. Die grösste Rolle unter den unmittelbaren Folgerungen hat seit Aristoteles die Conversion der Urtheile gespielt, durch welche aus einem Urtheil A ist B ein neues entstehen soll, dessen Subject B, dessen Prädicat A ist. Man lehrt

das allgemein bejahende Urtheil Alle A sind B ergibt durch Conversion Einige B sind A (conversio per accidens, mit veränderter Quantität),

das allgemein verneinende Kein A ist B ergibt Kein B ist A (conversio simplex, mit unveränderter Quantität),

das particulär bejahende Urtheil Einige A sind B gibt Einige B sind A (conv. simplex),

das particulär verneinende Einige A sind nicht B lässt keine Conversion zu.

Soll diese Conversion zunächst der bejahenden Urtheile einen Sinn haben, so setzt sie Urtheile voraus, in welchen das Prädicat der Gattungsbegriff des Subjects ist, beide derselben Kategorie angehören, und in demselben Sinne also das Prädicat Subject werden kann, in welchem das Subject es war; Urtheile ferner über einzelne Subjecte, die also zwanglos so aufgefasst werden können, dass die genannten Subjecte unter die mit dem Prädicatswort bezeichneten Gegenstände gerechnet werden können; Urtheile also wie alle Tannen sind Bäume, keine Lerche ist eine Tanne u. s. f.; wobei sich aus dem Abzählen die Richtigkeit der Conversion ergibt.

Sind diese Bedingungen nicht erfüllt, so erscheint die Conversion gewaltsam, und der Sinn des Urtheiles verändert. Wenn ich sage alle Planeten bewegen sich in Ellipsen, so liegt diesem Urtheil die Kategorie der Action zu Grunde; mache ich daraus: Einiges in Ellipsen sich bewegende sind Planeten, so habe ich nicht das Prädicat zum Subject gemacht, sondern erst ein neues Subject aufgestellt, indem ich den Begriff des Dinges mit dem Prädicat verband, und damit einen unnatürlichen Begriff geschaffen, da es widersinnig ist einen Substanzbegriff durch ein zeitliches Geschehen zu determinieren; und ich habe ein Subsumtionsurtheil statt eines Urtheils der Action. Der Uebergang von einem Urtheil zum andern ist also in der That von der Bedeutung der Termini nicht unabhängig.

Der wirklich bedeutsame Sinn, den eine solche Conversion hat, ist nun einmal auszusagen, dass das **Prädicat mit dem Subjecte vereinbar ist**, und dann dem allgemeinen Urtheil gegenüber anzudeuten, dass daraus, dass A nothwendig als B gedacht werden muss, nicht folgt, dass B ausschliesslich dem A zukommt. Diese letztere Cautel ist das wichtigere; sie trifft zusammen mit der Regel, dass aus der Folge nicht auf den Grund geschlossen werden dürfe. Auf das hypothetische Urtheil angewendet, ergibt sich also: das Urtheil, wenn A gilt, so gilt B, darf nicht einfach umgekehrt werden, so dass auch gälte: Wenn B gilt, so gilt A; es folgt nur (der Particularität des convertierten kategorischen Urtheils entsprechend) wenn B gilt, kann A gelten.

Anders steht es mit der **Conversion des allgemein verneinenden Urtheils**. Sie drückt aus, dass die Ausschliessung zweier Begriffe immer eine gegenseitige ist; dass, wenn ein Subject A ein Prädicat B ausschliesst, dasjenige, dem dieses Prädicat zukommt, jedenfalls nicht A ist. Oder auf die hypothetische Formel reduciert, welche die Unbequemlichkeit der Substantivierung von adjectivischen und Verbalprädicaten vermeidet:

Aus: Wenn etwas A ist, so ist es nicht B folgt:
Wenn etwas B ist, so ist es nicht A.

§ 52. Die Folgerungen nach formalen logischen Gesetzen.

Mit der Folge, der Verneinung des Prädicats, muss auch die Benennung durch den Subjectsbegriff aufgehoben werden.

6. Der Conversion steht die Contraposition zur Seite, welche aus dem Urtheil A ist B dadurch ein neues bildet, dass sie das sog. contradictorische Gegentheil des Prädicats zum Subject, das Subject zum Prädicat macht, und die Qualität verändert, d. h. Bejahung in Verneinung und umgekehrt verwandelt. Danach soll sich ergeben

aus Alle A sind B      Kein nonB ist A,
aus Kein A ist B      Einiges nonB ist A,
aus Einiges A ist B      nichts
aus Einiges A ist nicht B      Einiges nonB ist A.

Wir überlassen dem Leser die Beweise irgendwo nachzulesen, wenn er sie nicht selbst suchen will: es bedarf keiner Ausführung, dass in dieser Gestalt wir es mit einer künstlichen Verrenkung zu thun haben, die den guten Sinn, der diesen Sätzen zu Grunde liegt, durch das untractable nonB und die Gewaltsamkeiten der Subjectivierung von Prädicatsbegriffen verhüllt, und Sätze schafft, wie Kein nicht-gleiche-Diagonalen-habendes ist ein Rechteck.

Der ganze Sinn der Contraposition wird sofort deutlich, wenn wir vermittelst der hypothetischen Form als Prädicat lassen was Prädicat ist, und statt Alle A sind B setzen

Wenn etwas A ist, so ist es B. Daraus folgt

Wenn etwas nicht B ist, so ist es nicht A: und diese Contraposition tritt damit der Conversion der verneinenden Urtheile zur Seite, welche aus:

Wenn etwas A ist, so ist es nicht B, folgert
Wenn etwas B ist, ist es nicht A.

Diese beiden Fälle sog. reiner Conversion und Contraposition haben guten Sinn und sind werthvoll; sie drücken nach allen Seiten aus, was mit der Behauptung gesagt ist, einem Subject komme ein Prädicat nothwendig zu oder nicht zu. Die übrigen Fälle, welche nur particuläre Urtheile ergeben, zeigen eben dadurch an, dass keine bestimmte Folgerung möglich, sondern nur die Unvereinbarkeit oder nothwendige Zusammengehörigkeit von Begriffen negirt ist.

Wenn gilt Kein A ist B, d. h.

Wenn etwas A ist, so ist es nicht B, so ist daraus, dass etwas nicht B ist, nicht nothwendig zu schliessen, dass es A sei, wohl aber ist möglich, dass es A sei.

7. Man kann die Lehre von den unmittelbaren Folgerungen auch noch auf das disjunctive Urtheil ausdehnen. Wenn A entweder B oder C, so ist falsch, dass es sowohl B als C, und falsch dass es weder B noch C ist; wenn es falsch ist, dass A entweder B oder C, so kann A sowohl B als C, oder A weder B noch C, oder A entweder B oder C oder D sein; auch hier folgt der Schluss ganz unabhängig von den bestimmten Elementen des Urtheils aus dem blossen Sinne der Disjunction.

8. Endlich können, wenn man den Begriff der unmittelbaren Folgerung über die hergebrachte Sphäre ausdehnt, auch noch alle die Operationen hiehergezogen werden, durch welche wir eine Mehrheit einzelner Urtheile zu conjunctiven und copulativen zusammenfassen. Aus A ist B und A ist C folgt A ist sowohl B als C, aus A ist nicht B und A ist nicht C folgt A ist weder B noch C; das conjunctive Urtheil drückt nur sprachlich die Thatsache aus, die in dem Bewusstsein der Gültigkeit beider Urtheile enthalten ist; materiell ist nichts Neues gesagt, nur die Verknüpfung, die thatsächlich schon vorhanden war, zum ausdrücklichen Bewusstsein gebracht. In der Bewegung unseres Denkens, das die einzelnen Erkenntnisse ordnet und verknüpft, kommt diesen Operationen eine hervorragende Bedeutung zu, und darum verdienen sie hier ihre Stelle zu finden.

9. Der Werth dieser ganzen Lehre von den sog. unmittelbaren Folgerungen besteht, nach Mill's richtiger Bemerkung, darin, dass sie dasselbe Urtheil in verschiedenen sprachlichen Wendungen und Ausdrucksweisen erkennen lassen; die Urtheile, die so aus einander gefolgert werden, sind theils einfache Umformungen einer bestimmten Aussage, die dieselbe in eine im Zusammenhang bequeme Form zu bringen erlauben, theils stellen sie besondere Seiten derselben, welche im sprachlichen Ausdruck nicht besonders betont sind, heraus, theils dienen sie als Vorsichtsmassregeln, damit nicht ein Urtheil mit einem ähnlichen verwechselt und mehr darin gefunden werde, als darin liegt.

## § 53.

Aus einem gegebenen einfachen Urtheile lassen sich **auf Grund des Inhalts seiner Elemente** andere ableiten nach Regeln, welche theils **aus der Analyse des Prädicatsbegriffs**, theils durch das **Zurückgehen auf den Umfang des Subjectsbegriffs** zu gewinnen sind.

1. Gilt ein Urtheil A ist B, so ist offenbar alles das, was in B seinem begrifflichen Gehalte nach mitgedacht wird, eben damit von A behauptet, dass B von A behauptet wird; und ebenso alles das, was von B seinem begrifflichen Gehalte nach ausgeschlossen ist, von A eben damit ausgeschlossen, dass B von A behauptet wird.

Enthalte B die Begriffsmerkmale c, d, e; oder die abgeleiteten Bestimmungen f, g, h; schliesse es die Merkmale m, n, o, die Begriffe P, Q, R u. s. f. aus: so ist c, d, e, f, g, h, von A ebendarum zu bejahen, m, n, o, P, Q, R von A ebendarum zu verneinen, weil B von A bejaht wird.

Diese begrifflichen Verhältnisse sprechen sich einfach aus in den Urtheilen:

Wenn etwas B ist, so ist es c, d, e u. s. w.

Wenn etwas B ist, so ist es nicht m, nicht n, nicht P, u. s. w. und damit, durch Analyse des Begriffs B und durch Aufzählung des mit ihm Unverträglichen erhalten wir die Regel, um von A ist B zu einem andern Urtheile überzugehen, nach dem Grundsatz *Nota notae est nota rei, repugnans notae repugnat rei.* Es gelten also die Schlüsse:

1. Wenn etwas B ist, so ist es c, d, e
   A ist B
   Also A ist c, d, e

2. Wenn etwas B ist, so ist es nicht P, Q, R
   A ist B
   Also nicht P, Q, R.

Es ist klar, dass diese Schlüsse gültig sind, mag nun A sein was es will, ein Einzelnes oder ein Begriff, mag der Sinn in welchem das Prädicat B ihm zugesprochen wird, sein welcher er will; was in B begrifflich mitgedacht wird, wird mit ihm prädiciert, was von ihm ausgeschlossen ist, ist mit seiner Prädication negiert; die neuen Urtheile sind nothwendige Folgen der Prädication durch B.

Es ist ebenso klar, dass wenn A ein bestimmtes einzelnes Subject ist, es gar keinen andern Weg gibt, über das Urtheil A ist B ohne Zuhülfenahme weiterer Sätze zu einem andern hinauszukommen.

2. Wäre das Urtheil A ist B ein erklärendes oder ein unbedingt allgemeines, in welchem also die Bezeichnung des Subjects nicht als Name von bestimmtem Einzelnem, sondern als Begriffszeichen verwendet ist, so dass A ist B selbst die Bedeutung hätte: Wenn etwas A ist, so ist es B: so lässt sich über das Urtheil A ist B auch dadurch zu einem anderen gelangen, dass B nun allem dem zugesprochen wird, wovon A prädiciert wird, oder was unter A enthalten ist, das Urtheilen also auf die einzelnen Arten von A oder die unter A befassten Individuen zurückgeht, wobei A ist B den Obersatz gibt.

Wenn etwas A ist so ist es B
X, Y, Z sind A
also X, Y, Z sind B.

Während also dort der Inhalt des ursprünglichen Prädicats expliciert und zu einzelnen Bestimmungen oder abgeleiteten Prädicaten fortgegangen wird, wird im zweiten Fall der Umfang des ursprünglichen Subjects specialisiert, und das Prädicat den unter dem ursprünglichen Subjectsbegriff befassten Subjecten zugesprochen; nach der Regel (dem sog. Dictum de omni) Quidquid valet de omnibus, valet etiam de singulis, die mit Beziehung darauf aufgestellt ist, dass die Formel

Wenn etwas A ist, ist es B, in der Regel als sog. allgemeines Urtheil

Alle A sind B erscheint[*]).

---

[*]) Dass das sog. Dictum de omni eine Consequenz des Grundsatzes ist: »Nota notae est nota rei« hat Kant in seiner Schrift von der falschen Spitzfindigkeit der vier syllogist. Figuren kurz und klar nachgewiesen. Das Einzelne nemlich fällt ja eben nur dadurch unter einen Begriff, dass es diesen als Merkmal an sich hat. Damit sind nicht, wie B. Erdmann (Philos. Aufsätze zu E. Zellers Jubiläum S. 202) entgegenhält,

§ 53. Die Schlüsse aus Begriffsverhältnissen.

Auch der letzteren Richtung stellt sich die Negation zur Seite. Wenn nemlich statt des bejahenden Urtheils das verneinende vorausgienge, A ist nicht N, im Sinne von Was A ist, ist nicht N — so gilt dieselbe Verneinung von allem was A ist.

Was A ist, ist nicht N
X, Y, Z sind A
——————————
X, Y, Z sind nicht N.

(Dictum de nullo).

3. Vergleichen wir die beiden Fälle der Analyse des Prädicats und der Specialisierung des Subjects, so zeigt sich, dass sie trotz ihres Unterschieds doch auf dieselbe Formel führen:

Wenn etwas A ist, ist es B (ist es nicht N)
S ist A
——————————
S ist B (S ist nicht N).

Der Unterschied liegt nur im Sinne der Prädication, vor allem des Untersatzes; ist darin ein Subject unter seine Gattung gestellt, und das Prädicat desselben also im selben Sinne geeignet, Subjectsbegriff zu werden, so haben wir die Specialisierung des Umfangs als die Tendenz des Schlusses; im andern Fall die Explication des Inhalts. Im ersten Fall ist der Ausdruck des Obersatzes (der Regel) in einem allgemeinen Urtheile natürlich; im zweiten nicht. Dort ist der Obersatz, hier der Untersatz das Erste (§ 49, 3).

In dem Schlusse: alle Menschen sind sterblich, Cajus ist ein Mensch, also ist Cajus sterblich, gehe ich von meinem ursprünglichen Satz in den Umfang des Subjectsbegriffs; in dem Schlusse:

Cajus hat Fieber,
Wer Fieber hat, ist krank
Also ist Cajus krank,

gehe ich von meinem ursprünglichen Prädicat »Fieber haben« zu der darin mitgedachten weiteren Bestimmung krank; Fieber

---

beide Formeln gleichgesetzt, sondern die erste als die ursprüngliche primäre, die zweite als die abgeleitete und secundäre unterschieden.

haben ist kein Gattungsbegriff zu einzelnen Individuen; und der Schluss der ein allgemeines Urtheil in gewöhnlicher Form zum Obersatze machte:

Alle Fiebernden sind Kranke
Cajus ist ein Fiebernder
Also ein Kranker

ist zwar äusserlich dem obigen gleichlautend; aber der Ausdruck des Obersatzes ist gezwungen, und der Untersatz scheint eine Subsumtion unter einen Gattungsbegriff aussprechen zu wollen, während er doch einen zeitlichen Zustand bezeichnet.

4. Es ist klar, dass dieses Explicieren des Inhalts und Specialisieren des Umfangs ganz in derselben Weise auch auf die verwickelteren Relationsurtheile anwendbar ist, in welche ein derartiges Prädicat oder Subject eingeht, auch dann, wenn vielleicht die sprachliche Form die betreffenden Bestimmungen grammatisch nicht einmal als Subject oder Prädicat hinstellt.

Der Schluss: Die Schwerkraft ertheilt allen Körpern dieselbe Geschwindigkeit, also fallen ein Stück Blei und eine Feder (im luftleeren Raum) gleich schnell — löst sich in eine doppelte Folgerung auf; einerseits in eine Entwicklung des Prädicats in seine Folgen, andrerseits in eine Specialisierung des Terminus »alle Körper«, der, obgleich nicht grammatisches Subject, doch dasjenige bezeichnet, worüber im Grunde die Aussage gemacht ist. Es wäre überflüssig durch gewaltsame Umformung erst diesen Terminus auch grammatisch zum Subject zu machen; das Recht der Einsetzung der Species für das Genus ist aus demselben Grunde klar, wie wenn der Obersatz hiesse Alle A sind B, und es bedarf also keines besonderen Substitutionsprincips neben dem Dictum de omni, um derartige Schlüsse zu rechtfertigen; der Unterschied liegt nur in der grammatischen Form der Sätze.

5. Würde von einem verneinenden Urtheile ausgegangen: so gälte nicht, dass alles das, was in dem verneinten Prädicat nothwendig mitgedacht wird, auch mit verneint wird. Wenn ich verneine, dass diese Figur ein Quadrat ist: so verneine ich damit nicht, dass sie rechtwinklich oder ein Viereck ist, sondern ich verneine nur den

Inbegriff aller Merkmale; ein Schluss aus der blossen **Analyse des verneinten Prädicats** ist also nicht möglich; es gilt nicht: Wenn etwas B ist, ist es c, d

$$\frac{\text{A ist nicht B}}{\text{also nicht c, d}}$$

Es gälte ebensowenig, dass, was von dem **verneinten Prädicate ausgeschlossen ist**, nun zu bejahen wäre; daraus, dass etwas nicht roth ist, folgt nicht, dass es schwarz ist. Es gilt also nicht

$$\frac{\text{Wenn etwas B ist, ist es nicht C}}{\text{A ist nicht B}}$$
$$\text{also C.}$$

Die Unzulässigkeit erhellt daraus, dass die Verneinung des Grundes die Verneinung der Folge nicht nothwendig macht.

Gehen wir andrerseits in den **Umfang** zurück: so folgt aus A ist nicht B ebensowenig, dass nun, was nicht A ist, B wäre; es folgt aus dem vorigen Grunde nicht

$$\frac{\text{Wenn etwas A ist, ist es nicht B}}{\text{C ist nicht A}}$$
$$\text{also B.}$$

Wenn dagegen Urtheile da sind, welche **Voraussetzungen ausdrücken**, die das verneinte Prädicat zur Folge haben, oder Urtheile, welche den **Umfang desselben specialisieren** — so ergeben sich die folgenden Schlüsse

| A ist nicht B | A ist nicht B |
|---|---|
| Wenn etwas C ist, ist es B | C, D, E ist B |
| A ist nicht C | A ist nicht C, D, E |

welche sich als Anwendungen der Regel, dass mit der Folge der Grund aufgehoben ist, in dem folgenden Schema darstellen lassen

| Was A ist, ist B | — ist nicht N |
|---|---|
| C ist nicht B | C ist N |
| C ist nicht A | C ist nicht A |

6. Dies sind die einzig möglichen Weisen, durch **die gegebenen Begriffsverhältnisse** über ein einfaches Urtheil zu einem andern bestimmten Urtheil hinaus zu kommen: sie alle beruhen auf den beiden Grundsätzen, dass, **was in einem Begriff als sein Inhalt gedacht wird**,

von all dem bejaht werden muss, wovon der Begriff bejaht wird, also auch von allen Arten des Begriffs und von allen Individuen, die unter ihn fallen; und was von einem Begriff ausgeschlossen ist, von allem ausgeschlossen ist, worin dieser Begriff mitgedacht wird, also von seinem ganzen Umfang; und es ist aus der Darstellung klar, wie sich darin der Modus ponens und der Modus tollens des hypothetischen Schlusses zeigt.

7. Auf dasselbe Resultat gelangt man von dem andern Ausgangspunkt (§ 49, 2) aus, wenn nämlich **gefragt** wird, ob eine irgendwie entstandene Synthese A ist B begründet sei oder nicht? Wenn diese Frage nicht sofort gelöst werden kann dadurch, dass B als in A enthalten erkannt wird, und dadurch A ist B als analytisches Urtheil sich ausweist, wenn es also einer Vermittlung bedarf, um die Gewissheit herbeizuführen, dass A B ist: so kann diese Vermittlung, wenn nicht anderswoher Sätze herbeigezogen werden sollen, wieder nur darin bestehen, dass ein Prädicat X, aus welchem B nothwendig folgt, in A entdeckt werden kann; so dass also die beiden Sätze gelten: Wenn etwas X ist, ist es B, und A ist X. Denn dann lässt sich schliessen A ist B. Ob dabei X ein Gattungsbegriff zu A ist, dem B zukommt, oder ob es eine andere prädicative Bestimmung ist, zu deren Inhalt B gehört, macht keinen wesentlichen Unterschied; es hängt davon nur der Sinn des Untersatzes A ist X ab.

Die **verneinende Entscheidung** der Frage erfolgt ebenso, sobald sich eine Bestimmung Y in A entdecken lässt, von der gilt: Wenn etwas Y ist, ist es nicht B. Dann erfolgt der Schluss:

Wenn etwas Y ist, ist es nicht B
A ist Y
Also ist A nicht B.

Diese beiden Schemata stellen den kürzesten und einfachsten Weg dar, wie zur Entscheidung über eine aufgegebene Synthesis gelangt werden könne; und sie stellen die **einzigen** Wege dar, wenn vorausgesetzt wird, dass **aus den bestehenden Begriffsverhältnissen** alle nothwendigen Zusammenhänge abgeleitet, zuletzt also auf analytische Urtheile zurückgeführt werden müssen. Darauf beruht die Bedeutung des **Mittelbegriffes** für den Schluss; er ist dasjenige, was die Beilegung des Prädicats B an das Subject A, beziehungsweise die Verneinung desselben vermittelt, indem er einerseits Prädicat von A, andererseits Subject eines allgemeinen bejahenden oder verneinenden Urtheils mit dem Prädicate B ist\*).

Die Verneinung der Hypothese A ist B kann aber auch auf eine mehr vermittelte Weise erfolgen: wenn nämlich nicht unmittelbar das Urtheil vorliegt: wenn etwas Y ist, ist es nicht B, sondern zu dem Urtheil A ist Y ein zweites hinzuträte: was B ist, ist nicht Y; oder aber bekannt wäre: was B ist, ist Z, und A ist nicht Z. Dann entstünde

  Was B ist, ist nicht Y   Was B ist, ist Z
  A ist Y        A ist nicht Z
  Also A ist nicht B    Also A ist nicht B.

(Im Grunde kommt die erste dieser Formeln auf die vorangehende negative zurück; denn aus: Was B ist, ist nicht Y, folgt auch: Was Y ist, ist nicht B.)

Diese Vermittlungsweise geht auf den Grundsatz zurück, dass, wenn ein Prädicat von einem Subjecte bejaht, von dem andern Subjecte verneint wird, diese Subjecte nicht vereinbar sein können; sie wird naturgemäss da an die Stelle der vorangehenden treten, wenn B ein substantivischer Begriff, Y und Z aber Prädicatsbestimmungen sind, die ihrer Natur nach nicht geeignet sind, Subjecte zu werden. Wenn z. B. gefragt wird, ob dieser Stein ein Diamant ist: so weiss ich, dass der Diamant keine Doppelbrechung zeigt; ich schliesse:

  Was ein Diamant ist, zeigt keine Doppelbrechung
  Dieser Stein zeigt Doppelbrechung
  Also ist er kein Diamant.

Diese Weise ist naturgemässer, als zu sagen: Alles Doppelbrechung zeigende ist nicht Diamant.

Somit führt die Aufsuchung der verschiedenen möglichen Vermittlungen, durch welche sich **über eine gegebene**

---

\*) Vgl. Kant, von der falschen Spitzfindigkeit der syllogist. Figuren § 1.

Frage entscheiden lässt, genau auf dasselbe Resultat; und die obigen Schlussformen des Modus ponens und tollens in ihren verschiedenen Bedeutungen erweisen sich also als diejenigen nach denen geschlossen werden muss, **wenn der Schluss auf den einfachen analytischen Begriffsverhältnissen und Begriffsgegensätzen beruhen soll.**

## § 54.

Die aus der **aristotelischen Theorie** hervorgewachsene **traditionelle Lehre von den kategorischen Syllogismen** ruht auf der Voraussetzung des vorigen §, dass die **feststehenden Begriffsverhältnisse** den Schlüssen zu Grunde liegen. **Ihre Figuren und Modi**, deren Unterscheidung von dem Interesse der aristotelischen Syllogistik aus berechtigt war, **sind von ihrem Standpunkt aus überflüssige Specialisierungen**, welche sich einfach in die allgemeineren Formeln des vorigen § auflösen.

1. Von der Voraussetzung feststehender Begriffsverhältnisse ist denn auch die **aristotelische Syllogistik** und die von ihr abhängige traditionelle Lehre ausgegangen. Indem Aristoteles ein **objectives** Begriffssystem voraussetzt, das sich in der realen Welt verwirklicht, so dass der Begriff überall als das das Wesen der Dinge constituierende und als die Ursache ihrer einzelnen Bestimmungen erscheint, stellen sich ihm alle Urtheile, die ein wahres Wissen enthalten, als Ausdruck der nothwendigen Begriffsverhältnisse dar, und der Syllogismus ist dazu da, die ganze Macht und Tragweite jedes einzelnen Begriffs der Erkenntniss zu offenbaren, indem er die einzelnen Urtheile verknüpft und durch die begriffliche Einheit voneinander abhängig macht; und der sprachliche Ausdruck dieser Begriffsverhältnisse ergibt sich daraus, dass sie immer zugleich als Wesen des einzelnen Seienden erscheinen, dieses also in seiner begrifflichen Bestimmtheit das eigentliche Subject des Urtheilens ist, das Verhältniss der Begriffe also in dem allgemeinen oder particulären bejahen-

## § 54. Die Bedeutung der aristotelischen Figuren und Modi.

den oder verneinenden Urtheile zu Tage tritt. Die traditionelle Logik hat dagegen ein **subjectives Begriffssystem**, das nicht erst in der Erkenntniss zu suchen, sondern als Voraussetzung gegeben ist, zu Grunde gelegt.

2. Das **fundamentale** Verhältniss ist nun das der **über- und untergeordneten Begriffe**. Jeder Begriff hat als sein natürliches Prädicat den ihm zunächst übergeordneten; sind also A, B, Γ drei Begriffe, die einander subordiniert sind, so spricht sich ihr Verhältniss in den beiden Sätzen aus: Α κατὰ παντὸς τοῦ Β, Β κατὰ παντὸς τοῦ Γ; und daraus ergibt sich durch den Syllogismus Α κατὰ παντὸς τοῦ Γ. Darauf beruht die Terminologie, welche B den μέσος ὅρος (terminus medius) A und Γ die beiden ἄκρα, und zwar A das μεῖζον ἄκρον (terminus major), Γ das ἔλαττον ἄκρον (terminus minor) nennt; woran sich schliesst, dass der erste Satz, der den obersten Begriff (das Prädicat des Schlusssatzes) vom Mittelbegriff prädiciert, die propositio major oder Obersatz genannt wurde, der zweite, der den Mittelbegriff vom untersten (dem Subjecte des Schlusssatzes) prädiciert, die propositio minor oder Untersatz; das Resultat des Syllogismus ist die conclusio, der Schlusssatz.

So ist, wenn wir die gewohnten Bezeichnungen P für den Oberbegriff, M für den Mittelbegriff, S für den Unterbegriff anwenden, der Schluss, der das Wesen des Schliessens am directesten und unmittelbarsten zeigt, der bekannte

Omne M est P
Omne S est M
Ergo Omne S est P.

3. Indem nun Aristoteles zunächst den Unterschied der **verneinenden und bejahenden** Urtheile heranzieht, zeigt er, dass auch wenn der Obersatz verneinend ist, ein Schluss mit negativem Schlusssatz möglich ist:

Kein M ist P
Alles S ist M
also Kein S ist P.

Dagegen wenn der Obersatz bejahend wäre, aber der Untersatz verneinend, so entsteht kein Schluss, »denn es ergibt sich nichts Nothwendiges daraus, dass jenes gilt.« Wenn

P allem M, dieses aber keinem S zukommt, so kann P noch allem S zukommen oder auch nicht zukommen (lebendes Wesen — Mensch — Pferd; lebendes Wesen — Mensch — Stein). Ebensowenig entsteht ein Schluss, wenn beide Prämissen verneinend sind.

Nimmt man den Unterschied der **allgemeinen und particulären** Urtheile hinzu, so ergibt sich durch ähnliche Ueberlegungen, dass der Obersatz nicht particulär sein kann, wohl aber der Untersatz ein bejahendes particuläres Urtheil sein darf.

Man schliesst nemlich dann

| Alles M ist P | Kein M ist P, |
|---|---|
| Einiges S ist M | Einiges S ist M |
| also Einiges S ist P | Einiges S ist nicht P. |

Dies sind die 4 τρόποι oder **modi** des Syllogismus, die sich aus zwei Prämissen ergeben, deren erste den Mittelbegriff zum Subject, deren zweite ihn zum Prädicat hat; es sind die 4 **vollkommenen Schlüsse** (συλλογισμοί τέλειοι), in denen die 4 Arten des Urtheils aus den den Mittelbegriff in der angegebenen Weise enthaltenden Prämissen abgeleitet werden.

**4.** Nun kann aber der Mittelbegriff auch in beiden Prämissen Prädicat, oder in beiden Prämissen Subject sein; jenes ist die **zweite**, dieses die **dritte Figur** (δεύτερον und τρίτον σχῆμα). Unter dieser Voraussetzung sind folgende Schlüsse möglich

In der zweiten Figur:

| 1. Modus | 2. Modus |
|---|---|
| Kein P ist M | Alles P ist M |
| Alles S ist M | Kein S ist M |
| Kein S ist P | Kein S ist P |

| 3. Modus | 4. Modus |
|---|---|
| Kein P ist M | Alles P ist M |
| Einiges S ist M | Einiges S ist nicht M |
| Einiges S ist nicht P | Einiges S ist nicht P. |

In der dritten Figur:

| 1. Modus | 2. Modus | 3. Modus |
|---|---|---|
| Alles M ist P | Kein M ist P | Einiges M ist P |
| Alles M ist S | Alles M ist S | Alles M ist S |
| Einiges S ist P | Einiges S ist nicht P | Einiges S ist P |

| 4. Modus | 5. Modus | 6. Modus |
|---|---|---|
| Alles M ist P | Einiges M ist nicht P | Kein M ist P |
| Einiges M ist S | Alles M ist S | Einiges M ist S |
| Einiges S ist P | Einiges S ist nicht P | Einiges S ist nicht P. |

Die Schlüsse dieser beiden Figuren erkennt Aristoteles nicht als τέλειοι an, und reducirt sie durch Umkehrung der Urtheile oder durch indirecte Beweise auf die erste Figur.

In ähnlicher Weise hat Aristoteles dann die verschiedenen Schlüsse aus Prämissen untersucht, welche Urtheile der Nothwendigkeit und Möglichkeit sind.

5. Diese aristotelische Syllogistik hat sich trotz manigfacher Angriffe als der eigentliche Kern aller scholastischen Logik immer wieder behauptet, trotzdem dass ihr ursprünglicher Sinn und die Bedeutung, die sie bei Aristoteles hat, meist verloren gegangen ist. Dies zeigt sich nicht nur an der Einführung der sog. vierten Figur*), sondern vor allem daran, dass man, statt die **Nothwendigkeit der begrifflichen Verhältnisse** als den eigentlichen Kern des

---

*) Man entdeckte, dass unter den möglichen Stellungen des Mittelbegriffs Aristoteles eine übersehen, nemlich diejenige, in welcher er Prädicat des Obersatzes und Subject des Untersatzes ist; und man fand, dass unter dieser Voraussetzung noch folgende 5 Modi möglich sind:

| 1. Modus. | 2. Modus. | 3. Modus. |
|---|---|---|
| Alle P sind M | Alle P sind M | Einiges P ist M |
| Alle M sind S | Kein M ist S | Alles M ist S |
| Einige S sind P | Kein S ist P | Einiges S ist P. |

| 4. Modus | 5. Modus |
|---|---|
| Kein P ist M | Kein P ist M |
| Alles M ist S | Einiges M ist S |
| Einiges S ist nicht P | Einiges S ist nicht P. |

Es bedarf keines Beweises, dass die ganze Grundvoraussetzung der aristotelischen Theorie vergessen sein musste, ehe man den Begriffen diese ihrer Natur widerstrebende Stellung zumuthete, und dass nur aus der Betrachtung der äusserlichsten Form das Bedürfniss einer Ergänzung der aristotelischen Lehre hervorgehen konnte.

Schliessens zu erkennen, sich gewöhnte in den Prämissen nur Aussagen über die Umfangsverhältnisse der Begriffe zu sehen, und darum die Beweiskraft derselben in erster Linie in dem Verhältniss der Zahlausdrücke suchte, als ob es sich darum handelte, in einer gegebenen Menge von Dingen ein bestimmtes oder eine Anzahl von bestimmten vorzufinden und das Hauptgeschäft beim Schliessen wäre, sich alle unter einen Begriff fallenden Objecte zumal vorzustellen und nun nachzusehen, was sich unter diesen findet und was nicht. Damit hängt die beliebt gewordene Mode zusammen, die Gültigkeit der einzelnen Schlussfiguren durch eine rein anschauliche Vergleichung der Sphären der einzelnen Begriffe zu beweisen, als ob es sich in allen Urtheilen darum handelte, das Subject in die Sphäre des Prädicatbegriffs hineinzustellen, als einen Theil einer grösseren Menge gleichnamiger Objecte aufzuweisen, und nicht darum, zu sagen was es ist und was es thut; wozu die gewöhnliche gedankenlose Handhabung des particulären Urtheils wesentlich beigetragen hat. So fand man in der Syllogistik zuletzt eine Art von Rechenmaschine, an der man ohne sich weiter zu besinnen an den äusseren Formen, der Stellung von Subject und Prädicat alles ablesen könne, sobald man sich die Mühe gäbe, die 19 Modi mit Hülfe der Versus memoriales gut im Gedächtniss zu behalten und an einer Reihe nichtssagender Beispiele einzuüben.

6. Lassen wir zunächst die Voraussetzungen der Lehre bestehen: so ist vor allem einleuchtend, dass in der ersten Figur der Unterschied des dritten und ersten, des vierten und zweiten Modus ein rein nebensächlicher ist; der Umstand, dass der Untersatz in dem dritten und vierten Modus particulär ist, ändert an dem Gang des Denkens schlechterdings nichts; da unter den »Einigen S« des Untersatzes und des Schlusssatzes doch immer dieselben gemeint sein müssen, und da ihnen das Prädicat doch vermöge einer ihnen gemeinsam zukommenden begrifflichen Bestimmtheit beigelegt wird, so ist der Sinn des Schlusses schlechterdings derselbe. Der Unterschied liegt in dem Werthe des Resultates hinsichtlich der Bestimmung des Begriffs S, aber nicht in der

Operation des Schliessens; und nur von diesem Gesichtspunkt aus hat Aristoteles, der überhaupt immer den Schlusssatz im Auge hat, sie unterschieden. Sieht man bloss auf die Form der Ableitung, so haben wir streng genommen **nur zwei** verschiedene Schlussweisen:

   Alle M sind P       Kein M ist P
 Alle, einige, ein S sind M    Alle, einige, ein S sind M
 Alle, einige, ein S sind P    Alle, einige, ein S sind nicht P.

Dort wird durch den Mittelbegriff zu dem Subjecte, dem er zukommt, ein Prädicat herzugebracht, hier eines von demselben ausgeschlossen.

Die Modi der **zweiten Figur** reduciren sich ebenso zunächst auf zwei Schlussweisen: Wenn in irgend einem Subjecte S ein Prädicat M gedacht wird, das von einem andern Begriff P ausgeschlossen ist, so ist dieser selbst von dem Subjecte ausgeschlossen; und wenn von einem Subjecte ein Begriff M ausgeschlossen ist, der einen anderen P unter sich begreift, so ist P von dem Subjecte ausgeschlossen; ob dieses S allgemein oder particulär ausgedrückt ist, ist gleichgültig. Wir haben also:

   Kein P ist M       Alles P ist M
Alle, einige, ein S sind M    Alle, einige, ein S sind nicht M
Alle, einige, ein S sind nicht P   Alle, einige, ein S sind nicht P.

Reduciren wir nun aber die unentbehrliche Regel, **nach der geschlossen wird**, auf ihren entsprechendsten Ausdruck, so lautet sie für die erste Figur:

   Wenn etwas B ist, ist es A (1. u. 3. Modus)
   Wenn etwas B ist, ist es nicht X (2. u. 4. Modus),
Als Assumtion erscheint:
   bestimmte Subjecte C sind B —
als Folge: Also sind sie A, also sind sie nicht X.

 **Dieselben Regeln** müssen aber auch der zweiten Figur zu Grunde liegen; denn es gibt keine andere Folge aus den einfachen Begriffsverhältnissen; nur wird jetzt **daraus geschlossen, dass die Folge nicht eintritt**, also aus dem Nichtgelten der Folge auf das Nichtgelten des Grundes.

Wenn etwas B ist, ist es A
Nun ist C (alles C, einiges C) nicht A
also auch nicht B (2. und 4. Modus).
Wenn etwas B ist, ist es nicht X
Nun ist C (alles C, einiges C) X
also nicht B (1. und 3. Modus).

Der Zusammenhang wie der Unterschied der ersten und zweiten Figur erhellt also einfach daraus, dass dort aus der Gültigkeit des Grundes auf die Gültigkeit einer (bejahenden oder verneinenden) Folge, hier aus der Ungültigkeit der (bejahenden oder verneinenden) Folge auf die Ungültigkeit des Grundes geschlossen wird\*), und somit stimmen die beiden ersten Figuren des Aristoteles genau mit dem überein, was wir oben in § 53 gefunden.

Somit lassen sich die sämmtlichen Modi der ersten und zweiten Figur in einer **einzigen Formel** darstellen, aus der zugleich die Gründe des Schliessens wie ihre Unterschiede erhellen:

Obersatz:
Wenn etwas B ist, ist es A — ist es nicht X.

Untersatz und Schlusssatz der 1. Figur:

C (alles, einiges, ein C) ist B
also C (alles, einiges, ein C) ist A — ist nicht X.

Untersatz und Schlusssatz der 2. Figur:

C (alles, einiges, ein C) ist nicht A — ist X
also C (alles, einiges, ein C) ist nicht B.

---

\*) Damit lösen sich auch solche Schwierigkeiten, wie die, dass gegen die Regel des Aristoteles aus zwei negativen Prämissen doch ein Schluss folgen könne; nemlich so: Was nicht M ist, ist nicht P
S ist nicht M, woraus folge
S ist nicht P.
Der Schluss ist unzweifelhaft richtig; aber falsch ist, dass er aus zwei negativen Prämissen im aristot. Sinne folge; denn der Satz was nicht M ist, ist nicht P ist bloss dem Ausdruck nach verneinend, in der That gleichbedeutend mit Alle P sind M; der Zusammenhang der Verneinungen ruht auf dem positiven Verhältniss der Prädicate. Nur die Gewohnheit ganz äusserlicher Betrachtungsweise kann an solchen Dingen Anstoss nehmen.

7. Die particulären Urtheile der **dritten Figur** haben eine wesentlich andere Bedeutung als die particulären Urtheile der beiden ersten. Bei diesen steht der particulär genommene Terminus schon ursprünglich als Subject, und die Particularität ist Nebensache, vielleicht bloss sprachlicher Ausdruck; es sind dieselben Subjecte, welche im Untersatz und Schlusssatz erscheinen. Dort aber erscheint der particuläre Ausdruck erst im Schlusssatz als Subject, und dadurch haftet ihm die ganze Unbestimmtheit des Particulären an; er ist nur einem **Möglichkeitsurtheil** äquivalent; von einer nothwendigen Folge im gewöhnlichen Sinne kann in der dritten Figur gar nicht die Rede sein. **Dass zwei Prädicate demselben Subjecte zukommen**, ist im ersten, dritten und vierten Modus gleichmässig das Wesentliche; denn in den beiden letzteren trägt nur der Theil von allen M, welcher mit einigen M identisch ist, die Last der Folgerung. Daraus folgt aber einfach, dass **die beiden Prädicate vereinbar sind, d. h. sich nicht ausschliessen.** Dass ein **Prädicat P an einem Subjecte fehlt**, von welchem das andere S gilt, ist ebenso das Gemeinschaftliche des 2., 5. und 6. Modus; und daraus folgt, dass **sie nicht nothwendig zusammengehören.** Streng genommen also ist die Regel, **nach der** geschlossen wird, und welche die Ableitung des Schlusssatzes aus den Prämissen begründet, gar nicht in diesen selbst ausgedrückt; der verschwiegene Obersatz zu den bejahenden Modis ist: Wenn zwei Prädicate demselben Subject zukommen, sind sie vereinbar, schliessen sie sich nicht nothwendig aus; die beiden Prämissen bilden zusammen die Assumtion zu dem verschwiegenen Obersatz. Ebenso ist der Obersatz zu den Modis mit negativer Conclusion: Wenn von zwei Prädicaten eines an einem Subjecte fehlt, dem das andere zukommt, so gehören sie nicht nothwendig zusammen; die beiden Prämissen bilden wieder zusammen die Assumtion zu diesem Obersatz.

Was also erschlossen wird, ist die bestimmte **Verneinung einer Nothwendigkeit**, einerseits der nothwendigen Ausschliessung, andrerseits des nothwendigen Zusammengehörens; und die Schwäche der dritten Figur ist eben, dass sie keine Nothwendigkeit begründen, sondern nur eine solche verneinen kann, was sich in der Particularität der Conclusion ausdrückt.

Von diesem Gesichtspunkt aus können auch, wie Lotze (S. 113) ausführt, zwei negative Prämissen einen ähnlichen Schluss auf die Verneinung einer Nothwendigkeit ergeben. Wenn nemlich M nicht P und M nicht S ist, so folgt daraus, dass nicht nothwendig aus der Verneinung von P auf die Bejahung von S und aus der Verneinung von S auf die Bejahung von P geschlossen werden dürfe; was nicht P ist, ist darum nicht nothwendig S und umgekehrt; was verneint wird, ist also der Zusammenhang den das disjunctive Urtheil ausspräche: M ist entweder P oder S. Denn die beiden Prämissen lassen sich in dem Urtheil vereinigen: M ist weder S noch P, und dieses verneint die Disjunction: M ist entweder S oder P. Warum Aristoteles diese Fälle ausgeschlossen hat, erhellt daraus, dass sich ihr Ergebniss in keiner der Arten des Urtheils aussprechen lässt, auf die er sein Augenmerk richtet; denn nach dem gewöhnlichen Schema wäre der Schlusssatz zu formuliren: Einiges nicht — S ist nicht P; womit über das Verhältniss der Begriffe S und P gar nichts ausgesagt ist, weder ob sie sich ganz oder theilweise ausschliessen noch ob sie ganz oder theilweise ineinander sind; so dass die Regel: Ex mere negativis nihil sequitur in ihrem ursprünglichen Sinne unangefochten bleibt, wenn auch derjenige, der meint alles müsse entweder X oder Y sein, durch ein Beispiel widerlegt werden kann, in welchem ein Z weder X noch Y ist*).

---

*) Viel weiter dehnt Schuppe (Erkenntnissth. Logik S. 128 ff.) den Kreis der Schlüsse aus, welche aus den von Aristoteles verworfenen Combinationen der Prämissen gezogen werden können.

Schon wenn die beiden Prämissen a nicht b und b nicht c einfache Unterscheidung aussprechen, stellen sie fest, dass a und c in dem einen Punkte, dass sie nicht b sind, zusammentreffen, was eine unter Umständen höchst wichtige Entdeckung sei, welche die sonst verschiedenen a und c verbinde. Allein diese Entdeckung wird doch in dem Satze ausgedrückt: Weder a noch c sind b, der nur die beiden Prämissen vereinigt wiederholt; und Schuppe erkennt denn auch für diesen Fall den Satz an: Ex mere negativis nihil sequitur.

Bei Zusammengehörigkeitsurtheilen sei aber dieser Satz offenbar falsch. Zuerst wird dafür das S. 456 erledigte Beispiel eines Schlusses angeführt, dessen Obersatz lautet: Was nicht M ist, ist nicht P.

## § 55.

Wenn die kategorischen Syllogismen als Obersätze analytische Begriffs-Urtheile voraussetzen, so können sie

Aus kein M ist P und S ist nicht M schliessen wir, das P dem S jedenfalls nicht um des M willen abgesprochen werden kann, »das ist unter Umständen ein sehr wichtiges Resultat, wenn wir unklare Vorstellungen bekämpfen, welche, ohne es auszusprechen, das P dem S doch um einer Aehnlichkeit mit M willen absprechen und kann zu der Anerkennung von SP führen.« Schuppe unterlässt seine Sätze durch Beispiele zu illustrieren; um die Prüfung seiner Sätze zu erleichtern, nehmen wir eines, das zu den obigen Worten passt: kein Fisch hat warmes Blut — der Wal ist kein Fisch — daraus sollen wir schliessen, dass dem Wal die Warmblütigkeit jedenfalls nicht wegen seiner Aehnlichkeit mit den Fischen abgesprochen werden dürfe. Aber schliessen wir das in der That aus beiden Prämissen? Wer in Gefahr ist, aus der Fischähnlichkeit des Wals auf seine Kaltblütigkeit zu schliessen, den verhindert daran doch zunächst nur der Untersatz, und nicht beide Prämissen zusammen. Haben wir nemlich

Was ein Fisch ist, ist nicht warmblütig
Der Wal ist kein Fisch,

so verhindert eben nur der Untersatz die Möglichkeit der Subsumtion; einen Schluss überhaupt aber verbietet die Regel, dass aus dem Nichtstattfinden der Hypothesis nicht auf das Nichtstattfinden der Thesis geschlossen werden dürfe. Schuppe sagt also mit andern Worten nur dasselbe, dass bei so beschaffenen Prämissen kein Schluss gezogen werden kann. Denn ob nun P dem S zukommt oder nicht, ist aus diesen Prämissen schlechterdings nicht auszumachen.

»Aus kein P ist M und S ist nicht M« (ich ändere die Zeichen, die Schuppe hier verwechselt hat) »schliessen wir ähnlich, dass durchaus nicht um eines (in unklarer Weise) an S gedachten M willen S nicht P zu sein brauche, dass also von dieser Seite her die Möglichkeit des SP aufrecht erhalten werden müsse«. Wieder wird der drohende falsche Schluss nur durch den Untersatz: S nicht M verhindert; S ist M würde allerdings ergeben, dass S nicht P ist; wenn aber S nicht M, so folgt eben nichts bestimmtes, weder dass S P noch dass S nicht P ist.

M ist nicht P, M aber auch nicht S beweist, dass S und P zusammen fehlen kann (Lotzes oben erwähnter Schluss).

Ex mere particularibus nihil sequitur sei ebenso zweifelhaft. »Nur einige aber jedenfalls einige M sind P, und ebenso nur einige, aber jedenfalls einige S sind M macht, wenn noch nicht bekannt ist, welche M P und welche S M sind, jedenfalls im einzelnen Falle die Möglichkeit, dass ein S P sei, sicher« — eine sichere Möglichkeit (im Unterschiede von einer ganz vagen, nur auf vollständigem Nichtwissen gegründeten) scheint aber doch nur da gefunden werden zu können, wo

die Aufgabe, das immer neu entstehende Denken zu begründen, nicht erfüllen, sondern sind darauf beschränkt,

erkannt ist dass S und P sich nicht ausschliessen; folgt aber aus: »einige Menschen sind blind und einige sehende Wesen sind Menschen« im einzelnen Falle die sichere Möglichkeit, dass ein sehendes Wesen blind ist? — »und führt ganz allgemein zu der oft ebenso werthvollen Erkenntniss, dass 1. P zu den specifischen oder individuellen Differenzen der M gehört oder von ihnen abhängt, von dem begrifflichen Inhalt von M aber weder gefordert noch ausgeschlossen ist, 2., dass M ebenso zu den specifischen oder individuellen Differenzen der S gehört, von dem begrifflichen Inhalt S aber weder gefordert noch ausgeschlossen ist, und dass 3., wenn S sich mit oder ohne P zeigt, dies mit der An- oder Abwesenheit von M an ihm in keinem Zusammenhange steht«. Allein die Sätze 1 und 2 sind nicht aus beiden Prämissen zusammen erschlossen, sondern stellen nur eine Interpretation je einer Prämisse dar; allerdings besteht diese, wenn ihr die obige Form gegeben wird: Nur einige, jedenfalls aber einige M sind P (wie Schuppe selbst nachher hervorhebt) aus zwei Urtheilen: Einige M sind P, einige M sind nicht P, und nur aus diesen beiden Sätzen zusammen folgt, das P von dem begrifflichen M weder gefordert noch ausgeschlossen ist; die zwei Urtheile bilden die Assumtion zu dem Obersatz: Was mit dem Prädicat M das einemal verbunden ist, das anderemal nicht, ist von demselben weder gefordert noch ausgeschlossen — es gilt nach der bekannten Regel weder Alle M sind P noch kein M ist P.

Der dritte der obigen Sätze aber, derjenige der allein aus beiden Prämissen erschlossen wird, ist falsch. Nehmen wir z. B. für einige M sind P und einige S sind M: Einige reguläre Figuren sind rechtwinklich, einige Vierecke sind reguläre Figuren, so kann doch nicht gesagt werden, dass wenn das Viereck sich mit oder ohne Rechtwinklichkeit zeigt, das mit der An- oder Abwesenheit der regulären Eigenschaft in keinem Zusammenhang steht; denn das reguläre Viereck ist nothwendig rechtwinklich. Ebenso: Einige Krystalle sind doppelbrechend, einige Mineralien sind Krystalle — daraus soll folgen, dass wenn sich an einem Mineral Doppelbrechung zeigt, das mit der An- oder Abwesenheit des Krystallseins in keinem Zusammenhange steht?

»Einige M sind P, einige M sind S (S. 133) knüpft die Prädicate P und S an die einigen M jedenfalls nicht um der Eigenschaft M willen, sonst müssten sie allen M zukommen, sondern an specifische oder individuelle Differenzen unter den M, und so ist der Schluss sicher, dass in allen einzelnen M durch den Charakter M die Eigenschaften P und S weder gefordert noch ausgeschlossen sind«. Doch nur unter der Voraussetzung, dass zugleich gilt: Einige M sind nicht P, einige M sind nicht S; also folgern wir wie oben zuerst aus dem ersten Prämissenpaar (MiP, MoP) dass P, aus dem andern (MiS, MoS) dass S von

**die feststehenden Begriffsverhältnisse bei jeder
Anwendung gegenwärtig zu erhalten.** Eine höhere

M weder gefordert noch ausgeschlossen ist; und dann summieren wir beides in dem Urtheil: P und S sind durch den Charakter M weder gefordert noch ausgeschlossen. Das ist aber kein Verfahren, durch das vermittelst der Elimination von M ein bestimmtes Verhältniss zwischen S und P gewonnen würde; dieses, kann vielmehr aus jenen Prämissen überhaupt nicht, auch nur negativ, bestimmt werden.

»Aus alle M sind P, kein S ist M ergibt sich, dass wenn S oder ein S P ist, es dies jedenfalls nicht durch Vermittlung von M ist« — dass S nicht durch Vermittlung von M irgend ein anderes Prädicat haben kann, dies zu wissen genügt, dass S nicht M ist.

»Grundfalsch ist die Behauptung, dass in der Form PM und SM nicht beide Prämissen affirmativ sein könnten« (S. 137). Hier sei partielle Identität — zuweilen könne sie den Rang der Verwandtschaft in Anspruch nehmen — sicher erschlossen. Je nach der Beschaffenheit des M könne diese partielle Identität ein ebenso werthvolles Ergebniss sein, als die in der zweiten Figur sonst erschlossene partielle Verschiedenheit. Ueber den Terminus »partielle Identität« ist oben S. 106 gesprochen worden; lässt man ihn gelten, so ist schliesslich alles partiell identisch, der Schluss also werthlos. Wenn aber von der Beschaffenheit von M abhängt, ob er einen Werth hat, so ist das werthvolle Urtheil: Sowohl P als S sind M; eine einfache Summierung, die den Mittelbegriff nicht eliminiert. Dass diese Erkenntniss, als Vorbereitung zu Operationen der Classification, einen Werth haben kann, bestreite ich natürlich nicht; nur lässt sie sich nicht als Schluss bezeichnen, wenn man nicht jede Zusammenfassung von zwei Urtheilen zu einem copulativen oder conjunctiven Satze als Schluss bezeichnen will.

Dasselbe gilt gegen Wundt, der (Logik I S. 324) einen Vergleichungsschluss aufstellt, der theils Uebereinstimmungs-, theils Unterscheidungsschluss sei. Der erste laute: A hat das Merkmal M, B hat das Merkmal M, also haben A und B ein übereinstimmendes Merkmal; der zweite laute: A hat das Merkmal M, B hat nicht das Merkmal M, also haben A und B ein unterscheidendes Merkmal. Worauf beruht denn aber das »also« des ersten Schlusses? Offenbar auf dem Obersatz: wenn zwei Objecte oder Begriffe dasselbe Merkmal haben, haben sie ein übereinstimmendes Merkmal — eine leere Tautologie, aus der über das weitere Verhältniss der verglichenen Objecte oder Begriffe, ob sie identisch oder entgegengesetzt oder was sonst sind, gar nichts zu entnehmen ist. Das »also« des zweiten Schlusses setzt, nach Wundt's Formulierung, auch nur den Obersatz voraus: Wenn von zwei Objecten das eine ein Merkmal hat das dem andern nicht zukommt, so haben sie ein unterscheidendes Merkmal. Das wäre nun an und für sich freilich sehr wenig erschlossen, weil es nicht mehr sagen würde, als die beiden Prämissen in anderer

Bedeutung gewinnen die kategorischen Syllogismen nur, wenn sie **entweder**, wie bei Aristoteles, in den **Dienst der**

Form auch sagen. Aber daraus, dass zwei Objecte ein unterscheidendes Merkmal haben, folgt nun das Weitere, dass sie als Ganze verschieden sind, dass sie nicht identisch sein können, dass, wenn es sich um Begriffe handelt, sie nicht von einander in irgend einem Sinne prädiciert werden können; ihr Verhältniss ist also wenigstens negativ bestimmt; und dieses Resultat ist so gewiss ein wichtiges, als die Erkenntniss der Verschiedenheit und des Gegensatzes eine der fundamentalen Functionen unseres Denkens ist. Es handelt sich nicht, wie Schuppe zuerst die Sache darstellt, nur um die »partielle Verschiedenheit«, wie dort um die »partielle Identität«; aus der partiellen Identität folgt nichts, aus der »partiellen Verschiedenheit« aber folgt (S. 138), dass S und P als Ganze nicht identisch sind, dass sie nicht von demselben und nicht von einander prädiciert werden können. Allerdings nur unter der Voraussetzung, dass eine der Prämissen eine Nothwendigkeit enthält, und nicht bloss zufällige Zustände nebeneinandergestellt werden. Daraus, dass der gestern in meinem Zimmer stehende Ofen warm war, der heute darin stehende kalt ist, folgt freilich nicht, dass der zweite Ofen nicht derselbe war wie der erste; ein Schluss lässt sich nur ziehen wenn der Obersatz sagt, dass von einem Subjecte ein Prädicat nothwendig bejaht oder verneint werden müsse, die Abwesenheit oder Anwesenheit dieses Prädicats also das Subject selbst aufhebe. — Nach dem Ausgeführten ist also Aristoteles vollkommen im Recht, wenn er in der zweiten Figur nur ein negatives Resultat als wirkliches Ergebniss anerkennt, von zwei positiven Prämissen aber sagt: Οὐκ ἔσται συλλογισμός.

Kann ich also diese Kritik der überlieferten Lehre nicht als berechtigt anerkennen, so ist doch in den Ausführungen Schuppes der richtige Gedanke betont, dass wenn aus zwei Prämissen Schlüsse gezogen werden, der Schlusssatz häufig nicht aus den Prämissen für sich, sondern vielmehr aus einem Obersatz gezogen werde, durch den erst der Inhalt einer Prämisse mit dem Inhalt der andern zusammen ein Ergebniss liefere. Nun ist zu unterscheiden zwischen zwei Fällen: Entweder ist eine der Prämissen selbst ein hypothetisches Urtheil, dann bedarf es bloss des allgemeinen Princips, dass mit dem Grunde die Folge gesetzt, mit der Folge der Grund aufgehoben sei; oder es ist zu den beiden Prämissen ein speciellerer Grundsatz nöthig, als dessen Assumtion sie erscheinen, und aus dem sie nach dem allgemeinen Schlussprincip die Conclusion ergeben. Die Schlüsse der ersten und zweiten Figur gehören sofern sie einen allgemeinen Obersatz fordern, zu der ersten, die Schlüsse der dritten Figur zu der zweiten Classe.

Wenn B. Erdmann (Philos. Aufsätze zum Doctorjubiläum E. Zellers S. 201) behauptet, dass sich vermittelst definitorischer Urtheile allgemein bejahende Schlusssätze in der zweiten und dritten Figur erzielen

Begriffsbildung gestellt, oder wenn ihre Obersätze nicht blosse Begriffsurtheile, sondern synthetische Sätze im Kantischen Sinne sind.

1. Der Werth des syllogistischen Verfahrens überhaupt wird in Frage gestellt, sobald wir dasselbe mit der traditionellen Logik als begründet auf ein fertiges und nach allen Seiten geschlossenes System von Begriffen und darauf beruhenden analytischen Urtheilen ansehen, und nicht etwa als ein Mittel, erst zur Bildung von Begriffen durch eine socratische ἐπαγωγή zu gelangen.

Sind nemlich in dem normalen Syllogismus drei Begriffe S, M, P einander einfach übergeordnet, so liegt der Schlusssatz S ist P in den vorausgesetzten Begriffsverhältnissen ebenso direct enthalten, als der Untersatz S ist M oder der Obersatz M ist P; P ist ein Theil des Inhalts des Begriffs S, wie überhaupt jedes Merkmal und jede Combination von Merkmalen desselben; stellt aber S ein einzelnes Ding vor, so muss, um seiner Unterordnung unter M gewiss zu sein, die ganze Reihe seiner Merkmale durchgegangen werden, (§ 47, 1. S. 397) also auch diejenigen, welche P constituieren; man kann vielmehr erst sagen, dass S M ist, wenn man schon weiss, dass es P ist. Der Satz: Das Quadrat ist ein Viereck, gibt gewiss nicht ein entferteres Prädicat als der Satz: Das Quadrat ist ein Parallelogramm, und es bedarf durchaus nicht des Schlusses: Das Quadrat ist ein Parallelogramm, also ein Viereck; der Satz: diese Figur ist ein Parallelogramm, schliesst den Satz: Diese Figur ist ein Viereck als Voraussetzung mit ein: eine bestimmte Figur kann nicht eher als Parallelogramm erkannt werden, ehe man weiss, dass sie ein Viereck ist; der Schluss: sie ist ein Parallelogramm also ein Viereck, ist also nicht bloss überflüssig wie vorhin, sondern verkehrt. Fragt man sich ferner, was man

---

lassen, z. B. alle Säugethiere besitzen Milchdrüsen, alle Wale besitzen Milchdrüsen, also sind alle Wale Säugethiere, so übersieht er, dass der Obersatz diesen definitorischen Charakter verschweigt, aus dem was er sagt aber der Schlusssatz nicht folgt. Es müsste stehen: Nur die Säugethiere besitzen Milchdrüsen, d. h. was Milchdrüsen hat, ist ein Säugethier; dann aber haben wir die 1. Figur.

durch solches Aufsteigen zu immer höheren und höheren Begriffen gewinnt, so geht man, den eigentlichen Zwecken des Erkennens durch das Urtheil gegenüber, einen Krebsgang; die Prädicate werden immer ärmer, inhaltsloser, man weiss immer weniger von den Subjecten, man verliert auf dem Wege statt zu gewinnen. Wenn ich weiss, dass ein Quadrat ein Parallelogramm ist, so weiss ich weit mehr, als wenn ich mir eine Leiter von Schlüssen aufbaue, die mich schliesslich belehren, dass es ein Räumliches oder ein Theilbares oder zuletzt ein irgendwie Seiendes sei; an dem letzteren Prädicate müssten consequenterweise alle Schlüsse ankommen, die stufenweise die Begriffspyramide hinaufklettern.

2. Der Charakter der Syllogistik, wie sie in der traditionellen Lehre aufgefasst und dargestellt wird, erhellt am deutlichsten daraus, dass man mit Erfolg die Theorie durchführen konnte, es handle sich eigentlich im syllogistischen Schliessen nur um die Substitution eines Terminus für einen andern. In einem gegebenen Urtheile, sagt Beneke*), setzen wir an die Stelle des einen seiner Bestandtheile einen andern, und zwar auf Veranlassung eines zweiten Urtheils, welches ein Verhältniss angibt zwischen dem früheren und dem neuen Bestandtheile. Die Substitution kann eintreten, wenn der neue Bestandtheil in keiner Weise über den alten hinaussteht. Dies tritt ein, entweder wenn das Substituierte d a s s e l b e ist, nur in einem andern Ausdrucke, oder e i n T h e i l d e s s e n, welchem es substituiert wird. In dem Schlusse: Einige Vierecke sind nicht Parallelogramme, alle Rhomben sind Parallelogramme, also sind einige Vierecke nicht Rhomben — habe ich für Parallelogramme Rhomben substituiert, also einen Theil; in dem Schlusse: einige Parallelogramme sind schiefwinklich, alle Parallelogramme sind Vierecke, folglich sind einige Vierecke schiefwinklich — habe ich

---

*) System der Logik I, S. 217. Vergl. Ueberweg Logik § 120. Diese Substitution ist etwas anderes, als was wir oben § 50 Einsetzung oder πρόςληψις genannt haben. Bei dieser handelt es sich an die leere Stelle eines Subjects ein bestimmtes Subject zu setzen, dem ein Prädicat zukommt; bei jener darum, für einen bestimmten Begriff einen anderen, in ihm enthaltenen zu setzen.

für dasselbe Subject (einige Parallelogramme) einen andern Ausdruck (einige Vierecke) substituiert. Im ersten Fall ist der neue Bestandtheil (Rhomben) ein **Theil des Umfangs** des früheren (Parallelogramme); im zweiten ist das Substituierte (Viereck) ein **Theil des Inhalts** des früheren (Parallelogramm) und erlaubt also dasselbe in einem anderen Ausdruck für das Denken zu bezeichnen.

Nachdem dann Beneke aus dieser Theorie die verschiedenen möglichen Schlüsse abgeleitet, kommt er zu dem Resultat, dass durch alle in dieser Weise ausgeführten Schlüsse unser Denken in keiner Art erweitert oder bereichert wird. Der Theil muss doch im Ganzen enthalten sein; und wenn ich an die Stelle des letzteren den ersteren setze, so gewinne ich nichts an Vorstellungsmaterial, sondern verliere eher.

In den Schlüssen mit negativem Resultat allein findet insofern ein Hinausgehen statt, als in einem Begriffe nicht alles mögliche was er nicht ist mitgedacht wird, durch die Syllogismen also eine weitere Reihe von Unterscheidungen herbeigeführt werden. Allein da wir jeden Begriff als solchen nur haben, sofern er Glied eines Systems und von seinen coordinierten disjungiert ist: so sind die nächsten und wichtigsten Negationen allerdings in dem Begriffe selbst schon mitgedacht, und es hat keinen Werth mehr alle weiteren und entlegeneren Verneinungen herbeizuziehen. Weiss ich dass der Mensch ein animalisches Wesen ist, so ist er damit von den übrigen Wesen geschieden, die ihm zunächst stehen; dass er kein Metall, keine geometrische Figur ist, braucht kein Syllogismus zu versichern.

Von diesem Gesichtspunkte aus kann also der Syllogismus höchstens dazu dienen, dem, der mit seinen Wörtern keine bestimmten Begriffe verbindet, die Tragweite einer Behauptung zu Gemüth zu führen, indem er an das erinnert wird, was seine Prädicate eigentlich sagen; er wäre eine Anleitung, sich jede Behauptung fortwährend auseinanderzulegen, indem man sich erinnert, was darin eingeschlossen ist; also ein Interpretationsverfahren für den, der einen Satz nicht versteht, nicht ein Mittel des Fortschritts für den der ihn versteht; ein didaktisches Hilfsmittel oder eine polemische

Waffe, kein Organon des Wissens. Die Forderung also, dass im Syllogismus alles nach dem sog. Princip der Identität verlaufe, die namentlich Leibniz betont, zerstört allen Werth des Syllogismus.

3. Von einer andern Seite hat J. St. Mill\*) die Bedeutung des Syllogismus oder genauer der Form bekämpft, in welcher der Syllogismus gewöhnlich sich darstellt. In dem Schlusse

> Alle Menschen sind sterblich
> Socrates ist ein Mensch
> also ist Socrates sterblich

scheint der Schlusssatz aus dem Obersatz abgeleitet zu sein; in der That aber **setzt der Obersatz den Schlusssatz schon voraus**, denn um zu wissen, dass alle Menschen sterblich sind, muss ich bereits wissen, dass Socrates sterblich ist; so lange dieser Satz noch ungewiss wäre, wäre auch der Satz ungewiss, dass alle Menschen sterblich sind\*\*). Jeder derartige Schluss enthält also eine petitio principii, er setzt schon voraus, was er beweisen will. Die Ausflucht, dass ja der Schlusssatz doch nicht explicite und direct in den Prämissen behauptet sei, löst die Schwierigkeit nicht; es kann allerdings nicht verlangt werden, dass man bei jedem allgemeinen Satz an alle einzelne Fälle denkt, aber mit dem allgemeinen Satz behauptet man seine Gültigkeit für alle einzelnen Fälle, und diese Behauptung ist nur begründet, wenn man erst aller einzelnen Fälle gewiss ist.

Ist darum der Syllogismus absolut nutzlos und leer? Dieser Folgerung sucht Mill durch eine Unterscheidung auszuweichen. Der eigentliche Grund, auf den hin ich behaupte, dass irgend ein jetzt lebender Mensch sterblich sei, kann nicht

---

\*) System der deductiven und inductiven Logik. 2. Buch. 3. Cap. § 2. Uebers. von Gomperz I, S. 188 ff.

\*\*) Ebenso setzt, nach der auf begriffliche Subsumtionsurtheile vollkommen zutreffenden Ausführung Lotzes (Logik 2. Afl. S. 122), der Untersatz die Conclusion voraus; denn wo bliebe die Wahrheit des Untersatzes, dass Socrates ein Mensch ist, wenn es noch zweifelhaft wäre, ob er ausser andern Eigenschaften des Menschen auch die der Sterblichkeit hat, die der Obersatz als allgemeines Merkmal jedes Menschen aufführt?

der allgemeine Satz sein: alle Menschen sind sterblich; denn dieser setzt ja zu seiner Gültigkeit voraus, dass ich irgendwie weiss, dass auch die jetzt lebenden sterblich sind. Der Grund ist die bisherige Erfahrung einer Reihe von einzelnen Fällen; aus dem Tode einer Reihe von Menschen schliessen wir, dass auch die jetzt Lebenden sterben werden. Wir schliessen also in der That **von einzelnen Fällen auf andere einzelne Fälle**; und der allgemeine Satz scheint vollkommen überflüssig, ein Hindurchgehen durch ihn ein Umweg zu sein.

Und doch kommt ihm eine Bedeutung zu. Aus den uns bekannten einzelnen Fällen können wir offenbar nur dann mit Sicherheit auf einen neuen Fall schliessen, wenn diese beobachteten Fälle genügend sind auch den allgemeinen Satz zu begründen. Dieser ist eine abgekürzte Formel für das, was wir uns berechtigt halten, aus unseren von der Erfahrung gelieferten Zeugnissen zu schliessen; die eigentliche Folgerung ist also mit dem allgemeinen Satz zu Ende; was folgt, ist nur **eine Interpretation einer Notiz**, die wir uns gemacht haben, um uns einzuprägen, dass unsere Erfahrung uns berechtigt, auf weitere Fälle zu schliessen. Wir können diese einzelnen Fälle vergessen haben, und nur noch wissen, dass sie den allgemeinen Satz begründeten; dann halten wir uns an diesen und interpretieren ihn; wir schliessen nicht **aus**, wohl aber **nach** dieser Abbreviatur der Resultate unserer Erfahrung. Eine Interpretation ist ebenso die Anwendung eines Gesetzes oder einer auf Autorität geglaubten allgemeinen Regel; wir interpretieren, was der Gesetzgeber oder die Autorität sagen wollte.

Das Hindurchgehen durch den allgemeinen Satz, das dem natürlichen Schliessen ursprünglich fremd ist, dient somit wesentlich zur **Sicherung unseres Verfahrens**. Denn die Erfahrung, welche den Schluss auf einen Fall rechtfertigt, muss der Art sein, dass sie **genügend ist den allgemeinen Satz zu tragen**; und es ist von höchstem Werth, sich dessen bewusst zu werden, um voreilige und mangelhaft begründete Folgerungen zu vermeiden, weil dies nöthigt, die Zulänglichkeit der Erfahrung genauer abzuwägen, und zugleich etwaige widersprechende Erfahrungen uns vor Augen bringt, welche dem versuchten allgemeinen Urtheil entgegenstehen. Diese Einwürfe Mills sind darum höchst lehrreich, weil sie, indem sie eine Blösse in der gewöhnlichen Behandlungsweise des Syllogismus aufdecken, doch seine wahre und fundamentale Bedeutung wider Willen bestätigen. Die Blösse, die sie aufdecken, liegt in dem Sinne, in welchem das Alle A sind B gewöhnlich verstanden wird, in dem Sinne, dass es sich damit bloss um eine Summierung von Einzelurtheilen in einem abgekürzten Ausdruck, um ein Durchzählen der einzelnen Fälle handle. In diesem Falle ist selbstverständlich, dass die Gewissheit der Summe von der Gewissheit der einzelnen Summanden abhängt. Aber der Sinn des allgemeinen Obersatzes ist nicht die Behauptung dieser **Allgemeinheit der Zahl**, sondern die Behauptung der **Nothwendigkeit** mit dem Subjecte das Prädicat zu verknüpfen. Diese Nothwendigkeit kann auch durch die vollständige Summierung niemals erreicht, überhaupt nicht direct empirisch erkannt werden. Es ist die Hauptaufgabe einer Theorie der Induction zu untersuchen, unter welchen Bedingungen aus einzelnen Erfahrungen auf ein ihnen zu Grunde liegendes nothwendiges Gesetz geschlossen werden kann, und wir hoffen zu zeigen, dass ein solcher Schluss immer nur unter Voraussetzung unbedingt gültiger Grundsätze möglich ist. Insofern ist die Behauptung Mill's, dass der allgemeine Obersatz zuletzt aus einzelnen Datis erschlossen, und diese die eigentlichen Beweisgründe für Urtheile sind, welche Empirisches betreffen, vollkommen richtig, falsch aber, dass er für den Schluss entbehrlich sei; denn nur indem jene einzelnen Data die **Nothwendigkeit** beweisen, beweisen sie für irgend einen andern Fall. Jene Behauptung beruht auf einer Verwechslung der **Beschreibung des psychologischen Processes der Folgerung** mit der **logischen Gesetzgebung** für dieselbe; es ist kein Zweifel, dass man vielfach von Einzelnem auf Einzelnes schliesst, die Frage aber ist, ob man so schliessen darf; und darüber entscheidet die **Gültigkeit des allgemeinen Satzes**, die nicht bloss, wie

Mill es darstellt, eine **collaterale** Sicherheit gewährt, sondern allein den Schluss legitim macht. Denn wenn Mill selbst zugesteht, dass der Schluss von einigen Fällen auf einen neuen nur dann gerechtfertigt sei, wenn zugleich der allgemeine Satz daraus hervorgehe: so ist **die Wahrheit des allgemeinen Obersatzes die Bedingung der Wahrheit der Conclusion**, und darum diese doch von jener abhängig, und ohne jene nicht bewiesen.

Nichts anderes aber ist es, was die aristotelische Syllogistik behauptet, als dass nur in den von ihr aufgestellten Formen, nur unter der Bedingung eines allgemeinen Obersatzes ein genügender und wissenschaftlich gültiger Schluss möglich sei. Dass man zu den allgemeinen Obersätzen durch Induction komme, lehrt auch Aristoteles; nur ist allerdings seine Induction nicht auf den rein empiristischen Boden der Sammlung von Thatsachen gegründet, der überhaupt jede Logik im Princip unmöglich macht, weil auf ihm keine Nothwendigkeit erwächst, sondern auf der Voraussetzung der Herrschaft der begrifflichen Nothwendigkeit in den einzelnen Erscheinungen, aus denen sie also auch muss erkannt werden können.

Die absolute Gültigkeit der syllogistischen Regeln für jeden Fall, in welchem ein Urtheil aus anderen mit zweifelloser Sicherheit abgeleitet werden soll, bleibt also auch durch diesen Angriff unangefochten; der Schein der Werthlosigkeit der syllogistischen Lehren hängt nur daran, dass man als Basis des Syllogismus durchaus das sog. Princip der Identität, als Prämissen also lauter analytische Sätze haben wollte.

4. Bei Aristoteles ist davon nicht die Rede. Für ihn ist vielmehr der Syllogismus das Mittel, erst zu dem zu gelangen, was die Schulsyllogistik schon vorauszusetzen pflegt, zur Definition; seine Prämissen sind in der Hauptsache empirische Urtheile über das Gegebene, und der Syllogismus ist das Mittel diese Erkenntnisse so zu ordnen, dass ihre Abhängigkeit von einander zu Tage tritt, und damit die reale Abhängigkeit der im Sein verwirklichten begrifflichen Bestimmungen, das wahre Causalitätsverhältniss erkannt, und damit die Aufstellung einer das Wesen erschöpfenden, die den Begriffsver-

hältnissen entsprechende Abhängigkeit der speciellen Bestimmungen von den allgemeinen ausdrückenden Definition möglich werde. Darum soll der Mittelbegriff der Ursache entsprechen, darum die Prämissen so gewählt und geordnet werden, dass die reale Abhängigkeit der Dinge darin zu Tage tritt.

Diese Anwendung des Syllogismus ist allerdings mit der aristotelischen Metaphysik auf's Engste verknüpft; aber die logischen Gesetze sind nicht an diese specielle Anwendung gebunden; nur die bestimmte Art ihrer Formulirung hängt von diesem Zweck ab. Die traditionelle Logik hat jenen Zweck vergessen, die davon abhängige Formulirung, die sich in der ausschliesslich kategorischen Fassung, vor allem in der Gleichstellung des particulären Urtheils mit dem allgemeinen zeigt, beibehalten; kein Wunder, wenn mit den veränderten wissenschaftlichen Aufgaben das logische Formelbuch nicht mehr stimmen will.

5. Man pflegt, um jede Einsprache gegen den Werth der Syllogistik niederzuschlagen, auf die Mathematik hinzuweisen, welche ja durchweg sich des Syllogismus bediene, und eben dieser Form ihre wissenschaftliche Sicherheit verdanke. Mit vollem Recht, wenn es sich darum handelt zu zeigen, dass alle mathematischen Sätze mit Ausnahme der Axiome und Definitionen durch Syllogismen, jedenfalls nach denselben Principien, welche die syllogistischen Formen bestimmen, erwiesen werden; mit Unrecht, wenn man den grossen Unterschied übersieht, der zwischen den mathematischen Schlüssen und der Musterschablone der Schullogik mit ihren analytischen Urtheilen besteht. Findet man in der Geometrie Schlüsse wie die: das Quadrat ist ein Parallelogramm, also ein Viereck, der Kreis ist eine Kurve zweiten Grades, also ein Kegelschnitt u. s. w.? Handelt es sich irgendwo um diese einfältigen Subsumtionen? Alles das ist mit der Definition der einzelnen Objecte abgemacht, und der Syllogismus ist nicht dazu da, sie zu wiederholen; die Geometrie aber entwickelt die Gesetze der Relationen, welche zwischen den einzelnen Objecten, den Linien, Winkeln u. s. w. unter bestimmten Voraussetzungen eintreten, ihrer Gleichheit, Ungleichheit

u. s. f. Diese Relationen sind **vom Standpunkte des Begriffs aus äusserlich hinzukommende Prädicate**; sie sind in der Definition nicht enthalten und können aus ihr nicht abgelesen werden; sie entstehen erst, wenn die einzelnen Objecte in räumliche Beziehung gesetzt werden. Im Begriff, d. h. in der Definition des Dreiecks liegt schlechterdings nichts davon, dass seine Winkel gleich zwei Rechten sind; denn die Vorstellung von zwei Rechten ist der Vorstellung des Dreiecks äusserlich; das Urtheil beruht erstlich auf einer Addition der Winkel, und zweitens auf einer Vergleichung mit zwei Nebenwinkeln, also auch Relationen, welche erst hergestellt werden müssen. Im Begriff des rechtwinklichen Dreiecks liegt nicht, dass das Quadrat seiner Hypotenuse gleich der Summe der Quadrate der Katheten sei; denn im Begriffe des Dreiecks denke ich nichts mehr und nichts weniger als eine von drei sich schneidenden Geraden begrenzte ebene Fläche, und es ist darin keine Nothwendigkeit, Quadrate über den Seiten zu errichten und diese zu vergleichen; erst wenn ich dies durch erfindende Construction gethan habe, kann ich die Beziehungen dieser Quadrate zu einander untersuchen.

Die Geometrie geht also **überall über die bloss begrifflichen Urtheile hinaus**, um ihre Sätze zu gewinnen, und sie leitet aus dem in der Definition Gegebenen mit Hülfe irgendwoher hinzugenommener **gesetzmässiger Beziehungen** Prädicate ab, welche nicht in der Definition liegen. Darum können aber ihre Obersätze im Allgemeinen nicht als **Subsumtionsurtheile** aufgefasst werden, und es ist blosser Schein, wenn man meint, ihre Syllogismen seien in der Regel nach der Schulform Barbara gemacht; der Schluss z. B. den Ueberweg\*) als Beispiel dieser Figur anführt: Alle Dreiecke mit beziehlich gleichen Seitenverhältnissen sind Dreiecke mit beziehlich gleichen Winkeln — alle Dreiecke mit beziehlich gleichen Winkeln sind ähnliche Figuren — also sind alle Dreiecke mit beziehlich gleichen Seitenverhältnissen ähnliche Figuren — dieser Schluss sieht genau aus

---

\*) System der Logik 3. Afl. S. 304. 5. Afl. S. 360. Ein ähnliches Beispiel bei Wundt, Logik I S. 297, vgl. meine »Logischen Fragen« Vierteljahrsschr. f. wiss. Phil. IV, S. 478.

wie der: Alle Neger sind Menschen, alle Menschen sind sterblich, also sind alle Neger sterblich; in Wahrheit ist er himmelweit davon verschieden. Denn es gibt keinen Speciesbegriff eines Dreiecks, der durch die Differentia, »beziehlich gleiche Seitenverhältnisse« gebildet wäre, noch einen allgemeinen Begriff ähnliche Figur, dem jener durch den Mittelbegriff »Dreieck mit beziehlich gleichen Winkeln« untergeordnet würde; nicht an dieser Subordination läuft der Schluss fort, sondern an lauter Relationsverhältnissen, die im Begriff des Dreiecks gar nicht liegen. Wenn zwei oder mehrere Dreiecke gegeben sind, deren Seiten einander proportional sind, so folgt daraus, dass auch die andere Relation, die Gleichheit ihrer Winkel stattfindet; und da Gleichheit der Winkel bei Dreiecken die Aehnlichkeit derselben einschliesst, so folgt, dass mit der Relation der Proportionalität der Seiten auch die der Aehnlichkeit gegeben ist. Nur durch eine grobe Ungenauigkeit des Ausdrucks können diese Sätze die Form eines Satzes über »alle Dreiecke« von einer bestimmten Beschaffenheit annehmen, als ob das Prädicat von jedem einzelnen Dreiecke gelten könnte. Correct ausgedrückt lautet der Schluss:

    Wenn zwei oder mehrere Dreiecke proportionale Seiten haben, haben sie gleiche Winkel,

    Wenn zwei oder mehrere Dreiecke gleiche Winkel haben, sind sie ähnlich

    Also, wenn zwei oder mehrere Dreiecke proportionale Seiten haben, sind sie ähnlich.

Es ist klar, dass die Sätze naturgemäss gar nicht anders als hypothetisch ausgedrückt werden können, wenn sie sagen wollen, dass eine Relation zwischen verschiedenen Dingen eine andere nothwendig mache.

    Nicht umsonst ist das Hauptgesetz, das die mathematischen Schlüsse leitet, der Grundsatz, dass zwei Grössen, die derselben dritten gleich sind, unter sich gleich sind, d. h. ein Satz über den nothwendigen Zusammenhang von Relationen, und nicht umsonst ist das Mittel des Fortschritts häufig die Substitution einer Grösse für eine andere gleiche Grösse; lauter Processe, welche in den gewöhnlichen Formen des

Syllogismus keinen Raum haben, immer aber sich mit Hülfe jener allgemeinen Gesetze streng syllogistisch darstellen lassen.

6. Was von der Geometrie gilt, gilt ebenso von andern Wissensgebieten. Was erst festgestellt und erschlossen werden muss, ist dasjenige, was im Begriffe noch nicht liegt, was nicht analytisch gegeben ist, und dies sind einerseits die Relationen, andererseits ist es alles das, was von dem veränderlichen und wechselnden Geschehen abhängt, also insbesondere alle Causalverhältnisse. Das Schliessen des Richters bewegt sich nicht in den Subordinationen der einzelnen Vergehen; wenn der vorliegende Fall subsumiert ist und als Mord erkannt, tritt statt des analytischen Schlusses: also Verbrechen also Gesetzesverletzung u. s. w. der Schluss ein, der durch die synthetische Regel des Gesetzes geboten ist, — also mit dem Tode zu bestrafen. Die Todesstrafe ist nicht analytisch im Begriffe des Mordes enthalten, sondern durch den Willen des Gesetzgebers synthetisch mit dem einzelnen Fall des Verbrechens verknüpft. Wenn der Arzt eine Krankheit als Typhus diagnosticiert hat, so schliesst er nicht: also Infectionskrankheit u. s. w., sondern er schliesst: also diese und diese Behandlung; die Mittel, welche dem Typhus entgegenwirken, sind nicht analytisch im Begriffe des Typhus enthalten, sondern synthetisch durch die Regeln der Erfahrung gefordert. Wenn der Physiker weiss, dass ein Körper 4 Secunden lang gefallen ist, so hülfe es ihm nichts, den Begriff des Falls zu analysieren; wenn er aber in die Formel $s = \frac{1}{2}gt^2$ den bestimmten Werth einsetzt, so weiss er, dass die Fallhöhe 15. 16 Fuss ist.

Dadurch gewinnt Kants Lehre ihre Bedeutung auch von dieser Seite; seine Frage: wie sind synthetische Urtheile a priori, d. h. unbedingt und allgemein gültige synthetische Urtheile möglich, ist die Lebensfrage auch für den Syllogismus, der ohne sie zu einem völlig leeren Thun wird.

7. Daraus erhellt die Bedeutung aller derjenigen allgemeinen Sätze für das Schliessen, welche sich auf nothwendige Verhältnisse von Relationen beziehen, und vermittelst welcher Relationsurtheile gewonnen werden können; der Sätze, dass zwei Begriffe oder Objecte, die mit einem dritten identisch,

auch unter sich identisch sind ; dass zwei Grössen, die derselben dritten gleich sind, auch unter sich gleich sind; dass Gleiches zu Gleichem addiert Gleiches gibt u. s. w.; der Sätze ferner, welche die räumlichen Beziehungen regeln. Ob man diese Grundsätze selbst für analytisch — weil aus dem Begriff der Identität, der Gleichheit u. s. w. folgend — erklärt, oder für synthetische Urtheile a priori, ist schliesslich von untergeordneter Bedeutung: es kommt vor allem darauf an, dass sie, weil sie Relationen betreffen, ein Hinausgehen über die bloss analytischen Urtheile möglich machen, welche die Tradition allein ins Auge zu fassen pflegt.

8. Daraus folgt aber, dass die kategorischen Schulsyllogismen viel zu eng und unbequem sind, um allgemein und leicht anwendbare Formeln darzustellen. Sie sind der natürliche Ausdruck eben für Subsumtionsurtheile und Urtheile, welche einfache Prädicate eines Subjects aussagen; sie werden unbequem, sobald es sich um verwickeltere Relationsverhältnisse, um die Abhängigkeit eines Prädicats von mehreren Voraussetzungen u. s. w. handelt; hier tritt die **hypothetische Form mit folgender** πρόσληψις als die naturgemässe Ausdrucksweise ein; und da diese zugleich alle allgemeinen kategorischen Urtheile unter sich begreift, so ist sie die naturgemäss gegebene Formel, um so mehr da sie die Nothwendigkeit anstatt der Allgemeinheit als die eigentliche Basis des Schlusses heraustreten lässt. Es bedarf nur eines Blicks in das nächste beste mathematische oder physikalische Lehrbuch, um sich zu überzeugen, dass weitaus die meisten Sätze, welche als Obersätze weiterhin verwendet werden, nicht die Form allgemeiner kategorischer Urtheile haben, sondern ausdrücklich oder dem Wesen nach hypothetische sind. Denn Sätze wie: Zwei Kreise, die einander schneiden, haben keinen gemeinschaftlichen Mittelpunkt, sind ihrer Natur nach hypothetische; der Relativsatz gibt die Bedingung an, unter der das Prädicat verneint wird. Und ebenso sind die obersten Axiome dem Wesen nach hypothetische Urtheile. Der Satz: »Zwei gerade Linien schliessen keinen Raum ein« meint: Wo und wie ich auch zwei gerade Linien ziehen mag, so schliessen sie **zusammen** keinen Raum ein; er behauptet nicht etwas von

zwei geraden Linien, in dem Sinne damit eine gemeinschaftliche Eigenschaft u. dergl. anzugeben. Der Satz: Alles was geschieht hat eine Ursache, setzt schon durch das Prädicat des Vordersatzes voraus, dass etwas w i r k l i c h geschieht; er entwickelt nicht den Begriff des Geschehens, sondern er gibt den Zusammenhang jedes einzelnen Geschehens mit einem andern Seienden. Dasselbe gilt von den Formeln der analytischen Mechanik und ähnlichen; sie sind hypothetische Urtheile, und die Schlüsse nach ihnen geschehen durch Einsetzung bestimmter Werthe für die allgemeinen Zeichen *).

*) Ich halte es für überflüssig, wenn unter den Schlussformen, wie z. B. bei Wundt (Logik I. S. 291), ein besonderer I d e n t i t ä t s s c h l u s s auftritt, weiterhin ein G l e i c h u n g s s c h l u s s. Mit demselben Rechte müsste auch der Schluss a $>$ b, b $>$ c, also a $>$ c eine besondere Stelle und einen besonderen Namen haben. Was diese Schlussweisen charakterisiert, ist nicht die Art des Schliessens, sondern der bestimmte Obersatz der sie möglich macht, der allerdings häufig, weil selbstverständlich, nicht ausdrücklich formuliert wird. A dasselbe wie B, B dasselbe wie C, also A dasselbe wie C ist nur eine Anwendung eines Satzes, der das bestimmte Prädicat der Identität betrifft. Ihn besonders hervorzuheben kann höchstens dadurch Veranlassung gegeben sein, dass das Urtheil A ist B in ungenauer Redeweise häufig eine Identität m e i n t, ohne es ausdrücklich zu sagen.

Im Ganzen scheint mir, dass es wenig ersprießlich ist, die Schlusslehre noch weiter zu specialisieren, viel richtiger dagegen, das allen Schlussweisen Gemeinsame hervorzuheben, und nicht Unterschiede der S c h l u s s f o r m aufzustellen, wo der ganze Unterschied in dem I n h a l t der den Schluss bestimmenden Prämissen liegt; diese zu erschöpfen ist unmöglich. Wundt versucht allerdings (Logik I, 282) eine allgemeine Formel für alles Schliessen aufzustellen: »Wenn verschiedene Urtheile durch Begriffe, die ihnen gemeinsam angehören, in ein Verhältniss zu einander gesetzt sind, so stehen auch die nicht gemeinsamen Begriffe solcher Urtheile in einem Verhältniss, welches in einem neuen Urtheil seinen Ausdruck findet«. Allein abgesehen von der Unbestimmtheit der Formulierung i s t der Satz falsch, weil er zu weit ist; denn in welchem Verhältniss stehen die Begriffe S und P, wenn S nicht M und M P ist? Auch Lotze's an sich völlig berechtigte Ausführung, dass diejenigen Schlüsse hauptsächlich werthvoll wären, welche nicht bloss ein ganz allgemeines P dem S durch Vermittlung von M zusprächen, sondern zeigten, wie die besondere Modification des M, die dem S zukommt, auch eine besondere Ausprägung des P nothwendig mache, führt nicht zu einer besonderen S c h l u s s w e i s e, sondern verlangt im Grunde nur

## § 56.

Der Syllogismus aus einem conjunctiven Urtheil dient der Subsumtion des Einzelnen unter die feststehenden Begriffe mittelst der Definition derselben.

Eine besondere Function kommt dem Syllogismus bei dem Geschäft zu, das Einzelne unter die feststehenden Begriffe zu subsumieren; und hier nimmt er, dem Zwecke entsprechend, bestimmte Formen an.

Um zu erkennen ob irgend ein Ding A unter einen Begriff B fällt, ist kein anderer Weg, als alle Merkmale von B in ihm nachzuweisen; zeigt es diese ohne Ausnahme, so fällt es unter den Begriff B. Was also hier als Mittelbegriff erscheint, ist nicht ein einheitliches Prädicat, sondern eine Reihe von Prädicaten, welche in einem conjunctiven Urtheil verknüpft sind, aber eben durch ihre Zusammengehörigkeit doch die Function eines einzigen Begriffs übernehmen.

Um zu erkennen, dass ein Ding A unter einen Begriff B nicht gehört, genügt ein einziges Merkmal das dem einen zukommt, vom andern ausgeschlossen ist; durch einen Syllogismus der zweiten Figur d. h. modo tollente wird die Subsumtion abgewiesen.

So entstehen die Formen, deren Obersatz eine Definition ist: P ist a, b, c, oder umgekehrt,

$$\frac{\text{Was a, b, c ist, ist P}}{\text{S ist a, b, c}}$$
also ist S P.

---

andere Obersätze, als die gewöhnlich im kategorischen Schlusse betrachteten; Obersätze, welche das Gesetz angeben, nach welchem jede Modification von M eine Modification von P nach sich zieht; aus diesen aber wird immer nach den einfachen Regeln des hypothetischen Schlusses geschlossen werden müssen. Ist S eine Figur, M eine Ellipse, P excentrisch, so gibt $\varepsilon = \sqrt{a^2 - b^2}$: a das Gesetz an, nach welchem jede Modification des Verhältnisses der Axen eine Modification der Excentricität nach sich zieht; die Gleichung aber ist ihrem Wesen nach ein hypothetisches Urtheil, aus dem durch Einsetzung bestimmter Werthe geschlossen wird.

Die der Ausschliessung dienende
P ist a, b, c
S ist nicht a
S ist nicht P

fällt mit den Schlüssen der zweiten Figur, modo tollente, zusammen.

## § 57.

Der Schluss aus einem **divisiven Urtheil**, den einzelne Logiker als **Inductionsschluss** aufgestellt haben, führt zu keinem unbedingt allgemeinen Urtheil, wenn die Division nur eine **empirische** ist; ist sie eine **logische**, so ist er überflüssig, wenn er nicht etwa als Glied einer weiteren Schlussreihe auftritt.

1. Man hat versucht, die syllogistischen Formen auch durch einen sogenannten **Schluss der Induction** zu erweitern, der mit dem vorangehenden dadurch Aehnlichkeit hat, dass ebenso der Mittelbegriff nicht als etwas Einfaches erscheint. Wenn nemlich ein Begriff A durch eine vollständige Division in die Species M, N, O getheilt ist, oder wenn die darunter fallenden Individuen vollständig aufgezählt sind, und allen Species beziehungsweise Individuen ein gemeinschaftliches Prädicat zukommt, so entsteht der Schluss

A ist theils M, theils N, theils O
Sowohl M als N als O sind P
also A ist P

2. Allein diese Formel birgt eine Zweideutigkeit, die aus unserer obigen Unterscheidung des empirischen und logischen Umfangs einleuchtend ist.

Betrachten wir zunächst ein Beispiel, etwa das von Apelt\*) angeführte:

Obersatz: Das Sonnensystem besteht aus der Sonne und den Planeten Mercur, Venus, Erde, Mars u. s. w.
Untersätze: Mercur bewegt sich von West nach Ost um die Sonne, Venus bewegt sich von West nach Ost um die Sonne u. s. w.

---

\*) Theorie der Induction S. 17.

Schlusssatz: Alle Planeten bewegen sich von West nach Ost um die Sonne.

Hier gibt der Obersatz den Umfang des Begriffs Planet an, der Schlusssatz bejaht von allen Planeten ein Prädicat, das nach den Untersätzen allen einzelnen zukommt.

Allein was ist dadurch gewonnen? Kein **unbedingt allgemeines** Urtheil, das dem Begriff Planet mit Nothwendigkeit die rechtläufige Bewegung zuweist; sondern nur ein **empirisch allgemeines** Urtheil, das im Schlusssatz unter **einem Namen** die einzelnen Subjecte der Untersätze zusammenfasst, nachdem der Obersatz festgestellt, dass die genannten — natürlich für unsere jetzige Kenntniss — alle Planeten seien. Das Wort Planet fungiert nicht als Zeichen eines bestimmten Begriffs, sondern nur als Gemeinname einer **bestimmten Anzahl** von Einzeldingen; darum ist ein Schluss, der ein Urtheil durch andere begründete, nur hinsichtlich des Rechts der Ersetzung der Eigennamen durch eine gemeinschaftliche Bezeichnung und hinsichtlich der Ersetzung der Summe der Einzelnen durch den Ausdruck »Alle« vorhanden\*); aber dass nun allem was Planet ist, die rechtläufige Bewegung **nothwendig** zukommen müsse, ist in keiner Weise erwiesen. Denn ob die sämmtlichen bekannten

---

\*) Stellen wir alle Prämissen heraus, so lauten sie
Mercur, Venus, Erde u. s. f. bewegen sich von West nach Ost um die Sonne
Mercur, Venus, Erde u. s. f. sind Planeten
Also bewegen sich so und so viele Planeten von West nach Ost um die Sonne.
Die Zahl dieser Planeten ist der Zahl der sämmtlichen Planeten gleich
Also bewegen sich alle Planeten von West nach Ost um die Sonne.
Die Art des Schliessens ist keine andere, als wenn ich aus

$M_1$, $M_2$, $M_3$, haben die Eigenschaft P,
$M_1$, $M_2$, $M_3$, sind drei M, schlösse
also haben drei M die Eigenschaft P.

Der Schluss auf ein empirisch allgemeines Urtheil beruht also auf dem Zählen, auf dem Ausdruck einer gegebenen Vielheit durch einen bestimmten Zahlbegriff; das Recht $M_1$, $M_2$, $M_3$ durch drei M zu ersetzen, beruht auf der Identität der Zahl. Vergl. oben § 52, 4.

Planeten um der Eigenschaften willen, wegen deren sie unter den Begriff des Planeten fallen, oder aus irgend einem andern dem gegenüber zufälligen Grunde rechtläufig sind, vermag das bloss empirisch zusammenfassende Urtheil nicht zu sagen. Sonst müsste auch daraus, dass alle Könige von Preussen Friedrich und Wilhelm heissen, folgen, dass alle Könige von Preussen nothwendig so heissen müssen.

3. Ganz dasselbe findet statt, wenn statt der Individuen die empirisch bekannten Species eines Genus genannt werden. Zu einer Zeit, wo bloss die alten Metalle bekannt waren, galt der Schluss:

Die Metalle sind Gold, Silber, Eisen u. s. w.
Gold, Silber, Eisen u. s. w. sind schwerer als Wasser
Also alle Metalle sind schwerer als Wasser.

Unter »allen Metallen« sind die bekannten und wegen gemeinsamer Eigenschaften so genannten verstanden; aber es folgt nicht, dass diese gemeinsamen Eigenschaften ein specifisches Gewicht nöthig machen, das grösser als das des Wassers wäre; die Entdeckung des Kaliums hat diesen Satz widerlegt.

Einen solchen Schluss einen Inductionsschluss zu nennen, ist grundfalsch; denn das Wesen des Inductionsschlusses besteht eben darin, von empirischen Datis auf ein **unbedingt allgemeines Urtheil** überzugehen. Dazu müsste aber nachgewiesen sein, dass diejenigen Eigenschaften, welche die gemeinschaftliche Benennung begründen, auch das weitere Prädicat **nothwendig** machen.

4. Ginge aber ein solches Urtheil von einer **logischen Division** aus, welche die absolute Vollständigkeit aller möglichen Theilungsglieder garantierte, so wäre der Schluss ein überflüssiger Umweg. Denn wenn alle Species eines Genus nothwendig dasselbe Prädicat haben, so muss dieses in dem gegründet sein, was allen gemeinschaftlich ist, d. h. in ihrem Gattungsbegriff, und es muss schon als aus diesem folgend erkannt werden können.

Die Parallelogramme sind theils Quadrate, theils Oblongen, theils Rhomben, theils Rhomboiden,
Quadrate, Oblongen, Rhomben, Rhomboiden haben Diagonalen, die sich gegenseitig halbieren,

Also haben alle Parallelogramme Diagonalen, welche
sich gegenseitig halbieren
wäre ein solcher Schluss, der einen überflüssigen Umweg zeigt;
denn aus den Bestimmungen, welche den Begriff des Parallelogramms constituieren, lässt sich bereits das Prädicat ableiten.

Doch gibt es Fälle, in denen die Erkenntniss eines allgemeinen Satzes durch eine solche vollständige Aufzählung des Besonderen naturgemäss hindurchgeht. Der Beweis, dass der Centriwinkel im Kreise das Doppelte des mit ihm auf gleichem Bogen stehenden Peripheriewinkels ist, geht davon aus, dass die Spitze des Peripheriewinkels entweder auf der Verlängerung eines der Schenkel des Centriwinkels, oder innerhalb von dessen Scheitelwinkel, oder ausserhalb desselben liegt; in allen drei Fällen lässt sich zeigen, dass der Centriwinkel das Doppelte des Peripheriewinkels ist; also gilt allgemein, dass, wenn ein Centriwinkel und ein Peripheriewinkel auf demselben Bogen stehen, jener das Doppelte von diesem ist. Der Beweis wird auch hier aus den gemeinschaftlichen Voraussetzungen geführt; aber sie subsumieren sich unter verschiedene Obersätze, und die Wahrheit des Untersatzes wird durch verschiedene Vermittlungen erkannt. Es ist aber klar, dass dieser Fall nur bei erschlossenen Untersätzen, nie bei unmittelbar gewissen eintreten kann.

4. In anderer Weise scheint ein Divisionsurtheil in der zweiten Figur einen Schluss zu begründen. Gilt nämlich
     A ist theils B theils C theils D
     S ist weder B noch C noch D
so folgt:     S ist nicht A.

Was unter keine der sämmtlichen Species eines Genus fällt, fällt auch nicht unter das Genus. Es gilt aber hier wieder dasselbe: Ist die Division eine empirische, so ist der Schluss ungültig, denn der empirische Umfang garantiert nicht, dass die generellen Merkmale sich nicht ausserhalb der bekannten Species finden; ist sie eine logische, so muss das Merkmal, das S von allen Species ausschliesst, mit dem Genus unvereinbar sein, und es bedarf des Umwegs nicht.

## § 58.

Der sog. **disjunctive Schluss** beruht auf keinem eigenthümlichen Princip, und es ist insofern nicht gerechtfertigt ihn als besondere Schlussweise aufzustellen.

1. Neben den hypothetischen und kategorischen Schlüssen hat die traditionelle Logik auch die **disjunctiven Schlüsse** aufgestellt, deren Obersatz ein disjunctives Urtheil ist, und deren Consequenz eben auf dem in der Disjunction ausgesprochenen Verhältnisse ihrer Glieder ruht. Gilt nämlich in einer zweigliedrigen Disjunction A ist entweder B oder C, so schliesst die Beilegung eines Prädicats das andere aus, die Verneinung eines Prädicats aber fordert die Bejahung des andern. So entsteht

I. der Modus ponendo tollens:
 A ist entweder B oder C
 Nun ist A B (resp. C)
 Also ist A nicht C (resp. nicht B).

II. der Modus tollendo ponens:
 A ist entweder B oder C
 Nun ist A nicht B (nicht C)
 Also ist A C (resp. B).

Für eine mehrgliedrige Disjunction führt der erste Modus zu einem conjunctiven verneinenden Urtheile; der zweite zu einem einfach bejahenden nur dann, wenn der Untersatz alle Glieder bis auf eines in einem conjunctiven Urtheil verneint; in allen anderen Fällen ergibt sich nur die Beschränkung der Disjunction auf wenigere Glieder.

I. A ist entweder B oder C oder D
  A ist B
  also weder C noch D.

II. a) A ist entweder B oder C oder D
  A ist weder B noch C
  also D.

 b) A ist entweder B oder C oder D
  A ist nicht B
  also entweder C oder D.

Die allgemeinste Formel des disjunctiven Schlusses ist übrigens nicht diejenige, welche die oben formulierten Obersätze zeigt; diese ist nur ein besonderer Fall des Obersatzes
Entweder gilt das Urtheil B oder das Urtheil C;
B gilt, also nicht C
B gilt nicht, also C u. s. w.

2. Ein Grund, hierin eine besondere Schlussform nach einem eigenthümlichen Princip zu suchen, besteht nicht; denn das disjunctive Urtheil sagt ja nur einmal, dass seine Glieder sich ausschliessen, also die Bejahung des einen die Verneinung der übrigen nothwendig macht; d. h. der modus ponendo tollens ist ein Schluss aus dem hypothetischen Urtheile, das in der Disjunction liegt: Wenn A B ist, ist es nicht C (weder C noch D); zum zweiten, dass die Verneinung aller Glieder bis auf eines dieses zu bejahen nothwendig macht, d. h. der Modus tollendo ponens ist ein Schluss aus dem hypothetischen Urtheile: Wenn A nicht B ist, so ist es C (wenn es weder B noch D — bei mehrgliedriger Disjunction). Das Princip, nach dem geschlossen wird, ist also durchaus das des hypothetischen Schlusses. Die Wichtigkeit des disjunctiven Urtheils beruht eben darin, dass es diese doppelte Nothwendigkeit ausspricht; der Unterschied des disjunctiven Schlusses vom hypothetischen aber ist nur in der grammatischen Form begründet.

3. In der wirklichen Anwendung des disjunctiven Schliessens erscheinen als Obersätze häufig, wenigstens dem Sinne nach, hypothetische Urtheile mit disjunctivem Nachsatz, aus denen vermittelst einer πρόσληψις geschlossen wird:
Wenn etwas A ist, ist es entweder B oder C
S ist A, und zwar B
also nicht C
S ist A, aber nicht B
also C.
Sie dienen der fortschreitenden Subsumtion eines Objects unter immer bestimmtere Begriffe.

4. Der Schlussform § 57, 4 ist dann der Schluss verwandt, der aus der Verneinung aller Disjunctionsglieder ihre gemeinschaftliche Voraussetzung verneint:

Wenn A gilt, so gilt entweder B oder C
Nun gilt weder B noch C
also auch nicht A.

Oder mit Hülfe einer πρόσληψις:
Wenn etwas P ist, ist es entweder M oder N
S ist weder M noch N
also ist S nicht P

in kategorischer Form: A ist entweder B oder C
S ist weder B noch C
also ist S nicht A.

Dies ist das sogenannte Dilemma, Trilemma u. s. f. Auch hier ruht der Schluss auf dem allgemeinen Grundsatz, dass mit der Folge der Grund aufgehoben ist; nur dass die Folge hier nicht als ein einfaches erscheint, sondern als eine bestimmte Zahl sich ausschliessender Möglichkeiten.

## § 59.

Die Regeln des Schlusses gelten ebenso auch dann, wenn die Prämissen nicht als gültige Urtheile, sondern nur als angenommene Hypothesen aufgestellt sind. Sie begründen dann ein **hypothetisches Urtheil**, welches die Conclusion als nothwendige Folge der Prämissen darstellt.

Auf das Verhältniss der Wahrheit der Conclusion zu der Wahrheit der Prämissen finden damit die Sätze Anwendung, dass mit dem Grunde die Folge gesetzt, mit der Folge der Grund aufgehoben ist; ebenso dass mit der Aufhebung des Grundes nicht nothwendig die Folge aufgehoben, mit der Bejahung der Folge nicht nothwendig die Bejahung des Grundes verknüpft ist.

1. Es hat kein Interesse, die verschiedenen Combinationen, welche durch sprachliche Abkürzungen oder durch das Eingehen copulativer, conjunctiver und disjunctiver Sätze in die Schlüsse sich herstellen lassen, im Einzelnen zu untersuchen. Was den Schluss vermittelt, ist überall dasselbe: seine Grundbedingung ist ein Obersatz, der in irgend einer Form

eine **nothwendige Folge** einschliesst, und zwingt einen Satz zu behaupten für den Fall, dass ein anderer gilt. Hiezu kommt der Untersatz, der den Fall zeigt, auf welchen der Obersatz anzuwenden ist; entweder direct, wie im gemischten hypothetischen Schluss; oder so, dass eine allgemeine Regel auf einen darunter befassten speciellen Fall angewendet wird, vermittelst eines Urtheils, welches zeigt, dass auf ein bestimmtes Subject die allgemeine Regel des Obersatzes anwendbar ist. Wir unterlassen darum auch hier die Untersuchung der sogenannten Kettenschlüsse, die nur wiederholte Anwendungen der Schlussregeln in sprachlicher Abkürzung sind.

2. Die Behauptung, welche in jedem Schlusse liegt, dass die Gültigkeit der Conclusion aus der Gültigkeit der Prämissen folgt, ist für den Fall, dass die Schlussregeln eingehalten sind, auch dann gültig, wenn die **Prämissen nur hypothetisch** angenommen wurden. Der einfache hypothetische Schluss geht dann in seinen Obersatz zurück; die übrigen, welche mehr als die einfache Assumtion des Vordersatzes enthalten, lassen sich in hypothetischen Urtheilen darstellen von der Form Wenn A gilt und B gilt, so gilt C (wenn alle Menschen sterblich und Cajus ein Mensch ist, so ist Cajus sterblich); Urtheilen, welche nur das Moment der Consequenz abgesehen von der Gültigkeit der Prämissen hervorheben. Die meisten hypothetischen Urtheile ruhen in der That auf solchen syllogistischen Verhältnissen; wird die eine Prämisse als selbstverständlich nicht besonders ausgedrückt, so erscheinen sie als hypothetische Urtheile mit einfachem Vordersatz*).

3. Daraus folgt, dass sich auf das Verhältniss der Con-

---

*) Vergl. mein Programm S. 40 und die dort angeführten Beispiele. Die Nothwendigkeit die das hypothetische Urtheil ausspricht: Wenn Cajus ein Mensch ist, so ist er sterblich, ruht auf dem verschwiegenen Satze, dass alle Menschen sterblich sind; das Urtheil: Wenn die Erde sich um die Sonne bewegt, so haben die Fixsterne eine jährliche Parallaxe, setzt eine ganze Reihe von Schlüssen voraus, deren übrige Prämissen als geometrisch absolut gewisse Sätze vorausgesetzt werden und am hypothetischen Charakter keinen Theil haben. Aber neben diesen hypothetischen Urtheilen gibt es auch andere, deren Nothwendigkeit eine unmittelbar erkannte ist.

clusion zu den Prämissen, wenn man sie alle nur als Hypothesen betrachtet, die Sätze über das Verhältniss von Grund und Folge anwenden lassen.

Es gilt also nicht nur, dass wenn die Prämissen wahr sind, die Conclusion nothwendig wahr ist, sondern auch, dass wenn die Conclusion falsch ist, damit der Grund, aus dem sie nothwendig folgt, falsch sein muss. Sofern aber dieser Grund in zwei Prämissen liegt, folgt aus der Falschheit der Conclusion nur die Falschheit wenigstens einer Prämisse — sei es des Ober- oder Untersatzes.

Es folgt aber nicht, dass, wenn die Prämissen falsch sind, auch die Conclusion falsch sein muss; und es folgt nicht, dass, wenn die Conclusion wahr ist, auch die Prämissen wahr sein müssen. Vielmehr kann aus falschen Prämissen mit syllogistischer Nothwendigkeit eine wahre Conclusion hervorgehen.

Es folgt darum insbesondere nicht, dass, wenn eine Prämisse und die Conclusion wahr ist, darum auch die andere Prämisse wahr sein müsse; und es darf also, wenn ein als wahr bekannter Satz sich als syllogistische Folge zweier Sätze darstellen lässt, von denen der eine ebenso als wahr bekannt ist, daraus nicht geschlossen werden, dass darum auch der andere wahr sei.

www.ingramcontent.com/pod-product-compliance
Lightning Source LLC
Chambersburg PA
CBHW021422300426
44114CB00010B/607